第二次大戦 ［完全改訂版］

世界の戦闘機

LEGENDARY FIGHTERS of WORLD WAR II

1939~1945

WWⅡ世界の戦闘機 カラー塗装図集

解説／ミリタリー・クラシックス編集部

●日本海軍

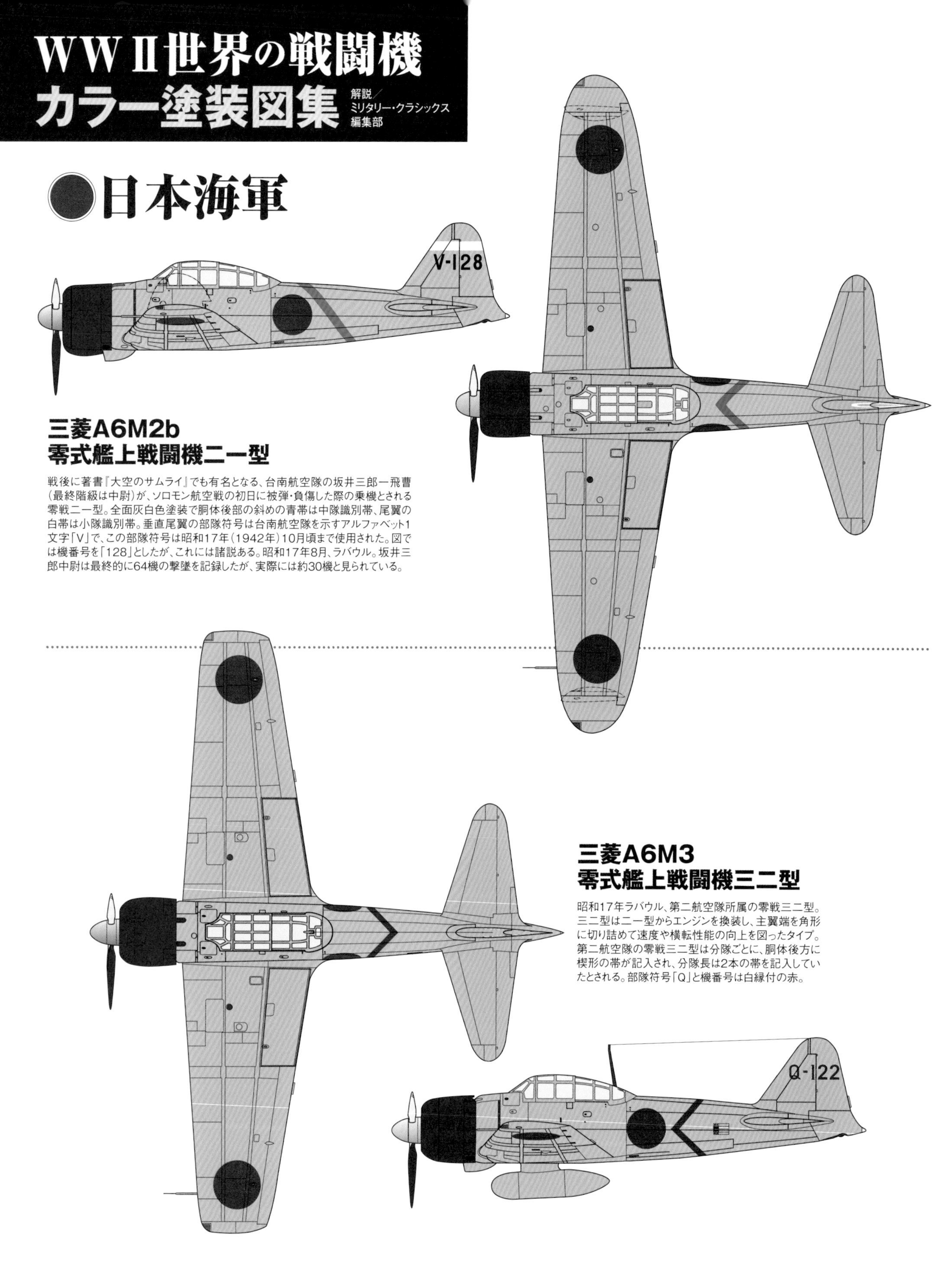

三菱A6M2b 零式艦上戦闘機二一型

戦後に著書『大空のサムライ』でも有名となる、台南航空隊の坂井三郎一飛曹（最終階級は中尉）が、ソロモン航空戦の初日に被弾・負傷した際の乗機とされる零戦二一型。全面灰白色塗装で胴体後部の斜めの青帯は中隊識別帯、尾翼の白帯は小隊識別帯。垂直尾翼の部隊符号は台南航空隊を示すアルファベット1文字「V」で、この部隊符号は昭和17年（1942年）10月頃まで使用された。図では機番号を「128」としたが、これには諸説ある。昭和17年8月、ラバウル。坂井三郎中尉は最終的に64機の撃墜を記録したが、実際には約30機と見られている。

三菱A6M3 零式艦上戦闘機三二型

昭和17年ラバウル、第二航空隊所属の零戦三二型。三二型は二一型からエンジンを換装し、主翼端を角形に切り詰めて速度や横転性能の向上を図ったタイプ。第二航空隊の零戦三二型は分隊ごとに、胴体後方に楔形の帯が記入され、分隊長は2本の帯を記入していたとされる。部隊符号「Q」と機番号は白縁付の赤。

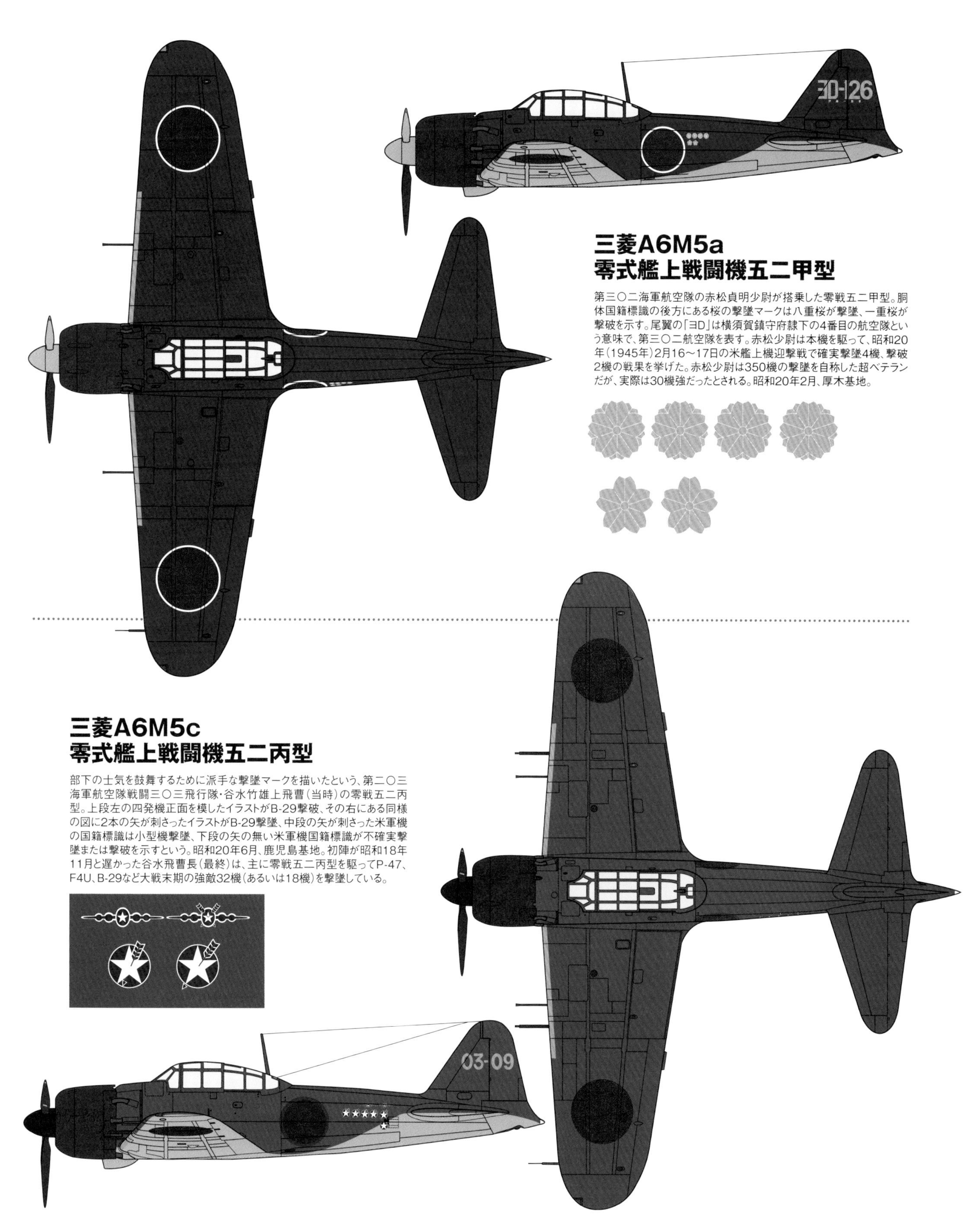

三菱A6M5a
零式艦上戦闘機五二甲型

第三〇二海軍航空隊の赤松貞明少尉が搭乗した零戦五二甲型。胴体国籍標識の後方にある桜の撃墜マークは八重桜が撃墜、一重桜が撃破を示す。尾翼の「ヨD」は横須賀鎮守府隷下の4番目の航空隊という意味で、第三〇二航空隊を表す。赤松少尉は本機を駆って、昭和20年（1945年）2月16〜17日の米艦上機迎撃戦で確実撃墜4機、撃破2機の戦果を挙げた。赤松少尉は350機の撃墜を自称した超ベテランだが、実際は30機強だったとされる。昭和20年2月、厚木基地。

三菱A6M5c
零式艦上戦闘機五二丙型

部下の士気を鼓舞するために派手な撃墜マークを描いたという、第二〇三海軍航空隊戦闘三〇三飛行隊・谷水竹雄上飛曹（当時）の零戦五二丙型。上段左の四発機正面を模したイラストがB-29撃破、その右にある同様の図に2本の矢が刺さったイラストがB-29撃墜、中段の矢が刺さった米軍機の国籍標識は小型機撃墜、下段の矢の無い米軍機国籍標識が不確実撃墜または撃破を示すという。昭和20年6月、鹿児島基地。初陣が昭和18年11月と遅かった谷水飛曹長（最終）は、主に零戦五二丙型を駆ってP-47、F4U、B-29など大戦末期の強敵32機（あるいは18機）を撃墜している。

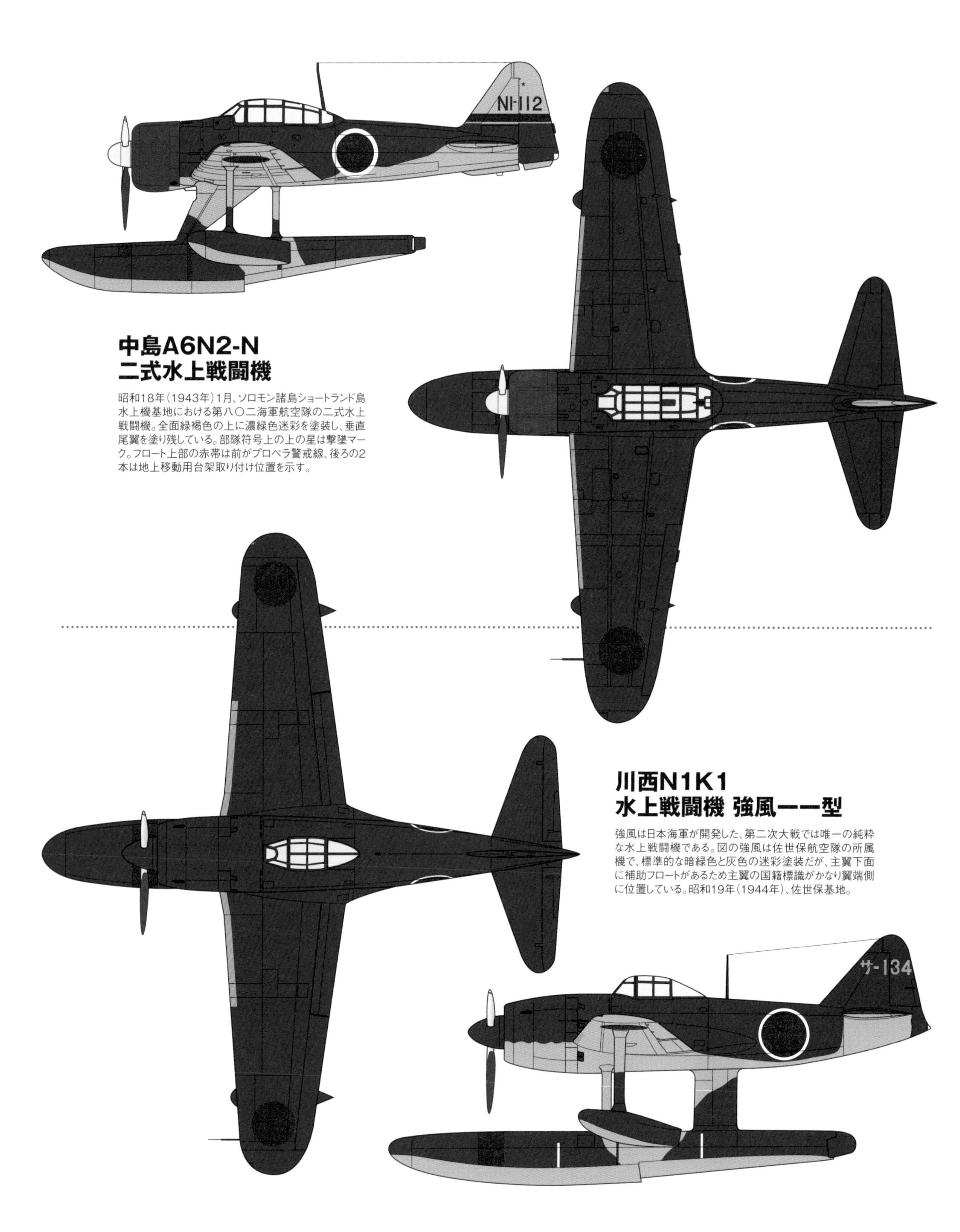

中島A6N2-N 二式水上戦闘機

昭和18年(1943年)1月、ソロモン諸島ショートランド島水上機基地における第八〇二海軍航空隊の二式水上戦闘機。全面緑褐色の上に濃緑色迷彩を塗装し、垂直尾翼を塗り残している。部隊符号上の上の星は撃墜マーク。フロート上部の赤帯は前がプロペラ警戒線、後ろの2本は地上移動用台架取り付け位置を示す。

川西N1K1 水上戦闘機 強風一一型

強風は日本海軍が開発した、第二次大戦では唯一の純粋な水上戦闘機である。図の強風は佐世保航空隊の所属機で、標準的な暗緑色と灰色の迷彩塗装だが、主翼下面に補助フロートがあるため主翼の国籍標識がかなり翼端側に位置している。昭和19年(1944年)、佐世保基地。

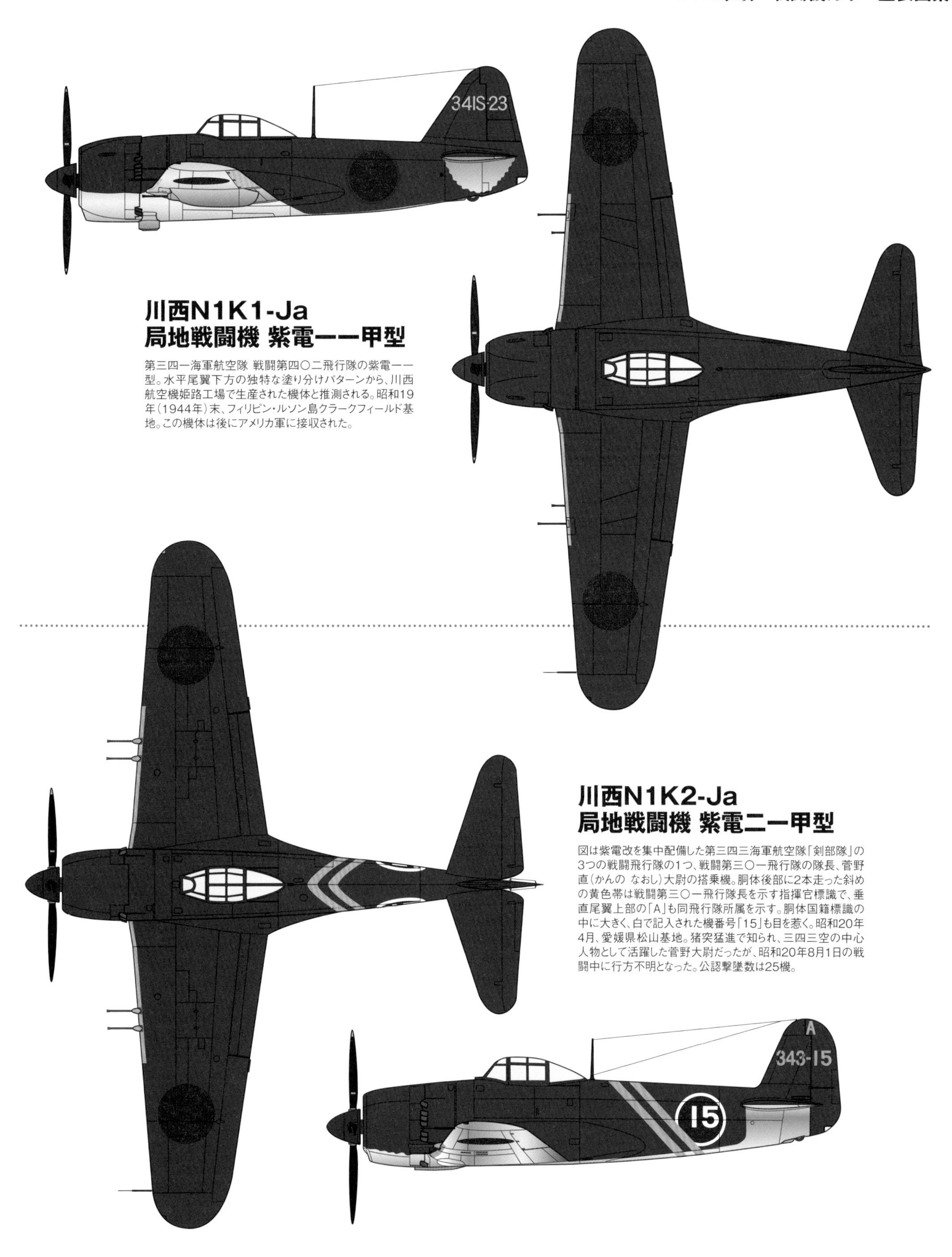

川西N1K1-Ja
局地戦闘機 紫電一一甲型

第三四一海軍航空隊 戦闘第四〇二飛行隊の紫電一一型。水平尾翼下方の独特な塗り分けパターンから、川西航空機姫路工場で生産された機体と推測される。昭和19年（1944年）末、フィリピン・ルソン島クラークフィールド基地。この機体は後にアメリカ軍に接収された。

川西N1K2-Ja
局地戦闘機 紫電二一甲型

図は紫電改を集中配備した第三四三海軍航空隊「剣部隊」の3つの戦闘飛行隊の1つ、戦闘第三〇一飛行隊の隊長、菅野直（かんの なおし）大尉の搭乗機。胴体後部に2本走った斜めの黄色帯は戦闘第三〇一飛行隊長を示す指揮官標識で、垂直尾翼上部の「A」も同飛行隊所属を示す。胴体国籍標識の中に大きく、白で記入された機番号「15」も目を惹く。昭和20年4月、愛媛県松山基地。猪突猛進で知られ、三四三空の中心人物として活躍した菅野大尉だったが、昭和20年8月1日の戦闘中に行方不明となった。公認撃墜数は25機。

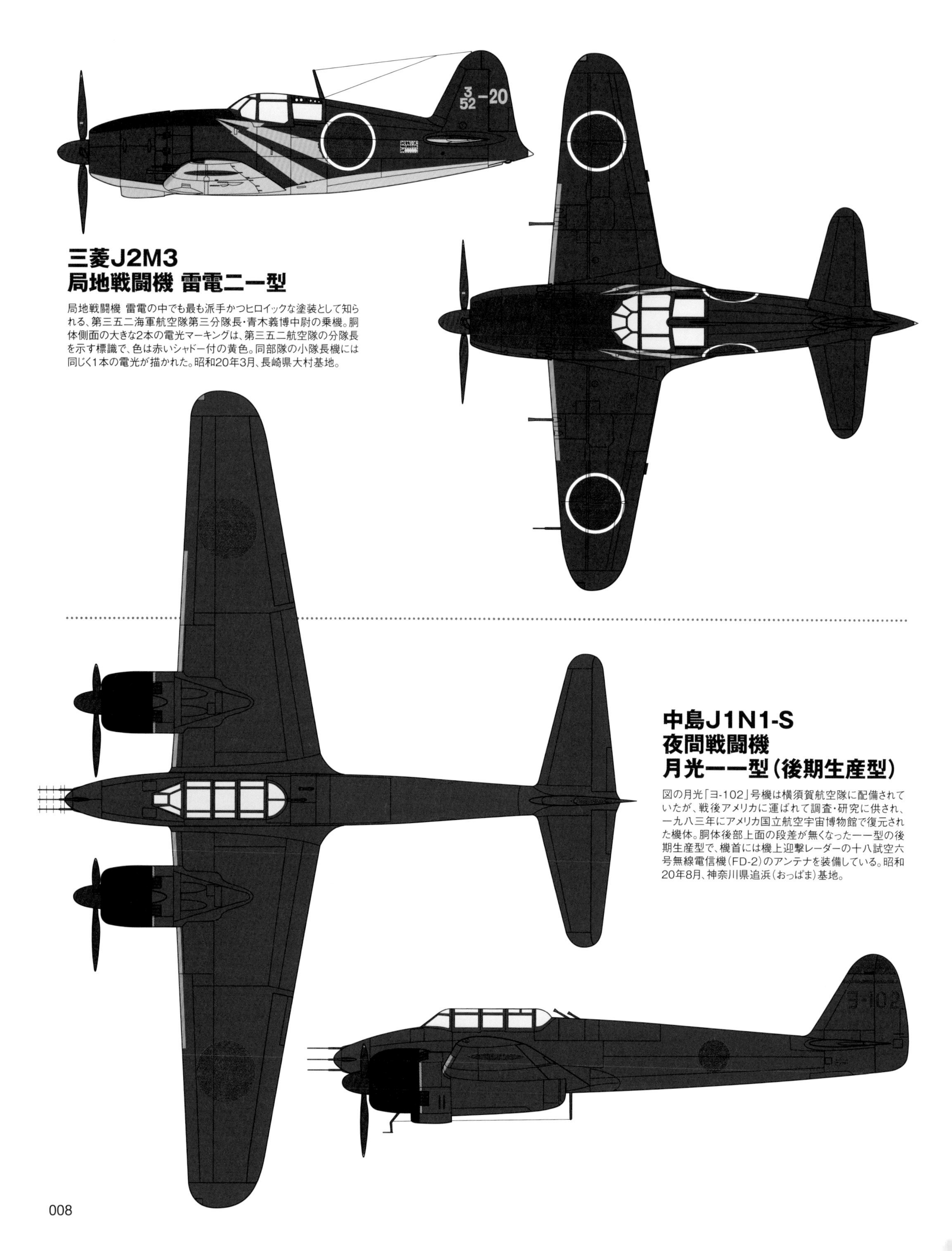

三菱J2M3
局地戦闘機 雷電二一型

局地戦闘機 雷電の中でも最も派手かつヒロイックな塗装として知られる、第三五二海軍航空隊第三分隊長・青木義博中尉の乗機。胴体側面の大きな2本の電光マーキングは、第三五二航空隊の分隊長を示す標識で、色は赤いシャドー付の黄色。同部隊の小隊長機には同じく1本の電光が描かれた。昭和20年3月、長崎県大村基地。

中島J1N1-S
夜間戦闘機
月光一一型(後期生産型)

図の月光「ヨ-102」号機は横須賀航空隊に配備されていたが、戦後アメリカに運ばれて調査・研究に供され、一九八三年にアメリカ国立航空宇宙博物館で復元された機体。胴体後部上面の段差が無くなった一一型の後期生産型で、機首には機上迎撃レーダーの十八試空六号無線電信機(FD-2)のアンテナを装備している。昭和20年8月、神奈川県追浜(おっぱま)基地。

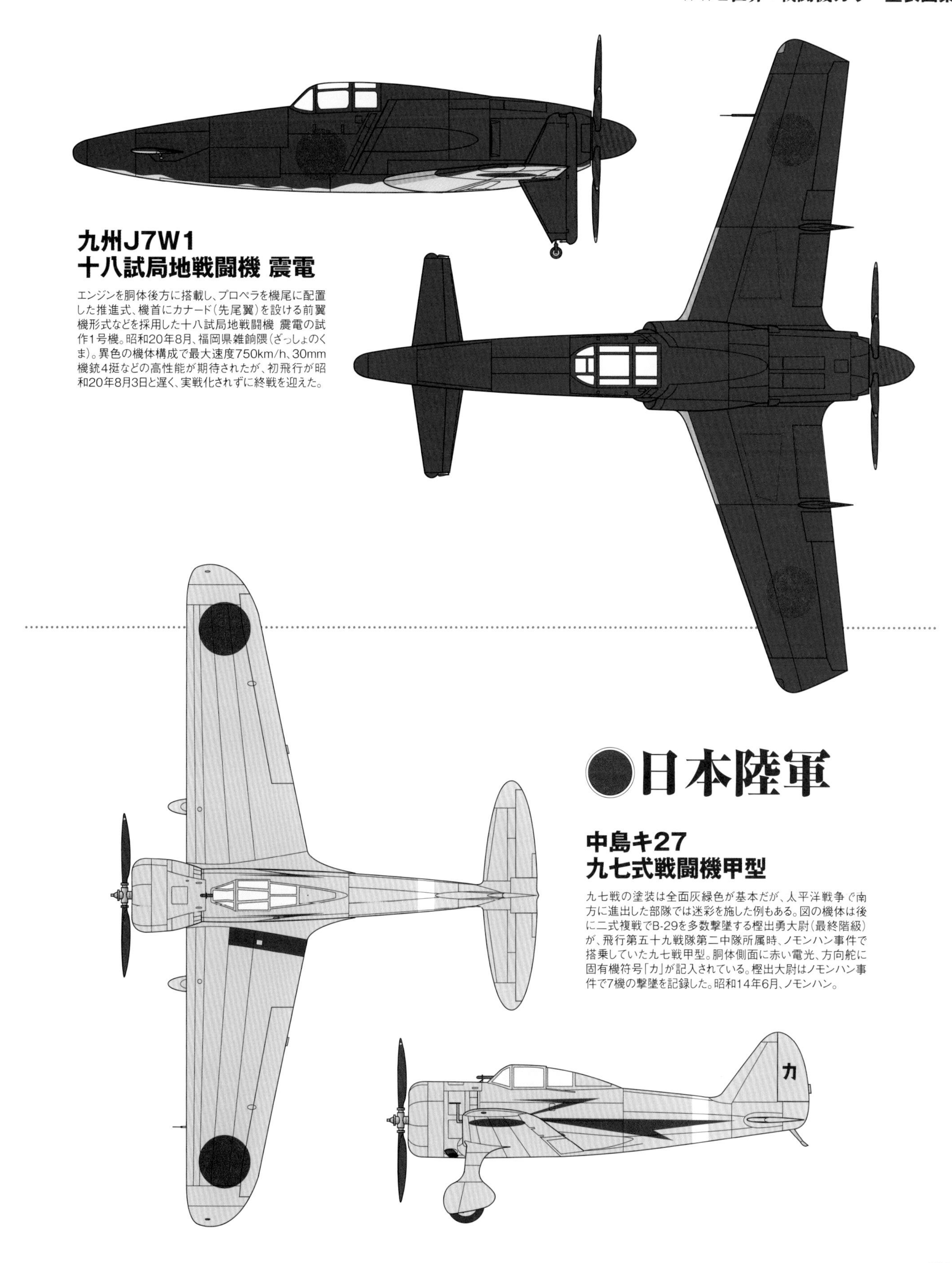

九州J7W1
十八試局地戦闘機 震電

エンジンを胴体後方に搭載し、プロペラを機尾に配置した推進式、機首にカナード（先尾翼）を設ける前翼機形式などを採用した十八試局地戦闘機 震電の試作1号機。昭和20年8月、福岡県雑餉隈（ざっしょのくま）。異色の機体構成で最大速度750km/h、30mm機銃4挺などの高性能が期待されたが、初飛行が昭和20年8月3日と遅く、実戦化されずに終戦を迎えた。

●日本陸軍

中島キ27
九七式戦闘機甲型

九七戦の塗装は全面灰緑色が基本だが、太平洋戦争で南方に進出した部隊では迷彩を施した例もある。図の機体は後に二式複戦でB-29を多数撃墜する樫出勇大尉（最終階級）が、飛行第五十九戦隊第二中隊所属時、ノモンハン事件で搭乗していた九七戦甲型。胴体側面に赤い電光、方向舵に固有機符号「カ」が記入されている。樫出大尉はノモンハン事件で7機の撃墜を記録した。昭和14年6月、ノモンハン。

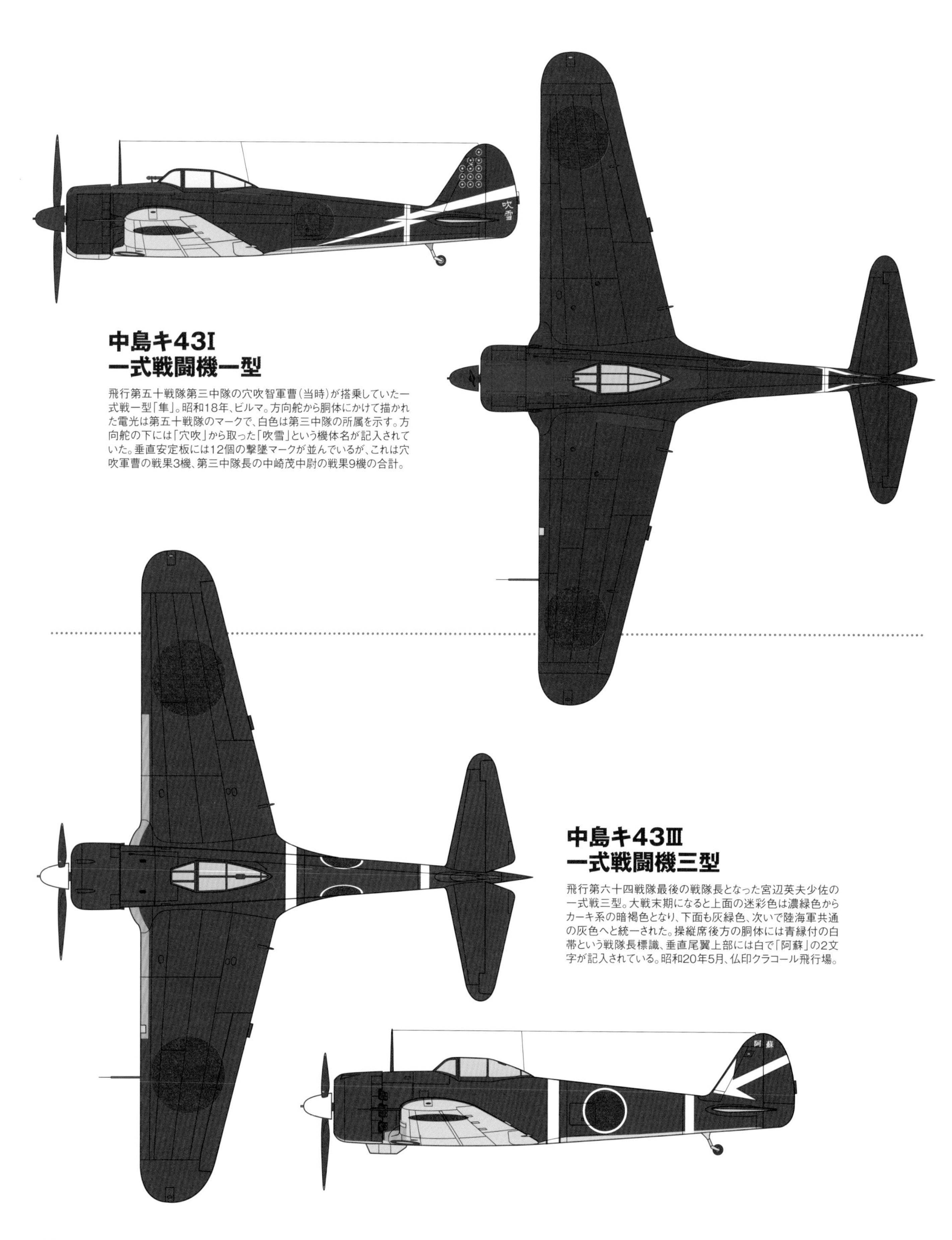

中島キ43I 一式戦闘機一型

飛行第五十戦隊第三中隊の穴吹智軍曹(当時)が搭乗していた一式戦一型「隼」。昭和18年、ビルマ。方向舵から胴体にかけて描かれた電光は第五十戦隊のマークで、白色は第三中隊の所属を示す。方向舵の下には「穴吹」から取った「吹雪」という機体名が記入されていた。垂直安定板には12個の撃墜マークが並んでいるが、これは穴吹軍曹の戦果3機、第三中隊長の中崎茂中尉の戦果9機の合計。

中島キ43III 一式戦闘機三型

飛行第六十四戦隊最後の戦隊長となった宮辺英夫少佐の一式戦三型。大戦末期になると上面の迷彩色は濃緑色からカーキ系の暗褐色となり、下面も灰緑色、次いで陸海軍共通の灰色へと統一された。操縦席後方の胴体には青緑付の白帯という戦隊長標識、垂直尾翼上部には白で「阿蘇」の2文字が記入されている。昭和20年5月、仏印クラコール飛行場。

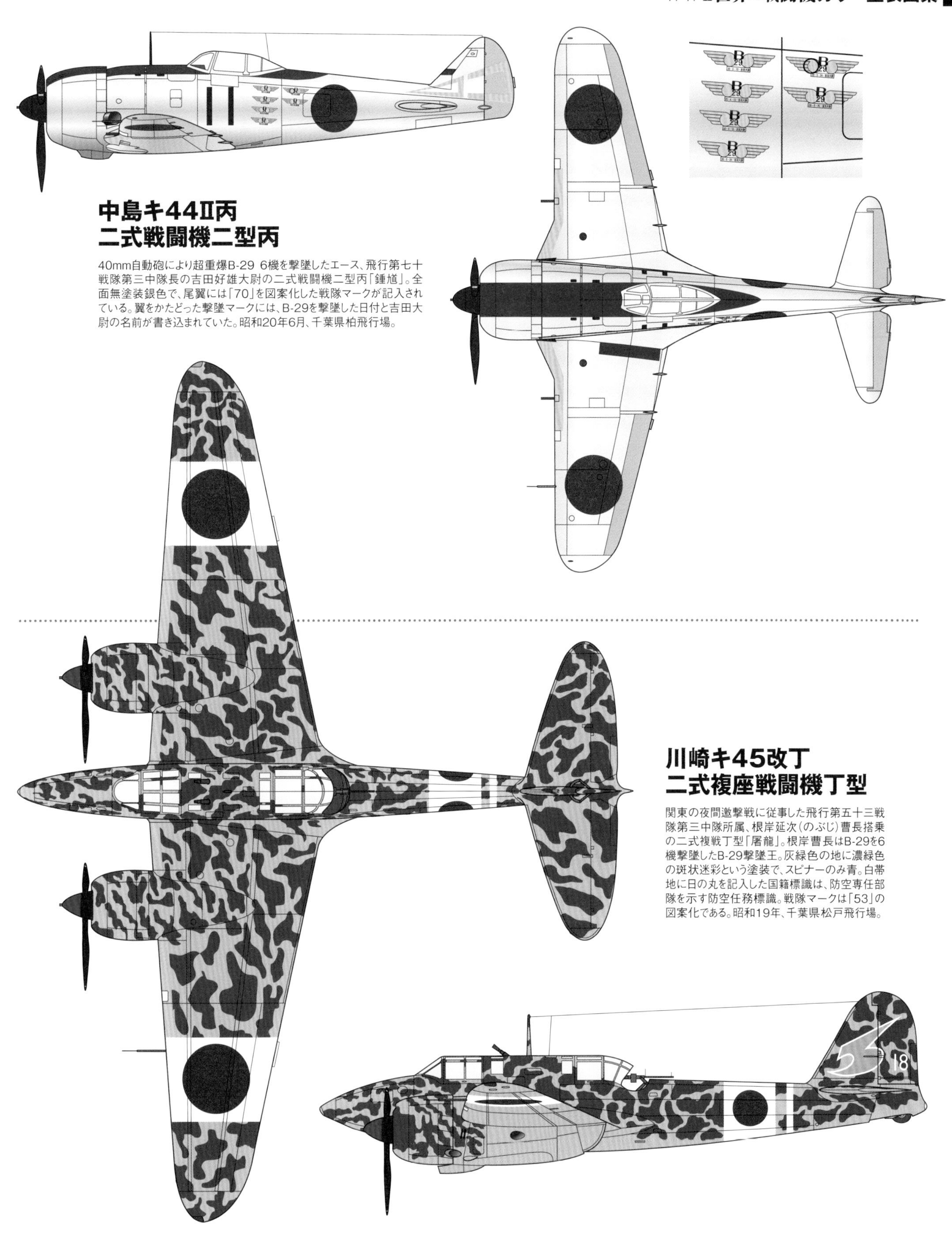

中島キ44Ⅱ丙
二式戦闘機二型丙

40mm自動砲により超重爆B-29 6機を撃墜したエース、飛行第七十戦隊第三中隊長の吉田好雄大尉の二式戦闘機二型丙「鍾馗」。全面無塗装銀色で、尾翼には「70」を図案化した戦隊マークが記入されている。翼をかたどった撃墜マークには、B-29を撃墜した日付と吉田大尉の名前が書き込まれていた。昭和20年6月、千葉県柏飛行場。

川崎キ45改丁
二式複座戦闘機丁型

関東の夜間邀撃戦に従事した飛行第五十三戦隊第三中隊所属、根岸延次(のぶじ)曹長搭乗の二式複戦丁型「屠龍」。根岸曹長はB-29を6機撃墜したB-29撃墜王。灰緑色の地に濃緑色の斑状迷彩という塗装で、スピナーのみ青。白帯地に日の丸を記入した国籍標識は、防空専任部隊を示す防空任務標識。戦隊マークは「53」の図案化である。昭和19年、千葉県松戸飛行場。

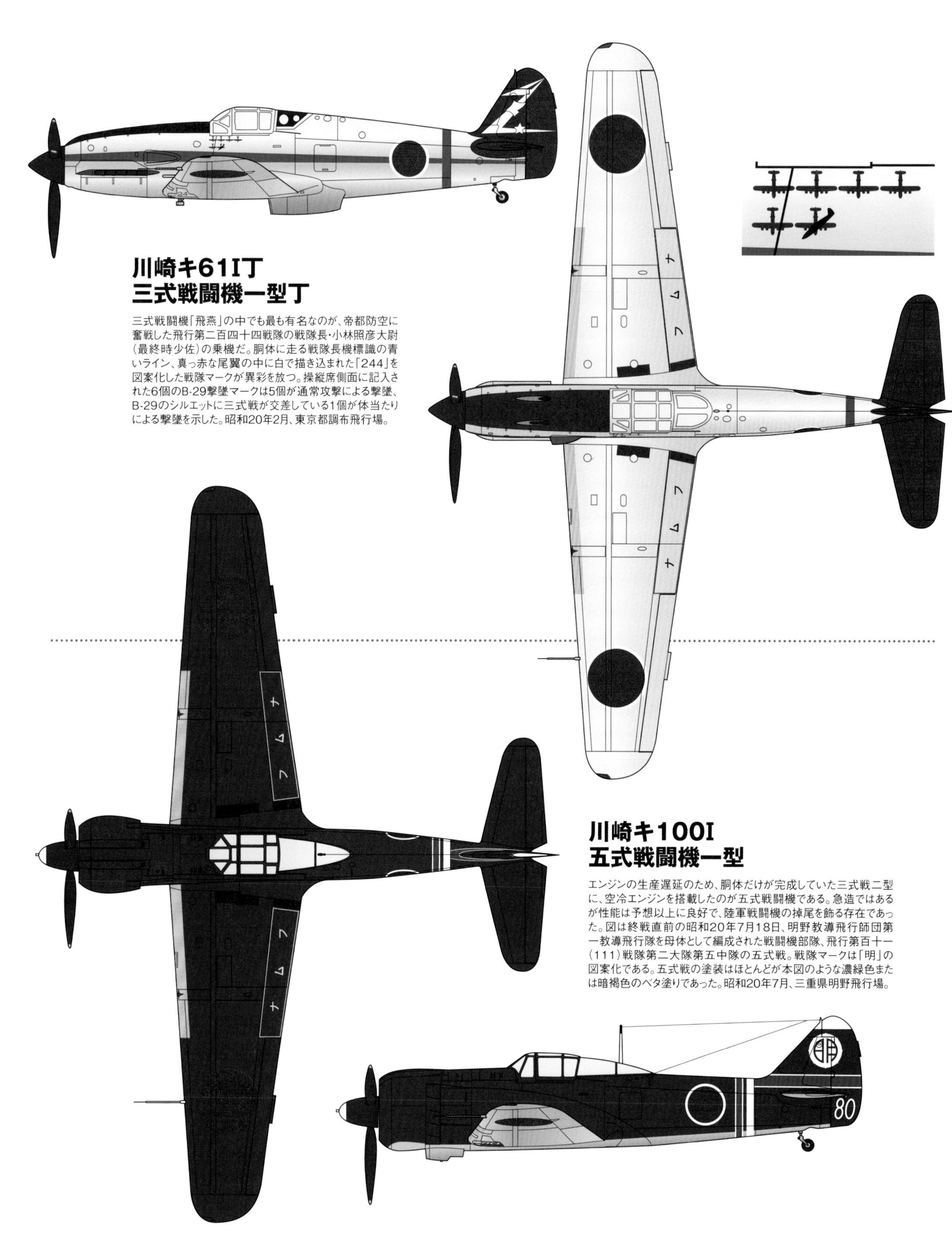

川崎キ61I丁
三式戦闘機一型丁

三式戦闘機「飛燕」の中でも最も有名なのが、帝都防空に奮戦した飛行第二百四十四戦隊の戦隊長・小林照彦大尉(最終時少佐)の乗機だ。胴体に走る戦隊長機標識の青いライン、真っ赤な尾翼の中に白で描き込まれた「244」を図案化した戦隊マークが異彩を放つ。操縦席側面に記入された6個のB-29撃墜マークは5個が通常攻撃による撃墜、B-29のシルエットに三式戦が交差している1個が体当たりによる撃墜を示した。昭和20年2月、東京都調布飛行場。

川崎キ100I
五式戦闘機一型

エンジンの生産遅延のため、胴体だけが完成していた三式戦二型に、空冷エンジンを搭載したのが五式戦闘機である。急造ではあるが性能は予想以上に良好で、陸軍戦闘機の掉尾を飾る存在であった。図は終戦直前の昭和20年7月18日、明野教導飛行師団第一教導飛行隊を母体として編成された戦闘機部隊、飛行第百十一(111)戦隊第二大隊第五中隊の五式戦。戦隊マークは「明」の図案化である。五式戦の塗装はほとんどが本図のような濃緑色または暗褐色のベタ塗りであった。昭和20年7月、三重県明野飛行場。

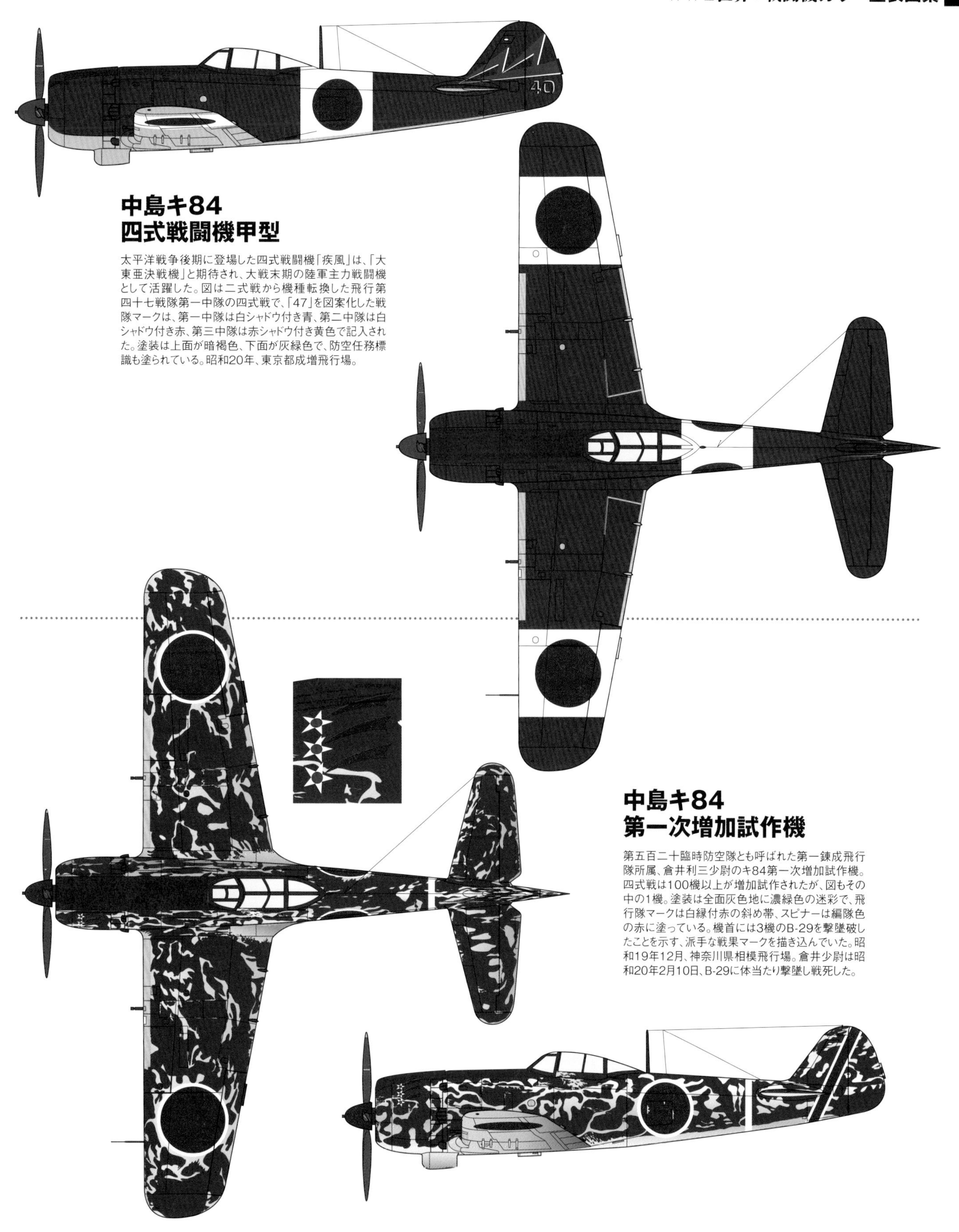

中島キ84
四式戦闘機甲型

太平洋戦争後期に登場した四式戦闘機「疾風」は、「大東亜決戦機」と期待され、大戦末期の陸軍主力戦闘機として活躍した。図は二式戦から機種転換した飛行第四十七戦隊第一中隊の四式戦で、「47」を図案化した戦隊マークは、第一中隊は白シャドウ付き青、第二中隊は白シャドウ付き赤、第三中隊は赤シャドウ付き黄色で記入された。塗装は上面が暗褐色、下面が灰緑色で、防空任務標識も塗られている。昭和20年、東京都成増飛行場。

中島キ84
第一次増加試作機

第五百二十臨時防空隊とも呼ばれた第一錬成飛行隊所属、倉井利三少尉のキ84第一次増加試作機。四式戦は100機以上が増加試作されたが、図もその中の1機。塗装は全面灰色地に濃緑色の迷彩で、飛行隊マークは白縁付赤の斜め帯、スピナーは編隊色の赤に塗っている。機首には3機のB-29を撃墜破したことを示す、派手な戦果マークを描き込んでいた。昭和19年12月、神奈川県相模飛行場。倉井少尉は昭和20年2月10日、B-29に体当たり撃墜し戦死した。

アメリカ海軍／海兵隊

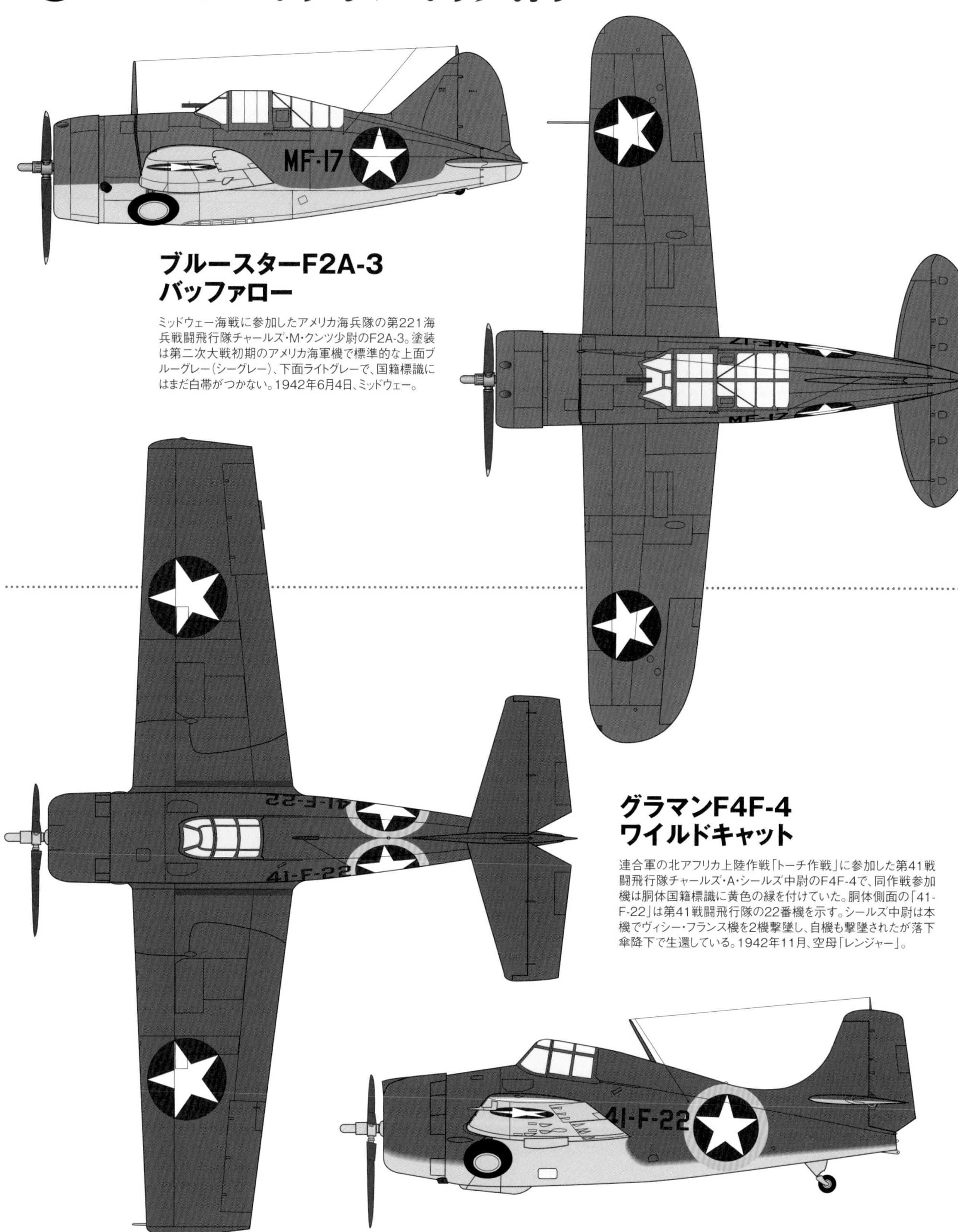

ブルースターF2A-3 バッファロー

ミッドウェー海戦に参加したアメリカ海兵隊の第221海兵戦闘飛行隊チャールズ・M・クンツ少尉のF2A-3。塗装は第二次大戦初期のアメリカ海軍機で標準的な上面ブルーグレー（シーグレー）、下面ライトグレーで、国籍標識にはまだ白帯がつかない。1942年6月4日、ミッドウェー。

グラマンF4F-4 ワイルドキャット

連合軍の北アフリカ上陸作戦「トーチ作戦」に参加した第41戦闘飛行隊チャールズ・A・シールズ中尉のF4F-4で、同作戦参加機は胴体国籍標識に黄色の縁を付けていた。胴体側面の「41-F-22」は第41戦闘飛行隊の22番機を示す。シールズ中尉は本機でヴィシー・フランス機を2機撃墜し、自機も撃墜されたが落下傘降下で生還している。1942年11月、空母「レンジャー」。

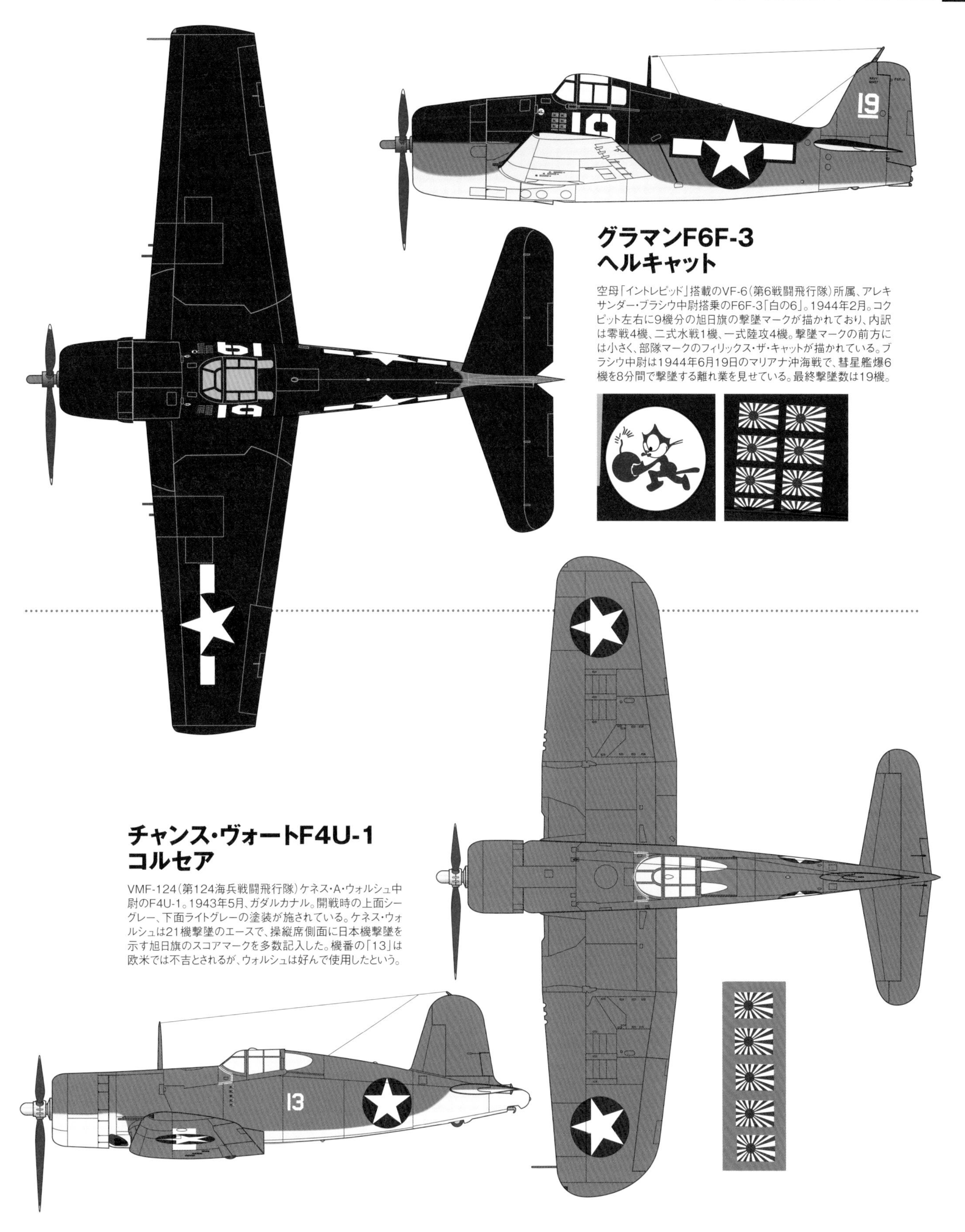

グラマンF6F-3 ヘルキャット

空母「イントレピッド」搭載のVF-6(第6戦闘飛行隊)所属、アレキサンダー・ブラシウ中尉搭乗のF6F-3「白の6」。1944年2月。コクピット左右に9機分の旭日旗の撃墜マークが描かれており、内訳は零戦4機、二式水戦1機、一式陸攻4機。撃墜マークの前方には小さく、部隊マークのフィリックス・ザ・キャットが描かれている。ブラシウ中尉は1944年6月19日のマリアナ沖海戦で、彗星艦爆6機を8分間で撃墜する離れ業を見せている。最終撃墜数は19機。

チャンス・ヴォートF4U-1 コルセア

VMF-124(第124海兵戦闘飛行隊)ケネス・A・ウォルシュ中尉のF4U-1。1943年5月、ガダルカナル。開戦時の上面シーグレー、下面ライトグレーの塗装が施されている。ケネス・ウォルシュは21機撃墜のエースで、操縦席側面に日本機撃墜を示す旭日旗のスコアマークを多数記入した。機番の「13」は欧米では不吉とされるが、ウォルシュは好んで使用したという。

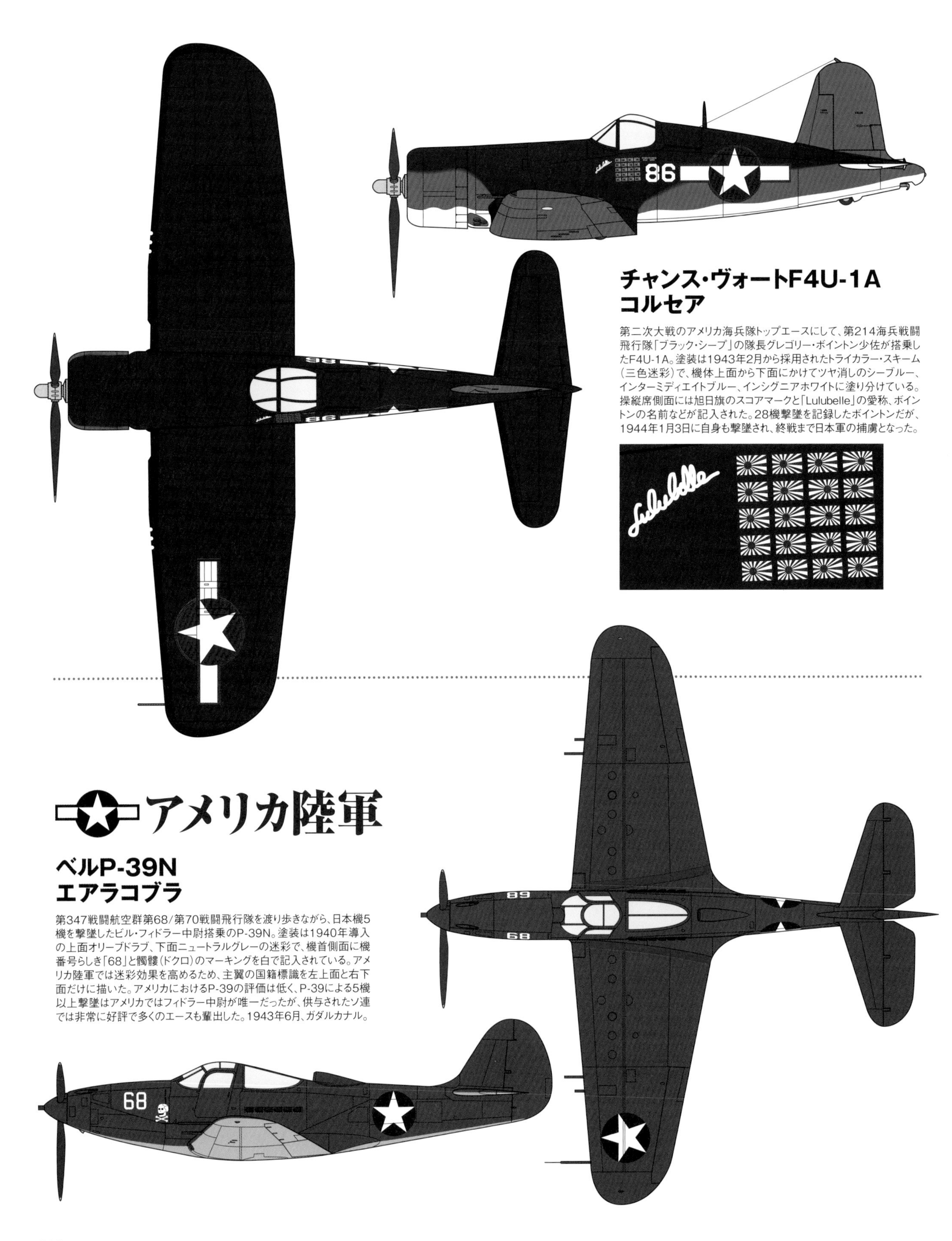

チャンス・ヴォートF4U-1A コルセア

第二次大戦のアメリカ海兵隊トップエースにして、第214海兵戦闘飛行隊「ブラック・シープ」の隊長グレゴリー・ボイントン少佐が搭乗したF4U-1A。塗装は1943年2月から採用されたトライカラー・スキーム（三色迷彩）で、機体上面から下面にかけてツヤ消しのシーブルー、インターミディエイトブルー、インシグニアホワイトに塗り分けている。操縦席側面には旭日旗のスコアマークと「Lulubelle」の愛称、ボイントンの名前などが記入された。28機撃墜を記録したボイントンだが、1944年1月3日に自身も撃墜され、終戦まで日本軍の捕虜となった。

アメリカ陸軍

ベルP-39N エアラコブラ

第347戦闘航空群第68/第70戦闘飛行隊を渡り歩きながら、日本機5機を撃墜したビル・フィドラー中尉搭乗のP-39N。塗装は1940年導入の上面オリーブドラブ、下面ニュートラルグレーの迷彩で、機首側面に機番号らしき「68」と髑髏（ドクロ）のマーキングを白で記入されている。アメリカ陸軍では迷彩効果を高めるため、主翼の国籍標識を左上面と右下面だけに描いた。アメリカにおけるP-39の評価は低く、P-39による5機以上撃墜はアメリカではフィドラー中尉が唯一だったが、供与されたソ連では非常に好評で多くのエースも輩出した。1943年6月、ガダルカナル。

カーチスP-40E ウォーホーク

1942年7月の第23戦闘航空群編成から43年1月まで、その指揮官を務めたロバート L.スコット大佐が搭乗していたP-40E「白の7」。塗装はニュートラルグレー地の上にオリーブドラブで、機首にはシャークマウス、風防の下に日本機5機の撃墜マークが描かれている。胴体後部のマーキングはディズニーのロイ・ウィリアムズがデザインした米義勇航空群「フライング・タイガース」の部隊標識「翼の生えた虎」に、アンクル・サムの帽子と中国の青天白日、そして破られた日本国旗が追加されたもの。1942年9月、中国。

リパブリックP-47D-2 サンダーボルト

1944年3月に戦死するまで22機の撃墜戦果を挙げた第348戦闘航空群司令、ニール・カービィ大佐が搭乗したP-47D。上面オリーブドラブ、下面ニュートラルグレーの標準的塗装だが、主翼前縁と尾翼を白で塗っていた。機首に白で記入された「Fiery Ginger」は「赤毛の妖精」という意味で、これはカービィ大佐の妻が赤毛だったことに由来している。1943年9月、ポートモレスビー。

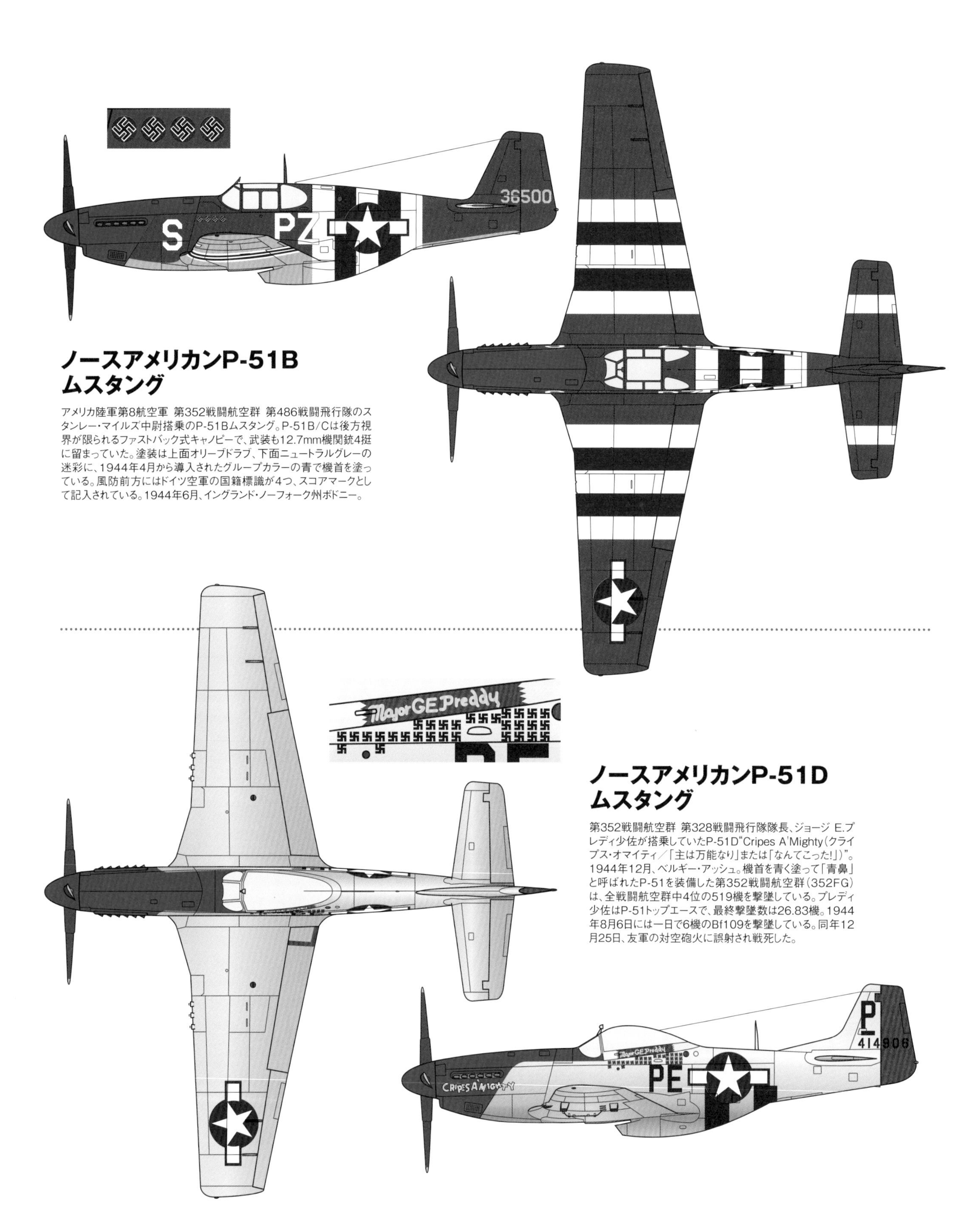

ノースアメリカンP-51B ムスタング

アメリカ陸軍第8航空軍 第352戦闘航空群 第486戦闘飛行隊のスタンレー・マイルズ中尉搭乗のP-51Bムスタング。P-51B/Cは後方視界が限られるファストバック式キャノピーで、武装も12.7mm機関銃4挺に留まっていた。塗装は上面オリーブドラブ、下面ニュートラルグレーの迷彩に、1944年4月から導入されたグループカラーの青で機首を塗っている。風防前方にはドイツ空軍の国籍標識が4つ、スコアマークとして記入されている。1944年6月、イングランド・ノーフォーク州ボドニー。

ノースアメリカンP-51D ムスタング

第352戦闘航空群 第328戦闘飛行隊隊長、ジョージ E.プレディ少佐が搭乗していたP-51D"Cripes A'Mighty(クライプス・オマイティ/「主は万能なり」または「なんてこった!」)"。1944年12月、ベルギー・アッシュ。機首を青く塗って「青鼻」と呼ばれたP-51を装備した第352戦闘航空群(352FG)は、全戦闘航空群中4位の519機を撃墜している。プレディ少佐はP-51トップエースで、最終撃墜数は26.83機。1944年8月6日には一日で6機のBf109を撃墜している。同年12月25日、友軍の対空砲火に誤射され戦死した。

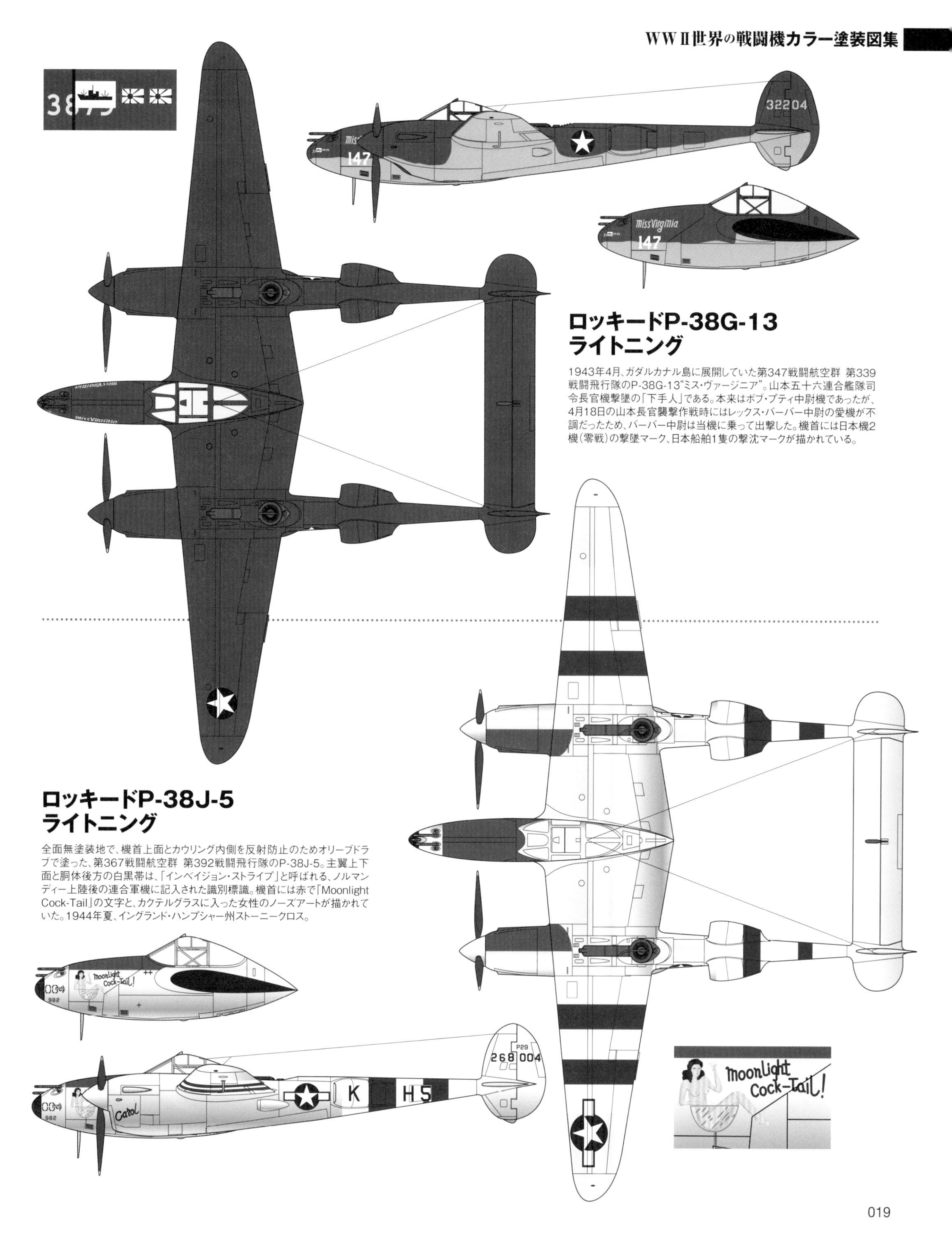

ロッキードP-38G-13 ライトニング

1943年4月、ガダルカナル島に展開していた第347戦闘航空群 第339戦闘飛行隊のP-38G-13“ミス・ヴァージニア”。山本五十六連合艦隊司令長官機撃墜の「下手人」である。本来はボブ・プティ中尉機であったが、4月18日の山本長官襲撃作戦時にはレックス・バーバー中尉の愛機が不調だったため、バーバー中尉は当機に乗って出撃した。機首には日本機2機（零戦）の撃墜マーク、日本船舶1隻の撃沈マークが描かれている。

ロッキードP-38J-5 ライトニング

全面無塗装地で、機首上面とカウリング内側を反射防止のためオリーブドラブで塗った、第367戦闘航空群 第392戦闘飛行隊のP-38J-5。主翼上下面と胴体後方の白黒帯は、「インベイジョン・ストライプ」と呼ばれる、ノルマンディー上陸後の連合軍機に記入された識別標識。機首には赤で「Moonlight Cock-Tail」の文字と、カクテルグラスに入った女性のノーズアートが描かれていた。1944年夏、イングランド・ハンプシャー州ストーニークロス。

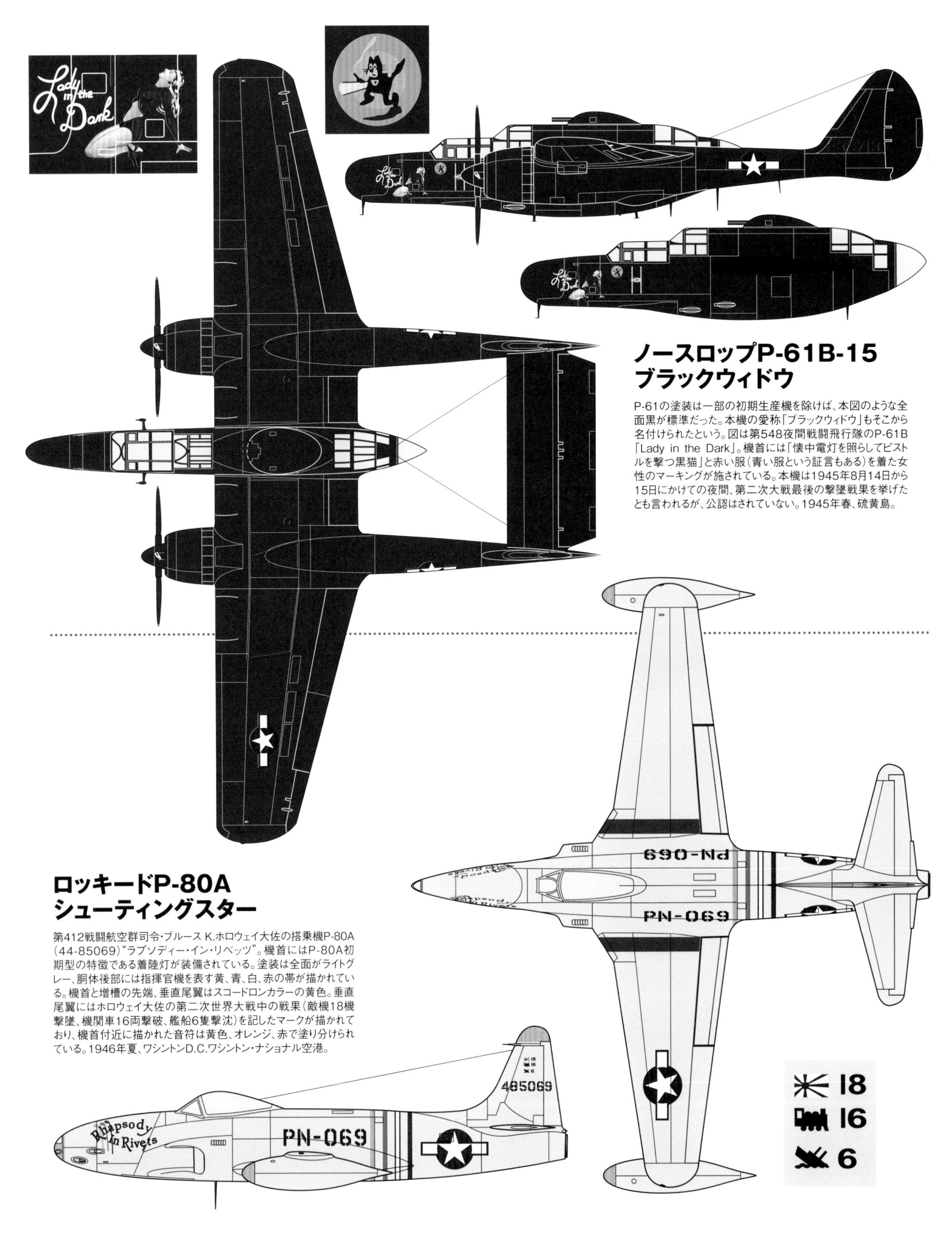

ノースロップP-61B-15
ブラックウィドウ

P-61の塗装は一部の初期生産機を除けば、本図のような全面黒が標準だった。本機の愛称「ブラックウィドウ」もそこから名付けられたという。図は第548夜間戦闘飛行隊のP-61B「Lady in the Dark」。機首には「懐中電灯を照らしてピストルを撃つ黒猫」と赤い服(青い服という証言もある)を着た女性のマーキングが施されている。本機は1945年8月14日から15日にかけての夜間、第二次大戦最後の撃墜戦果を挙げたとも言われるが、公認はされていない。1945年春、硫黄島。

ロッキードP-80A
シューティングスター

第412戦闘航空群司令・ブルース K.ホロウェイ大佐の搭乗機P-80A(44-85069)"ラプソディー・イン・リベッツ"。機首にはP-80A初期型の特徴である着陸灯が装備されている。塗装は全面がライトグレー、胴体後部には指揮官機を表す黄、青、白、赤の帯が描かれている。機首と増槽の先端、垂直尾翼はスコードロンカラーの黄色。垂直尾翼にはホロウェイ大佐の第二次世界大戦中の戦果(敵機18機撃墜、機関車16両撃破、艦船6隻撃沈)を記したマークが描かれており、機首付近に描かれた音符は黄色、オレンジ、赤で塗り分けられている。1946年夏、ワシントンD.C.ワシントン・ナショナル空港。

ドイツ空軍

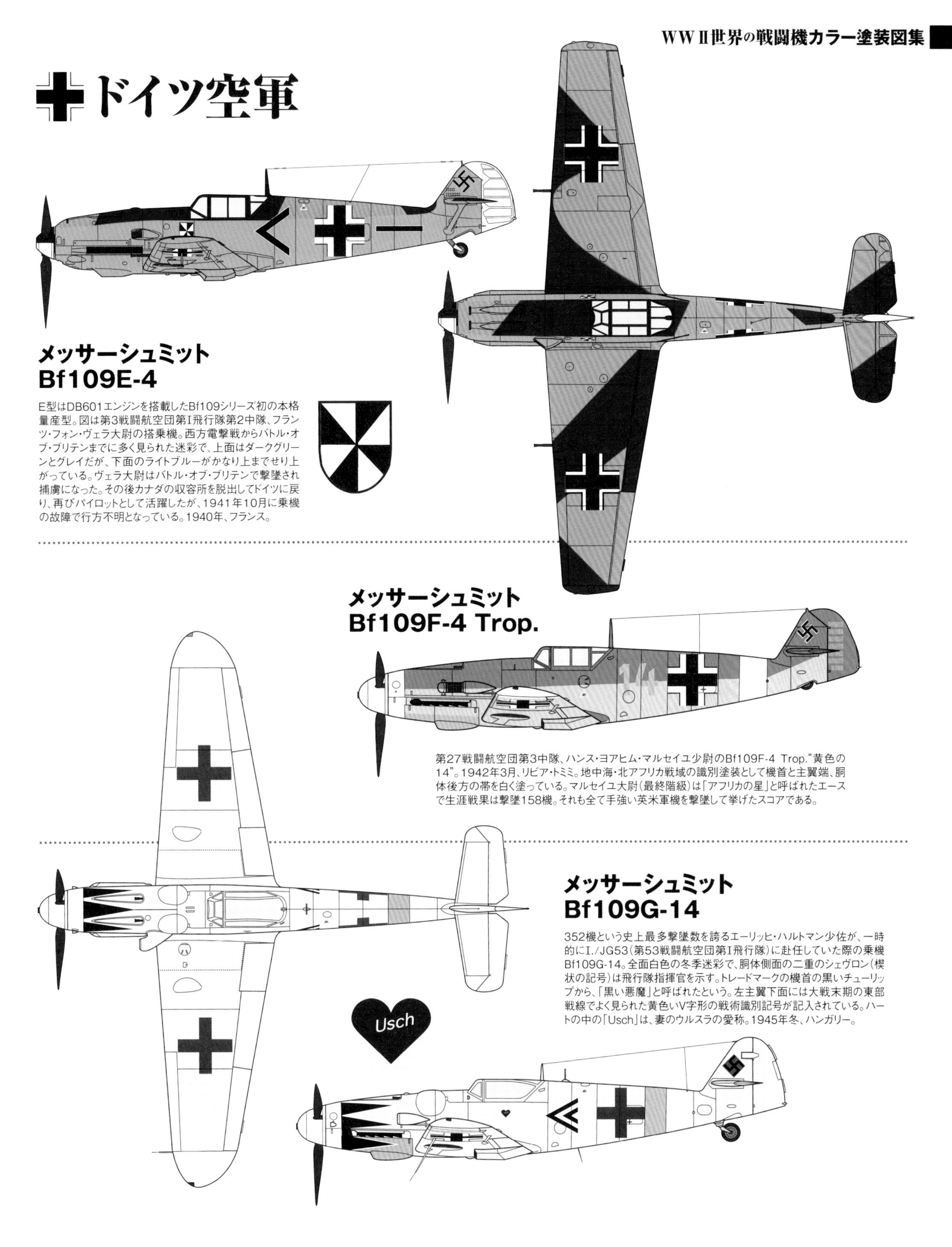

メッサーシュミット Bf109E-4

E型はDB601エンジンを搭載したBf109シリーズ初の本格量産型。図は第3戦闘航空団第I飛行隊第2中隊、フランツ・フォン・ヴェラ大尉の搭乗機。西方電撃戦からバトル・オブ・ブリテンまでに多く見られた迷彩で、上面はダークグリーンとグレイだが、下面のライトブルーがかなり上までせり上がっている。ヴェラ大尉はバトル・オブ・ブリテンで撃墜され捕虜になった。その後カナダの収容所を脱出してドイツに戻り、再びパイロットとして活躍したが、1941年10月に乗機の故障で行方不明となっている。1940年、フランス。

メッサーシュミット Bf109F-4 Trop.

第27戦闘航空団第3中隊、ハンス・ヨアヒム・マルセイユ少尉のBf109F-4 Trop."黄色の14"。1942年3月、リビア・トミミ。地中海・北アフリカ戦域の識別塗装として機首と主翼端、胴体後方の帯を白く塗っている。マルセイユ大尉(最終階級)は「アフリカの星」と呼ばれたエースで生涯戦果は撃墜158機。それも全て手強い英米軍機を撃墜して挙げたスコアである。

メッサーシュミット Bf109G-14

352機という史上最多撃墜数を誇るエーリッヒ・ハルトマン少佐が、一時的にI./JG53(第53戦闘航空団第I飛行隊)に赴任していた際の乗機Bf109G-14。全面白色の冬季迷彩で、胴体側面の二重のシェヴロン(楔状の記号)は飛行隊指揮官を示す。トレードマークの機首の黒いチューリップから、「黒い悪魔」と呼ばれたという。左主翼下面には大戦末期の東部戦線でよく見られた黄色いV字形の戦術識別記号が記入されている。ハートの中の「Usch」は、妻のウルスラの愛称。1945年冬、ハンガリー。

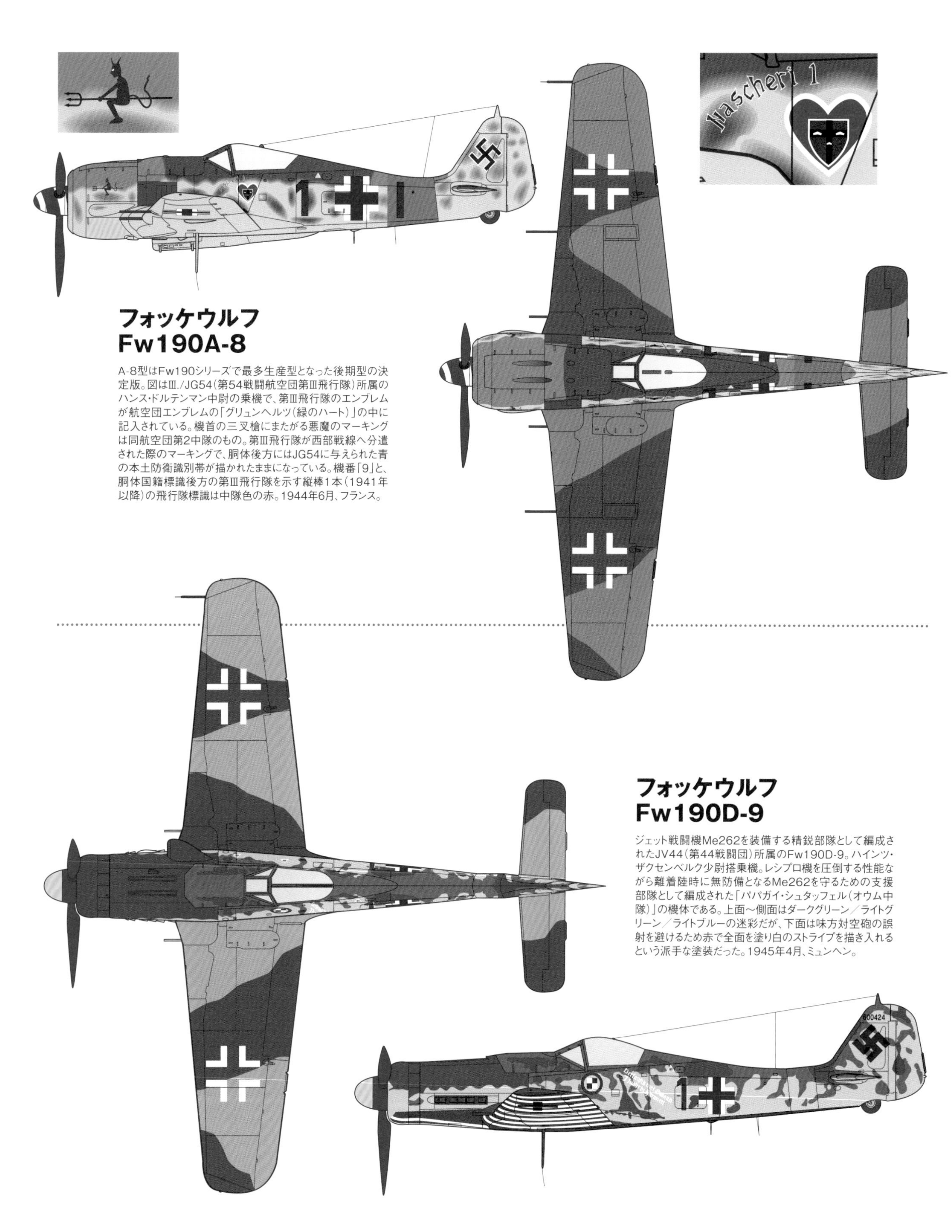

フォッケウルフ
Fw190A-8

A-8型はFw190シリーズで最多生産型となった後期型の決定版。図はⅢ./JG54(第54戦闘航空団第Ⅲ飛行隊)所属のハンス・ドルテンマン中尉の乗機で、第Ⅲ飛行隊のエンブレムが航空団エンブレムの「グリュンヘルツ(緑のハート)」の中に記入されている。機首の三叉槍にまたがる悪魔のマーキングは同航空団第2中隊のもの。第Ⅲ飛行隊が西部戦線へ分遣された際のマーキングで、胴体後方にはJG54に与えられた青の本土防衛識別帯が描かれたままになっている。機番「9」と、胴体国籍標識後方の第Ⅲ飛行隊を示す縦棒1本(1941年以降)の飛行隊標識は中隊色の赤。1944年6月、フランス。

フォッケウルフ
Fw190D-9

ジェット戦闘機Me262を装備する精鋭部隊として編成されたJV44(第44戦闘団)所属のFw190D-9。ハインツ・ザクセンベルク少尉搭乗機。レシプロ機を圧倒する性能ながら離着陸時に無防備となるMe262を守るための支援部隊として編成された「パパガイ・シュタッフェル(オウム中隊)」の機体である。上面～側面はダークグリーン／ライトグリーン／ライトブルーの迷彩だが、下面は味方対空砲の誤射を避けるため赤で全面を塗り白のストライプを描き入れるという派手な塗装だった。1945年4月、ミュンヘン。

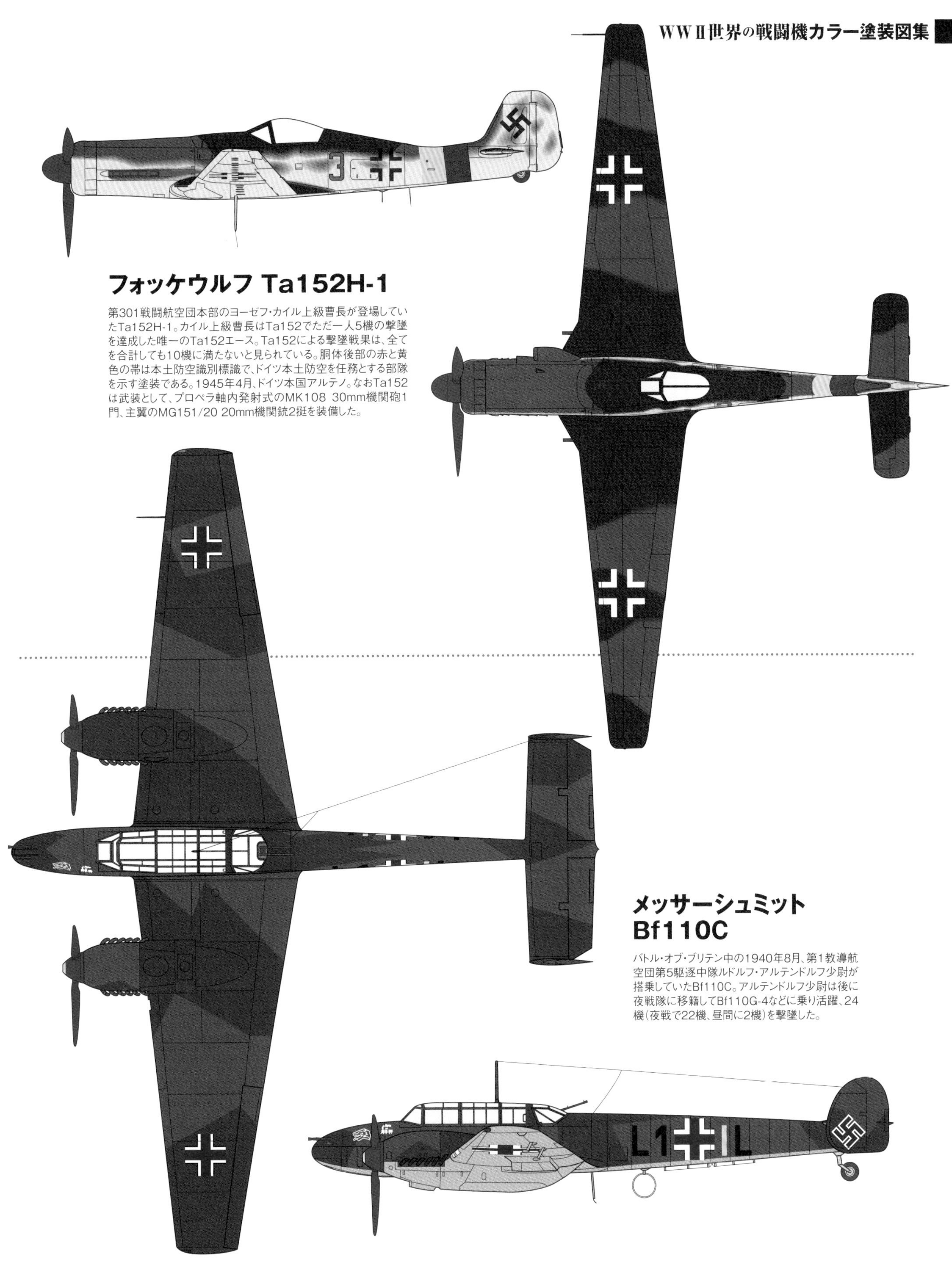

フォッケウルフ Ta152H-1

第301戦闘航空団本部のヨーゼフ・カイル上級曹長が登場していたTa152H-1。カイル上級曹長はTa152でただ一人5機の撃墜を達成した唯一のTa152エース。Ta152による撃墜戦果は、全てを合計しても10機に満たないと見られている。胴体後部の赤と黄色の帯は本土防空識別標識で、ドイツ本土防空を任務とする部隊を示す塗装である。1945年4月、ドイツ本国アルテノ。なおTa152は武装として、プロペラ軸内発射式のMK108 30mm機関砲1門、主翼のMG151/20 20mm機関銃2挺を装備した。

メッサーシュミット Bf110C

バトル・オブ・ブリテン中の1940年8月、第1教導航空団第5駆逐中隊ルドルフ・アルテンドルフ少尉が搭乗していたBf110C。アルテンドルフ少尉は後に夜戦隊に移籍してBf110G-4などに乗り活躍、24機（夜戦で22機、昼間に2機）を撃墜した。

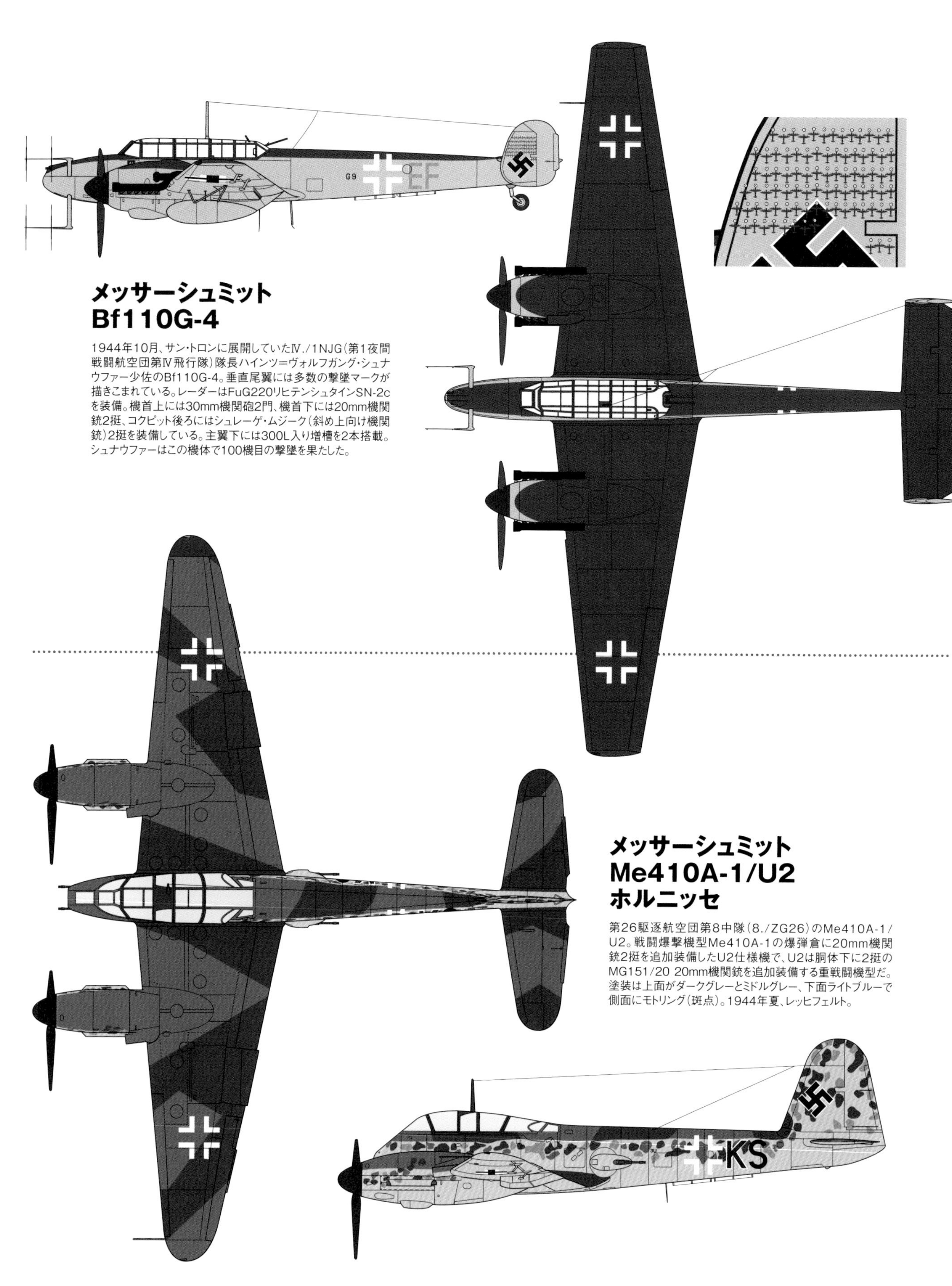

メッサーシュミット Bf110G-4

1944年10月、サン・トロンに展開していたⅣ./1NJG（第1夜間戦闘航空団第Ⅳ飛行隊）隊長ハインツ＝ヴォルフガング・シュナウファー少佐のBf110G-4。垂直尾翼には多数の撃墜マークが描きこまれている。レーダーはFuG220リヒテンシュタインSN-2cを装備。機首上には30mm機関砲2門、機首下には20mm機関銃2挺、コクピット後ろにはシュレーゲ・ムジーク（斜め上向け機関銃）2挺を装備している。主翼下には300L入り増槽を2本搭載。シュナウファーはこの機体で100機目の撃墜を果たした。

メッサーシュミット Me410A-1/U2 ホルニッセ

第26駆逐航空団第8中隊（8./ZG26）のMe410A-1/U2。戦闘爆撃機型Me410A-1の爆弾倉に20mm機関銃2挺を追加装備したU2仕様機で、U2は胴体下に2挺のMG151/20 20mm機関銃を追加装備する重戦闘機型だ。塗装は上面がダークグレーとミドルグレー、下面ライトブルーで側面にモトリング（斑点）。1944年夏、レッヒフェルト。

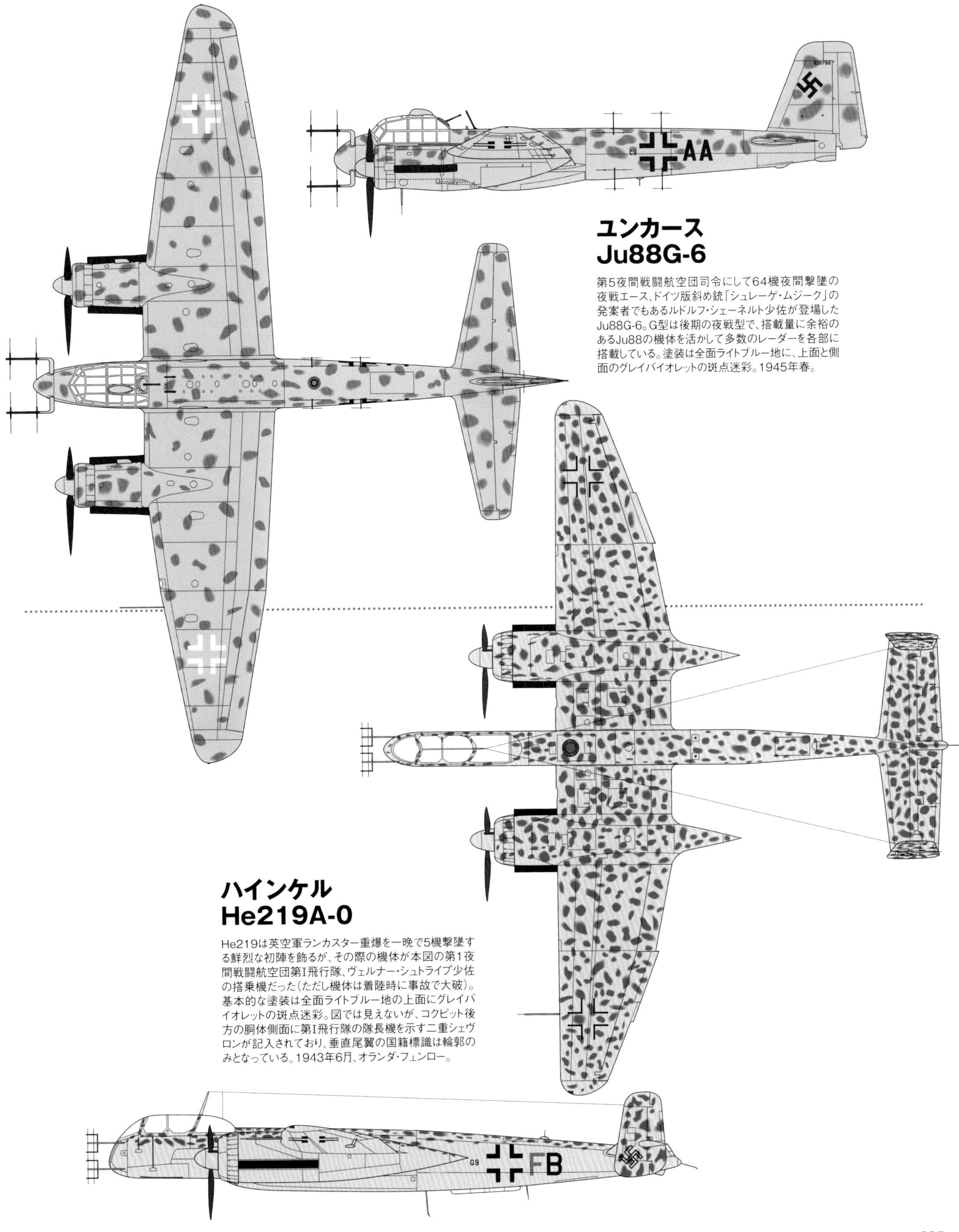

ユンカース
Ju88G-6

第5夜間戦闘航空団司令にして64機夜間撃墜の夜戦エース、ドイツ版斜め銃「シュレーゲ・ムジーク」の発案者でもあるルドルフ・シェーネルト少佐が登場したJu88G-6。G型は後期の夜戦型で、搭載量に余裕のあるJu88の機体を活かして多数のレーダーを各部に搭載している。塗装は全面ライトブルー地に、上面と側面のグレイバイオレットの斑点迷彩。1945年春。

ハインケル
He219A-0

He219は英空軍ランカスター重爆を一晩で5機撃墜する鮮烈な初陣を飾るが、その際の機体が本図の第1夜間戦闘航空団第Ⅰ飛行隊、ヴェルナー・シュトライブ少佐の搭乗機だった（ただし機体は着陸時に事故で大破）。基本的な塗装は全面ライトブルー地の上面にグレイバイオレットの斑点迷彩。図では見えないが、コクピット後方の胴体側面に第Ⅰ飛行隊の隊長機を示す二重シェヴロンが記入されており、垂直尾翼の国籍標識は輪郭のみとなっている。1943年6月、オランダ・フェンロー。

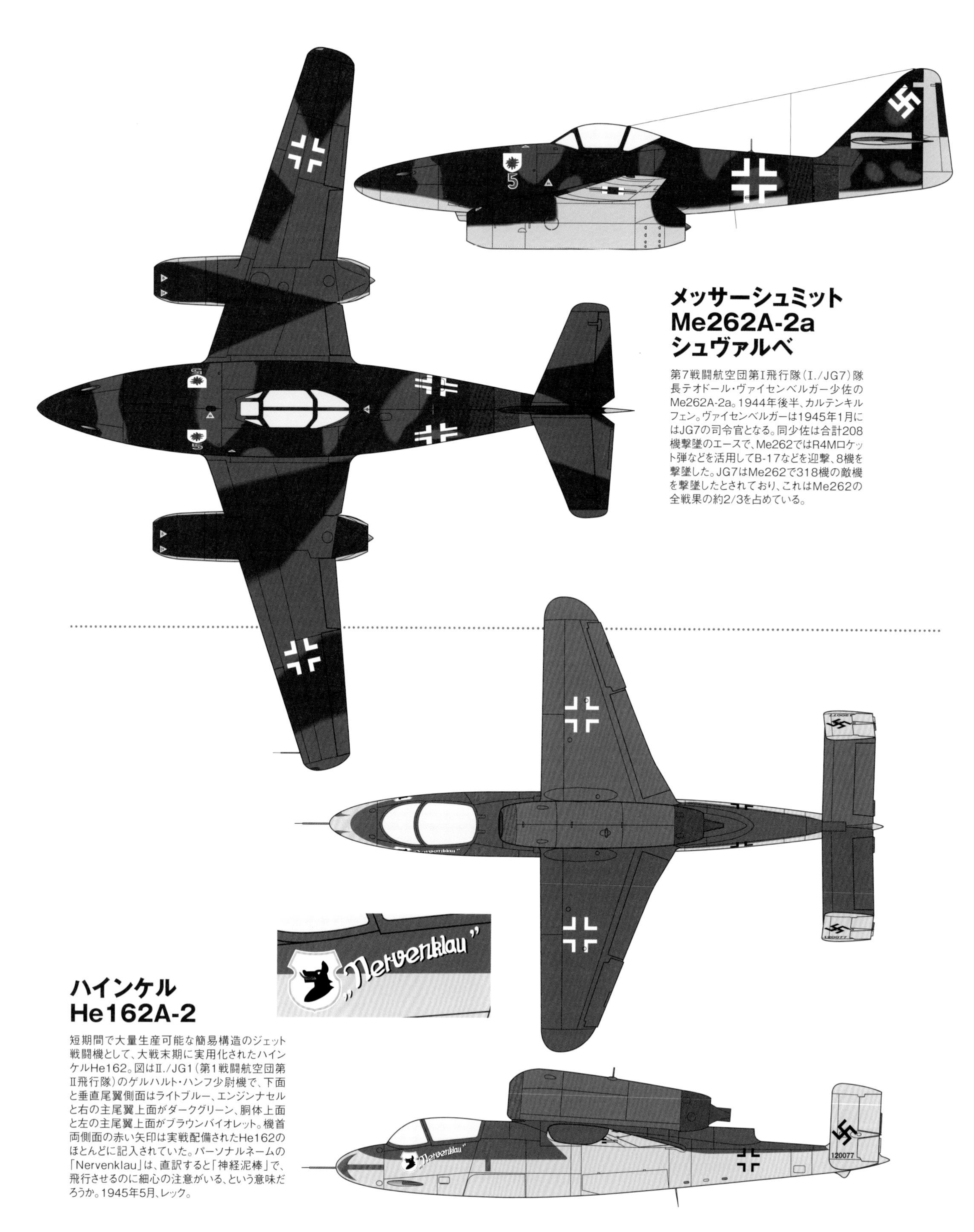

メッサーシュミット Me262A-2a シュヴァルベ

第7戦闘航空団第I飛行隊（I./JG7）隊長テオドール・ヴァイセンベルガー少佐のMe262A-2a。1944年後半、カルテンキルフェン。ヴァイセンベルガーは1945年1月にはJG7の司令官となる。同少佐は合計208機撃墜のエースで、Me262ではR4Mロケット弾などを活用してB-17などを迎撃、8機を撃墜した。JG7はMe262で318機の敵機を撃墜したとされており、これはMe262の全戦果の約2/3を占めている。

ハインケル He162A-2

短期間で大量生産可能な簡易構造のジェット戦闘機として、大戦末期に実用化されたハインケルHe162。図はII./JG1（第1戦闘航空団第II飛行隊）のゲルハルト・ハンフ少尉機で、下面と垂直尾翼側面はライトブルー、エンジンナセルと右の主尾翼上面がダークグリーン、胴体上面と左の主尾翼上面がブラウンバイオレット。機首両側面の赤い矢印は実戦配備されたHe162のほとんどに記入されていた。パーソナルネームの「Nervenklau」は、直訳すると「神経泥棒」で、飛行させるのに細心の注意がいる、という意味だろうか。1945年5月、レック。

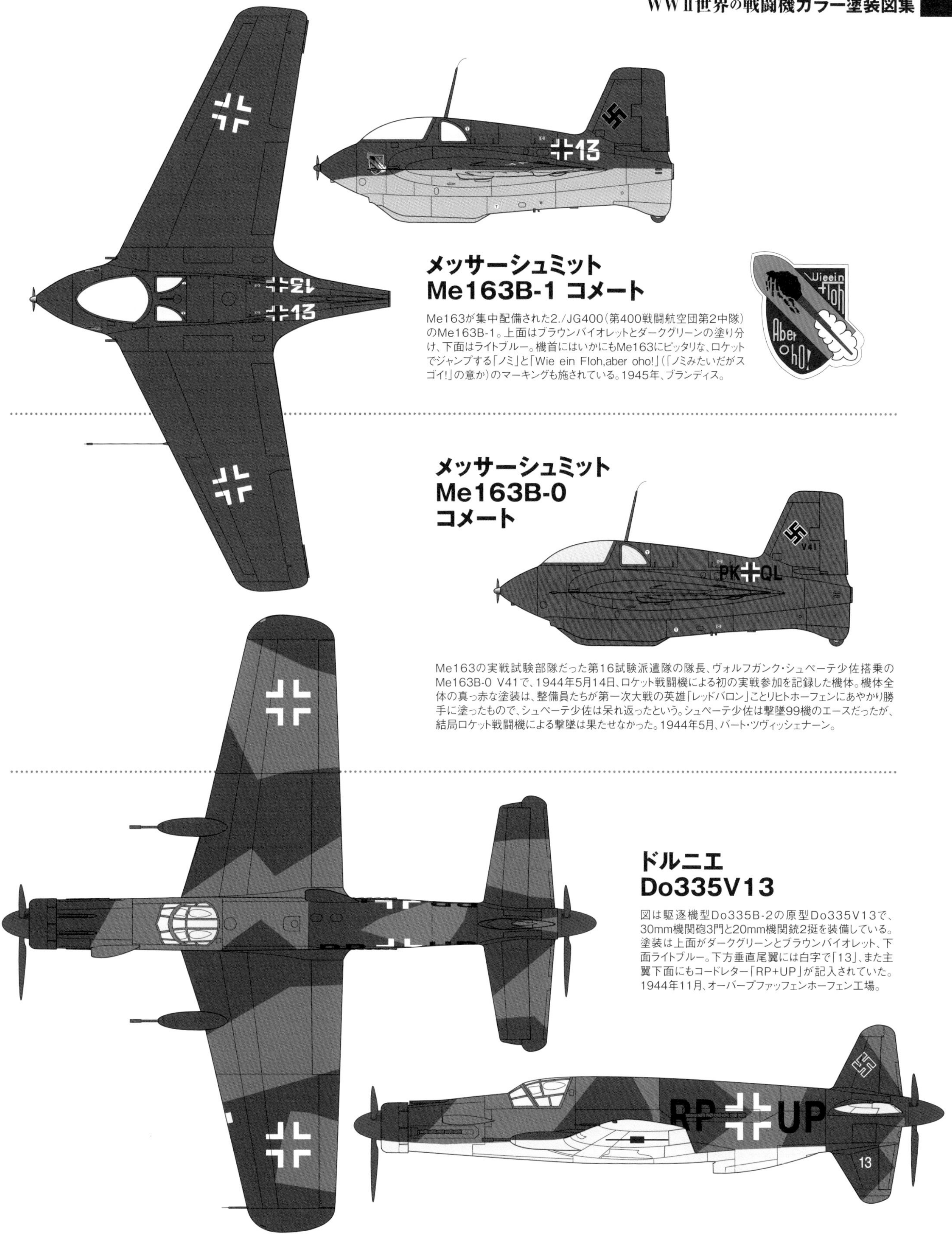

メッサーシュミット Me163B-1 コメート

Me163が集中配備された2./JG400（第400戦闘航空団第2中隊）のMe163B-1。上面はブラウンバイオレットとダークグリーンの塗り分け、下面はライトブルー。機首にはいかにもMe163にピッタリな、ロケットでジャンプする「ノミ」と「Wie ein Floh,aber oho!」（「ノミみたいだがスゴイ!」の意か）のマーキングも施されている。1945年、ブランディス。

メッサーシュミット Me163B-0 コメート

Me163の実戦試験部隊だった第16試験派遣隊の隊長、ヴォルフガンク・シュペーテ少佐搭乗のMe163B-0 V41で、1944年5月14日、ロケット戦闘機による初の実戦参加を記録した機体。機体全体の真っ赤な塗装は、整備員たちが第一次大戦の英雄「レッドバロン」ことリヒトホーフェンにあやかり勝手に塗ったもので、シュペーテ少佐は呆れ返ったという。シュペーテ少佐は撃墜99機のエースだったが、結局ロケット戦闘機による撃墜は果たせなかった。1944年5月、バート・ツヴィッシェナーン。

ドルニエ Do335V13

図は駆逐機型Do335B-2の原型Do335V13で、30mm機関砲3門と20mm機関銃2挺を装備している。塗装は上面がダークグリーンとブラウンバイオレット、下面ライトブルー。下方垂直尾翼には白字で「13」、また主翼下面にもコードレター「RP+UP」が記入されていた。1944年11月、オーバープファッフェンホーフェン工場。

イギリス空軍／海軍

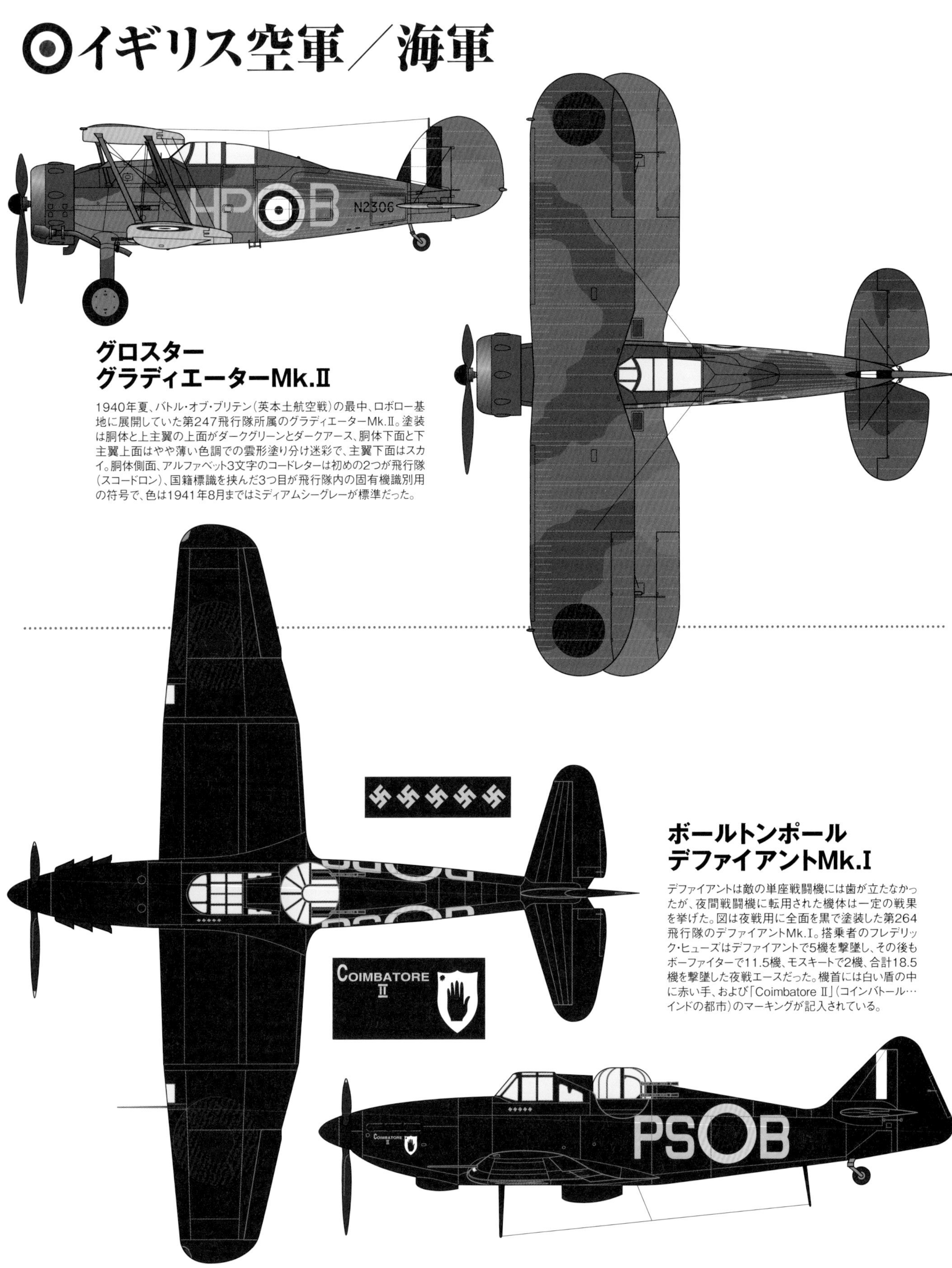

グロスター グラディエーターMk.Ⅱ

1940年夏、バトル・オブ・ブリテン（英本土航空戦）の最中、ロボロー基地に展開していた第247飛行隊所属のグラディエーターMk.Ⅱ。塗装は胴体と上主翼の上面がダークグリーンとダークアース、胴体下面と下主翼上面はやや薄い色調での雲形塗り分け迷彩で、主翼下面はスカイ。胴体側面、アルファベット3文字のコードレターは初めの2つが飛行隊（スコードロン）、国籍標識を挟んだ3つ目が飛行隊内の固有機識別用の符号で、色は1941年8月まではミディアムシーグレーが標準だった。

ボールトンポール デファイアントMk.Ⅰ

デファイアントは敵の単座戦闘機には歯が立たなかったが、夜間戦闘機に転用された機体は一定の戦果を挙げた。図は夜戦用に全面を黒で塗装した第264飛行隊のデファイアントMk.Ⅰ。搭乗者のフレデリック・ヒューズはデファイアントで5機を撃墜し、その後もボーファイターで11.5機、モスキートで2機、合計18.5機を撃墜した夜戦エースだった。機首には白い盾の中に赤い手、および「Coimbatore Ⅱ」（コインバトール…インドの都市）のマーキングが記入されている。

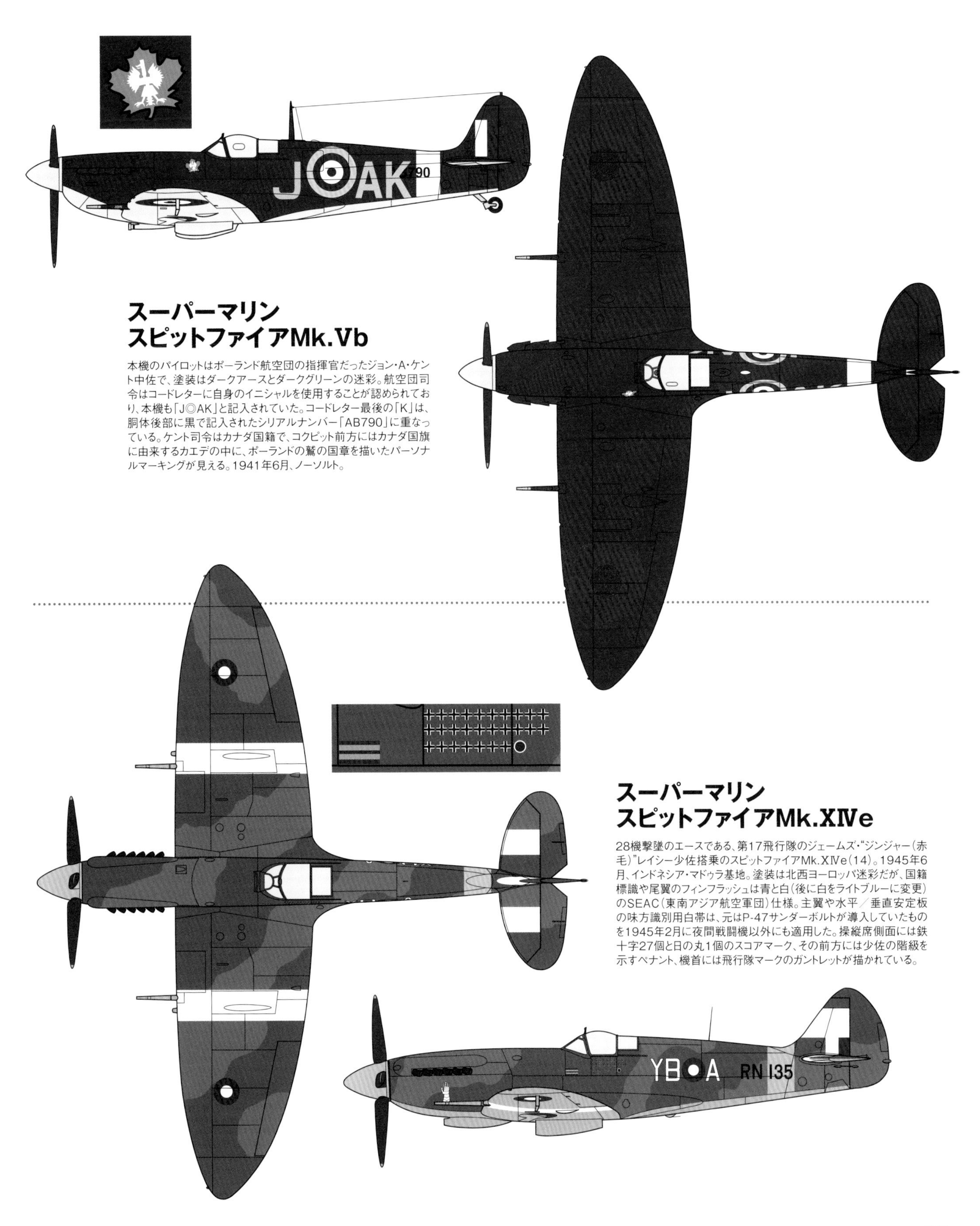

スーパーマリン スピットファイアMk.Vb

本機のパイロットはポーランド航空団の指揮官だったジョン・A・ケント中佐で、塗装はダークアースとダークグリーンの迷彩。航空団司令はコードレターに自身のイニシャルを使用することが認められており、本機も「J◎AK」と記入されていた。コードレター最後の「K」は、胴体後部に黒で記入されたシリアルナンバー「AB790」に重なっている。ケント司令はカナダ国籍で、コクピット前方にはカナダ国旗に由来するカエデの中に、ポーランドの鷲の国章を描いたパーソナルマーキングが見える。1941年6月、ノーソルト。

スーパーマリン スピットファイアMk.XIVe

28機撃墜のエースである、第17飛行隊のジェームズ・"ジンジャー（赤毛）"レイシー少佐搭乗のスピットファイアMk.XIVe（14）。1945年6月、インドネシア・マドゥラ基地。塗装は北西ヨーロッパ迷彩だが、国籍標識や尾翼のフィンフラッシュは青と白（後に白をライトブルーに変更）のSEAC（東南アジア航空軍団）仕様。主翼や水平／垂直安定板の味方識別用白帯は、元はP-47サンダーボルトが導入していたものを1945年2月に夜間戦闘機以外にも適用した。操縦席側面には鉄十字27個と日の丸1個のスコアマーク、その前方には少佐の階級を示すペナント、機首には飛行隊マークのガントレットが描かれている。

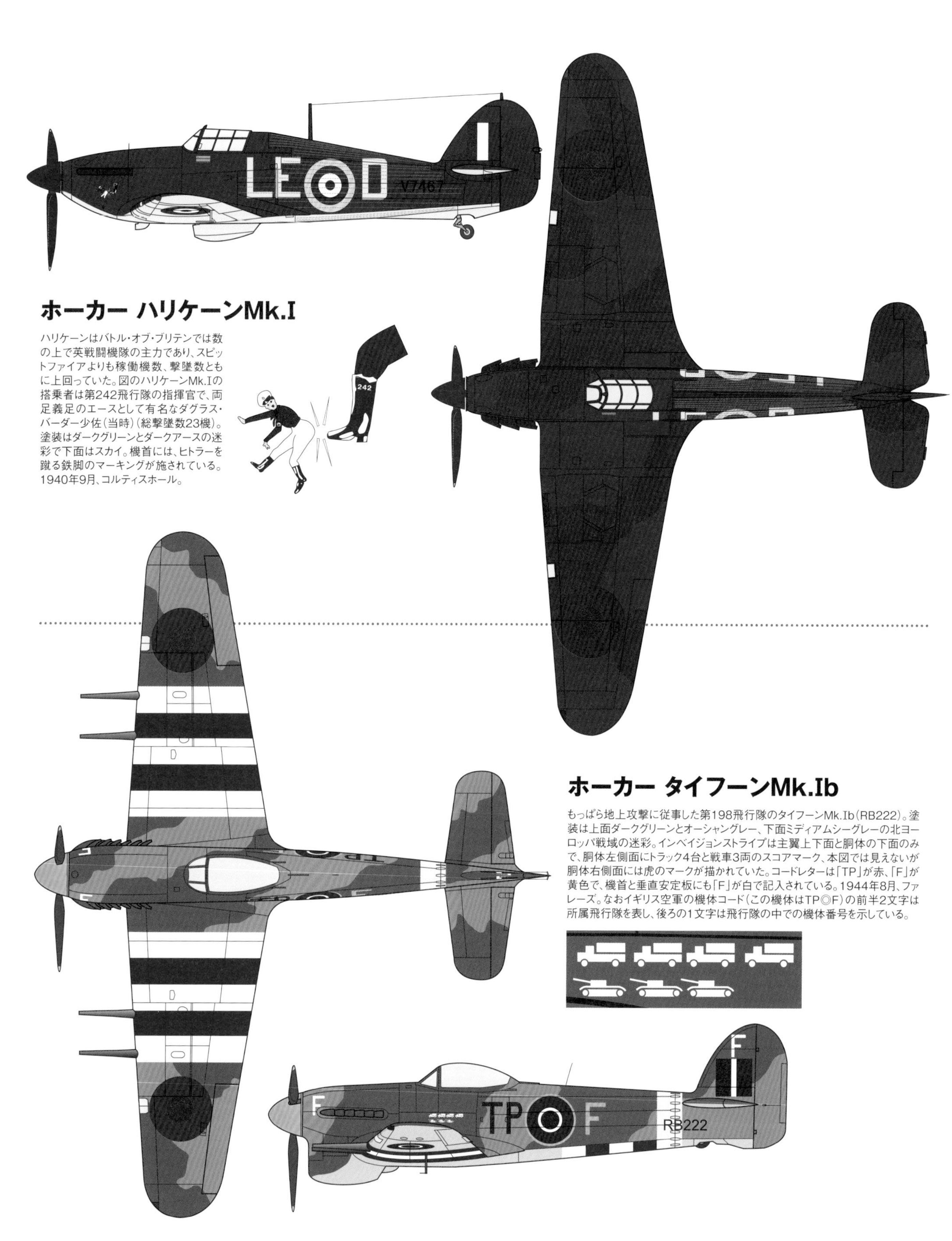

ホーカー ハリケーンMk.I

ハリケーンはバトル・オブ・ブリテンでは数の上で英戦闘機隊の主力であり、スピットファイアよりも稼働機数、撃墜数ともに上回っていた。図のハリケーンMk.Iの搭乗者は第242飛行隊の指揮官で、両足義足のエースとして有名なダグラス・バーダー少佐(当時)(総撃墜数23機)。塗装はダークグリーンとダークアースの迷彩で下面はスカイ。機首には、ヒトラーを蹴る鉄脚のマーキングが施されている。1940年9月、コルティスホール。

ホーカー タイフーンMk.Ib

もっぱら地上攻撃に従事した第198飛行隊のタイフーンMk.Ib(RB222)。塗装は上面ダークグリーンとオーシャングレー、下面ミディアムシーグレーの北ヨーロッパ戦域の迷彩。インベイジョンストライプは主翼上下面と胴体の下面のみで、胴体左側面にトラック4台と戦車3両のスコアマーク、本図では見えないが胴体右側面には虎のマークが描かれていた。コードレターは「TP」が赤、「F」が黄色で、機首と垂直安定板にも「F」が白で記入されている。1944年8月、ファレーズ。なおイギリス空軍の機体コード(この機体はTP◎F)の前半2文字は所属飛行隊を表し、後ろの1文字は飛行隊の中での機体番号を示している。

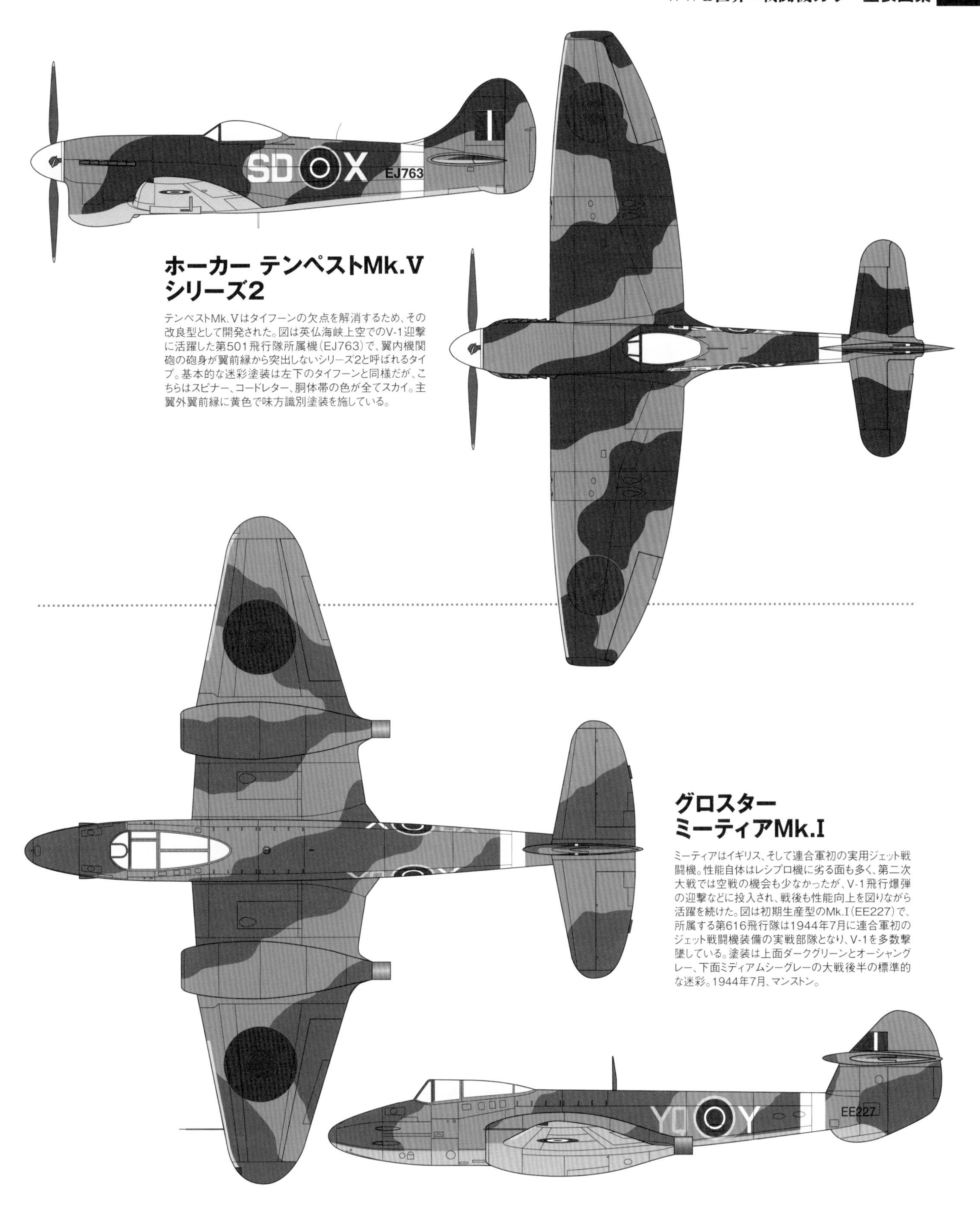

ホーカー テンペストMk.V シリーズ2

テンペストMk.Vはタイフーンの欠点を解消するため、その改良型として開発された。図は英仏海峡上空でのV-1迎撃に活躍した第501飛行隊所属機（EJ763）で、翼内機関砲の砲身が翼前縁から突出しないシリーズ2と呼ばれるタイプ。基本的な迷彩塗装は左下のタイフーンと同様だが、こちらはスピナー、コードレター、胴体帯の色が全てスカイ。主翼外翼前縁に黄色で味方識別塗装を施している。

グロスター ミーティアMk.I

ミーティアはイギリス、そして連合軍初の実用ジェット戦闘機。性能自体はレシプロ機に劣る面も多く、第二次大戦では空戦の機会も少なかったが、V-1飛行爆弾の迎撃などに投入され、戦後も性能向上を図りながら活躍を続けた。図は初期生産型のMk.I（EE227）で、所属する第616飛行隊は1944年7月に連合軍初のジェット戦闘機装備の実戦部隊となり、V-1を多数撃墜している。塗装は上面ダークグリーンとオーシャングレー、下面ミディアムシーグレーの大戦後半の標準的な迷彩。1944年7月、マンストン。

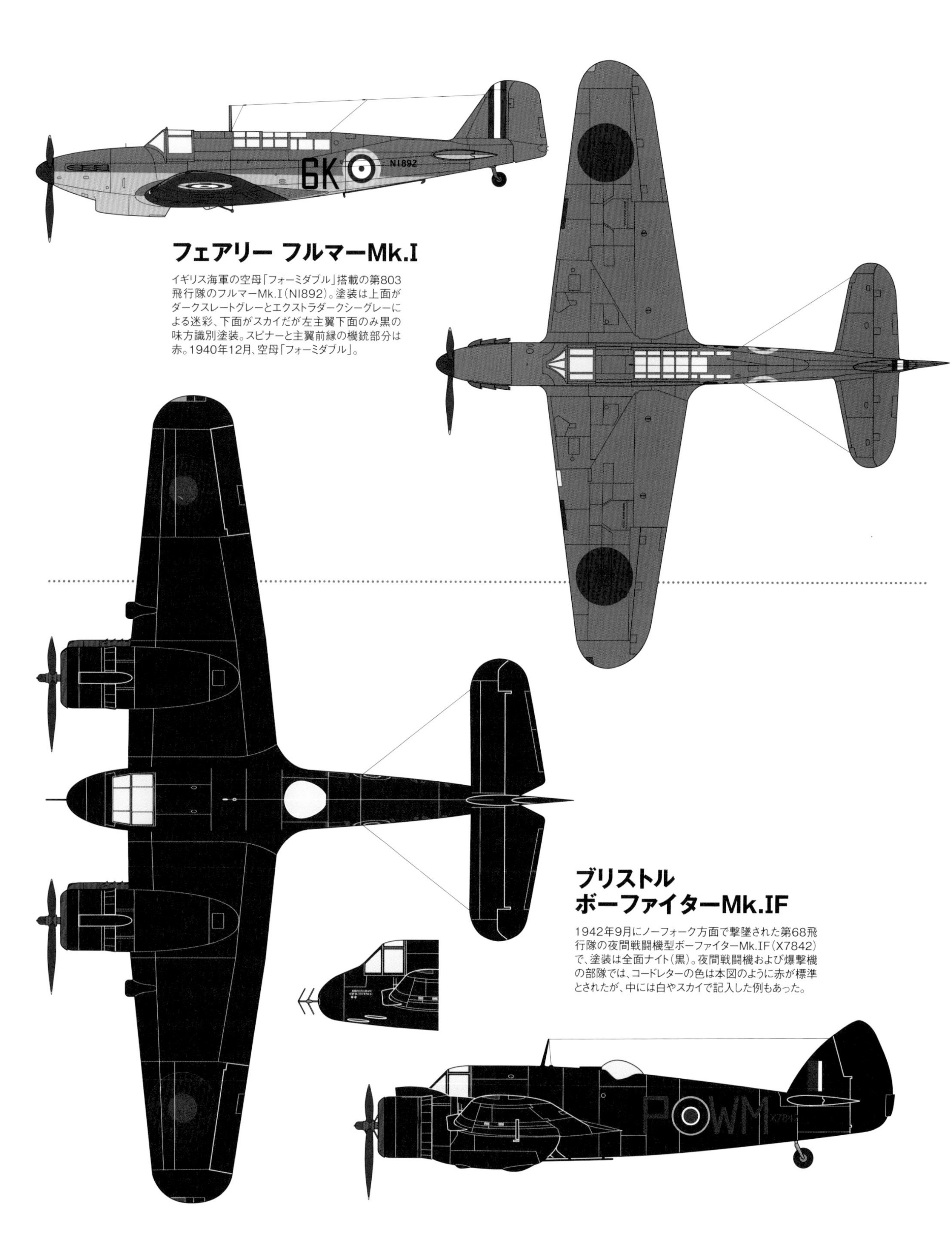

フェアリー フルマーMk.I

イギリス海軍の空母「フォーミダブル」搭載の第803飛行隊のフルマーMk.I（N1892）。塗装は上面がダークスレートグレーとエクストラダークシーグレーによる迷彩、下面がスカイだが左主翼下面のみ黒の味方識別塗装。スピナーと主翼前縁の機銃部分は赤。1940年12月、空母「フォーミダブル」。

ブリストル ボーファイターMk.IF

1942年9月にノーフォーク方面で撃墜された第68飛行隊の夜間戦闘機型ボーファイターMk.IF（X7842）で、塗装は全面ナイト（黒）。夜間戦闘機および爆撃機の部隊では、コードレターの色は本図のように赤が標準とされたが、中には白やスカイで記入した例もあった。

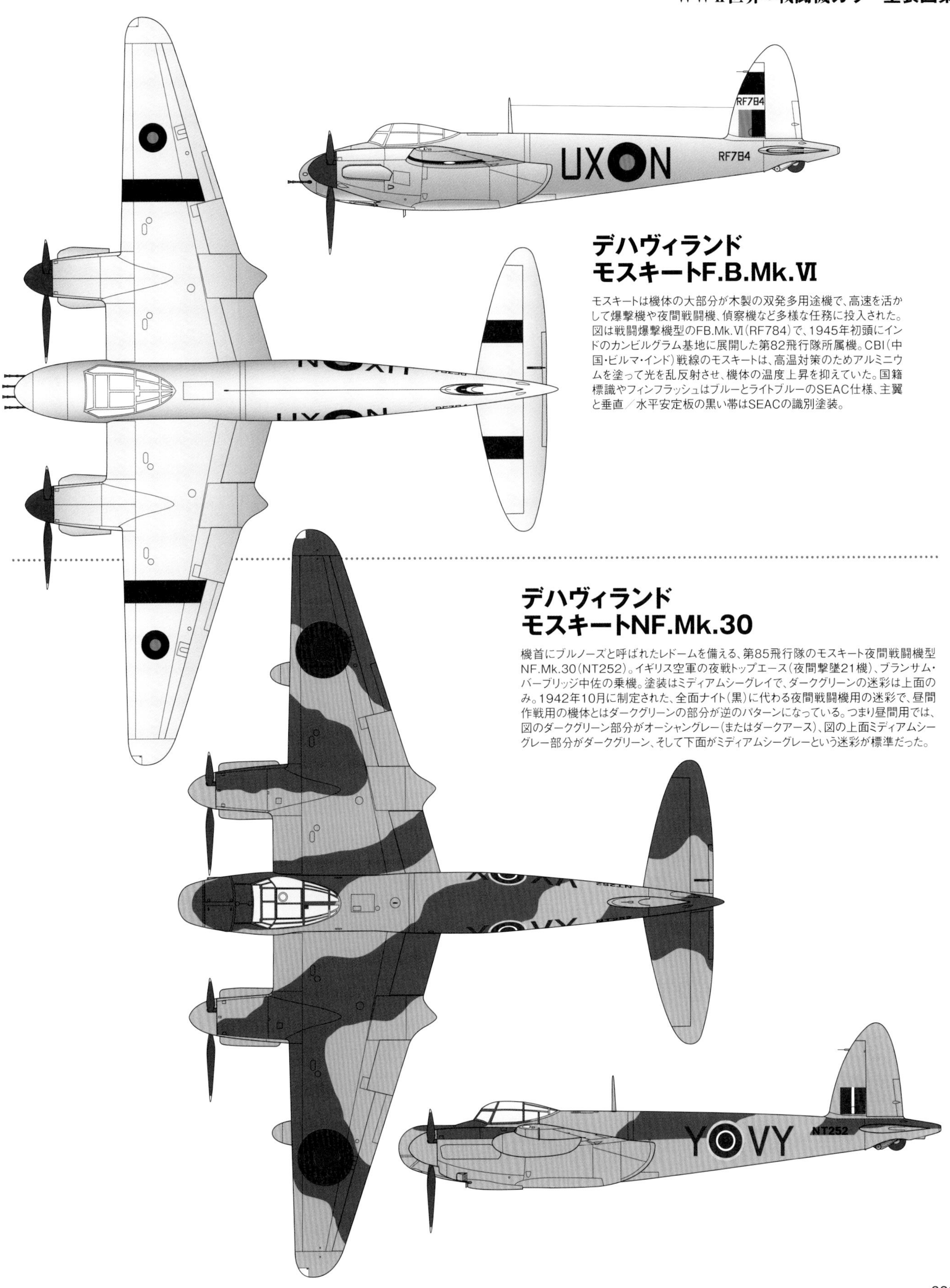

デハヴィランド モスキートF.B.Mk.Ⅵ

モスキートは機体の大部分が木製の双発多用途機で、高速を活かして爆撃機や夜間戦闘機、偵察機など多様な任務に投入された。図は戦闘爆撃機型のFB.Mk.Ⅵ(RF784)で、1945年初頭にインドのカンビルグラム基地に展開した第82飛行隊所属機。CBI(中国・ビルマ・インド)戦線のモスキートは、高温対策のためアルミニウムを塗って光を乱反射させ、機体の温度上昇を抑えていた。国籍標識やフィンフラッシュはブルーとライトブルーのSEAC仕様、主翼と垂直／水平安定板の黒い帯はSEACの識別塗装。

デハヴィランド モスキートNF.Mk.30

機首にブルノーズと呼ばれたレドームを備える、第85飛行隊のモスキート夜間戦闘機型NF.Mk.30(NT252)。イギリス空軍の夜戦トップエース(夜間撃墜21機)、ブランサム・バーブリッジ中佐の乗機。塗装はミディアムシーグレイで、ダークグリーンの迷彩は上面のみ。1942年10月に制定された、全面ナイト(黒)に代わる夜間戦闘機用の迷彩で、昼間作戦用の機体とはダークグリーンの部分が逆のパターンになっている。つまり昼間用では、図のダークグリーン部分がオーシャングレー(またはダークアース)、図の上面ミディアムシーグレー部分がダークグリーン、そして下面がミディアムシーグレーという迷彩が標準だった。

★ソ連空軍

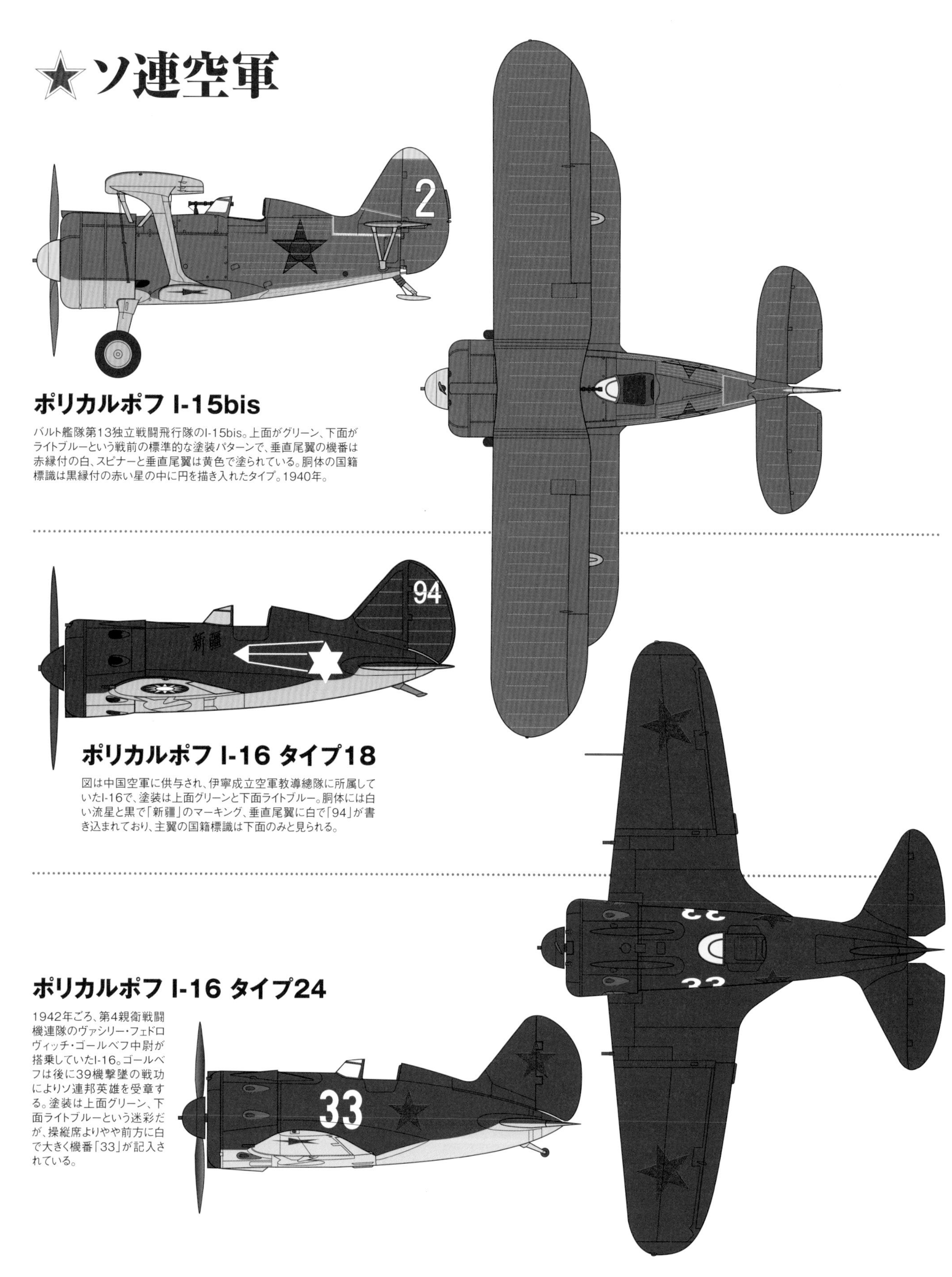

ポリカルポフ I-15bis

バルト艦隊第13独立戦闘飛行隊のI-15bis。上面がグリーン、下面がライトブルーという戦前の標準的な塗装パターンで、垂直尾翼の機番は赤縁付の白、スピナーと垂直尾翼は黄色で塗られている。胴体の国籍標識は黒縁付の赤い星の中に円を描き入れたタイプ。1940年。

ポリカルポフ I-16 タイプ18

図は中国空軍に供与され、伊寧成立空軍教導總隊に所属していたI-16で、塗装は上面グリーンと下面ライトブルー。胴体には白い流星と黒で「新疆」のマーキング、垂直尾翼に白で「94」が書き込まれており、主翼の国籍標識は下面のみと見られる。

ポリカルポフ I-16 タイプ24

1942年ごろ、第4親衛戦闘機連隊のヴァシリー・フェドロヴィッチ・ゴールベフ中尉が搭乗していたI-16。ゴールベフは後に39機撃墜の戦功によりソ連邦英雄を受章する。塗装は上面グリーン、下面ライトブルーという迷彩だが、操縦席よりやや前方に白で大きく機番「33」が記入されている。

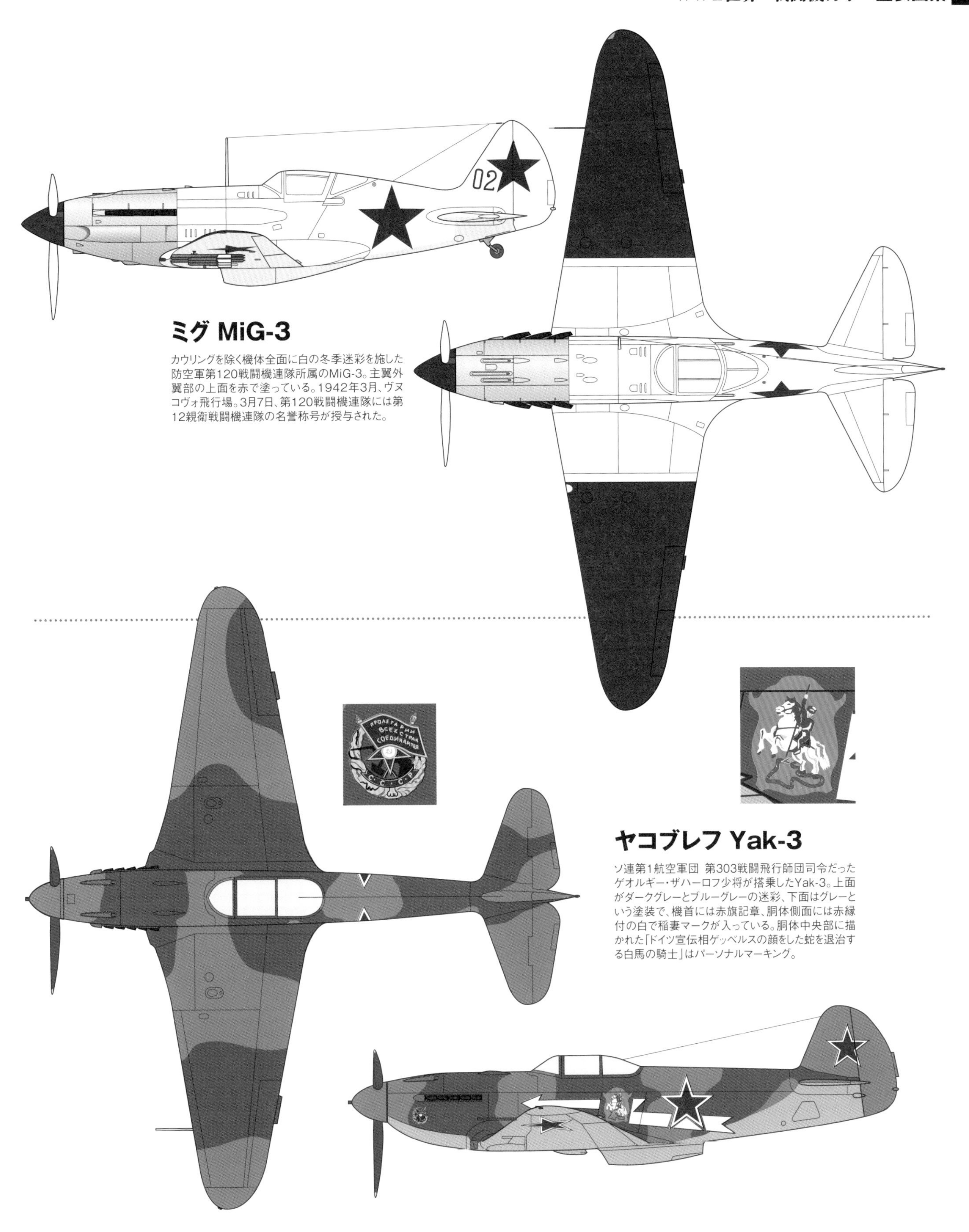

ミグ MiG-3

カウリングを除く機体全面に白の冬季迷彩を施した防空軍第120戦闘機連隊所属のMiG-3。主翼外翼部の上面を赤で塗っている。1942年3月、ヴヌコヴォ飛行場。3月7日、第120戦闘機連隊には第12親衛戦闘機連隊の名誉称号が授与された。

ヤコブレフ Yak-3

ソ連第1航空軍団 第303戦闘飛行師団司令だったゲオルギー・ザハーロフ少将が搭乗したYak-3。上面がダークグレーとブルーグレーの迷彩、下面はグレーという塗装で、機首には赤旗記章、胴体側面には赤縁付の白で稲妻マークが入っている。胴体中央部に描かれた「ドイツ宣伝相ゲッベルスの顔をした蛇を退治する白馬の騎士」はパーソナルマーキング。

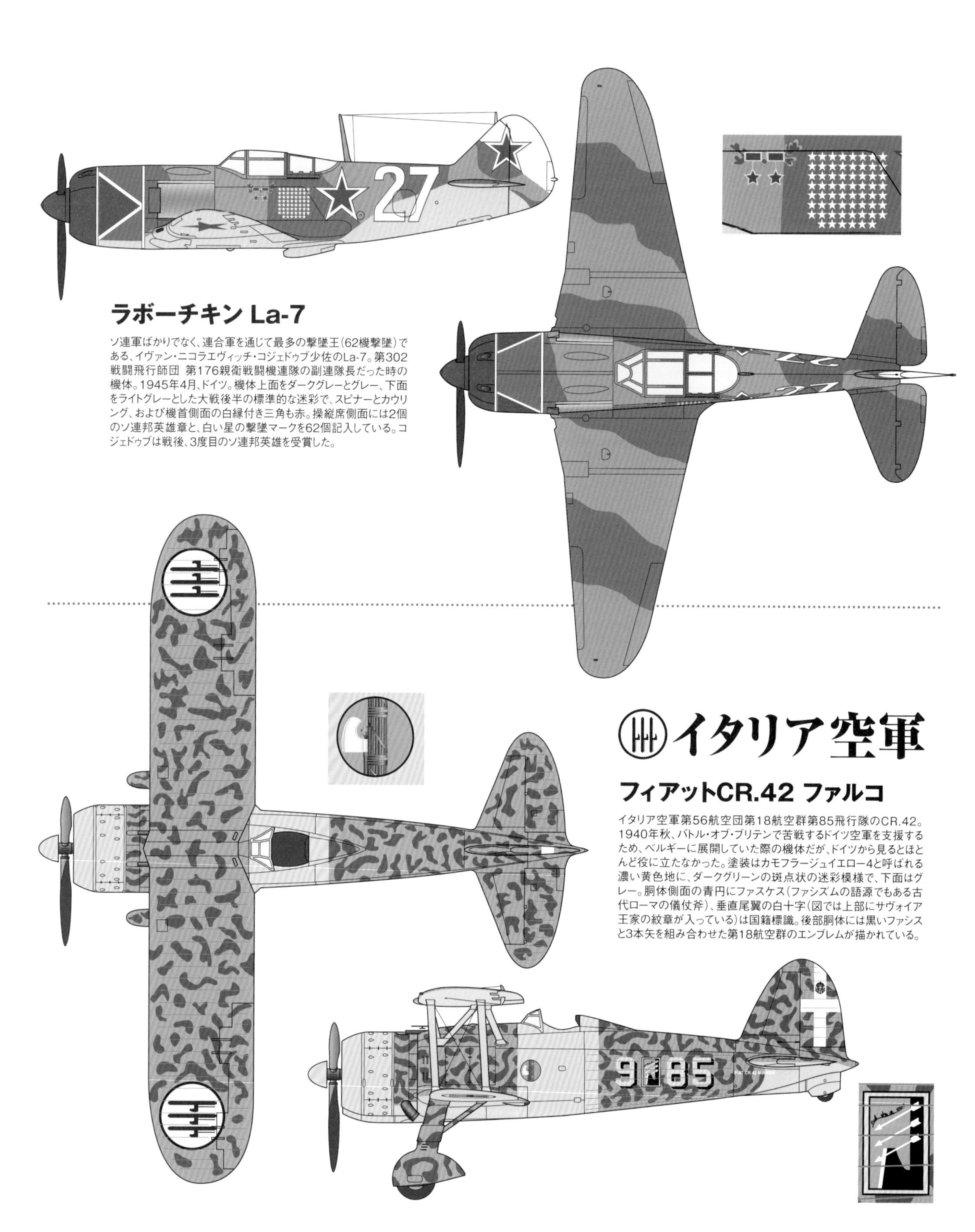

ラボーチキン La-7

ソ連軍ばかりでなく、連合軍を通じて最多の撃墜王(62機撃墜)である、イヴァン・ニコラエヴィッチ・コジェドゥブ少佐のLa-7。第302戦闘飛行師団 第176親衛戦闘機連隊の副連隊長だった時の機体。1945年4月、ドイツ。機体上面をダークグレーとグレー、下面をライトグレーとした大戦後半の標準的な迷彩で、スピナーとカウリング、および機首側面の白縁付き三角も赤。操縦席側面には2個のソ連邦英雄章と、白い星の撃墜マークを62個記入している。コジェドゥブは戦後、3度目のソ連邦英雄を受賞した。

イタリア空軍

フィアットCR.42 ファルコ

イタリア空軍第56航空団第18航空群第85飛行隊のCR.42。1940年秋、バトル・オブ・ブリテンで苦戦するドイツ空軍を支援するため、ベルギーに展開していた際の機体だが、ドイツから見るとほとんど役に立たなかった。塗装はカモフラージュイエロー4と呼ばれる濃い黄色地に、ダークグリーンの斑点状の迷彩模様で、下面はグレー。胴体側面の青円にファスケス(ファシズムの語源でもある古代ローマの儀仗斧)、垂直尾翼の白十字(図では上部にサヴォイア王家の紋章が入っている)は国籍標識。後部胴体には黒いファシスと3本矢を組み合わせた第18航空群のエンブレムが描かれている。

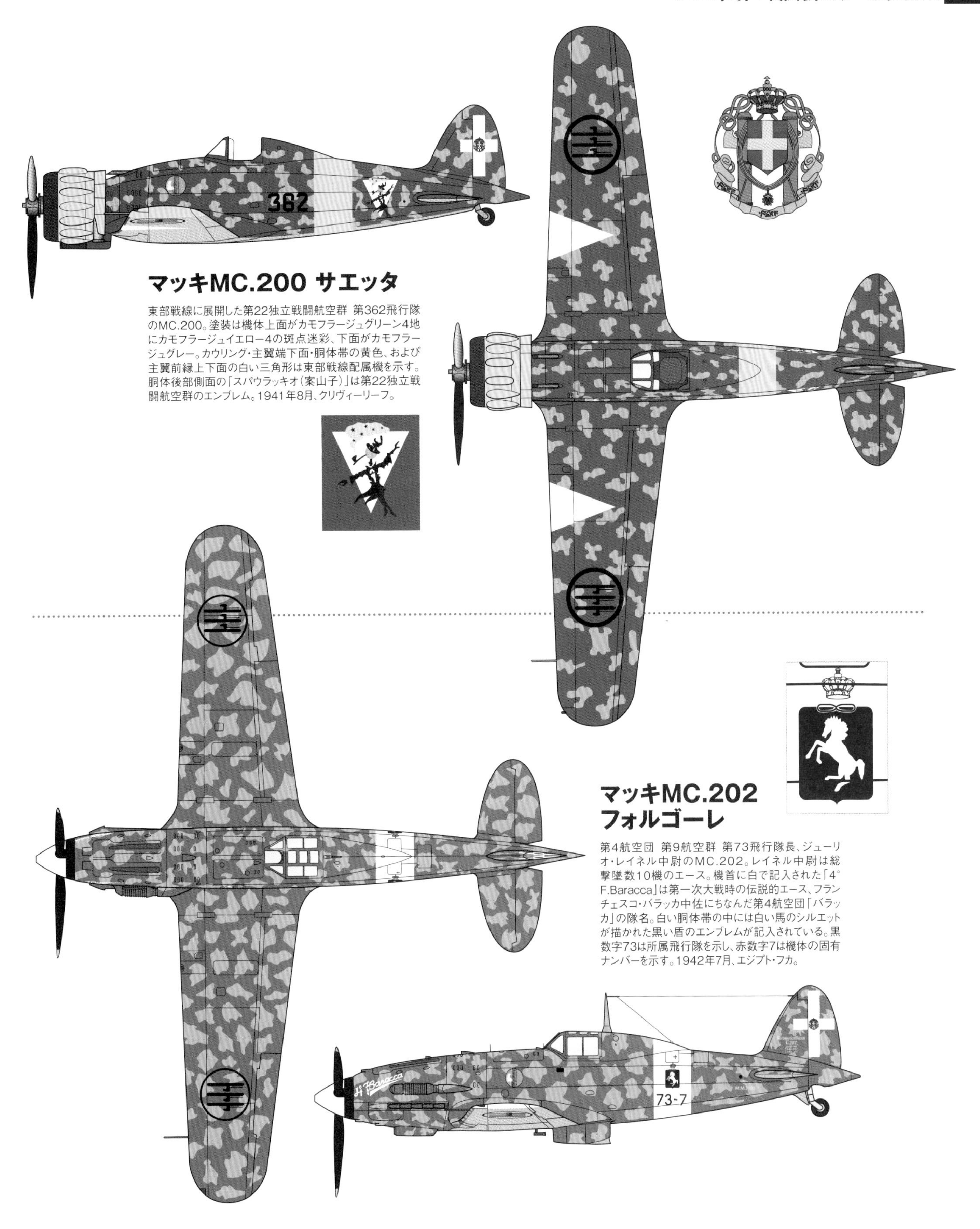

マッキMC.200 サエッタ

東部戦線に展開した第22独立戦闘航空群 第362飛行隊のMC.200。塗装は機体上面がカモフラージュグリーン4地にカモフラージュイエロー4の斑点迷彩、下面がカモフラージュグレー。カウリング・主翼端下面・胴体帯の黄色、および主翼前縁上下面の白い三角形は東部戦線配属機を示す。胴体後部側面の「スパウラッキオ（案山子）」は第22独立戦闘航空群のエンブレム。1941年8月、クリヴィーリーフ。

マッキMC.202 フォルゴーレ

第4航空団 第9航空群 第73飛行隊長、ジューリオ・レイネル中尉のMC.202。レイネル中尉は総撃墜数10機のエース。機首に白で記入された「4° F.Baracca」は第一次大戦時の伝説的エース、フランチェスコ・バラッカ中佐にちなんだ第4航空団「バラッカ」の隊名。白い胴体帯の中には白い馬のシルエットが描かれた黒い盾のエンブレムが記入されている。黒数字73は所属飛行隊を示し、赤数字7は機体の固有ナンバーを示す。1942年7月、エジプト・フカ。

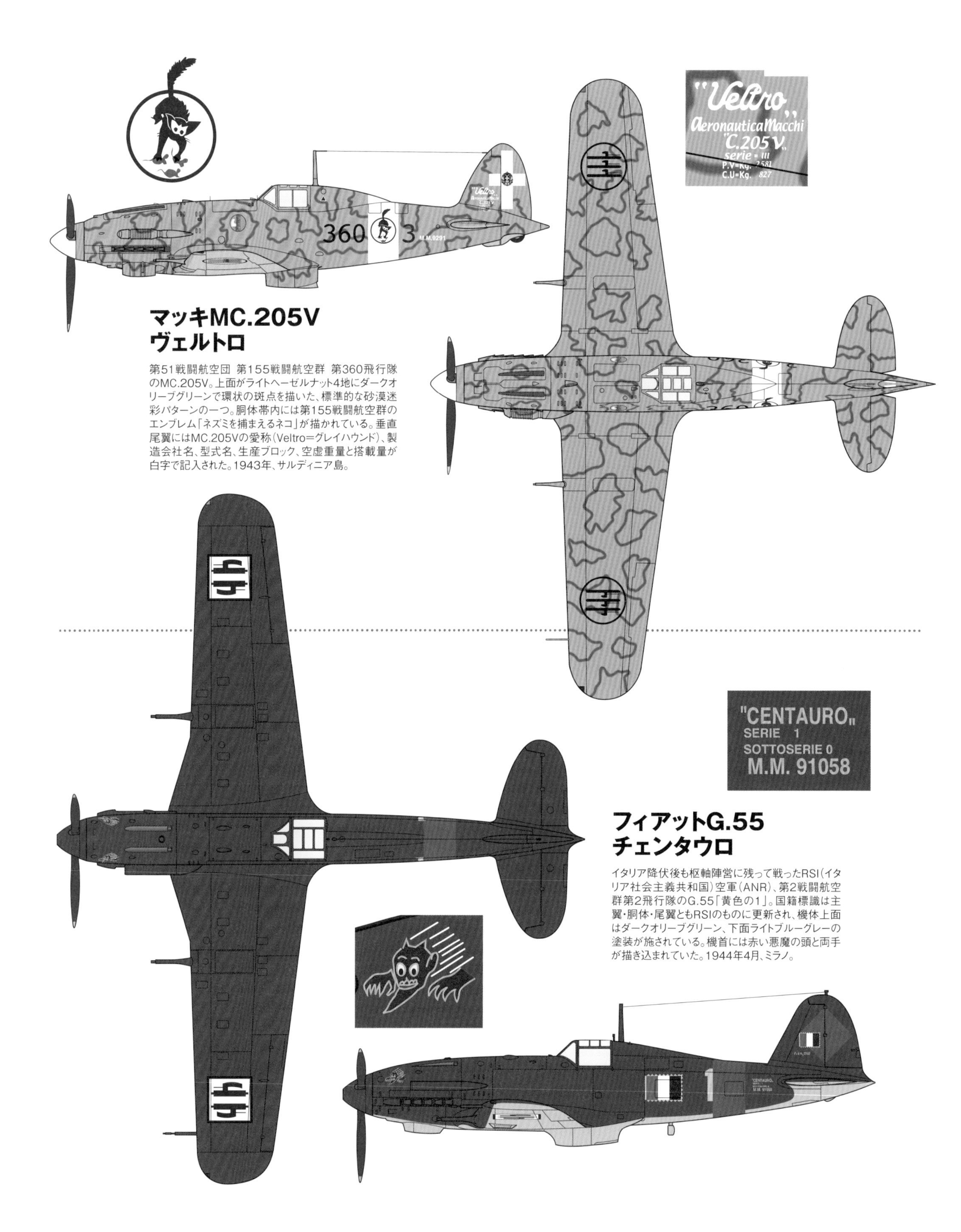

マッキMC.205V ヴェルトロ

第51戦闘航空団 第155戦闘航空群 第360飛行隊のMC.205V。上面がライトヘーゼルナッツ4地にダークオリーブグリーンで環状の斑点を描いた、標準的な砂漠迷彩パターンの一つ。胴体帯内には第155戦闘航空群のエンブレム「ネズミを捕まえるネコ」が描かれている。垂直尾翼にはMC.205Vの愛称（Veltro＝グレイハウンド）、製造会社名、型式名、生産ブロック、空虚重量と搭載量が白字で記入された。1943年、サルディニア島。

フィアットG.55 チェンタウロ

イタリア降伏後も枢軸陣営に残って戦ったRSI（イタリア社会主義共和国）空軍（ANR）、第2戦闘航空群第2飛行隊のG.55「黄色の1」。国籍標識は主翼・胴体・尾翼ともRSIのものに更新され、機体上面はダークオリーブグリーン、下面ライトブルーグレーの塗装が施されている。機首には赤い悪魔の頭と両手が描き込まれていた。1944年4月、ミラノ。

フランス空軍

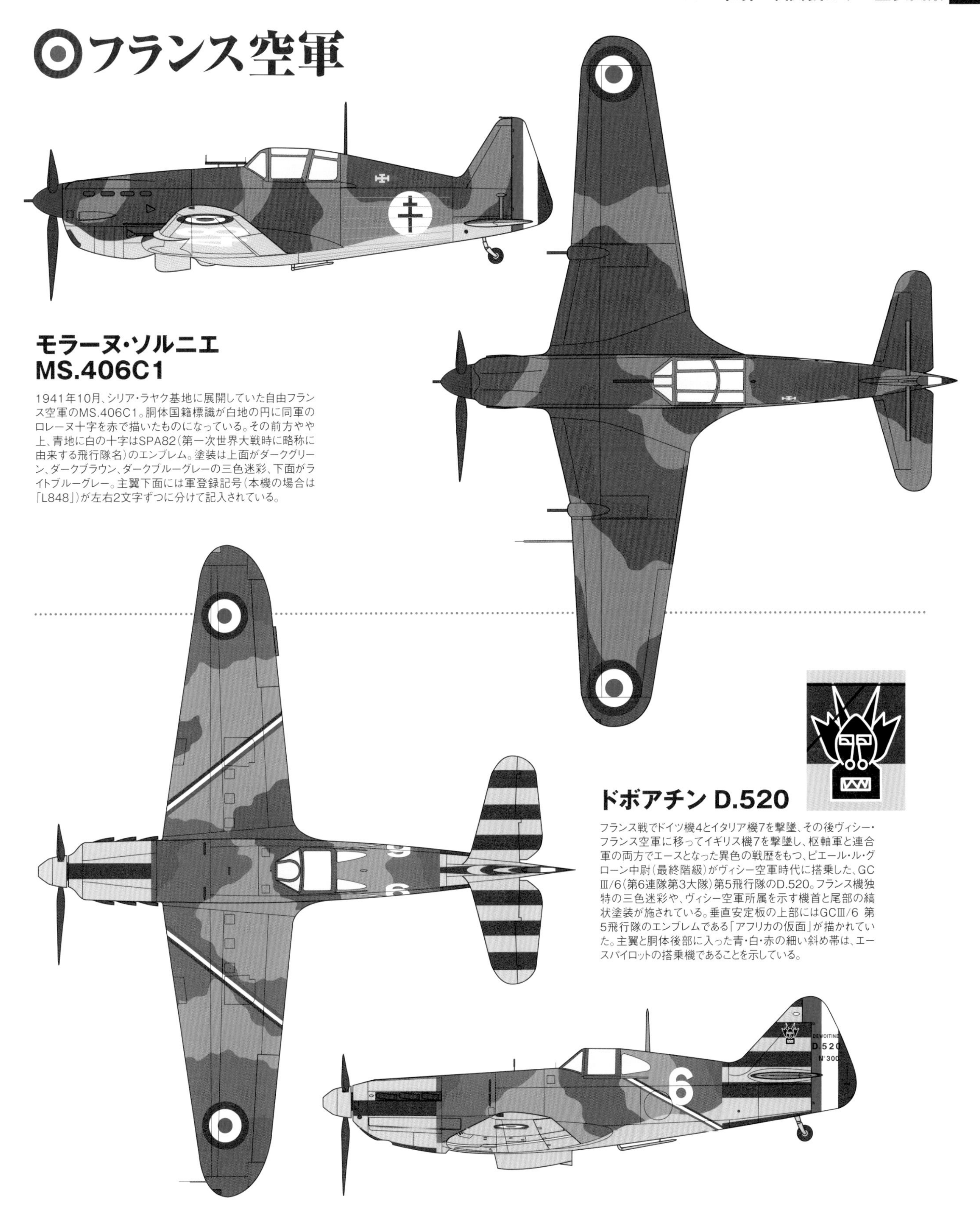

モラーヌ・ソルニエ MS.406C1

1941年10月、シリア・ラヤク基地に展開していた自由フランス空軍のMS.406C1。胴体国籍標識が白地の円に同軍のロレーヌ十字を赤で描いたものになっている。その前方やや上、青地に白の十字はSPA82(第一次世界大戦時に略称に由来する飛行隊名)のエンブレム。塗装は上面がダークグリーン、ダークブラウン、ダークブルーグレーの三色迷彩、下面がライトブルーグレー。主翼下面には軍登録記号(本機の場合は「L848」)が左右2文字ずつに分けて記入されている。

ドボアチン D.520

フランス戦でドイツ機4とイタリア機7を撃墜、その後ヴィシー・フランス空軍に移ってイギリス機7を撃墜し、枢軸軍と連合軍の両方でエースとなった異色の戦歴をもつ、ピエール・ル・グローン中尉(最終階級)がヴィシー空軍時代に搭乗した、GCⅢ/6(第6連隊第3大隊)第5飛行隊のD.520。フランス機独特の三色迷彩や、ヴィシー空軍所属を示す機首と尾部の縞状塗装が施されている。垂直安定板の上部にはGCⅢ/6 第5飛行隊のエンブレムである「アフリカの仮面」が描かれていた。主翼と胴体後部に入った青・白・赤の細い斜め帯は、エースパイロットの搭乗機であることを示している。

第二次大戦時の各国航空機・国籍標識パターンの変遷

構成・イラスト=田村紀雄

日本 国籍標識の変遷

*日本は陸・海軍航空部隊の黎明期より現在に至るまで、一貫して日の丸を国籍標識としてきた。帝國陸海軍ではこの日の丸を制式には「日章」と呼称していた。一方、米軍は日の丸を「ミート・ボール」と呼んで揶揄していた。ここで紹介した国籍標識は主に戦闘機のもので、機種によっては戦前から白縁が付いた日の丸を使用していたものもある

主翼上面・胴体

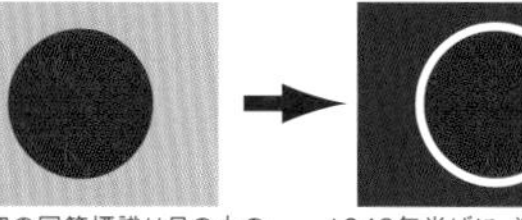

開戦当初の国籍標識は日の丸のみで、白縁は無い。陸軍機は当初、主翼上下だけに日の丸が描かれ、胴体への記入は1942年後半から

1943年半ばに、海軍機は生産時から迷彩塗装を施すことになり、国籍標識の周囲に白縁が付けられるようになった

一部の機種は、胴体の日の丸に、左記の白縁のかわりに白い四角形を付けて方形国旗標識とするよう指示が出された

しかし戦地では、目立つ白縁によって敵に発見されるのを防ぐため、これを迷彩色や黒色で塗りつぶすことが多かった

国籍標識の中に記号を入れるという事例は極めて珍しい。第三四三海軍航空隊は、機体番号を胴体の国籍標識に記した稀な例

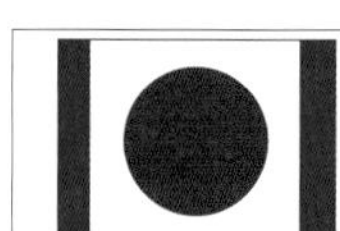

陸軍の本土防衛部隊は日の丸の下に白帯を入れて識別帯とした。この識別帯は主翼下面にも塗られていた

主翼下面

主翼下面は灰色や無塗装だったため、日の丸には白い縁取りが付かない

大戦末期の夜間戦闘機は下面を上面と同じ迷彩色で塗り、白縁の無い日の丸を描いていた

アメリカ 国籍標識の変遷

*アメリカの初期国籍標識はイギリスのラウンデルを変形し、白円を星形に変えたものと見ることができる。内側の赤丸を廃してからは、星を中央に据えて独自の発展を続けた

主翼・胴体

1919.8.19〜1942.5.6
開戦初期の頃の国籍標識。ダークブルーの円内にホワイトの星、その中心に赤丸が描かれている

1942.5.6〜1943.6.28
星の中の赤丸で、日本軍と誤認するのを避けるため、赤丸を廃止。しかし、飛行姿勢によっては日本やドイツの国籍標識と誤認された

1943.6.28〜1943.7.31
さらに目立つように、ホワイトの袖をつけ、赤で縁取りをしたが、赤は日本軍と誤認するもとだと不評で、わずか1か月で姿を消した

1943.7.31〜1947.1.14
赤い縁取りをダークブルーに変更して国籍標識から赤を一掃。戦後の1947年1月14日からホワイトの袖に赤帯が入り、現在のタイプとなった

尾翼

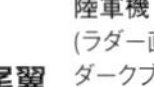

陸軍機
(ラダー直前にダークブルーのストライプあり)

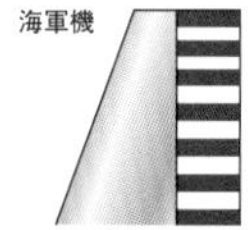

海軍機

陸軍機は1927年から40年7月まで、海軍機は1942年1月5日から42年5月15日までラダーに赤白で計13本のストライプを描いていた

1942.9.25〜1943.初頭
1942年11月8日から実施されたトーチ作戦(連合軍の北アフリカ上陸作戦)参加機の主翼下面と胴体の国籍標識には、識別用の黄色縁取りがつけられた

ドイツ 国籍標識の変遷

*ドイツの国籍標識は、主翼と胴体につける桁十字(バルカンクロイツ)と尾翼につける鉤十字(ハーケンクロイツ)で構成されている。組み合わせとサイズは多岐にわたり、1942年後半以降は外枠だけに簡略化されたりサイズが小さくなったりしていった。下記の標識はそのバリエーションをランダムに紹介したもので、縦列が一機種の塗装例にあたるわけではない

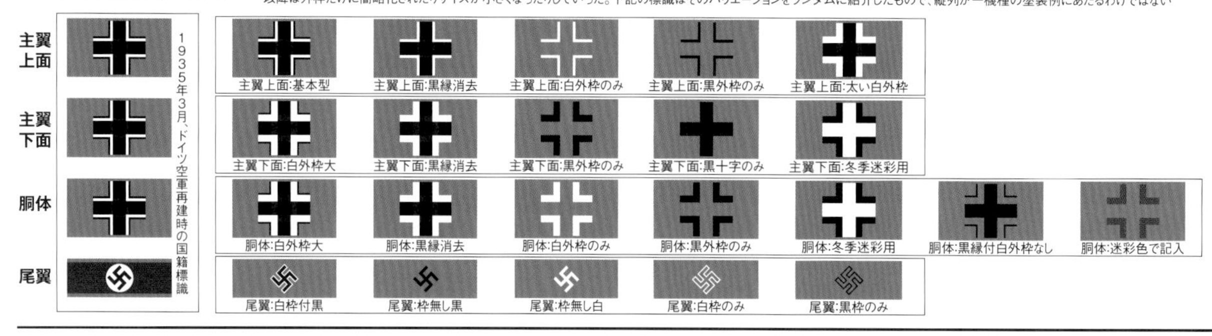

イギリス 国籍標識の変遷

*イギリスの国籍標識は、主翼と胴体につける同心円タイプ(ラウンデル)と尾翼につける長方形タイプ(フィンフラッシュ)で構成されている。時期と戦域によりその組み合わせとサイズは多様であり例外も多いため、ここでは主なパターンのみを掲載した

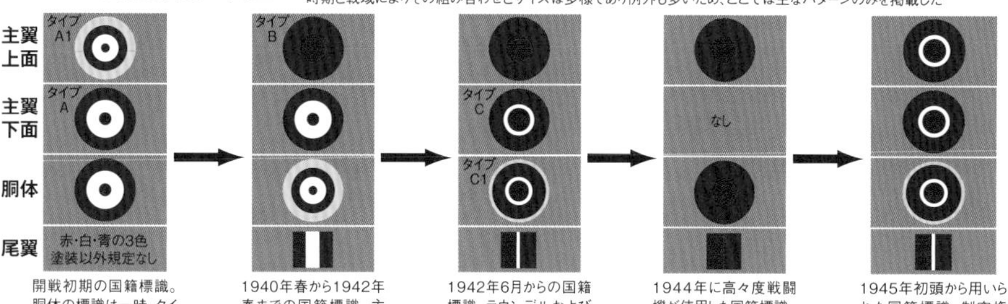

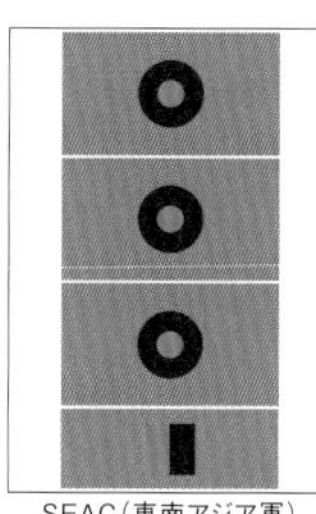

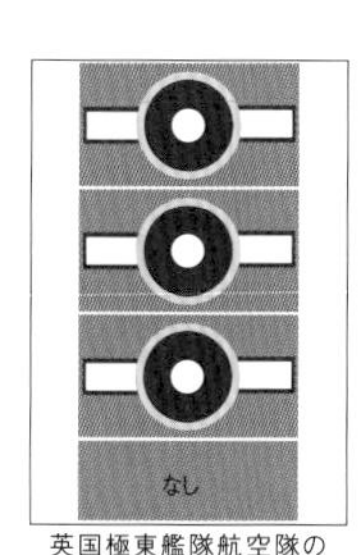

開戦初期の国籍標識。胴体の標識は一時、タイプA1やBに変更されたが、結局1940年初めまでタイプAが使用された

1940年春から1942年春までの国籍標識。主翼上面はタイプA1となり、フィンフラッシュも制定された

1942年6月からの国籍標識。ラウンデルおよびフィンフラッシュが、白と黄色の少ないタイプCとC1に変更された

1944年に高々度戦闘機が使用した国籍標識。ラウンデルとフィンフラッシュに白色を使用せず、主翼下面は標識無し

1945年初頭から用いられた国籍標識。制空権を確保した後なので、主翼上面の標識が視認性の良いタイプCになった

SEAC(東南アジア軍)所属部隊の国籍標識。日本軍の日の丸と誤認しないように赤色が無く、サイズも極めて小さい

英国極東艦隊航空隊の国籍標識。赤抜きのラウンデルに白袖を付けた英国太平洋艦隊航空隊標識に青と黄の縁を付けたもの

イタリア 国籍標識の変遷

*イタリアの複雑な国籍標識は、戦場での識別や補修が容易ではなかったと思われる。そのため分裂後はどちらも簡略化され、特に南部の標識は国旗をもとにした近代的なラウンデルとなった

主翼

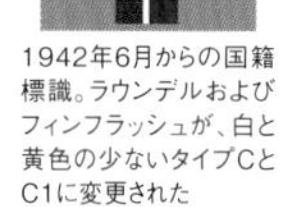

黒フチ円の中に簡略化された3本のファッシ。ファッシの刃は常に外向きになるように記入された。左側国籍標識の白地は1941年末で廃止となった。左の国籍標識は主翼上下面に使用されたが、右の黒地に白枠・白ファッシ標識は主翼下面だけに付けられた

胴体

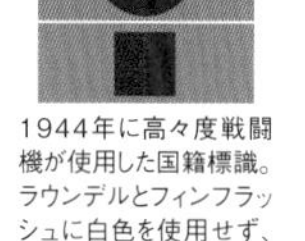

ライトブルー地にファッシ。ファッシとは、木を束ねて斧の刃を付けたもので、ローマ帝国時代の執政官の象徴。マークが複雑なので1935年以降は胴体中央部に小さく描かれるようになった

尾翼

白十字の中に、当時の統一イタリア王家「サヴォイ家」の紋章を入れたもの。従来はラダーが赤・白・緑の塗り分けだったが、フランス(赤・白・青)と酷似しているという理由で1940年よりこの標識に変更された

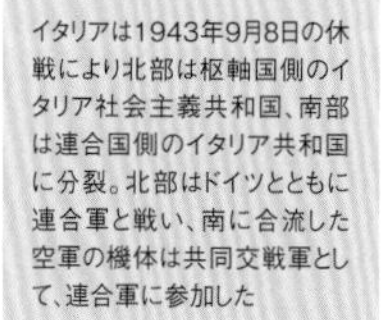

イタリアは1943年9月8日の休戦により北部は枢軸国側のイタリア社会主義共和国、南部は連合国側のイタリア共和国に分裂。北部はドイツとともに連合軍と戦い、南に合流した空軍の機体は共同交戦軍として、連合軍に参加した

イタリア社会主義共和国空軍(ANR)

主翼

黒縁四角の中に、2本のファッシのシンボル。白い国籍標識は本土防空迷彩の主翼上面用

胴体・尾翼

左から緑・白・赤の国旗の周囲に黄色の縁取り

イタリア共和国共同交戦空軍

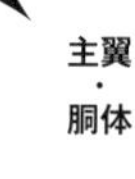

主翼・胴体

外から赤・白・緑のラウンデル。戦後、勝者となったイタリア共和国の国籍標識は、そのまま現在に至る

CONTENTS

本書は2003年に発行された「第二次大戦 世界の戦闘機 1939～1945」の内容を元に、大幅に加筆修正したものです。また九七式戦闘機、F2Aバッファロー、Me210/410、Ju88C/G、He162、グラディエーター、デファイアント、フルマー、ファイアフライ、ミーティア、I-15/I-153、I-16、MiG-3、CR.42は書き下ろしです。

本文執筆　松崎豊一
図版作成　田村紀雄
表紙イラスト　福村一章
写真提供　USAF、USN、USMC、SA-kuva、IWM、BAE Systems、RCAF、RAAF、Aeronautica Militare、野原茂、渡辺洋一、イカロス出版、Wikimedia commons
写真解説　ミリタリー・クラシックス編集部

序論　第二次大戦期の戦闘機概論

第一次大戦後、加速する技術革新

戦闘機（FIGHTER）という軍用機のカテゴリーが生まれたのは第一次大戦中のことである。空を飛べるという特色を生かした航空機の最初の軍事的活動は偵察であり、目視とはいえ敵地上空からの偵察情報は、気球や歩兵の伝聞に比べたら画期的だった。そして、それならばと、空から敵陣めがけて砲弾を落とす、つまり爆撃が始められた。

こうした航空機による軍事的活動が始められれば、次にはそれらを阻止するための航空機、つまり戦闘機が登場するのは当然の成り行きだった。

ただし、まだヨチヨチ歩きのこの頃の航空機では、能力は非常に限られたものであり、戦争の勝敗にはほとんど影響を与えることはなかった。しかし航空機が戦争の道具、つまり兵器として非常に有効で、しかも用途が広いことがこの第一次世界大戦で証明された。

戦争は兵器の技術を飛躍的に進歩させる。航空機もその例外ではなく、1914年に第一次世界大戦がはじまった時、航空機のスピードは時速100kmを少し超える程度、到達高度3,000mほどで、非武装が普通だった。しかし戦争終了時の1918年には時速200km以上、到達高度は約6,000m、機関銃2挺を装備した戦闘機が各国で使用されるまでになっていたのだ。

第一次大戦でその発達に加速のついた軍用航空機は、1920年代、30年代に開発された新技術を取り入れて力強く発展し、1939年9月の第二次大戦勃発時には、戦局を大きく左右するほどの実力を備えるに至ったのである。

ちなみに1930年代後半以降各国の主力戦闘機は、片持式低翼単葉引込み脚［注1］、構造は全金属製セミモノコック式［注2］、エンジンは1,000馬力クラスの空冷星型かまたは液冷V型［注3］といったスペックの機体が主流となっていた。

多少の例外はあるが、各国はだいたい上記のような近代的な条件を備える戦闘機を主力として第二次大戦に臨んだ。

1914年～18年の第一次世界大戦では初めて戦闘機が実戦に投入され、主に複葉戦闘機が活躍したが、三葉機や単葉機も存在した。写真はドイツのアルバトロスD.Ⅲ

1935年に初飛行した三菱A5M九六式艦上戦闘機。日本海軍初の全金属製低翼単葉機で、世界水準に肩を並べた傑作機であったが、開放式風防、固定脚など前近代的な箇所も残っていた

【注1】片持式低翼単葉引込み脚
■片持式…張線や支柱を介さずに、主翼桁のみで翼を支える方式。空気抵抗となるものがなくなるので、高速化に向いている。
■低翼…正面から見た主翼の付く位置での呼称。この場合は胴体の底辺の位置に翼がついている。真中なら中翼式、上辺なら高翼（肩翼）式、支柱で胴体より上方に持ち上げてあるならパラソル式という。
■単葉機…主翼を一枚備えている航空機。主翼による空気抵抗が減るので、高速化に向いている。第一次世界大戦機の多くや、現在でも運動性を重視する曲技飛行機は、上下２枚の複葉機である。
■引き込み脚…主脚を主翼または胴体に引き込んで収容する方式。それ以前は、固定した脚にスパッツと呼ばれるカバーをつけて、空気抵抗を減らしていた。

【注2】全金属製セミモノコック式
■全金属製…構造材、外板ともにアルミなどの金属で構成されていること。これ以前の方式は、金属パイプで形作った上に布を張った、鋼管羽布張りが主流だった。
■セミモノコック…半張殻構造ともいう。桁などの構造材と外板の２つで機体の強度を出すようになっている。外板のみで強度を支えるなら、モノコック構造という。

【注3】空冷星型かまたは液冷V型
■空冷＆液冷…エンジンの冷却方式で分けられる。不凍液を混ぜた水で冷やすのが液冷（水冷）式で、ポンプで冷却液を循環させなくてはならないし、冷却液を冷やすためにラジエーターも必要。空気を当てて冷やすのが空冷式で、循環ポンプもラジエーターも要らないので構造が簡単になるが、効率良く冷やすためにうまくシリンダーを配置しなくてはならない。
■星型＆V型…大出力を出すためには、エンジンのシリンダー（気筒）を多く配置しなくてはならない。星型やV型はそのシリンダーの配置パターン。星型は、プロペラシャフトを中心に放射状にシリンダーを並べた形（中島「栄」などが有名）。空冷の場合、全てのシリンダーに空気が均等に当たるので、空冷大出力エンジンの主流配置だ。欠点は、正面面積が大きいので、空気抵抗が大きくなってしまうこと。V型は、エンジン正面から見てシリンダー２本をV字状にして、前後に並べた形式（ロールスロイス マーリンなどが有名）。正面面積を小さくできるので、空気抵抗を減らして高速性能を狙った機体が作れる。空冷だと前方のシリンダーしか冷えないので、こちらは液冷エンジン向き。同類のエンジンとして倒立V型（逆V字）がある（ダイムラーベンツ DB601 が有名）。

第一次大戦後、加速する技術革新

前項で挙げた近代的戦闘機の条件をほぼ満たす機体として最初に実用化されたのは、ソ連のポリカルポフI-16（Iは“イ”と読む）で、初飛行したのが1933年12月31日、部隊配備されたのが36年である。

本機は胴体が木製で、主脚の引き込みも手動式だったが、日本の九六式艦上戦闘機（海軍）や九七式戦闘機（陸軍、いずれも固定脚）より早く就役し、この時点で早くもスピードと、それを生かした一撃離脱戦法[注4]を重視していた先見性は注目されてよい。

ただしI-16は第二次世界大戦開始時にはすでに時代遅れであり、活動のピークはスペイン内乱（1936年7月～39年3月）、ノモンハン事件（1939年5月）などだった。

1939年9月1日、ドイツがポーランドに侵入して開始された第二次大戦の緒戦で猛威をふるったのが、ドイツ空軍のメッサーシュミットBf109だ。ポーランドの主力戦闘機だったガルウイング（正面から見てカモメ＝ガルのように見える）固定脚のPZL P.11などを圧倒し、翌年5月に始まった対オランダ戦では低翼固定脚のフォッカー D.21を、そして対フランス戦では、モラーヌ・ソルニエMS.406、ドボアチンD.520、ポテーズ630/631（双発三座機）といった戦闘機を一蹴する強さを発揮した。

Bf109はプロトタイプが1935年に初飛行し、2年後にはスペイン内乱で実戦デビューを果たした。元設計が古いにもかかわらず、極力無駄を省いた優れたデザインと、優秀なダイムラー・ベンツ液冷エンジンのおかげで、改良を続けながら大戦末期まで戦闘機として第一線で活躍を続けることができた。総生産数は、戦闘機の単一機種としては最大の3万機以上を記録した。

【注4】
■一撃離脱戦法…高速で敵機に向かって突っ込み、攻撃を浴びせ、高速のままその場から逃げる戦法。第二次世界大戦で主流となった戦い方で、機体には加速性（つまり大パワー）、強度が要求される。対照的に、軽量で主翼が大きく、高い運動性を持つ機体が得意とするのは旋回性能を活かす格闘戦で、こちらはドッグファイトや巴戦ともいう。

胴体は木製だったが、片持式低翼単葉、引き込み脚という第二次世界大戦型の戦闘機の魁といえるI-16

1936年～39年のスペイン内乱に派遣されたドイツ空軍「コンドル軍団」のBf109B。初期型のため、後の生産タイプとはエンジンが異なる

バトル・オブ・ブリテン（英本土航空戦）

1940年8月に開始されたドイツ空軍による英本土攻撃（英側呼称「バトル・オブ・ブリテン」）では、ドイツ側のBf109やBf110を迎え撃った英空軍のスーパーマリン スピットファイアとホーカー ハリケーンの活躍がイギリスの危機を救った。

諸性能からみればスピットファイアMk.Ⅰは Bf109Eとほぼ同等、ハリケーンは明らかに劣っていたが、レーダー警戒網と適切な防空管制などホームグラウンドの有利さを最大限に利用してドイツ側に制空権を奪取されることを阻止したのだ。

ドイツにとって不利だったのは、Bf109の航続力が余りにも貧弱で、英本土まで進出するとほとんど戦闘を行なう余裕がなかったこと、爆撃機掩護に活躍すると期待されていた双発駆逐機Bf110が、英戦闘機の前にほとんど無力だったことなどで、結果として爆撃機隊の大きな損害を招き、ヒトラーの英本土侵攻の野望もついえ去ったのである。

スピットファイア、ハリケーンはともにロールスロイス・マーリンという傑作液冷エンジンを搭載していたが、ハリケ

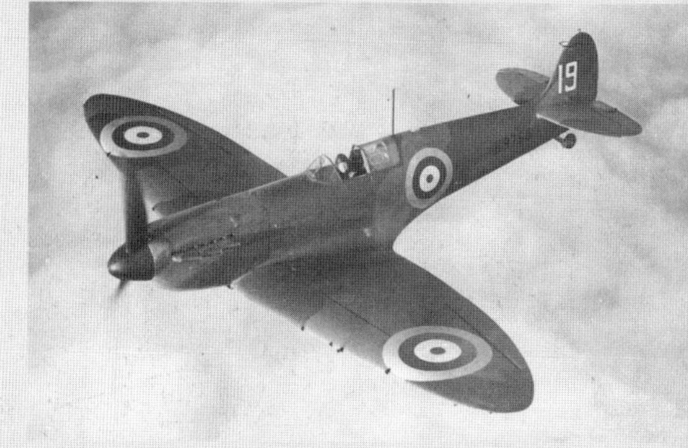

バトル・オブ・ブリテンでBf109Eと死闘を繰り広げ、イギリス本土を守ったイギリス空軍のスピットファイアMk.Ⅰ

ーン（1937年就役）は鋼管骨組羽布張り構造を残すなど設計思想が古く、英本土の戦いの後は、もっぱら対地攻撃に転用されることになった。一方のスピットファイアは就役こそ少し遅かったものの、優れた空力、構造設計のお陰で、この後次々にエンジン強化が図られて大戦末期まで主力戦闘機の座に留まることができたのである。

ただし同じマーリンを搭載していても、ボールトン・ポール デファイアント（四連装回転銃塔装備）やフェアリー フルマー（艦上戦闘機）といった複座単発戦闘機は、鈍重さばかりが目立って成功とはいえない機体となってしまった。

地中海の雄・イタリア参戦

イタリアのCR.42戦闘機。1940年6月の参戦時、イタリア空軍の主力はいずれも時代遅れの複葉機のCR.32とCR.42で、後にMC.200系に切り替えられていく

1940年6月10日、右翼政党ファシスト率いるムッソリーニのイタリアが、英仏に対し宣戦布告した。

当時のイタリア航空兵力は約5,000機、うち戦闘機は800機前後と見られていたが、実態は複葉固定脚のフィアットCR.32/42を主力とし、あとは800馬力クラスの空冷エンジンを装備するフィアットG.50とマッキMC.200合わせて250機程度という貧弱なものだった。

複葉戦闘機といえばソ連のI-15/153、それに大戦初期に少数使用されたイギリスのグロスター グラディエーターなどもあるにはあったが、当時の列強で複葉機を主力機としていたのはイタリア空軍だけである。

イタリア空軍は、対英戦や対ソ戦に兵力を送ったり、北アフリカ侵攻を行なったが、いずれも戦闘機の能力不足（エンジンのパワー不足と貧弱な武装）で、戦果はそれほど挙がらず、常にドイツの助けを借りる始末だった。

ただイタリア戦闘機の空力設計には優れたものがあり、マッキMC.200をベースにドイツ製エンジン（後に国産化）DB601を載せたMC.202、DB605に換装したMC.205、同じくフィアットG.50をベースにDB605を搭載し改造したG.55や、レッジアーネRe.2005などは、いずれも速度性能と運動性のバランスがとれた一流戦闘機へと変身した。

独ソ航空戦の行方

イギリス攻略困難と見たヒトラーは、1941年6月22日無謀にもソ連に対して宣戦を布告し、「バルバロッサ」作戦の名のもとに直ちに怒濤の進撃を開始した。

ドイツ側が投入した航空兵力は約2,750機、うち戦闘機はBf109、Bf110、それに新鋭Fw190を合わせて700機程度だったが、対するソ連空軍の航空兵力は約12,000機（他に極東に約5,000機を配備）で、うち戦闘機総数は3～4,000機だったと考えられている。しかしその主力は旧式なI-16で、複葉のI-15、及びその引き込み脚タイプI-153も相当数含まれていた。

緒戦は、数の上では劣勢ながら実戦経験豊富なドイツ側の一方的な攻勢に終始し、1週間の間にソ連側航空機3,600機以上を地上と空中で破壊した。

雪原でタキシングするソ連軍のLaGG-3。主翼下にロケット弾のレールが見えることから分かるように、対地攻撃任務にも就いた

しかし、ソ連の航空機開発と量産能力は、ドイツ側の思いもよらなかったほど大きなもので、開戦当時すでに量産に入っていたラボーチキンLaGG-3、ミコヤン・グレビッチMiG-1/3、ヤコブレフYak-1といった新型戦闘機（いずれも液冷エンジン装備）が大量に完成し始めたのである。

LaGG-3は空冷エンジンのLa-5/7へ、Yak-1はYak-7/3/9へとそれぞれ発展し、数量でドイツ側を圧倒したのに加え、性能面でもドイツ戦闘機と同等かいくらか上回る水準に達したものもあった。

ソ連戦闘機の特色は、最後まで木製構造（一部金属製）を変えなかったこと、小型・軽量で量産容易だったこと、航続力や高々度性能など自軍の作戦にあまり重要でないと考えられる能力については、大胆に切り捨てられていたことなどで、こうした合理的な考え方が、精強なドイツ空軍を最後には壊滅させ得た要因の一つだったといってよい。

太平洋戦争開戦、零戦と一式戦の活躍

英独空軍が英国上空で死闘を続けていた1940年9月13日。日本海軍の零式艦上戦闘機が、重慶攻撃で初陣をかざった。約700km離れた漢口から出撃した13機の零戦は、重慶上空で中国軍のポリカルポフI-152、I-16計27機を撃墜破して自らは損害なしという、一見見事な戦果を挙げた。

しかし戦意と技量に乏しいパイロットの乗った旧式機相手の空戦では、勝つのが当たり前であり、それよりもこれだけ長距離進出して作戦できたことのほうが画期的であった。ちなみにBf109は200kmと離れていないロンドン上空でろくに空戦もできないという体たらくだったのである。

零戦は出現当時、航続力だけでなく、操縦性、運動性、上昇力、火力など世界最高水準の性能を備えており、優秀な搭乗員が揃っていたこともあって、日米開戦（1941年12月8日）後もしばらくは、連合軍戦闘機に対し圧倒的な有利のもと戦いを進めることができた。

一方、日本陸軍は開戦直前になって、ようやく一式戦闘機「隼」の部隊配備をスタートした。一式戦は零戦に較べると、運動性と航続力こそ同等だったものの、武装と速力が貧弱だったため、優秀な搭乗員の多かった緒戦に大きな活躍を見せたが、大戦中盤には旧式化してしまった。

また零戦、一式戦に共通していえることは、メーカーのリソース（人手）不足、機体そのものに発展の余裕が少なかったことなどのため、エンジン・武装の強化や機体強度の増加などのアップグレードが適切に行われなかったという点だ。

Bf109やスピットファイアの改良モデルが次々に開発されて、大戦末期まで高い戦闘能力を維持したことに較べると、日本機の発展度は情けないほど僅かだった。

太平洋戦争開始直後の連合軍戦闘機の主力は、カーチスP-40ウォーホーク、ベルP-39エアラコブラ、ブルースターF2Aバッファロー、グラマンF4Fワイルドキャット、ホーカー ハリケーンといったところだった。これらは日本戦闘機に比べるとスピードで同等か少し勝る程度、あとは武装・防弾装備にいくらかすぐれてはいたものの、運動性で大きく劣っていたため、日本機に後ろに喰いつかれてしまったら頑丈さを生かして高速急降下で逃げるより手はないという有り様だった。

これに対し、まず連合軍側が徹底したことは格闘戦に巻き込まれないこと、そして2機ペアによる編隊戦闘の採用だった。小回りのきく日本機は、格闘戦に入れば容易に敵機の後方につくことができたから、まずそれを避けて一撃離脱を主戦法とし、たとえ追尾されたとしても2機一組で互いの後方をカバーし合うことにより、撃墜を免れることができるという理屈だ。

こうした戦法はシェンノート将軍が指揮したAVG（アメリカ義勇航空群。P-40を装備）が中国・ビルマ戦線で採用し、やがて米海軍でも独自にサッチ・ウィーブの名で取り入れたことにより、日本機も簡単には勝てなくなっていったのだ。

大戦前半において日本陸軍の主力戦闘機となった一式戦闘機二型「隼」。格闘戦能力は高かったが、武装が非力で脚も遅く、米軍の高速戦闘機には苦戦した（写真提供／野原茂）

大戦中盤、大馬力戦闘機の参戦

1941年夏にドイツ空軍のフォッケウルフFw190Aが就役し、11月スピットファイアMk. Vと初空戦を行って勝利を収めた。本機は1,600馬力のBMW801空冷エンジンを搭載し、合理的かつ頑丈に設計された優秀機であり、捕獲機のテスト結果から、高々度性能を除けば当時の連合軍側のいかなる戦闘機より高性能であることが判明し、イギリスは深刻なショックを受けることになった。

1941年9月には、初の2,000馬力級戦闘機として英空軍のホーカー タイフーンが就役した。しかし本機は搭載エンジン、ネピアセイバーの不調、構造上の欠陥による墜落事故を続発し、これらが改修された翌年末からは強力な対地攻撃機として再出発した。

1942年夏にはロッキードP-38ライトニングが部隊配備されたが、本機は双発戦闘機の項で取り上げるとして、同じ年の12月、イギリスに到着した米陸軍航空隊初の2,000馬力級戦闘機リパブリックP-47サンダーボルトの解説に移ろう。

P-47は、ターボスーパーチャージャー付きのプラット・アンド・ホイットニーR-2800ダブルワスプという強力な空冷エンジンを搭載した重量級戦闘機で、太平洋戦域には1943年6月以降投入され、高速と高々度性能、それに12.7mm機関銃8挺という重武装で日

1,600馬力級空冷エンジンを搭載したドイツ空軍のFw190Aは、高速と優れた空戦性能を発揮、さらに頑丈で戦闘爆撃機としても使用され、Bf109と並んでドイツ空軍の主力戦闘機となった。写真は1942年夏に撮影されたFw190A-3

米陸軍の2,000馬力級戦闘機・P-47はヘビー級で運動性には劣ったが、高速、優れた高高度性能、大火力、大搭載力を活かして高高度戦闘機、戦闘爆撃機として太平洋戦線・欧州戦線で大活躍した。写真は第56戦闘航空群のP-47D

本軍機を圧倒した。もともと高々度戦闘機として開発された機体だったが、大馬力と無類の頑丈さを買われて対地攻撃機としても大車輪の活躍をした。

1943年に入ると、米海軍の2,000馬力級艦上戦闘機ヴォートF4Uコルセアと、グラマンF6Fヘルキャットが太平洋戦線に登場する。なおコルセアは当初空母上運用不適と判定されたため、海兵隊に配備された。1943年2月にガダルカナルに進出を開始し、900km以上も離れたラバウルから出撃してくる零戦と死闘を展開した。

コルセアはマッカーサー率いる連合軍のアイランド・ホッピング作戦（飛び石状に進撃する太平洋上の諸島奪還作戦）の支援に活躍した他、後には空母にも搭載されて太平洋戦争末期の諸作戦に参加した。

ヘルキャットは、もともとコルセアが失敗した時の保険として開発された機体だったが、コルセアの空母搭載が遅れたため、急遽米海軍の主力艦上戦闘機として大量生産され、対日反攻作戦の中心となった。

イギリスはタイフーンに続く2,000馬力級戦闘機として、ホーカー テンペストを1944年4月に部隊配備した。本機もエンジンの初期トラブルに泣かされたが、高速を生かしてV-1飛行爆弾の迎撃や、大戦末期のドイツ本土上空の戦いなどで活躍した。

米英以外で2,000馬力級エンジンを搭載した戦闘機を実用化したのはドイツと日本で、ドイツは1944年になってFw190D、敗戦直前にはTa152という高性能機を送りだした。いずれもユンカース ユモ213系液冷エンジンにメタノール使用のブースターを組み合わせて大馬力を発生させていた。

日本では、海軍戦闘機として、零戦に続いて火星二三型エンジン（1,800馬力）搭載の局地戦闘機（迎撃機）三菱「雷電」が開発されたが、様々なトラブルのため部隊編成は1943年になってしまった。

1944年には待望の2,000馬力級戦闘機、川西「紫電」、及びその改良型「紫電改」が登場したが、装備したエンジン「誉」の不調、工作精度の低下などにより、十分な活躍ができないまま敗戦を迎えた。

陸軍は一式戦に続いて高速重戦闘機、二式戦闘機「鍾馗」（ハ41 1,250馬力搭載、二型はハ109 1,450馬力）を中島に開発させた。本機は重戦に不慣れなパイロットからは歓迎されなかったが、使い方によってはもっと活躍が出来たはずの戦闘機だった。

川崎はDB601を国産化したハ40（1,175馬力）装備の三式戦闘機「飛燕」を開発し、1942年に陸軍に制式採用された。機体の設計は優秀だったものの、国産化エンジンはトラブルが絶えず、馬力向上型エンジンの生産もスムーズに進まなかったため、1945年には空冷のハ112に換装した五式戦闘機が作られ、敗戦間際になって活躍した。

1944年8月には、陸軍初の2,000馬力級戦闘機、四式戦闘機「疾風」が初出撃を記録した。本機もハ45（「誉」エンジンの陸軍呼称）の不調、性能低下のため、なかなか実力を発揮できなかったが、困難な状況の中で3,500機近い生産数を記録し、中国、フィリピンから本土防空戦まで活動を続けた。

米海軍の2,000馬力級戦闘機・F4Uコルセアは大直径のプロペラを装備したため翼がVの字に曲がる逆ガル翼を採用、高性能を発揮したが、主力艦上戦闘機の座は扱いやすいF6Fに譲った。1943年、護衛空母「コパヒー」上のVMF-213のF4U-1

日本海軍待望の2,000馬力級戦闘機だった「紫電」は、水上機の「強風」から改造した機体だったため各部が粗削りで、格闘性能は高かったものの、米軍の2,000馬力戦闘機に比べると速力など全般的に劣った。写真は米軍に鹵獲されテストされる紫電

万能戦闘機・P-51ムスタングの登場

1942年5月、英空軍のムスタング（アリソンV-1710装備、1150馬力）の部隊配備が開始され、低高度における高性能と長い航続性能をかわれてフランス内のドイツ軍拠点に対する攻撃作戦に投入された。

ムスタングは、英国の兵器購入委員会の要請に応えてノースアメリカンが開発した戦闘機で、短期開発だったにもかかわらず、非常に優れた空力設計により高速性能、運動性、航続力、武装など全ての面でバランスのとれた能力をそなえていた。

ただしアリソンエンジンは高空性能に問題があったため、途中でパッカード製マーリン（ロールス・ロイスからライセンスを取得、米国呼称V-1650、1490馬力）に換装され、真の傑作戦闘機へと生まれ変わった。

もともとイギリス向けとして作られたムスタングだったが、高性能に注目した米陸軍航空隊もA-36Aアパッチ（急降下爆撃機型）やP-51ムスタングとして大量に採用し、総生産数は15,586機に達した。

陸軍航空隊のP-51が初めて実戦に参加したのは1943年3月のことで、北アフリカ戦線のチュニジアから初出撃を記録し、11月にはビルマ戦線にも派遣され、日本の一式戦などと対戦した。

1943年10月にはマーリン装備のP-51Bが初めてイギリスに展開し、翌月からドイツ爆撃に向かう爆撃機隊のエスコート任務をスタートした。

アメリカの機体とイギリスのエンジンの合体によって生まれたP-51ムスタングは、優れた高速性能と大航続力を備え、大戦後半の米陸軍主力戦闘機として大きな活躍を見せた。写真は最多生産型のP-51D

ドイツ国内に対する戦略爆撃は、連合軍勝利のための最重要作戦だったが、ドイツ側の強力な防空戦闘機隊の前に大きな損失を出していた。米陸軍航空隊は、1943年春にP-47、同年夏にはP-38を爆撃機隊エスコート任務に使用し始めたが、ドイツ国内の一部をカバーできるだけで、ドイツ本土奥部までの護衛は不可能だった。

ところがP-51Bは、ドイツ国内のほとんど全ての地域まで進出可能となったため爆撃機隊の損害は激減し、反対にドイツ防空部隊の損害は増大の一途をたどることとなったのだ。1944年5月には全周視界を持つ水滴型キャノピーを装備した決定版P-51D型が登場し、連合軍側の優勢は決定的なものとなった。

1944年後半に入ると太平洋戦線にもP-51Dが登場し、翌年4月以降B-29爆撃隊のエスコートとして硫黄島から日本本土への出撃を開始した。こうしてムスタングは、大戦末期のドイツと日本の上空の制空権を奪取してしまったのだ。

各国の双発戦闘機

1930年代後半、列強各国で一種の流行のように2～3人乗りの双発（エンジン2基）戦闘機が開発された。長駆進出して重武装で敵機を制圧する任務には、単発単座の戦闘機より有利と考えられたからだが、実際には高性能双発戦闘機の設計は非常に困難で、成功した機体はほんの少数にすぎない。

大戦中の双発戦闘機の中で最も大きな成功を収めたのは、米陸軍のロッキードP-38ライトニングである。本機は最初から単座機として計画され、スピードと重武装に徹した設計が功を奏し、単発機に対抗可能な高性能を獲得した。米陸軍エースの1位、2位、5位が本機を使用していたという事実と、約1万機という生産数（双発戦闘機としては世界最多）が、P-38の優秀性を物語っているといってよい。

次に一応成功作といえるのは、ともに約6,000機の生産数を数えるBf110と英国のブリストル ボーファイター、それにデハヴィランド モスキートの戦闘機タイプであろう。

Bf110はバトル・オブ・ブリテンではほとんど役に立たなかったものの、その後の地中海・アフリカ戦線で活躍したのに加え、ドイツ本土防空戦では夜間戦闘機としてかなりの戦果を記録した。

ボーファイターは、バトル・オブ・ブリテンの直前に就役した長距離双発複座戦闘機で、高性能とはいえない機体だったが、扱い易く頑丈で多用途に使える融通性を備える点が特徴だった。

モスキートは高速と軽快な運動性を誇る全木製機で、もともと偵察爆撃機として開発が始められたが、その高性能を見込まれて戦闘機型が並行して試作され、1942年5月、夜戦型の部隊配備が開始された。モスキートは敵地への高速侵入攻撃や夜間爆撃機隊のエスコート任務に縦横の活躍をみせた。

双発戦闘機の雄P-38ライトニングは複座にこだわらず、単座戦闘機として開発されたのが奏功し、単発戦闘機とも互角に戦えた。特に低速な日本機に対しては、一撃離脱に徹すれば常に優位を確保できた。写真は前期型のP-38G

爆撃機から発達した夜戦としては、ドイツのドルニエDo217、ユンカースJu88、米陸軍のP-70（A-20ハボックの夜戦型）などがかなりの活躍を見せたほか、大戦末期には当初から夜戦として作られたノースロップP-61ブラックウィドウ（米）、ハインケルHe219ウーフー（独）がともに高性能と重武装で威力を発揮した。

その他双発戦闘機としては、イギリスのウエストランド ホワールウインド、ドイツのメッサーシュミットMe210/410、日本陸軍の二式複戦「屠龍」、同海軍の「月光」などがあるが、二式複戦や月光が重爆撃機の迎撃戦にいくらか活躍したことを除けば、いずれも目立った戦歴は残していない。

双発復座戦闘機の代表格であるBf110は、大戦序盤は空対空戦闘でも活躍したが、イギリスの単発戦闘機には大苦戦。その後は戦闘爆撃機や夜間戦闘機として活躍した

先進のロケット/ジェット戦闘機

実戦に参加したロケット戦闘機はドイツのメッサーシュミットMe163コメートのみ、同じくジェット戦闘機はやはりドイツのMe262シュヴァルベ（戦闘爆撃機型の愛称は「シュトゥルムフォーゲル」）、ハインケルHe162シュパッツ（ザラマンダー）、およびイギリスのグロスター ミーティアの3機種だけであった。

Me163は、アレキサンダー・リピッシュ博士の設計によりメッサーシュミット社が製作したもので、生産型を装備する実戦部隊は1944年5月に編成され、7月に迎撃作戦を開始した。本機は950km/hという超高速と高度12,000mまで約3分半という上昇力を誇ったが、ロケット燃焼時間はわずか10分足らずだったため、進出距離が限られ、ほとんど戦果を挙げられずに終わった。

Me262は世界初の実用ジェット戦闘機として1944年7月に実戦配備に就き、当初は戦闘爆撃機として使用されたが、2ヵ月後には連合軍爆撃部隊迎撃任務に就き、ドイツが降伏する45年5月までの短期間に450機以上撃墜という目覚ましい活躍をした。

He162は、ドイツ敗戦間際にヴォルクスイエーガー（国民戦闘機）として特急開発された簡易型ジェット戦闘機で、敗戦までに100機程度が完成し、1945年3月に実戦配備に就いた。

ミーティアは、1944年7月に部隊配備が開始され、翌年2月欧州大陸に進出した。ドイツ敗戦直前だったため、ドイツ機との交戦記録はないが、44年8月にV-1の撃墜を記録している。

史上初の実用ジェット戦闘機Me262は、800km/h以上というレシプロ機をものともしない高速を発揮したが、無防備な着陸時などを狙われて撃墜されることもあった。写真は米軍に鹵獲され米本土に移送された機体

真の傑作機の条件

以上駆け足で大戦中の戦闘機を展望してみたが、各国がそれぞれに優れた戦闘機を生み出したことがわかってもらえたと思う。しかし本当に優秀な戦闘機は、速度、上昇力、航続力、運動性、武装など、戦闘機としての基本的能力（いってみればこれらはカタログデータだ）が優れているだけでなく、生産や整備が容易で、故障が少なく、いつでも多数の機体が戦いに参加できるといった条件をも備えていなければならない。こうした総合的な面から見て高い水準にあった戦闘機こそ「真の傑作機」と呼ばれるべきであろう。

戦闘機も一つの工業生産物であったから、その国の技術水準、工業生産力を忠実に反映した出来栄えであったことにも注目したい。日本が良い例だが、例え航空機設計者が素晴らしい設計をしても、部品加工から最後の組み立てに到るまで高度な技術水準を維持していないと最終的に優秀機は生まれないことになる。

技術水準という点からいえば、エンジンの開発・製作には、機体そのものよりはるかに高度なものを必要とする。冶金（やきん）から始まって鍛造技術、ミクロン単位の精密金属加工技術が要求されるのだ。

第二次世界大戦において、信頼性の高い2,000馬力級エンジンの大量生産に成功したのは航空先進国・米英独の3カ国しかない。日本は1,100馬力級の液冷エンジンDB601の国産化にさえ四苦八苦し、2,000馬力エンジンのハ45「誉」も、安定した品質で量産することはできなかった。残念ながら、当時の日本の工業技術水準の立ち遅れは明白だったと言ってよいだろう。

第1章 ●日本の戦闘機

日本海軍航空隊
Imperial Japanese Naval Air Forces

Mitsubishi A6M Zero "Zeke" "Hamp"
Mitsubishi J2M Raiden "Jack"
Kawanishi N1K Kyofu "Rex"
Kawanishi N1K1-J Shiden "George"
Kawanishi N1K2-J Shiden-Kai "George"
Nakajima J1N Gekko "Irving"
Kyushu J7W Shinden

日本陸軍航空部隊
Imperial Japanese Army Air Forces

Nakajima Ki-27 "Nate"
Nakajima Ki-43 Hayabusa "Oscar"
Nakajima Ki-44 Shoki "Tojo"
Kawasaki Ki-61 Hien "Tony"
Kawasaki Ki-100
Nakajima Ki-84 Hayate "Frank"
Kawasaki Ki-45 Toryu "Nick"

1944年末〜45年はじめに撮影された、厚木基地でタキシングする第三〇二海軍航空隊の月光隊。後方には艦上爆撃機「彗星」を改造した夜戦や、同じく陸上爆撃機「銀河」を改造した夜戦も見える。三〇二空は他に雷電や零戦も装備し、帝都防空の主力部隊として奮闘した

日本海軍機 | 太平洋に覇を唱えた伝説のドッグファイター

三菱A6M 零式艦上戦闘機

ゼロせん？レイせん？零戦の名称とは

まず零戦の制式名について説明しよう。日本海軍の航空機命名法は1929年（昭和4年）に皇紀年号（神武天皇即位を元年とし、この時2589年だった）の下二桁（2600年以降は一桁）を用いるように決められた。従って零戦は皇紀2600年（昭和15年・1940年）に制式採用されたことを表し、制式には零式（れいしき）艦上戦闘機であって、厳密には略称も零戦（れいせん）と呼ぶのが正しい。

ゼロ戦というのは、米軍がゼロファイター（制式コードネームはジーク/Zeke、三二型のみハンプ/Hamp）と呼んだことが元になっているが、今日ではこちらの方が一般化してしまった。とはいえ、戦時中の日本軍パイロットや整備員が「ゼロ戦」と呼ぶこともあったという。

改造型については、二桁の数字が用いられ、10の位は機体の改修、1の位はエンジンの換装を示している。また武装、装備など細部改修は甲、乙、丙、丁で示され、例えば零戦一一型（「じゅういちがた」ではなく「いちいちがた」と読む」）は最初の機体モデルに、最初のエンジン（栄一二型）を積んでいることを示す。

零戦五二乙型（「ごじゅうに おつがた」ではなく「ごーに おつがた」）は、5番目の機体モデルに2番目のエンジンを搭載し（栄二一型）、2度目の武装改修モデルであることを示している。

なお1935年（昭和10年）に、制式名の他に機種記号が採用され、零戦には「A6M」の記号が与えられた。これらは、A6が6番目の艦上戦闘機、Mが三菱の開発であることをそれぞれ表しており、この後に改造記号が付け加えられる。たとえば先の零戦五二乙型はA6M5b（5は五二型、bは乙に相当）と表記される。

もう一つ、零戦の試作型は十二試艦上戦闘機と呼ばれたが、これは昭和12年の試作発注を表しており、試作機については皇紀ではなく、昭和の年号が使われた。

万能選手・零戦誕生の背景

次に零戦の誕生前後の日本と世界の戦闘機事情を概観してみよう。日本海軍は十二試艦戦発注の前年、九六式艦上戦闘機を制式採用して部隊配備を開始したところであった。この九六艦戦は、後に零戦を生む事になる堀越二郎技師をチーフとする三菱技術陣が開発した、世界初の単葉全金属製艦上戦闘機であり、我が国初の全面沈頭鋲採用など、日本の航空技術がいくつかの面でようやく欧米航空先進国に追いついたことを示した記念すべき機体であった。

九六艦戦は当時の艦上戦闘機としては高性能機で運動性も抜群だったから、日華事変（日中戦争、支那事変。1937年7月開始）前半、中国空軍の旧式機相手に大活躍したが、世界の戦闘機情勢からいえば、固定脚、開放風防で速度も430km/h程度の同機は、すでに時代遅れになりつつある機体だったといってよい。

ちなみに同じ1937年にはスペイン内乱でメッサーシュミットBf109Bが活躍中であったし、イギリスでは1934年に試作発注されたホーカー ハリケーン（1935年11月初飛行）、スーパーマリン スピットファイア（1936年3月初飛行）がすでにテスト中であり、前者は同年末に部隊配備が開始されている。

一方アメリカでは、やがて始まる第二次大戦で主力機となる海軍のF4Fワイルドキャットが1936年、陸軍のベルP-39エアラコブラ、カーチスP-40ウォーホーク、ロッキードP-38ライトニングがいずれも1937年に開発スタートしており、戦闘機の近代化という点では、欧州列強よりも日米両国がいくらか遅れていたといえるだろう。

1937年10月に交付された十二試艦戦の要求仕様は、最大速度＝高度4,000mで500km/h以上、上昇力は3,000mまで3分30秒、航続力は過荷重（増槽装備）公称馬力で1.5～2時間、巡航で6時間以上、空戦性能は九六艦戦と同等、武装は大威力の20mm機銃と7.7mm機銃各2挺、そして艦上機としての良好な離着陸性能を求められるなど、かなりシビアなもので、列強の新戦闘機を多くの面で凌駕しようという意気込みに溢れるものだった。

中でも航続距離は、当時の戦闘機が大体500～1,000km程度だったのに対し、倍以上を狙っているのが分かるが、これは艦隊決戦における戦艦同士の砲戦時に、長時間自艦隊の上空を哨戒し、敵攻撃機や観測機を撃破するためであり、これが零戦の一大特質を生むもととなった。そしてこの長大な航続距離は、その頃中国戦線における長距離爆撃作戦で多大の損害を出していた陸上攻撃機（陸攻）隊の長距離護衛任務にも生かされることになる。

速度性能は、当時の欧米戦闘機の多くが狙った線よりも一段低く設定されており、速度

最初の量産型である零戦一一型は、初陣となる重慶上空戦で完全勝利を果たした。生産数は試作3号機から8号機も含めて64機（写真提供／野原茂）

よりも運動性を重視した海軍の方針の表れといえよう。

いずれにしてもこれらの要求値を全て満足させることは、当時の日本の航空技術水準や、1,000馬力級のエンジンしか入手できなかったことから見てほとんど不可能に近いことといってよいものだった。そしてこれを可能としたのは、堀越二郎技師を初めとする三菱技術陣の飽くことなき努力と、独創的な工夫の数々だったのだ。

零戦、その神秘的高性能の秘密

海軍の苛酷な要求に応えるために三菱技術陣が目指したものは、徹底した軽量化と空力的洗練だった。限られた馬力のエンジンしか使えない以上、こうした方法がもっともオーソドックスといえるが、その徹底ぶりがハンパではなかったのだ。

左右貫通式の構造を持つ主翼と前部胴体を一体式に作る独特の構造や、住友金属が開発したばかりのESD（超々ジュラルミン）をいち早く採用して、必要な強度を保ちつつ軽量化を図り、無駄な重量はたとえ1gたりとも許容しないという厳しい設計方針を貫いたのだった。そして最後には無駄と思われる箇所については規定の強度安全率を部分的に見直すという事まで敢えて行なった。

ただ重量軽減を目指すあまり、防御装備（防弾板や自動防漏タンク）までが省略され、これが零戦の最大の弱点となった。しかしこれは当時の軍の方針でもあった事と、1,000馬力級エンジンではそこまで要求するのは無理という事情を考えれば、まずやむを得ない措置であったといえよう。

空力的な面では、細長い胴体、全面沈頭鋲、弦長が小さく効きの良い昇降舵と補助翼、三菱開発の118番型翼型および翼端捩り下げ（註1）の採用などにより、低抵抗で操縦性、安定性の優れた機体となった。また航続距離を延ばすため初めて流線型の落下式増槽を考案し、実用化した点も見逃せない。

プロトタイプ完成——飛行試験では墜落事故が続発

十二試艦戦の1号機は1938年（昭和13年）3月16日に完成し、各務原（岐阜）基地に運ばれて4月1日に初飛行に成功した。なお1号、2号機は三菱製エンジン、瑞星一二型（875hp）を装備したが、3号機以降はより信頼性と出力の高い中島製、栄一二型(950hp)を搭載した。

社内テストでは良好な飛行特性を示し、瑞星装備型で最大速度490km/h、上昇時間は高度5,000mまで7分15秒という性能を発揮したが、振動の過大、高速時の舵の効き過ぎという難点もテストパイロットから報告された。

振動問題に対し堀越技師は当初装備した2翅プロペラに問題があると推定し、3翅に交換して好結果を得たが、舵の問題は解決策を見つけるまでにしばらく時間を要した。やがて堀越技師は卓抜なアイディアを思い付くが、その妙案とは操縦ケーブルに力のかかり具合によって幾らか伸びるものを採用することだった。これにより風圧が強く舵にあたる高速時にはケーブルが延びて舵角が小さくなるのである。この方式は簡便で効果もそこそこだったが、高速時にエルロンの操作が重くなるという零戦の欠点の原因ともなった。

試験飛行中に起きた大事故としては、1940年（昭和15年）3月11日に十二試艦戦2号機がプロペラ過回転の原因を探るための急降下テスト中に空中分解事故を起こし、空技廠の奥山操縦士が殉職した事件が挙げられる。この事故はマスバランスが欠損したことによる昇降舵フラッターが原因とされた。

この事故から4ヵ月後の1940年7月24日、十二試艦戦は零式艦上戦闘機一一型（A6M2）として制式採用されるが、9ヵ月後またしても事故に見舞われた。1941年4月17日、主翼にシワがよる原因を追究するためやはり急降下試験中の空中分解により墜落、横須賀航空隊の下川萬兵衛大尉が殉職した。

この事故は量産型の零戦一一型135号機を使用し、わずか592km/hの降下速度で発生したため海軍内で大問題となり、空技廠松平精技師が徹底した風洞実験を行なった結果、高速下で補助翼反転により主翼のねじれが発生しやがて強烈なフラッターが起こることが原因と判明した。

これは明らかに重量を切り詰め過ぎたため

■三菱A6M2b 零式艦上戦闘機二一型

項目	値	項目	値
全幅	12.00m（主翼折畳み時10.955m）		
全長	9.05m	全高	3.53m
主翼面積	22.44㎡	自重	1,754kg
全備重量	2,421kg		
エンジン	中島「栄」一二型 空冷複列星型14気筒(940hp)×1		
最大速度	533km/h（高度4,550m）		
上昇力	6,000mまで7分27秒		
上昇限度	10,300m		
航続距離	3,500km（最大）、2,530km＋全速30分（増槽付き）		
固定武装	20mm機銃×2、7.7mm機銃×2		
搭載量	30kgまたは60kg爆弾×2		
乗員	1名		

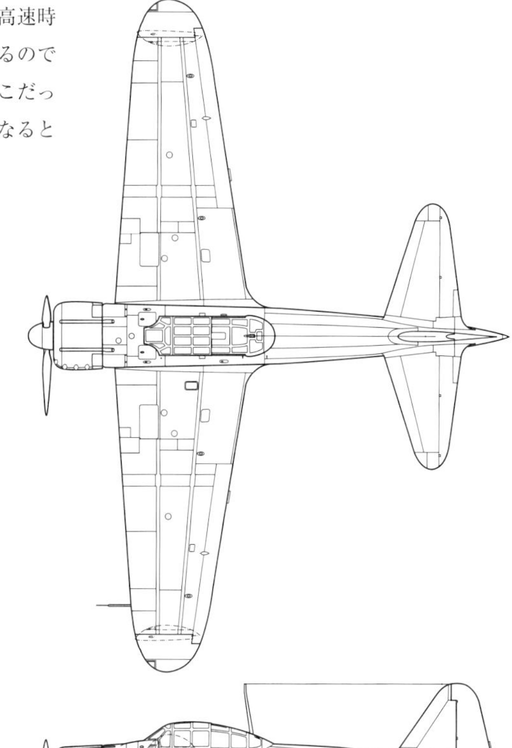

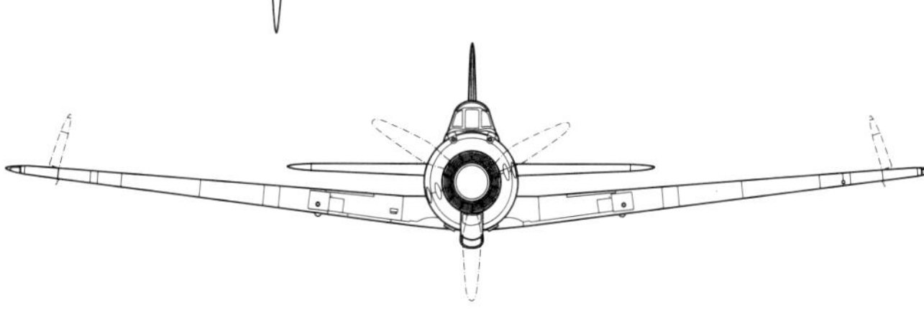

（註1）捩り下げ=主翼の取り付け角を翼端に行くほど減少させる、つまり捩じりを与えることで、高仰角時、高機動飛行時に翼端失速を起こりにくくする。

の強度不足であり、補助翼マスバランス増加、主翼外板の厚さ増大、鋲の大型化などの対策が採られている。しかしそれでも零戦の急降下制限速度は欧米の戦闘機に比べて大きく劣っており、これが後に弱点としてつけ込まれることになるのである。

衝撃のデビューと破竹の進撃

零戦の実戦参加はまだ実用化試験中の1940年（昭和15年）夏のことで、中国戦線における陸攻隊の損害が増大したことから初期生産型（後の零戦一一型）の急遽早期派遣が決まったものだった。

零戦のデビューはまさに衝撃的であった。1940年7月末漢口に進出した零戦隊は、8月後半から700km以上離れた重慶爆撃に向かう九六式陸上攻撃機編隊の護衛任務に就いたが、中国（国民党）側が兵力温存を図って戦闘機の退避を続けたためなかなか実力を発揮できずにいた。しかし9月13日に13機で出撃した零戦隊は、遂にソ連製I-152とI-16、27機を捕捉し、味方の損失機を出すことなく全機を撃墜した。中国側の報告だと13機が被撃墜、11機が被撃破だが、圧倒していることに変わりはない。

当時まだAVG（American Volunteer Group：アメリカ義勇航空群）は未編成で、中国側パイロットは戦意、技倆ともに低い状況にあった事と、さらに使用機も旧式だった事から、零戦の圧勝は当然といえたが、それにしてもこれだけ長距離進出してなおかつ空中戦をやれるということは、当時のいかなる戦闘機もまねの出来ないワザであった。

1941年（昭和16年）12月8日、太平洋戦争開始時点における日本海軍の主力戦闘機は零戦二一型であった。本機は米陸軍の主力戦闘機だったカーチスP-40、同じく海軍のグラマンF4Fワイルドキャット、F2Aバッファロー、それに英空軍のハリケーン、スピットファイアなどを相手に優位に戦った。

最も多く対戦したP-40B/C、F4F-3と零戦二一型を比較してみると、エンジンはいずれも1,000hp級だが、F4FのR-1830が1,200hpで最も強力。高度5,000mにおける最大速度はP-40が560km/hで他の2機の約520km/hを上まわっていた。主翼面積はF4Fが約24㎡で、他の2機が約22㎡。最大の相違は自重/総重量で、零戦が約1,700kg/2,400kgだったのに対して他の2機は2,400kg/3,200kgを超える重さだったのだ。

この結果、零戦は上昇力、機動性、高空性能などで他の2機を大きく凌駕しており、ひとたび格闘戦となればパイロットの高練度や20mm機銃の威力などともあいまって、圧倒的な強さを発揮したのだった。

ついに破られた零戦最強神話

零戦の優位は開戦後半年以上続いたが、その強さにいち早く気付いていたのは中国における零戦の戦いぶりを早くから見ていたクレア・シェンノート（注2）で、自ら率いるAVGパイロットにドッグファイト禁止と2機編隊戦闘を徹底するよう指導し大きな成果を挙げた。一方米海軍も、零戦対策としてジョンS・サッチ中佐が「サッチ・ウイーブ」と呼ばれる2機ペアによる戦闘法を考案した。

零戦の絶対的優位が失われるきっかけとなったのは、1942年（昭和17年）6月のアリューシャン侵攻作戦で、アクタン島に不時着した零戦二一型1機がほぼ無傷のまま捕獲されてしまった一件であった。同機を徹底的に研究した米側は、零戦の秘密が極度の軽量化と空力的洗練による格闘戦能力にある事、反面防御装備が全くなく、急降下制限速度がたかだか660km/h程度しかないなどの弱点を見つけ出したのだ。

この結果米側は、零戦に対しては格闘戦に

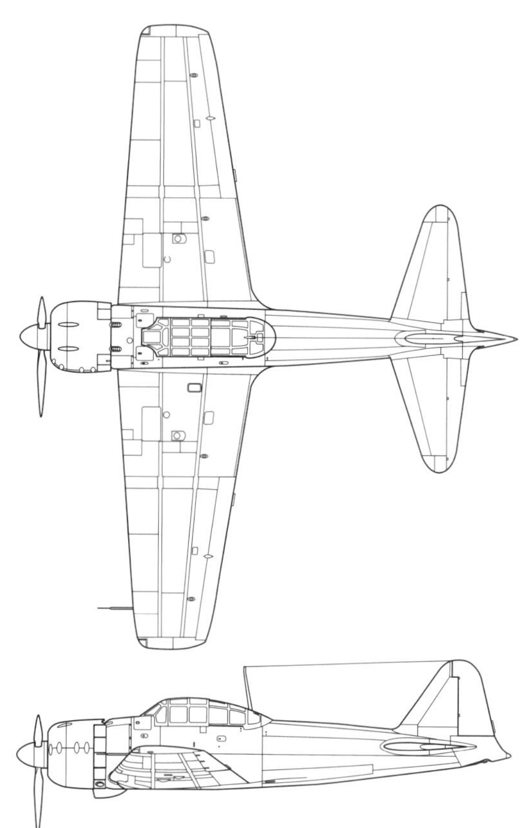

■三菱A6M3 零式艦上戦闘機三二型

全幅	11.00m	全長	9.121m
全高	3.57m	自重	1,807kg
主翼面積	21.54㎡	全備重量	2,535kg
エンジン	中島「栄」二一型（1,130hp）×1		
最大速度	544km/h（高度6,000m）		
上昇力	6,000mまで7分5秒		
上昇限度	11,050m		
航続距離	2,134km＋全速30分（増槽付き）		
固定武装	20mm機銃×2、7.7mm機銃×2		
搭載量	60kg爆弾×2	乗員	1名

太平洋戦争初期の日本海軍の主力戦闘機として、真珠湾攻撃、フィリピン攻略戦、ミッドウェー海戦などで大活躍し、「零戦最強伝説」を作った零戦二一型。2,821機が生産された

（註2）クレア・リー・シェンノート＝航空戦術理論家として知られたシェンノートは、1937年にアメリカ陸軍航空隊を退役した後、蒋介石の要請により中華民国空軍の訓練指導のため中国に渡った。AVGを編成して日本軍に対抗し、1943年第14航空軍新編と同時にその司令官に任命された。

入るのを禁じ、高速で攻撃後そのまま急降下で退避する、いわゆる一撃離脱戦法に徹する事を全戦闘機部隊に指示したのである。

こうした対策に加え、1943年以降は、2,000hp級の大馬力エンジンを搭載し高速と強武装を備えるF6Fヘルキャット、F4Uコルセア、P-47サンダーボルト、それらに加えて零戦なみの大航続力を持つ高性能機P-51ムスタングといった新鋭の単発戦闘機や、双発高速重戦闘機P-38ライトニングなどが登場し、零戦の不利は決定的となっていった。

エンジンを栄二一型に換装し、主翼端を1m短くして角型に成形、機銃の装弾数も二一型の60発から100発に増えた零戦三二型。速力、火力、ロール(横回転)性能は二一型より向上したが、胴体タンクが小さくなったため航続距離は400kmほど低下した。生産数は340機に留まる

三菱側も1942年7月には翼端を角型に切り詰めて、2速過給器を持つ栄二一型エンジン（1,130hp）に換装、また20mm機銃を九九式二号二型から九九式二号二型改に換装、装弾数を60発から100発に増やした零戦三二型（A6M3）の配備を開始した。

さらに1943年8月には翼端を丸くして排気管を推力式に変えるなどの改造を加えた零戦五二型（A6M5）を開発したが、最大速度は565km/h程度で、最大速度600km/hを超える米英の新鋭戦闘機に対抗できるほどの性能向上には至らなかったのである。

零戦三二型は1942年4月から生産され、最大速度が二一型より僅かに向上して530km/hとなったが、逆に航続距離は低下してしまった。8月にガダルカナル島をめぐるソロモン戦域の戦いが始まり、ラバウルから1,000km近く進出する作戦となったため、再び翼端を伸ばした二二型（A6M3という形式番号は変わらず）が生産された。

次に登場した五二型は最多量産型となった後期モデルで、再び翼端を切り詰めて丸く整形し、エンジンそのものは変えずに推力式排気管を採用して速度向上を図ったものだったが、この程度では連合軍側の新鋭機に対抗するのは困難であり、本来はこのあたりでエンジン、武装、防弾、機体構造全てにわたる強化を行なっておくべきだったと思われる。

それができなかったのは、次第に逼迫してきた資材不足、技術者の不足（堀越技師は戦後この点を強調している）などが原因で、結局小手先の改良にとどめてしまったことが、それ以後の零戦の悲劇につながっていったのだ。

本格的な後継機は現れず、最後まで主力戦闘機として戦う

五二型は1943年（昭和18年）8月23日に制式採用となって直ちに三菱と中島で量産に入った。生産途中で、翼内の20mm機銃の給弾をドラム式（100発）からベルト給弾式（125発）に換えた九九式二号四型に換装し、主翼外板の厚さを0.2mm増やして急降下制限速度を740km/hに引き上げた零戦五二甲型（A6M5a）が登場した。

さらに機首上面の7.7mm機銃のうち、右側だけを三式13mm機銃（230発）に換装した零戦五二乙型（A6M5b）も登場。そして機首左側の7.7mm機銃を廃止して翼内に三式13mm機銃（240発）×2を追加、武装を20mm機銃2挺と13mm機銃3挺とし、防弾鋼板や防弾ガラスなど防護も強化した零戦五二丙型（A6M5c）の各型へと発展した。ただし型が進むにつれて重量がかさみ、徐々に運動性能は低下していった。

これを打開するため水メタノール噴射装置つきの栄三一型を装備した零戦五三型（A6M6）が試作されたが、機構が複雑になっただけで性能向上がほとんどなかったため生産は行なわれず、1945年（昭和20年、敗戦の年）5月から六二型（A6M7）の生産に移った。この六二型は胴体下面に二五番爆弾（250kg）搭載用ラックを取り付けた戦闘爆撃機型で、もっぱら特攻に用いられた。

零戦二一型をベースに、主脚や尾輪、着艦フックを廃止、単浮舟(フロート)を追加、垂直尾翼や方向舵を拡大、隙間を塞ぐなどの改正を施した二式水上戦闘機。最大速度は約436km/hに低下したが、敵機が本格的な戦闘機以外なら優位に戦うことができた。生産機数は327機

三二型の胴体に二一型の主翼を組み合わせた零戦二二型。主翼内の燃料タンクが増設されたため、三二型はおろか二一型よりも航続距離が伸びた。二二型と武装強化版の二二甲型合わせて560機が生産されている。写真は第二五一海軍航空隊の二二型

二二型をベースに翼幅を1m短縮した零戦五二型。機銃は二二甲型と同じ九九式20mm一号機銃三型で、銃身が突出している。甲型からは九九式20mm一号機銃四型に換装し武装強化、乙型、丙型と13mm機銃を増設しさらに武装が強化された。五二型は大戦後期の主力となり、五二型、甲型、乙型、丙型合わせて約6,000機が生産された

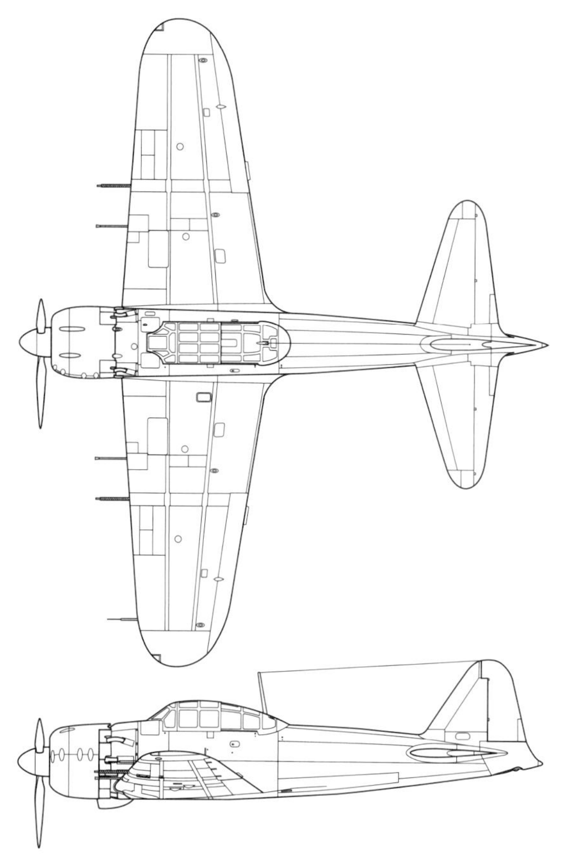

長銃身の20mm機銃2挺、13mm機銃3挺を搭載、重装甲の米軍機に対応しようとした零戦五二丙型。防弾も充実し、格闘戦より一撃離脱戦が得意な機体となった。鈍重なイメージもあるが、火力と防御力の充実が実を結び、本土防空戦では米戦闘機と善戦した例も多い

■三菱A6M5 零式艦上戦闘機五二丙型

全幅	11.00m	全長	9.121m
全高	3.57m	自重	1,970kg
主翼面積	21.30㎡	全備重量	2,955kg
エンジン	中島「栄」二一型（1,130hp）×1		
最大速度	540km/h（高度6,000m）		
上昇力	5,000mまで5分40秒		
上昇限度	10,200m		
航続距離	2,560km＋全速30分（増槽付き）		
固定武装	20mm機銃×2、13.2mm機銃×3		
搭載量	60kg爆弾×2または30kgロケット弾×4		
乗員	1名		

栄エンジンでは性能の向上に限界があることを痛感していた海軍は、1944年11月に三菱金星六二型（離昇出力1,560hp、高度2,100mで公称1,340hp）に換装した五四型／六四型（A6M8）の製作を三菱に命じた。しかし時すでに遅く空襲、工場疎開、工員不足で試作もままならず、1号機は1945年4月28日にようやく初飛行に成功したが、量産型は完成することなく終わった。

零戦のバリエーションとしてはこれらの他に、30mm機銃を装備した試作機、胴体後部に20mm機銃1挺を斜め銃として装備した（翼内20mm機銃は廃止）夜戦型「零夜戦」、複座化して複操縦装置とした零式練習用戦闘機（A6M2-K、A6M5-K）、二一型を元に中島が改造した、単フロート式の水上機・二式水上戦闘機（A6M2-N）などがある。

零戦は大戦中を通じて三菱、中島で量産が続けられ、その生産数は三菱で約3,880機、中島が約6,550機（二式水上戦闘機327機を含む）、他に日立で零式練習戦闘機273機が作られるなど、日本航空機史上唯一、1万機を超える生産数（一説には10,430機）を達成した。

また零戦はその活動期間の長さもあって、日本で最も多くの撃墜王を生んだ戦闘機でもあり、202機撃墜を申告した岩本徹三少尉（実際は80機前後ともされる）を筆頭に、87機撃墜を申告した西沢広義飛曹長、70機撃墜を公認された杉田庄一上飛曹、64機を記録した（実際は30機前後か）坂井三郎少尉、54機以上の撃墜を記録した奥村武雄上飛曹、27機撃墜を公認された（手紙によれば54機）笹井醇一中尉ら、枚挙に暇がないほどである。

今では特に太平洋戦争に詳しくない一般の人々の間では、「無敵零戦」の神話が一人歩きしている。もっとも結局零戦が優位を保ったのは、1940年9月のデビュー戦からせいぜい1942年一杯までで、その後は苦しい戦いを続けなければならなかった。

しかし戦闘機の性能向上が著しかった時期に、2年以上にわたって戦闘機のチャンピオンの一角に君臨したことは称賛されて然るべきだろう。まして総合的な航空技術や工業水準の面で欧米に較べて相当に遅れていた当時の日本がそうした機体を生み出した事は、ほとんど奇跡といってもよいほどの出来事だったのだ。

十二試艦戦(A6M1)

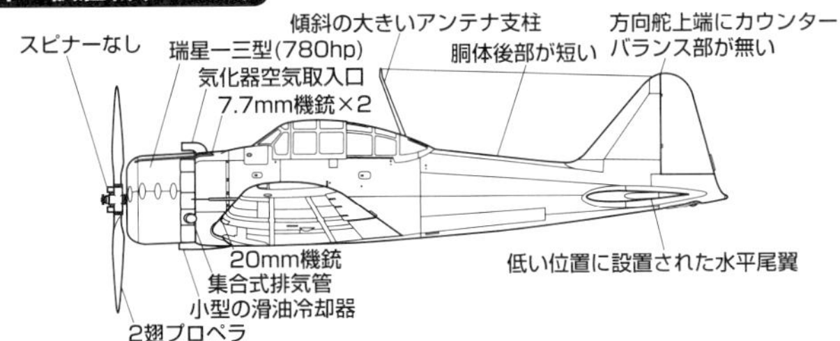

零戦一一型/二一型(A6M2a/b)

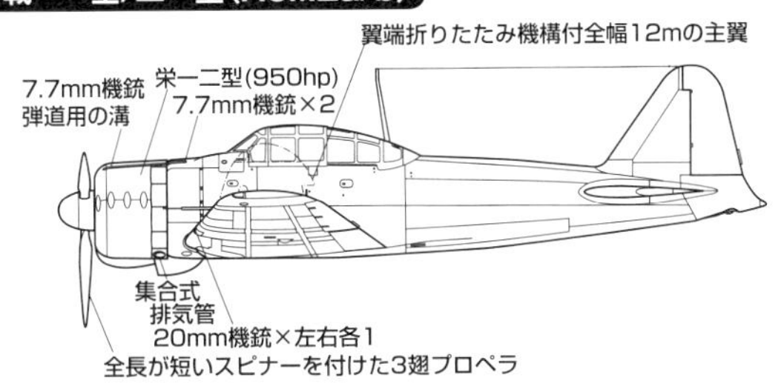

零戦三二型(A6M3)

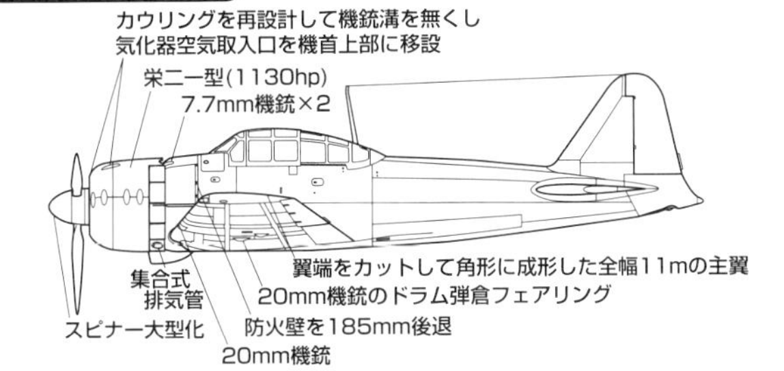

零戦二二型(A6M3)

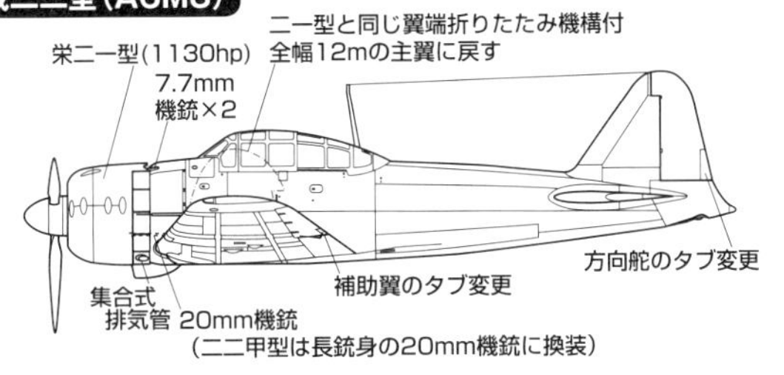

零戦五二型(A6M5)

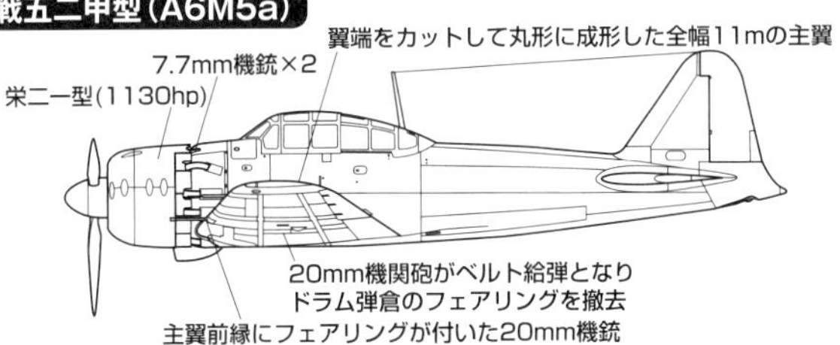

零戦五二甲型(A6M5a)

零戦五二乙型(A6M5b)

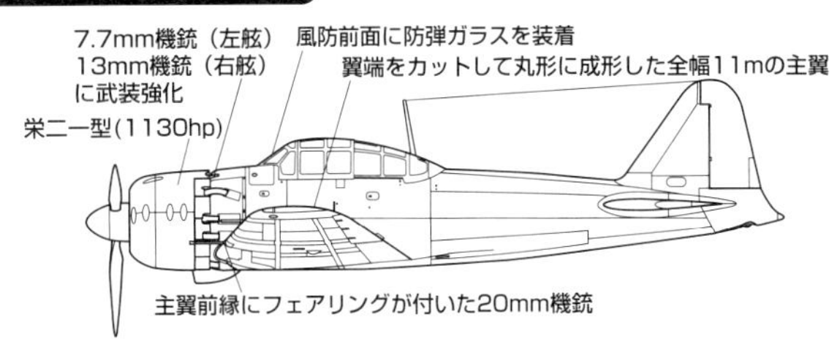

零戦五二丙型(A6M5c)

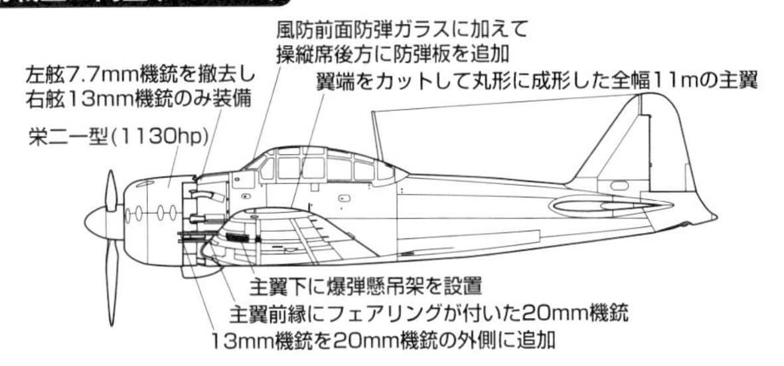

零戦六四型(A6M8)

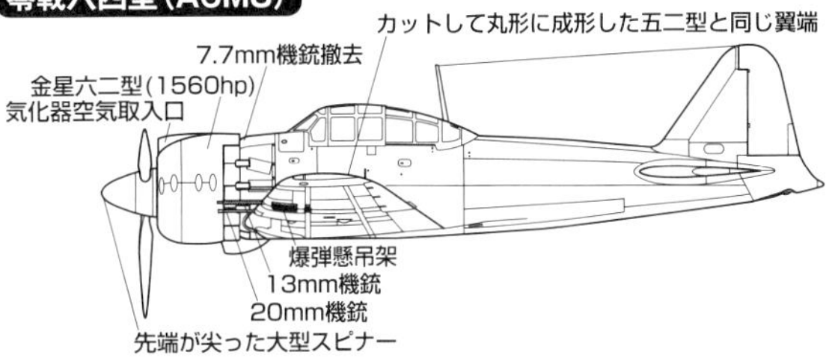

零式練習戦闘機一一型(A6M2-K)

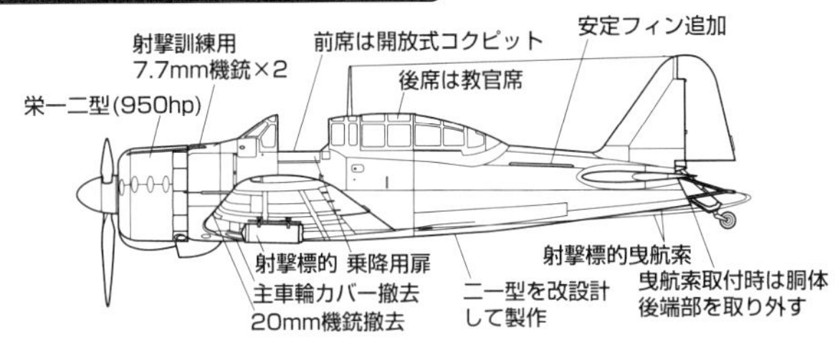

二式水上戦闘機(A6M2-N)

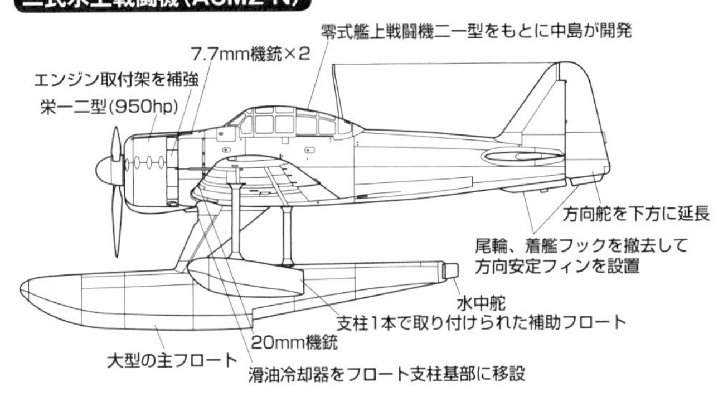

三菱J2M 局地戦闘機 雷電

局地戦闘機＝日本海軍の基地迎撃機

日本海軍は陸上基地航空隊の強化に努力した世界でも珍しい軍隊である。これは1922年(大正11年)のワシントン軍縮条約により、主力艦(戦艦)、航空母艦の総トン数比を英米の5に対し3に制限されたことから、航空機による攻撃力を強化して海上戦力を補完しようとしたためだ。

1945年春に撮影された、朝鮮・元山(げんざん)航空隊の雷電二一型。特異な紡錘型のフォルムが良く分かる。この元山基地には5機の雷電が配備されていたが、訓練が主目的の部隊なので、空戦の機会はなかったようだ。胴体の太い雷電は「中で宴会ができる」といわれるほどコクピットが広かった

こうして基地航空部隊が整備されてくると、その基地の防空が必要となるのは当然の成り行きであった。1937年（昭和12年）に始まった日華事変で、たびたび中国軍の空襲に悩まされた海軍は、ついに初の爆撃機迎撃を主任務とする陸上戦闘機（英語で言うとinterceptor:インターセプターだが、海軍では「局地戦闘機」、または主力となる艦上／制空戦闘機「甲戦」に対し「乙戦」と呼んだ）の開発を決意したのである。なお、雷電の型式番号J2MのJは陸上戦闘機（局地戦闘機）を指す。

1939年9月、海軍航空本部は三菱に対し十四試局地戦闘機の計画案を内示、翌年4月に要求仕様書を提示した。その要旨は、空冷エンジン装備の局地戦闘機で、最大速度は600km/h以上（高度6,000m）、上昇力は高度6,000mまで5分30秒以内、実用上昇限度11,000m、航続時間・高度6,000m/最大速度で40分以上、増槽付きの場合40%出力で4時間半、武装は20mm機銃×2、7.7mm機銃×2、運動性については通常の特殊飛行が可能なこととされていた。つまり運動性よりも、速度、火力を重視した重戦闘機を要求していたのである。

紡錘形(ぼうすい)の胴体…これが苦難の元凶だった

十二試艦戦（後の零戦）の開発で疲労の極にあった堀越二郎主任技師、曽根嘉年技師ら三菱設計陣は、休む間もなく十四試局戦の設計にとりかかったが、十四試局戦の要求仕様は十二試艦戦に較べればそれほど無理なものではないと考えていた。

高速と上昇力は、大馬力エンジンと抵抗の少ない機体設計さえできれば比較的容易に得られるからだが、しかし実際には事はそんなにスンナリとはいかなかった。

まず第一の難関は、当時の日本には戦闘機用の大馬力空冷エンジンがないことだった。なんとか使えそうだったのは、三菱自身が金星を発展させて開発中だった十三試へ号エンジン（後の火星:1,460hp）だけだったが、問題は零戦に搭載された栄（1,000hp級）に較べて直径が22cmも大きいことだった。

前面面積が大きくなるということは、即抗力増大につながり、高速は望めないことを意味した。そこで堀越らが考えだしたデザインは、プロペラ軸をいくらか前方に延長してエンジン前面のカウリングを細く絞り込むことに加え、大きめのスピナーを装着して胴体全体を紡錘形に形作ることだった。そしてカウリング開口部が小さくなることによる冷却不足対策として、我が国としては初の試みとなる強制冷却ファンを装備することにしたのである。

この方式は確かに胴体を流線型にすることができるが、もう一つの大直径エンジン対策として、すでにフォッケウルフFw190や陸軍の二式戦「鍾馗」が採用していたエンジン後方から胴体を絞り込む方式と比較すると、実はほとんどメリットがないことが後に判明している。

つまり雷電の紡錘形は胴体単体での抗力は低いが、プロペラ後流を考慮に入れると頭デッカチ形（鍾馗やFw190型）のほうが抗力は低くなる。また雷電型は最も胴体が太くなった部分にコクピットを設けなければならないため、胴体最大直径がエンジン部より更に大きくなるのに対し、頭デッカチ形はコクピット部の胴体が細くなるため、最大直径はエンジンカウリング部となる。したがって前面面積は後者の方が小さくなり高速向きである上に、地上における三点姿勢時の前方視界を除けば広い視界を得られるのに対し、紡錘形のメリットは、わずかにプロペラ効率が良くなるくらいだった。

後知恵ではあるが、雷電の最大の特徴である太い胴体は、速力不足や視界不良など、後に問題とされる欠点の最大の原因となってしまった。

第三五二海軍航空隊第3分隊長、青木義博中尉の雷電二一型。胴体に黄色い稲妻が描かれたド派手な塗装である。雷電はB-29の強力な防御火網に備えて、風防に防弾ガラス、操縦席後ろに防弾鋼鈑を備えていた

B-29襲来の報を受け、厚木基地を離陸する三〇二空の雷電二一型。飛行中の雷電は、強制冷却ファンの「キーン」という高い音が特徴的だったという。雷電の実際の敵機撃墜数は20〜40機の間とされる

多くの欠点を露呈する試作機

太平洋戦争開戦前の騒然とした世情の下で十四試局戦の開発は進められていったが、曽根、堀越技師とも過労のため相次いで休養に入らなければならなくなり、高橋巳治郎技師が後を引き継いだ。

航空機の開発は結局は多くの人材の共同作業であり、それらを強力にまとめ、推進するリーダーシップがあって初めて優秀機が誕生する。そうした面からみれば、十四試局戦開発時の三菱設計陣は、零戦開発で無理に無理を重ねた後で、コンディションは最悪であり、それを十分にリカバーできるだけの人材の厚さにも欠ける状況だったといってよい。

ともあれ十四試局戦（J2M1）プロトタイプ1号機は1942年2月に完成し、3月20日霞ヶ浦飛行場で初飛行に成功した。

社内テストの後、5月に海軍側に引き渡され、テストと審査のための飛行試験が開始された。その結果、操縦性、安定性は良好なものの、曲面ガラスを用いたキャノピーは視界が悪い上にゆがみがあること、着陸速度が高く、視界不良と相まって着陸が困難なこと、最大速度が計画値を下回っていることなどの欠点が指摘された。

これに対して三菱は、キャノピーを枠の多い大型のものに設計変更し、エンジンを火星一三型（1,460hp）から火星二三型（1,820hp）に換装、エンジンの重量増大に対処するため取り付け位置を10cm後退させるプランを示した。

またこれらに加え、プロペラを故障の多い電気式3翅から油圧式4翅へ変更、強制冷却ファンもプロペラ軸直付けの22枚羽根等速式から、遊星歯車を介して3倍速に回転数を上げた増速式14枚羽根に改良、推力効果の期待できる単排気管の採用、フラップの大型化などの改善策を示し、8機作られた十四試局戦を使用して改造のテストを続けた。

なお火星二三型は、気化器を廃して燃料噴射式とし、水・メタノール噴射装置を追加した強化型エンジンだったが、過給器の全開高度が下げられたため、5,500m以上の高度での馬力はほとんど向上していないという欠点があり、後述するように本エンジンと4枚ペラの組み合わせは振動の発生という新たな問題を生むことになった。

泥沼の改修を経て、何とか量産開始

改良策を全て盛り込んだ量産型雷電一一型（J2M2）の1号機は1942年10月13日に初飛行した。しかし雷電の本当の苦難の道はここから始まった。

まず水・メタノール噴射の不調で予定の馬力は出ず、黒煙ばかりを吐き出し、続いて飛行中に猛烈な振動が発生した。この振動は、延長されたプロペラ軸とプロペラブレードの剛性不足、それにエンジン自体の振動が加わって、共振を惹き起こすという複雑なものだった。

さらにこの振動問題の解決に奔走していた1943年6月16日には、テスト飛行のため三重県の鈴鹿飛行場を飛び立った試作2号機が、離陸直後に突然機首下げして墜落、パイロットの帆足大尉は殉職した。原因は、引き込んだ尾輪の支柱が、昇降舵連結軸を圧迫したためだったが、原因がつきとめられるまで3ヵ月を要した。

結局、振動問題は43年10月になってエンジン支持架の強化、ブレードの剛性増大などにより押さえ込むことで解決し、ようやく雷電一一型の生産（125機）が開始された。しかし重大な戦局の転換期に、振動問題解決だけ

■三菱J2M3 局地戦闘機 雷電二一型

全幅	10.8m	全長	9.70m
全高	3.81m	主翼面積	20.05㎡
自重	2,538kg	全備重量	3,499kg
エンジン	三菱「火星」二三甲型 空冷複列星型14気筒（1,820hp）×1		
最大速度	611km/h（高度6,000m）		
上昇力	6,000mまで5分50秒		
上昇限度	11,500m		
航続距離	1,055km（正規）、2,520km（過荷）		
固定武装	20mm機銃×4	搭載量	60kg爆弾×2
乗員	1名		

のためにほぼ1年という歳月を費やしたのは大きなロスだった。

雷電一一型の生産が始まった直後、大型機相手にはほとんど役に立たない7.7mm機銃を外し、翼内に20mm機銃4挺を搭載した雷電二一型（J2M3）が完成し、43年10月12日に初飛行を行った。

雷電のバリエーション

この頃海軍は雷電の上昇力、高速における操縦性の良さや強武装などに期待して大量生産計画を立て、三菱以外でも高座工廠と日本建鉄が協力して雷電二一型を生産することになった。こうして二一型は雷電の最多量産型となり、三菱で308機、高座工廠で128機が作られた。

またアメリカからの情報により、次期超重爆B-29は排気タービン過給器（ターボスーパーチャージャー）を装備し、高度10,000m以上を飛行する事が判明したため、1944年1月、これを迎撃する雷電高々度型の開発が三菱に対し命じられた。

このモデルは、二一型の機首を延長してエンジン後部右側に排気タービンを搭載し、冷却ファンの直径を75cmから85cmに拡大、後部胴体上面に斜め銃（20mm機銃×2）を装備、降着装置を強化するなどの改造を受けて雷電三二型（J2M4）と称され、44年9月24日に初飛行した。

三二型は2機作られ、テストが続けられたが、重量が500kg増加した一方で排気タービンがトラブルを頻発して額面通りの能力を発揮せず、高々度性能がパッとしなかったため、開発は中止された。この他、空技廠でも独自に排気タービン追加搭載型を作ってテストしたが、三菱製に比べるといかにも急造然とした雑な造りで、モノになるはずもなかった。

このターボ型とは別に、過給器の全開高度を上げた火星二六型エンジンを搭載した高々度性能向上モデル三三型（J2M5）も開発され、一一型改造の原型は44年5月20日に初飛行した。

この三三型は、視界改善のためキャノピーを大型化し、キャノピー前方の胴体上側面を削る改修も加えられたものだった。1945年2月のテスト飛行で、最大速度614km/h（高度6,485m）、8,000mまで9分45秒で上昇するという、当時の日本機の中では優秀な性能を示した。

このため45年4月には三三型の大量生産が始められたが、時すでに遅く、42機完成したところで敗戦を迎えた。雷電のその他のモデルとしては、エンジンは二一型のままで、視界改善策だけを施した機体暫定型の三一型（J2M6）、二一型に火星二六型エンジンを搭載したエンジン暫定型の二三型が少数作られている。

また二一/三一/三三型の中には、20mm機銃を4門とも長銃身タイプの二号四型に換装（通常2門は短銃身の一号四型）した機体があり、これらは、例えば三三甲型（J2M5a）のように呼称された。なお雷電の翼内機銃は、後述の直上方攻撃をやり易くするため、生産途中で4度上向きに装備するように改められた。

エンジンを火星二六甲型に換装し、高高度性能を高めた雷電三三型。写真は主翼の20mm機銃4挺を五式30mm機銃一型2挺に換装したタイプ（写真提供／野原茂）

本土で大型爆撃機迎撃に奮闘

開発中のトラブル解消に手間取った雷電の実戦部隊配備は、1943年末にようやく始められた。しかし配備後もエンジンの不調や、粗製濫造による機体の強度不足などから、稼働率が低く、加えて新人パイロットでは飛ばせないような、着陸速度の速さと視界不良による離着陸時の事故多発などにより戦力化はとうてい望めない状況だった。

だが南方戦線では米軍の反攻が本格化しており、零戦の神通力が消え失せた海軍にとって高速、強武装の雷電は待望の新戦闘機であり、一刻も早い戦線投入が待ち望まれていた。

最初に実戦に投入されたのは、当時の日本の生命線ともいえる油田と石油精製施設のあったボルネオ島バリクパパンで、1944年9月に少数の雷電二一型が防空任務に就いた。雷電はB-24など対爆撃機戦闘では善戦を見せたが、敵戦闘機の護衛が付くと不利は免れず、機数が少なかった事も相まって大きな活躍をすることなく終わり、残った雷電は45年4月シンガポールに移動した。

ほか雷電の海外派遣としては、フィリピン、台湾などがあるが、いずれも負け戦の最中の数機単位の展開であり、戦闘の記録さえほとんど残っていない。

雷電が活躍したのは本土防空戦で、中でも厚木基地をベースに迎撃と局戦パイロット養成の二足のわらじを履いて活動した第三〇二海軍航空隊の雷電隊は、ベテラン搭乗員が多かったこともあってB-29相手の迎撃戦にもかなりの活躍を見せた。

雷電によるB-29初撃墜を果たしたのは、佐世保基地三五二空、大村派遣隊の一木利之飛曹長で、日本海軍のそれもベテラン搭乗員だけが得意とした直上方からの反転・垂直降下攻撃により、1944年11月21日、大村爆撃に飛来した1機を撃墜した。

この攻撃法は防御砲火の死角からの攻撃であること、目標の面積が大きいことなどのメリットがある反面、高度な操縦技量を必要とすること、B-29が高々度侵入した場合は雷電が攻撃位置につくのが困難になるなどの難点があったが、三〇二空の雷電はこの戦法を多用して果敢にB-29に挑戦し、10機近い撃墜を記録した。対爆撃機用の局地戦闘機として開発された雷電がようやく本領を発揮できる場を得たのである。

しかし45年春以降、米機動部隊からF6Fヘルキャット、F4Uコルセア、硫黄島からP-51Dムスタングが本土に飛来し始めると、速度、旋回性能ともに劣る雷電では対抗することができず、その迎撃活動は大きく制限されてしまった。

雷と電は轟いたのか？

雷電は海軍初の重戦闘機として開発されながら、生産数は630機程度と少なく、1年足らずのほんの限られた活躍を見せただけに終わった。これは開発・実用化に手間取っているうちに性能面で時代遅れになってしまったことと、戦局の悪化により海外各基地の防空という本来意図した活動の場がなくなってしまったことの2点が大きく影響している。

開発に時間がかかりすぎたのは、つまるところ当時の日本の航空技術とその周辺を支える工業技術水準の低さが主因であり、優れた大馬力エンジンもなく、実物大でテストができる高速風洞さえ無い状況下では、例え零戦で優秀な才能を示した三菱設計陣といえども優れた高速重戦をデザインし、迅速に戦列化するのは不可能だ。

もう一方の用兵側の問題も指摘すべきだろう。海軍の局地戦闘機の発想そのものは悪くないのだが、それを使いこなすだけの態勢も覚悟も無かったことが問題だ。

つまり高速重戦を配備するにはそれなりの運用態勢(長い滑走路を持つ飛行場施設や高速機向けの訓練体系)が整っていなければならないのに、全く整備されていなかったことだ。

とくに訓練体系の不備は、戦局の悪化による訓練時間の短縮とあいまって技量不足の速成パイロットの一線配備を招き、雷電の離着陸の難しさが一層強調され、「殺人機」とのレッテルを貼られる結果となってしまった。

雷電の翼面荷重は全備重量3,430kg、翼面積20.02㎡＝171kg/㎡で、着陸速度160km/hは、当時の欧米戦闘機に較べても決して過大な値ではない。視界が悪かったことを考慮しても、重戦専用搭乗員養成のつもりで訓練していれば、そんなに問題となる数字ではない。

事実、日中戦争以来のベテランの赤松貞明中尉は、高速で急降下性能に優れる雷電を高く評価して使いこなし、P-51×3機やF6F×1機などを撃墜している。

結局、大して見るべき性能もなかった雷電が名を残すことができたのは、零戦の相対的弱体化、「烈風」の遅延、ライバル「紫電/紫電改」の低稼動率といった海軍の"ツケ"の結果だったと言えなくもない。

アメリカ軍に接収され、TAIU(Technical Air Intelligence Unitの略)の手によって試験された雷電二一型(S12、製造番号3008)。フィリピン・クラーク飛行場。なお米軍からの雷電のコードネームは「Jack」。ハイオク燃料を使ったこの雷電は、カタログデータ以上の671km/hを記録した。アメリカ側は、上昇性能に優れ、武装が強力で防弾性能も備えた雷電に、迎撃機として高い性能を持つとの評価を与えた

十四試局地戦闘機(J2M1)

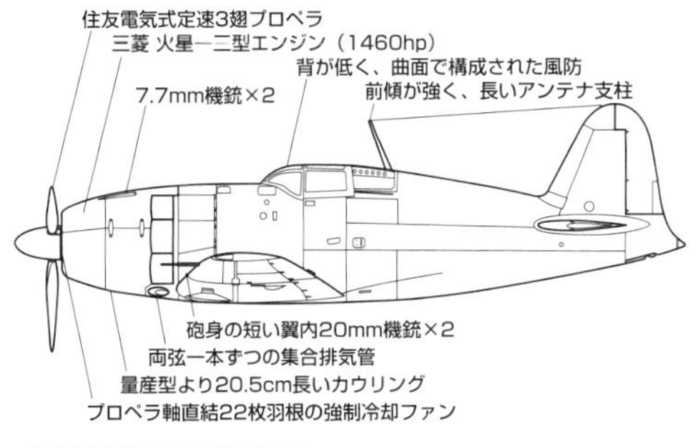

雷電一一型(J2M2)

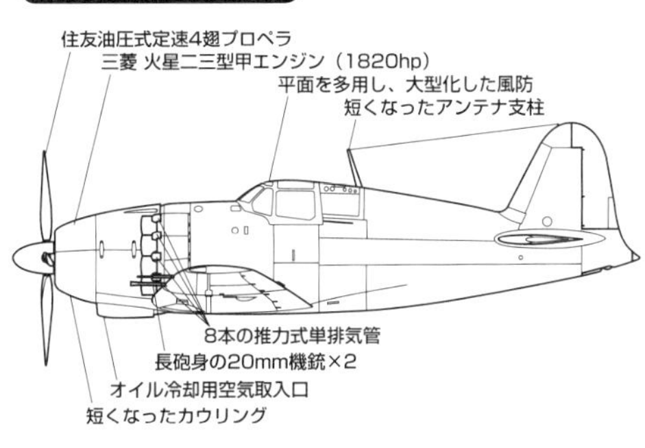

雷電二一型(J2M3)

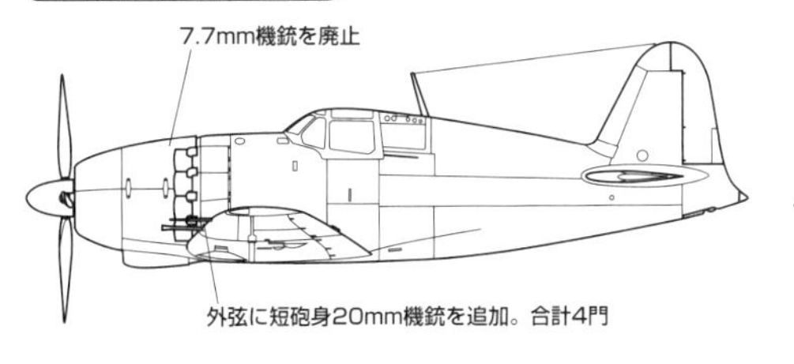

雷電三一型(J2M6)

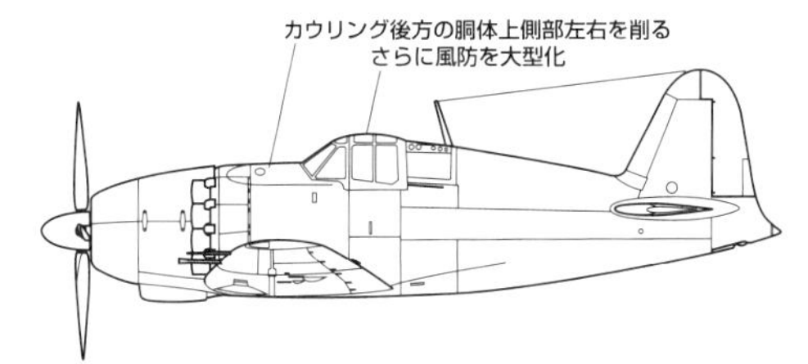

雷電三二型/空技廠(J2M4)

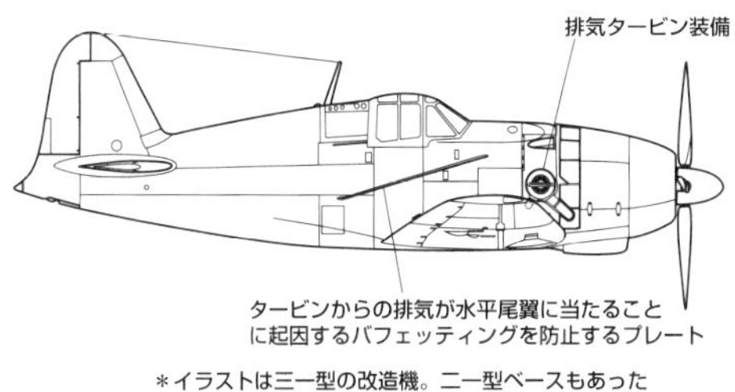

雷電三二型/三菱(J2M4)

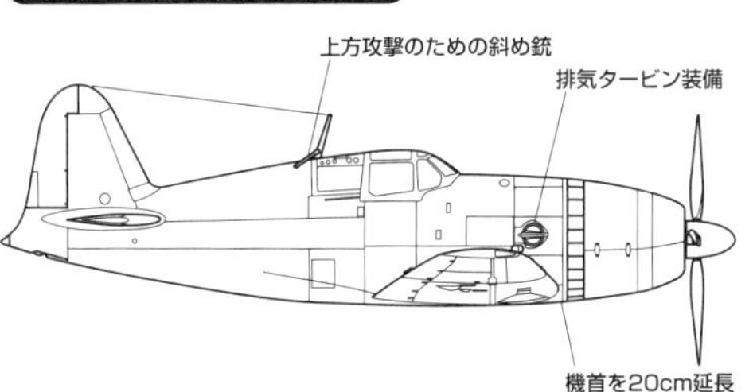

日本海軍機｜水戦から転生し、海軍最後の剣(つるぎ)として閃いた2,000馬力戦闘機

川西N1K水上戦闘機 強風・局地戦闘機 紫電／紫電改

日本海軍における水上戦闘機の活躍

日本海軍は水上戦闘機（以下水戦と記す）を本格的に実戦に使用した珍しい実績を残している。水戦は各国でテストされた（例えばF4Fやスピットファイアのフロート装着型）が、結局日本以外では部隊配備されるまでに至っていない。

日本が水戦を活用できたのは戦場が太平洋諸島だったことと、陸上基地設営前にも進出が可能だったことに着目したからだった。逆に言えばそれだけ飛行場設営能力が貧弱だったため、飛行場がなくても哨戒、防空作戦や、他の水上偵察機、飛行艇の護衛任務が可能な水戦を活用せざるを得なかったという事情があったのだ。

太平洋戦争開戦前年の1940年（昭和15年）9月、海軍は川西航空機に対し、十五試高速水上戦闘機の試作を命じた。川西は当時すでに水上偵察機や飛行艇のメーカーとして確固たる地位を築いていたが、戦闘機については1927年に複葉艦上戦闘機K-11を試作しただけで、経験も実績も豊富とはいえないものだった。

しかし同社では前年に画期的な十四試高速水上偵察機（後のE15K1紫雲）の開発を始めていたことから、そのパワープラント（当時の実用エンジン中、最強の三菱「火星」出力1,460hp、二翅二重反転プロペラ）を流用し、抗力の少ない中翼型式、東大で研究されていた高速機用LB翼型（層流翼）、真円に近い砲弾型胴体、空戦用フラップなどを採り入れ、海軍の要求である陸上機並みの高速と格闘戦能力を備える意欲的な水戦の設計を進めていった。

WWⅡで唯一、生まれながらにしての水戦「強風」

十五試水上戦闘機の原型1号機は1942年5月6日、初飛行に成功し、社内試験の後、8月海軍に引き渡された。増加試作型8機を使用してテストが続けられた結果、トラブルの多い二重反転プロペラが普通の3翅に改められ、当初採用されるはずだった引き込み式翼端フロートも固定式で量産されることになり、1943年12月、強風一一型（N1K1）として制式採用された。

海軍は強風の開発に先立って、零戦一一型を水上戦闘機化した二式水戦（A6M2-N）を中島に開発させ、1942年6月、キスカ（アリューシャン）、ラバウルに派遣し、洋上哨戒、防空等の任務に使用した。二式水戦はその後もトラック島、ツラギ（ガダルカナル作戦支援）などに展開して陸上戦闘機の穴埋めとして活躍した。しかし二式水戦は零戦譲りの良好な運動性を持ってはいたものの、大きなフロートを持つため鈍速（零戦一一型より約100km/h遅い）で上昇力も劣っていたため、戦闘機相手の空戦では苦戦を強いられることが多く、その活動は長くは続かなかった。

こうした中、強風は1943年12月からアンボン（インドネシア）やバリクパパン（ボルネオ）、及びペナン（マレーシア）などへの配備が進められていった。

しかし戦況はすでに日本にとって不利に傾いている頃であり、占領後の飛行場整備前の防空を主任務とする水戦の出番はなかったため、アンボン、バリクパパンの水戦隊は2ヵ月ほど対爆撃機戦闘などの作戦を行った後解隊され、ペナン水戦隊は45年までやはり爆撃機迎撃などに少数機が使われたに過ぎなかった。

その後強風は本国防空などに使用されたが、生産数が97機と少なかったため、活動の記録はほとんど残されていない。

強風は陸上戦闘機へ、異例の転身を図る

太平洋戦争開戦時、川西は主として大型飛行艇を生産していたが、その少し前からジャンル拡大を図るため陸上機生産に乗り出す計画が進められていた。

この結果、海軍は開戦直後の1941年12月末、川西に対して強風を局地戦闘機（インターセプター／迎撃機の海軍名称）にコンバートする指示を出し、仮称一号局地戦闘機の名（後の試製紫電N1K1-J。Jは局地戦闘機の意）で試作が開始された。

パワープラントだけは中島が開発していた画期的な2,000hp級エンジン「誉」にすげ替えたものの、主翼、胴体はほぼそのまま、尾翼も小改造に留められた。最大の変更点は当然ながら降着装置であったが、中翼配置のため主脚を長くする必要があり、油圧で一段縮めてから引っ込める必要が生じたことと、川西が引き込み脚に不慣れだったことが災いして

紫電の母体となった水上戦闘機 強風。フロート付きの水戦としては優秀だったが、本格的な戦闘機には対抗できなかった。エンジンは「火星」一三型（1,460hp）、自重2,700kg、全備重量3,500kg、航続距離2,000km、武装は20mm機銃2挺と7.7mm機銃2挺。最大速度は、海軍の要求は574km/hと当時の水戦にはほぼ実現不可能なものだったが、実際には485km/hだった

トラブルが多発し、紫電にとっての最大のウィークポイントとなった。

また強風同様、空戦フラップが採用されたが、その作動が自動化された点が異なっていた。紫電の場合は水銀の入ったU字型管で速度とGを感知し、それによってフラップの作動角を自動的に設定するという巧妙なメカニズムが考案された。

「紫電」の量産、見切り発車で開始

紫電の原型1号機は試作指示からちょうど1年後の1942年12月31日に伊丹飛行場で初飛行を行った。その後のテストでは誉エンジンの不調が多発し、さらにプロペラ関係や降着装置のトラブルなどが重なったため、海軍側への引き渡しは43年7月になってようやく行なわれた。

海軍のテストでも主として工作精度の低下による細かいトラブルが出たことと、視界不良、スピード不足（計画値648km/hに対し580km/h）などが問題となったが、比較的空戦性能が良好な事と、同時期に製造されていた局地戦闘機「雷電」に較べて航続力が大きいこと、それに何といっても戦局が逼迫して少しでも良い戦闘機が欲しかったことなどが決め手となって、1943年8月10日紫電一一型として海軍の制式採用が決まった（「紫電」とは日本刀の鋭い光のことを意味する）。

紫電は、主翼内に20mm機銃×2、主翼下面ポッドに20mm機銃×2、機首に7.7mm機銃×2を装備した一一型（N1K1-J）、また7.7mm機銃を廃止して20mm機銃4挺を長銃身の九九式二号三型とした一一甲型（N1K1-Ja）、それまでのドラム型弾倉の九九式二号三型20mm機銃をベルト給弾式の同四型銃に換装、主翼下ポッドを廃して翼内4挺装備とし、翼下面に250kg爆弾×2を搭載可能とした一一乙型（N1K1-Jb）、それに少数の爆撃実験機一一丙型（N1K1-Jc）などを合わせて1,007機量産された。

これらのうちで最も多く生産されたのは一一甲型と乙で、甲が約500機、乙が200機弱とされている。また丙の胴体下面に500kg跳飛爆弾（スキップボム）懸架装置とロケット増速装置を追加した「マルJ」と呼ばれる機体も試作されたが、これは試作に終わってしまった。

1943年10月、鳴尾飛行場における試製紫電。中翼配置と長い主脚、主翼下の20mm機銃のポッド式カバーの形状が良く分かる。なお搭乗員からは紫電は「J」、紫電改は「J改」と呼ばれていた。紫電一一型の主要諸元は、全幅12m、全長8.885m、自重2,897kg、全備重量3,900kg、最大速度は583km/高度5,900m、航続距離1,715km、上昇力は6,000mまで7分30秒

紫電、苦闘のデビュー

紫電の部隊配備は1944年1月にスタートした。最初に受領したのは館山基地の第三四一海軍航空隊で、練成訓練の後、8月末に台湾に進出した。この部隊は44年10月、台湾を襲った空母17隻を基幹とする米第38機動部隊のF6F、F4Uとの間に死闘を展開した。世にいう台湾沖航空戦だが、多勢に無勢（紫電は30機程度）を絵に描いたような戦いであり、紫電隊はたちまち消耗してしまった。

その後、米側のフィリピン攻略作戦に対応して、ルソン島マルコットに進出したが、ここでも圧倒的な戦力の差の前に、苦戦を続けなければならなかった。それでも紫電の登場は、零戦より高速で燃えにくい新型戦闘機として、連合軍側の注目の注目を集めるのに充分で、早速「ジョージ」のコードネームが与えられた。とくにスピードに関しては、最初の頃の推定で650km/hと過大評価するなど、かなりの脅威と感じていたようだ。

紫電は各部が未成熟のまま量産に突入したため、実戦部隊でも各種のトラブルを頻発し、低い稼働率に泣かされた。しかし本来足の短い局戦として開発されながら、フィリピンまでも長駆進出し、それなりの実績を残したことは評価されて良いだろう。

紫電を全面改設計した「紫電改」登場

紫電の試作機テストが進むにつれて、同機

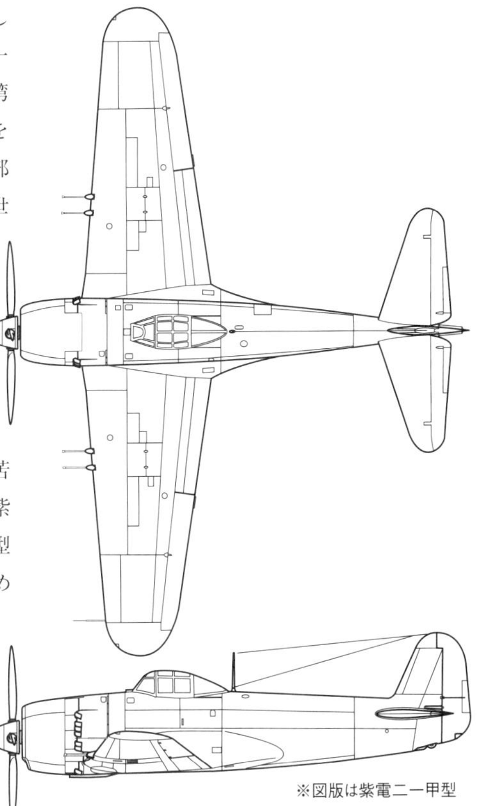

※図版は紫電二一甲型

■川西N1K2-J 局地戦闘機 紫電二一型（紫電改）

全幅	11.99m	全長	9.34m
全高	3.96m	主翼面積	23.5㎡
自重	2,657kg	全備重量	4,000kg
エンジン	中島「誉」二一型 空冷複列星型18気筒（1,990hp）×1		
最大速度	594km/h（高度5,600m）		
上昇力	6,000mまで7分22秒		
上昇限度	10,760m		
航続距離	1,715km（正規）、2,295km（過荷）		
固定武装	20mm機銃×4		
搭載量	250kg爆弾または60kg爆弾×2		
乗員	1名		

主翼下ガンポッドを廃止し、ベルト給弾で長銃身の九九式二号20mm機銃四型4挺（各100発）をすべて主翼内に収納した紫電一一乙型。写真は元山空（二代目）の機体

の欠点が海軍にも川西にも次第にはっきりとしてきた。つまり強風の中翼と太い胴体直径（火星は誉より16cm直径が大きい）を受け継いだため、前下方視界が悪く地上滑走や索敵時に不便なこと、また主脚が長く機構が複雑なためトラブルを発生し易い、舵の効きに改善の余地があることなどである。このため海軍は1943年2月、川西に対しこれらの短所を一掃した改良型「仮称一号局地戦闘機改」（N1K2-J）の開発を命じた。

川西では中翼を低翼に変更し、胴体も直径わずか118cmという誉エンジンに適合するように再設計、胴体後部を約40cm延長して方向舵を胴体尾部まで拡大、合わせて生産合理化のため部品点数を減らすなどの改良策を盛り込んだ試作1号機を、わずか10ヵ月後の43年大晦日に完成させ、翌日（つまり元旦）鳴尾飛行場で初飛行させた。

同機は低翼化されたおかげで前下方視界が改善され、主脚も短くなって複雑な短縮引き込み機構が省略されるなど、紫電より格段に優れた戦闘機に変身した。なお主翼は基本的に紫電のものと同一で、主脚や武装の収納・取り付け部などに変更が加えられただけだった。

試作型は1944年4月海軍に引き渡され、紫電を上回る高性能が認められたため、45年1月、紫電二一型（通称「紫電改」）として制式採用が決まり、直ちに量産に入ることになった。

1945年（昭和20年）1月といえばすでに日本の敗色濃厚の時期であり、海軍は本土防空に備えて戦闘機の大量配備が必要と判断し、量産機種の統一を計画していたが、この統一生産機種として紫電改が選ばれた。この結果、川西の鳴尾、姫路両工場に加えて、佐世保、広、高座の海軍3工廠、三菱、愛知、昭和の計8ヵ所で大量産が行われることになった。

このため各工場に配付する大量の図面が必要となったが、通常の青焼きでは間に合わないため、川西が独自に開発していた印刷による図面作製を行って配付した。しかし戦局は末期的状況であり、こうした努力にもかかわらず、敗戦までに引き渡されたのは川西製の400機がメインで、その他の工場では十数機が完成しただけであった。

紫電改のバリエーション

生産数の少ない紫電改だが、細かいバリエーションは幾つかある。最初の量産型二一型（N1K2-J、20mm機銃×4、誉二一型エンジン…離昇出力1,990hp）に続いて、爆弾投下装置を改良した紫電二一甲型（N1K2-Ja、通称「紫電改甲」）が生産された。

また機首に13mm機銃×2を追加装備し、エンジン架を15cm前方に延長した試製紫電三一型「試製紫電改一」（N1K3-J）、その改一を艦上機化（着艦フックを追加）した試作型「試製紫電改二」（N1K3-A）、改一のエンジンを低圧燃料噴射式「誉」二三型に換装したやはり試作型の試製紫電三二型「試製紫電改三」（N1K4-J）、その三二型を艦上機化した「試製紫電改四」（N1K4-A）などが作られている。

最後の試作型は紫電二一型甲のエンジンを三菱製ハ43一一型（離昇出力2200hp）に換装した「試製紫電改五」（N1K5-J）で、カウリングのデザインが変更されていたが、完成直後に爆撃で破壊され、テスト飛行は行われていない。

その他計画機としては、2段3速過給器付きの誉四四型エンジンを搭載した性能向上型、二一型を複座化した戦闘練習機（N1K2-K）、構造をスチール化したものなどがあった。

なお艦上機型は公試運転中の空母「信濃」の甲板上でテストされ、実用化に問題のないことが確認された。当時次期艦上戦闘機として開発中の「烈風」は実用化には程遠い状態であり、もし信濃が撃沈されずに戦列化されていれば、紫電改がその艦上に配備されたのは間違いなかったであろう。

海軍航空隊、最後の光芒

紫電改はデビューが遅かったため外地には送られず、全てが本土防空戦に投入された。最初に配備されたのは横須賀の戦闘第三〇一飛行隊で、まだ制式採用発令前の1944年末のことだった。この三〇一飛は後に勇名を馳せることになる松山基地第三四三海軍航空隊（2代目、1944年12月25日編成）の隷下飛行隊で、四〇七飛、七〇一飛とともに45年3月までに紫電から紫電改に改変した。

この三四三空は、源田（げんだ）実（みのる）大佐（戦後航空幕僚長となる）の主導により特別に編成され

戦後、アメリカに送られて試験を受けた紫電二一型（紫電改）（川西5312号機）。紫電の問題点は紫電改になってかなり改善し、速力、火力、防御力などの性能でも従来の主力戦闘機だった零戦を圧倒し、搭乗員たちからは大いに期待された。ただ三四三空の紫電改は、40機程度の米軍機を撃墜したものの96機を喪失し、キルレシオでは敗北していた

紫電三二型(紫電改三)の原型機。紫電三一型で機首を150mm延長し、機首上面には13mm機銃2挺を追加した上に、さらにエンジンを「誉」二三型に換装したのが紫電三二型で、2機が試作された。烈風の実用化のめどが立たない大戦末期、紫電改は零戦に代わる実質的な次期主力戦闘機として期待され、多数のバリエーションが試作された

た部隊で、別名「剣」部隊と称し、全海軍から優秀なパイロットをピックアップ、新鋭の紫電改を装備することにより、強力な防空戦闘を実施できるよう意図したものだった(ただ、実際には平均以下の技量の搭乗員も多かったという)。

搭乗員に限らず整備員などもベテランがかき集められたため、機体の整備をはじめ、整備性、信頼性に重大な問題を抱えていた誉エンジンや、通じないのが普通だった無線機も、他の部隊に比較すれば良好なコンディションに保たれていた。

同隊は敗戦5ヵ月前から本格的な戦闘作戦を開始し、4月には鹿屋に移動、その後も国分、大村、松山などから出撃して米艦載機、重爆部隊と死闘を演じ、時に数的に優勢な敵に対しても互角以上の戦いを展開した。3月19日には松山上空で米艦載機部隊を迎撃、52機撃墜、自らの喪失は16機と、やられ放題だったこの時期にしては驚異的な勝利を記録した。ただ、米軍の記録によればこの空戦で失われたF6FとF4Uは着艦後放棄も合わせて十数機で、実際は痛み分けだったようだ。

とはいえ三四三空の活躍は、機体とエンジンの調子が良くベテランに操縦された紫電改ならば、F6FやF4Uなどにも決してひけをとらなかったことを示しており、日本海軍最後の戦闘機として恥ずかしくない優秀機だったといってよい。

しかしその三四三空でさえ連日の激しい戦いの中で、櫛の歯が欠けるようにベテラン搭乗員が次々に戦死していくという消耗戦を強いられ、遂に8月の敗戦を迎えることになったのである。

三四三空には戦闘七〇一飛行隊長の鴛淵孝大尉(6機撃墜のエース)や戦闘三〇一飛行隊長の菅野直大尉(25機撃墜)を筆頭に、杉田庄一上飛曹や武藤金義少尉(35機撃墜)、磯崎千利大尉(12機)や松葉秋夫中尉(18機)、本田稔少尉(17機)らのエースが集結していたが、終戦時には鴛淵、菅野、杉田、武藤は戦死していた。

紫電改は名機だったのか？

強風はゲタ履き戦闘機の出番が無くなった時期に登場し、生産数も100機以下と少ないため評価のしようがないが、最大速度490km/h、上昇力4,000mまで4分11秒といった性能から見て、鈍速の爆撃機相手の防空戦ならともかく、戦闘機が相手では勝ち目はなかったものと判断してよいだろう。

紫電、紫電改は大戦末期の技術的混乱期に登場したため実力の全てを出しきれなかったと良く言われる。しかしエンジン、機体とも調子の良い個体でも最大速度は600km/h程度、上昇力は6,000mまで7分(紫電)、6分以上(紫電改)といったスペックでは、格闘戦能力が優れていたことを考慮しても、甘めに見て当時の米戦闘機と辛うじて互角の戦闘能力だったと考えられる。三四三空の紫電改がF6FやF4Uに善戦できたのも、ほぼ同等の機体に平均以上の技量の搭乗員が乗り、戦時大量養成の平均的搭乗員の乗った米海軍戦闘機を相手にしたからだ。なお三四三空の紫電改も、速力で圧倒するP-51やP-47に対しては苦戦し、一方的な敗北を喫している。

そして多くの紫電・紫電改の影には、エンジンの不調で飛べなかったり、飛んでも性能が出なかったり、脚の故障で壊れたりという機体がその何倍もあったことを忘れてはならないだろう。なにしろベテラン整備員の多かった三四三空でさえ、松山基地の片隅には、壊れて使い物にならなくなった紫電の山ができていたという話が残っているくらいなのだ。

強風一一型(N1K1)

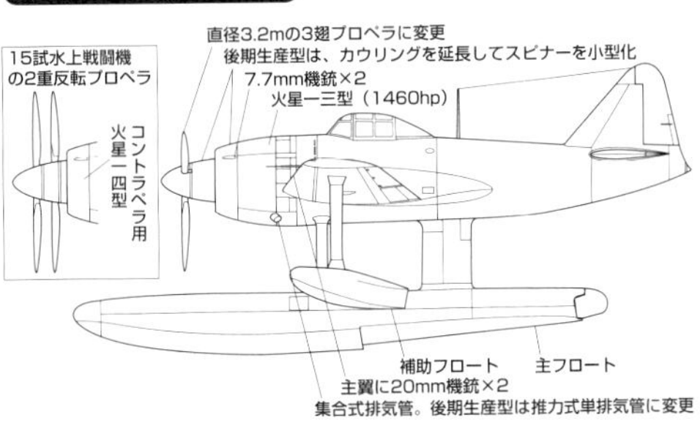

紫電一一甲型(N1K1-Ja)

直径3.4mの4翅プロペラ
誉二一型(1800hp)に換装
それに伴いカウリング形状変更
地上姿勢改善のため尾部を下方に拡大
翼内の20mm機銃をゴンドラ式に変更
2段式引込脚
ポッド式の補助オイルクーラー

紫電二一甲型(N1K2-Ja)

胴体再設計に伴い、垂直尾翼も再設計
(生産100号機からは面積を13%減らしたタイプに変更)
胴体を全面再設計
主翼位置を下げる
方向舵を下端まで延長
単純化された引込脚
翼内に20mm機銃を収容(一一型乙より)
平たくなった補助オイルクーラー

試製紫電改五(N1K5-J)

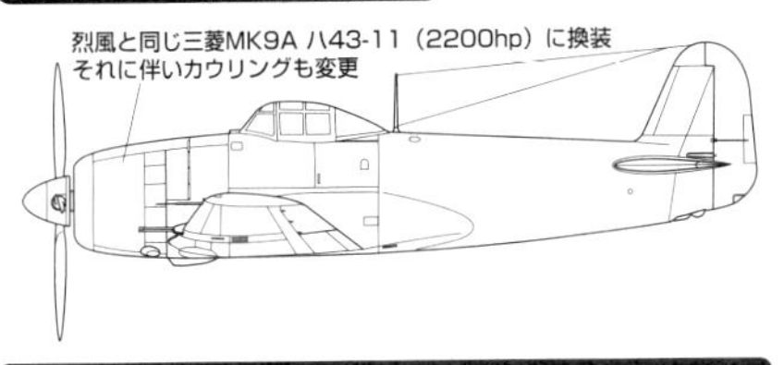

試製紫電三一型(試製紫電改一)(N1K3-J)/試製紫電四一型(試製紫電改二)(N1K3-A)

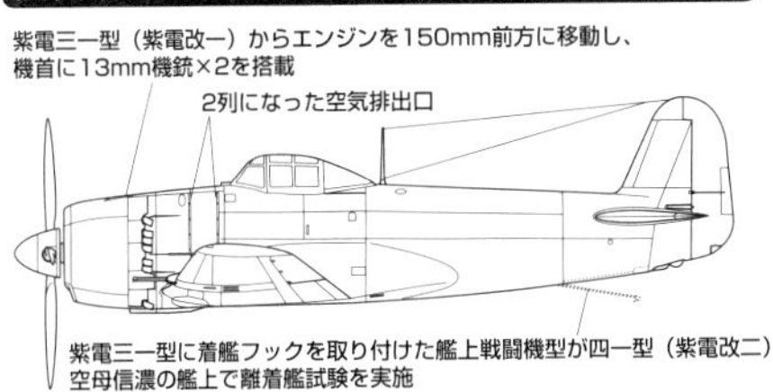

日本海軍機 | 数奇な運命を経て夜戦へ転身し、斜め銃でB-29を討った月下の侍

中島J1N1-S 夜間戦闘機 月光

陸攻護衛用の双発重戦闘機

1937年（昭和12年）、陸軍が川崎にキ38双発戦闘機（後のキ45 二式複戦「屠龍」）開発を命じたのに続き、海軍も翌1938年、十三試双発陸上戦闘機開発計画をまとめ、同年6月、中島飛行機と三菱重工に計画案を提示して開発を要求した。2社のうち三菱は十二試陸上攻撃機（後の一式陸上攻撃機）、十二試艦上戦闘機（後の零戦）の開発で手一杯だったことから辞退することになり、中島1社による試作となった。

海軍が受領した3機目の十三試双発陸上戦闘機（コ-JN-3）。乗員は前から操縦手、偵察員、電信員が乗る。キャノピー後方のスライド式カバーの下には、軍艦の背負い式砲塔のように遠隔操作式の7.7mm連装旋回銃塔が2段構えで装備されていたが、鈍重で戦闘機としては使い物にならなかった

海軍は昭和12年の日華事変で台湾や九州から中国本土に向けて、戦闘機の護衛を付けずに九六式陸上攻撃機による長距離爆撃作戦を実施していたが、さして強力でもない中国空軍の反撃の前に相当な損害を蒙っていた。このため爆撃隊を援護できる長距離護衛戦闘機の獲得が急務と考えられたワケだ。

かなり泥縄的とはいえ、こうした長距離重戦は当時各国で必要と考えられていて、一種の流行になっていた。空軍上層部用兵側の考えることはどこの国も大して変わりがなく、大体次のような構想で長距離重戦計画が進められていた。つまり単発・単座では爆撃機に随伴できるほどの航続力が得られないから、双発・多座機として高速、重武装、後方旋回銃装備とすれば、敵迎撃戦闘機を蹴散らして爆撃機隊を守ることができるという考え方だ。

日本海軍の要求もほぼそうした考え方に沿ったものであり、スペックの概略としては、開発が進められていた十二試艦戦と同じエンジンを装備する双発三座機で、航続距離2,400km、3,700km（増加タンク装備時）、最大速度は十二試艦戦（500km/h）を上回ること、空戦性能は十二試艦戦と同等、武装は固定20mm機銃×1、7.7mm機銃×2、旋回7.7mm機銃×4、陸攻と同等の航法・通信装備を備えること。大体が1,000馬力級エンジン双発としては相当欲張った、というよりどう考えても無理難題というべきスペックである上に、単発戦闘機と同等の空戦性能を持たせよ、などという要求は今から考えるとほとんど冗談としか思えないものだった（注1）。

過酷な要求を突きつけられた中島では、27歳の若手No.1技師・中村勝治を主務に起用して設計を進めたが、やはり開発は難航。試作1号機完成は1941年3月となり、初飛行は5月2日になってようやく実施された。

十三試双発陸上戦闘機（J1N1）は、トルク打消しのため左右逆回転の栄二一型/二二型エンジン（1,130hp）を装備し、翼幅約17m、総重量6,220kgという、陸軍の「屠龍」より約5割重い大型戦闘機となった。その最大の特徴は遠隔操作式の後部旋回銃塔（7.7mm連装）を2段構えに装備し、しかも不使用時には整形カバーで覆われるようにしたことであった。

典型的な失敗作に終わった二式双戦

海軍航空本部によるテストの結果は、航続力はほぼ要求値に達し、運動性も要求された単発戦闘機並みとはいかないまでも、空戦フラップと前縁スラットの採用により双発重戦としてはまず良好と判定された。しかし最大速度は480km/hをやっと超える程度の低速だった。

また左右逆回転エンジンのトラブル多発や縦方向安定性不良の改修に長時間を要したため飛行テストの期間も1年以上に及んだ。鈍足の最大の原因は本機の売りである後部旋回銃塔による重量過大であった。

この2段式ターレットは海軍航空廠で設計を行ない、川西が製作を受け持ったものだったが、軍艦の砲塔のように段違いになった2基の銃塔をリンク機構と油圧で遠隔操作するという複雑精巧なもので、重量がひどく大きい上に、油圧のオイル漏れなどは日常茶飯事だった当時の日本の技術水準ではとても量産・実用が不可能なものだった。こんなことくらいは作る前から分かりそうなものだが、当時の海軍の技術偏重（要するに凝りすぎ）の風潮の中ではこうした無理・無駄も平気で行なわれていたのだ。

この銃塔は結局試作型に搭載されただけで量産型には不採用とされたが、それを廃止したとしても速度は520km/h程度が見込めるだけで、戦闘機として使用するには不適と判定された。開発と飛行試験に時間がかかり過ぎたため、第一線機として通用しなくなったというのが実状であろう。このため海軍は本機を戦闘機として採用するのを断念し、ちょうど足の長い偵察機を必要としていたことから、1942年7月6日になって二式陸上偵察機（J1N1-C）として採用することとした。

偵察機へのコンバート

これは結果論だが、第二次大戦当時、双発

（注1）ただこの空戦性能の要求は中島関係者の記憶によるもので、海軍の関係者によると「固定銃による空戦性能を具備すること」レベルだったという。

戦闘機として成功するには、単座戦相手の空戦ではどのみち役に立たない空戦性能も後部銃座も最初から切り捨てて、P-38やモスキートのようにスピード一辺倒にするか、ボーファイターのように頑丈で実用一点張りに作って単座戦闘機とはまともに対決しないような任務に回るかの二者択一しかなかったわけで、どっちつかずの機はほとんどが失敗作となるか、大きな挫折を味わっているのだ。

十三試双戦の場合も単発戦闘機とやり合うことを前提に計画されており、この時点ですでに失敗が決定したようなものであるから、戦闘機としての採用を強行しなかったのは賢明だったといってよい。もう一つJ1N1を長距離戦闘機として採用しなかった理由としては、1940年にデビューした零戦が長距離護衛戦闘機として充分な能力を発揮していたこともあげられる。

日本陸軍は九七式、一〇〇式といった優秀な司令部偵察機（司偵、戦略偵察機）を戦前から実用化していたが、海軍は軍艦搭載の水上偵察機や空母の艦上攻撃機に偵察を行なわせていたため、陸上偵察機は陸軍の九七式司偵を九八式陸上偵察機（陸偵）の名で採用してお茶を濁していた。しかしいざ戦争が始まってみると九八陸偵はすでに時代遅れだったから、J1N1の偵察機転用は渡りに船だったわけである。戦闘機としては失格でも偵察機としてならまずまずの性能であるし、何よりも大航続力であることと3座機であることが偵察機にぴったりだったのだ。

陸偵として採用が決まった直後、試作型3機を南方戦線、ラバウルの台南空に派遣して実用試験が行なわれることになり、不評の旋回銃塔を残したまま偵察カメラを追加搭載した機体が木更津からラバウルにフェリーされた。

これら3機は、武装を持っていたことから偵察だけではなく敵爆撃機の迎撃作戦にも使用されたが、上昇力と速度が不十分なため敵機をなかなか捉えることができず、戦闘に向いていないことがはっきりした。

当時、台南空では偵察機として九八陸偵を使用していたが、固定脚の同機に較べれば二式陸偵の偵察能力は優秀であり、オーストラリア北部やガダルカナルへの写真偵察を実施するなど、長距離性能の良さを発揮した。しかし敵戦闘機と遭遇した際、スピード不足は致命的で、2機が偵察作戦中に未帰還となった。

追浜基地で撮影された月光一一型後期型（ヨ-101）。胴体下部には斜銃は装備されていない。なお「月光」の連合軍からのコードネームは「アーヴィング」だった

現地改修による斜銃の装備

二式陸偵の生産型はトラブルの多い左右逆回転エンジンをやめて、左右とも時計回り回転の栄二一型2基となったほか、旋回銃塔が廃止されて手動式7.7mm旋回機銃1挺に改められ、試作型の一部に装備されていた後部下方旋回銃も廃止された。機首の7.7mm機銃と20mm機銃は当初残す方針だったが、結局生産途中で廃止された。

生産型二式陸偵J1N1-C（後にJ1N1-Rに改称）（注2）は42年末までに26機完成したといわれ、少数ずつ偵察部隊に配備が始められた。この頃になると、海軍は彗星艦爆の偵察型・二式艦上偵察機や、陸軍から移籍した一〇〇式司偵も使用していたため、これら2機種が使われることが多く、二式陸偵の出番はあまりなかった。

なお敵機に追跡されたときの防御用として4発大型攻撃機「深山」の球形銃座（20mm機銃1挺）を背部に装備したテスト機が作られたが、あまりにも性能低下が大きかったため、より小型で空気抵抗の少ない銃座（砲は同じ）が開発され、10機程度のJ1N1-Rに搭載した。

偵察機としても成功したとはいえなかった二式陸偵だったが、1943年（昭和18年）になって運命的な転機が訪れる。それが有名な「斜銃（斜め銃）」の装備であった。斜銃を考案したのは、ラバウル基地・台南空の副司令だった小園安名（こぞのやすな）中佐（終戦時厚木の三〇二空司令として徹底抗戦を叫んだことでも知られる）で、米爆撃機の夜間空襲に悩まされた結果、有効な迎撃法として戦闘機の背部に斜め前方に向けた砲を取り付け、敵の腹の下に潜り込んで射撃する戦法を考え出したのだ。

小園中佐は台南空を二五一空として再編す

■J1N1-S 夜間戦闘機 月光一一型

全幅	16.98m	全長	12.18m
全高	4.56m	主翼面積	40㎡
自重	4,456kg	全備重量	6,900kg
エンジン	中島「栄」二一型 空冷複列星型14気筒（1,130hp）×2		
最大速度	507km/h（高度5,850m）		
上昇力	3,000m/5分2秒		
航続距離	2,482km（正規）、3,748km（過荷）		
固定武装	20mm機銃×4（上面2、下面2）		
搭載量	250kg爆弾×2	乗員	2名

（注2）型式番号最後尾のCは偵察機（後に艦上偵察機のみ）、Rは陸上偵察機を指す

斜銃を上面3挺とし、胴体後部の段差をなくした月光一一甲型。機銃はドラム弾倉(100発入り)の九九式二号20mm二型改一を搭載した。月光は敵重爆の下を同航して飛行、防御火力の弱い敵機胴体下部に20mm機銃を長時間集中的に浴びせる戦法で戦果を挙げた

るため、1942年11月に内地に戻った際、斜銃のアイディア採用を海軍上層部に訴えた。当初は反対されたものの、粘り強く交渉を続けた結果、遂に3機の二式陸偵に、30度前方に傾けた斜銃(20mm機銃を上向きに2挺、下向きに2挺)を装備する許可を得た。

夜間戦闘機「月光」の誕生

これらの陸偵のうち2機は、新たに二五一空司令に任命された小園中佐とともに1943年5月、ラバウルに到着した(1機はサイパンで不時着)。同月21日夜、工藤上飛曹/菅野中尉コンビが乗った斜銃付き二式陸偵は、来襲したB-17を立て続けに2機撃墜し、この戦法の有効性を初めて実証した。

斜銃による戦果は6月10日に小野了飛曹長機が1機、続いて11日工藤機が1機、13日1機、15日2機といった具合にその後も続いたため、海軍は同年8月に斜銃付きで複座型に改造された二式陸偵を丙戦(丙戦=夜間戦闘機。海軍では艦戦や制空戦闘機を甲戦、局戦を乙戦と呼んだ)として制式に採用することを決定し、J1N1-S「月光」一一型という新名称を与えた。

一方中島に対しては最初から上向き・下向き各2門の20mm斜銃を搭載した夜戦型月光一一型の量産を命じた。これらは当初二式陸偵と同じ胴体後部上面の段(銃座を撤去した跡)を残したまま生産されたが、301号機以降の機(後期型)からは段をなくし、タンデム複座のキャノピーだけを持つすっきりしたデザインとなった。また下向きの機銃はほとんど使用されなかったため生産途中で廃止され、前期型からも取り外されている。

続いて上向きの20mm機銃を3門に増やした武装強化型が生産され、月光一一甲型・J1N1-Saと呼ばれたが、すでにB-29迎撃には能力不足が明らかだったため、44年12月に生産は打ち切られた。なお一一型、一一甲型の一部の機体はレーダーとして十八試空二号電探(FD-2)を搭載し、機首に4本の八木式ダイポールアンテナを装備したが、精度、信頼性ともに低く、期待されたほどの効果は上がらなかった。

なお終戦間際、月光一一型は月光二一型に、月光一一甲型は月光二三型に改称されたという説もある。だが、NASM(米航空宇宙博物館)で復元・展示されている月光334号機のネームプレートは二式月光一一型となっていることから分かるように、二一型、二三型の呼称は戦後になって生まれた誤りであることが判明している。

十三試双発戦闘機、二式陸偵、月光夜戦各型を合わせた生産数は477機とされている。これは陸軍の二式複戦の約1,700機と較べてもかなり少なく、斜銃を最初に実用化して有名になった割には少ししか作られなかったことが分かる。

月光ライダーたちの戦い

ラバウルに展開した二五一空は当初、二式陸偵改造の斜銃装備「月光」を2機しか保有していなかったが、やがて5機到着していた他の二式陸偵も「月光」夜戦に現地改造された。そして二五一空は43年9月1日付けで、月光だけを装備する海軍初の夜戦専任部隊に改編された。

しかし日本側の戦力低下にともなって連合軍側の夜間爆撃は減少し、代わって昼間大編隊による爆撃が増えたため、南方戦線における夜戦としての月光の活躍の場は徐々になくなり、1944年2月にはトラック島に移動し、7月に解隊されてしまった。

月光は生産数が少ないにもかかわらず、他に適当な夜間防空戦闘機がなかったため、蘭印(インドネシア)、マリアナ、台湾、沖縄、千島などにも派遣され、夜戦としてだけではなく、足の長い長所を生かして索敵、哨戒、艦船攻撃などにも使用された。

しかし何といっても月光の戦歴で有名なのは本土防空戦だろう。中でも1944年3月木更津で開隊され、間もなく厚木に移動して首都圏と京浜地区の防空にあたった三〇二空の月光夜戦隊はエース・遠藤幸雄大尉(戦死後中佐)の勇戦ぶりが今に語り伝えられている。ちなみに三〇二空隷下には月光2個分隊が編成され、終戦まで平均して15機前後の月光を運用したが、大尉は1個分隊の隊長として迎撃戦を戦った。

月光はスピードが遅く高々度性能も悪かったから、B-29に対する迎撃作戦には相当困難がつきまとったはずだが、遠藤大尉は何とかしてB-29の腹の下に潜り込み命中弾を送り込むことに全神経を集中したのである。

遠藤大尉は最初の斜銃装備二式陸偵のラバウル派遣隊・二五一空の一員だったが、この時は会敵の機会に恵まれず負傷して内地に帰還した。三〇二空の月光分隊長となった遠藤大尉は1944年8月昼間、中国から北九州爆撃に飛来するB-29迎撃のため分隊6機を率いて大村基地に展開、9月20日の八幡空襲時には避退するB-29編隊を追撃して撃墜2、不確実1を記録して自らは済州島に不時着した。続いて10月25日にも大村上空でB-29編隊を迎えうち1機を撃墜している。

遠藤大尉は1944年中に撃墜数を7機まで伸ばしたが、45年1月14日の迎撃戦でB-29を1機撃墜した後に自らも被弾、落下傘降下したものの火傷がひどく、戦死した(戦死後中佐)。月光撃墜王の一人である遠藤大尉だが、皮肉なことにその撃墜戦果は全て昼間迎撃戦で挙

げられている。

また、横須賀航空隊の倉本十三飛曹長（操縦）と黒鳥四朗中尉（偵察・機長）のペアは、1945年5月25日／26日夜、一晩で5機のB-29を確実撃墜するという大戦果を挙げている。

ムーンライト・ファイターの実力

月光は三〇二空以外にも、明治基地（愛知県）の二一〇空、伊丹の三三二空、大村の三五二空に配備されて本土防空任務についていたが、華々しい記録は残されていない。“超空の要塞”B-29が相手では、よほど幸運に恵まれないと戦果を挙げられなかったことは、容易に想像がつく。

月光一一型の最大速度は高度4,000mで500km/h（電探装備機は更に20～30km/h遅い）、上昇力は6,000mまで11分、実用上昇限度9,800mといったところで、B-29が高度10,000m付近を600km/h近い高速で侵入してきた場合はまず迎撃不可能であり、B-17やB-24でも高々度でやってきた場合は撃墜するのが相当困難だったはずだ。

敵重爆が中/低高度で侵入してきた場合のみ、月光の長いロイター（滞空）能力（過荷で10時間近い滞空ができた）を生かして待ち伏せ攻撃するくらいしか、撃墜のチャンスはなかったと考えられる。

遠藤大尉や前記の工藤上飛曹（撃墜数9機）、小野飛曹長（撃墜数8機）はそうした稀なチャンスを確実にモノにする、練達の技量と不屈の闘志の持ち主であったといえるだろう。

B-29×6機撃墜、2機撃破を表した撃墜マークを描いた愛機（ヨ-10号機）の前で写る、横須賀空の黒鳥四朗中尉（右）。この機は十八試空二号電探（FD-2）を装備していた

十三試双発陸上戦闘機（J1N1）

13試双発陸上戦闘機は機首先端に20mm機銃×1、機首上部に7.7mm機銃×2を装備。二式陸上偵察機は生産途中に撤去

13試双発陸上戦闘機は左舷に時計方向回転の栄二一型、右舷に反時計方向回転の栄二二型を搭載(各1130hp)。二式陸上偵察機は左右とも栄二一型を装備

コクピット中央上部にアンテナ支柱

13試双発陸上戦闘機は胴体後部の旋回銃塔に7.7mm機銃×4を装備

二式陸上偵察機は胴体下面に偵察カメラ2台を装備

主翼上部まで延長された集合式排気管

十三試双発陸上戦闘機は左右逆回転プロペラを装備

二式陸上偵察機/深山銃座装備型（J1N1-C）

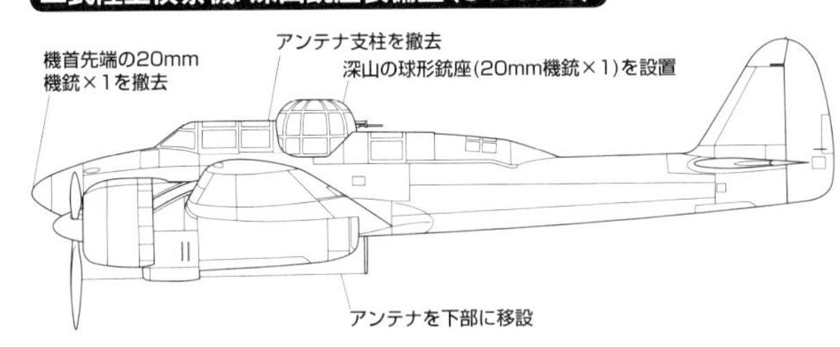

二式陸上偵察機/小型銃座装備型（J1N1-C）

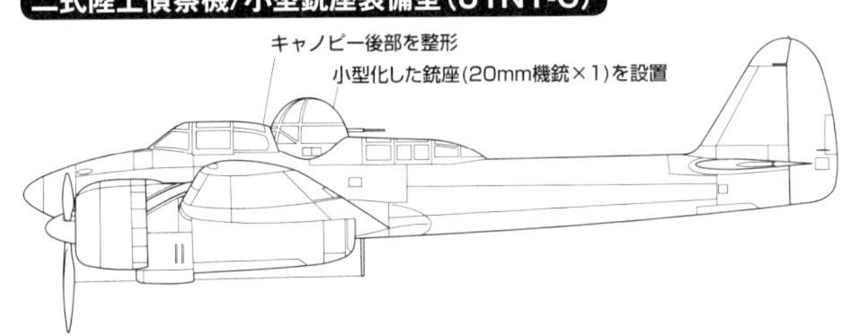

月光一一型300号機まで（J1N1-S）

機首先端を透明窓に変更。一部の機体はレーダーを装備

上向き斜め銃(20mm機銃×2)を装備

背部は段付きのまま

下向き斜め銃(20mm機銃×2)を装備(撤去した機体もある)

排気管先端に消焔装置を追加。一部の機体は推力式単排気管に改修

ピトー管を後方に移設

月光一一型301号機以降（J1N1-S）

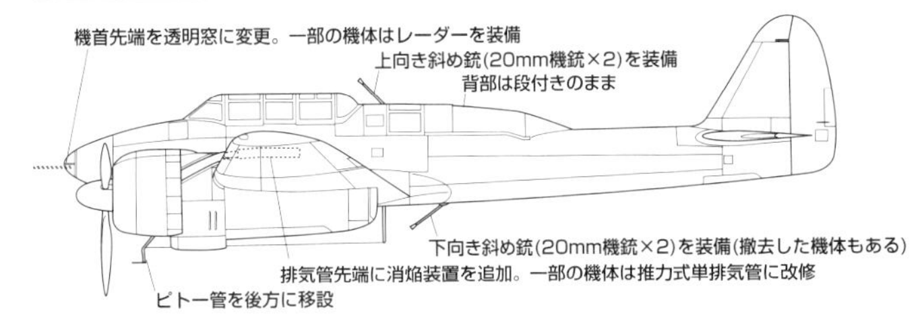

月光一一甲型（J1N1-Sa）

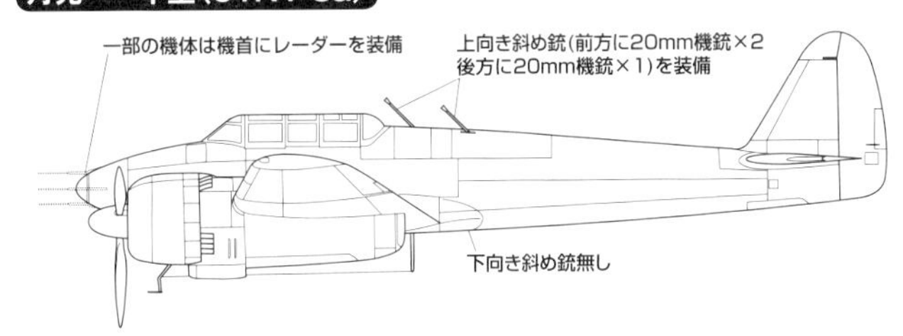

九州J7W 十八試局地戦闘機 震電

起死回生の高性能局地戦闘機

カナード（英語で鴨の意）とかエンテ（独語の鴨）型式と呼ばれる前翼型（先尾翼型）航空機の形態は古くから存在した。そもそも人類初の動力飛行を果たしたライト兄弟のライト・フライヤーがカナード型式だったのだ。

カナードは上向きの揚力を生むため、主翼をその分小さくできること、またカナードの生み出す過流が主翼の失速を防ぐなどのメリットがカナード形式には存在する。また重心の関係で動力を後方に搭載し、推進式プロペラを装備することになるので、プロペラ効率が向上し、戦闘機の場合は機首に武装を集中させることが可能となる長所もあった。

1942年（昭和17年）、このカナード型戦闘機の長所に着目し、熱心に研究を続けていた弱冠26歳の海軍航空技術廠（空技廠）設計部員がいた。名前を鶴野正敬（まさたか）といい、技術大尉でありながらテストパイロットの資格を持つ日本海軍初のエンジニア・パイロットであった。

当時海軍は太平洋戦線ですでに守勢に回り始めたところで、大至急高性能の次期戦闘機を必要としており、雷電、紫電、烈風などを開発中であった。1942年以降更に十七試陸戦、陣風、閃電、天雷といった高性能機の開発を命じていたが、空技廠では鶴野大尉の研究も有望と見て、1943年夏に実大の25hpエンジン付き全木製実験機MXY6の製作を開始し、1944年1月6日同大尉の操縦で初飛行を行なった。

MXY6の試験飛行でカナード形式（海軍では前翼式と呼んだ）の特性に自信を得た海軍は、鶴野大尉の設計案をもとに九州飛行機に細部設計と実機試作を行わせることを決定し、1944年6月大尉自身が福岡郊外にあった同社雑餉隈（ざっしょのくま）工場に乗り込み、J7W1 十八試局地戦闘機「震電」の名で開発作業が開始された。

同社は1886年（明治19年）設立の渡辺鉄工所がその前身で、兵器生産を進めた結果、1921年（大正10年）に海軍指定工場となり、その後練習機などの生産が主体となったため1943年10月に九州飛行機と社名を改めた。

代表的な自社開発機としては機上作業練習機「白菊」、対潜哨戒機「東海」があった。しかし戦闘機の開発・製作の経験は皆無であり、経験不足の感が否めなかったのだが、そこは鶴野大尉の熱意と九飛技術者たちの努力により困難は一つ一つ解決されていった。

国敗れて「震電」あり

鶴野大尉が事前に九飛に伝えていた震電の計画仕様の概要は、最大速度400kt（約740km/h）、上昇力は8,000mまで10.5分、実用上昇限度12,000m、航続力は通常2時間（巡航460km/h）、増槽付きで4時間、固定武装30mm機銃4挺（十七試30mm機銃。後に五式30mm機銃一型乙）、という当時の日本機からはかけ離れたスペックだった。しかしすでにアメリカでは超重爆B-29配備が進んでいたことが分かっていたから、鶴野大尉はこの程度のスペックは必要最低限と考えていたのだった。

エンジンは当初三菱が開発中だった空冷星型18気筒「ハ43」四二型（離昇2,130hp、高度8,400mで1,660hp）の搭載を予定し、直径3.4mの住友VDM6翅プロペラを駆動する計画だった。推進式プロペラは、パイロットが緊急脱出する際非常に危険なため、震電の場合は火薬による飛散装置を装備する予定だったが、1号機は未装備のまま作られることになった。

海軍要求の1号機完成期限は1945年1月であり、わずか7ヵ月という強行スケジュールだったが、九飛では130名以上の技術者を動員して震電の設計・試作作業にあたった。しかしこの頃になると戦局の悪化による悪条件が重なり、試作機製作は大きく遅延した。モックアップ（実大模型）は44年9月に完成し、11月に全製作図面が完成したことにより試作機3機の製作が開始されたが、翌年になると更に空襲が激しくなり、三菱のエンジン生産が遅延し、最初の震電用エンジンは4月になって

終戦後に撮影された震電試作1号機。非常に長い降着装置や独特のフォルムが理解できる。このレイアウトだと空冷エンジンの冷却が課題だが、胴体左右のインテークから空気を取り入れ、ダクトでエンジンを冷やしていた。コクピットはファストバック式で後方視界は限られるが、敵戦闘機との格闘戦は考慮していなかったため問題なかった。震電はその先進的フォルムや予定された高性能、戦争に間に合わなかった悲劇性などから、現在でも非常に人気が高い機体だ

ようやく九飛に届けられた。

試作1号機は予定から5ヵ月遅れの1945年6月に完成し、雑餉隈工場の近くに位置する席田飛行場に運び込まれ、海軍の完成審査と機体・エンジンの最終調整が行なわれた。7月末にはテスト飛行可能となり、鶴野少佐（4月昇進）の操縦で滑走試験を開始したが、機首を上げた途端にプロペラが滑走路を叩き先端が折れ曲がってしまった。このため垂直尾翼下端に補助車輪を追加する改修が行なわれた。

試作1号機を後方から見たショット。6翅プロペラを装備しているが、これは暫定的措置で、後に大直径4翅プロペラに換装することになっていた。震電の実用化には多くの問題が残っていたし、期待された性能が出せたかも定かではない。もし実戦投入されても大きな活躍はできなかったかもしれない。しかしその革新的な設計は世界的にも高く評価されており、日本航空史上、大きな価値を持つ戦闘機だったといえる

8月3日再度飛行準備が整い、今度は九飛テストパイロットの手で初飛行が行なわれ、同日午後、震電は大空に舞い上がった。また同機はこの後8月6日、8日に試験飛行を行う。いずれも脚出しのままで、速度も260km/h程度であったが、強力なエンジン・プロペラによるトルクの修正が困難だったことを除き、おおむね良好な操縦性を示した。ただし動力装置、操舵装置、電気系統などに改良の必要が認められ、プロペラ減速ギアの修理にとりかかったところで8月15日の敗戦を迎えた。

なお、震電はその機体形状からジェットエンジンへの換装が容易であると考えられており、ジェット化の暁には石川島／芝浦が開発するジェットエンジン「ネ130」を装備することになっていたといわれる。もちろん当時の日本の技術レベルではジェットエンジンの大量生産自体が容易でなく、本当に震電のジェット化が実現できたかは疑問である。

こうして震電の生涯は、その高性能も試せないままに終ったわけだが、本機の先進的デザインには進駐してきた米軍も注目し、九飛に対し修理の上引き渡すよう命令が出された。この結果震電1号機はアメリカへと運ばれ、飛行することはなかったものの、検証後は保存の要ありとしてスミソニアン航空博物館（現NASM・国立航空宇宙博物館）に保管された。現在はスティーブン.F.ユードバー＝ハジー・センター（NASM別館）で操縦席から前の部分が展示されている。

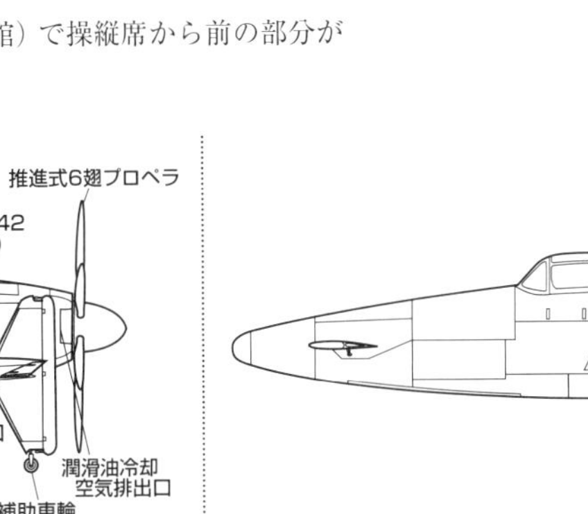

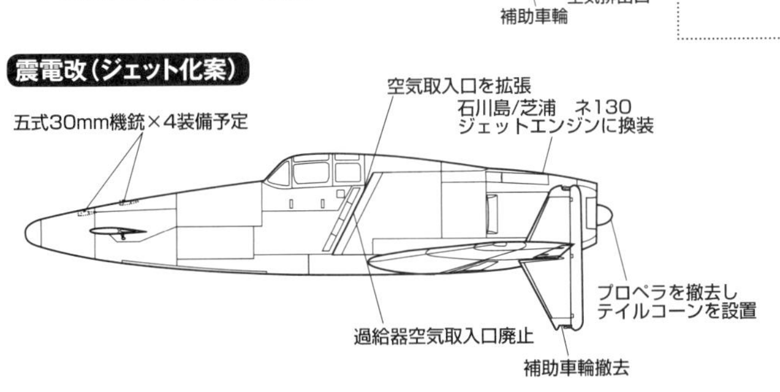

■九州J7W1 十八試局地戦闘機 震電
（性能は計画値）

全幅	11.11m	全長	9.76m
全高	3.92m	主翼面積	20.50㎡
自重	3,525kg	全備重量	4,950kg
エンジン	三菱「ハ43」四二型 空冷複列星型18気筒(2,130hp)×1		
最大速度	741km/h（高度8,700m）		
上昇力	8,000mまで10分40秒		
航続距離	1,300kmあるいは巡航444km/hで2.5時間		
固定武装	30mm機銃×4	搭載量	爆弾60kg×4
乗員	1名		

日本陸軍機 | 類稀な格闘性能で大陸戦線に雄飛した"軽戦闘機の極致"

中島キ27 九七式戦闘機

日本陸軍初の単葉戦闘機

1935年（昭和10年）陸軍は、最後の複葉戦闘機となる川崎キ10九五式戦闘機を制式化したが、翌1936年4月には早くも次期戦闘機の構想をまとめ、中島、三菱、川崎の3社に競争設計を指示した。当時世界の戦闘機の趨勢はすでに低翼単葉機となっており、複葉機は早晩旧式化することが見込まれたからである。

ヨーロッパではすでにドイツのメッサーシュミットBf109、イギリスのホーカー ハリケーン、スーパーマリン スピットファイアといった低翼単葉引き込み脚の近代的な戦闘機が誕生していたし、身近なライバルである日本海軍ですら固定脚ながら全金属製単葉の九試単戦（後の九六式艦上戦闘機）を実用化間近という状況だった。

陸軍の要求は、低翼単葉機で最大速度450km/h以上、上昇力5,000mまで6分以内、武装は7.7mm機関銃×2、優れた格闘戦能力を有すること、などが主なところだった。3社の設計案が検討された結果、3機とも試作させて比較検討することになり、中島キ27、川崎キ28、三菱キ33として試作されることとなった。

中島は1934年（昭和9年）の競争試作において、張線で補強した低翼単葉機 キ11を小山悌技師を主務として設計したが、川崎の複葉 キ10（後の九五式戦闘機）に敗れるという経験をした。このため抵抗の大きい張線を廃した片持ち式低翼単葉戦闘機PEの研究を独自に進め、1936年7月に完成させていた。

中島ではこのPEをそのままキ27原型とし、引き続き陸軍の要求に合わせてリファインを加えることとした。PEは全金属製セミモノコック構造で、強度上有利な左右一体構造の主翼を中央胴体部に結合するという新しい構造様式を採用し、後部胴体を分割可能としたほか、視界の良好な涙滴型キャノピーやスプリットフラップを装備するなど、固定脚であることを除けば、当時の先端を行く近代的戦闘機として設計されていた。

また糸川英夫技師考案と伝えられる中島機特有の主翼平面形（前縁後退角ゼロ、後縁の前進角によりテーパーを付ける）も始めて採用されている。この平面形は高機動時に翼端失速を起こしにくく、捩じり下げ併用により更に優れた失速特性を発揮することができるという特長があり、これ以後の中島製戦闘機は例外なく採用している。

PEを元にして作られたキ27試作1号機は、中島ハ1空冷エンジン（離昇710hp）を搭載し、1936年10月15日に初飛行を行なった。翼面積は当初16.4㎡だったが、運動性向上のため17.6㎡に拡大された。続いて1937年2月に完成した試作2号機は更に翼面積が拡大され18.56㎡となり、1度30分の捩じり下げが加えられ、風防が解放式から密閉式へと変更された。2号機は完成後間もなく陸軍に引渡され、比較審査に使用されることになった。

当時の日本陸軍が戦闘機に対して最も重視していたのは格闘戦能力であり、中でも優れた旋回性能により水平面戦闘で容易に相手の後方に占位できる能力だった。キ27はこうした要望に応えるべく、全備1,600kg以下の軽量な機体に18.56㎡という大きな面積の主翼を組み合わせ、翼面荷重80kg/㎡台という軽快な機体に仕上がっていた。その頃の欧米の戦闘機は高速を得るため高翼面荷重傾向へと進んでおり、120kg/㎡前後が大部分であったから、キ27がいかに旋回性能を重視していたかが分かる。

比較審査での勝利と量産

キ27のライバルとなった川崎 キ28は液冷エンジンの川崎BMW ハ9（離昇850hp）を搭載し、同じく固定脚ながら高速指向のデザインだった。また三菱 キ33は、九六式艦戦の陸軍向け改修型キ18の細部変更型で、基本的に九六式艦戦と変わらない機体であり、エンジンはキ27と同じハ1だった。

3機種の比較審査は1937年2月から半年以上にわたって実施され、その結果速度と上昇性能ではキ28が優れていたものの、キ27は水平面戦闘において段違いの強さを発揮し、エンジンの信頼性という点でもキ28を凌いでいたことから、陸軍はキ27の採用を決定し、1937年（昭和12年）12月、九七式戦闘機として制式化した。

審査期間中の1937年6月から増加試作型10機の製作が開始され、中島は陸軍と協力してキ27の改良に取り組み、鏡筒式照準器収容のため前方に長く伸びたキャノピー

車輪カバーが外されている熊谷陸軍飛行学校の九七式戦闘機甲型。甲型はキャノピー後部が金属製で後方視界が悪かったため、乙型では視界確保のため透明のガラスとなった

を通常の形状に戻し、垂直尾翼面積増大などが実施され、一部の機は改良型エンジン、ハ1乙(650hp/離昇710hp)に換装された。この頃中国大陸では日華事変が始まるなど情勢が緊迫していたため、採用決定と共に中島における量産化が急がれ、制式化と同時に量産へと突入した。

その後、後継機である一式戦の実用化が遅れたこともあって九七戦の生産は大戦開始後も継続され、1942年12月までに2,007機が製作された。大量取得を急いだ陸軍は立川飛行機、満州飛行機にも生産ラインを設け、1,379機を作らせている。合計は3,386機となり、陸軍戦闘機3位の生産数となった。

初期生産型は九七式戦闘機甲(キ27甲)と呼ばれ、日華事変、ノモンハン事件前半で活躍したのはこのモデルだった。後期型は実戦経験を元に細部や装備を改良し九七式戦闘機乙(キ27乙)となったが、甲型との外見上の違いはキャノピー後端の金属製部分が透明となり、後方視界が改良されたことであった。乙型はノモンハン事変後期に登場し第二次大戦緒戦まで第一線で使用された。

九七戦の欠点の一つは航続距離が800km程度と短く、爆撃機部隊の援護戦闘が困難なことだったが、それに対応するため内翼下面に装着するティアドロップ型燃料タンクが開発された。航続距離を約倍に伸ばすことができたが、運動性が悪化するためかそれほど活用されていない。また1940年には座席後方にタンクを増設した九七式戦闘機改(キ27改)2機が作られてテストされたが、危険が大きいとして採用は見送られた。

第一線を退いた九七戦は良好な操縦性、安定性を生かして練習機として使われ、名称も九七式練習戦闘機と改められて戦闘機パイロット養成に活躍した。なお満州飛行機では九七戦をベースとして、軽量・低馬力化(日立ハ13 510hp)した練習機の開発を陸軍に指示され、1942年以降、二式高等練習機(キ79)甲型(単座)、乙型(複座)として終戦までに3,710機生産した。

大陸戦線での輝ける戦歴

九七戦の初陣は日華事変勃発翌年の1938年(昭和13年)で、4月以降中国国民党軍のソ連製I-15bis複葉戦闘機を問題としない強さを発揮した。日華事変では旧式機が相手で、国民党軍パイロットの技量、戦意共に低かったから当然の勝利とされたが、続いて1939年5月に始まったノモンハン事件においても、ソ連空軍のI-15bis、I-153、I-16を圧倒する戦いを展開した。

この航空戦では、58機撃墜の篠原弘道准尉(飛行第十一戦隊)、28機撃墜の垂井光義曹長(飛行第一戦隊、太平洋戦争も合わせると38機撃墜)、27機撃墜の島田健二大尉(十一戦隊)など撃墜数20機超えの大エースが多数誕生した。

ただし同事件後半になると、I-16が防弾を強化し、スペイン戦争に参加したベテランパイロットが加わって、一撃離脱戦法や編隊戦闘を用いるようになると、軽快な運動性だけが取柄だった九七戦では簡単には勝てないこととなった。また460km/h程度の最大速度、7.7mm機関銃×2という貧弱な武装のため、高度7,000m以上で侵攻してくる高速爆撃機SB-2に対しては全くお手上げ状態であった。前述の篠原准尉と島田大尉も、8月～9月のノモンハン事件末期に戦死している。

太平洋戦争開戦当時、一式戦の就役数が不足していたため、数の上では九七戦が陸軍戦闘機部隊の主力であった。ただ陸軍の緒戦の主戦場となったインドシナ(東南アジア)方面では、相手となった極東英空軍の主力戦闘機がブルースター バッファロー(欧州戦線では不適とされ極東に回された)という二線機で(他にハリケーン、P-40もあった)、パイロットは実戦未経験のオーストラリア、ニュージーランド出身者が多かったから、中国やノモンハンで経験を積んだパイロットの乗る九七戦が格闘戦に巻き込んでしまえば簡単に撃墜できたため、互角以上の戦いを展開した。しかし1942年半ばともなるとさすがに旧式化が鮮明となり、キ43一式戦への交代が急速に進められて、前記のように戦闘練習機として活路を見出すことになった。

だがこうした九七戦にも大戦末期になると再び実戦の機会が与えられることになる。そう、特攻機への転用である。操縦容易な機体なので初級操縦者の多くが本機で出撃したこと自体が悲劇的な話だが、250kg爆弾を搭載すれば操縦は容易ではなく、しかもエンジンが非力なため離陸から上昇までスロットル全開にする必要があったため、オーバーヒートによる離陸中止や事故が多発したという。

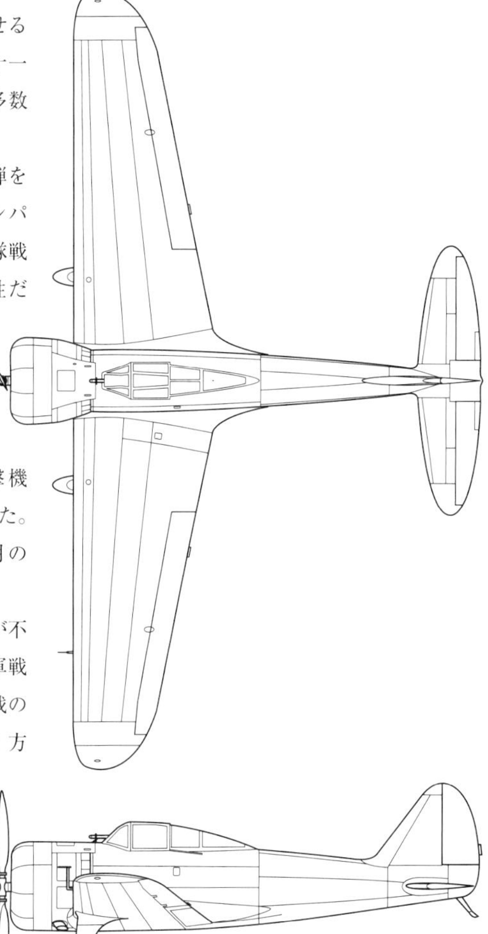

※図版は九七式戦闘機甲型

■中島 九七式戦闘機乙(キ27乙)

項目	値	項目	値
全幅	11.31m	全長	7.53m
全高	3.28m	主翼面積	18.56㎡
自重	1,110kg	全備重量	1,550kg
エンジン	中島九四式(ハ1乙)空冷星型9気筒(公称650hp、離昇710hp)		
最大速度	470km/h(高度4,000m)		
上昇力	5,000mまで5分22秒		
上昇限度	10,000m	航続距離	800km
固定武装	7.7mm機関銃×2		
乗員	1名		

中島キ43 一式戦闘機「隼(はやぶさ)」

少年達の憧れの的だった国民的戦闘機「隼」

♪エンヂンの音轟々と、隼は征く、雲の涯て…という歌を聞いたことがあるだろうか。これは飛行第六十四戦隊の戦隊歌の一節で、戦時中の映画「加藤隼戦闘隊」にも使用されたお陰で、軍用機に関しては機密だらけだった当時にあっても、隼は広く国民に知られる戦闘機となったのだった。

陸軍が九七式戦闘機（キ27）の後継機となる主力単座戦闘機の開発を中島飛行機に対し、一社特命で指示したのは1937年（昭和12年）12月のことで、これは海軍の三菱に対する十二試艦戦（零戦の原型）開発指示より2ヵ月遅れていただけであった。当時世界の戦闘機の趨勢はすでに全金属製低翼単葉引込み脚型式となりつつあったが、陸軍の九七戦、海軍の九六艦戦とも固定脚だったから、双方がほぼ同じ時期に引き込み脚の近代的戦闘機取得に乗り出したとしても不思議ではない。

この時中島に提示された要求性能は、驚くほど十二試艦戦のものと似通っていた。つまり最大速度500km/h以上は同じ、運動性は九七戦と同等（十二試艦戦も九六艦戦と同等を求められた）、上昇力は5,000mまで5分（3,000mまで3分30秒）、長大な航続力などである。もっとも大きく違ったのは武装で、十二試艦戦が20mm機銃×2、7.7mm機銃×2を要求されたのに対し、陸軍は7.7mm機関銃×2で良しとした点だった。

陸軍は当時、対戦闘機戦闘を主目的とする7.7mm機関銃装備の軽単座戦闘機（本機）と、対爆撃機戦闘を主目的とする12.7mm機関砲装備の重単座戦闘機（後の二式戦闘機）を研究していたが、軽単座戦闘機では空戦性能を重視し、軽量化のため武装を軽減したのである。さらに当時は陸軍戦闘機に搭載できる機関砲がないという背景もあったが、やはり近代的戦闘機としては7.7mm機関銃2挺では非力に過ぎた。

偉大すぎる九七戦の幻影に隼は苦しめられる

中島では九七戦と同様、小山悌(やすし)技師が主務者として設計を進め、1年後の1938年12月にプロトタイプ1号機を完成させた。前作の九七戦は抜群の運動性を誇る戦闘機として陸軍パイロット達から絶大な支持を受けていた機体であり、新戦闘機キ43のデザインの基本は、この九七戦の拡大強化、高性能化という線で進められたのであった。

しかし高速化する戦闘機に、昔ながらの運動性を求める事自体に無理があったことから、完成した原型機は最大速度が九七戦より30km/h程度優速の500km/hがやっと、大型化、重量増大の分だけ運動性では劣るというどっちつかずの機体となってしまった。

これに輪をかけて本機の立場を悪くしたのは、陸軍パイロットの頑迷さだった。まずパイロット達は九七戦との比較テストで、水平面での格闘戦でキ43が勝てないことに異常にこだわった。

この点では海軍も当初十二試艦戦のテストで、同じような過ちを犯しそうになったが、間"もなくスピードと上昇力を武器とした垂直面戦闘を組み合わせることにより、九六艦戦を問題としない強みを発揮できることに気づいていた。

中島は陸軍側が出してくる難題に対処するため、主翼面積を変えたり、重量を軽減したりと、数多くの改修を行った。その間の1939年5月にノモンハン事変が発生、陸軍は地上戦では大敗したものの、空戦では九七戦がソ連戦闘機（I-15/I-16）相手に善戦したことから、ますます格闘性能も速力も中途半端というキ43の短所をクローズアップすることになる。

同年11月には、固定脚に変更して軽量化し、九七戦を上回る格闘性能を持たせる性能向上案（第一案）が出たが、速力が九七戦に劣るなど本末転倒で却下された。続いて1940年2月には、エンジンをハ25から性能向上型のハ105に換装、翼端を短縮する第二案が提出される。この案では、ハ25のままでも速力・上昇力が向上。明野飛行学校も上昇・降下による縦方向の空戦を行えば九七戦に勝てるという意見を表明する。だがハ105は不調でこの第二案も頓挫、キ43の採用に暗雲が漂う事態となった。

しかし40年に入るとキ43にも追い風が吹く状況となってきた。それは対米英情勢が緊迫してきたことから、それまで大陸を主戦場と考えてきた陸軍が、より足の長い戦闘機の必要性を考え始めたこと、それに中島の努力によりキ43自身の諸性能もいくらかずつ改善されたことなどによるものだった。

特に後にロケット工学者として有名になる糸川英夫技師考案の「蝶型空戦フラップ」の採用は、キ43の運動性改善に大きく貢献した。この蝶型フラップは、着陸

大陸方面に進出した飛行第二十五戦隊の一式戦二型。俗に二型甲と呼ばれる初期生産型。二型は一型からエンジンを換装してプロペラを3翅に変更、さらに翼幅を60cm切り詰めてスピードアップを図った、一式戦の主力量産タイプ。固定武装は機首のホ103一式12.7mm固定機関砲2門のみだったが、直進性の優れた12.7mm機関砲が機体中心線に備えられていたため、命中率は高かったという

時45度、離陸時20度、空戦時には12～20度に調節され、ドげ角と面積増のバランスをうまくとるようにした独特のデザインで、操作も操縦桿のボタンでできるように考えられていた。

また1940年には陸軍内に航空機テストの専門集団である飛行実験部が発足し、キ43の徹底した見直しを行ったことも幸いした。このプロテストパイロットの一団は、本機の特性を生かした戦闘法をすぐに見つけ出し、空戦では決して九七戦に負けないことを証明した。

南方作戦遂行のため「遠戦」として復活

折から陸軍が密かに計画していた東南アジア侵攻作戦には、爆撃機隊を長距離擁護できる遠距離戦闘機が必要なことがはっきりしたため、開発が難航していたキ43を、増槽を搭載するなどの改正を加え、1941年5月に一式戦闘機として仮制式となった。

中島では大慌てで量産準備を整え、最初の量産型である一式戦一型の生産に取りかかったが、海軍の零戦に較べてその立ち遅れは明らかで、太平洋戦争開始時、一式戦の配備数はわずか四十数機にすぎなかった。

一式戦一型は、エンジンがハ25(950hp)、プロペラが最初は固定ピッチ、後に2段可変ピッチ2枚ブレード、武装は機首右舷に7.7mm機関銃1挺と左舷に12.7mm機関砲1門(注1)。最大速度は495km/h(高度4,000m)、上昇力5,000mまで5分30秒、航続距離1,200kmといったスペックで、上昇力と航続距離を除けば、当時の第一線戦闘機の水準よりかなり貧弱な性能だった。

とくにスピードと武装が不足していたことは明白だったが、幸い一式戦の進出した戦場は、連合軍機も二線級の機体しか配備されていなかったため、卓越した格闘性能とベテラン搭乗員の高い技量のおかげで、緒戦は目ざましい活躍を見せることができたのである。

一式戦を最初に受領した実戦部隊は、中国漢口に進出していた飛行第五十九戦隊で、1941年6月のことだった。続いて「加藤隼戦闘隊」として後に勇名をはせることになる第六十四戦隊(広東)が九七戦から一式戦一型への転換を完了した。初期生産型の一式戦は強度不足のため度々空中分解事故を起こしたが、両隊は機体の強化改修と練成訓練を同時に進め、開戦直前に仏印(現ベトナム)南部に展開した。

大戦緒戦、予想以上の快進撃

五十九、六十四の両飛行戦隊は、陸軍のマレー・シンガポール侵攻作戦で大きな活躍ぶりを見せた。当時同戦線に配備されていた英空軍戦闘機はハリケーンとバッファロー、それにP-40が主力であり、これらは性能上一式戦にそれほど見劣りするものではなく、少なくとも速度、火力では一式戦より優れていたにもかかわらず、ほとんど一方的に押しまくられて敗れ去ってしまった。

これは一式戦の軽快な運動性と、その特性を最大限生かすことのできた歴戦のパイロットを日本陸軍側が揃えていたためで、英空軍パイロットはそれまで見たこともないような上昇力を持ち、クルクルと軽快に飛び回る一式戦を相手にして、ほとんどなす術もないままに後に食いつかれて次々に落とされていったというのが真相だろう。

しかしこうした相手の意表を突く戦いというものは、その戦法を見破られ有効な対策を立てられてしまえば途端に威力を失うものであり、それを端的に示したのが、フライング・タイガースのP-40との戦いだった。それまで常に有利な空の戦いを続けてきた一式戦も、日本機の性格を知り尽くしたシェンノート将軍に徹底的に教育されたアメリカ義勇軍パイロットの操縦するP-40にはかなりの苦戦を強いられたのである。

大戦中盤、次第に苦闘を強いられる隼

CBI(中国、ビルマ、インド)戦線の緒戦で活躍した一式戦は前記の一型であり、スピードは500km/h弱、武装は12.7mm機関砲×1と

戦後、中華民国軍(国民党軍)に鹵獲されて運用されている一式戦一型。2翅プロペラや集合排気管の形状が良く分かる。一式戦は満州国、南京政府、タイといった同盟国に供与され、戦後には中華民国軍、中国共産党軍、インドシナ駐留フランス軍、インドネシア共和国軍、北朝鮮軍などでも運用された。なお、連合軍からは「オスカー」のコードネームで呼ばれた

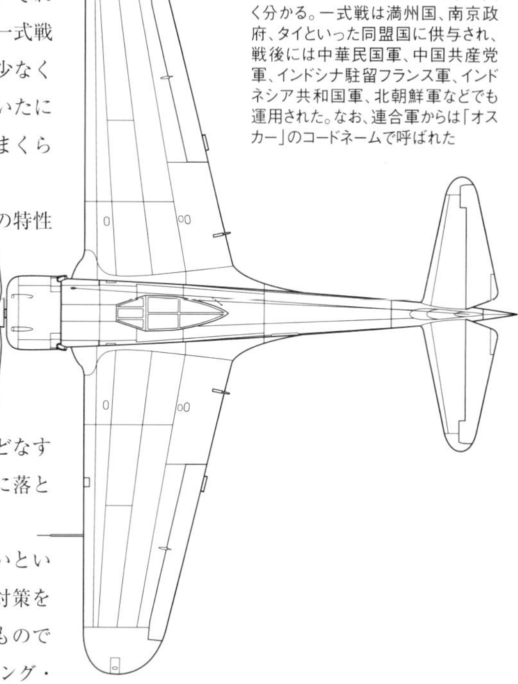

■中島キ43II 一式戦闘機二型「隼」

全幅	10.837m	全長	8.92m
全高	3.085m	主翼面積	22㎡
自重	1,729kg	全備重量	2,413kg
エンジン	中島ハ115 空冷複列星型14気筒(1,150hp)×1		
最大速度	515km/h(前期型)(高度6,000m)		
上昇力	5,000mまで5分13秒(一式戦一型)		
上昇限度	10,500m		
航続距離	3,267㎞(増槽付き)		
固定武装	12.7㎜機関砲×2		
搭載量	100kg爆弾×2		
乗員	1名		

(注1)一型甲が7.7mm機関銃×2、一型乙が7.7mm機関銃×1と12.7mm機関砲×1、一型丙が12.7mm機関砲×2を装備したという説もあるが、近年の研究では甲型、丙型は存在しなかったとされる。

飛行第二十五戦隊第二中隊長、尾崎中和中尉(当時)の一式戦二型初期生産型。1943年夏、南京城外飛行場。胴体後部と垂直尾翼の帯は赤。尾崎大尉は生涯で19機の撃墜を記録、その中の6機がB-24という「B-24キラー」だったが、43年12月27日の空戦でP-51を撃墜した後に戦死した

7.7mm機関銃×1というお粗末なもので、重装甲の英米爆撃機に対しては、まるで豆鉄砲で攻撃しているようなものだった。その貧弱な武装が、遂に「日本陸軍の至宝」といわれた六十四戦隊長・加藤建夫中佐を失わせることになった。1942年5月22日、来襲した英空軍ブレニム軽爆撃機を迎撃した中佐は、撃っても撃っても落ちない同機を追い続けるうち、逆に防御砲火の犠牲となってしまったのだ。加藤隊長の奮闘むなしく、このブレニムは無事に基地まで帰還している。

陸軍も一式戦の弱点を改善を図ろうとはしたが、エンジンをハ115（1,150hp）に強化して定速式3枚ブレードプロペラを採用、主翼幅を約60cm切り詰めてスピードアップを図り、武装を12.7mm機関砲×2に強化した二型甲が制式採用となったのが1942年夏、部隊に行き渡り始めたのが11月のことであった。

二型になっても最大速度は20～40km/h速くなった程度で、とても十分な進歩とはいえなかった。二型には集合排気管を装備した二型甲、滑油冷却系を改修し、集合式推力排気管を採用した二型乙、単排気管とした二型改があるが(注2)、いずれも性能の差はわずかで、1944年末に登場した三型甲（メタノール噴射装置付きハ115 I 搭載）になっても555km/hがやっとという状態だった。

大戦後半になると連合軍戦闘機の多くは600km/h台半ばの速力を発揮したから、運動性云々という次元の問題ではなく、一式戦では攻撃のチャンスさえつかむのが困難という事態となった。

一式戦の固定武装は最後まで機首の12.7mm機関砲2門だったが、これは同機の3本桁の主翼構造がネックとなって翼内武装が装備できなかったためだ。なお敗戦間際になって20mm機関砲2門に強化した三型乙が計画されたが、立川飛行機で2機試作されただけに終わった。

結局、一式戦は1944年9月まで中島飛行機で3,187機生産され、立川飛行機、航空廠における生産機を加えると、生産数は計5,751機となり、日本機の中では零戦に次ぐ記録となった。

格闘性能と信頼性を活かし最後まで奮闘する

一式戦「隼」は後継となる戦闘機の数がなかなか揃わなかったため、非力な事は分かっていながらCBI、ジャワ、中国などの戦線で長い間主力戦闘機として使用された。陸軍は二式戦「鍾馗」、三式戦「飛燕」を配備したが、前者は足の短い（航続距離の短い）迎撃戦闘機であり、後者は液冷エンジンの不調のため、実力を発揮できないでいた。

一方の連合軍側は、1942年後半にP-38、43年に入るとP-47、P-51、スピットファイア Mk.Ⅷなどを繰り出し、一式戦との性能差ははっきりしたものとなってきたのだ。ニューギニア戦線で五十九戦隊を率いて戦った南郷茂男大尉は、P-38に空戦で圧倒され、43年12月の日記で「もはや一式戦の時代にあらず」と嘆いている。

しかしベテラン搭乗員を揃えた一式戦部隊は、時に優勢な敵に対しても善戦することがあった。例えば、1943年11月CBI戦線にP-51Aムスタングが登場し、インド東部からのビルマの日本軍に対する爆撃作戦の掩護を開始したが、当時ラングーンに派遣されていた飛行第六十四戦隊、二百四戦隊の一式戦二型は、これら戦爆連合部隊に対して一歩も引かぬ戦いを展開し、11月27日には六十四戦隊の檜與平中尉がムスタング部隊311FBG（第311戦闘爆撃航空群）司令官であるハリー R.メルトン大佐乗機を撃墜して捕虜とする殊勲を挙げている。

ビルマ戦線で戦った六十四戦隊と五十戦隊の一式戦の活躍はつとに有名で、六十四戦隊はP-51やP-38、モスキートなどを撃墜した陸軍トップエースの一人（30機あるいは51機撃墜）黒江保彦少佐をはじめとして、中村三郎大尉、隅野五市中尉ら錚々たるベテランを擁した。また五十戦隊には黒江少佐と並ぶ陸軍の

1944年、熊谷飛行学校での一式戦二型。俗に二型乙と呼ばれる後期生産型で、排気管が推力式集合排気管に変更されている。一式戦の最大速度は二型甲では515km/hだったが、二型乙では排気管の排気のロケット効果で536km/hに向上、単排気管の二型改ではさらに548km/hにまで向上したといわれる(写真提供／野原茂)

(注2)二型甲、二型乙、二型改は非公式な分類で、陸軍の公式書類ではすべて「二型」だった。

飛行第六十四戦隊最後の戦隊長であった宮辺英夫少佐の一式戦三型甲で、胴体中央の二本帯が戦隊長を示す。三型ではエンジンがメタノール噴射装置付きのハ115Iに換装、排気管は単排気管となり、最大速度は555km/hにまで向上した。宮辺少佐は1945年2月19日にはP-47を撃墜するなど腕の冴えを見せ、4月には弱冠25歳ながら六十四戦隊の戦隊長に着任した。総撃墜数は12機

撃墜王である「ビルマの桃太郎」こと穴吹智曹長や、「腕の佐々木」と称された佐々木勇中尉らが所属。六十四戦隊、五十戦隊の一式戦は大戦後期にあってもP-51やP-47、スピットMk.Ⅷなど性能で優る米英軍機と互角に渡り合い、多くのエースがビルマ戦線から誕生した。

中国戦線では坂川敏雄戦隊長率いる第二十五戦隊などが活躍、特に1944年5月6日には同隊の一式戦24機が、米陸軍のP-40、P-38、P-51、B-25の戦爆連合40機を漢口で迎撃し、無傷で8機を撃墜している（実際の米軍の損害は4機）。

またフィリピンを巡る激戦の続いていた1945年1月7日には、五十四戦隊（一式戦三型）の杉本明准尉が、七十一戦隊（四式戦）の福田瑞則軍曹と協力して、4機の米陸軍P-38とネグロス島ファブリカ上空で交戦。米軍ナンバー2エースのトーマス・マクガイア少佐機とその僚機リトメイア少佐機を撃墜する大殊勲を記録した。

それでも、大戦後半の一式戦の戦いの多くは苦戦の連続であり、フィリピン、台湾など派遣される先々で大量の損耗機を出し、やがて特攻機として多用されるという悲劇の道をたどっていったのである。

一式戦という戦闘機は、日本陸軍首脳部の水平面格闘戦にしばられた空戦理論に基づいて開発されるという、その誕生のいきさつからして大きなハンデを背負わされていた。

その軍の要求を、ただ漫然と前作九七戦の拡大強化で済ませようとした中島設計陣にも責任の一端はある。ちなみに三菱は、前作九六艦戦からいったん白紙の状態に戻して、全く新しい零戦を設計した。このあたりの設計思想、意欲が両機の差となって表れたといえよう。

ただその一式戦もひとたび名手達に操られれば、優れた格闘性能と低空でのダッシュ力を活かして、カタログデータ上ではより優れた戦闘機をも蹴散らすことができた。大戦緒戦の快進撃や、大戦終盤の粘り強い戦いを見れば、凡作機ではなかったことは明らかだ。

また一式戦の隠れた利点としては、当初からノモンハン事件の戦訓を活かした防火燃料タンクが装備され、二型途中からは操縦席後ろに防弾鋼鈑が搭載されていたことがある。防御面に関しては零戦を明らかに上回っていたと言っていい。

さらに一式戦の長所としては、作り易く、また整備も簡単な機体だったことが挙げられ、ビルマやジャワの前線では少ない機体を反復出撃させることも少なくなかったのである。これは後の二式戦、三式戦、四式戦に故障続きだったのと対照的で、いくら性能が良くても、兵器は前線で使えなければ結局何の意味もなく、多少性能が劣ろうと信頼性の高い兵器のほうが活躍できるということを示した好例が、この一式戦「隼」だったのだ。

キ43 一式戦/試作機

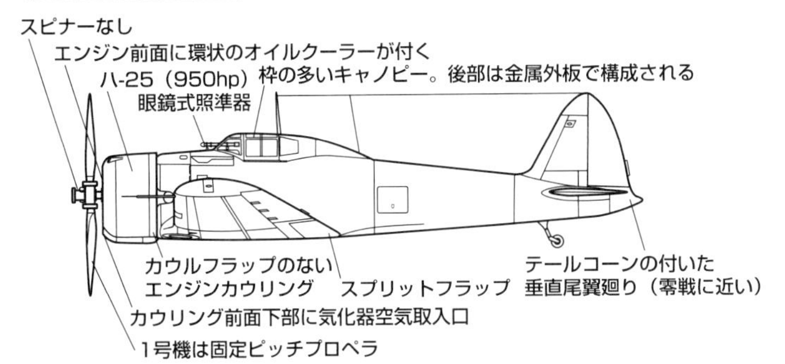

キ43Ⅱ 一式戦二型後期生産型（二型乙）

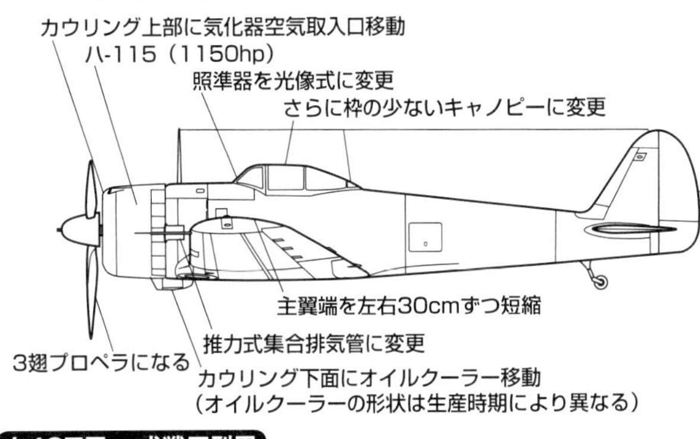

キ43Ⅰ 一式戦一型

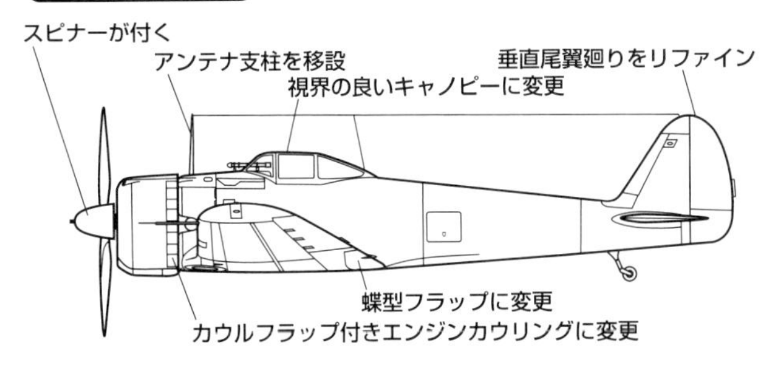

キ43Ⅲ甲 一式戦三型甲

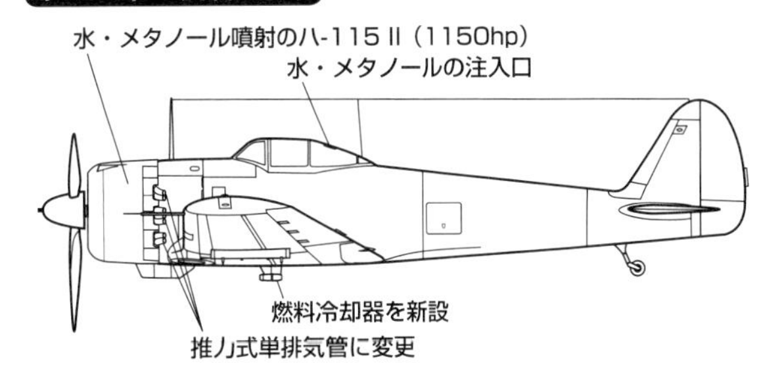

日本陸軍機 | 卓越した上昇力と高速で迎撃戦に活躍した異端の重戦闘機

中島キ44 二式戦闘機「鍾馗(しょうき)」

日本陸軍の重戦コンセプト

1930年代、全金属製、低翼単葉、引き込み脚といった当時の最新技術を取り入れた近代的戦闘機が各国で開発されるようになったが、その頃の用兵者や設計者を悩ました問題は、戦闘機のスピード、運動性、武装をいかにうまくバランスさせるかという事だった。

単純に言ってしまえば、運動性を重視した機体が日本陸軍で言うところの「軽戦闘機」、スピードと上昇力、武装を重視すれば「重戦闘機」(注1)ということになるが、これらの要素は複雑に絡まり合っており、全てを満足のいく水準にまとめ上げるのは至難の技である。

世界的な趨勢は、水平面の格闘戦から、垂直面の機動とスピード、大火力により一撃で勝負を決めるという方向に向かいつつあった。

当時の日本陸軍も1935年、航空本部長・伊藤周次郎少将を団長とする航空視察団を欧州に派遣。その報告により、最先端の欧州の戦闘機は重武装高速化に向かいつつあると認識していた。複葉機時代の素早い旋回性能に頼った戦闘法に拘っていた操縦者も存在したものの、折から始まった日華事変の戦訓もあり、敵爆撃機を確実に撃破できる高速、重武装戦闘機を望む声が多くなっていたのだ。

1938年(昭和13年)、陸軍は中島飛行機に対し九七式戦闘機(キ27)の後継となる軽戦闘機キ43(後の一式戦)の試作を指示したが、その要求は旋回性能第一であった。しかしほぼ同時期に、高速と重武装を狙った重戦闘機キ44の試作をも命じたのである。

また陸軍は1940年2月に川崎に対しても、ダイムラーベンツDB601(1,100hp)装備の液冷重戦キ60の試作を命じており、高速・重武装戦闘機に対する関心の高まりが分かる。

陸軍側がキ44に要求したのは、高度4,000mにおいて最大速度600km/h、5,000mまで5分以内で到達できる上昇力、武装は7.7mm機関銃×2+12.7mm機関砲×2などで、当時の欧米の新開発機に比較すればそれほどの高速、重武装とはいえないものだったが、キ43に対する要求が500km/h、7.7mm機関銃×2だった事から考えれば、これでも日本陸軍にとっては十分高速大火力のスペックだったといえよう。

こうしてキ44は日本陸軍初の重戦として(試作に終わったものとしては中島キ12があるが)開発される事になったが、約1年遅れて開発が始まった海軍の局地戦闘機「雷電」と同様、大馬力エンジンが最大の問題であった。

結局、当時実用化されていた中では最も強力なエンジンという事で、大型機用として作られた中島ハ41(1,250hp/高度4,000m)が選ばれたが、直径は1,260mmと、キ43のハ25(零戦の「栄」と同じ)の直径1,115mmと較べるとかなり大型のエンジンだった。

頭でっかちで小さな主翼

中島ではキ43と同じく設計主務に小山悌技師を当て、森重信、糸川英夫技師等のチームがデザインを担当したが、低出力エンジンでは高速重戦といっても自ずから限界があるのは明白であった。

このため設計陣は機体をできる限り小型・軽量化して要求性能達成を図ろうとした。この結果キ44の主翼面積はわずか15㎡という小さなものとなり、自重も2,000kgを少し超える程度の軽量な重戦闘機となったのだ。

当時の小型高速重戦の代表のようなドイツのBf109でさえ、翼面積は16.2㎡であったから、キ44の小型ぶりは群を抜いたものだったといえる。しかし当然ながら翼面荷重は全備状態で170kg/㎡を超える高い値となり、100～120kg/㎡が普通だった日本の戦闘機の中では例外的存在となった。

高翼面荷重は即、旋回性能と離着陸特性の悪化となって現れるが、これを少しでも改善しようとして採用されたのが、糸川技師(空力担当)の考案した蝶型空戦フラップだった。蝶型フラップは基本的にはファウラー式フラップだが、着陸時45度、空戦時には操縦桿の上のボタンで12～15度下がると同時に翼面積も増大するという巧妙な仕組みのものだった。

主翼平面形は中島が得意とした、翼端失速を起こし難い前縁直線タイプで、付け根の厚比14.5%と比較的薄い翼型が採用された。構造は3本桁のため翼内機関砲が積めなかった一式戦と異なり2本桁を採用し、高速に備えて外皮を波板で補強するなど、頑丈な構造とされた。

設計陣の腕の冴えは胴体の設計にも表れている。大直径のエンジンカウリングの後方からスムーズに絞り込んでいく、Fw190に似通ったデザインであり、抗力を最小に押さえられる方式

明野陸軍飛行学校で訓練中の二式戦二型丙。地上員の誘導により前進している。乙型後期生産型より照準器は旧式の眼鏡式から新式の光像式に変更された。主翼にはホ103 12.7mm機関砲を搭載している

(注1)軽単座戦闘機、重単座戦闘機という概念は昭和13年(1938年)の「陸軍航空本部兵器研究方針」に初めて登場する。

である。頭でっかちのため地上姿勢での前方視界は無いに等しいが、これは空冷エンジン機の宿命ともいえるものだからやむを得ないとして、細く絞った胴体と突出型キャノピーのお陰で飛行姿勢での視界は抜群であった。

また全長8.9mという短い胴体ながら、縦長断面に絞った後端に小型の垂直尾翼と方向舵を設けてテールアームを最大限にとる設計となっており、良好な方向安定性と射撃時の「すわり」が良いという特長を獲得した。

1942年2月、独立飛行第四十七中隊に配備されていた、二式戦闘機一型の量産第1号機(製造番号113)。胴体中央下の小さな円筒形の部品は、南方戦域用の燃料冷却器。いかにも南方の急造飛行場という雰囲気だが、二式戦の運用には整備された長い滑走路を必要とした(写真提供/渡辺洋一)

対スピット用の切り札として制式化

キ44試作機は3機制作され、1号機は1940年(昭和15年)8月に完成し、各務原(かかみがはら)に送られて試験飛行を開始した。

同機は先の尖ったスピナーやアンテナ支柱の位置、それにカウルフラップ後方に気流調整フラップを持つ事(1号機のみ)、風防中央部が後方内側に収納される事、主脚カバーの下部パネルが脚柱側に付いている事など、細かい部分が後のモデルと異なっていたが、基本的には大きな変更点なしに量産に移されており、元の設計がしっかりしていたことを示している。

試作機のテストでは最大速度550～560km/hしか出せず、上昇力は高度5,000mまで6分以上かかったが、カウルフラップやキャブレター吸入管などを改修し機体表面を平滑にするなどして空気抵抗を低減した結果、600km/h以上を記録するに至った。また急降下試験では850km/hまで強度・振動とも何の問題も無いことが確認されており、日本機離れしたタフネスぶりを備えていた。

ただ予想されたことではあったが、旋回性能は他の日本機に較べると劣悪であり、さらに急旋回や背面飛行の際に水平スピンに陥る悪癖が指摘された。また離着陸時の視界不良と150km/h近い着陸速度は実用試験にあたった陸軍パイロットにとって大きな不満であった。

このため実用試験は長引いたが、キ44は来たるべき南方侵攻作戦での対戦が予想される、600km/ hの高速戦闘機スピットファイアに対する切り札として開発が続けられた。そしてヨーロッパでスピットMk. Iと互角に戦ったメッサーシュミットBf109E-7が輸入され、1941年に日本戦闘機との比較審査が行われた事でキ44に活路が開けた。

この時のテストでキ44は加速性、最大速度、上昇力ともBf109E、川崎キ60をしのぎ、空戦フラップのおかげで旋回性能でも両機に勝ることを実証したのである。

九七戦(キ27)、キ43(後の一式戦)ともスピードではBf109には全く歯が立たず、攻撃のチャンスすら掴めないという状況だったから、キ44の高性能がクローズアップされ、本格的な制式化に向けて審査が進むことになった。

陸軍初の制式採用重戦に

陸軍はテスト中に取り入れられた改修点を盛り込んだ増加試作型キ44 I ×7機を発注し、これらが完成すると、試作型2機を加えた9機により独立飛行第四十七中隊(通称かわせみ部隊。忠臣蔵の四十七士から部隊名をとったとも言われる)を編成し、実戦テストのため1941年12月9日、仏印サイゴン(現ベトナムのホーチミン)に進出させた。

この部隊はキ44の試験にも携わった坂川敏夫少佐(隊長)、黒江保彦大尉、神保進大尉などベテラン揃いで、1月12日には黒江大尉が初撃墜(ブルースター バッファロー)を記録した。本機は航続距離が短いこともあって、交戦の機会にはそれほど恵まれなかったが、バッファロー、ハリケーンに対しては問

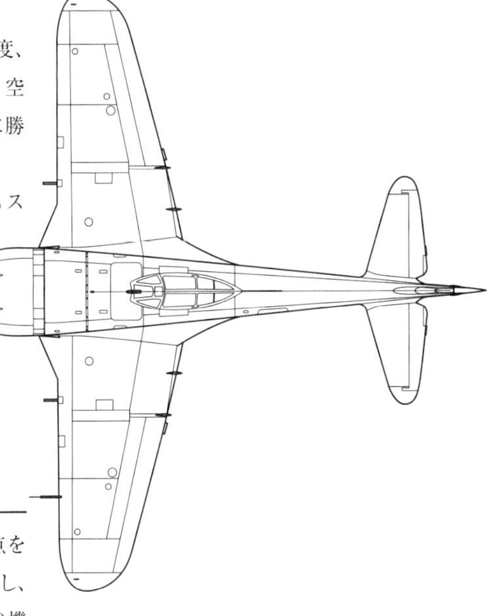

■中島キ44Ⅱ丙 二式戦闘機「鍾馗」二型甲

全幅	9.45m	全長	8.90m
全高	3.12m	主翼面積	15.00㎡
自重	2,095kg	全備重量	2,764kg
エンジン	中島ハ109 空冷複列星型14気筒(1,450hp)×1		
最大速度	605km/h(高度5,200m)		
上昇力	5,000mまで4分30秒		
上昇限度	11,200m		
航続距離	1,296km(通常)、2,000km(増槽付き)		
固定武装	12.7mm機関砲×2、7.7mm機関銃×2		
搭載量	30kg～100kg爆弾×2		
乗員	1名		

題なく優位に戦うことができた。かわせみ部隊は1942年4月にドゥーリトル隊のB-25の本土初空襲があったため内地に呼び戻され、調布、柏、成増と移動し、43年10月に飛行第四十七戦隊に改編されて首都防空に活躍する事になる。

量産型キ44 Ⅰは42年1月から10月にかけて40機生産された。これらはエンジン、武装とも試作型と同じで、生産途中で主脚カバー下半分が胴体側に付くよう改修された。そしてキ44 Ⅰの生産中の1942年1月28日、二式戦闘機一型の名称が与えられて制式採用された。一型の最大速度は580km/h、上昇力は5,000mまで5分54秒というものだった。

なお皇紀2602年（1942年）には川崎の双発複座戦闘機、キ45二式複座戦闘機も制式採用されたため、キ44は便宜的に二式単座戦闘機（二式単戦）と呼んで区別された。「鍾馗」は国民向けの愛称で、中国の民間伝承に登場する悪魔祓いの神を指すが、現場では使用されていなかったという。

エンジンを換装した二式戦二型の登場

キ44に対しては早くからエンジン強化の要請が陸軍側からあった事から、一型のうち5機はハ41の発展型である中島ハ109（1,450hp）に換装され、キ44 Ⅱ原型としてテストに使用された。更に3機の増加試作型が作られて評価試験を行なった結果、相応の性能向上が認められたため、1942年12月に二式戦闘機二型として制式に採用され、すぐに量産が開始された。

二型は、一型ではカウリング内にあった環状オイルクーラーに代えて、カウリング下面のフェアリング内にハニカム型のオイルクーラーを装備したのが外見上の識別点である。最初の量産型二型甲は武装は一型と同じだが、垂直尾翼の形状がわずかに変更された。生産数は353機。

続く二型乙は、機首上面の7.7mm機関銃×2を12.7mm機関砲×2に換装して、主翼の武装を廃止した。特別装備としてロケット推進のホ301 40mm自動砲×2を主翼に付けたものもある。乙後期生産機より、射撃照準器を筒型眼鏡式から光像式サイトに変えている。生産数は393機。

二型丙は翼内に12.7mm×2を装備して12.7mm機関砲×4とした重武装機で、426機が生産され最多生産型となった。

三型はエンジンをハ45（離昇1,800hp）に換装し、主翼面積を19㎡に増大する完全な新規設計案だったが、キ84（後の四式戦）として仕切り直されたため、試作機などは作られていない。

その他テストされたものとしては、一型に2翅2重反転プロペラを装備した機体や、二型の1機を推力式単排気管に改造した機体などがあった。

二式戦は四式戦の量産が開始されるまでに1,215機が生産された。高速だが航続距離が短く、滑走距離は長く着陸速度も速い個性の強い機体だけに、汎用戦闘機である一式戦と比べると使いどころが限られ、生産数も限定的になったと言える。

空の悪魔祓い――「鍾馗」の戦歴

開戦劈頭（へきとう）のかわせみ部隊の活動後、二式戦が国外に派遣されたのは中国大陸、フィリピン、スマトラなどで、機数は一式戦よりはるかに少ない上、航続力の関係で進攻作戦より防空作戦が多かったため、華々しい記録はあまり残されていない。

しかしその高性能はP-40などを問題にしなかった事は確かで、連合軍側のトージョー（鍾馗のコードネーム）恐るべしの記録も残されている。一つの例を挙げると、AVG（フライングタイガース）出身で7機撃墜記録を持つエース（最終撃墜数18機）デビッド“テックス”ヒル大佐は、1944年初め、P-51Bムスタング4機編隊でホンコン上空に出撃した際、3機の見慣れない日本機に上空から襲撃され、たちまち僚機3機を撃墜されてしまった。大佐は通常の対日本機戦法、高速ダイブで逃走を図ったものの、その日本機はどこまでも追尾して来て、もう少しで撃墜されるところだったと記している。後にこれがトージョーだと判明するが、大佐は全く新しいタイプの恐るべ

飛行第八十五戦隊のエース、若松幸禧大尉（当時）の二式戦二型甲。胴体後部に中隊長標識の太い赤帯が描かれている。若松少佐は中国戦線で二式戦、四式戦を駆って活躍し、中国政府がその首に賞金をかけたという「伝説」も生まれた

左右主翼内にホ301 40mm自動砲を装備した二式戦二型乙特別装備機。飛行第四十七戦隊の所属機。40mm砲はロケット噴進のため射程距離が短く、命中率も低かったが、威力は大きく、対B-29戦の切り札として活用された。なお二式戦は当初から操縦席後ろの防弾鋼鈑、防弾燃料タンクも備えていた（写真提供／野原茂）

き日本戦闘機と評している。

この頃南支に進出していた二式戦部隊は飛行第八十五戦隊で、同機の性格を生かした一撃離脱戦法に習熟した精強な部隊だった。プロペラスピナーを赤く塗装し「赤ダルマ」と呼ばれていた著名なエース、若松幸禧（ゆきよし）少佐が所属していたのもこの八十五戦隊である。若松少佐はのちに四式戦に機種転換し撃墜スコアを重ねるが、1944年12月、漢口防空戦の際に戦死した。

もう一つ連合軍側の記録で二式戦に手痛い反撃を受けた例としては、1945年1月スマトラ島パレンバン精油所を攻撃した英海軍空母機動部隊の例がある。

英側は2回にわたってのべ400機のアベンジャー、コルセア、ヘルキャット、シーファイアから成る戦爆連合部隊で襲撃をかけ、精油施設を大きく破壊したが、結果として対空砲火と二式戦の迎撃により、事故も合わせて48機の喪失機を出した。この当時日本軍施設攻撃で10%以上の被害率は例外といっても良い高さであり、英側はトージョーの防空能力の高さを改めて認めざるを得なかったのである。

パレンバンの防空任務に就いていたのは飛行第八十七戦隊の二式戦二型50機以上で、場所柄燃料を気にする事なく訓練を積んでいたため、やはり高い練度を誇った部隊だった。ただ2日間の戦闘で八十七戦隊も12人の戦死者を出し、機材の大半を失うという犠牲を払わなければならなかった。

本土防空戦でも二式戦は良く活躍したが、高々度性能が低かったためB-29の高々度侵入に対する迎撃には不向きで、ついには武装、防弾板などを全て取り外して軽量化し、体当たり攻撃をかける、いわゆる「震天制空隊」戦法が多用されることになり、人的にも機材面でも大きな消耗を強いられることになった。

首都圏防空に活躍した二式戦部隊は成増飛行場に展開していた前記の飛行第四十七戦隊、柏飛行場の第七十戦隊、関西地区防空にあたったのは大正飛行場（現八尾空港）の第二百四十六戦隊で、いずれも二式戦により、十数機のB-29撃墜を記録している。特に七十戦隊は40mm砲搭載の二型乙を使いこなし、河野涓水大尉、小川誠少尉、吉田好雄大尉らのB-29キラーを輩出している。

二式戦は生産数が少なく、迎撃戦が中心だったため戦歴はそれほど多くはないが、陸軍でも四式戦に次ぐ高速力を持ち、卓越した上昇力を持つため大陸や本土防空戦ではかなりの善戦を見せている。

ただ、航続距離の短さや、離着陸滑走距離の長さにより投入できる戦場が限られ、さらに機体自体にも空戦機動時の悪癖や、ハ109エンジンの信頼性の低さといった問題が付きまとった。

二式戦はコンセプトや設計は悪くはなかったものの、極端な個性が足を引っ張り、結局は一式戦の補助的な存在に終わった、不運な戦闘機だったといえるだろう。

米軍が鹵獲し、航空技術情報隊（TAIU）が調査を行った二式戦闘機二型丙 S-11号機（製造番号2068）。この機体は1945年6月に墜落するまで試験に供され、「類まれな上昇力と高い効果性能を持つ」「最大速度は緊急出力時で616km/h（高度5,300m）」「スナップロールとスピン、失速および高速時の背面飛行に制限がある」「操縦席後方の防弾板や防弾タンクは12.7mm銃弾に対して有効ではない」などの評価が下された

キ44I 二式戦一型

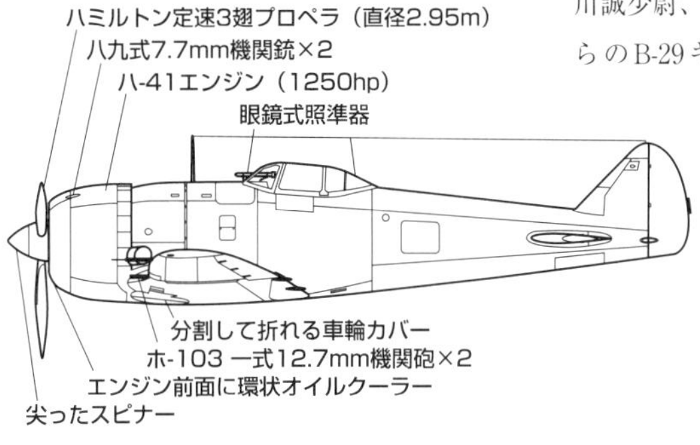

キ44II甲 二式戦二型甲

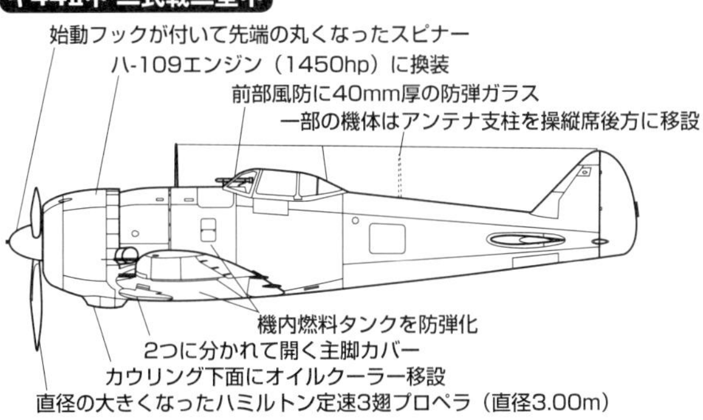

キ44II乙 二式戦二型乙

キ44II乙 二式戦二型丙

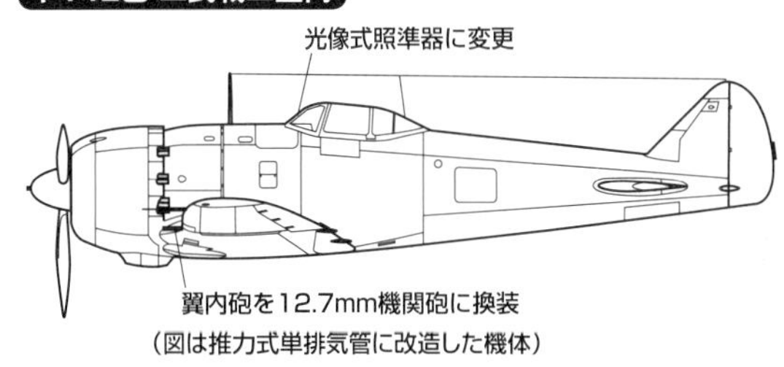

日本陸軍機 | 第二次大戦日本唯一の液冷戦闘機と、その空冷エンジン換装版

川崎キ61 三式戦闘機「飛燕」／キ100 五式戦闘機

軽戦対重戦、液冷対空冷

陸軍は1937年（昭和12年）末に、軽快な運動性でパイロットに絶大な人気を博した九七戦の後継機として、中島にキ43（後の一式戦）、そして少し遅れてキ44（後の二式戦）の開発を発注した。

一方、1940年2月、陸軍は川崎にも、再び重戦闘機（キ60）と軽戦闘機（キ61）の試作を命じた。陸軍が中島に命じたのとほとんど同じ開発指示を川崎に出したのにはもう一つ理由があった。それは当時各国で論争を呼んでいた「戦闘機のエンジンは空冷か液冷か」という論議に影響された結果であった。

液冷エンジンは空冷に較べて前面面積が小さく、高速を出すのに適するという特長がある反面、冷却系統が複雑で故障や被弾に弱いという短所がある。川崎は過去にドイツの液冷エンジンBMW6（600hp）を国産化し、それを搭載した優秀機をいくつか生産して陸軍にも供給した。しかしその発達型BMW9およびハ9 II（いずれも800hp）はトラブルを多発したため、これに懲りた陸軍は液冷エンジンにいったんは見切りをつけていた。

ところがヨーロッパから液冷エンジンを付けたBf109やスピットファイアの高性能ぶりが伝えられてくると、そうは言ってられなくなってきた。

かくして1938年に友邦ドイツの傑作エンジンであるダイムラーベンツDB601導入を決めた陸軍は、翌年1月、川崎のエンジン技術者をドイツに派遣した。なお海軍も愛知航空機でのDB601のライセンス生産を決め、艦爆「彗星」に搭載している。

こうしてDB601は、川崎でハ40（1,100hp）として国産されることになり、陸軍はそれを搭載した2種の戦闘機開発を早速川崎に命じたというわけだ。DB601は、倒立V型12気筒、燃料噴射式、流体継手駆動による無段階過給器を備えるという当時のハイテクエンジンだった。このハイテクが、エンジンの、ひいては三式戦の運命を決めてしまう。

速度・運動性ともに優れた「中」戦キ61

川崎ではキ60/61を同時に受注したが、土井武夫技師を主務、清田堅吉技師を補佐として、まず重戦キ60の設計にとりかかり、ある程度その目鼻がついた10ヵ月後の1940年12月に、同じメンバーでキ61の設計を開始した。

キ61の方が後になったことで、デザインに一層の洗練が加わったこと、またその間に設計陣の中で戦闘機に対する考え方が少しずつ変化を遂げたことにより、三式戦の性格が決まったといってよい。設計陣は、戦闘機はいったん敵機と遭遇すれば、相手が戦闘機であろうと爆撃機であろうととにかく撃破できることが必要だと考え、軽/重戦闘機のカテゴリーにとらわれず、速度、上昇力、運動性、航続力など全ての面で、水準以上の戦闘機を生み出そうとしたのである。

重戦キ60の翼面積は小さめの16.2㎡。20mm機関砲×2、12.7mm機関砲×2の重武装を施し、高度4,500mにおける最大速度560km/h、上昇時間5,000mまで6分という、当時としてはそこそこの性能を得た。

キ61は翼面積を標準的な20㎡、12.7mm機関砲×2、7.7mm機関銃×2と武装を軽くして、空力的洗練によりキ60と同等の速度を確保する設計方針だった。また土井技師は、同じ翼面積ならばアスペクト比（翼幅÷平均翼弦）が高い、つまり細長い主翼の方が上昇力も旋回性能も良くなるという点に着目し、アスペクト比7.2（通常は6前後）を選択した。

胴体の最大幅は84cmでキ60と同じだが、高さを146cmから135cmに減らし、全長を35cm伸ばして抵抗を大きく減少させた他、エンジン支持架を胴体構造と一体化することにより重量を軽減するなどの巧妙な設計を行った。

操縦席横に撃墜マークが並んだ飛行第二百四十四戦隊の戦隊長・小林照彦少佐の三式戦一型丁。機首が流線型で翼が長く、スマートなフォルムが印象的だ。三式戦は高高度性能も他の陸軍戦闘機より高く、十分な整備が受けられる本土防空戦では大きな活躍を見せた

液冷エンジンで最も問題となる冷却器は、抵抗が最小となる主翼後部の胴体下面に装備し、拡散冷却型とした。この方式はアメリカのP-51ムスタングの装着法と軌を一にするものだ。

キ61の1号機は太平洋戦争開始直後の1941年12月12日、各務原飛行場で初飛行に成功するが、間もなく高度6,000mで591km/h、高度10,000mで523km/hという最高速度を発揮、操縦性、安定性とも良好、さらに急降下時の強度も充分

（制限速度は実に850km/h）というテスト結果が出た。

旋回性はキ60やBf109Eをはるかにしのぎ、しかもスピード、上昇力でも勝るという、軽戦派、重戦派双方を満足させ得る狙い通りの戦闘機が誕生したのである。陸軍はただちに量産を命じ、量産型1号機は1942年8月に完成、翌年6月には「三式戦闘機」として制式採用を決定した（「飛燕」は後に付けられた愛称）。

三式戦のバリエーション

キ61は試作機3機、増加試作型9機によるテストが行われた後、一型甲（キ61Ⅰ甲）の生産に移った。エンジンはハ40、武装は機首にホ103（12.7mm）機関砲×2、主翼に八九式7.7mm機関銃×2、燃料タンクには防漏のためゴム被覆が張られていた。一型甲は388機生産された。

次いで翼内銃もホ103とした一型乙（キ61Ⅰ乙）が生産され、生産途中で実戦の教訓を取り入れて、冷却器後上方に8mm厚の防弾鋼板が装備された他、胴体内燃料タンク除去などの改修が実施され、約600機作られた。

実戦では12.7mm砲4門でも大型機相手には破壊力不足だったため、ドイツから潜水艦により輸入されたMG151/20 20mm砲（陸軍はマウザー砲と呼んだ）を翼内に装備した一型丙（キ61Ⅰ丙）が作られた。1943年9月から生産が始められるとともに、川崎の技術者が前線に派遣されて現地改修も実施され、新規生産と改修機合わせて388機生産された。

マウザー砲は威力、信頼性とも優れた機関砲だったが、輸入した数量は800挺、弾丸40万発に過ぎず、この限られた数の砲すべてを三式戦に回したという事実は、陸軍が当時の戦闘機の中で本機にもっとも大きな期待をかけていたことを物語っている。

また一型丙以降の三式戦には主翼パイロンが追加され、100～250kg爆弾または200L増槽×2の搭載が可能となった。

マウザー砲には限りがあったため、国産の20mm砲ホ5を搭載したのが一型改、後の一型丁（キ61Ⅰ丁）で、サイズなどの関係で翼内に装備できないため、川崎で急遽プロペラ同調装置を開発、機首上面に装備し（翼内はホ103 12.7mm砲）、1944年1月に試作型を完成させた。

フィリピンで撮影された飛行第十九戦隊の三式戦一型丁。尾翼のマークは「19」の図案化。三式戦丁型以降は防弾装備を充実させたため、自重が2,630kgと乙型より300kg近く増え、そのため運動性や上昇力が低下。速度、格闘性能ともに米戦闘機と同程度以下という性能になってしまった

この丁型は、燃料タンク防弾強化による燃料搭載量減少を胴体内タンク復活で補い（総容量595L）、重心補正のため機首を20cm延長し、全長は8.94mとなった。こうした改修のため全備重量は300kg以上増加して3,460kgとなり、アンダーパワーとなって最大速度は560km/h（高度5,000m）に低下。上昇力も悪化したが、戦局悪化のため生産が急がれ、1944年1月から約1年の間に1,350機以上が作られ、三式戦の最多生産型となった。

川崎はこれらの改修を行う一方で、1942年9月には性能向上型キ61Ⅱの開発に着手した。キ61Ⅱは、ハ40に水・メタノール噴射装置を追加して出力を1,500hpに増大させたハ140を搭載し、最大速度650km/hを狙ったモデルで、主翼は翼弦が拡大されて面積が22㎡となった他、垂直尾翼も増積された。

しかしハ40でさえ生産・運用に要求されるハイテクを満足にクリアできないのに、ハ140で一挙に解決するわけでもなく、キ61Ⅱは1943年8月に1号機が完成したものの、ろくに飛行試験もできない状態で、8機作られただけで開発中止となった。しかし一型丁にハ140を付けようという案が浮上し、キ61Ⅱ改として44年4月に1号機が完成した。

キ61Ⅱ改は、高度6,000mで最大速度610km/h、10,000mでも544km/h（当時の日本機のなかでは10,000mまで上昇できること自体が貴重だった）を出したため、三式戦闘機二型（キ61Ⅱ改）として制式化され、量産に入った。

しかしハ140の生産量は一向に上らず、出来上がったエンジンもトラブルを多発したため、三式戦二型として作られた375機のうち、

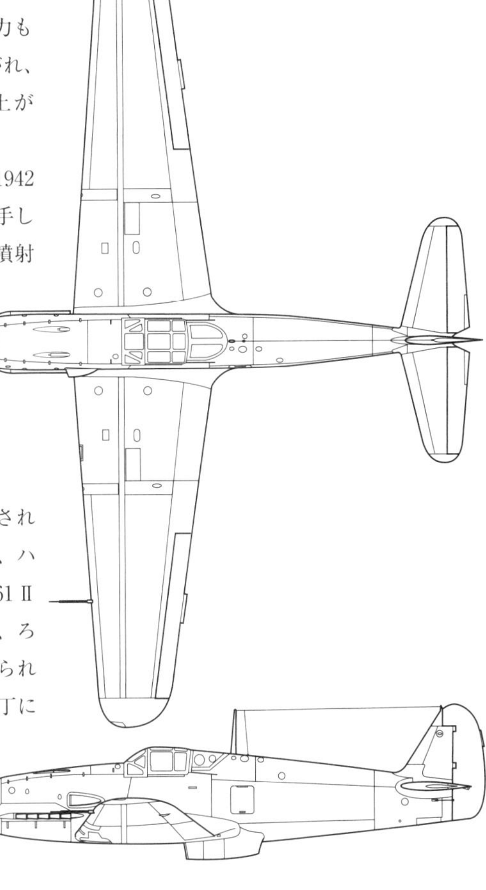

■川崎キ61Ⅰ甲 三式戦闘機一型甲「飛燕」

全幅	12.00m	全長	8.74m
全高	3.70m	主翼面積	20.00㎡
自重	2,380kg	全備重量	3,130kg
エンジン	川崎ハ40 液冷倒立V型12気筒（1,175hp）×1		
最大速度	590km/h（高度4,860m）		
上昇力	5,000mまで5分31秒		
上昇限度	11,600m		
航続距離	2,850km（増槽付き）		
固定武装	12.7mm機関砲×2、7.7mm機関銃×2		
搭載量	250kg爆弾×2	乗員	1名

ハ140が装備されたのはたったの99機に過ぎず、工場の外にはエンジンのない「首無し飛燕」が山積となった。なお三式戦二型の後期型は水滴型風防に改良されたが、ハ140を搭載された機体はほんの少数に終わっている。

結局三式戦は総計で3,159機も生産され、一式戦、四式戦、九七戦に次ぐ数となっており、当初は一式戦の後継の汎用戦闘機として大きな期待がかけられていたのが分かる。

最後の陸軍戦闘機「五式戦」

ハ140の生産遅延と不調は、川崎岐阜工場に首無し飛燕が多い時で300機以上も並ぶという深刻な事態を招いた。

こうした事態打開のため1944年10月、軍需省から川崎に対し、三菱ハ112Ⅱ空冷エンジン（1,500hp）への換装が指示された。ハ112は一〇〇式司令部偵察機などに搭載されて信頼性には定評のあるエンジンだったが、三式戦に搭載するには、胴体最大幅84cmに対し、エンジン直径が122cmもあるため、そのギャップの処理が大きな問題となった。

土井技師をはじめとする川崎技術陣は、輸入機のFw190などを参考に不眠不休で設計作業を進め、カウリング側面に排気管を集合させ、胴体側面には大型のフィレットを装着するなどの処理によって換装設計を12月までに完了させた。

キ100と命名された換装1号機は、1945年2月1日初飛行に成功し、続くテスト飛行では最大速度こそ580km/h（高度6,000m）といくらか低下したものの、約300kgの重量軽減により上昇力、運動性とも向上。最大のネックだった整備性、稼働率はいうまでもなく飛躍的に改善されたことが明らかとなった。

陸軍はキ100を五式戦一型として制式採用（最後まで制式採用されなかったという説もある）し、ただちに首無し機に対するハ112Ⅱ搭載と新規生産が開始された。五式戦一型は計393機生産されたとされており、そのうち275機が首無しのキ61Ⅱ改を五式戦一型として再生したもので、残る118機が新規生産分である。

五式戦一型の武装は三式戦二型と同様だったが、現地部隊ではなるべく重量を軽くするため、翼内のホ103を取り外し、機首のホ5 20mm砲×2（弾数各200発）のみとした機体も多かった。

五式戦は当時の水準から見て、速度こそ少々物足りなかったことを除けば、対戦闘機戦闘にも対爆撃機要撃にも高い能力を有しており、三式戦の素性の良さが良質なエンジンを得たことで見事に花開いたということができよう。

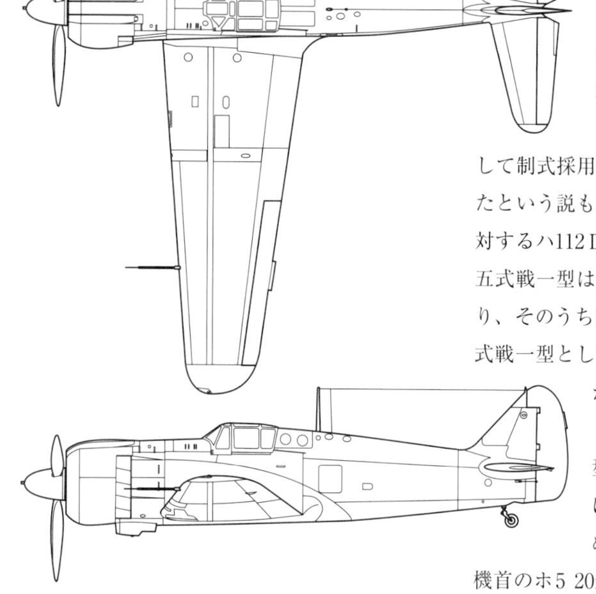

■川崎キ100I 五式戦闘機一型

全幅	12.0m	全長	8.92m
全高	3.75m	主翼面積	20.00㎡
自重	2,525kg	全備重量	3,495kg
エンジン	三菱ハ112Ⅱ 空冷複列星型14気筒（1,500hp）×1		
最大速度	580km/h（高度6,000m）		
上昇力	5,000mまで6分	上昇限度	11,500m
航続距離	2,200km（増槽付き）		
固定武装	20mm機関砲×2、12.7mm機関砲×2		
搭載量	250kg爆弾×2	乗員	1名

1945年5月にはハ112Ⅱに排気タービン過給器を追加した五式戦二型（キ100Ⅱ）の試作機が完成し、高度10,000mまでの上昇時間18分、同高度における最大速度565km/hを記録した。この二型は9月以降生産型が完成する計画だったが、敗戦のため結局3機の試作だけに終わった。

ニューギニア、比島、台湾…苦闘の戦歴

1942年4月18日、空母「ホーネット」から飛び立ったB-25からなるドゥーリトル爆撃隊が本土初空襲を行なった際、水戸飛行場でテスト中だったキ61が、そのうちの1機に遠距離から一撃を加え（ただし演習弾）、これが三式戦の初陣となった。

三式戦を最初に配備された実戦部隊は、ニューギニアへの進出が予定されていた飛行第六十八、七十八戦隊で、1943年4月に南方への移動を開始した。だがこのフェリー飛行の途中、多数の機体がエンジン不調や燃料漏れ、航法の不慣れなどから不時着水するというアクシデントに見舞われた。

両戦隊は1943年5月からニューギニア戦線で実戦に参加。整備・補給上の困難さから稼働率は高くなかったものの、一式戦をしのぐ高性能機として期待され、連合軍の戦爆連合編隊に戦いを挑んでいった。1943年12月にはマウザー砲を搭載した一型丙の配備も始まり、四発爆撃機B-24相手の戦いに威力を発揮。ニューギニア戦線トップエース、六十八戦隊の竹内正吾大尉らを中心にP-38やP-47らと激戦を交えたが、最後は連合軍の物量の前に圧倒され両戦隊は壊滅した。

1944年に入るとフィリピン戦線にも飛行第十七、第十八、第十九、第五十五戦隊の三式戦戦隊が送りこまれ、10月の米軍のレイテ上陸作戦を迎えて、防空、船団護衛、特攻掩護などに連日の出撃を繰り返した。だが消耗も激しく、45年3月までに全ての三式戦部隊が本土へと撤収した。

その他にも三式戦は台湾、沖縄にも配備されていたが、圧倒的大兵力の米軍の前に次々に消耗していき、一部は特攻作戦に投入された。

一般に外地に派遣された三式戦は、エンジン関係のトラブルが多いため稼働率が低かったとされるが、これはエンジンそのものに問題があった他に、陸軍の整備支援態勢が不十分だったためだ。現地の整備要員は、教育やマニュアルが不備のまま、不慣れな液冷エンジンを扱わなければならず、これに部品の不足が重なったことが故障の多発、稼働率低下を招いたといえる。

飛燕と五式戦、本土防空戦で気を吐く

本土防空作戦に従事した三式戦部隊の多くは、何とか稼働機を揃えてB-29やP-51、それに艦載機の迎撃に奮戦した。なかでもB-29×10機を撃墜した小林照彦少佐を戦隊長とする飛行第二百四十四戦隊（通称：近衛飛行隊、つばくろ部隊）が有名で、調布飛行場をベースとして首都圏防空に活躍した。また二百四十四戦隊では体当たり攻撃を専門とする震天制空隊を組織し、体当たり撃墜に成功した上で生還するという猛者（小林少佐もその一人）も現れた。

その他小牧をベースとした五十五戦隊、伊丹をベースとした五十六戦隊なども三式戦一型による防空戦に活躍したが、さらに、これらの部隊や福生（ふっさ）飛行場の航空審査部は、戦争末期にあれほど不評だったハ140装備の三式戦二型を何とか使いこなしており、整備さえ完全であれば実戦にも使用できることを示した。

一方、エンジン換装の成った五式戦一型を最初に配備された実戦部隊は、柏飛行場（後に松戸）の十八戦隊と前記の二百四十四戦隊で、ともに1945年3月から受領を開始した。二百四十四戦隊はその翌月、沖縄の米艦隊に対する特攻作戦支援のため、都城（みやこのじょう）と知覧飛行場に展開し、6月3日にはF4Uコルセア編隊と初めて交戦、7機の撃墜を記録する（自らの損害3機）という戦果を挙げた。

五式戦はその後、飛行第五（清洲）、第十七(台湾)、第百十一(小牧)、第百十二(新田)などの各戦隊に配備されたが、いずれも敗戦直前であり、実戦記録はそれほど多くはない。しかし第百十一、第二百四十四戦隊は、数の上で劣勢だったにもかかわらず、P-51やF6Fに対しても互角以上の戦いを展開した記録が残されており、本機が陸軍戦闘機の最後を飾る優秀な戦闘機だったことに異論はない。

芦屋基地の飛行第五十九戦隊第一中隊の五式戦闘機前期生産型。キャノピーは三式戦と同じくファストバック式のままである。垂直尾翼の斜め線は第一中隊を表す青の白フチ付き。小林照彦少佐は五式戦にほれ込み、「キ100を以ってすれば、低空にありても絶対不敗、高位の場合には、絶対的に必勝なり」とまで絶賛した

1945年6月、清州基地で撮影された飛行第五戦隊の五式戦闘機。39号機は戦隊長の馬場保英大尉の乗機とされる。五式戦の後期生産型では、キャノピーはファストバック式から後方視界のいい水滴風防に換装した。なお、ビルマ戦線で被弾、右足首先が義足となっていた飛行第百十一戦隊の檜與平少佐は、1945年7月16日に五式戦を駆ってP-51Dを1機確実撃墜している

キ61I丙 三式戦一型丙

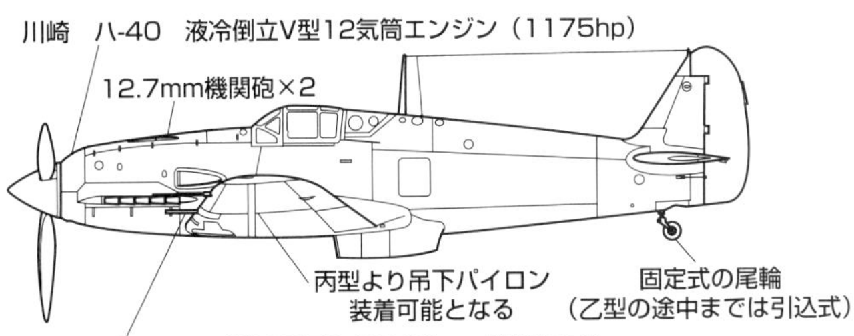

キ61II 三式戦二型改

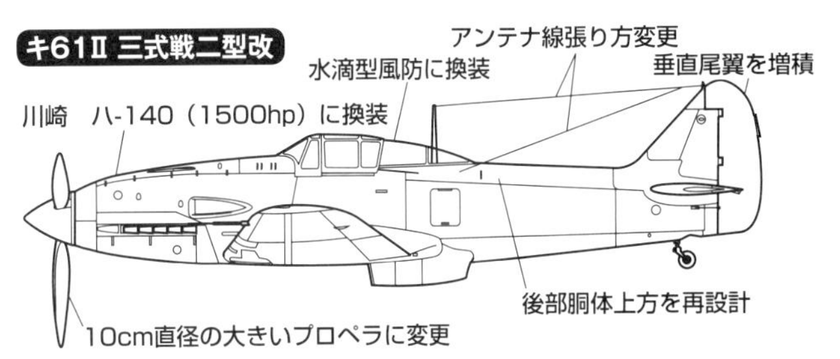

キ61I丁 三式戦一型丁

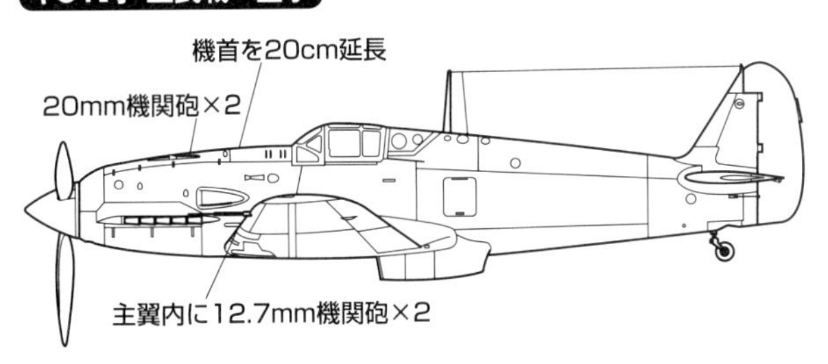

キ100I 五式戦一型後期生産型

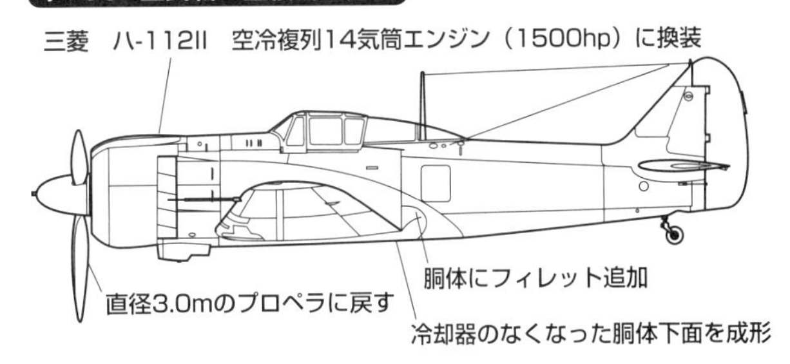

日本陸軍機｜大戦末期、日本陸軍の切り札として各戦線で奮闘した「大東亜決戦機」

中島キ84 四式戦闘機「疾風」

夢のエンジン「ハ45」

太平洋戦争開戦後間もない1941年（昭和16年）12月26日、陸軍から中島飛行機に対し次期戦闘機キ84の設計仕様が内示された。開戦時、陸軍は一式戦（キ43）の配備を始めたところであり、二式戦（キ44）も実用化試験の最終段階にあった。

前者は軽戦、後者は重戦として開発されたものだが、米英が次に送り出してくるであろう戦闘機群に対抗するには、さらなる高性能機が必要と考えた結果、最大速度680km/h、上昇力5,000mまで4分30秒、着陸速度はキ44（145km/h）以下、航続力はキ43と同等、武装は20mm機関砲×2、12.7mm機関砲×2と、全ての面で大きく飛躍したものだった。

キ43、キ44の性格を統合してさらに数段階上の高性能を狙った仕様だが、軍としても、また中島としてもこれを可能とする根拠があった。それは中島が試作中だった高性能空冷エンジンBA11（海軍名「誉」、陸軍名ハ45）である。

中島はエンジンメーカーとしても名高く、傑作1,000馬力級エンジンのハ115（空冷星型14気筒。一式戦「隼」に搭載。海軍名「栄」として零戦にも搭載）を生み出していた。そして将来2,000馬力級エンジンが主流になると予想し、同エンジンを18気筒化したBA11エンジンの試作を、1940年5月、海軍の全面的バックアップのもとに始めていた。

中島では「栄」の直径をほとんど変えないで18気筒化する事を基本方針として設計を進めた。つまり排気量を1.3倍するだけで2倍の出力を得ようとしたのである。そのため高圧縮比、高回転とし、それに耐えられる鍛造スチール製クランクケース（住友金属が開発）、シリンダーヘッドに高い放熱効率の植込み式放熱ヒレ（後に鋳造に変更）、熱効率を上げて出力を増大させる水メタノール噴射などの新技術を数多く採用した。

この結果、直径1,180mm、乾燥重量840kgで2,000馬力という信じ難いほどコンパクトで大馬力の空冷エンジンが完成した。ちなみにアメリカの代表的2,000馬力級空冷エンジンであるプラット＆ホイットニー R-2800ダブルワスプ（F6FやF4U、P-47などが搭載）の直径は1,340mm、乾燥重量も約1,000kgとはるかに大型である。

BA11の開発は、種々の困難があったにもかかわらず、官民挙げてその完成を急いだお陰で、1941年6月中に300時間耐久運転試験を終了し、42年9月には海軍名「誉」として生産が開始された。

「誉」は前面面積当たり馬力、馬力対重量比などスペックの上からは世界にもその類を見ない優秀エンジンであり、開発を推進した海軍はもとより、陸軍もこのエンジンを装備した高性能機の実現に全力を上げることになった。

しかし強引ともいえる設計の「誉」（ハ45）は、高品質の原材料、高い熟練工の技術、高圧縮比でもノッキングを起こさないハイオクタンガソリンを前提とした“ガラスの”エンジンであり、平時ならいざ知らず、戦時下の日本でそれを望むのは、ない物ねだりに等しいものであった。

戦闘機王国・中島の集大成

中島設計陣はハ45を得て、世界のトップを行く高性能戦闘機の設計を開始した。

胴体はエンジン後方から真っ直ぐ絞り込んでいく、キ44で用いられた手法。主翼は九七戦以来の前縁後退角ゼロの直線先細翼。セミモノコック構造ながらも中央胴体と主翼が一体となった胴体構造。垂直尾翼より水平尾翼を前方に置いた配置。いずれも中島伝統のデザインが随所に見られる。

主翼は翼端で2度30分ねじり下げられ、高機動中の翼端失速（いわゆる不意自転）を防止している。主翼面積は21㎡。正規全備重量3,560kgで翼面荷重170kg/㎡となり、この数値はキ44にほぼ匹敵する。

主翼構造はキ44同様2本桁のセミモノコック。翼型はNACA M6を中島が独自に発展させたNN系で、翼厚比は強度も考え少し厚めの付け根16.5%、翼端8%。この翼型は層流翼ではないが、高速飛行に向いている事と失速特性の良い事が特長であった。

燃料タンクは胴体エンジン防火壁後方に217L、および内翼前後桁間にセミインテグラルタンク（173L×2）を備え、これらはいずれも防弾タンクだった。また中央翼前縁には取り外し式セミインテグラルタンク（67L×2、防弾無し）を持っており、機内搭載量は計697Lとなり、1,600km以上の航続距離を確保していた。加えて翼下面に200L増槽2本を搭載すれば、航続距離は2,500km以上になった。

フラップは空戦フラップ兼用の蝶型フラップ（二式戦の項を参照）。着陸速度を下げるために面積はキ44より拡大されており、離

1944年12月27日、中島飛行機太田工場で撮影されたキ84第一次増加試作機2号機（製造番号102号）。電動可変ピッチプロペラ・ペ32の直径は3.05mと小ぶりで（紫電改は3.30m、P-47Dは3.96m）、上昇力と速度の発揮効率が悪かったとも指摘されるが、運動性や高速飛行時の効率は上昇する

陸時15度、着陸時30度それぞれ下がり、空戦時には操縦桿の上のスイッチを操作する事により動作する。

こうして見るとキ84は先進的な所があまり無い代わりに、それまで中島が培ってきた技術を洗練して、バランス良くまとめあげた戦闘機といえる。この結果キ84は、中島ばかりでなく、日本戦闘機の特長である良好な操縦性、長大な航続力を備えた上に、ハ45という軽量小型・大馬力エンジンのお陰で、それまで日本戦闘機の持ち得なかった、高速、大火力、十分な防弾装備まで獲得できた。それも驚異的な短期間のうちにである。

この点ライバルの三菱は、零戦の後の雷電、烈風が鳴かず飛ばずだったのと好対照をみせている。

キ84はその高性能が見込まれて「大東亜決戦機」とキャッチフレーズが付けられ、開発に拍車がかけられたのであった。

飛行第七十三戦隊第二中隊のキ84第二次増加試作機491号機。1944年10月に埼玉県の所沢飛行場にて報道関係者に公開された際の写真。なお二式戦から四式戦に乗り換えてP-51と戦った二十二戦隊の若松少佐は、「第一撃にてP-51瞬時に火を噴く…赤子の手をねじるがごとし」と記し、スピード、火力、運動性、いずれも二式戦を上回る四式戦を絶賛した

「大東亜決戦機」トントン拍子の採用

キ84の開発は文字通り超特急作業で進められ、設計開始からわずか15ヵ月後の1943年(昭和18年)3月に試作1号機が完成して4月に初飛行を行い、2号機も6月に完成した。これら2機の試作機は福生(ふっさ)(現・横田)の航空審査部に移され、飛行試験が開始された。

また試作機に引き続いて増加試作型も生産され、その数は125機にも及んだ。増加試作機がこれほど多数作られるのは異例で、テスト中に明らかになった欠点を改修しながら製作され、1944年3月には飛行試験の主任であった岩橋譲三少佐を隊長として最初の実戦部隊飛行、飛行第二十二戦隊が編成された。

キ84は陸軍の公式テストで624km/h(高度6,500m)を記録した。これは設計値より大分低かったものの、当時の日本機中最速であり、また急降下で800km/hを出してもびくともしない頑丈さを見せた。

上昇力は5,000mまで5分54秒かかり、最大速度とともにいささか物足りない数値であったが、試作機のエンジンは運転制限が課せらせた離昇1,800hpの「ハ45特」だったため致し方ない面もある。

テスト中、エンジンのオーバーヒート、慣れない電気式プロペラピッチ変更機構の不調などの欠点も指摘されたが、1944年3月末には晴れて制式採用され、四式戦闘機と命名された。「疾風」は国民向けの愛称である。

採用と同時に優先量産機に指定され、中島飛行機太田工場で大量生産がスタートした。1944年5月完成した宇都宮工場でも生産が始まった他、満州飛行機ハルピン工場にも生産ラインが作られ(数機完成)、敗戦直前の45年5月には中島大田原分工場でも生産(結局1機も完成せず)が開始された。

大東亜決戦機と呼ばれて陸軍の期待を一身に背負っただけあって、たび重なるB-29の空襲にもめげずに生産が続けられ、敗戦までのわずか16ヵ月間に約3,500機が完成した。これは一式戦「隼」に次ぐ数字で、あの悪条件下に月産平均200機以上も生産したのである。それもそのはず、四式戦は生産性も高く設計されており、一式戦や二式戦の2/3ほどの時間で生産できたのである。だが大量生産の難しいハ45エンジンの欠点が露呈し、作れども飛ばない四式戦が大量に出てしまう結果

■中島キ84甲 四式戦闘機甲型「疾風」

全幅	11.24m	全長	9.92m
全高	3.385m	主翼面積	21.0㎡
自重	2,698kg	全備重量	3,890kg
エンジン	中島ハ45-21 空冷複列星型18気筒(2,000hp)×1		
最大速度	624km/h(高度5,000m)		
上昇力	5,000mまで6分26秒		
上昇限度	11,826m		
航続距離	1,000km+戦闘30分、2,500km(増槽付き)		
固定武装	20mm機関砲×2、12.7mm機関砲×2		
搭載量	250kg爆弾×2	乗員	1名

にもなった。

疾風のバリエーション

キ84は多数の増加試作型が作られ、その間に細かな改良が加えられていった。例えば集合式排気管は推力式単排気管に改められ、胴体センターラインにあった増槽架は主翼下面の2個となり、250kg爆弾の搭載も可能とされた。また機首機銃口や方向舵の形状もいくらか変化している。

最初の量産型は四式戦闘機甲型（キ84甲）と呼ばれるモデルで、エンジンはハ45-21（離昇2,000hp、高度6,400mで1,620hp）、武装は主翼にホ5 20mm機関砲2門、機首にホ103 12.7mm機関砲2門を装備する対戦闘機用の標準モデル。だがハ45-21は気筒温度の異常上昇や振動発生など不具合に見舞われたため、1944年内は故障を避けるために出力を1,800hp程度にまで制限して運転された。

甲後期生産型は機首の武装もホ5 20mm機関砲2門となり、そのまま対爆撃機用の四式戦闘機乙型（キ84乙）となった。この乙型のうち少数機は軽合金を節約するため、後部胴体、水平尾翼、翼端などを木製化して製作され、非公式には四式戦改（キ84 II）と呼ばれている。

丙型（キ84丙）は翼内砲をホ105 30mm機関砲2門に強化したが、試作のみに終わった。丁型は20mm機関砲を上向きに装備した試作夜戦型。

また満州飛行機では、生産中の四式戦1機を改造し、エンジンを信頼性の高い三菱ハ112 II（海軍名金星、離昇1,500hp）に換装したキ116を試作した。本機は馬力低下にもかかわらず重量が減少したため性能低下はわずかだったとされるが、ソ連軍侵攻のため詳細不明のまま計画は中断されてしまった。

そのほか終戦時設計途中にあったものや計画のみに終わったものとしては、B-29迎撃用高々度戦闘機として計画された、排気タービン過給器付きのエンジン ハ45ルを搭載したキ84 III、エンジンをハ44-13（離昇2,500hp）に換装して翼面積を24.5㎡とした高々度戦闘機キ84P、3速過給器付きハ45-44に換装したキ84R、およびエンジンをハ44-13に換装して翼面積を22.5㎡とした中高度戦キ117などがある。

発展型計画の中で注目されるのは、戦時中のジュラルミン不足に対応して全木製化したキ106と、スチール部品を増やしたキ113が試作された事だ。

キ106は立川飛行機が日本楽器（現ヤマハ）の協力のもとに設計・試作を行い、敗戦までに4機（他に荷重試験機2機）が完成した。ビルマから回収したモスキートの残骸や満州で鹵獲されたMiG-3などを参考に作られたが、重量増加のため速度、上昇力ともに低下した。王子製紙の苫小牧、呉羽紡績の富山工場も動員して大量生産される計画だったが、両工場で3機ずつ完成したに止まった。

キ113は中島自身が設計したもので、主翼桁、胴体主縦通材、カウリング、燃料タンク、動翼小骨などを鋼製化し、一部は木製化してジュラルミン使用量を870kgから280kgに減らす計画だった。1945年8月までに試作機と荷重試験機各1機が完成したのみに終わった。

1945年4月6日、沖縄沖合の米艦艇群に突入する第一振武隊を掩護するため、都城基地から出撃する飛行第百二戦隊の四式戦甲型。尾翼のマークは「102」を図案化したもの。なお四式戦の最大速度は「ハ45特」装備時の624km/hが定説となっているが、ブースト制限解除状態の乙型試作機では高度6,000mで660km/hを発揮した

右翼下に250kg爆弾、左翼下に増槽を懸吊して特攻出撃する四式戦甲型。「大東亜決戦号」と呼号された四式戦も、航続距離が長く高速なため、比島や沖縄では特攻に投入された

陸軍の命運を背負って吹き荒れた「疾風」

最初に実戦参加した部隊は前記の飛行第二十二戦隊で、1944年3月に編成された後、神奈川県中津飛行場で4ヵ月の練成訓練を実施し、8月には約30機をもって中国・漢口に進出した。

当時中国では、アメリカ義勇飛行群が米陸軍航空軍の正規部隊、第14航空軍に改編（1943年3月10日）されたばかりで、P-38、P-47、P-51などの新鋭機が配備され、一式戦では歯が立たないという状況にあった。

二十二戦隊はパイロットが腕効き揃いだった上に、整備関係者も航空審査部から引き抜かれた人材が中心となっていたため、四式戦の高性能は如何なく発揮され、最新鋭のP-51ムスタング相手でも有利に戦える事を証明した。この結果二十二戦隊は中国戦線の各地の部隊から引っ張りだこの状態となり、転戦に次ぐ転戦を重ね、連合軍側は相当数の四式戦が進出してきたものと錯覚する程であったという。

大活躍の二十二戦隊だったが、審査部のときのように補給が行き届く訳もなく、急速に損耗していった。加えて戦隊長岩橋少佐の戦死という痛手を受け、10月内地へと帰還した。

この後中国戦線の飛行第二十五、第八十五戦隊にも四式戦が配備された。特に44年9月から四式戦を運用した八十五戦隊は、P-51ムスタング多数を撃墜した若松幸禧少佐を筆頭に大きな活躍を見せたが、同年12月には米戦爆連合の爆撃で大打撃を受け朝鮮に後退した。

ビルマ戦線でも飛行第五十戦隊に四式戦が配備され、制空戦闘、地上攻撃、対艦攻撃に活躍した。

外地で最も多数の四式戦が展開したのは、陸軍が「決戦」と目したフィリピン戦線で、飛行第一、十一、二十二、五十一、五十二、二百、二十九、七十一、七十二、七十三の10個戦隊が順次送り込まれた。特に二百(200)戦隊は明野教導飛行師団のベテランを基幹に編成された特別部隊で「皇(すめら)戦隊」と号し、通常の戦隊の2倍の6個中隊を擁していた。

しかし一部は1944年10月12日の台湾沖航空戦で損耗して数を減らした上、この頃から生産の質の低下が目立ってきた事と、搭乗員、整備員ともに熟練者が減少したため、エンジン、機体とも不調機が続出して稼働率が極端に低下した。

それでも1944年10月の米軍のレイテ上陸時には、レイテ島上空の航空優勢を確保するなど相応の戦いぶりを見せた。その後も制空戦闘や地上攻撃に奮闘、最後は特攻にも投入されたが、ついに45年1月には各隊が壊滅、あるいは撤退していった。

フィリピンで米軍に鹵獲されて調査を受けた四式戦甲型「1446号機」(S17)。飛行第十一戦隊が放棄していった機体である。この機体は1973年に里帰り飛行を果たし、現在鹿児島県の知覧特攻平和会館に展示されている。なお四式戦の連合軍からのコードネームは「FRANK」だが、TAIUの司令官フランク・マッコイ大佐が、恐るべきこの戦闘機に対して自らの名を捧げたと言われている

1945年4月に開始された沖縄戦では、タ弾(対空クラスター爆弾)を使用しての飛行場攻撃にも活躍した四式戦がいるものの、多数は特攻や特攻掩護に投入された。

その一方で本土防空戦においては、関東では成増の飛行第四十七戦隊、下館の五十一戦隊、調布の五十二戦隊、福生の航空審査部、京阪神では大正の飛行第二百四十六戦隊などがB-29やP-51、F6FやF4Uなどの迎撃に活躍した。

四式戦は高速と格闘性能、火力と防弾をバランスさせた機体であり、大戦末期に至っても欧米の新鋭戦闘機に対抗できる数少ない戦闘機であった。さらに生産性や汎用性も優れ、多数が生産されて主力戦闘機として制空戦闘、対地攻撃、特攻などに従事し、戦線を支えている。大戦末期にこれほど大きな貢献を見せた日本の戦闘機は他に存在しない。

エンジンなどの不調による稼働率の低さも指摘されるが、大戦末期の日本軍戦闘機はいずれも四式戦と大して変わらない稼働率であり、これは四式戦だけの問題ではなかった。

戦後、アメリカ側がプラグなども交換して完全に整備された機体に140オクタンという燃料を搭載してテストしたところ、高度6,100mで最高速度は687km/h。上昇力、運動性ともP-51D、P-47Dを凌ぎ、格闘戦性能は連合軍機中最良といわれたスピットファイアをも問題としないという、まさに満点に近い評価をフランク(四式戦の連合軍コードネーム)に与えた。この評価もあり、海外では四式戦が太平洋戦争におけるもっとも優れた日本の戦闘機である、という認識が定着している。

キ84甲 四式戦甲型

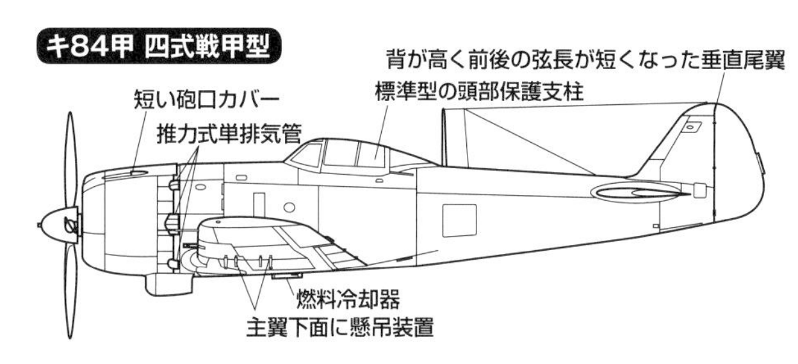

キ84増加試作機

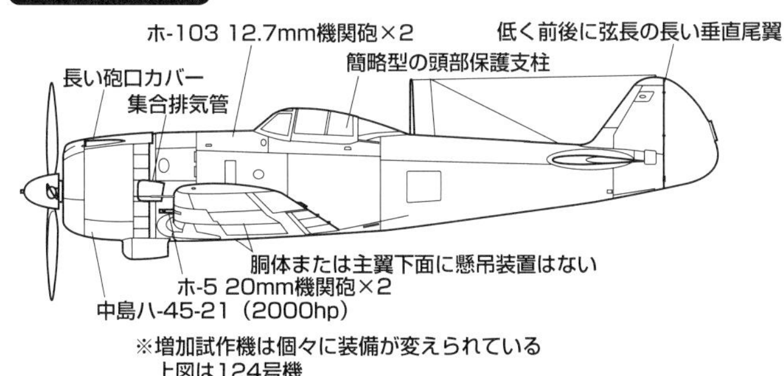

キ84乙/丙/丁 四式戦乙型/丙型/丁型

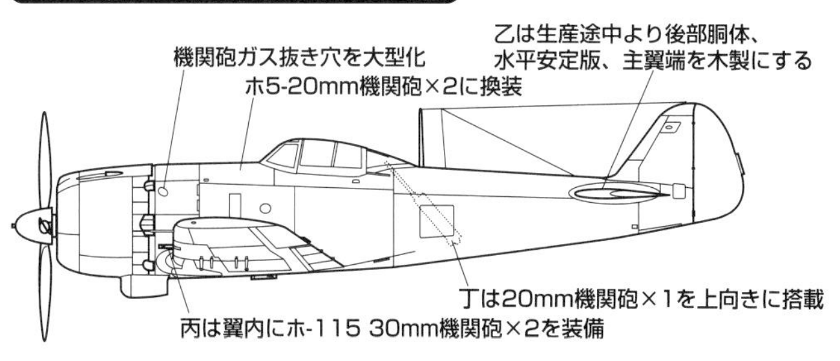

日本陸軍機｜日本機随一の大口径砲で超空の要塞に挑んだ四発重爆キラー

川崎キ45改 二式複座戦闘機「屠龍(とりゅう)」

世界的流行だった双発重戦

第二次大戦直前、列強各国が開発し始めたのが高速で大航続力と大火力を持ち、爆撃機に随伴して敵国上空まで護衛できる双発戦闘機だった。1,000馬力程度がやっとという当時のエンジンでこうした条件を満たすのは、単発機ではとてもムリな話で、必然的に双発機とならざるを得なかったのである。

しかしエンジンを2つにしたからといって高性能を達成できたという例は少ない。まず胴体とエンジン2つによる前面面積の増大が大きな抵抗となった。また、主翼とエンジン取り付け部の干渉抵抗も増加し、思ったような高速度も航続力も獲得できなかったのである。

おまけに大型化と大重量化は運動性をスポイルしてしまい、軽快な単発戦闘機には歯が立たなかった。事実、英本土航空戦でドイツのBf110は英の単発戦闘機に追いまわされ、とても爆撃機の護衛どころではなかった。

だが兵器というものは、実際に使ってみないとその長所・短所はなかなか分からないものであり、大戦前の列強各国は双発重戦に大きな期待をかけて、その実戦配備に躍起となっていたのである。この双発重戦思想を最も強く反映していたのは戦闘・駆逐機として登場したBf110だが、他にもイギリスのホワールウィンド、アメリカ海軍のXF5Fスカイロケット、アメリカ陸軍のP-38、フランスのポテーズ630、オランダのフォッカーG.1など単座・複座合わせて多数にのぼった。

日本ももちろん例外ではなく、1937年（昭和12年）3月、陸軍航空本部が中島にキ37、川崎にキ38、三菱にキ39の名でそれぞれ双発複座戦闘機設計に向けた研究の開始を求めた。そして翌年には海軍も、中島に十三試双発陸上戦闘機（後の月光）の試作を命じたのである。

失敗に終わった初代キ45

陸軍の要請を受けた3社のうち、中島と三菱は他の作業で手一杯であることを理由に辞退し、川崎だけが井町勇技師を主務者としてキ38の設計をスタートさせた。

川崎ではハ91甲 液冷12気筒エンジン（850hp）2発と半楕円翼を持つ機体の設計を進め、1937年末にモックアップ（実物大模型）を完成させた。

だが陸軍部内ではまだこうした新機種に対する開発・運用の方針が確立されていなかったため、この設計案はいったん破棄され、改めてキ45の名で新しい要求仕様が提示された。要求の要旨は、最大速度540km/h（高度3,500m）、航続時間は巡航速度350km/hで4時間40分＋全速で戦闘30分、武装は固定機関砲×1、同機関銃×2、旋回銃×1というもので、エンジンは中島が開発中のハ20乙（820hp）が指定された。

この仕様を見ると、当時の日本の戦闘機としては思いきった高速を狙っていたことが分かる。ほぼ同時期に試作の指示が出された海軍の十二試艦上戦闘機（後の零戦）、陸軍のキ43（後の一式戦）がいずれも500km/hの最大速度しか求められていなかったことから見ても、本機に対しては高速が重視されていたのだ。

川崎にとって空冷エンジン装備が初めてなら双発機も串型形式を除けば初めて、引き込み脚も初の採用だったため、設計陣にとっては難問が続出したが、キ38である程度の先行設計が済んでいたこともあって、1938年10月には設計が完了し、試作1号機は39年1月に完成した。

キ45は試作型3機に続いて増加試作型8機が製作されたが、装備したハ20乙がまったくの不調で、最大速度は480km/hがやっとという有様だった。そのうえエンジンナセル周りの気流の乱れによる失速（ナセルストール）の発生、手動式チェーン巻上げ式引き込み脚の不具合（3号機以降電動式）などのトラブルのため、テストは一向にはかどらない状況が続いた。

結局ハ20乙は1940年になって製造中止が決まり、同年4月には7号機のエンジンを中島ハ25（零戦の「栄」と同系、970hp/3,400m）に換装する決定が下され、合わせて具合の悪かった引き込み脚、フラップ、カウルフラップを油圧作動式に改良することになった。

この改修を担当したのは、後に三式戦「飛燕」のチーフデザイナーとして有名になる土井武夫技師だった。同技師はキ45と並行して開発されていたキ48（後の九九式双発軽爆撃機）の設計主務者だったため当初キ45にはノータッチだったが、キ48の仕事が一段落したため、もたついていたキ45開発の応援に駆けつけたのだった。

胴体下面に20mm機関砲1門と機首に12.7mm機関砲2門、後部旋回7.92mm機関銃1挺を搭載する、初期生産型の二式複戦甲型。二式複戦は20mm機関砲を搭載した初の日本陸軍戦闘機だった

エンジン換装後のキ45は最大速度が520km/hとなり、ナセルストールも改善されたため、増加試作型8機全機が同様に改修され、第一次性能向上機と名づけられて1941年8月、ようやく実戦的なテストが始められた。これら増試型の武装は前方固定式として20mm機関砲×1(胴体下面右側)、7.7mm機関銃×2(機首)、後部旋回式の7.7mm機関銃×1が装備されたが、重戦というには少々貧弱ではあった。

キ45試作第1号機。機体後半の斜め線は試作1号機を表す。キ45改とは尾翼やキャノピーの形状が大幅に異なり、ほぼ別の機体である事が分かる(写真提供／野原茂)

土井技師らにより キ45改へと発展

陸軍は第一次性能向上機のテスト結果から、格闘戦では単発戦にはかなわないものの、速度、火力、航続力を生かせば双発戦も使えるという結論を得て、川崎に対し更に改良を加えたキ45第二次性能向上機3機の試作と量産に向けた準備を命じた。この第2の改良型に対しては、装備エンジンとして高空性能が改善された三菱ハ102(950hp/5,800m)が指定され、武装の強化も指示されていた。

川崎では土井技師を中心とした設計陣が、良好な空力特性を示していたキ48の主翼やエンジン装着部のデザインを流用して改良設計を進め、日米開戦直前の1941年9月に1号機を完成させた。

キ45改と呼ばれた本機は当初ハ25装備で完成したが、やがてハ102に換装され、高度6,000mで最大速度540km/hを記録した。これは当時の日本の単発戦を凌ぐもの(一式戦より速い)であり、陸軍は1942年初頭にキ45改を二式複座戦闘機として採用し、岐阜工場と新設の明石工場での量産開始を決定した。

二式複戦はキ45改と呼ばれたが、最初のキ45とは内容、外見ともほとんど別機といってよいほど変化を遂げていた。まず主翼平面形が半楕円テーパー型から単純な直線テーパーに変わり、翼幅は50cm、主翼面積は3㎡それぞれ拡大された。またエンジン換装とともに取り付け位置を低くしてナセルストールが起こりにくい配置としたほか、胴体、尾翼も生産性を考えた構造に改良され、操縦システム、油圧装置などもキ48の経験を取り入れて一新された。武装は前方固定武装の7.7mm機関銃2挺が12.7mm機関砲2門に替わり、後には胴体下面の20mmを37mm砲に換えた重武装型も作られることになった。

岐阜工場における生産は試作1号機完成直後から開始され、明石工場製量産一号機は1942年9月に完成した。結局岐阜工場ではキ45改試作型3機に続いて量産型320機が作られたあと製造を停止し、明石工場では1,367機が終戦直前までに生産された。

二式複戦は日本初の双発重戦となったが、性能、操縦性、整備性などほとんどの面で水準以上の出来であり、南方戦線で迎撃戦闘機、戦闘爆撃機として活躍した他、内地でB-29迎撃戦にかなりの活躍を見せた。

なお「屠龍」は1944年に陸軍が一般に発表したときの名称で、陸軍内では「キ45(ヨンゴー)」と呼ぶのが一般的だった。「屠龍」とは「巨大な龍を屠る者」という意味で、二式複戦にかけられたB-29迎撃への期待感が伝わってくる。

火力・搭載力を活かして 多用途戦闘機として活躍

最初に生産された二式複戦は、固定武装をホ3 20mm機関砲1門(機体下面)、ホ103 12.7mm機関砲2門(機首)とした二式複戦甲型(キ45改甲)で、続いて対大型機用に、胴

■川崎キ45改丁 二式複座戦闘機「屠龍」丁型

全幅	15.07m	全長	11.00m
全高	3.70m	主翼面積	32.20㎡
自重	4,000kg	全備重量	5,500kg
エンジン	三菱ハ102 空冷複列星型14気筒(1,080hp)×2		
最大速度	540km/h(高度6,000m)		
上昇力	5,000mまで7分	上昇限度	10,000m
航続距離	2,000km		
固定武装	37mm機関砲×1、20mm機関砲(上向き)×2		
搭載量	250kg爆弾×2	乗員	2名

飛行第四戦隊第二中隊 樫出勇中尉（当時）が搭乗した二式複戦甲型。1944年、小月飛行場。尾翼のマークは日本刀の鍔と水の流れを図案化したもので、戦隊の原駐地の大刀洗を示す。戦隊マークは第二中隊を示す赤。樫出大尉はノモンハン事件からのエースで、本土防空戦でも合計26機のB-29の撃墜を報告しているが、米軍の損害と照合すると7機程度の撃墜とされる（写真提供／野原茂）

フィリピンで米軍に鹵獲され、クラーク飛行場で機首のカバーを外して整備を受ける二式複戦丙型。機首のホ203 37mm機関砲の形状がよく分かる。ホ203は歩兵砲を改造した機関砲で、対爆撃機用武装の切り札として大きな威力を発揮した

体下面に戦車砲を改造した九四式37mm砲（手動装填・10～15発／分）を1門と機首に12.7mm機関砲2門を搭載した二式複戦乙型（キ45改乙）の生産も始められた。その後、機首武装を自動装填式のホ203 37mm砲（130発／分、携行弾数は25発）とし、胴体下面にホ3 20mm機関砲1門を搭載した二式複戦丙型も登場した。

キ45改甲は1942年春頃から柏飛行場の飛行第五戦隊への配属が開始され、この部隊は同年12月、B-17の来襲に悩まされていた南方戦線に6機のキ45改乙からなる分遣隊を派遣することになった。1943年2月にラバウルで防空任務に就いた同隊だったが、長い間敵機との遭遇はなく、9月2日ようやくB-17初撃墜を記録した。

第五戦隊に続いて二式複戦を装備したのは、仏印（現在のベトナム）に駐留していた独立飛行第八十四中隊（後に第二十一戦隊に改編）で、1942年4月以降、九七式戦闘機に換えて二式複戦を装備し、ハノイをベースとして中国、ビルマ、スマトラのパレンバンなどに中隊を派遣し、対地攻撃や防空任務に活躍した。

また二式複戦は対地・対艦攻撃用として内翼部に250kg爆弾×2を搭載可能だったため、単発戦闘機部隊からの改編だけでなく、軽爆部隊にも配備されている。

軽爆戦隊で最初に二式複戦が配備されたのは飛行第十六戦隊で、1942年11月に二式複戦を受領、九九式軽爆との混成で中国戦線に派遣された。その他フィリピン、台湾、沖縄で作戦を行った飛行第六十五戦隊、ニューギニア、フィリピン方面に派遣された第四十五戦隊も軽爆から二式複戦に転換した部隊であった。

また前記した第五戦隊の本隊は、キ45改甲／乙混成で1943年7月ジャワ島に進出、オーストラリアから襲来するB-24迎撃に活躍した他、味方輸送船団の護衛、艦船攻撃などの任務も実施した。第五戦隊の伊藤藤太郎大尉は、1944年1月19日、アンボンに襲来したB-24を37mm砲で3機撃墜、1機を旋回機関銃で撃墜するという大戦果を挙げている。

その他南方戦線で活躍した部隊としては1942年8月、九七戦から二式複戦に改変した飛行第十三戦隊がある。同隊もキ45改甲／乙混成で1943年5月にラバウルに展開し、後にニューギニアのウエワクに進出、対爆撃機迎撃、船団護衛などの任務に従事した。

ジャワ、ニューギニアにおいて二式複戦は、B-24を37mm砲の一撃で撃墜するなどの健闘を見せたが、機数が少なかったせいもあり、敵側に護衛戦闘機が随伴してくるようになると苦戦を強いられることになった。

二式複戦は双発戦闘機としては運動性が良好な機体だったが、英本土航空戦の時のBf110と同様、対単発戦闘機格闘戦は苦手だった。相手がP-47やP-51、F6Fなどの場合はほとんど勝ち目がないと言って良く、同じ双発機のP-38でもスピードが段違いのため対抗するのは至難の技といえた。

また二式複戦は後方から追撃された時のために旋回銃を装備していたが、命中させるのが困難だったうえ、仮に当たったとしても7.92mm機関銃では重装甲の米戦闘機に対してはわずかな効果しか与えられないのが現実で、実戦部隊では重量軽減のため取り外したケースも多かった。

北九州防空戦、B-29との激闘

二式複戦は対大型爆撃機用の迎撃戦闘機としてはそれなりの能力を発揮した双発戦闘機であり、本土防空戦に際しても高性能のB-29に果敢に挑戦した。

本土で最初にB-29迎撃戦を行ったのは山口県の小月飛行場に展開していた飛行第四戦隊。同隊は開戦以来九七戦を装備して台湾防空に当たっていた部隊だが、1943年に二式複戦に改編し、北九州の防空任務についた。

なおこの頃には機首のホ203 37mm砲に加えて、ホ5 20mm機関砲2門を前後席の間に斜め上向き32度で装備した夜戦型の二式複

戦丁型（キ45改丁）が配備されている。

斜め銃はラバウルの海軍・第二五一航空隊司令だった小園安名中佐が1943年に考案し、月光に最初に搭載してB-17、B-24迎撃に効果を上げた装備だ。日本陸軍では「上向き砲」と呼称し、ドイツ空軍も「シュレーゲ・ムジーク」の名で採用していたが、いずれも防御力が比較的弱い爆撃機の下腹に潜り込んで、同航しながら攻撃することを目的としており、ことに夜間戦闘ではサーチライトにより爆撃機乗員の目がくらまされることから有利な迎撃法と考えられていた。

中国・成都周辺に展開したB-29による本土初空襲は1944年6月15日夜のことで、日本最大の製鉄能力を持つ北九州・八幡製鉄所を目標としたものだった。

当時夜間作戦能力を備えた数少ない部隊の一つであった第四戦隊は、迎撃戦の主力として62機のB-29編隊を迎え撃ち、7機を撃墜したとされている。実はこの時の米陸軍第20航空軍の記録でも7機喪失となっているが、1機だけが八幡上空で撃墜され（地上砲火によると記録されているが二式複戦による撃墜の可能性もある）、他は作戦中の事故とされている。

ただしこのうち3機は帰路に失われているので（2機は山中に墜落、1機は不時着後日本機に破壊される）、これらも二式複戦による被弾の結果と考えられないこともない。この

フィリピンで米軍に鹵獲された二式複戦丙型（S14号機）。米軍は二式複戦を調査した結果、運動性には優れるものの、スピードは低速で、飛行中の振動が激しく、降着装置のブレーキが弱いなど、優れたところは少ないという評価を下していた

キ45試作機

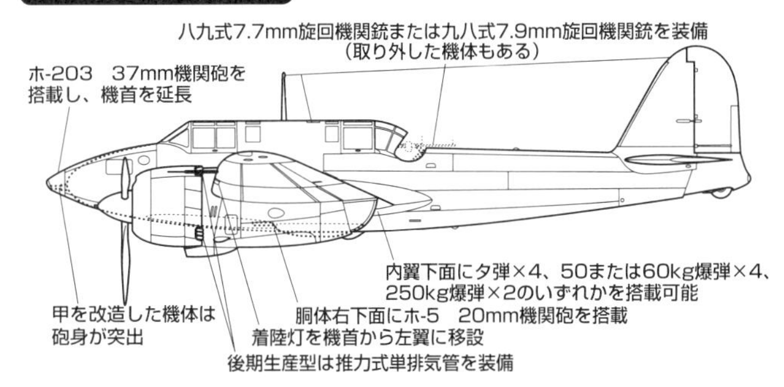

キ45改丙 二式複戦丙型

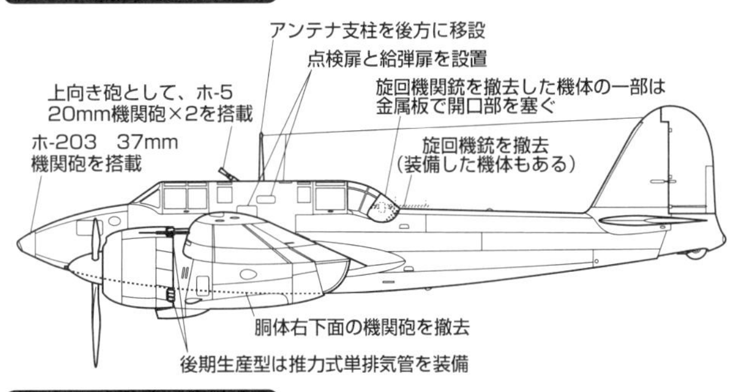

キ45改甲 二式複戦甲型 ＊機体全体をキ-48（九九式双発軽爆撃機）に倣って改設計

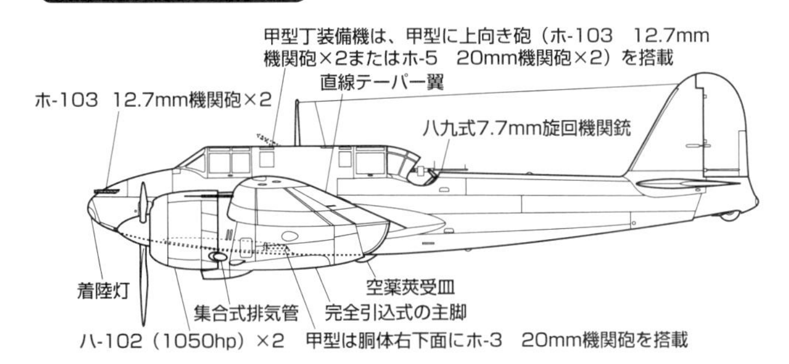

キ45改丁 二式複戦丁型

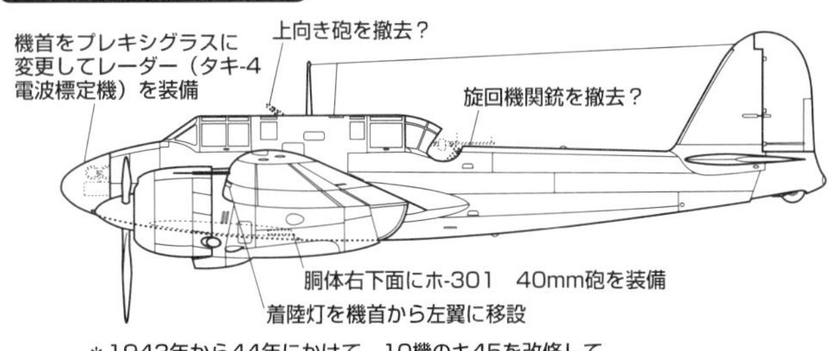

キ45改乙 二式複戦乙型

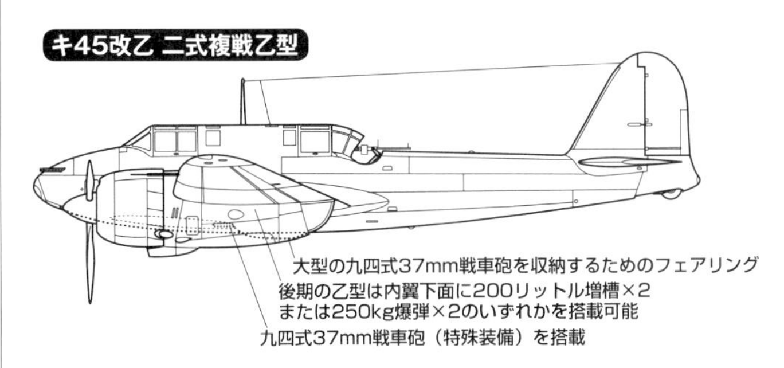

キ45改戊 二式複戦戊型

＊1943年から44年にかけて、10機のキ45を改修して製作された夜間戦闘機型。細部は資料不足により推定

空襲は雲が低かったせいか、3,000m程度の高度で行われ二式複戦にも何回か攻撃のチャンスが掴めたが、B-29の防御力の堅固さは、迎撃機側に前途多難を思わせるに十分なものがあった。

次のB-29による八幡爆撃は8月20日夕刻に行われ、この空襲が第四戦隊にとって最大の迎撃戦となった。6,000mから8,000mの高度で北九州地区に侵入した67機のB-29は、激しい地上砲火とニック（二式複戦の連合軍コードネーム）を主力とする50機余りの日本機の邀撃に遭遇した。この時の第四戦隊の戦果は17機撃墜と報告されたが、実際に失われたのはB-29×14機（他に被弾8機）であった。しかし米側の記録によれば、この日の損失は中国・ビルマ・インド戦線におけるB-29全作戦中最大のものだったのである。

またこの日、第四戦隊の野辺重夫軍曹操縦の二式複戦は、B-29の4機編隊の編隊長機に体当たり攻撃をかけ、爆発時の破片でトレールポジションのB-29も道連れにするという壮絶な戦いを展開した。この時の状況は米側によって詳細にリポートされており、衝突したニックには避けようという操作がまったく見られなかったことから、意図的なラムアタック（体当たり攻撃）と断定している。

上向き砲と体当たりで戦った巨龍殺し(ドラゴンスレイヤー)の剣士

米軍のマリアナ占領後は東京、名古屋、京阪神地区がB-29の主目標となり、第四戦隊の活動はしばらく中断した。1944年4月以降マリアナから北九州、下関への空襲が始まると、同隊は再び迎撃戦に活躍し、樫出勇大尉、木村定光少尉などの対B-29エースを生んだ。樫出大尉はB-29を26機の撃墜を報告。また木村少尉は45年3月27日の夜に3回出撃、B-29を5機撃墜し2機撃破するという大戦果をあげた（実際のB-29の損失は3機とされる）。

B-29がサイパンから来襲するようになると、松戸飛行場の飛行第五十三戦隊、南方戦線から帰還して清洲飛行場に展開していた飛行第五戦隊の2つの二式複戦部隊が特筆すべき奮戦を開始した。B-29の東京地区への初空襲は、1944年11月24日に中島飛行機武蔵野工場を目標として96機によって実施されたが、天候不良のため24機だけが本来の目標に対する投弾に成功し、これらを迎え撃った第五十三戦隊は1機の撃墜を記録した。

操縦席後ろに上向きに20mm機関砲2門を搭載した二式複戦丁型。関東防空に活躍した飛行第五十三戦隊の機体で、尾翼の戦隊マークは「53」を図案化したもの。夜間防空に従事した五十三戦隊は「ふくろう部隊」「猫の目部隊」と呼ばれ、B-29×6機撃墜の根岸延次軍曹を筆頭に約60機の撃墜を記録した

B-29が高々度で侵入してきた場合、二式複戦は9,000mまで上昇するのに40分もかかる上、高空では水平飛行がやっとの状態でとても攻撃どころではなかったが、排気タービン過給器を持たない日本の戦闘機はいずれも似たようなものだった。そこで苦し紛れに考え出されたのが、武装、装甲を除去して機体を極限まで軽くし、体当たりでB-29を撃墜しようという作戦だった。この戦法をとる部隊を「震天制空隊」と呼び、各戦隊の中から数機が選抜されてこの任務を実施することになった。

第五十三戦隊でも震天制空隊が編成され、1944年12月3日には沢本政美軍曹が体当たりを成功させ、自身も戦死している。1945年5月の東京大空襲ではB-29が高度を下げて夜間来襲したため、二式複戦も上向き砲を生かした迎撃作戦を展開し、5月24日に8機、25日には12機の撃墜を記録した。この時の米側の記録は24日に17機、25日に26機をそれぞれ喪失（作戦上の事故も含む）となっており、他の日に比べるとかなり多い数字となっている。しかしB-29の両日の出撃機数はそれぞれ520機と464機となっており、日本の防空戦闘機部隊の奮闘も焼け石に水だった。

なお硫黄島(いおうとう)が陥落し、米軍が硫黄島の飛行場を利用できるようになった4月7日以降、B-29の昼間爆撃には硫黄島から発進したP-51Dがエスコートとして随伴して来るようになり、二式複戦の出番は夜間迎撃だけとなった。

中京地区の防空任務に就いた第五戦隊は、1944年12月13日の名古屋初空襲ではB-29が高々度で侵入したため迎撃に失敗、その後装備を外して軽量化を図った二式複戦で迎撃活動を続け、上記2個戦隊に劣らない戦果をあげたが、45年4月以降はやはりP-51Dの護衛の前に犠牲が増えたため、夜間迎撃作戦に転換を余儀なくされた。

B-29迎撃戦では、日本の戦闘機隊はおしなべて苦戦を強いられた。その中にあって特に高性能でもなかった二式複戦がこれだけ活躍した原因は、乗員の勇敢さと錬度の高さに加え、信頼性の高い機体と有効な武装選択だったといえよう。

二式複戦は生産数が少なかったこともあって、その活動が注目されることがあまりないが、各列強の双発戦闘機と比較してもそれほど性能上の遜色はない。双発重戦は世界各国で作られたわりには成功作が少なく、その意味でも二式複戦はもっと高く評価されても良い戦闘機である。

第2章 アメリカの戦闘機

アメリカ海軍航空隊
United States Naval Air Forces

アメリカ海兵隊航空団
United States Marine Corps Aviation

Brewster F2A Buffalo

Grumman F4F Wildcat

Grumman F6F Hellcat

Chance Vought F4U Corsair

アメリカ陸軍航空軍
United States Army Air Forces

Bell P-39 Airacobra

Curtiss P-40 Warhawk

Republic P-47 Thunderbolt

North American P-51 Mustang

Lockheed P-38 Lightning

Northrop P-61 Black Widow

Lockheed P-80 Shooting Star

1945年3月、サイパン上空で編隊を組むアメリカ陸軍航空軍のP-47サンダーボルト、P-38ライトニング、P-51ムスタング。いずれも速力、航続距離、搭載力、火力に優れた名戦闘機である。大戦後半、アメリカ陸軍航空軍戦闘機部隊はこの3機種を主力に、日独枢軸軍を追い詰めていった

アメリカ海軍機 | 太平洋では惨敗も、北欧の空で輝いた米海軍初の単葉艦上戦闘機

ブルースターF2A バッファロー

凡作機だらけの開発競争

1930年代半ばになると、列強各国では戦闘機の全金属製単葉化が進められていたが、米海軍では依然として複葉のグラマンF3Fが主力艦上戦闘機だった。このため海軍は1935年11月に最大速度が時速300マイル（約483km/h）を超える近代的な艦戦を求める設計案をメーカー各社に求めた。

これに対し新興メーカーだったブルースター社（注1）は、全金属製手動引き込み脚を持つ単葉戦闘機案B-139（エンジンはR-1820-22出力950hp）を提案した。ライバルとなったのは、すでに海軍内で艦上戦闘機メーカーとしての地位を築いていたグラマンが提案したF3F発達型XF4F-1とセバスキー（後のリパブリック）XFN-1（P-35の海軍型）であった。

翌1936年2月から3月にかけて設計案を審査した海軍は、3社に対し原型1機ずつの試作を指示するが、複葉機のXF4F-1に対しては3ヵ月後にキャンセルを通知した。ここで危機感を抱いたグラマンは単葉機へと変更したXF4F-2設計案を大急ぎでまとめ上げて再度提案し、7月に試作を承認されることになった。

B-139原型は1937年12月に初飛行し、翌年1月海軍に納入されてXF2A-1と命名され、他の2機と共に比較テストが行なわれた。

これら3機は性能も平凡で特に傑出した機体はなく、まず陸上機に着艦フックを付けただけのXFN-1が空母適性に欠けるとして失格となった。続いてXF4F-2も開発を急いだためかエンジン不調や降着装置のトラブルに見舞われて不時着事故を起こすなどしたため、近代的艦戦の取得を急いだ海軍は、1938年6月11日にB-139をF2A-1の名で55機発注した。

F2A-1は他の2機より運動性が幾らか良かったが、最大速度が300mphに届かなかったため、NACAラングレー研究所の実機風洞実験施設に送られてテストされ、空力的な改良を加えた結果489km/hに向上し、ようやく採用されたものだった。

米海軍初の単葉戦闘機

ブルースターは受注後量産型F2A-1（社内名B-239）の製造を開始したが、元が自動車ボディの生産会社で航空機生産の経験が浅かったため量産ピッチが上がらず、1年後の1938年6月にようやく海軍への引き渡しが始められ、12月8日空母「サラトガ」（CV-3）のVF-3がF2A-1×9機を受領して米海軍初の単葉戦闘機飛行隊となった。

結局米海軍に引き渡されたF2A-1は11機だけで、残る44機は折からソ連軍の侵攻を受けて、即戦力となる戦闘機を渇望していたフィンランドに輸出されることになった。この措置は、別途グラマンに発注していたF4F-3がF2A-1より優れた機体になりそうだと海軍が判断したことによるものと推測されている。

ブルースターに対しては、1939年3月に性能向上型F2A-2（B-339）開発を指示し、7月に初飛行した原型XF2A-2のテスト結果を見て43機を発注した。F2A-2はエンジンが、R-1820-34（950hp）からR-1820-40（1,200hp）に強化され、武装も機首の12.7mm機関銃2挺に加えて主翼内にも2挺搭載され、90kg爆弾2発が搭載可能となった。F2A-2の引き渡しは1940年9月に開始され、主として海兵隊に配備された。

1941年1月にはコクピット後部防弾板とセルフシーリングタンクを採用し、燃料搭載量を増大させたF2A-3が108機発注されたが、前年の11月にはライバルであるF4F-3の部隊配備が始まっており、生産能力の高いグラマンに主力の座を奪われることになった。F2A-3は1941年9月空母「レキシントン」（CV-2）のVF-2に配備されたが、4ヵ月ほどでF4F-3と入れ替えられ、海兵隊配備とされた。

輸出型バッファロー

B-139が完成した頃のヨーロッパはナチスの台頭など不穏な雰囲気が漂っていた時代で、多くの国が軍備拡充に努め、特に戦闘機の取得を急いでいたため、ブルースターも数ヵ国から同機の輸出要請を受けた。なお前述したフィンランドへの輸出は1940年初めに行なわれたが、当時同国はすでにソ連と戦争中で、交戦国への兵器輸出を禁じた中立法に抵触した。そのため、分解状態で武装や装備品も付けないまま、アメリカ製金属部品名目で輸出され、スウェーデンのサーブ社で組み立てを実施し、武装（12.7mm機関銃3挺、7.7mm機関銃1挺）や照準器を追加した上でフィンランドに引渡されている。

1939年、イギリスは米海軍最新戦闘機だったF2A-2に注目し、B-339E×120機を発注し、後に60機を追加した。これはRAF（英空軍）向けにバッファローMk. Iと命名され、これがF2Aのニックネームとして米海軍にも定着することになる。陸上運用のため着艦フックやディンギー（救命ボート）などの艦上機装備

1940年8月に撮影されたイギリス空軍のバッファローMk.I（B-339E）。F2A-2とほぼ同じ機体だが、エンジンは1,000馬力のR-1820-G-105となっている。

（注1）「Brewster」は日本では「ブリュースター」と表記されることが多いが、実際の発音は「ブルースター」に近い。

は外されていた。

続いてベルギーがB-439（F2A-3相当）を40機発注したが、受領前にドイツに降伏したため、イギリスが完成済みだった28機を引き取ることとした。RAFはスピットファイアなどとの比較でバッファローの性能が劣ることに気付いたことや、少数を配備したクレタ島の戦いでも良いところが無かったことから英本土配備を諦め、残りは極東英空軍（RAFFE）配備とした。なお生産の途中から完成機は直接シンガポール送りとされている。

オランダも1939年にB-339D（F2A-2相当）を144機発注したが、1940年5月にドイツに降伏したため、1941年3月から6月にかけてオランダ領東インド（ジャワ、現インドネシア）駐留オランダ軍に72機引き渡された。更にオランダはB-439×20機を追加発注したが、1942年3月にはジャワのオランダ軍も対日降伏したため、一次発注分の残りと共に一部はオーストラリアへ、少数はRAFFEに引き取られた。

バッファローの戦歴

バッファローが最初に実戦に参加したのは1941年5月のクレタ島防衛戦だが、イタリア軍の旧式機相手にはともかく、Bf109には歯が立たないことが明らかになる。そのため当時日本機の性能を過少評価していたRAFは極東送りを決めることになった。

1941年12月8日の真珠湾攻撃の直後に開始された、日本軍の香港攻略戦やマレー／シンガポール侵攻作戦では、当初は日本陸軍の主力が九七式戦闘機だったため、バッファローも何とか対抗できたが、一式戦や二式戦（かわせみ部隊）が主力になると全く歯が立たなくなった。

英側の敗因は、バッファローの低性能に加えて、パイロットもRAFだけでなく、オーストラリアやニュージーランドなどの英連邦諸国から派遣された者も多かったため、練度も低く統制の取れない戦い方だったことも一因となった。

マレー／シンガポール方面に配備されていたバッファローは130機以上とされているが、60機以上が撃墜され、その他地上で破壊されたものや事故で失われたものも多い。日本軍に鹵獲された機も少数あり、攻略戦末期にインドへ脱出できた機体は20機に満たなかったとされている。

ビルマにもRAFFEのバッファローは30機程度配備されていて、フライングタイガース（アメリカ義勇航空群）と共に対日戦を戦ったが、こちらも6機がインドに撤収出来ただけだった。日本軍のジャワ侵攻作戦でもオランダ軍のバッファローは日本機には対抗できず、63機中24機が撃墜され、地上破壊を逃れた少数機がオーストラリアに避退した。

1942年1月、チクショゼロ湖上を飛行するフィンランド空軍第24戦隊第2飛行隊のバッファローMk.I（機体番号BW354）

本家アメリカで実戦に遭遇したバッファロー部隊は海兵隊VMF-221のみで、ミッドウェー島の守備に就いていた同隊は、運命の1942年6月5日、日本海軍の攻撃隊を、F2A-3×19機、F4F-3×6機の混成部隊で迎撃。レーダー誘導により有利な高度からの先制攻撃に成功し九九式艦爆数機を撃墜した。

だが護衛の零戦隊との空戦に入ると様相は逆転し、次々に撃墜され島に帰還できたのはたったの7機で、それらの多くも再出撃不能なほどの損傷を受けていた。生き残ったパイロットの報告ではF2Aは速度、上昇力、旋回性、武装など全ての面でゼロに劣り、空飛ぶ棺桶と酷評されたという。

対日、対独戦では全く良いところの無かったバッファローだが、フィンランドでは別機のような活躍を見せた。1941年6月に始まった継続戦争では、ソ連空軍が当初I-153、I-16、DB-3などの旧式機を繰り出してきたことや、ソ連空軍パイロットの練度不足などもあって456機という撃墜数を記録し、その間に失われたバッファローは21機であった。

トップエースのエイノ・イルマリ・ユーティライネン准尉は撃墜94機中34機を、同No.2のハンス・ウィンド大尉は撃墜75機中39機をバッファローを駆って記録しており、フィンランド空軍はバッファローを「空の真珠」と呼んで称賛したという。

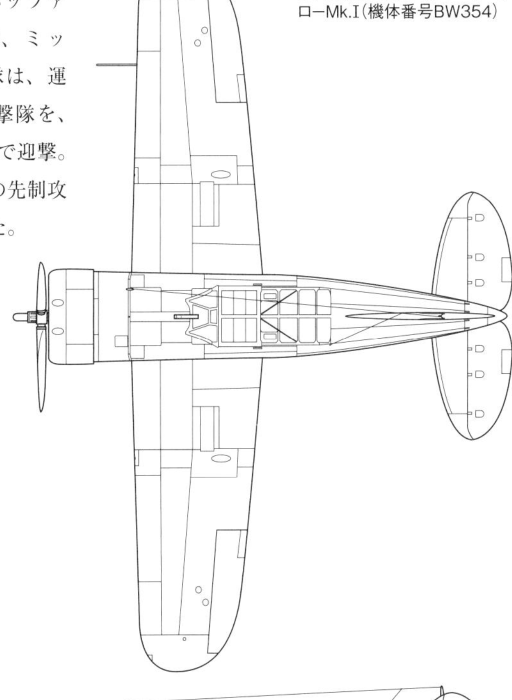

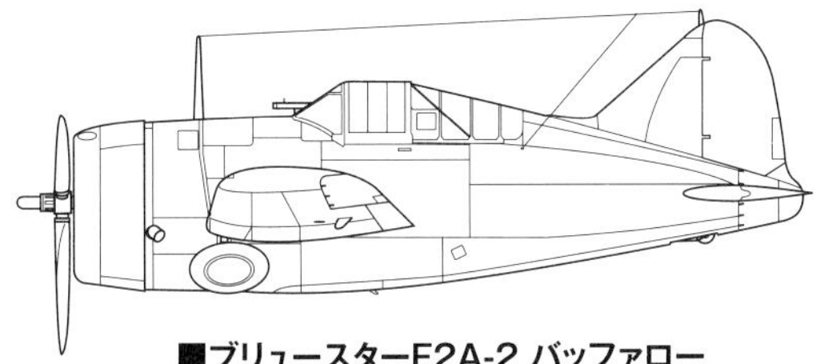

■ブリュースターF2A-2 バッファロー

項目	値	項目	値
全幅	10.67m	全長	7.80m
全高	3.68m	主翼面積	19.42㎡
自重	2,076kg	全備重量	2,695kg
エンジン	ライトR-1820-40 空冷星型9気筒（1,200hp）×1		
最大速度	520km/h（高度3,030m）		
上昇力	4,570mまで6分15秒		
上昇限度	10,360m	航続距離	1,600km
固定武装	12.7mm機関銃×4		
搭載量	90kg爆弾×2	乗員	1名

グラマンF4F ワイルドキャット

艦戦メーカーの名門「グラマン」

グラマン社は1994年にノースロップ社に吸収合併されてしまったが、それまではF-14トムキャットを頂点とする、猫族の名前を付けた一連の艦上戦闘機メーカーとして知られる存在であった。

創業者のルロイ・ランドル・グラマンは、第一次世界大戦中の1917年に海軍に入ってパイロットとなり、マサチューセッツ工科大学で航空工学を習得、海軍テストパイロットを勤めたあと退役、水上機メーカーのローニング社で9年ほど働いた後、1929年12月6日にロングアイランドでグラマン社を設立した。

グラマン自身が技術者兼パイロットであるのに加え、ローニングからレオン A.スワーバル、ウィリアム T.シュウェンドラーという有能な技師2名を引き連れての独立であり、従業員数わずか22名ながら技術的基盤のしっかりした航空機会社の誕生といってよいものだった。

グラマン社はローニング水上機のオーバーホールや新案の引き込み脚付きフロートの生産で創業後の一時期をしのぐと、当時拡充期に入っていた海軍航空部隊の装備機に着目、1931年3月に得意の引き込み脚（ただし手動だった）を装備した複座艦上戦闘機を海軍に提案、XFF-1として試作機製作を受注した。

XFF-1は、複葉ながら引き込み脚と密閉風防を持ち、当時の主力艦戦だったボーイングF4B-4より優速で操縦性も優れている事を示して海軍の制式採用を獲得、グラマンでは引き続き単座化したF2F、その改良型F3Fを開発していずれも量産発注を得る事に成功した。

こうしてグラマン社は、わずか7年あまりで、それまでの艦上戦闘機の老舗だったカーチス社とボーイング社を押し退け、米空母上の戦闘飛行隊の装備機をほとんど自社製機で占めることに成功した。

一度は水牛（バッファロー）に負けた山猫（ワイルドキャット）

創業以来、比較的順調に艦戦メーカーへと成長したグラマンは、F3Fをテスト中だった1935年、更に高性能化した複葉艦戦の設計を開始し、翌年3月に海軍からXF4F-1の名で試作発注を受けた。しかしこの頃列強各国の戦闘機の主流は低翼単葉機になりつつあり、米海軍の最大のライバルである日本海軍でも固定脚ながら単葉の九試単戦（後の九六式艦戦、1936年就役）をテスト中である事が伝えられていたのである。

折しも新興メーカー、ブリュースターが単葉引き込み脚の艦戦設計案を海軍に提案してXF2A-1（後のバッファロー）の名で海軍から試作発注を得ることに成功し、XF4F-1は受注からわずか3ヵ月後にキャンセルされてしまった。

グラマン設計陣はショックを受けたが、すぐに単葉化した設計案をまとめて海軍に提出、7月28日海軍からXF4F-2として原型機試作を受注した。

XF4F-2は、F3Fの系統を引く全金属製セミモノコックの頑丈でズングリした胴体、エンジン直後の胴体側面に収容される引き込み脚（相変わらず手動式）を持ち、各翼端は後の生産型と違って丸く整形されていた。

XF4F-2は1937年9月2日に初飛行したが、これは零戦の原型・十二試艦戦の仕様書が三菱に示される1ヵ月前のことだった。

この時制式採用を争ったのは、本機とXF2A-1、それにセバスキー（後のリパブリック社）XNF-1（米陸軍P-35の艦上型）だったが、XNF-1は早々に脱落、XF4F-2もエンジン不調や不時着事故を起こしたため、海軍は1938年6月11日、F2A-1量産を決定した。

だが海軍としてはF4Fのデザインも捨てがたく、4ヵ月後に改良型XF4F-3の製作を発注した。XF4F-2を改造した原型機は1939年2月12日に初飛行に成功。XF4F-3は高空性能の良い2段2速過給器付きのP&W（プラット&ホイットニー）R-1830-76ツインワスプエンジン（離昇出力1,200hp)を搭載し、翼面積が拡大されて翼端も角張った形に改められ、テストでは530km/h以上のスピードと良好な運動性を示した。

大量に産まれる山猫たち

最初の量産型F4F-3は1939年8月に発注され、翌40年11月（日米開戦の約1年前）以降実戦部隊への配備が開始された。生産が始まって間もなく欧州での航空戦の教訓から、風防前面に防弾ガラス、座席と燃料タンク後方、計器板などに防弾鋼板の追加を行い、自重が80kgほど増加したが、これが後に零戦相手の戦いに効力を発揮することになる。

F4Fは、枢軸国の脅威にさらされたフランス、ギリシャからも発注されたが、引き渡し前に両国とも降伏してしまったため、フランス発注機をマートレット（イ

1942年2月に撮影されたVF-2（第2戦闘飛行隊）のF4F-3（Bu.No.3987）。この機体は5月8日、珊瑚海海戦で空母「レキシントン」と共に失われた。F4F-3はシリーズ最初の量産型で、XF4F-2を元にエンジンを換装、垂直・水平尾翼や主翼を改設計して作られた。主翼折り畳み機構はまだない

ワツバメ）Ⅰ、ギリシャ発注機をマートレットⅢの名でイギリス海軍が肩代わりした。

英海軍は、主翼折り畳み機構を追加したマートレットⅡ、マートレットⅣ（F4F-4）、後述のGM製FM-1/2をワイルドキャットⅤ/Ⅵとして採用しており、導入機数は1,000機を超えた。「ワイルドキャット（山猫、野良猫）」の名は、F4Fの米海軍公式ニックネームとして1941年10月に採用され、後のグラマン製艦戦"猫シリーズ"のトップバッターとなったのである。

F4F-4は米海軍向けに主翼折り畳みを初めて採用したモデルで、固定武装も12.7mm機関銃4挺から6挺（弾数各240発）に強化され、主翼下面に2個の落下増槽（220L）を装備可能となった。

グラマン製ワイルドキャットの主な生産型は、上記のF4F-3（369機）と、F4F-4（1,169機）だが、その他には少量生産型としてF4F-3A（95機、1段2速過給器付きR-1830-90エンジン装備）があり、試作型、改造型としては次のようなモデルがあった。

◎**F4F-3P**：胴体内後部タンクを廃止してカメラ2台を積んだ写真偵察機型で、海軍が約20機改造した。

◎**F4F-3S**：日本海軍が零戦をベースとした二式水上戦闘機を配備したのに対抗して試作された、F4F-3改造の双フロート水上戦闘機（Bu.No.4038）。1943年2月28日に初飛行したが、性能低下が著しかったことと、空母、陸上基地充足により水戦の必要性がなくなったため開発中止。

◎**F4F-4B**：英海軍向けレンドリース機マートレットⅣの米海軍名称。

◎**F4F-4P**：F4F-4型改造の写真偵察機で、海軍が少数を改造。

◎**XF4F-5**：F4F-3のエンジンをライトR-1820-40サイクロン（1段2速過給器付き）に換装した試作機で2機改造。

◎**XF4F-6**：P&WR-1830-90を搭載した試作機で、F4F-3Aの原型。

◎**F4F-7**：F4F-4の生産ラインから21機抽出して製作された長距離写真偵察型で、武装と装甲及び翼折り畳み機構廃止、燃料タンク増設により5,900km以上の航続距離を確保した。1号機の初飛行は真珠湾攻撃直後の1941年12月30日で、少数機がソロモン方面で実戦に投入された。

◎**XF4F-8**：1942年7月、グラマンは護衛空母大量就役に対応して、小型空母からの運用に適した機体の研究を開始し、海軍からXF4F-8として2機の試作を受注した。エンジンはライトXR-1820-56（1,350hp）に強化され、トルク増大に対処するため垂直尾翼を大型化、フラップもスプリットタイプからファウラータイプに変更され、機関銃は4挺に減らされた。実質的にFM-2の原型となったモデルだが、量産時には簡易化のためフラップはスプリットタイプに戻されている。

グラマンでは1940年にXTBF-1（後のアベンジャー）に加え、翌年6月にはXF6F-1（後のヘルキャット）の開発が始まり、多忙を極めたためF4Fの生産は1,988機で打ち切られ、以降は自動車メーカーのゼネラルモーターズ（GM）イースタン・エアクラフト・ディビジョンが肩代わりする事になった。GMではF4F-4の機関銃を4挺に減らした（弾数は各430発に増加）モデルをFM-1の名で1,060機（うち312機がイギリスへ）生産、1号機は1942年8月31日に進空した。

更にエンジンをライトR-1820-56（1350hp）に強化し、垂直尾翼を大型化、爆弾搭載量を増やしロケット弾6発を搭載可能としたFM-2を4,777機（うち370機をイギリスへ）生産し、自動車

1942年4月10日、ハワイ・オアフ島カネオヘ海軍航空基地近くを飛ぶ第3戦闘飛行隊のF4F-3。手前の機体は飛行隊長ジョン S.サッチ少佐、奥はエドワード H.オヘア中尉の機体という著名エースの編隊。この2機も5月8日、珊瑚海海戦で空母「レキシントン」と共に失われる

■グラマンF4F-4ワイルドキャット

全幅	11.58m	全長	8.76m
全高	3.61m	主翼面積	24.15㎡
自重	2,615kg	全備重量	3,612kg
エンジン	P&W R-1830-86 空冷複列星型14気筒（1,200hp）×1		
最大速度	512km/h（高度5,915m）		
上昇力	6,100mまで12分24秒		
上昇限度	11,095m		
航続距離	2,050km（増槽付き）		
固定武装	12.7mm機関銃×6		
搭載量	45kg爆弾×2	乗員	1名

F4F-3に双フロートを装着したF4F-3S"ワイルドキャットフィッシュ"。しかし性能低下が甚だしく、1943年にはすでに米海軍の優位は確定しており、わざわざ水上戦闘機を作ることもなかったため量産はされなかった

の生産で培ったマスプロ能力を遺憾なく発揮した。なおFMシリーズの派生型は、FM-2にカメラを搭載した写真偵察改造型のFM-2Pが少数作られたのみである。

太平洋戦争緒戦、零戦に苦闘を強いられる

ワイルドキャットの戦いは日米開戦以前、つまりヨーロッパ戦線で開始された。

1940年12月25日、英海軍のマートレットⅠが北海上空でドイツ空軍のJu88を撃墜し、これがF4F初の、そしてアメリカ製援英機初のドイツ機撃墜記録となった。この後もマートレット/ワイルドキャットは北海、地中海を舞台に活躍を続けたが、イタリア機はともかく、性能では大きく水をあけられているはずのBf109Gなどに対しても運動性の良さで善戦している。

日米戦に話を移すと、真珠湾攻撃当日ハワイ・エワ飛行場に置かれた海兵隊VMF-211（第211海兵戦闘飛行隊）のF4F-3の10機中9機が地上で破壊され、ウェーク島に進出していた同隊の12機中7機が九六式陸上攻撃機の爆撃の犠牲になった。

だがウェークに残った5機の活躍は目ざましく、開戦3日目の12月10日には九六陸攻1機を撃墜してF4Fによる対日戦初戦果を記録、翌日には45kg爆弾により駆逐艦「如月」を撃沈（これは日本艦艇初の損失）、22日に最後の2機が零戦に撃墜されるまでに更に数機の日本機を撃墜した。

この後、珊瑚海海戦、ミッドウェー海戦と零戦との直接対決が続くが、上昇力、機動性に勝る上に歴戦のパイロットが操る零戦の前に苦戦する状況が続いた。しかし防御の弱い日本機に対しては強みを発揮した。1942年2月20日、ソロモン諸島近海で一式陸攻を5機連続撃墜したエドワード H.オヘア大尉の戦果はその好例といえる。

また零戦に対してもパイロットが優秀であれば対等以上に戦った例もあり、例えば零戦のために壊滅的打撃を受けたミッドウェー島守備隊VMF-221のF4F-3とF2A-3、26機の中にあって、後にエースとなり、戦後はナンバーワン・テストパイロットとなるマリオン E.カール大尉だけはF4Fで零戦1機を撃墜して無事帰還しているのである。

ガダルカナル、山猫たちの逆襲

1942年8月、米軍の南ソロモン反攻作戦が開始されると同時に、F4Fも戦術の転換と数量の優越により、零戦にとって手ごわい相手へと変身していった。

サッチ・ウィーブとよばれる2機ペアによる戦闘法が海軍/海兵隊の間に広がった事や、ミッドウェー作戦の陽動作戦として行われたアリューシャン侵攻作戦で、アクタン島に不時着した零戦二一型がアメリカで徹底的に研究されてその長所と弱点が明らかにされた事などから、対零戦戦法が根本的に練り直されたのである。

つまりファイターパイロットが得てして陥りがちな単機によるドッグファイトを完璧に避けること、常にペアで行動し、高度差のある有利な態勢から一連射をかけた後は急降下でひたすら引き離し、再度急上昇して有利な高度に戻る、というのが基本である。

戦いの転機となったのはガダルカナル島攻防戦であった。米軍の同島上陸後間もなくVMF-223のF4F-4×19機がまだ工事の終わっていないヘンダーソン飛行場に到着。同隊は飛行隊長ジョン L.スミス少佐、前述のカール大尉などのベテランと新人パイロットの混成部隊だったが、ラバウルから1,000km近くを進出してくる台南空の零戦相手に連日激しい戦いを展開した。

日本側は長距離飛行の疲労と零戦自体の防御力の弱さが大きなハンデとなったのに加え、米側の新戦法や次第に増強される海兵隊航空部隊の前に、歴戦のパイロットを次々に失う苦しい戦いを強いられたのであった。

F4F-4は、この頃ラバウルに居た零戦二一型、三二型、二二型のいずれと比較しても速度、上昇力ともにほぼすべての高度でいくらか劣り、運動性は明らかに劣っていた。

にもかかわらずガダルカナルの海兵隊ワイルドキャットは、ホームグラウンドの有利さと、打たれ強く頑丈な機体、優秀な武装と無線装備など自軍の長所を生かし、相手の弱点を衝く合理的戦法を武器に、それまで歯が立たなかった零戦に対してついに互角以上の戦いを挑む事ができるようになったのである。

1943年に入るとF4U-1コルセア、F6F-3ヘルキャットが2月と8月にそれぞれ実戦デビューし、空母、陸上基地ともF4Fは第一線の戦闘飛行隊の装備機としては退いていった。

大西洋戦線のワイルドキャット

そしてこれ以後のワイルドキャットは護衛空母（ACV、1943年7月に「CVE」となる）に搭載され、船団護衛、対潜作戦、上陸作戦支援など補助的任務に活躍することになるが、護衛空母からのワイルドキャットの実戦参加は、それより少し前の1942年11月に行なわれた北アフリカ上陸作戦「トーチ」が最初のものとなった。

このトーチ作戦には小型空母「レンジャー」（CV-4）と護衛空母3隻（「サンガモン」「スワニー」「サンティー」）が参加し、合計約60機のF4F-4が艦隊護衛、攻撃隊援護、艦砲射撃の弾着観測、対潜作戦などに活躍した。

当時護衛空母にはVGF（護衛戦闘飛行隊）の

1942年6月17日、護衛空母「ロング・アイランド」（AVG-1）の格納庫内に、主翼を折りたたんだ状態で格納されているF4F-4。複葉のSOC-3Aシーガル水上偵察機も見える

F4F×12機、VGS（護衛索敵飛行隊）のTBFアベンジャー（一部SBDドーントレス）×8～10が搭載されていたが、1943年3月にVGFとVGSは統合されてVC（混成飛行隊）に改編され、同年後半になるとF4Fに替わってFM-1/-2の配備が開始された。

やがて大西洋戦域における護衛空母の主任務は連合軍輸送船団の脅威となっていたドイツ海軍のUボートに対する対潜作戦となり、太平洋戦域では上陸作戦時の対地攻撃、艦隊護衛が主任務となった。

太平洋戦域で最初に護衛空母から上陸作戦支援を実施したのは、1943年4月アリューシャンのアッツ島奪回作戦に参加した護衛空母「ナッソー」搭載VC-21のF4F-4で、この時はわずか10機程度が投入されたに過ぎなかったが、やがて米軍の本格的な太平洋侵攻が開始されると、大量のワイルドキャットが上陸作戦支援に活躍することになるのである。

例えば1943年11月に行なわれたギルバート、マーシャル両諸島攻略作戦では8隻の護衛空母（一部の艦はF6Fヘルキャットを搭載）が参加し、80機以上のFM-1/2が支援作戦を展開した。そして最大の激戦となったフィリピン侵攻レイテ上陸作戦（1944年10月）では、実に18隻の護衛空母が作戦に参加し、そのうちの15隻は18～22機のFM-2を搭載していたのである。

イギリス海軍航空隊のマートレットMk.II（AM997）。エンジンはR-1830-S3C4-G（1,200hp）を搭載しており、性能はほぼF4F-4に準ずる

大英帝国のイワツバメと山猫

最後に英海軍のマートレット/ワイルドキャットについて触れておこう。なお1944年1月にマートレットという名は廃止され、ワイルドキャットに統一されている。

英海軍が受領したのは、フランス向けのF4F-3同等機91機（社内名G-36A、エンジンはライト・サイクロンG205A、1,200hp）がマートレットI、英兵器購入団発注分100機（G-36B、P&WツインワスプS3C4-G、1,200hp）がマートレットIII、ギリシャ発注分30機（F4F-3同等機）がマートレットII、以下はレンドリース機でマートレットIV（F4F-4B）220機、マートレットV（FM-1）312機、ワイルドキャットVI（FM-2）370機の各機で、合計で1,123機（輸送中に少数が失われているが）にも上っている。

1940年10月に最初にマートレットIを配備されたのはハッツトン基地のNo.804Sq（第804飛行隊）で、前記のJu88を初撃墜したマートレットIはこの部隊の所属機である。また最初に空母に派遣されたのは、No.802SqのマートレットIIで、1941年8月空母「アーガス」に搭載されてソ連向け輸送船団の護衛任務に就いた。

米海軍と同様、英海軍も護衛空母にマートレットを搭載して有効に活用している。その最初のケースとなったのは、1941年9月に空母「オーダシティ」に搭載され、ジブラルタル向け輸送船団の護衛任務に就いたマートレットIIで、12月21日、「オーダシティ」がUボートに撃沈されるまでに、「大西洋の疫病神」と恐れられたフォッケウルフFw200コンドル長距離哨戒機を5機撃墜した。

英海軍護衛空母の活動が再開されるのは、アメリカからのレンドリース護衛空母を受領した1943年4月以降のことで、北海、大西洋で船団護衛に投入され、Uボートと独空軍長距離哨戒機/爆撃機を多数撃破する戦果を挙げている。

XF4F-3
P&W XR-1830-76ツインワスプ（1200hp）を搭載
カウルフラップは片側1枚
機首上部に12.7mm機銃×2
機首にあるアンテナ支柱
望遠鏡式照準器
三点姿勢時の全長を切り詰めるため、前方に傾斜した垂直尾翼
低い位置にある水平尾翼
オイルクーラー
爆撃用下方視界窓が片側2か所
折りたたみ機構や兵装の無い主翼
排気管
一時スピナーを装着

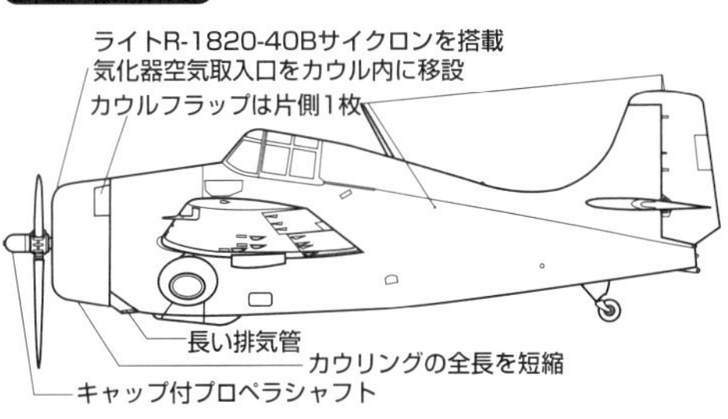

F4F-4
P&W R-1830-86ツインワスプ（1200hp）を搭載
カウリング上に気化器空気取入口がある
カウルフラップは3枚
アンテナ支柱を後部に移設
尾翼形状と位置を変更
後方に折りたたまれた主翼
爆撃用下方視界窓は片側1か所
主翼折りたたみ位置
武装は主翼内に12.7mm機銃×6
排気管

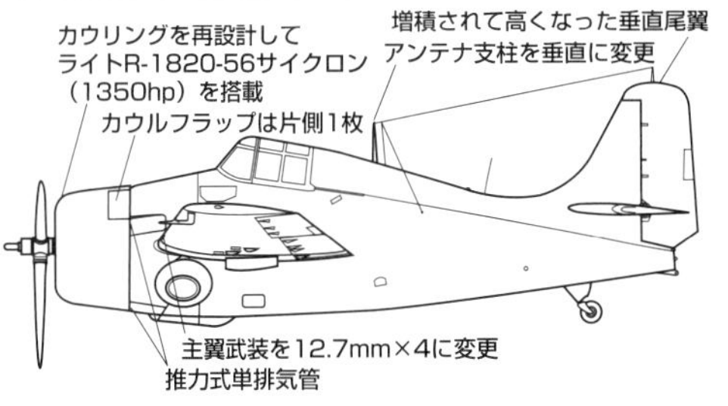

グラマンF6F ヘルキャット

コルセアの「保険」として開発

ヨーロッパで第二次世界大戦が始まって2年近く経った1941年、アメリカは参戦前ながら、欧州情勢や日々悪化する対日関係をにらみつつ軍備強化を本格化させていた。中でも当時の米軍戦闘機の性能不足は明白で、高性能戦闘機の獲得に奔走していた。

海軍はグラマンF4F、ブルースターF2Aを配備していたが、これらを代替する次期戦闘機としてヴォートXF4U-1（1940年5月29日初飛行）を開発させていた。XF4U-1（後のコルセア）は米戦闘機としては初めて時速400マイル（644km/h）を超す高性能を発揮していたが、画期的な機体だけに部隊配備までに時間がかかることが予測されていた。

このため海軍は41年6月30日ヴォートにF4Uの量産開始を命じるとともに、グラマンに対してはF4Fの性能向上型XF6F-1の2機分の試作を命じた。つまり本機は、コルセアの実用化が遅延、ないしは失敗した時の保険という位置づけで開発が始められたのである。

よく勘違いされる事だが、F6Fが零戦に対抗するために作られたという俗説は、発注の日付けからいっても完全な誤りである。XF6F-1のベースとなった社内モデル名・G50の研究が開始されたのは1940年の事で、海軍のモックアップ審査を受けたのが41年1月、試作機が発注されたのは太平洋戦争が始まる半年も前の事であり、アメリカは零戦の高性能を知るよしもなかったのだ。

ただ試作中に開戦を迎えたため、零戦の猛威も前線から伝えられたであろうから、細部の設計にいくらか影響を与えたという事はあったと考えられる。なお米海軍は、日本海軍機による真珠湾攻撃1ヵ月後の1942年1月7日、原型すら完成していないにもかかわらず、生産型F6F-1を1,080機、早々とグラマンに発注した。

グラマン第2の猫、誕生

XF6F-1のデザインの基本は、F4Fの戦闘能力の強化･高性能化であり、速度、上昇力、航続力、武装、防弾装備など全ての改善を図ったため、機体は大型化し、それに見合った大馬力エンジンが必要となったのは当然の帰結であった。

XF6F-1の1号機は制式発注から1年後の1942年6月26日、ベスページで初飛行に成功した。この1号機のエンジンはライトXR-2600-10サイクロン（離昇出力1,700hp）だったが、製作中に戦場から届く情報を分析したグラマンは、さらに強力なエンジンが必要と判断し、コルセアと同じP&W R-2800-10（離昇2,000hp）搭載を海軍側に提案、OKが出たため2号機は同エンジン付きのXF6F-3として完成し、42年7月30日に初飛行した。

ここでXF6F-2が抜けているのは、もともと2号機が排気タービン式過給器（ターボスーパーチャージャー）付きR-2600装備で作られ、XF6F-2となるはずだったのが、R-2800搭載に変更されてしまったからである。この型式名は、後に排気タービン式過給器付きXR-2800-16搭載のモデル（44年完成）に与えられている。

この2号機は8月17日、エンジン停止のため不時着・破損（後にXF6F-4として再生）してしまうが、1号機のエンジンをR-2800-10に換装してXF6F-3へと改造し、9月13日にテスト飛行を再開した。この時不可解なことに、グラマンは1号、2号機のBuNo（ビューローナンバー・海軍機のシリアルナンバー）を入れ換えてしまっている。

XF6F-3は、テスト中に縦安定性過大、フラップダウンによるトリム変化の過大、急降下速度845km/hでフラッターが発生する（日本機だったら空中分解する速度）といったマイナーな欠陥が見つかったが、いずれも解決は容易で、海軍は先の1,080機のオーダーをF6F-3に振り替え、ただちに大量生産に入るよう指示した。

F6Fのニックネームには、F4Fワイルドキャット（山猫、乱暴者）に続いて、「ヘルキャット」という猫の名前が与えられた。ただしこれは実在の猫科動物の名前ではなく、今だ

1945年3月～6月に撮影された、空母「ホーネットII」（CV-12）の飛行甲板上の、VF-17（第17戦闘飛行隊）「ジョリー・ロジャース」のF6F-5

ったらセクハラで槍玉に上げられそうな「あばずれ」とか「性悪女」「魔女」を意味する。

大量生産される地獄の猫

生産型F6F-3の1号機は、XF6F-3初飛行からわずか2ヵ月と4日後の1942年10月3日に初飛行し、続々と完成する初期生産型を使って実用化テストが進められていった。

XF6F-3と生産型の違いは、エンジンカウリングの形状の変更、プロペラを故障の多いカーチス電動式からハミルトン・スタンダード油圧式に換装、スピナーの省略、主脚カバーが簡易化された事などで、大きな変更点はない。

また実用化テスト中の離着艦試験で、アレスティングフック取り付け部の強度不足が判明して改修が行われたが、他にはほとんど問題点がなく、異例ともいえるスピードで量産拡大と部隊配備が進められていった。

一方、海軍にとっての本命だったF4Uは、生産型初飛行がF6Fより約4ヵ月も早かったにもかかわらず、42年9月に実施された空母トライアルで、着艦時の視界不良、降着装置の衝撃吸収力不足などのため、空母上運用不適格という判を押され、とりあえず陸上基地で使用する海兵隊に配備される事になった。

ここに至って保険機F6Fの存在が大きくクローズアップされ、対日反攻の主力とするため続々誕生しつつあった攻撃空母搭載用の艦上戦闘機として、急速かつ大量に生産される事になった。

当時グラマンはまだF4Fの受注残を抱えていた上に、TBFアベンジャー雷撃機の大量発注にも応じなければならない状況で、工場施設の拡大が早急に必要だった。だが戦時中で鉄材が政府割当て制で入手に時間がかかると見るや、廃線となったニューヨーク高架鉄道やワールド・フェア・パビリオンの廃材を買いつけていち早く工場を拡大した。なおこの時、グラマンが飛行機の材料にもこれらの鉄を使ったというジョークが流れたという。

これはグラマンの作る機体が重くてしかもべらぼうに頑丈だ、という事を冗談めかして言ったものであり、後にグラマン・アイアンワークス（鉄工所）というニックネームが生まれたのもこのあたりが元になっているようだ。

1944年1月、「レキシントンII」（CV-16）の飛行甲板上で発進に備える、VF-16のF6F-3。なおヘルキャット・エースとしては34機の撃墜を記録した、第15空母航空群司令のデヴィッド・マッキャンベル中佐が有名だが、彼は1944年6月19日のマリアナ沖海戦で7機、10月24日のレイテ沖海戦で9機を撃墜している

太平洋で猛威を振るう 2,000馬力の魔女

1943年1月16日、新鋭空母「エセックス」（CV-9）所属のVF-9（第9戦闘飛行隊）がF6F-3を受領、最初のF6F実戦飛行隊となった。その後もF6Fは次々に就役するエセックス級正規空母とインディペンデンス級軽空母の飛行隊にデリバリーされ、対日反攻に向けての練成訓練に励んだ。

43年8月31日、タスク・フォース15の3隻の空母に搭載された3個飛行隊、VF-9（「エセックス」）、VF-5（「ヨークタウンII」/CV-10）、VF-22（「インディペンデンス」/CVL-22）のF6F-3がマーカス（南鳥島）を急襲し、F6F初の実戦参加を記録した。この作戦はエセックス、インディペンデンス両クラスの空母にとっても初陣であり、まずは小手調べといったところだったのだろう。

これ以後F6Fは続々増強される米海軍空母機動部隊の主力戦闘機として、破竹の進撃を続ける事になる。ちなみに当時主力空母の座に就いたエセックス級（大戦中17隻就役）の場合36機、インディペンデンス級（同9隻）でも24機のF6Fを搭載していたのだ。

F6Fは旋回性能や航続力、低空における上昇力などを除けば、零戦三二型や、F6Fとほぼ同時期に登場した零戦五二型よりほとんど全ての面で上回っていたのに加え、数の上でも優勢になっていったため、43年末以降の日米空母対決は全てアメリカ側のワンサイドゲームとなってしまった。

同じ頃グラマン社では航空機生産のピークを迎え、F6Fだけでも月産650機以上を記録、海軍から数度にわたって感状を授与されるほどの大生産能力を発揮したのである。

結局F6Fの総生産数は12,275機で、これはP-47の15,683機や、P-51、P-40、それに大

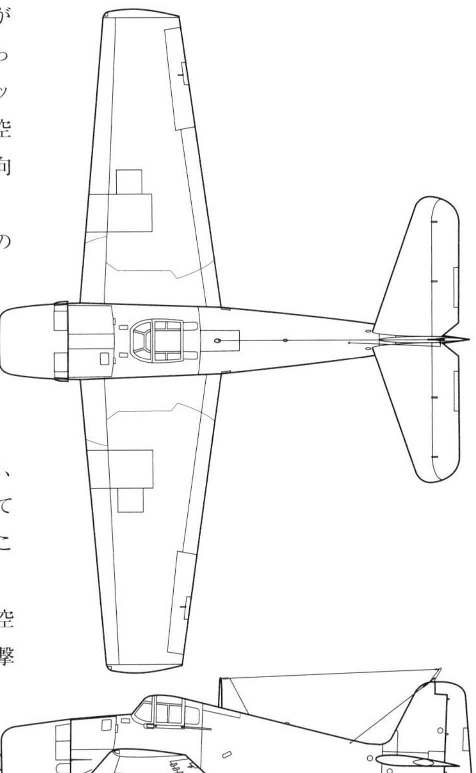

■グラマンF6F-3ヘルキャット

全幅	13.06m	全長	10.24m
全高	3.99m	主翼面積	31.03㎡
自重	4,105kg	全備重量	5,528kg
エンジン	P&W R2800-10ダブルワスプ 空冷複列星型18気筒（2,000hp）×1		
最大速度	605km/h（高度5,334m）		
上昇力	6,100mまで7分42秒		
上昇限度	11,400m		
航続距離	2,180km（増槽付き）		
固定武装	12.7mm機関銃×6		
爆弾	1,800kg（最大）		
乗員	1名		

1944年2月、エスピリトゥサント島のタートル・ベイ飛行場で列線に並ぶ米海軍VF-40のF6F-3。大戦中盤からF6Fは大量生産され、空母航空隊、基地航空隊に多数配置されて日本軍を押しまくっていった

戦後も生産されたF4Uよりも少ない。しかしF6Fの生産数は試作機を除けば、わずか3年余りの間に達成されたものであり（1日平均で10機以上が完成）、非常にハイピッチで生産が行われたのである。

ヘルキャットのバリエーション

F6F-3は1944年4月までに4,402機（後述のF6F-3E、-3N、-3Pを含む）生産された。F6F-3は生産中に、胴体センターラインに150ガロン（682L）増槽または1,000ポンド（454kg）爆弾×1、内翼パイロンにも同爆弾×2を搭載できるように改良され、後期型は水噴射装置付きのR-2800-10Wエンジン装備となった。

F6F-3の派生型としては、写真偵察型のF6F-3P、夜間戦闘機型のF6F-3E/3Nがある。-3Pは後部胴体左側に長焦点偵察カメラを搭載したモデルで少数が改造された。なお固定武装（コルトブローニングM2 12.7mm機関銃6挺）はそのまま残されていた。

F6F-3Nはスペリー AN/APS-6レーダーを右外翼前縁に装備し、電波高度計とIFF（敵味方識別装置）を搭載、夜間の視界改善のため、風防を防弾ガラス1枚（それまではプレキシグラスとの2枚構造）とし、計器板の照明も赤色表示に変えられた。最初の1機は1943年6月に完成して海軍のテストを受け、229機が生産された。

またF6F-3Eは、レーダーをウェスチングハウスAN/APS-4としたモデルで、右外翼下面にポッド式に搭載した他は3Nと同じ改造を受け、18機製作された。米海軍が夜間戦闘機を重視したのは、日本海軍機が得意とした（というより昼間攻撃がほとんど不可能になった）少数機による夜襲を阻止しようとしたためだ。

XF6F-4は、以前損傷した試作2号機に1段2速過給器付きのR-2800-27（離昇出力2,000hp）を搭載したモデル。R-2800-10は2段2速だから、高々度性能を犠牲にしてシステムの簡易化を図ったものと考えられるが、試作のみに終わり、後に武装テスト（20mm機関砲4門）などに使用された。

また護衛空母用に主翼を拡大し、武装を簡易化（12.7mm機関銃4挺）としたF6F-4が提案されたが、すでにゼネラルモータース社でFM-2（F4Fの発達型）を大量生産中だったため不採用となった。

F6F-5は-3に続く量産モデルで、1号機は1944年4月5日に初飛行し、VJ（対日戦勝利）デイ後の45年11月までに-5E、-5Nを含めて7,868機デリバリーされた。

1944年5月11日、NACAのラングレー飛行場で撮影されたXF6F-4（Bu.No.02982）。元々はXF6F-1の2号機として製作されたが、不時着で破損した後にターボチャージャー付きのR-2800-27を搭載して改名したもの。20mm機関砲を搭載している

F6F-3との相違はわずかで、エンジンは-3後期型と同じR-2800-10W、風防は3Nと同様の改良が加えられ、高速時エルロンが重くなるのを改善するため、スプリングタブが追加された事、カウリングをいくらか絞って抵抗減少を図った事、防弾装備を強化した事（合計110kgに及んだ）、外翼に5インチHVAR（注1）ランチャー6基を装備した事などで、後期型は内側武装を20mm機関砲2門（弾数各100発）に換えたモデルや、キャノピー後部の窓を廃止したものなどが作られている。

F6F-5の派生型としては、夜間戦闘機型の-5N（1,432機）と-5E（ごく少数）が作られたが、これらはそれぞれ-3N、-3Eと同じレーダーを搭載したモデルだ。また-3Pと同様に写真偵察型-5Pも海軍の手によって完成機から少数が改造された。

なお戦後の改造機になるが、無人リモートコントロール機F6F-3K、-5K、及びそのコントロール母機F6F-5Dが作られ、-3Kは核爆発実験後の大気サンプリング、-5Kは朝鮮戦争で爆装して目標に突入する飛行爆弾として使用された。

大戦中に作られた最後の派生型は性能向上テスト機XF6F-6で、水噴射付きのR2800-18W（離昇出力2,100hp）を搭載してプロペラも4翅に換装したモデルだ。2機作られて1944年7月6日に初飛行、高度6,600mで671km/hを記録したが、同エンジンがF4U-4に搭載され、数量に余裕がなかったため試作だけに終わった。

「戦争の道具としては最適」だったF6Fの真価

F6Fヘルキャットは大戦中の戦闘機の中でも、米海軍自身以外からは傑作機として認められないことが多い。これは2,000馬力エンジンを搭載しながら最大速度は600km/hを少し超える程度、上昇力、運動性とも取り立てて良いというほどではないという平凡なスペックと、太い胴体、デカい主翼など、いかにも洗練という言葉からは程遠い外形からくるものだろう。

しかし比較的新興メーカーながら艦上戦闘機作りには定評のあったグラマンの設計だけに、兵器という観点から見ると、F6Fは実に理にかなったデザインである事が分かる。太い胴体にしてもパイロットの視界を確保するためにコクピットをなるべく高くしたためで

（注1）HVAR…High Velocity Aircraft Rocket:高速空中発射ロケット弾。口径127mmの大型ロケット弾。

あり、巨大な翼面積（31㎡は大戦中実用化された単発戦闘機中最大級）も離着艦特性とある程度の運動性を確保するためだったと解釈できるし、そのため速度が犠牲になったといっても、当面の敵である日本機と戦うには充分なスピードは確保しているのである。

それよりもF6Fはそのでかい図体にもかかわらず、戦時の速成訓練による平均的技量のパイロットにも操縦が容易であり、空母での運用にも問題がなく、高性能機コルセアがもたもたしているうちに艦上戦闘機の主力の座を占め、ものすごい勢いで増殖していった。

またF6Fはグラマン機の特長として量産性、整備性とも良好で、しかも頑丈な事では折り紙付きだった点も、戦いの道具として大いに役立つ要因だった。なにしろ日本のパイロットをして、いくら弾を撃ち込んでも落ちもしなければ火も出ないと嘆かせるほどしぶとい猫であり、200以上の穴を開けられながら母艦に戻ってきたF6Fもいる位である。

好敵手といわれた零戦五二型と比較すると、速度は高度3,000m付近でF6Fが約70km/h、7,600mでは100km/h以上も優速であり、低高度での上昇力は劣るものの、高度4,300m付近で同等となり、それ以上の高度では零戦を上回っていた。零戦が明らかに優れていたのは旋回性能で、F6Fは旋回する零戦を深追いすると失速（いわゆる不意自転である）するため、低空では特に危険であった。

武装も、F6Fに装備された6挺の12.7mm機関銃は弾数各400発と多い上に、弾道特性が良いため命中率が高く、口径が小さいにもかかわらず防弾装備の貧弱な日本機には致命傷となる事が多かったのである。

こうして見てくると、同程度の技量のパイロットが操縦するF6Fと零戦が正面から戦った場合、低空で格闘戦にでも引き込まない限り零戦の勝ち目は薄かった。ところが米海軍側はF4F対零戦の教訓から、2機ペアによる一撃離脱戦法に徹していたため、なかなか巴戦には入らなかった。なお対戦した日本側パイロットによれば、F6FはF4UやP-47より運動性能に優れており、格闘戦でも強敵だったという。

またF6Fの性能が全般的にF4Fより向上していた事と、数的優勢が確立された事、母艦のレーダーと無線による指揮管制システムを使ったインターセプトなど戦術面でも大きく進歩した事などにより、攻撃位置に占位し、勝利を得るチャンスが大きく増大したのだ。

こうした質・量両面におけるF6Fの強みが最大に発揮されたのが、1944年6月に起きたマリアナ沖海戦（米側はフィリピン海海戦と呼ぶ）で、F6Fはターキー・シュート（七面鳥狩り）と呼ばれる一方的勝利を挙げた。

この海戦では、日本側はアウトレンジ戦法と称して、米軍機が届かない距離から330機以上の戦爆連合編隊（天山、彗星、爆装零戦、及び護衛零戦）を差し向けたが、途中でレーダーに誘導されたF6Fの迎撃に阻まれて大半が未帰還となり、米側損失はわずか18機（その後の日本艦隊への攻撃で、燃料切れで80機、対空砲火で20機喪失）という惨憺たる結果となった。

本土決戦の頃になると、日本側にも四式戦や紫電改といったカタログデータ上ではF6Fと同等以上の2,000馬力級戦闘機が配備され、中でもベテランを揃えた三四三空の紫電改などは互角の戦いを展開したが、それも圧倒的な数量で押さえ込まれてしまった。

ヘルキャットは決して最優秀の戦闘機ではなかったが、使う側にとって必要なだけの能力（性能だけでなく、扱い易さや頑丈さなども含め）を備えた戦闘機であり、海軍が必要とした時に、必要なだけ供給された事に最大の意義があった。

戦争は競技会やエアレースではない、戦闘機は敵を叩きつぶすだけの能力と機数があればそれで良いと割り切ったグラマンの、そして米海軍の現実的な考え方がヘルキャットを勝者の座に押し上げたのだ。

XF6F-1

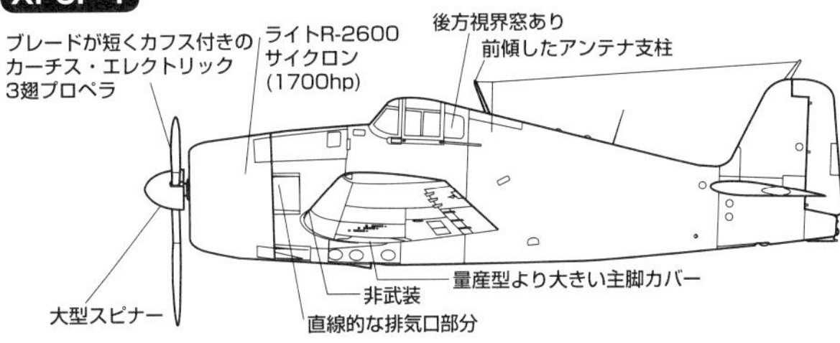

F6F-3

P&W R-2800ダブルワスプ(2000hp)に換装。それにともないカウリングを変更
スピナーのないハミルトン・スタンダード3翅プロペラ
後期生産型はアンテナ支柱が垂直になる
12.7mm機銃6丁
初期生産型には排気口部分の膨らみとカウリング下部のカウルフラップがある

F6F-5

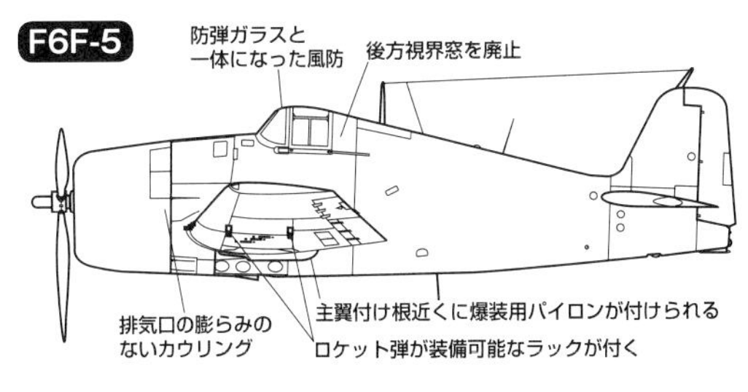

1944～45年、フロリダのジャクソンヴィル海軍航空基地上空で撮影された、夜間戦闘機型のF6F-5N。左右主翼に長砲身の20mm機関砲を搭載し、右翼にAN/APS-6レーダーを備えている

野心的フォルムと大馬力エンジンで高性能を得た逆ガルの海賊

チャンス・ヴォートF4U コルセア

最強の艦上戦闘機を目指して

緊張高まる第二次世界大戦開戦の前年・1938年は、アメリカ陸/海軍がともに高性能戦闘機の獲得に乗り出した年であった。

米海軍は38年6月に初の単葉艦戦となるブルースター F2Aの量産発注を行い、次いでグラマンに対してもXF4F-3の開発を指示していた。しかしドイツのBf109やイギリスのスピットファイアといった戦闘機に比較して、バッファローの低性能はすでに明白だった。

このため米海軍は、このギャップを埋めうる高性能戦闘機を獲得するため、バッファロー発注に先立つ1938年2月1日、早くも次期艦戦の開発を各メーカーに指示した。

艦上機の名門メーカーであったチャンス・ヴォート（UA&T/ユナイテッド・エアクラフト・アンド・トランスポートの一部門）は、米海軍空母第1号である「ラングレイ」の艦上から1922年10月17日に初の発艦を行ったVE-7SF複葉戦闘機を作った老舗だが、その後数種の複葉艦戦を生産したものの、単葉艦戦開発はこの時が最初の経験であった。

主任設計技師のレックス・ビーゼルを中心に、近代的戦闘機の計画を練っていたヴォート設計陣の提出した設計案は、当時実用化されていたエンジンの中で最も強力だったプラット・アンド・ホイットニー（以下P&W）R-1830ツインワスプ（離昇出力1,200hp）を搭載した堅実なV-166Aと、同じくP&Wが開発中だった大馬力エンジンXR2800-2ダブルワスプ（同1850hp）を搭載した野心的デザインのV-166Bの2種だった。

陸上機を凌ぐ高性能戦闘機が喉から手が出るほど欲しかった海軍が選んだのは当然後者であり、ここに2,000馬力級エンジンを搭載した初の艦上戦闘機開発が決まった。

エンジンの開発は難航するのが常で、まだ姿形の見えないエンジンを使った航空機開発は、それに引きずられた結果、エンジンと運命をともにするケースが多い。

1945年1月、空母「フランクリン」（CV-13）の飛行甲板上で発艦に備える、VF-5所属のF4U-1Dコルセア。4mの巨大なプロペラが迫力満点だ。なお日本側はF4Uを「シコルスキー」と呼んだが、これは第二次大戦当時のチャンス・ヴォートがシコルスキー社を吸収して「ヴォート・シコルスキー」と呼ばれていたため

だがF4Uは、ヴォートとP&Wが同じUA&Tの傘下企業だった事もあって、協力関係がうまくいった事と、ダブルワスプが信頼性の高いエンジンとして比較的スムーズに完成したことにより、その轍を踏まずに済んだのであった。

逆ガルの海賊、誕生

1939年6月11日、海軍はヴォートに対し、設計案V-166BをXF4U-1と命名し、試作機1機の製作を発注した。

XF4U-1のデザインの基本は何よりも高速の達成にあった。そのためまだ開発中の大馬力エンジンを採用し、その馬力を最大限引き出すため戦闘機としては常識外れともいえる4.06mの大直径プロペラ（これもUA&T傘下のハミルトン・スタンダード製）を装備するという冒険をあえておかしたのである。

コルセアの最大の特徴である逆ガル翼（V字型に折れ曲がっている主翼）は、この大直径プロペラのため主脚が長くなり過ぎるのを嫌った事により採用されたものだが、同時に主翼が胴体に直角に付く事により干渉抵抗が減少し、斜め前下方視界が改善されるというメリットも生まれた。

胴体はエンジン直径ギリギリに絞り込まれたカウリングに合わせて極力細く設計されており、同じエンジンを搭載しながら太い胴体となったF6Fヘルキャットと好対照をなしている。なおカウリングを細くするため潤滑油冷却器、気化器空気取り入れ口は両翼付け根に設けられた。

また本機の製作にあたっては、ヴォートと海軍航空機廠が共同で開発したスポット溶接工法が初めて採用され、機体表面の平滑化と工数の減少が図られていた。1号機（Bu.No.1443）は1940年9月コネチカット州のストラトフォード工場で完成し、29日チーフテストパイロットのライマン A.バラードの操縦で初飛行に成功した。

5回目のテストフライトで不時着損傷事故を起こしたが、すぐに修理され、10月1日のフライトで最大速度404mph（650km/h）を記録し、アメリカ戦闘機で初めて、水平飛行で400mphを超えた機体となった。

その他の性能も、初期上昇率792m/分、上昇限度10,820m、離陸滑走距離は無風で110m、兵装搭載量は燃料満載でも1,200kg以上可能で、いずれの点でも当時の水準を超えるスペックであった。

テスト中問題となったのは着陸時の前方視界不良、着陸寸前の機首上げ操作（フレア）で左翼が下がる事、3点着陸姿勢で逆ガル翼の折れ目に部分的な失速がおきる事、およびロール（横転）性能の不足などで、海軍側のテストの間にエルロン（動翼）の細かい改修が96回にも及んだ。

高性能だが…
空母艦上機としては失格

この頃になるとヨーロッパにおける激しい空の戦いの様相がアメリカにも伝えられたため、海軍は量産型F4U-1に対して実戦向けの多くの改修を加える事を決定した。1940年11月28日、海軍がヴォートに提示した改良項目は、武装と防弾の強化、量産性と整備性の向上に重点が置かれていた他、フラップの改良による離着陸性能の改善など多数に上った。

この中で被弾に弱い主翼内燃料タンクに代わって、胴体内に燃料タンクを装備するよう指示されたが、胴体直径が細いため重心位置付近に大きなタンクを搭載すると必然的にコクピットは後方に下がる事になり、結局81cmも後方に移動しなければならなくなった。これが本機の前方視界を更に悪化させ、後に空母配備が遅れる一因となった。

武装は、プロトタイプが7.62mm機関銃2挺（機首）と12.7mm機関銃2挺だったのに対し、海軍側は12.7mm機関銃6挺の翼内装備を指示した。なお原型には外翼内に対爆撃機用の小型爆弾40発を内蔵できる爆弾倉が設けられていたが、実用性に乏しく廃止された。

ヴォートではこれらの改修設計を進め、1941年6月30日には海軍から量産型F4U-1×584機の発注を受けた。なお同じ日付で海軍はグラマンに対してもF4Fの性能を向上させたXF6F-1試作を命じている。高性能であるが故にリスキーなF4Uの保険としたのである。

また参戦近しと見た海軍は、41年11月ブルースターに対し、また12月にはグッドイヤーに対してそれぞれF4U生産の発注を行ない、大増産態勢を敷いた。全てが順調に運び、量産型F4U-1初号機（02153）は1942年6月25日に初飛行し、7月末より海軍への引き渡しが開始された。

試作機XF4U-1（Bu.No.1433）。後の生産型に比べると操縦席の位置はだいぶ前方にある。1940年5月29日に初飛行、一度は事故で大破したものの、同年10月に最大速度650km/hを記録した。なお、愛称のコルセア：Corsairは「海賊」の意味で、フランス語の「コルセール:corsaire」が由来

F4U-1はエンジンがR-2800-8（B）（離昇出力2,000hp）となり、燃料タンクの移設とコクピットの移動により全長は43cm延びた。またキャノピーは同じような枠の多いバードケージ（鳥かご）型のデザインが変更され、ファストバック型の欠点である後方視界不良を改善するため、後方に側面窓が設けられた。

コクピットと燃料タンクには装甲が施されたが、これらの改良により量産型の全備重量は原型の4,240kgから5,760kgに増加した。しかしエンジンが強化されたおかげで最大速度は高度7,000mで639km/h、上昇力は914m/分、上昇限度11,340mと依然として高性能を維持していた。

1942年9月25日、チェサピーク湾上に浮かぶ護衛空母「サンガモン」（ACV-26）において、F4Uの空母適合性テストが行われた。しかし、ここでF4Uは重大な欠陥を露呈する事になった。

テストを行ったサム・ポーター少佐は、前方視界不良、失速特性不良（左翼が急激に下がる）、カウルフラップからの激しいオイル漏れによる視界不良、主脚オレオ（油圧シリンダー式の緩衝装置）の緩衝力不足などの欠点を報告し、空母運用「不適」の判断を下したのである。

この頃太平洋戦域で零戦相手に苦しい戦いを続けていた海軍は、このテストより前の1942年9月7日に最初のコルセア飛行隊となる第124海兵隊戦闘飛行隊（VMF-124）をすでに編成済みであり、続いて10月3日には第12

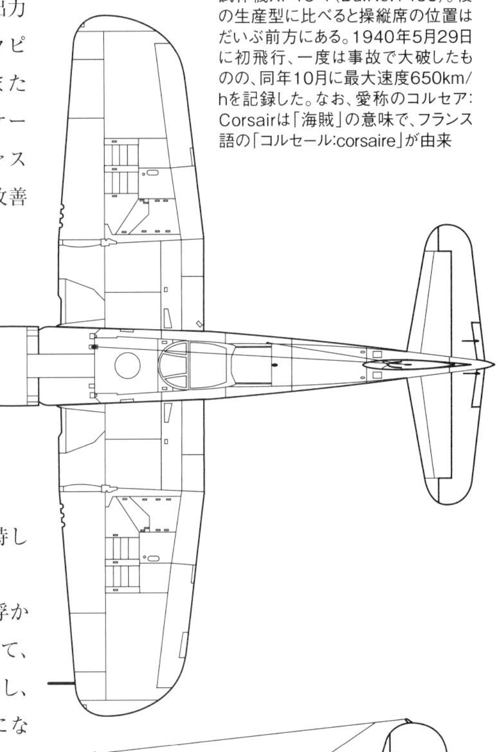

■チャンス・ヴォートF4U-1Dコルセア

項目	値	項目	値
全幅	12.49m	全長	10.16m
全高	4.48m	主翼面積	29.17㎡
自重	4,089kg	全備重量	5,482kg
エンジン	P&W R-2800-8Wダブルワスプ 空冷複列星型18気筒（2,000hp）×1		
最大速度	658km/h（高度6,096m）		
上昇力	6,096mまで7分6秒		
上昇限度	12,200m		
航続距離	2,414km（増槽1個付き）		
固定武装	12.7mm機関銃×6		
搭載量	爆弾等1,360kg		
乗員	1名		

1944年3月に撮影された「ジョリー・ロジャース(海賊旗)」こと海軍第17戦闘飛行隊(VF-17)のF4U-1D編隊。一番手前は17機撃墜のエース・アイラ C.ケプフォード中尉機、その奥は2.25機撃墜のロバート H.ジャクソン中尉機、その奥は5.5機撃墜のフレデリック J.ストレイジ中尉機、一番奥は2機撃墜のウィルバート P.ポップ中尉機

戦闘飛行隊(VF-12)を海軍初のコルセア部隊に指名してしまっていた。

VMF-124は練成訓練を終えた後、1943年2月12日、激戦の続くガダルカナル島ヘンダーソン飛行場に進出した。こうしてコルセアはまず陸上基地からの作戦を開始し、艦載戦闘機としてのキャリアは閉ざされたかに見えた。

コルセアの改良と各種バリエーション

F4U-1は生産中に各種の改修を受けて一つ一つ欠点を取り除いていった。

まずカウルフラップからのオイル漏れは、作動方式を油圧式から機械式に変え、上部3枚を閉止することによって防止した。左翼の失速に対しては、右翼前縁に小型のストールストリップを装備する事で釣り合いをとるようにした。

視界不良に対しては操縦席を7インチ(17.8cm)高くし、キャノピーを枠無しのセミバブル型とする事により大きく改善された。このモデルは一般にF4U-1Aと呼ばれるが、A記号はヴォートが便宜上付けたもので、当初海軍の制式名ではなかったという説がある。

F4U-1A後期型はエンジンが水噴射装置付きのR-2800-8W(離昇出力2,230hp)に換装され、短時間ながら668km/h(高度6,100m)の快速を発揮できるようになった。

その後もコルセアは改良型オレオの導入や、尾輪支柱延長による3点姿勢改善などの改修が加えられ、ようやく空母上での作戦が可能となった。

1型のサブタイプとしては、固定武装を12.7mm機関銃6挺から20mm機関砲4門に換えた1C、中央パイロン1個に代えて内翼パイロン2個(454kg爆弾または増槽を搭載)を装備し、外翼下面にロケット弾ランチャー各4個を追加した1Dがあり、生産数は1型/1A型合わせて2,814機、1C型は200機、1D型は1,685機に上り、1D型最終号機は45年2月2日に引き渡された。

またグッドイヤーではFG-1/1A(F4U-1/1Aに相当)の名称で1,704機、FG-1D(F4U-1Dに相当)2,302機、ブルースターではF3A-1(F4U-1に相当)735機を生産した。

なおF4U-1のうち31機が右翼前縁にAIAレーダーを装備した夜間戦闘機F4U-2に改造された他、数機が写真偵察機型のF4U1Pに改造された。

その他試作改造型としてはターボ過給器付きエンジンXR-2800-16(C)(出力2,000hp)と4翅プロペラを装備したXF4U-3と-3A、同じくターボ付きのR-2800-14W(緊急時出力2,800hp)搭載のXF4U-3Bが作られ、このうち-3BはFG-3としてグッドイヤーで生産される事になったが、終戦により13機完成しただけに終わった。

F4U-1シリーズに続く大量生産型となったのはF4U-4で、1A改造の原型F4U-4XAは1944年4月19日に初飛行したが、それより前の44年1月に1,000機の発注を受けて生産に入った。量産型は44年9月30日に初飛行し、1ヵ月後にデリバリー開始、ほんの少数が対日戦末期に参戦した。

F4U-4は水噴射により2,450hpの緊急出力を発揮するR-2800-18W(C)と4翅プロペラを装備し、高度8,000mで最大速度718km/hを発揮した。外見上は気化器空気取り入れ口が主翼付け根からカウリング下部に移されたのが最大の相違点で、武装はF4U-1Dと同様だった。

海軍は4型を6,000機以上大量発注したが、対日戦終了により半数以上キャンセルされ、1947年8月までに2,356機が引き渡された。なおこのうち296機は20mm機関砲4門を装備したF4U-4B、9機は写真偵察型F4U-4P、1機は夜間戦闘型F4U-4Nとして完成した。

またグッドイヤーではR-4360ワスプメジャー(3,000hp)を搭載し、キャノピーを水滴型にあらためた低空用迎撃機F2Gシリーズを大戦末期に開発したが、いずれも少数の製作に終わった。

4型以後もヴォートにおけるコルセアの新モデル開発と量産は続けられ、水噴射で2,760hpを発揮するR-2800-32W(C)搭載の原型XF4U-5が戦後の1946年4月4日に初飛行し、量産型F4U-5(226機)、夜戦型F4U-5N(315機)、耐寒仕様の夜戦型F4U-5NL(111機)、写真偵察型F4U-5P(30機)が生産された。

5型の外見上の特徴は、気化器空気取り入れ口が左右2個に分割された事で、最大速度は750km/hを超える究極のレシプロ戦闘機となった。

ジェット時代に入った後もコルセアの生産は続行され、1952年にはF4U-6を改称した攻撃機型AU-1が111機作られた他、フランス海軍向けのF4U-7も94機生産された。最終号機は1953年1月31日にロールアウトし、12年以上にわたったコルセアの生産にようやく終止符が打たれた。

蒼き海賊、太平洋での激闘の航跡

最初のコルセア飛行隊となったVMF-124は、ガダルカナル島に展開した1943年2月12日初日から作戦を開始し、二日後の14日には初めて零戦との空戦を経験した。

この日、12機のコルセアはPB4Y(B-24の海軍型)のエスコートとして陸軍のP-38、P-40

とともに出撃したが、途中約50機の零戦と遭遇し空中戦となった。この戦いで米側は零戦3機を撃墜した代償に、P-38×4機、PB4Y、P-40、F4Uを各2機失うという惨敗を喫し、「聖バレンタインデーの虐殺」と呼んで落胆した。

しかし日本側が強かったのはこの頃までで、急速に勢力を増大させていくコルセア部隊の前に苦戦の連続となっていった。VMF-124展開の約1ヵ月後には第2の海兵隊コルセア部隊VMF-213がヘンダーソンに到着し、その後も海兵隊F4F飛行隊が次々にF4U-1/1Aに改編する事により、ソロモン諸島上空はコルセアの支配下に置かれる事になった。

中でも1943年9月に作戦を開始したVMF-214「ブラックシープ」は隊長のグレゴリー・ボイントン少佐（1944年1月3日、28機撃墜を記録後、自らも撃墜されて捕虜となる）が海兵隊トップエースとなるなど目ざましい活躍

XF4U-1

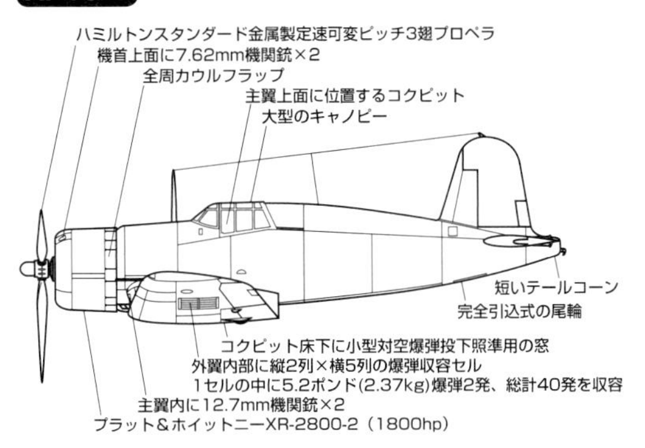

F4U-1

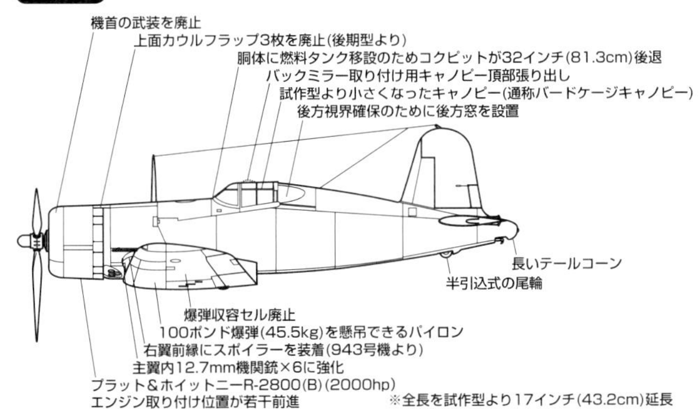

F4U-1A/D

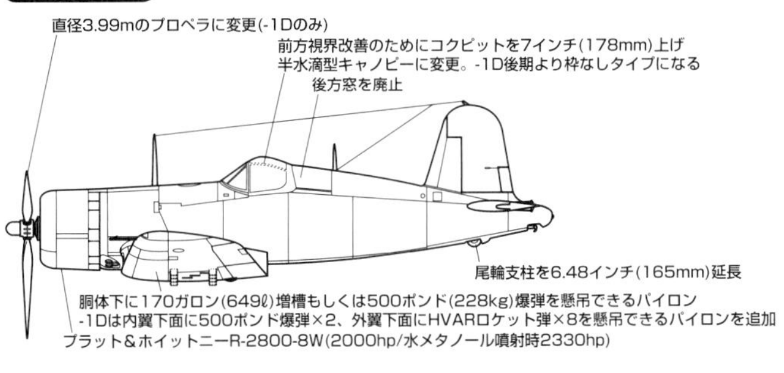

XF4U-3

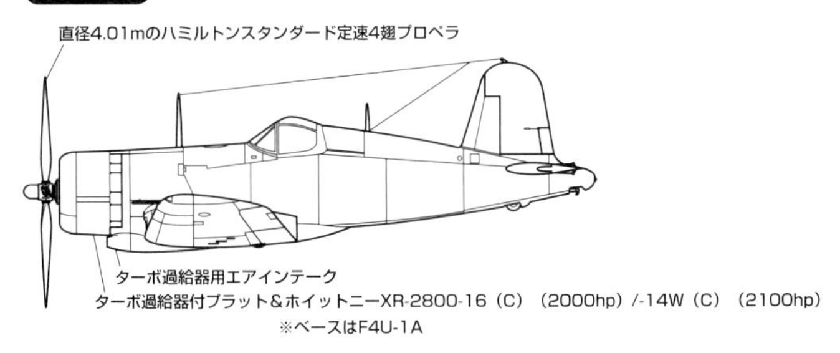

F4U-4

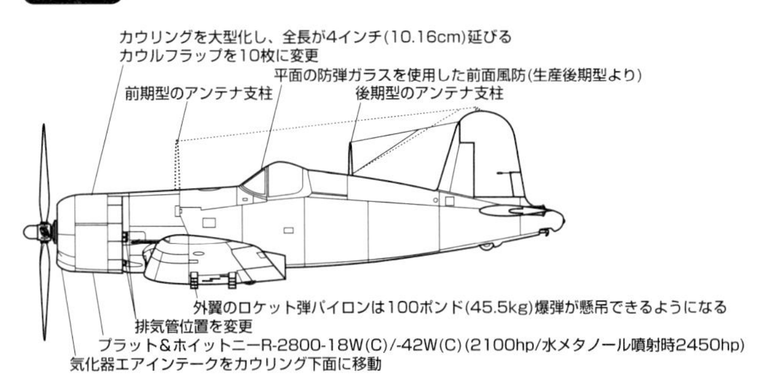

F4U-5N/-5NL

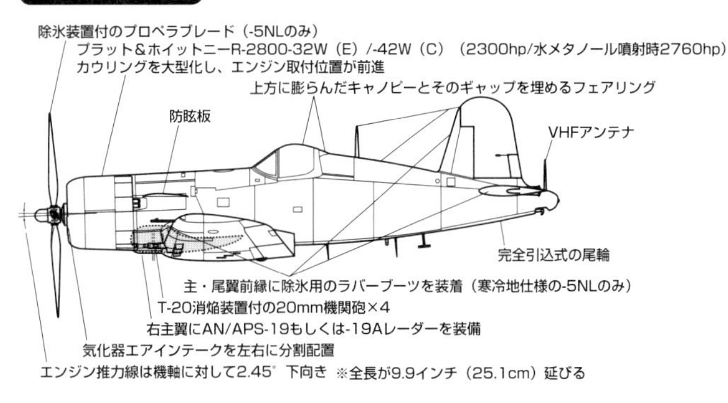

AU-1

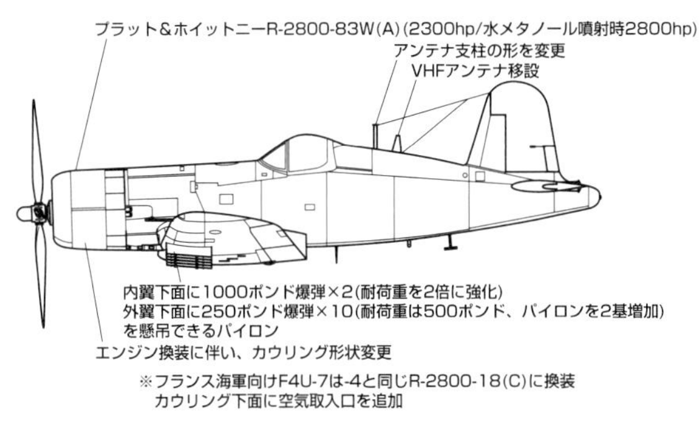

F2G-2

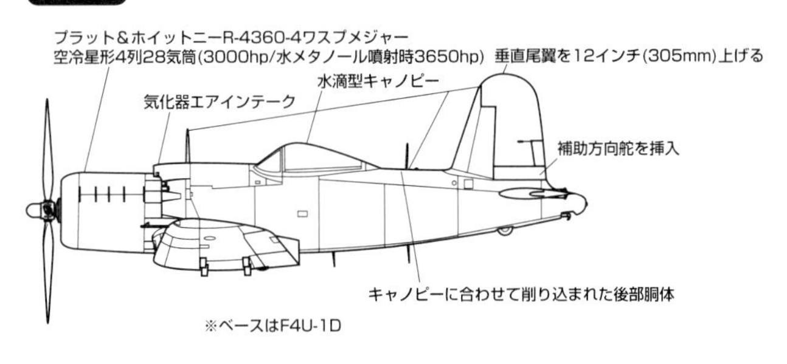

を見せた。

海兵隊コルセアはソロモン方面だけでなくマーシャル、ギルバート諸島方面でも次第に主力機となり、日本側の航空兵力弱体化にともなって、対地支援作戦がメインの任務となっていった。

F4U-1/1Aは胴体中央に454kg爆弾を搭載するのみであったが、やがて戦闘爆撃機型1Dが登場し、454kg爆弾2発と5インチHVAR(ロケット弾)8発という重武装(日本の重爆や陸攻より強力)で猛威をふるい始めた。海兵隊コルセア部隊は、マリアナ、フィリピン、沖縄へと島伝い作戦を続け、多大の戦果をあげたのである。

一方海軍飛行隊はといえば、最初のコルセア部隊となったVF-12は空母訓練中の事故多発のためF6F-3ヘルキャットに転換して、空母「サラトガ」(CV-3)に配備された。

2番目の部隊は1943年1月1日に新編されたVF-17「ジョリー・ロジャース」で、空母「バンカーヒル」(CV-17)に配属され訓練を実施、8月にはF4U-1から1Aに装備機を変更したが、結局10月25日に陸上基地(ニュージョージア島、オンドンガ飛行場)に展開して作戦を開始している。同隊のコルセアは、11月11日のラバウル攻撃の際、「バンカーヒル」に着艦して燃料補給を受け基地に帰還したが、本格的な空母上運用までにはもう少し時間が必要であった。

海軍は1944年4月に脚オレオなどを改修したF4U-1Aを使用して護衛空母「ガンビアベイ」上で、再び空母適合性テストを行なった。結果は良好で、コルセアの空母配備が迅速に行われる事になった。

もっとも、このテストの少し前の4月3日に、英海軍のコルセアII(F4U-1A)がドイツ戦艦「ティルピッツ」攻撃のため英空母「ヴィクトリアス」から発艦しており、コルセア初の実戦空母運用記録は、イギリス海軍が記録している。

米海軍は1944年12月以降ついにF4Uの空母配備を開始し、多数のVFとVBF(戦闘爆撃飛行隊)のF4U-1D/4それにFG-1Dが空母上に展開した他、海兵飛行隊も空母上から作戦を行った。

こうして空母上の戦闘機勢力をF6Fと二分する形となったF4Uは、対日戦末期の硫黄島、沖縄侵攻作戦、本土空襲などに猛威を奮ったのである。

逆ガルの翼は、戦後も世界の空を舞う

コルセアは戦後の朝鮮戦争でも活躍した。1950年6月25日、北朝鮮軍が突如38度線を突破したことにより朝鮮戦争は開始されたが、開戦時香港沖にいた空母「ヴァリー・フォージ」は英空母「トライアンフ」とともに黄海へ急行し、7月3日平壌爆撃作戦を実施した。

この作戦にはVF-53とVF-54のF4U-4/4B計16機が参加したが、その後も朝鮮海域に派遣される米空母(護衛空母を含めて18隻が参加)の上には必ず本機の姿があり、困難な戦いを続ける国連地上軍の支援に活躍を見せたのであった。

空母から作戦を行ったのは海軍、海兵隊のF4U-4/4Bが主力で、他に夜戦型F4U-5N/-5NL、写偵型のF4U-5Pが参戦した。海兵隊コルセアは地上基地にも進出して第二次大戦で腕を磨いたCAS(Close Air Support:近接航空支援)任務に威力を発揮した。

最後に諸外国におけるコルセアについても記しておこう。

最も大量に採用したのは本格的な艦上戦闘機を持たなかったイギリス海軍で、コルセアI(F4U-1)95機、III(F4U-1A/1D)510機、II(F3A-1)430機、IV(FG-1/1A/1D)857機の計1,892機をレンドリースにより導入した。

空母配備についてもアメリカ海軍より積極的で、自国空母の格納庫の天井の高さに合わせて翼端を8インチ(20.3cm)切断し、主脚オレオを延長するなどの改造を加え、前記のように1944年4月には空母による実戦運用を開始した。これは本家アメリカ海軍がコルセアの本格的な空母運用を始めるより実に7ヵ月以上先行するものだった。

また英連邦の中ではニュージーランド空軍がF4U-1A×238機、F4U-1D/FG-1D×186機を供与され、44年5月以降ソロモン方面で対日戦に投入した。

フランスは戦後になってF4U-7×94機を導入したが、それ以外に1954年のインドシナ(ベトナム)紛争では米国からAU-1×25機を供与されて対地支援作戦に使用した。一方F4U-7は、植民地だったアルジェリアとチュニジアの独立戦争、スエズ動乱(第二次中東戦争)などに際して空母/陸上基地双方から実戦活動を実施した。

その他1950年代後半にアルゼンチン海軍がF4U-5/5Nを二十数機、エルサルバドル空軍がFG-1Dを20機、ホンジュラス空軍がF4U-4/5Nを20機、それぞれ導入した。

このうち隣接するエルサルバドルとホンジュラスは、1969年サッカーW杯予選の試合の判定をめぐるイザコザがきっかけとなり戦争にまで発展(サッカー戦争)、コルセア対コルセアの空中戦が起こり、ホンジュラス側が2機を撃墜したとされている。

1945年1月、メリーランド州パタクセント・リバー海軍基地の海軍航空試験センターで撮影されたF4U-1D(Bu.No.57569)。カモメ(gull)の翼の逆になっている逆ガル翼が良く分かるアングル。機関銃発射口は塞がれているが、外翼に8発の5インチロケット弾HVARを、内翼に2発の11.75インチ(29.8cm)ロケット弾"タイニー・ティム"を懸吊している

ベルP-39 エアラコブラ/P-63 キングコブラ

技術立社「ベル」

ベル社の創始者ラリー・ベルは進取の気概の強い人物だった。1935年、勤めていたコンソリーデーテッド社がニューヨーク州バッファローからカリフォルニア州サンディエゴに移転するのを機会に、設計者のロバートJ・ウッズなどとともに退社、そのまま工場を譲り受けてベル社を設立した。

以来ベルは他社の製品とは一味も二味も違う航空機を開発、また普通は敬遠される研究機（戦後のX-1、X-2、X-5など）も積極的に受注した他、当時まだ、海のものとも山のものとも分からなかったヘリコプターの研究者アーサー・ヤングを援助するなど、ユニークな経営方針を貫いた。

下請け事業から始まったベルの最初の自主開発1号は、アメリカ陸軍航空隊（以下AAC）(注1) の発注により1936年5月から開発がスタートした、双発長距離掩護戦闘機XFM-1エアラクーダであった。

このエアラクーダは排気タービン式過給器（ターボスーパーチャージャー）付きアリソンV-1710-13（1,150hp）を推進式に装備し、そのエンジンナセル前方に37mm機関砲と7.7mm機関銃を持つ銃座を備えるという奇抜なデザインだった。しかし翼幅20mを越す大型機の上、銃座などのため重量も嵩んだから当然アンダーパワーで、護衛するはずのB-17Bより50km/hも鈍速という結果となり不採用となった。

37mm機関砲とミッドシップエンジンの採用

AACは旧式化した戦闘機勢力を一新するため、1936年各航空機メーカーに新戦闘機開発を指示した。

新興メーカーだったベルにも1937年3月19日、仕様X-609として単発戦闘機開発の発注が行われたが、細かい要求は示されず、強力な武装、良好な運動性と離着陸特性、視界の良さなどを指示されただけであった。

ベルでは設計主務のウッズを中心にデザインの検討を進めたが、そこはベルのこと、オーソドックスなデザインで済むはずもなかったのである。

まず設計陣は大火力という点から大口径砲の採用を考え、25mm砲、37mm砲の搭載の検討を始めた。特にアメリカンアーマメント社が1935年に開発した37mm機関砲T-9は、大口径の割には軽量なので、戦闘機用として最適の兵装と考えられた。

ただ大口径砲は砲身が長い上に重量と容積を食うため、その装備法には特別の配慮が必要だった。そこで考えられたのがエンジンを機首から胴体中央に移して延長軸でプロペラを駆動し、機首の空いたスペースに砲を搭載、プロペラ軸から発射するという方式だった。

ミッドシップエンジン形式は、大口径砲搭載が容易ということの他に、重量の大きなエンジンを重心付近に置くことによる運動性の向上、機首を低抵抗の形状にできること、コクピットを前進させることによる視界の改善などといった長所が考えられた。どちらも各国で試作、ないし計画されていて、ベルのオリジナルではないが、その両方を組み合わせたのはこのP-39だけだった。

とにかくベルのユニークな設計案はAACの認めるところとなり、1937年10月7日、XP-39の名でプロトタイプの製作が発注された。

牙(ターボ)を抜かれたコブラ

XP-39の1号機（38-326）は1938年春に完成し、AACのテストセンターがあったライトフィールドで、4月6日に初飛行に成功した。XP-39は排気タービン式過給器付きアリソンV-1710-17（1,150hp）エンジンを搭載。武装や装甲未搭載で重量が2,800kgと軽かったため、最大速度628km/h、6,100mまで5分で上昇するという優秀な性能を示した。

60時間以上の飛行テストを終了した後、XP-39は全米航空査問委員会（NASAの前身、以下NACA）ラングレー研究所に送られて風洞試験を受けることになったが、ここで本機の運命を大きく変える勧告が出される。

NACAは、キャノピーの高さを低くする事、キャブレター空気取り入れ口を胴体左側面からキャノピー後方へ移動させる事、ラジエーターのインテークを主翼前縁に設ける事、スパンを10.9mから10.36mに切り詰める事などの空力的改良に加えて、“排気タービン式過給器の廃止”を指示したのである。

これはターボ廃止による機構の単純化を図り、低空戦闘に任務を絞る狙いがあったのだろうが、この変更と実用化に至るまでの装備追加による重量増加が、本機の上昇力と高々度性能を大きく損なうことになる。

ベルはNACAに指示された改造を行い、1939年11月25日に改造後の初飛行を行った。XP-39Bと改称された改造型はエンジンがターボ

ミシガン州セルフリッジ航空基地で撮影された第31追撃航空群第40追撃飛行隊のP-39C。プロペラ軸内発射式の37mm機関砲、カードア式の扉、前輪式降着装置など特徴的なフォルムが良く分かる一葉

（注1）AAC…Army Air Corps

ダックスフォード飛行場に並んだ、イギリス空軍第601飛行隊のエアラコブラI。
エアラコブラを運用した英空軍の部隊はこの601飛行隊だけだった

チャージャーのないV-1710-39(1,090hp)に換装され、低空での運動性が改善されたものの、最大速度は高度4,570mで603km/h、上昇時間は6,100mまで7.5分と大幅に低下した。

XP-39がNACAに送られる少し前の1939年4月13日、AACは運用テスト機としてYP-39を13機発注した。続いてNACA勧告を取り入れたYP-39が製作され、1号機（40-027）は40年9月13日に初飛行した。

当初武装は搭載されていなかったが、やがて37mm機関砲1門（砲弾15発）が操縦席前（プロペラ軸内発射式）に、12.7mm機関銃2挺（各200発）、7.7mm機関銃2挺（各500発）が機首に集中的に搭載された。そのうちの1機はエンジンを換えてYP-39Aとなり、他は陸軍側の実用化テストに使用された。

母国以外で大量採用

最初の生産型となったのはP-39C（当初P-45と命名されたが後に変更）で、1939年8月10日、AACから80機のオーダーを受けて生産が始められた。しかしこの頃ヨーロッパの戦いの状況が伝えられたことから、武装と装甲の強化が必要と考えられたため、20機完成したところで、改良型のP-39D生産にスイッチされた。P-39CはエンジンがV-1710-35（1,150hp）を搭載する他は、ほぼYP-39と変わらない機体で、1941年初めに20機全機が第31追撃航空群（Pursuit Group：PG）に引き渡された。

P-39Dは武装の変更と機体のマイナーチェンジを行ったモデル。37mm砲の弾数を30発に増やし、機首の7.7mm機関銃2挺を主翼内に移した他、翼内燃料タンクをセルフシーリング式に換え、装甲の強化、垂直尾翼前方のフィレット追加、胴体下面に爆弾/増槽架を装備するなどの改良が加えられた。

1940年9月にはイギリスへのレンドリース用として、軸内発射の37mm砲をイスパノスイザM1 20mm機関砲（弾数60発）に換装したD1を349機、翌年更に150機追加、エンジンをV-1710-63（1,325hp）に強化したD-2を344機発注し、D型全体の生産数は923機に達した。

また1940年3月30日にはフランス政府が170機を発注、同年10月から引き渡しが開始されることになった。さらに半月後の4月13日にはイギリスが「カリブー（トナカイ）」の名で（後に「エアラコブラ」に変更）505機を発注した。

英仏の発注した機体はP-39D-1とほぼ同じ機体で、フランスが間もなく降伏したため、エアラコブラMk. Iとして675機全てがイギリスに引き渡されることになった。

しかしイギリスは本機をテストした結果、性能不足と判断。第601飛行隊に配備しただけで、約200機を対ソ援助にまわし、残りは米陸軍に返却した。この出戻りコブラは、対日戦にP-400の名称で使われることになった。

この後もエアラコブラは細かい改良を加えながら量産が続けられ、プロペラをカーチスからエアロプロダクツ製に換えたF型（229機）、エンジンをV-1710-59に換装したG型（25機）、V-1710-63と直径3.15mのエアロプロダクツプロペラを組み合わせたK型（110機）、カーチス製プロペラにしたL型（250機）、全開高度を上げたV-1710-83（1,200hp）と直径3.4mのエアロプロダクツプロペラを装備したM型（240機）、V-1710-85（1,200hp）と3.45mプロペラ装備のN型（2,095機）、エンジンはN型と同じで、翼内機関銃を廃してゴンドラ

■ベルP-39Qエアラコブラ

全幅	10.36m	全長	9.21m
全高	3.75m	主翼面積	19.8㎡
自重	2,956kg	全備重量	3,443kg
エンジン	アリソンV-1710-85 液冷V型12気筒（1,200hp）×1		
最大速度	616km/h（高度3,600m）		
上昇力	6,096mまで6分30秒（緊急出力）		
上昇限度	10,700m		
航続距離	845km（増槽無し）		
固定武装	37mm機関砲×1、12.7mm機関銃×4（機首×2、翼下ガンポッド×2）		
搭載量	爆弾227kg	乗員	1名

式に12.7mm機関銃2挺（各300発）を搭載したQ型（4,905機で最多量産モデル）が量産された。

その他のバリエーションとしては、エンジンを2段過給器付きV-1710-47に換装し、翼幅を延長して各翼端を角形とした性能向上試験機XP-39E（2機）、尾輪式として着艦フックを追加した海軍向け試作艦上戦闘機XFL-1エアラボニータ（1機）が作られた他、本来のコクピット前方にキャノピーを追加した複座練習機改造型TP-39Q、RP-39Qが少数作られ、カメラを搭載した写真偵察機型も現地改修で作られた。

第357戦闘航空群第363戦闘飛行隊、クラレンス E.“バド”アンダーソン大尉（当時）のP-39Q“Old Crow”。1943年、ネバダ州トノパー飛行場。第357戦闘航空群は43年後半にP-51に改編し、アンダーソン少佐はトータルで16.25機撃墜のエースとなったが、P-39での撃墜戦果はない。P-39は胴体の形状から、日本軍パイロットには「カツオブシ」と呼ばれた

太平洋での惨敗と東部戦線での活躍

エアラコブラの初陣は、前記の英空軍601飛行隊が1941年9月9日にフランス上空に出撃したことによって記録されたが、コンパスの不調が出たため2度のミッションを実施しただけで、同隊は42年1月にスピットファイアMk.ⅤBに転換した。

アメリカ陸軍航空軍（Army Air force。1941年6月AACより改称、以下AAF）は、日本参戦後、国内に残っていた英空軍向けエアラコブラ179機を引き取り、P-400の名で3個PG（42年6月にFG/戦闘航空群と改称）に配備し、オーストラリアへと送り出した。

太平洋戦域で最初に実戦参加したのは、1942年3月にブリスベーンからニューギニア・ポートモレスビーに進出した8PG 80PS（第8追撃航空群 第80追撃飛行隊）と35PG 41PSで、ラバウル航空隊の精鋭零戦と対戦して苦戦を強いられることになった。

この戦域では当初P-400が主力だったが、間もなくP-39Dが到着し、戦局が進むに従ってF型以降の各型も次々に展開した。

P-39は零戦に較べ、低高度の速度ではほぼ互角な他は上昇力、運動性では明らかに劣り、とくに5,000m以上の高度では全ての性能で劣っていたから、まともに空中戦に入れば勝ち目はなく、頑丈で武装と装甲が強力な点を生かして戦う以外に道はなかった。

しかし、この特質は近接航空支援機として最適であり、小型爆弾と37mm砲による対地/対艦攻撃では効果的で、ガダルカナルの戦いで活躍した。結局、1944年初め頃にはP-38、P-47の数が揃ったため、第一線から退いていった。

P-39は地中海戦線でも近接支援機として活躍した。1943年1月モロッコに進出した81FG、350FG（第81、第350戦闘航空群）のP-39は、スピットファイアの上空掩護のもとに砂漠の戦いと地中海における船団攻撃に威力を発揮した。その後もこれら2個航空群はシシリー、イタリア上陸作戦に参加するなど、44年春まで活動を続けた。

またAAFは米本土での戦闘機パイロット養成に大量のP-39を使用した。チャック・イェーガーの自伝にも本機で訓練を行った事が記されているが、イェーガーはP-39を、「低空での運動性が抜群で、飛んでいて楽しい飛行機だ」と絶賛している。

イギリスで失格の烙印を押されたエアラコブラは、約200機がソ連に送られた。またこれとは別にアメリカからも対ソ援助機として大量のP-39各型がソ連に送られ、総計4,924機がソ連に渡った（うち137機が事故で喪失）。P-39シリーズの総生産数は9,588機だから、実に半数以上がソ連に渡った計算となる。

失格戦闘機を大量に受け取ったソ連もありがた迷惑だったかというとさにあらずで、ソ連空軍ではけっこう重宝したのである。第一にロシア戦線では高々度の空戦はほとんどなく、対地支援が空軍の主任務だったから、低高度での運動性が良くて、しかも大口径砲を搭載するエアラコブラは水を得た魚のように大活躍できたのである。

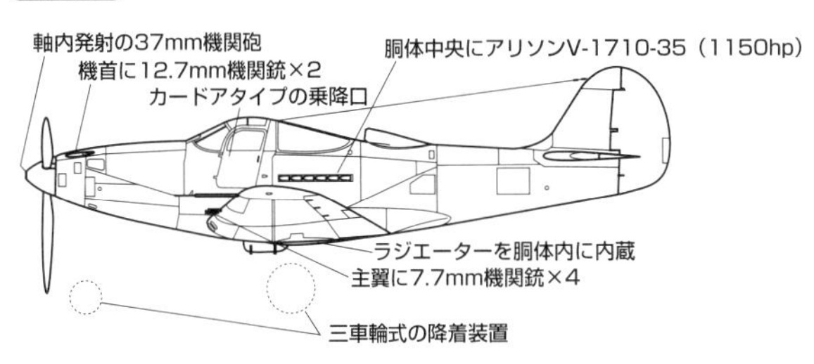

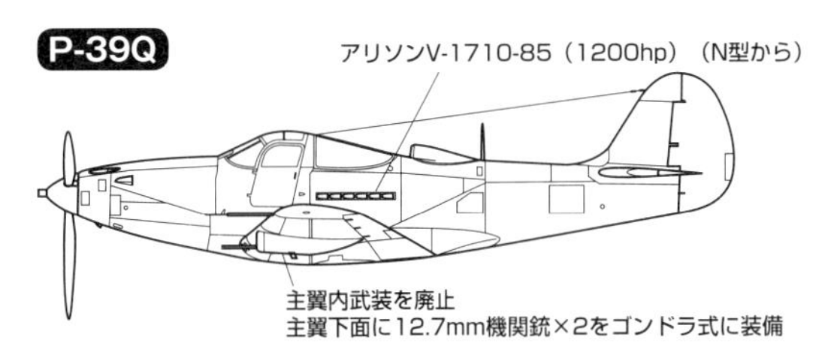

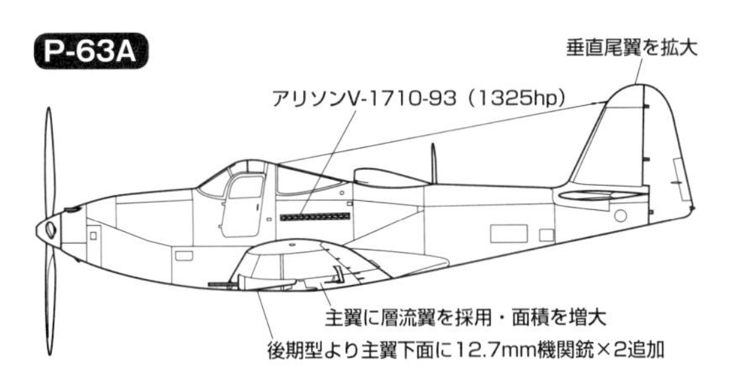

P-39を元に層流翼を採用、主翼面積と燃料搭載量の増大を図り、エンジンもアリソンV-1710-93(1,325hp)に換装、プロペラも4翅となったP-63Aキングコブラ

ソ連空軍ではP-39を対地攻撃機として活用しただけでなく、空戦においてもその特質を生かしてドイツ空軍に立ち向かっており、A.I.ポクルィシュキン(59機撃墜)、G.A.レチカロフ(56機)、N.D.グライエフ(57機)といったエアラコブラエースを多数輩出した。P-39エースがウィリアム F.フィドラー Jr.中尉(5機撃墜)しか生まれなかった母国アメリカとは大違いである。

ソ連以外では、1942年7月にオーストラリア空軍がD/F型22機を供与され、1943年5月からは北アフリカの自由フランス軍にも引き渡しが開始された。

その他ポーランドがソ連から2機のP-39を受領した他、中立国のポルトガルが誤って着陸した米陸軍のP-39D×18機を大戦直後まで使用した。

キングコブラのリベンジ

せっかくの画期的なエンジン配置を採用しながら、全般に性能の振るわないP-39を、なんとか一流の戦闘機に仕立てるため、ベルは陸軍と協力して研究を続けていた。

この結果、全体に大きくなって、層流翼断面を持つ新設計の主翼を採用し、2段2速過給器付きV-1710-47(1,325hp)エンジンと4翅プロペラを装備した設計案がAAFに認められ、1941年6月26日、XP-63の名で試作機2機製作を受注した。

1号機は1941年12月7日(真珠湾奇襲の当日)初飛行を行った。試作機2機は不運にも初期テストの段階でいずれも墜落して失われてしまったが、試作3号機にあたるXP-63Aが、テスト飛行を継続した。

XP-63Aは、より強力なV-1710-93(1,500hp)を搭載し、37mm砲1門、12.7mm機関銃4挺(機首と主翼ガンパックに各2挺)および40kgの装甲を装備した上で、686km/h(高度6,100m)という高性能を発揮した。

最初の量産型P-63Aの発注は1942年9月29日に行われ、マイナーチェンジを加えながら1,725機生産された。

P-63Aはエグリン基地でAAFの評価を受け、高度7,600mで660km/h、実用上昇限度13,100m、航続距離720kmというまずまずの性能を示したが、すでにP-47、P-51が大量産に入っていたため、主力戦闘機とはせず、丈夫で武装/装甲が強力だったことからまたしても対ソ援助機として、また少数は本土における戦闘機パイロット訓練用として使われることになった。

A型に続いて量産されたP-63Cは、水噴射を付加して1,800hpを出せるようになったV-1710-117エンジンを搭載したもので、1,427機生産された。

その他P-63のバリエーションとしては、スパンを拡大しバブルキャノピーを採用したP-63D(1機)、C型にD型の主翼を組み合わせたP-63E(13機)、垂直尾翼を大型化して方向安定性を増したP-63F(2機)があった。

P-63Cをベースに後退翼とした試験機L-39。風洞試験で多くのデータを提供した

撃たれ役(ピンボール)となった王蛇

他に例を見ない機種として有人標的機として作られたP-63にも触れておこう。これは"ピンボール"の名で呼ばれたもので、主として爆撃機の銃手訓練用に用いられた。固定武装を全廃し、機体に約680kgもの装甲を貼り付けたキングコブラに爆撃機を模擬攻撃させ、銃手が鉛とプラスティックで作られた弾丸(当たると砕け散る)を装填した7.7mm機関銃で応戦するというものだった。

この用途に作られたのは、RP-63A×100機、RP-63C×200機、RP-63G×32機で、特殊用途機ながらけっこうたくさん作られている。

ほか改造型としては、2種の複座型(後部胴体にオブザーバー席を設けたものと、前部に席を設けたソ連改造の練習機)、V型尾翼試験機、海軍の要請で作られた後退翼試験機L-39(2機)などがある。

L-39はアメリカ初の後退翼機として大戦終了後の1946年4月23日に初飛行し、後退翼に関する多くのデータを収集した他、前縁スラットのテストやX-2超音速実験機の主翼デザイン研究などにも用いられた。

キングコブラは各型合わせて3,303機生産されたが、そのうち2,397機がソ連に送られた。ソ連での同機の記録は未公表だが、P-39より高性能で武装も強力だったことから、対地攻撃にも空戦にもかなりの活躍を見せたのではないだろうか。

ソ連以外でP-63を供与されたのはフランスで、ドイツ降伏直後の1945年6月にP-63Cの受領を開始し、116機(300機という説もある)を装備した。当初北アフリカに配備されていたが、1949年にベトナムに送られ、8月から対ベトミン攻撃作戦に投入され、1951年春頃まで使用された後、F6FヘルキャットおよびF8Fベアキャットに交代した。

結局P-39/P-63は、斬新なアイデアとそれを活かすポテンシャルを備えながら、航空当局の運用変更に翻弄された"傑作になれなかった"機体といえよう。後知恵で「もし」を語るのはたやすいが、もしターボが付いていたら、もしマーリンエンジンに換装したら、大戦初期の名機になったかも知れない。

カーチスP-40 ウォーホーク

アメリカ航空界の大御所「カーチス」

カーチス社の創設者グレン・ハモンド・カーチスは飛行機のパイオニアの一人である。モーターサイクルメーカーを経営していたカーチスは、ライト兄弟初飛行翌年の1904年に航空機用ガソリンエンジンを開発し、1908年には自ら設計した複葉機「ジューン・バグ」を初飛行させた。そして1909年に彼が共同出資して設立したヘリング・カーチス社はアメリカ初の航空機会社であり、その後何回かの組織変更を繰り返した後、1929年にはライバルだったライト社と合併してカーチス・ライト社となった。

カーチスは軍用向けに航空機のセールスを最も早く始めた会社であり、1920年代には、米海軍と陸軍に対する複葉戦闘機の最大のサプライヤーへと成長した。

1935年米陸軍は、各メーカーに対し単葉の次期戦闘機試作を要請し、これに応えてカーチスは、ライトXR-1670(900hp)空冷星型エンジン付きのモデル75を開発、1935年5月15日に初飛行させた。

カーチス75は陸軍からP-36ホークとして発注を受けた他、輸出型はイギリス(モホークと呼ばれた)、フランス、中国(注1)、オランダ、ノルウェー、アルゼンチンなどに売却され、戦前のベストセラー戦闘機の一つとなった。

このカーチス75は、初飛行の時期からいえば、日本海軍の九六式艦上戦闘機と同期のライバルにあたる戦闘機だ。全金属製、低翼単葉、引き込み脚(アルゼンチンと中国向けの一部は固定脚)という近代的戦闘機の体裁を一応は整えていたが、エンジンは900～1,050馬力、最大速度も450km/hそこそこと、1930年代後半にはすでに低性能機に成り下がってしまい、中国戦線では日本の九六艦戦にも苦戦する状態だった。

P-40の誕生と初陣

ヨーロッパが風雲急を告げつつあった1938年、米陸軍は翌年1月に次期戦闘機の採用審査を実施する事を発表した。

この審査に参加したのは空冷エンジン搭載のカーチスXP-42(P-36Aのスピナー/カウリングを低抵抗のデザインに改良したモデル)、セバスキーXP-41/XP-43(後者はターボスーパーチャージャー付き)と、最新の液冷エンジン・アリソンV-1710搭載のロッキードXP-38、ベルXP-39、カーチスXP-37(以上3機はターボスーパーチャージャー付き)、そしてP-36のエンジンをV-1710に換装しただけのXP-40の計7機種であった。

結局このコンペの勝者となって4月27日に524機という、第一次大戦以来の大量発注を獲得したのはP-40で、その理由は高性能だからというわけではなく、機体がP-36そのままだったため、最も安価であり、ただちに量産、就役が可能という点にあった。

これは陸軍が当時、いかに近代的戦闘機の取得を急いでいたかを示すものだが、もちろんP-40に満足していたわけではなく、XP-38、XP-39、XP-43(後にP-47に発展)にも増加試作型を13機ずつ製作するよう発注を行っていた。

XP-40はP-36Aの10号機にV-1710を積み、ラジエーターを最も抵抗が少ないといわれた主翼直後の胴体下面に装備して1938年10月14日に初飛行した。しかしどういうわけかスピードが526km/hしか出ず、ラジエーターを機首下面に移すなどの改修を加え、ようやく550km/hに達した所で、審査に挑み、勝者となったのであった。

量産型P-40は1940年6月から配備が始められたが、陸軍は200機デリバリーされた所で、続く140機をフランス向け輸出にまわすこととした。だがフランスはナチスドイツの前に間もなく降伏したため、これらはイギリスに輸出され、トマホークMk.Ⅰと命名された。だが武装・装甲が不充分ということでもっぱら訓練用に使われ、防弾の強化などを行なった改良型トマホークMk.Ⅱがアフリカ戦線へと送られた。

RAF(Royal Air Force:英空軍)トマホークは1941年5月以降戦闘に参加し、これがP-40の初陣となったが、対地攻撃が主任務だったためと、同年12月には後述のキテイホークに交代したため、ほとんど見るべき戦績は残していない。

対日戦での苦杯

P-40の生産は、ヨーロッパでの教訓を入れて、武装を強化しコクピットと燃料タンクに防弾を施したP-40B(英名トマホークMk.ⅠA)、自動防漏タンクを備えたP-40C(同トマホークMk.ⅠB)にとって代わられ、これらと

高空で出力が下がるアリソンV-1710エンジンに換えて、P-51と同じパッカードV-1650マーリンに換装したP-40F。高空での性能は劇的に向上したが、マーリンはP-51に優先的に供給されたため、1,321機の生産に留まった

(注1)中国…当時の中国は蒋介石率いる国民党が支配する"中華民国"。

中国・昆明基地のAVG(American Volunteer Group:アメリカ義勇航空群)「フライング・タイガース」のP-40B。機首上部に12.7mm機関銃2挺がついており、また機首下部のアゴ状のラジエーターも小さめで、E型以降とは違った印象を受ける

1941年8月からデリバリーが始まった馬力強化型で、ラジエーターのエアインレットが大型化されたP-40E（同キティホークMk.IA）が対日戦初期の主力となったのである。

1941年12月7日、日本海軍機による真珠湾攻撃を受けた際、米陸軍はハワイ各基地にP-40B×87機、同C×12機を配備していたが、そのうちの72機までが地上で破壊されてしまった。

しかしこの日たまたま徹夜ポーカーをやっていた不良パイロットの一団がおり、そのうちのジョージ・ウェルチ中尉とケネス・テーラー中尉の2人は、日本軍の攻撃から漏れたハレイワ訓練飛行場からP-40で出撃し、各4機の日本機（おそらく大部分が九九式艦爆）を撃墜した。なおウェルチはこの後もスコアを重ねて終戦までに16機撃墜のエースとなり、戦後はノースアメリカン社のテストパイロットとなってXP-86、YF-100の初飛行を担当、1954年にF-100Aの事故で死亡している。

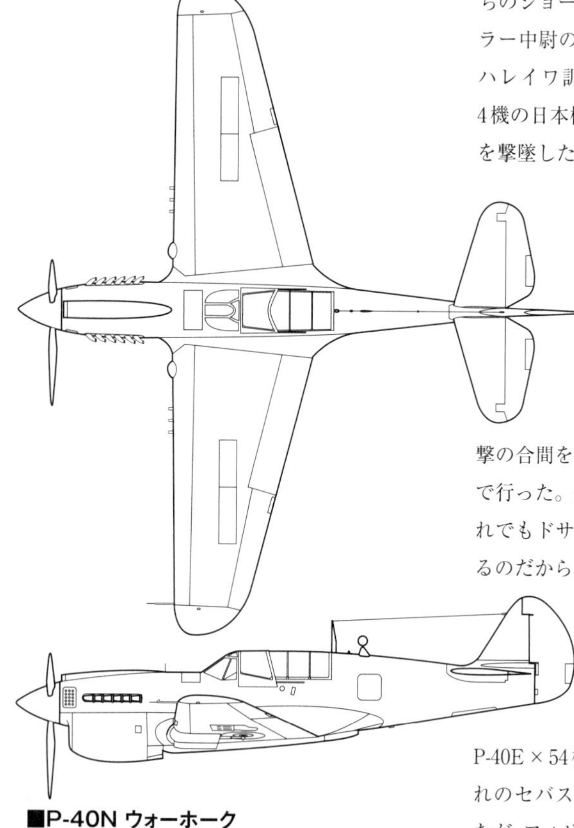

■P-40N ウォーホーク

全幅	11.37m	全長	10.15m
全高	3.77m	主翼面積	21.92㎡
自重	2,812kg	全備重量	4,014kg
エンジン	アリソンV1710-39 液冷V型12気筒(1,150hp)		
最大速度	563km/h(5,000m)		
上昇力	5,000mまで7分42秒		
上昇限度	9,450m		
航続距離	1,207km(増槽付き)		
固定武装	12.7mm機関銃×6		
搭載量	爆弾227kg×3	乗員	1名

また旧式のP-36A×6機も爆撃の合間を縫って離陸、零戦編隊に突っ込んで行った。結局は散々な目に会うのだが、それでもドサクサにまぎれて1機を撃墜しているのだから立派である。

一方、太平洋の反対側のフィリピンでもP40の苦闘が展開された。当時フィリピンには米陸軍FEAF（極東航空軍）のP-40E×54機、P-40B×18機、それに時代遅れのセバスキーP-35×18機が配備されていたが、フィリピン時間12月8日午前中に始まった日本海軍機の攻撃の前に、ほとんどなす術もなく全滅させられてしまった。

P-40による撃墜記録も少数残されているが、零戦に対しては低空での速度でいくらか勝った程度で、上昇力、運動性、高々度性能などほとんど全ての性能で劣っていたのは明らかだった。

フィリピン陥落の後、P-40はジャワ、南太平洋戦域などで日本機と対戦することになるが、零戦に対しては、高度・速度ともに優位にある時以外は絶対に攻撃を仕掛けないという鉄則を守って戦わなければならなかったのだ。

日本軍に噛み付く虎たち（フライングタイガース）

このようにP-40は、零戦に対しては防弾装備や防漏タンク、それに機体の頑丈さなどを除けば優越性があまりない戦闘機だったが、このP-40を使用しながら日本機相手に善戦した部隊があった。それがクレア・L・シェンノートが率いたAVG（アメリカ義勇航空群）通称「フライング・タイガース」であった。

シェンノートは米陸軍きっての航空戦理論家だったが、その理論が陸軍上層部に受け入れられなかった事と健康上の理由から退役していたのを、1937年に蒋介石夫人に請われて中国空軍の調査のため中国入りし、そのまま蒋介石の軍事顧問として中国に居残った人物だ。

中国空軍が日本軍の猛攻の前に壊滅状態となった1940年9月、シェンノートは蒋介石からの依頼でアメリカからの戦闘機購入とパイロットと整備員志願兵募集のため渡米、苦労の末に英国向けトマホークMk.IB（P-40Cに相当）100機を中国向けに変更させる事と、パイロット100名、整備員150名の募集に成功して中国に戻ってきた。これがシャークマウスを機首に描いたP-40で有名になるAVG・フライング・タイガースの始まりであった。

3年以上も前から日本機の空戦能力の高さをじっくり観察していたシェンノートは、AVGのメンバーに対し、日本機とは絶対に格闘戦を行わない事、2機ペアの一撃離脱戦法に徹する事、そして日本機の弱点である燃料タンクに射撃を集中する事などを徹底的に教え込んだ。

ビルマ・キエドー飛行場で猛訓練に励んだAVGは、補用部品不足から稼働機数を大きく減らしたが、1941年12月20日シェンノートの本拠地である昆明（クンミン）爆撃に飛来した日本陸軍の九九式双発軽爆撃機10機中3機を撃墜してデビュー戦を飾った。

また23日にはラングーン派遣部隊が、英空軍のバッファローと共同して九七式重爆撃機と固定脚の九七式戦闘機計7機を撃墜した。この戦闘ではAVGが4機、英軍機が5機撃墜されて連合軍側の損害のほうが大きかったが、AVGのP-40Cはビルマが日本軍に占領されるまでその後も防空戦闘と対地攻撃の両作戦で日本軍を悩ませ続けた。

日本側は旧式の九七戦が主力だったためP-40に対抗できず、一式戦「隼」一型を装備した飛行第六十四戦隊を派遣した。フライング・タイガースはこの六十四戦隊に対しても善戦を記録しており、それまで連戦連勝を続けてきた同隊に手痛い損害を与えているのだ。

AVGは1942年7月に解隊されるまでの約8ヵ月の間に日本機297機を撃墜し、自らは空戦で12機を失ったと記録されているが、実際にはこの期間中の日本側未帰還機は100機を少し超える程度で、戦場心理の常として致し方ない事ながら約3倍の水増しがある。AVGメンバーには撃墜毎に国民党軍から500ドルのボーナスが出るシステムだったから、水増しに拍車がかかったという見方もあるが、いずれにしてもAVG側の明らかな勝利である事に違いはない。

この事実は、P-40Cのような平凡な性能の戦闘機でも、戦術によって、また相手によっては、十分に使い物になることを示している。AVGが撃墜したのは大部分が例によって装甲が無きに等しい日本陸軍爆撃機だった。

だが一式戦「隼」の項で記したように、練度の高い六十四戦隊の一式戦相手にもひけをとってはいない所をみれば、やはりシェンノート理論で武装したフライング・タイガースのトマホークはかなり手強い戦闘機だったといえる。

AVGの記録によればロバート H.ニールの15.5機を筆頭にダブルエース（10機以上撃墜）8名、他にエース数名が誕生しており、北アフリカ戦線などでP-40エースがほんの少数しか生まれなかったのとは対照的だ。とはいえ、これは北アフリカ戦線では、対空戦闘にはもっぱらスピットファイアが用いられ、P-40とハリケーンは主として対地攻撃任務にまわされたという理由もある。

ウォーホークのバリエーション

C型までのV-1710-33エンジンのままでの武装・装甲の追加には限界があると見たカーチス社は、同じV-1710系列の-39エンジン（1,150hp）に換装したD/E型を送り出した。このタイプは、機首上面の機関銃を廃止し、ラジエーターが大型化して前進した位置に移動し、アゴの大きいウォーホークのスタイルが、この型で確立した。なおD型とE型の違いは武装で、D型は12.7mm機関銃が4挺、E型は6挺となっていた。またこの型から胴体下面に500ポンド（227kg）爆弾か増槽が吊り下げられるようになった。

アリソンエンジンに起因する高空性能の低下を改善するため、名機スピットファイアやP-51に装備されたV-1650-1マーリンエンジン（1,300hp）を装備したのがF型で、高空性能をはじめ飛行性能がことごとく向上した（最大速度587km/h。上昇限度に至ってはE型の8,840mに対して、10,365mに向上）。さらに性能向上を図るため、防弾板や燃料タンクを外して軽量化したのがL型だが、F型とたいして性能は変わらない結果に終わっている。マーリンはP-51に優先的に回されたので、F型1,321機、L型700機の生産に留まっている。

K型（1,300機生産）はF型のエンジンを元のアリソン系エンジンV-1710-73（1,325hp）にしたもので、機体重量はシリーズ中最も重く、エンジンのパワーアップにもかかわらず、性能が低下した。

なおF型、K型はエンジンの出力が増大したことから方向安定性が悪化したため、その対策としてF型は700号機以降、K型は801号機以降、胴体を20インチ（50.8cm）延長して生産され、それより以前のF、K生産機には垂直尾翼前部を延長して面積を増大させる措置が採られた。そし,てL型以降のモデルは当初から延長型胴体で生産されることになった。

M型は、K型のエンジンをV-1710-81（1,200hp）に変更したのみだが、排気管の両側面に砂塵の侵入を防ぐ、フィルター付きの気化器空気取り入れ口のグリルパネルが付いたことが特徴だ。

N型は、P-40の最終量産型と言え、生産機数もシリーズ最多の5,219機となっている。M型と同じエンジンだが（後にV-1710-99、115と変わっているが、出力は変わらず）徹底的な軽量化を図り、キャノピーを大型化して後方視界を確保している。

1942年5月20日、NACAのラングレー研究センターで試験を受けているP-40E（s/n 41-5534）

P-40シリーズの決定版が、徹底的な軽量化が図られたこのN型である。写真の機体（s/n 44-7156）は後に複座練習機型のTP-40Nに改造された

究極のウォーホークとして開発されたXP-40Q。胴体はストレッチされ、主翼にラジエーターが移設されたため機首アゴ部分は小型化。キャノピーも水滴型となり、翼端もカットされ、尾翼以外はP-40とはほぼ別の機体になっている

さてオマケとしてQ型（正確にはXP-40Q）も紹介しておこう。V-1710-121エンジン(1,425hp)の搭載を中心に、冷却系や機体構造全般を見直し、主翼端を斜めにカットし4翅プロペラ、バブルキャノピーを装備した究極のウォーホークといえる機体で、P-40シリーズ最速の最大速度679km/hを記録したという。だがすでにP-47やP-51があったので、存在価値はなかった。

シャークマウスとP-40

P-40とシャークマウス(鮫の口)のマーキングは切っても切れない縁がある。凡庸な戦闘機だったP-40も、シャークマウスのおかげで結構人気は高い。このシャークマウスはフライング・タイガースがそのルーツのようにいわれ、今日も同隊の末裔である23FG（ジョージア州ムーディー空軍基地）のA-10A（以前はF-16とC-130も）だけが制式にシャークマウスを描く事を許可されているのだが、実は連合軍側で大戦中最初にシャークマウスをP-40に描いたのは北アフリカ戦線の英空軍第112飛行隊で、フライング・タイガースはそれをそっくり頂戴した、というのが今日では定説となっている。

ところでこの第112飛行隊は北アフリカ戦線におけるP-40部隊中最高の部隊スコア79機を記録しており、またAVG以外の数少ないP-40エースのうち2人までが（28.5機撃墜のクライブ R.コールドウェル大佐と20機撃墜のキース W.トラスコット少佐。いずれもオーストラリア人で、P-40のナンバー1、2エース）同隊に所属していた。

ついでにいうならば、シャークマウスの原型のようなマーキングは第一次大戦中にすでに出現しており、第二次大戦直前から初期にかけてドイツ空軍のBf109、Bf110にも描かれた例があった。このうちBf110は部隊名がハイフィッシュ（ドイツ語で鮫）というII./JG76（第76戦闘航空団第II飛行隊）所属であり、最も正当派といえる。

いずれにしてもシャークマウスは、飛行機をかっこよく、しかも強そうに見せるには最も手っ取り早く、しかも効果的と、昔から考えられていたのは確かのようである。

脱線が多くなったが、P-40が偉大なる凡作機であったことはお分かり頂けたことと思う。軍用機というものは決してカタログデータだけでその能力を計れるものではなく、平凡な性能の機体にもその働き場所、使い方によっては兵器として十分な働きができる事を、P-40は身をもって証明している。

13,738機生産されたP-40は、英連邦（注2）に4,172機、ソ連に2,069機、中国に377機、その他多数の連合国に送られ、その多くが、枢軸国（日独伊）側戦力が最高潮だった時期に矢面に立たされたのだ。性能こそ凡庸だが、安価で作り易いため、常に大量に供給ができて、乗り易く丈夫で壊れにくいというP-40ならではの特質がなければ、とうてい持ち応えられなかっただろう。

最後にP-40のニックネームだが、米陸軍では1941年6月以降は「ウォーホーク（タカ派）」、英空軍では「トマホーク（ネイティブアメリカンの斧」（P-40Cまで）、「キティホーク（ライト兄弟初飛行の地）」（P-40D以降）と呼ばれていた。

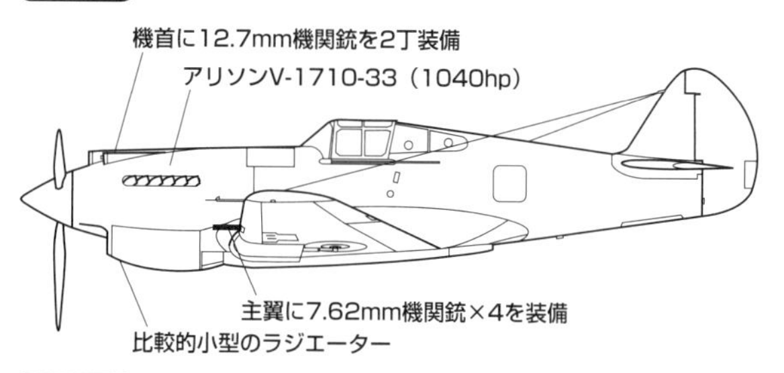

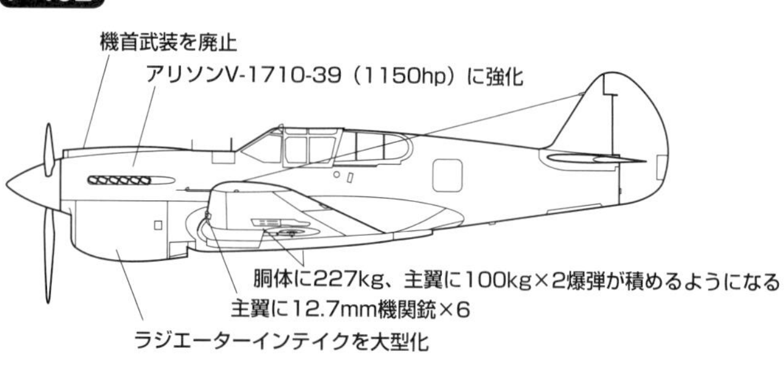

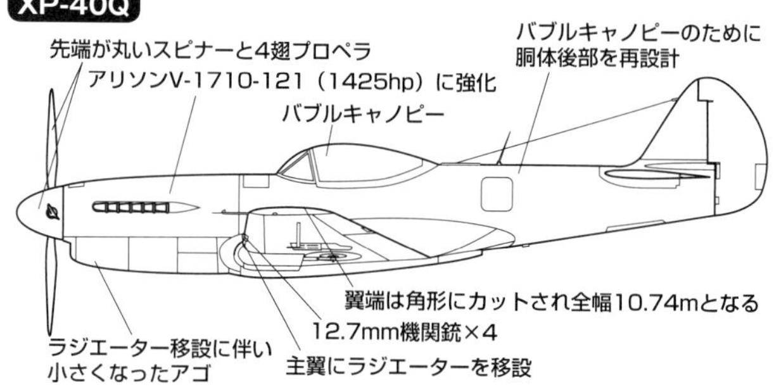

（注2）英連邦…イギリス本国とカナダ、オーストラリア、ニュージーランド、南アフリカなど、かつてのイギリス植民地群を指す。

リパブリックP-47 サンダーボルト

ロシア革命で亡命した2人のアレキサンダー

サンダーボルトを生んだリパブリック航空機の前身セヴァスキー社は、ジョージア（グルジア）出身の亡命ロシア人パイロット、アレキサンダー・セヴァスキーが1922年に創設した。セヴァスキーは第一次世界大戦で右脚を失いながらも13機撃墜のスコアを記録した帝政ロシア軍エースで、ロシア革命の起こった1917年、たまたまアメリカを視察中だったため、そのまま帰国せず、航空技術者、テストパイロットとして働き、後にヴィリー・ミッチェル将軍（航空機の優位性を説いた戦前の米陸軍将軍）の特別顧問となった人物だ。

このセヴァスキーが1931年に会社を再編した際、アトランティック航空機社（フォッカーの米国子会社）から引き抜いたのがアレキサンダー・カートヴェリで、同じジョージア出身の亡命ロシア人航空機デザイナーであった。P-47誕生にあたってはこの2人の亡命ロシア人が深くかかわっており、同機の持つ大陸的ともいえるおおらかさはこうした出自に関係があるのかもしれない。

セヴァスキーとカートヴェリが最初に手掛けた機体は、SEV-3と呼ばれる三座全金属製双フロートの水陸両用機で、1933年6月に初飛行し、35年にはセヴァスキー自身の操縦により、370.8km/hの水陸両用機世界速度記録を樹立した。このSEV-3を陸上機化した機体はBT-8初等練習機として米陸軍に30機採用され、同社初の軍用機セールスを記録した。

1936年の陸軍の次期戦闘機採用コンペに際しては、引き込み脚、単座化したSEV-7を参加させてP-35として提案、77機採用され、エンジン強化型P-35Aはスウェーデンに60機（輸出名EP-106）輸出された他、陸軍にも60機採用された。

このP-35/35Aは、少し後に採用されたカーチスP-36とともにヨーロッパで大戦が勃発した1939年頃まで米陸軍の主力戦闘機だった。P-35Aはプラット＆ホイットニー（以下P&W）R-1830（1,050hp）搭載で総重量2,775kg、最大速度467km/h、上昇力585m/分というスペックを持っていたが、その頃欧州で活躍していたBf109EやスピットファイアMk. Iに較べると明らかに見劣りがする機体で、後に日米開戦時のフィリピンで零戦に惨敗してしまった。

陸軍は1938年1月にもう一度戦闘機のコンペを行い、セヴァスキーはP-35に2段過給機付きのR-1830-19エンジン（1,200hp）を搭載し、主脚を内側引き込み式としたXP-41を参加させた。この時の採用はカーチスXP-40が勝ち取ったが、1939年5月、陸軍はセヴァスキー（6月にリパブリック社と改名）に対し排気タービン式過給器（ターボスーパーチャージャー）装備のR1830-35（高度6,100mで1,100hp）に換装したYP-43ランサー13機を発注した。

生産型P-43（54機）とP-43A（205機）は1941年までにデリバリーされ、うち108機は中国に売却されて日本機とも交戦した。このP-43は、受注こそP-38ライトニングより遅かったものの、排気タービン式過給器装備戦闘機として初の実戦参加を記録した。

本機は高度7,600mで562km/hを発揮したが、米陸軍はこれでも性能不足と考え（もっぱら偵察・訓練用とした）更にパワーアップしたP&WR-2180エンジン（1,400hp）搭載のP-44を1939年10月に80機発注した。

超重量級戦闘機、P-47誕生

この頃の米陸軍は、風雲急を告げる欧州、アジアを横目で睨みながら高性能戦闘機取得に躍起であり、リパブリック社（以下リ社）側も各種の設計案を陸軍に提示していた。

その一つはアリソンV-1710液冷エンジン（1,150hp）搭載、総重量2,100kg級、武装は12.7mm機関銃2挺という軽戦闘機で、1939年11月に試作型XP-47、XP-47A各1機を受注した。

しかしヨーロッパの戦いを分析したカートヴェリは、重武装、重装甲の戦闘機が求められているという結論に達し、当時試作中だった2,000馬力級エンジンP&W XR-2800に排気タービン式過給機を組み合わせた大型重戦闘機（総重量5,260kg、12.7mm機関銃8挺）という設計案を陸軍に提示した。

このデザインは直ちに陸軍の受け入れるところとなり、1940年9月、P-44とXP-47/47Aの発注がキャンセルされ、代わってXP-47Bの名でプロトタイプ1機と、量産型P-47B×170機が発注された。

こうしてP-47という形式名は、当初とは全く異なる機体として開発されることになったわけだが、これは陸軍側が予算の再承認な

第12航空軍第350戦闘航空群第346戦闘飛行隊のP-47D-30RE(s/n 44-20878)。1944年末～45年初頭、イタリア上空。翼下に165ガロン増槽、胴体に108ガロン増槽を下げている。ラダーの白黒のチェックは、346FS固有のマーキング

NACAで実験に使用されたP-47B(s/n 41-5897)。この機体を通じて、急激な機動時の水平尾翼にかかる荷重について試験が行われた。P-47Bはもっぱら本土で訓練に使用されている

どの面倒を避けてなるべく早く新戦闘機を入手したかったためだ。XP-47Bは発注からわずか8ヵ月後の1941年5月6日にリ社ファーミングデール工場で初飛行に成功した。

XP-47Bは同じ頃完成した零戦三二型に較べてエンジン出力が1.8倍、全備重量2倍以上というヘビー級戦闘機だったが、コクピット装甲、自動防漏タンクなど、すでに量産型とほとんど変わらない装備をもっており、テスト中に早くも633km/h（高度7,870m）という高速を記録した。

この原型機は8月に事故で失われたが、41年12月（日米開戦の月）以降P-47Bが次々に引き渡され、テストフライトに投入された。P-47BはエンジンがR-2800-21（高度8,470mで2,000hp）に変更、キャノピーがスライド式になった以外は原型機と大きな変わりはなく、高度8,470mで690km/hを発揮する当時最高速の戦闘機だった。

だが重いだけに運動性は優れず、テストに使われた初期型以外の機は主として米本土での訓練用として第56戦闘航空群（56FG：56th Fighter Group）で使用された。なおその高速に対応するため、生産途中でエルロンは羽布張りから金属外皮に変更されている。

P-47のデザインはほぼP-43ランサーの拡大版であり、大きな容積を占める排気タービン式過給機とインタークーラーを、単発戦闘機にとっての唯一の空きスペースである胴体後部に収容した。そのため胴体下部に吸気ダクトと2本の排気ダクトを通し、胴体両側面に気化器に向かうエアダクトを配置する構造となり、これによって本機の胴体は当時の戦闘機としては並外れて太いものとなった。

広いトレッド（左右の車輪間距離）を持つ主脚引き込み機構もユニークで、大馬力エンジンに合わせて直径3.96mのカーチス社製電動式4枚ブレードプロペラ（D型の一部はハミルトン・スタンダード社製油圧式直径4.01m）を採用した事から長い主脚が必要となったが、翼内に左右各4挺ずつの機関銃搭載用スペースも設けなければならなかったため、主脚柱には伸縮機構（引き込み時23cm縮む）が備えられていた。

主翼は3本桁の全金属セミモノコック構造で、外翼のほとんどの内部スペースは弾倉（各銃最大425発）で占められていた。なお翼内燃料タンクはN型になるまで設けられていない。

イギリスに展開し初の実戦参加

B型に続いて量産されたのは、胴体を25cm延長して操縦性を改善し、昇降舵と方向舵を羽布張りから金属外皮に改めたP-47Cで、1942年9月にデリバリーが開始され、計565機生産された。

P-47Cは42年10、11月エグリン基地で他の陸軍戦闘機P-38、P-39、P-40、P-51との比較テストに投入され、高々度性能、最高速度、加速性、急降下性能、ロール性能、安定性などでトップの成績を収めた反面、上昇力、旋回性能は劣悪と判定された。

P-47はもともと制空、迎撃を目的に作られた戦闘機だったが、ヨーロッパでは対独爆撃作戦が開始されたため、航続力の長い護衛戦闘機の必要性が高まっていた。陸軍はこの任務にはP-38を当てる計画だったが、生産数が増えないため、P-47Cを1942年12月以降イギリスに送った。イギリスでは鹵獲したばかりのFw190との比較テストが行われたが、高度5,000m以下では運動性、加速性、上昇力などで劣っていたため、高々度からの一撃離脱戦法をとるのが得策と結論付けられた。

P-47Cは、対独爆撃作戦を任務とする戦略空軍第8航空軍（8AF：8th Air Force）の4FG、56FG、78FGに配備されたが、4FGはアメリカ人パイロットで編成された英空軍イーグルスコードロンを改編した部隊で、歴

風防から胴体後部上面の形状がレイザーバック型（「イノシシの背」の意）となっている前期生産型のP-47D。レイザーバック風防は後方視界が限られるため、P-47D-25から水滴風防に変更された

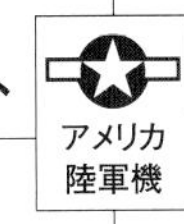

戦の強者揃いだった。

また56FGは本国でP-47Bによる練成訓練を積んできた部隊で、やがて指揮官ヒューバート A.ゼムケ少佐(17.75機撃墜)をはじめとして、フランシス S.ガブレスキー(28機撃墜)、ロバート S.ジョンソン(27機撃墜)、デビッド C.シリング(22.5機撃墜)といったエースを輩出、ゼムケズ・ウルフパックとしてヨーロッパ中に勇名を轟かせることになる。

P-47Cの実戦初出撃は1943年3月10日に行われたが、無線機の不調でその後しばらく作戦参加は見送られ、4月8日ようやくフランス上空への出撃を再開、15日時にはドン・ブレイクスリー少佐がFw190×1機を撃墜してサンダーボルト初の戦果を記録した。

ドイツ軍を叩き潰した破壊神(ジャガーノート)

P-47C初期の作戦では無線器の不調の他、エンジントラブルにも悩まされたが、リ社と英国内に設けられた整備工場の努力により徐々に改善されていった。

1943年4月には、エンジン冷却や燃料系統に改修が加えられたP-47Dがイギリスに到着し始めた。D型はP-47の最多量産型(合計12,602機)であり、D-10以降の機体は水噴射装置付きのR-2800-63エンジン(2,300hp)搭載となり、D-25以降は水滴風防タイプとなるなど少しずつ改良が進められた。

P-47Cによる爆撃機隊のエスコート任務は、5月4日、B-17によるベルギー・アントワープ爆撃に際して初めて実施されたが、増槽の装備が遅れたためオランダあたりへの進出がやっとの状態であった。

7月には胴体下面密着型フェリータンク、P-39用の80ガロン(303L)落下タンク、そして強化紙で作られた英国製108ガロン(409L)タンクなどが導入され、P-47はようやくオランダ-ドイツ国境を越えることが可能となった。その間P-47Dの数は増え続け、前記3個FGの他、8AF指揮下に7個FGがP-47を装備して英国に展開した。

しかし、P-47のような大型で燃料を喰う戦闘機による長距離作戦にはもともと無理があり、ドイツ奥深くまで爆撃機を護衛する能力には欠けていたことから、1943年末以降、長距離性能に優れたP-51Bの配備が始まったのを機に、8AFのFGは次第にムスタング部隊へと転換していった。唯一の例外は56FGで、途中P-47Mに改変してV-Eデイ(対独戦勝利)までサンダーボルトを使用した。

ボマーエスコートに代わってP-47に与えられたのは、大搭載量と急降下や少々の被弾にはビクともしない頑丈な作りを生かした対地攻撃任務だった。

戦闘機を組織的に爆撃ないし対地攻撃任務に使用したのはドイツ空軍が先で、バトル・オブ・ブリテンの末期にBf109Eの戦闘爆撃型を登場させている。だがあくまでも消耗が激しかった爆撃機の穴埋め的なものであり、搭載量はわずか250kg(G型以降500kg)爆弾1個にすぎなかった。

これに対しP-47の場合、P-47D-15以降の生産機は主翼下の爆弾架が標準装備となり、胴体下のものと合わせて1,000ポンド(454kg)爆弾最大3発を搭載可能な強力な戦闘爆撃機となったのである。

1943年10月16日には地中海戦線で活動していた9AFがイギリスに移動し、大陸反攻作戦(オーバーロード作戦)の航空支援を行なう戦術空軍として再編成され、その指揮下には最盛期15個FGのP-47D部隊が所属することになった。

通常1個FGには3個戦闘飛行隊(FS)が所属し、1個FSは20～25機のP-47Dを装備していたから、9AFだけで約1,000機のP-47を保有していたわけで、その破壊力は恐るべきものだった。

戦闘爆撃機としてのP-47の初出撃は43年11月25日、56FG、78FG、352FGなど8AF所属部隊によって行われたフランス・サントメールのドイツ軍基地襲撃で、これ以後Dデイ(44年6月6日のノルマンディー上陸作戦)を経て、ドイツ降伏に至るまで対地攻撃に猛威をふるうことになる。もちろん爆弾を落とした後のP-47は本来の戦闘機としても活躍し、9AFからもグレン T.イーグルストン少佐(354FG、18.5機撃墜)を初めとする多数のサンダーボルト・エースが生まれている。

また地中海戦線にサンダーボルトが配備されたのは比較的遅く、1943年11月に15AF325FGがチュニジアでP-40からP-47Dに改変したのが最初だ。同隊は12月イタリアのホッジアに移動し、爆撃機エスコート、対地攻撃作戦を開始した。44年に入ると12AF隷下の6個FGがP-47D装備となり、南ヨーロッパ全域で活動を始めた。

日本軍の頭上に轟く雷鳴(サンダーボルト)

太平洋戦域にサンダーボルトが登場したのは1943年6月の事で、5AF348FG(第5航空軍第348航空群)のP-47Dがニューギニアのポートモレスビーに進出、少し前に展開した

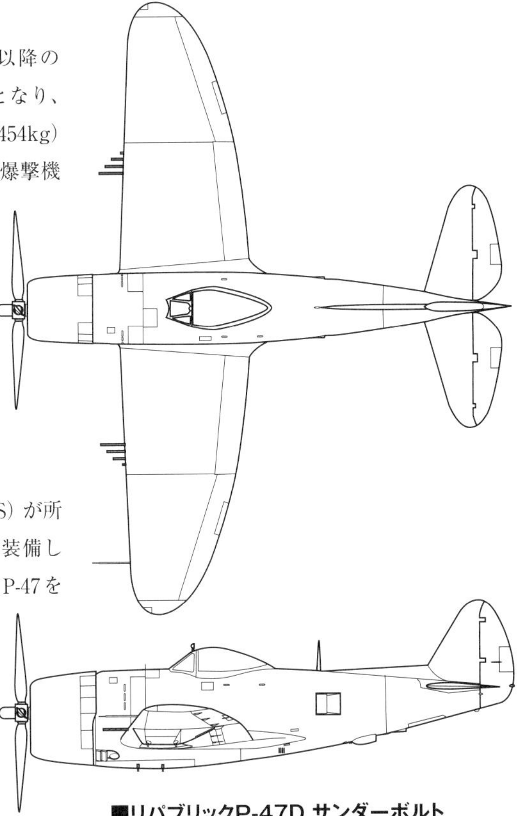

■リパブリックP-47D サンダーボルト

項目	値	項目	値
全幅	12.42m	全長	10.99m
全高	4.44m	主翼面積	27.87㎡
自重	4,536kg	全備重量	7,938kg
エンジン	P&W R-2800-59ダブルワスプ 空冷複列星型18気筒(2,300hp)×1		
最大速度	685km/h(高度9,144m、緊急出力)		
上昇力	6,096mまで9分31秒		
上昇限度	12,800m		
航続距離	1,660km(正規)、3,060km(増槽付き)		
固定武装	12.7mm機関銃×8		
搭載量	454kg爆弾×3		
乗員	1名		

キャノピーがレイザーバック型のP-47D前期生産型。このアングルだと巨大なプロペラと胴体、左右主翼8挺のブローニングAN/M2 12.7mm機関銃の迫力もあって、まさに「破壊神」のイメージがぴったりだ

P-38ライトニングとともに、それまで日本機より性能面で劣るP-39、P-40、P-400（P-39の輸出型）しか保有していなかった太平洋戦域米陸軍戦闘機隊にとって一大戦力となった。なお348FGの初代司令官となったニール・カービィ大佐は、44年3月にウエワク近郊で戦死するまでに22機の日本機を撃墜し、陸軍戦闘機パイロットとして初のMOH（Medal of Honor：議会名誉勲章）を授与されている。

なおカービィ大佐は低空で日本陸軍の一式戦に撃墜され最期を迎えており、やはりP-47も低空での格闘戦は苦手だったことが分かる。

1943年中に5AF隷下の35FG、58FGがP-47D装備となり、ニューギニアからフィリピンへと転戦、35FG、348FGは45年に入ってP-51Dに転換した。

1944年6月、アメリカは日本本土空襲の拠点とするためマリアナ諸島の攻略作戦を開始したが、6月22日、7AF318FGのP-47Dが護衛空母「マニラベイ」「ナトマベイ」を飛び立って、占領直後のサイパン島アイズリー飛行場に進出した。

サンダーボルトの主脚にある牽引用フックにワイヤーを引っかけてカタパルト射出したもので、テスト済みの方法だったとはいえ陸軍戦闘機にとっては危険を伴う作戦のため、この時が唯一の例である。318FGの到着時、サイパンではまだ日本軍の抵抗が続いており、サンダーボルトは数時間後、対地攻撃に出撃した。

この318FGはグアム、テニアン攻略作戦の支援を実施した後、長距離型のP-47Nに改変して1945年4月沖縄の伊江島に進出した。陸軍はP-47Nによる日本本土爆撃隊のエスコートを計画し、318FGを含む7AF隷下の5個FGをN型装備としたが、いずれも終戦間際だったため、日本本土への出撃は数えるほどしか行われていない。

その他対日戦に参加したサンダーボルト部隊としては、フィリピンから作戦を行なったメキシコ遠征軍、CBI（中国、ビルマ、インド）

COLUMN アメリカ陸海軍戦闘機の命名システム

アメリカ陸軍

米陸軍機の形式番号は「機種記号」「モデルナンバー」「シリーズレター」「ブロックナンバー」「製造工場記号」「愛称」の順で並んでいる。「ブロックナンバー」「製造工場記号」は省略され、「機種記号、モデルナンバー、シリーズレター」で表記されることが多い。

モデルナンバーは陸軍が購入契約した順番を示すもので、サンダーボルトなら47番目に契約された戦闘機（正確に言うと追撃機）ということになる。シリーズレターは大きな改修があったときに与えられたサブタイプ記号。ブロックナンバーは生産ブロックを示すために5または10ごとにつける数字のこと。

リパブリック P-47 D-30-RE サンダーボルト

- 設計製造社：リパブリック
- 機種記号（Pは追撃機＝戦闘機）：P
- モデルナンバー：47
- シリーズレター（4番目の生産型式）：D
- ブロックナンバー：30
- 製造工場記号（REはリパブリック社ファーミングデール工場）：RE
- 愛称：サンダーボルト

米陸軍機主要機種記号

記号	機種
A	攻撃機
B	爆撃機
C	輸送機
F	写真偵察機
L	連絡機
O	観測機
P	追撃機（戦闘機）

アメリカ海軍

米海軍機の形式番号は基本的には左から「機種（用途）記号」「製作番号（1番目の場合は省略）」「設計/製造会社記号」「生産型式番号」となっていた。また、その他に接頭記号、接尾記号が付けられることもあった。例えば「F6F-3N」はグラマン社が6番目に作った戦闘機の、3番目の生産型式で、夜間戦闘能力があるということがわかる。

グラマン F6F-3N ヘルキャット

- 設計製造社：グラマン
- 機種記号：F
- 製作番号（グラマン社が設計した6番目の戦闘機）：6
- 設計製造社記号：F
- 生産型式番号（3番目の生産型式）：3
- 接尾記号（用途変更や機能付加を示す）：N
- 愛称：ヘルキャット

米海軍機主要機種記号

記号	機種
B	爆撃機
F	戦闘機
N	練習機
O	観測機
PB	哨戒爆撃機
R	輸送機
SB	偵察爆撃機
TB	雷撃爆撃機

米海軍機主要設計／製造会社記号

記号	会社
A	ブルースター
B	ボーイング
C	カーチス
D	ダグラス
F	グラマン
J	ノースアメリカン
M	ゼネラルモータース
O	ロッキード
U	チャンス・ヴォート
Y	コンソリデーテッド

米海軍機主要接頭記号

記号	意味
N	試験用特殊改造機
X	試作原型機
Y	増加試作機

米海軍機主要接尾記号

記号	意味
A	水陸両用型
B	武装強化型
C	機関砲装備型
D	ドロップタンク装備型
E	電子装備追加型
N	夜間戦闘型
P	写真偵察型
S	対潜型

戦線で活動した10AF指揮下の3個FGと1個ACG（エアコマンドグループ）及び、英空軍極東部隊（計590機のP-47Dを受領している）などがあり、P-47は大戦中ほとんどあらゆる戦場で活躍したといえるだろう。

サンダーボルトのバリエーション

大戦中活躍したサンダーボルトは、ごく初期に使用されたC型を除けば大部分がP-47Dだったが、その他量産型で実戦に参加したモデルとしては、対独戦末期に登場したP-47M、同じく対日戦末期に配備されたP-47Nがある。

P-47Mは、D型後期タイプであるP-47D-30のエンジンを、大馬力のR-2800-53（2,800hp）に換装し、排気タービン式過給器も効率の高いCH-5に変えたモデルで、最大速度760km/h（高度9,750m）という量産型P-47シリーズ中の最速モデルとなった。本機は爆弾架を廃止した純戦闘機型として130機生産され、前記のように56FGだけに配備された。

56FGは1945年1月にM型を受領したが、初期故障が多発したため、実際に戦闘に投入されたのはドイツ敗戦直前の4月からだった。高々度ではP-51を凌ぐ高速を発揮できたことからパイロットからは好評を博し、独軍のジェット戦闘機Me262の撃墜も記録している。

P-47Nは、P-51Dを凌ぐ強力な長距離護衛戦闘機として開発されたモデルで、エンジンはM型と同じだが、自動エンジンコントロールシステムが導入されて長距離作戦時のパイロットの負担の軽減が図られていた。主翼は再設計されて翼幅が50cm延長され、翼内に燃料タンクが設けられた結果、航続距離は最大で3,200kmという長大なものとなった。

P-47Nは1945年4月以降3個FGが伊江島に、2個FGが硫黄島にそれぞれ展開したが、日本本土、朝鮮などに数回出撃した所でV-Jデイ（対日戦勝利日8月15日）を迎えた。

次に試作、テストモデルを順に記すと、XP-47EはB型を改造して1機だけ作られた与圧キャビンテスト機、XP-47FはやはりB型を改造して1機だけ作られた層流翼型実験機で、主翼は完全に再設計されて、翼断面だけでなく平面形も直線的なものに改められていた。

P-47Gは試作型ではなく、P-47Dをカーチス社バッファロー工場でライセンス生産したモデルを指し、計354機生産された。一部の機体は複座のTP-47Gに改造されている。

XP-47Hは、クライスラー社が開発した野心的な倒立V型液冷エンジンXI-2220（2,500hp）を搭載し、CH-5排気タービン式過給機を装備した試作型だったが、最大速度はD型より低い666km/h（高度9,100m）にとどまり、2機試作に終わった。

XP-47Jは、R-2800-57（2,800hp）エンジンにCH-5を装備、軽量化した迎撃機バージョンの試作機。強制冷却ファンを装備してカウリング直径を絞り、エアインレットを後方に下げたデザインが特徴で、1943年11月26日に初飛行し、翌年8月5日には戦時中のため非公認ながら811km/h（高度10,500m）という超高速を記録した。

リパブリックはJ型への生産移行を望んでいたが、実戦用の各種装備をした場合そのような高速を発揮できるかどうか疑問である事と、生産ライン変更による生産の遅れを嫌った陸軍の方針により、1機試作されただけに終わった。

XP-47KはP-47D-5、1機の胴体デザインを変更してバブルキャノピーを装備したテスト機、XP-47LはK型の燃料タンク等に改良を加えたテスト機で、実質的にP-47D-25のプロトタイプとなったモデルだ。

最後にモデルナンバーは違うが、サンダーボルト一族に含まれるXP-72という試

イタリア戦線で戦っていた第12航空軍第57戦闘航空群第66戦闘飛行隊のP-47D（s/n 42-28307）「LI'L ABNER Ⅱ」。水滴風防となったP-47D-25。縦に長いP-47の胴体が良く分かる一葉

試験飛行を行うP-47Nの試作機XP-47N（s/n 42-27387）。主翼を再設計し、8個の燃料タンクを増設した長距離護衛型で、翼内タンクが容量は合計200ガロン（697L）に達し、航続距離もD型の1,660kmから約3,200kmに伸びた

作機を紹介しよう。本機はP-47Dをベースに、P&Wが開発した究極のレシプロエンジンR-4360-13空冷4列星型28気筒エンジン(3,000hp)を搭載した試作機で、2機製作され、1号機は1944年2月2日に初飛行した。

最大速度788km/h（高度7,620m）という高性能機で、陸軍から100機の発注を受けたが、間もなくキャンセルされてしまった。

大きな体に大馬力エンジン アメリカンファイターの象徴

P-47はアメリカ以外の国ではあまり高く評価されていない。これは巨大化した機体設計が、アメリカ以外の国の設計者の目にはムダが多いデザインと映ることが原因だろう。

確かに本機は同時代の戦闘機に較べると、全長、全幅とも平均して20%は大きく、総重量にいたっては零戦やBf109、スピットなどの軽量機の倍以上もあり、同じR-2800装備のF6FやF4Uと較べても1トン近く重いから、巨大すぎると感じるのも無理のないところだ。

しかしP-47は、他の単発戦闘機が持っていない排気タービン式過給器という新機軸を積んでいた事を忘れてはならない。このシステムのおかげでP-47は、先に挙げたどの機体よりも高々度を高速で飛行できたのである。

だが結局はそのシステムをほとんど生かすことなく戦闘爆撃機として多用されたではないか、という反論も出そうだが、それはドイツ（少数の例外はあるが）も日本も高々度で作戦できる爆撃機、戦闘機を実用化できなかったからというだけの話で、枢軸側が排気タービンを量産化できていたら、P-47はもっともっと真価を発揮していたに違いない。

もう一つ数字を挙げると、P-47Dの自重に対する搭載量（燃料、兵装など）の比率は約0.45だが、F6F-5は0.39、F4U-4が0.34である。これは何を意味するかというと、サンダーボルトは標準的な全備状態で他機より沢山の燃料、弾薬を積んでいたということに他ならず、戦闘機としての効率が優れていたという事だ。

さて、日本ではついに排気タービン式過給器を敗戦までに実用化することができなかったが、単発戦闘機でこれを装備した機体はいくつか試作中だった。このうち中島キ87は数回低速飛行しており、立川キ94 IIも完成間近であった。

この2機の計画仕様を見ると不思議なほどサンダーボルトに似ている。全長、全幅とも両機はP-47よりわずかずつ大きく、翼面積は26㎡と28㎡でP47の27.8㎡とほぼ同じ、重さは両機とも自重4.5トン、全備重量6.5トンクラスでほぼP-47と同じ、予定された最大速度も高度10,000mで約700km/hと、P-47と大きな差はない。

何のことはない、日本で終戦になっても完成できなかった戦闘機の原型を、カートヴェリは開戦前に完成させてしまっていたのだ。そしてこのデカくて重い戦闘機を、アメリカは実に米軍戦闘機中最多の15,683機も作ってしまったのである。

米軍将兵は親しみと、半ば畏敬をこめて本機をジャグ（Jug）と呼んだ。ジャグは広口の水差し（ジョッキ）を意味し、胴体の形状がずんぐりしたミルクジャグ（牛乳を注ぐ水差し）に似ていたところから取られている。

さらにジャガーノート（Juggernaut = インド・クリシュナ神の異名で、不可抗力的な破壊力を持つものを意味する）の意味も持つとされ、こちらも本機にふさわしいニックネームといえる。いや、本当は本機のような怪物戦闘機を大量に送り出したアメリカの戦時生産能力こそ、ジャガーノートと呼ぶにふさわしいのだろう。

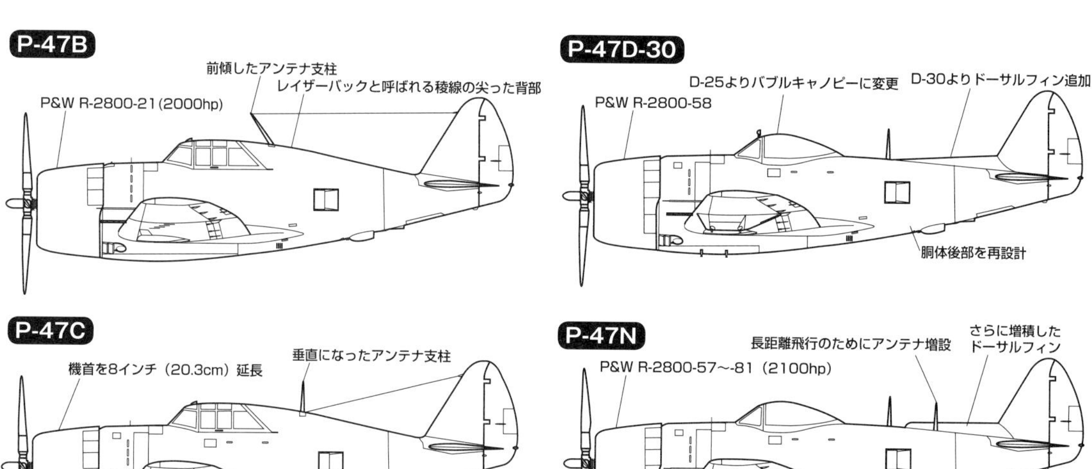

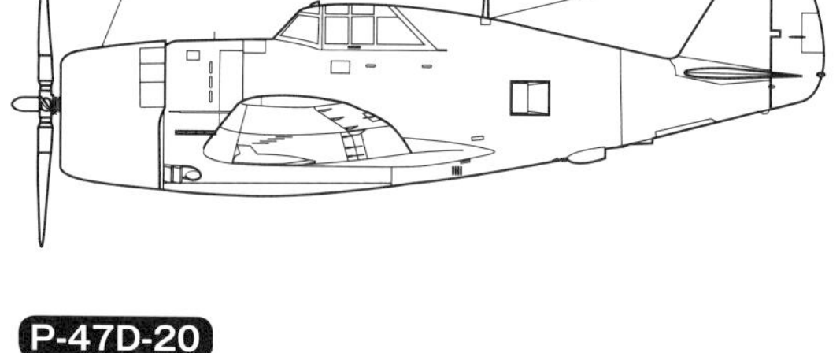

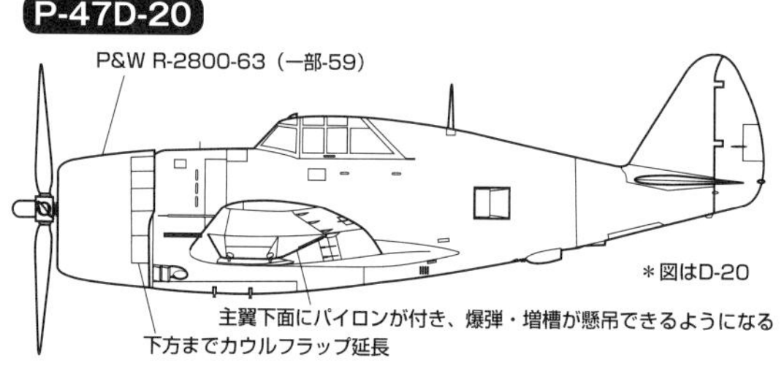

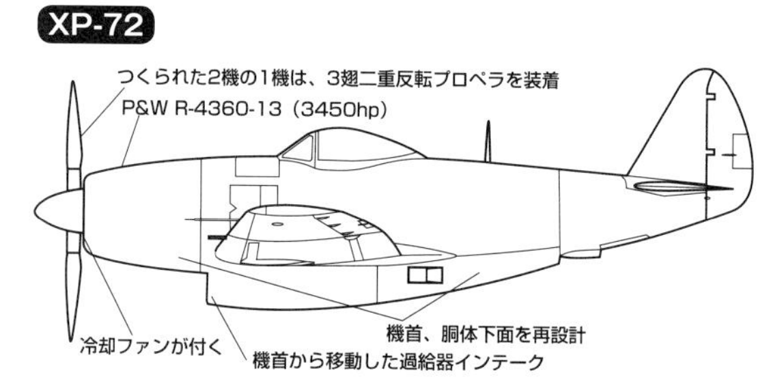

アメリカ陸軍機｜大航続力と高速で欧州と太平洋の空を支配したWWII最優秀戦闘機

ノースアメリカンP-51 ムスタング

戦闘機経験ゼロのノースアメリカン

ノースアメリカン・アビエーションという名の会社は1928年の設立だが、当初は航空関係の会社の株式を保有する持ち株会社で、航空機製作会社として正式に発足したのは34年のことである。

この時社長に就任したのがシェームズ“ダッチ”キンデルバーガーで、ダグラス在籍時代にDC-1/DC-2のチーフデザイナーを務めた経歴を持つ技術者であり、有能な部下だったリー・アトウッド、レイモンド・ライスなどを引き連れての船出であった。

ノースアメリカンは、1935年にAT-6テキサン練習機、1939年にB-25ミッチェル爆撃機と優秀な軍用機を輩出していた一方、戦闘機の開発を視野に入れ、1938年にダッチは欧州の航空機メーカーを視察するなど、新技術の吸収と市場調査を積み重ねてきた。さらにその欧州視察で、ドイツ生まれのアメリカ人設計者エドガー・シュミードを発掘、採用した。彼はその後、ムスタング開発でのキーマンとして活躍する。

1939年9月、第二次世界大戦が勃発。イギリスは、兵器買い付けのために使節団をアメリカに送り込んできた。イギリスは最も使い易そうなP-40に注目したが、カーチスはアメリカ陸軍向けの生産で忙しく、40年1月に使節団はノースアメリカンにP-40のライセンス生産を持ちかけた。この交渉でキンデルバーガーは、P-40と同じアリソンV-1710エンジンを搭載しながらも、もっと高性能な戦闘機を、ライセンス生産準備にかかる期間と同じ位の日数で開発すると大見得を切った。

120日間でP-40以上の機体を設計せよ

イギリス使節団は当初ノースアメリカンの提案に懐疑的だったが、一刻も早く戦闘機を入手できるなら、P-40だろうが新設計の戦闘機だろうがどちらでもいいという考えもあった。

キンデルバーガーは設計案NA-73を提示して交渉にあたり、1940年5月29日、条件付きでムスタング（アメリカ産野性馬の意）320機、総額1,500万ドルの発注を引き出した。その条件とは、原型機を120日以内に完成させること。P-40の設計データを買い取って設計の参考にすること。そしてP-40より「高性能」であることの3つだった。当時戦闘機開発には通常1年以上を必要としたから、120日というのは異例の短期間だった。またP-40のデータ利用は、ノースアメリカンの技術が信用されていなかったことを示している。

受注直後からシュミード、ライスら設計陣は、イングルウッド工場で1日16時間以上という突貫作業で設計を始めた。

P-40と同じエンジンを使ってより高性能を狙うとすれば、空力的洗練が決め手となるわけだが、ノースアメリカン技術陣は細部に至るまでデザインに神経を使うとともに最新の理論と技術を取り入れることにより、これを達成しようとした。

胴体表面のラインを数式化した2次曲線で表す新方式、主翼後方で胴体下面に半埋め込み式でラジエーターを装備（この位置で抵抗が最小になる）して、拡散ダクト方式（注1）といった新技術を採用したが、中でも最大の新技術は層流翼（注2）にある。ムスタングの翼型はNACA（NASAの前身）で研究されていたものに改良を加えたもので、空力特性の向上に大きく貢献した。

ムスタング誕生、まずまずの性能だったが…

原型1号機（NA-73X）は、アメリカ軍発注機ではないためNX19998の民間試作機記号で契約日から117日後の9月23日に完成した。ダッチの約束は守られたのである。ただしエンジンのV-1710-39の生産が間に合わなかったためしばらくは首無し状態で、10月7日にようやくエンジンが搬入され、26日初飛行に成功した。

この1号機は9回目のテスト飛行で燃料コックの切替えミスにより不時着大破してしまったが、その飛行性能の優秀性は明らかだったため、イギリスは防弾装備の強化などを加えたNA-83を300機追加発注した。

イギリス向けムスタングMk. Iは1941年10月以降イギリス向けに送られ始めた。武装（12.7mm機関銃4挺、7.62mm機関銃4挺）そ

第8航空軍第361戦闘航空群第374戦闘飛行隊所属、バーノン・リチャーズ中尉（2機撃墜）のP-51D-5NA“TIKA-IV”（s/n 44-13357）。垂直尾翼の前にドーサルフィンがないD型の初期生産型である

（注1）拡散ダクト方式…比較的小面積のインテークから冷却気を取り入れ、拡散ダクトで流速を下げてからラジエーターコアを通過させる。流量は可変面積式排気フラップで調節されるため、高速時には抵抗が少なく、低速時にも冷却不足を起こしにくい利点があった。また高温高圧となった冷却気は、排出される時いくらかの推力を発生して冷却器の突出部の抵抗を相殺するオマケ付きだった。

の他の装備を搭載され評価試験を受けたが、速度は高度4,270mで615km/hを記録し、スピットファイアMk.Ⅴの低高度タイプLF Ⅴ B型より速かったほか、操縦性・安定性も良好、800km/hの急降下からの引き起こしも容易など高性能を発揮した。またムスタングは、欧州製戦闘機がいずれも貧弱な航続力しか持っていなかったのに対して、航続時間4時間以上という優れた特長をも有していた。

ただ問題だったのは、エンジンの高空性能が低いことと、重量軽減が十分でなかったことなどが原因となって、上昇力と高々度性能が悪いことだった。スピットやBf109Eが6,000mまで7分ほどで上昇できるのにムスタングMk.Ⅰは11分もかかり、上昇限度も9,500mがやっとという有り様だった。

主翼下に爆弾を懸吊している英空軍所属のA-36Aアパッチ（インベーダー）。機首下には12.7mm機関銃2挺用の孔が見える

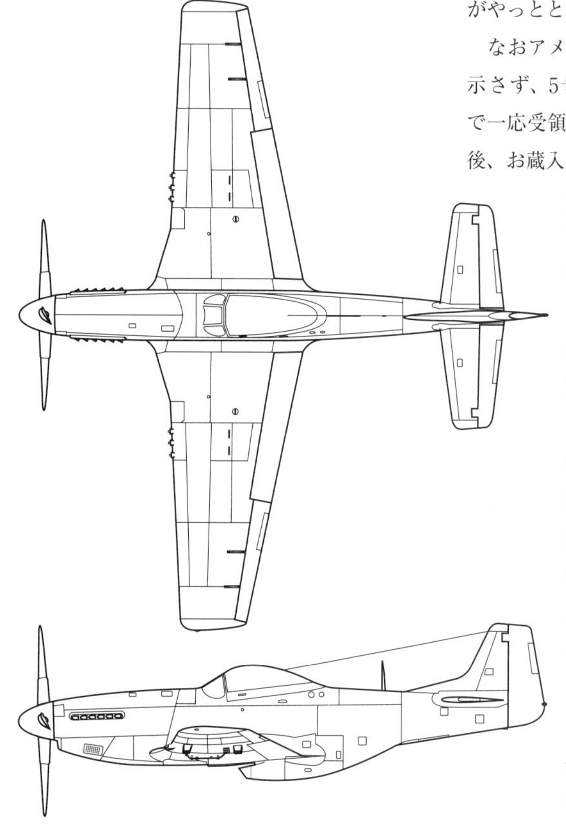

■ノースアメリカンP-51Dムスタング

全幅	11.28m	全長	9.84m
全高	3.71m	主翼面積	21.9㎡
自重	3,463kg	全備重量	4,585kg
エンジン	パッカード マーリンV-1650-7 液冷V型12気筒（1,490hp）×1		
最大速度	703km/h（高度7,620m）		
上昇力	6,100mまで7.3分		
上昇限度	12,770m		
航続距離	3,700km（増槽付き・最大）		
固定武装	12.7mm機関銃×6		
搭載量	227kg爆弾×2		
乗員	1名		

なおアメリカ陸軍はムスタングには興味を示さず、5号、10号機をXP-51アパッチの名で一応受領したものの、簡単なテストをした後、お蔵入りとなった。

対地攻撃機としてデビュー

英空軍はムスタングMk.Ⅰをテストした結果、陸軍の作戦との協力を主任務とする直協軍団に配備し、1942年5月10日ドイツ軍が占領中のフランス沿岸部に対する強行偵察に初出撃させた。8月19日にはディエップ強襲作戦に参加したカナダ空軍第414飛行隊のホリス・ヒルズ中尉がFw190を撃墜し、ムスタング最初の空戦勝利を記録した。

一方、1941年12月7日の真珠湾奇襲により第二次世界大戦に参入したアメリカは、より多くの戦闘機調達に迫られたため、ほこりをかぶっていたXP-51を引っ張り出して再評価テストを開始した。結果は速度、運動性、航続力などどれをとってもP-39、P-40を問題としない高性能機であることが明らかとなった。

驚いた陸軍は、その頃ノースアメリカンで生産中だった20mm機関砲4門搭載型P-51（英空軍向けムスタングMk.Ⅰ A）150機のうち57機をとりあえず自軍用とし、1942年4月には急降下爆撃機タイプのA-36A×500機、6月23日には12.7mm機関銃4挺として500ポンド（227kg）爆弾2個搭載を可能としたP-51A（英国名ムスタングMk.Ⅱ）1,200機（後に310機に削減）と、立て続けに発注を行なった。

アメリカ陸軍のP-51は1943年3月に北アフリカ戦線に送られ、チュニジアに進出した第154観測飛行隊所属機が4月9日に実戦初出撃を記録した。A-36Aの実戦デビューも北アフリカ戦線で、6月6日、第27爆撃航空群所属機がパンテレリア島のドイツ軍攻撃のため初出撃を行なった。

新たな心臓（エンジン）「マーリン」

アリソン・ムスタングは低空では随一の高性能を誇ったが、前記のように高々度ではからっきしダメな戦闘機だった。ところがここで救世主が現れる。

1942年4月ロールスロイスのテストパイロット、ロニー・ハーカーがダックスフォードでムスタングMk.Ⅰに試乗し、低空での優れた素質に感嘆した。そして高々度性能の悪さがアリソンエンジンにあることを見抜いた彼は、自社のマーリンに換装することを提案し、ロールスロイスの技術者にエンジンを換装した場合の性能計算を行わせた。その結果マーリン61の場合、高度7,770mで700km/hを超えるという驚くべき計算値が出た。

この報告を受けたイギリス空軍は、高々度用戦闘機としてはすでにスピットファイアMk.Ⅵ/Ⅸの配備が進んでいたことから、ムスタングには中高度用のマーリン65を搭載する計画（ムスタングMk.Ⅹ）を立て、改修のた

（注2）層流翼…通常は翼弦の30%付近にある最大翼厚部を40～50%付近まで後退させ、主翼後半部に発生する乱流域を少なくすることにより摩擦抗力を大きく減少させた翼型。層流翼は高速機に適しているだけでなく、比較的翼厚を大きくできるため翼内燃料タンクを大きくすることもできた。しかし1998年、元ノースアメリカン社の上級部長だったJ.リーランド・アウトウッド技師は、ムスタングの層流翼は高速性能発揮にさほど寄与していなかった、と発言している。さらにムスタングの高速は、層流翼効果を発揮するため、NACAリベットという新式の沈頭鋲を用いて、主翼表面を非常に平滑なものにしたから発揮できたもので、層流翼そのものはあまり貢献していなかった、という説もある。

め5機のムスタングMk. Iをロールスロイス・ハックノール工場に送りこんだ。

この話はすぐにアメリカ陸軍にも伝わり、アメリカ大使館のパイロット出身の駐在武官トーマス・ヒッチコック少佐がアメリカへ飛び、陸軍航空隊司令官ヘンリー・ハップ・アーノルド大将に同様の改造計画を進めるよう提言した。

アメリカではマーリンの優秀性に注目して自動車メーカーのパッカードにライセンス生産を開始させたところであり、1942年7月25日にノースアメリカンに対し、2機のP-51をV-1650-3（マーリン61のライセンス生産型）に換装し、XP-78（後にXP-51B）とするよう指示が出された。

マーリン・ムスタングの完成はイギリスの方が早く、ムスタングMk. Xの1号機は1942年10月25日に初飛行し、高度6,700mで最大速度697km/h、初期上昇率1,049m/分（アリソン・ムスタングは579m/分）を記録した。ただイギリスは他の戦闘機の生産で手一杯だったため、アメリカによるマーリン・ムスタングの量産を待つことにした。

一方のXP-51Bは、シュミードらの手によってエンジンの換装だけでなく、ラジエーターの大型化、機首アレンジとプロペラの変更などの改良を受けて、1942年11月25日に初飛行した。本機は冷却系にトラブルでテストが遅延したが、陸軍側は待ち切れずに12月28日、量産型P-51Bの発注を行い、間もなく発注数は2,000機に膨らんだ。

量産型は操縦系統が改良された他、生産途中で胴体内に自動防漏式燃料タンク（82ガロン/310リットル）が増設され、航続性能が更に向上した。ただしこの胴体内タンクは、重心移動の関係で縦安定性を悪くし、満タンの場合は手放し水平飛行は不可能となり、40ガロン以上残っている時のアクロバット飛行は禁止という制限が加えられた。

P-51Bの性能向上も劇的であり、A型が高度5,500mで628km/hだったのに対し、9,100mで720km/hを出すことができた。上昇時間はA型が6,100mまで11分かかっていたのが、B型では7分以下、9,100mまで11分で上昇可能となった。

なおノースアメリカンはP-51大増産に向けてテキサス州ダラスに新工場を建設し、1942年に操業を開始した。ここではB型と同一の機体をP-51Cの名で1,750機生産されることになった。P-51B/Cはイギリス空軍に852機引き渡され、ムスタングMk. IIと呼ばれた。

米空軍第359戦闘航空群第368戦闘飛行隊のP-51B（s/n 43-12433）。1944年12月、イギリス・サフォーク州、レイドン航空基地。この機は1944年8月に主翼や尾翼にダメージを受けたため、WW（war weary/戦争疲弊）機扱いとなった。キャノピーはファストバック型だが、視界を確保するため膨らんだ「マルコム・フード」となっている。また垂直尾翼にもドーサルフィンが追加されている

千里の翼を得た野生馬、戦略爆撃機の長距離護衛に活躍

B型は1943年10月にイギリスに到着し始め、まずボックステッド基地の第354戦闘航空群に配備された。アメリカ陸軍航空軍第8航空軍はこの年の初頭からB-17/B-24重爆によるドイツ本土戦略爆撃を開始していたが、ドイツ防空戦闘機隊の頑強な反撃により甚大な損害を受けていた。P-47、P-38も護衛していたが、航続距離が足りなかったので、早速足の長いP-51Bに白羽の矢が立った。

第354戦闘航空群初の護衛任務は、75ガロン増槽の数がそろった12月11日に行われ、エムデンを爆撃した583機の重爆撃機を44機のムスタングがエスコートとして随伴した。護衛機の機数が少ないにもかかわらず、それま

第8航空軍第361戦闘航空群第375戦闘飛行隊の4機のP-51。上から1番目と3番目の機体はドーサルフィン（背びれ）がないP-51D前期型、2番目の機体はドーサルフィンがあるP-51D後期型、一番下はP-51B。一番上は第361戦闘航空群の司令トーマス・クリスチャンJr.大佐の“ルーIV世（Lou IV）”。上から3番目は、総撃墜数6機（うち2機はMe262）のエース、アーバン・ドリュー中尉の乗機の“スカイ・バウンサー（Sky Bouncer）”。この写真は基地の所在地にちなんで“The Bottisham Four（ボッティシャムの4機）”と呼ばれているが、全機が戦闘や事故で失われた

で平均して10%以上の未帰還機を出していたのが、この日はわずか3%に留まったのである。

この後P-51B/Cは急速に充実し、1944年5月にはムスタングの決定版ともいえるP-51Dがイギリスに到着し始めた。D型はキャノピーを後方視界の優れたバブルタイプ（水滴型）としたモデルで、武装も12.7mm機関銃4挺から6挺へと強化され、主翼爆弾架も1,000ポンド爆弾2発を搭載可能となった。こうしてP-51Dは、Bf109やFw190を高速と優れた空戦性能を生かして制圧。第8航空軍の戦略爆撃遂行に大きく貢献したのである。

D型は8,102機と大量に生産されたが、量産途中でドーサルフィン追加、K-14ジャイロ式ガンサイト、AN/APS-13後方警戒レーダーなどの搭載が行われた。なおP-51KはD型のプロペラをエアロプロダクツ製の鋼製中空式に改めたモデルだが、不良品が多かったため、1,500機生産に留まった。

イギリス空軍向けにはD型281機（ムスタングMk.Ⅳ）、K型595機（同Mk.Ⅳ A）がそれぞれ引き渡された。

対日戦では1943年11月にビルマにA型が姿を現し、その後A-36A、P-51B/Cが順次CBI（中国・ビルマ・インド）戦線に投入されていったが、何といっても太平洋戦域のムスタングの活躍の白眉は、P-51DによるB-29本土空襲の掩護作戦だろう。なにしろ1,200km以上も離れた硫黄島から日本上空まで飛来した上に、日本機を寄せつけない強さを発揮したのだ。

P-51は多数のエースを産んでおり、西部戦線の第8航空軍は352FGのジョージ E.プレディ少佐（26.83機撃墜でP-51トップエース）とジョン C.メイヤー少佐（24機撃墜）、4FGのドミニク S.ジェンタイル少佐（19.83機撃墜）らを輩出。また地中海戦線の第15航空軍325FGのハーシェル H.グリーン少佐（18機撃墜）、CBI戦線の第14航空軍23FGのジョン C.ハーブスト少佐（18機撃墜）、太平洋戦線の

A-36Aインベーダー

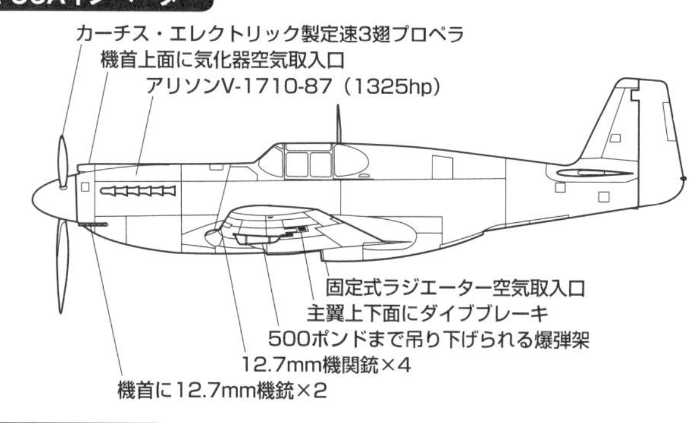

ムスタングMk.X

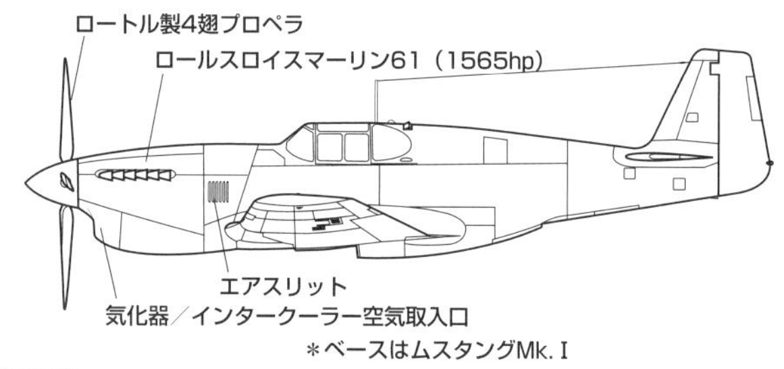

P-51B

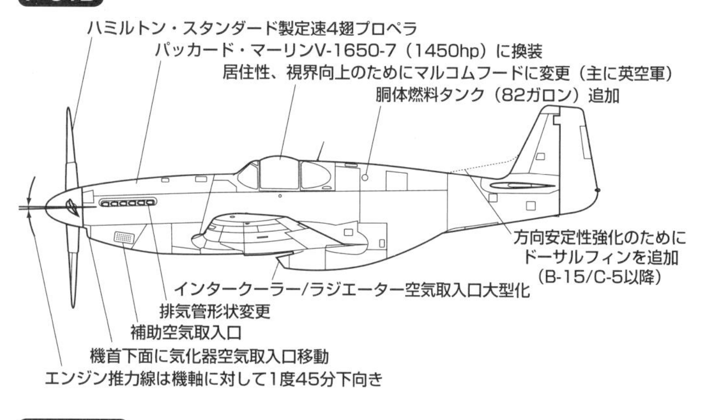

P-51D/K

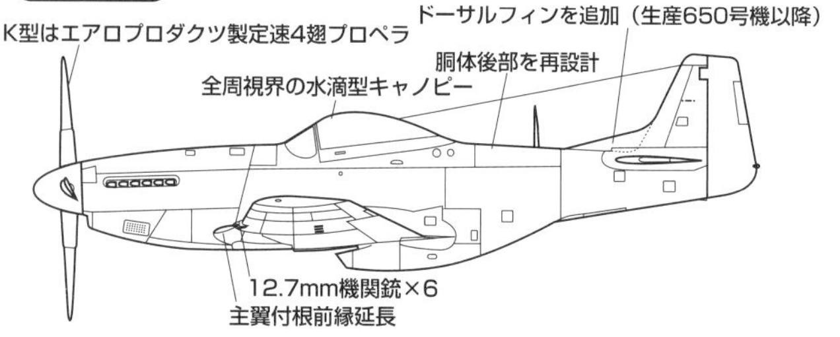

XP-51J

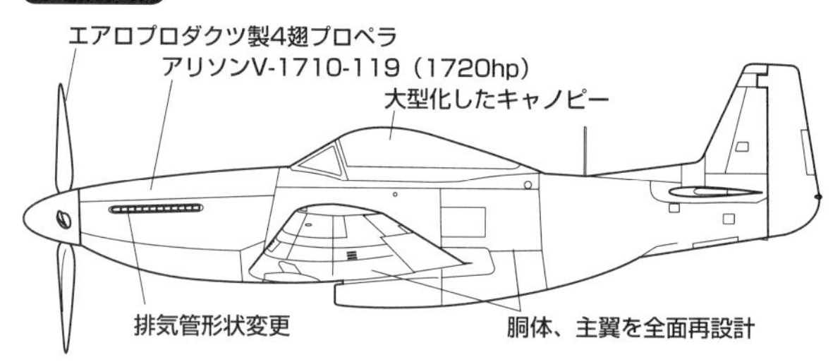

P-51H

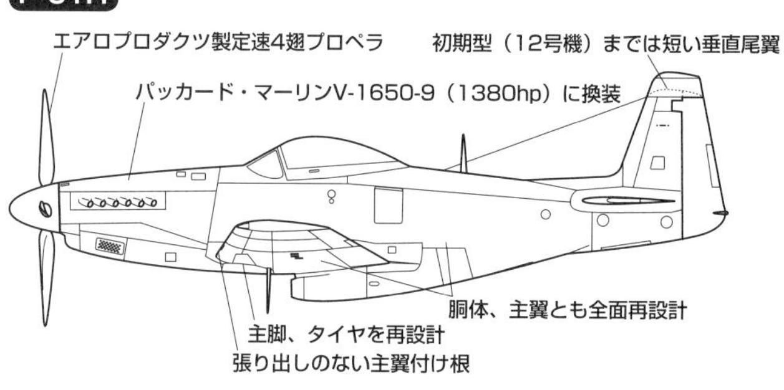

キャバリエ ターボムスタングⅢ

H型仕様の高い垂直尾翼
ロールスロイスダートMk.510ターボプロップ（1740ehp）
胴体右側に排気口
エンジン変更に伴い胴体下面再設計
翼端に110ガロンの増槽を装備
＊ベースはD型

第7航空軍15FGのロバート W.ムーア少佐(12機撃墜)らも著名エースに挙げられる。

そして戦後もムスタングは使われつづけた。その最たるものは、1950年6月25日に勃発した朝鮮戦争だろう。F-80に地上攻撃任務を譲り一旦アメリカ軍からは退いたものの、初期のジェットエンジンにつきものの燃料のバカ食いが、"F"-51ムスタングのカムバックを促した。復帰したムスタングは近接地上攻撃に活躍し、休戦に伴い、再び引退している。

ほかにも、1948年のイスラエル独立戦争(第一次中東戦争)と1956年のスエズ動乱(第二次中東戦争)でのイスラエル空軍、69年のサッカー戦争でのエルサルバドル空軍など、戦後の紛争にはちょくちょくムスタングが顔を出している。

サッカー戦争は1969年7月3日、エルサルバドル対ホンジュラスのサッカー試合の乱闘がきっかけで、元々関係が険悪だった両国の間で勃発した戦争で、1ヵ月後のエルサルバドル軍撤退まで戦争は続いた。その間にホンジュラス空軍のF4U-5とエルサルバドル空軍のF-51D、FG-1D(グッドイヤー製コルセア)の間に空戦が発生している。

ムスタングの血族たち

最後にムスタングのその他のサブタイプについて簡単に触れておこう。

生産型の一部の機はコクピットとラジエーター後方にカメラを積んで写真偵察機に改造され、F-6と称した。またP-51Dのうち10機は複座練習機型のTP-51Dとして完成した。

XP-51F(3機)とXP-51G(2機)は、ともにイギリスの助言を受けて試作された軽量化試作機で、FはV-1650-7、Gはマーリン145(離昇1,675hp)を搭載した。両機とも1機ずつイギリス空軍に引き渡され、それぞれムスタングVとⅥと命名された。

P-51Hは軽量化技術を取り入れた量産型で、エンジンはパッカード・マーリンV-1650-9(1,470hp/高度6,500m)を搭載、1号機は1945年2月3日に初飛行した。高度7,600mで最大速度784km/hと性能が引き上げられている。H型は2,000機の発注を受けたが、555機完成したところで大戦終了により残りはキャンセルされ、実戦には参加することなく終わった。またP-51Mは、H型のダラス工場製の機体に与えられた名称で、1,600機発注されたが、完成したのは1機に過ぎない。

XP-51J(2機)は、アリソンV-1710-119(1,720hp/高度6,100m)搭載の試作型で、エンジンテストのためアリソンに引き渡された。

これらムスタングの総生産数は15,484機に上り、アメリカ戦闘機中第2位(1位はP-47)を記録、うち2,191機がイギリスに引き渡された。P-51Dは高性能な割に1機約51,000ドルと比較的生産コストが安く(排気タービン付きのP-47Dは約85,000ドル、双発のP-38Lは約97,000ドル)、その面でも傑作機だったと言える。

この後にも、ムスタング2機を主翼でつなげた双発戦闘機F-82ツインムスタングが生産され、対ゲリラ戦用にエンジンをロールスロイス・ダートMk.510ターボプロップエンジンに換装したキャバリエ ターボムスタング、ライカミングT55-L-9ターボプロップに換装したパイパーPA-48エンフォーサーなども試作された。エアレースに目を向ければ、数々のムスタング改造エアレーサーが、今も飛んでいる。そう、ムスタングは「今も」傑作機なのだ。

ニュージャージー州軍のP-51H。F/G/J型は軽量化のために航続距離や武装が犠牲になったが、H型は実用性の向上と共に軽量化を目指したタイプ。抵抗が増えるデメリットがあっても各種装置を収めるために胴体が大きくなっている。そのため防弾装備や後方警戒レーダーを搭載しても、D型より272kg軽くなった

P-51Hを2機連結して複座機とし、パイロットの疲労を減らすことを狙ったツインムスタングの試作機であるXP-82(44-83887)。1948年に戦闘機の機種記号がP(Pursuiter:追撃機)からF(Fighter:戦闘機)に変更されたため、F-82に改名された

アメリカ陸軍機 | 奇抜な双胴スタイルで成功を収めた、第二次大戦最高の双発戦闘機

ロッキードP-38 ライトニング

双発戦闘機は駄作の山

第二次大戦前、列強各国の間で双発重戦闘機が流行した。当時のレシプロエンジンは1,000馬力クラスが主流であり、高速と大火力、それに大きな航続力を求めると必然的に双発にならざるを得ないと考えられたからだ。

ところが大きな期待のもとに生まれた双発戦は大部分がロクな働きをみせられなかった。これはエンジンの重量が大きく、機体の抵抗も増大するため思ったほどの高速が出せず、しかも大型化、大重量化によって運動性が悪化したことから、単発戦闘機との空戦では全く歯が立たないという状況が生まれたからだ。モスキートにしても夜戦としての活躍が主で、単発戦闘機相手にバリバリ戦ったわけではない。

そうした点から見てP-38ライトニングは、総生産数10,038機もさることながら、その活躍はほとんど全戦域にわたり、用途も偵察、爆撃だけでなく、対戦闘機戦闘もキチッとこなしている事から見ても（アメリカ軍のエースNo.1と2はともにP-38が乗機）、第二次大戦で最大の成功を収めた双発戦闘機ということができるのだ。

スピード狂ロッキード

1936年米陸軍航空隊（AAC）は欧州や極東での国際情勢の緊迫をにらんで兵力拡充に乗り出した。とくに戦闘機に関しては、当時の米陸軍航空隊の主力機が、英独で開発中の新鋭機に大きく劣っていたことから、早急に高性能機の配備が必要だった。

そこでAACは37年1月、防空能力強化のため優れた上昇力と高々度性能、それに大火力を持つ迎撃機の要求仕様X-608を各メーカーに提示した。AACが求めたのは高度6,000mで最大速度360mph（580km/h）発揮、上昇力は6,500mまで6分以内というもので、かなり先進的であった。

これを受けたロッキード（元の綴りはLoughead、難読だったため後にLockheedに変更）では、すでに技師長ホール・ヒバードと空力担当主任だったケリー・ジョンソン（スカンクワークスの祖）に率いられた設計陣が幾つかの双発戦闘機の型式を比較検討中だったことから、これを陸軍の要求に合わせて更に発展させることにした。そして要求仕様を検討した結果、それらの中から双胴型式でコクピットを持つ中央胴体を設けた単座機の案を採用した。

ロッキードでは、高々度性能を満足させるためには当初からターボスーパーチャージャー（排気タービン過給器）の装備は必須と考えており、アリソンV-1710-Cエンジンに GE製のB-1ターボスーパーチャージャーを組み合わせたもの（1,100hp/高度6,000m）をパワーソースと決めた。

モデル22と命名されたロッキード設計案は4月にAACに提出されたが、その性能推算によると最大速度は高度6,000mで400mph（644km/h）と、要求値を10%も上回るもので、武装は23mm機関砲1門と12.7mm機関銃4挺が提案されていた。

モデル22は他社案と比較審査されたが、当然ながらこれ以上の高性能を提示したものは無く、6月23日プロトタイプXP-38×1機の試作が発注された。そして1938年の大晦日（おおみそか）、XP-38（37-457）はバーバンク工場で完成し、極秘のうちにマーチフィールド陸軍飛行場に運ばれた。

編隊を組んで飛ぶP-38J（手前）と非武装のF-5B。機首の20mm機関砲1門と12.7mm機関銃4挺の配置が良く分かる。J型は2,970機が生産された主要モデルで、このタイプからエンジン下のエアインテークが大型化し、「チン（アゴ）・ライトニング」と呼ばれるようになった。F-5BはP-38Jをベースとした写真偵察型だ

XP-38は総重量6トン以上、翼面積は30.42㎡だったから翼面荷重は200kg/㎡を越えていた。当時の日本の戦闘機は大体100kg/㎡、高翼面荷重といわれたBf109Eでさえ160kg/㎡だったから、XP-38はダントツの高翼面荷重の戦闘機であり、いかにスピード重視のデザインであったかが分かる。

その他同機の特徴としては、全面沈頭鋲で極力突起物を減らした外形デザイン、離着陸を容易にするためのファウラーフラップと三車輪式降着装置の採用、プロペラトルクの悪影響を排除するため左右逆回転（内回り）のエンジンを搭載したことなどがあげられる。なお本機が採用した新機軸のうち、ターボスーパーチャージャーと三車輪式降着装置はいずれも実用戦闘機としては世界初の装備である。

XP-38はタキシーテストで溝に脚を取られて破損したが即座に修理され、1939年1月27日、陸軍のベンジャミン・ケルゼイ中尉の操縦で初飛行に成功した。この飛行ではフラップの振動によりノーフラップのまま高速で着陸するというトラブルを起こした。

XP-38にはその後も些細なトラブルが幾つか発生したが、性能は優れていることが明らかとなったため、初飛行からわずか半月後の2月11日、北米大陸横断飛行に挑戦することになった。テストフライトわずか5回では無茶としか言いようがないが、AACとしては予算獲得のための強烈なアピールを必要としていたのだろう。

ケルゼイ中尉の操縦でマーチを離陸した同機は、2度給油のため着陸し、ニューヨーク・ミッチェルフィールドまで7時間2分という飛行時間で翔破した。残念ながら最終ステージでエンジントラブルに見舞われて、飛行場手前600mのゴルフ場に不時着してしまったが、平均速度563km/h、最大速度は676km/hと群を抜く快速ぶりを発揮した。ちなみに同区間の記録は2年前にハワード・ヒューズが競速機H-1で出した7時間28分、平均速度533km/hというものだった。

米英仏から大量発注を受け大量産開始

XP-38の快速ぶりには陸軍自身もびっくりしたと見えて、4月27日には増加試作型YP-38×13機を発注、8月10日には更に66機の追加オーダーを行った。これら66機のうち30機は最初の量産型P-38として作られ、残る36機はP38Dとして完成した。

XP-38とYP-38の違いは、エンジンがV-1710-27/29（1,150hp）にB-2ターボ過給器の組み合わせに変わったことで、そのためカウリングのデザインが変更され、ラジエーターも大型化された。またプロペラ回転方向が外方へ回転するように変更され、武装も37mm機関砲1門と12.7mm、7.7mm機関銃各2挺ずつに変更された。

YP-38の1号機は1940年9月17日に初飛行した。YP-38のテストフライトで最大の問題となったのは尾翼のバフェッティングで、41年11月4日にはダイブテスト中の1機が空中分解で失われた。この問題はD型まで付きまとう。

この解決策としては、昇降舵にマスバランスを取り付け、翼胴結合部に整流用フィレットを設けることである程度解決され、J型以

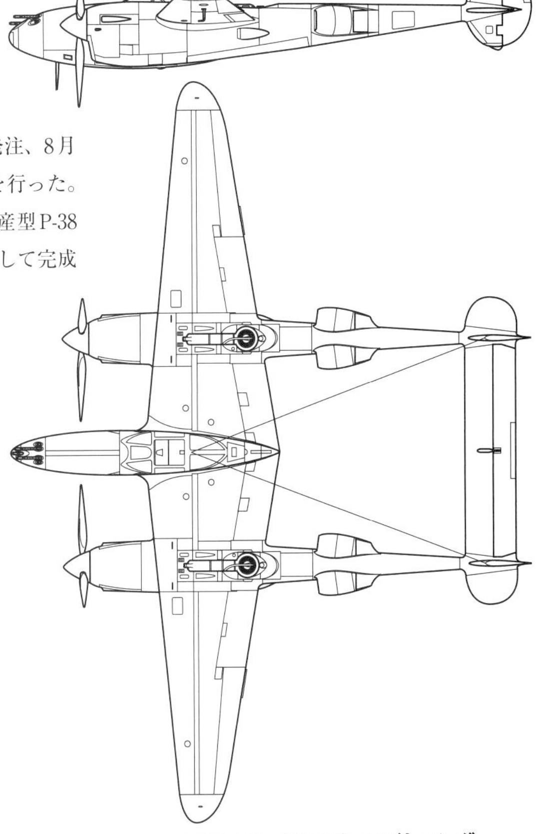

■ロッキードP-38Jライトニング

全幅	15.85m	全長	11.53m
全高	3.00m	主翼面積	30.43㎡
自重	5,797kg	全備重量	7,938kg
エンジン	アリソンV-1710-89/91 液冷V型12気筒（1,425hp）×2		
最大速度	647km/h（高度7,620m）		
上昇力	6,100mまで7分		
上昇限度	13,400m		
航続距離	2,100km（フェリー時4,184km）		
固定武装	20mm機関砲×1、12.7mm機関銃×4		
搭載量	907kg爆弾×2または127mmロケット弾×10など		
乗員	1名		

増加試作型のYP-38。他の双発戦闘機のように単胴ではなく、双ブーム（双側胴）で水平尾翼を支持する機体形状だった。左右エンジンの後ろに配置されている排気タービン過給器が印象的

降のモデルでは更にダイブブレーキを追加するなどの対策を講じた。

その間にも発注は増加し続け、1940年5月には英仏兵器購入使節団が計667機発注した。これらのうち417機はフランス向けのモデル322F、250機はイギリス向けの322Bで、いずれも軍事機密を理由にして、ターボ無しのV1710-C15（1,090hp/4270m）を搭載し、プロペラ回転方向を同一としたモデルだった。

間もなくフランスがドイツに降伏したため、フランス発注分の全てをイギリスが引き受けることになったが、最初の143機はターボ無しのライトニング（稲妻）Mk.Ⅰ、残る524機はターボ付きのライトニングMk.Ⅱとして引き渡されるよう契約が変更された。

ライトニングMk.Ⅰは1942年5月からイギリスでテストを受けたが、ターボのないライトニングは上昇力、高々度性能ともガタ落ちで、イギリスはテスト用の3機を除いた140機をキャンセルしてしまった。すでに生産中だったこれら140機は結局AAF（米陸軍航空軍）に引き取られ、P-322の名で大部分は訓練用として使用された。

イギリスはライトニングMk.Ⅰのテストでよほどがっかりさせられたのか、ターボ付きのMk.Ⅰに対しても購入意欲を失い、524機全てがAAF向けに切替えられ、150機がP-38F、374機がP-38Gとして完成した。

さて米陸軍では当初アトランタという名前を与える予定だったが、ライトニングの名称をそのままイギリスに倣って採用することになった。

ライトニングのバリエーション

ライトニングは量産途上で多くの改良が施された。以下XP/YP-38以後の各型に付いて記すと、

◎**P-38**…30機作られた最初の量産型だが、1機は与圧キャビン試験機XP-38Aとして完成。武装は37mm砲1門、12.7mm銃4挺で、防弾ガラス、装甲板が追加された。

◎**P-38B/C**…いずれも不採用で欠番。

◎**P-38D（36機生産）**…燃料タンクをセルフシーリング式としたモデルで、燃料搭載量は400から300USガロン（1USガロン＝3.783リットル）に減少した。

◎**P-38E**…37mm砲（弾数15発）を20mm機関砲（同150発）に換装したモデルで、1941年10月から引き渡しが始められ、210機生産された。ライトニングとしては最初に実戦を経験したモデルだが、多くは本国で防空/訓練機として使用された。

◎**P-38F**…エンジンをV-1710-49/53&B-13ターボ過給器（1,325hp/高度7,620m）に強化したモデルで、1942年2月から引き渡しがスタート。527機生産された。途中から165USガロン（625L）入り増槽または1,000ポンド（454kg）爆弾×2を内翼下面に搭載できるようになった他、フラップが空戦フラップとして使用できるようになった。増槽装備の場合、燃料搭載量は600ガロン（2,271L）以上となり、約3,000kmの航続距離を得た。

◎**P-38G**…エンジンをV-1710-51/55（出力同じ）に換装し、油圧システム、無線機などを改良したモデルで、42年6月に引き渡しが開始、1082機生産された。なお後期型は爆弾搭載量が3,200ポンド（1,452kg）となり、増槽も計600ガロンまで搭載可能となったため、航続距離は最大で3,500kmを超える長距離戦闘機となった。

◎**P-38H**…エンジンをV-1710-89/91&B-33ターボ過給器（離昇1,425hp）に換装し、オイルクーラーフラップを自動化してオーバーヒートを防止したモデルで、高度7,620mにおける出力は1,240hpとなった。引き渡し開始は1943年3月で、601機生産。

◎**P-38J**…冷却能力を上げるために、オイルクーラー、インタークーラーをエンジンナセル下面に集め、テールブーム側面のラジエーターにも改良を加えたモデル。エンジンはH型と同じながら、オーバーヒート防止のための制限が取り払われ、高度8,230mで1,425hp（緊急時1,600hp）を出せるようになった。外見上もナセル下面に大型のエアインテークが設けられたため大きく変化した。また機内燃料搭載量が300から410USガロンに増大し、フェリー時の最大航続距離は4,000kmを超えることになった。武装はAN/M2-C 20mm機関砲1門、ブローニングM2 12.7mm機関銃4挺。生産数は2,970機、引き渡し開始は43年9月である。P-38J後期型はエルロンにパワーブーストが追加され、外翼下面にダイブブレーキ（電動式）が装備された。なお少数のJ型は機首にAPS-15レーダーとその操作員席を設けて悪天候時の爆撃先導機（パスファインダー）として使用された。

◎**P-38K**…G型1機にV-1710-75/77（1425hp）を装備したテスト機。

◎**P-38L**…V-1710-111/113（出力はJ型と同じだが、高度8,750mで緊急出力1,600hp発揮可能）を搭載したシリーズ最多量産モデル（3,810機、他にコンソリデーテッドで113機）で、1944年6月から引き渡しが開始された。少数のP-38J/Lは、機首を透明風防として爆撃手席を設け、ノルデン爆撃照準器を装備してパスファインダーとして使用され、機首の形状からドループスヌート（垂れ鼻）と呼ばれた。なおコンソリデーテッドは2,000機のL型生産を受注したが、終戦により1,887機はキャンセルされ、ロッキードも1,380機をキャンセルされた。

1942年7月、イギリスのゴックスヒル飛行場に駐機している米陸軍第1戦闘航空群のP-38F-1-LO(s/n 41-7631)。P-38はドイツ兵からは「ガーベルシュヴァンツトイフェル(双尾の悪魔)」と呼ばれて恐れられたといわれるが、これは米軍の創作の可能性が高い

◎**P-38M**…L型改造の夜間戦闘機で、胴体後部にレーダー手席（盛り上がっているためピギーバック＝「おんぶ」と呼ばれた）を設け、機首下面にAPS-4レーダーをポッド式に装備した他、ガンマズル（銃口）をアンチフラッシュタイプに改造した。75機程度が改造されたが、実戦配備と同時に終戦を迎えた。

◎**RP-38**…Rは制限付きを示しており、実戦配備に不適な機体。D/E型も多くがR仕様に変更された。

◎**TP-38J/L**…ピギーバック式の教官席を設けた複座トレーナーで、J/L型から少数改造された。

◎**F-4/5**…P-38の偵察型で、最初から偵察機としてつくられた500機に、途中改造で830機余りが存在する。

1942年9月、デトロイト近郊のウェイン・カウンティ飛行場で撮影されたP-38G-1-LO(s/n 42-12723)。エンジン下のインテークは小さく、スマートな印象を受ける。山本五十六長官の乗機を撃墜したのも、第347戦闘航空群第339戦闘飛行隊のP-38Gだった

稲妻の落ちた空――双胴の悪魔の戦歴

ライトニングの敵機との初交戦は、アラスカに派遣された54FS（第54戦闘飛行隊）のP-38Eが記録した。1942年8月4日、2機のP-38Eがアリューシャンに偵察に来た九七式大艇2機を迎撃したというもので、米側の記録では2機撃墜となっているが、実際には2機ともキスカまで逃げ帰っているため、実際には撃破だ。

10日後の8月14日には、アイスランドに派遣されていた27FSのP-38FがドイツのFw200Cコンドルを P-40と共同撃墜して初戦果を挙げた。

1942年8月には4個FG（戦闘航空群）約180機のP-38Fが大西洋を横断してイギリスに展開した。しかしこれらは間もなく北アフリカ戦線12AF（第12航空軍）隷下に移動し、ここでドイツ機と本格的に対決した。この時はまだ得意の一撃離脱戦を会得していなかっ

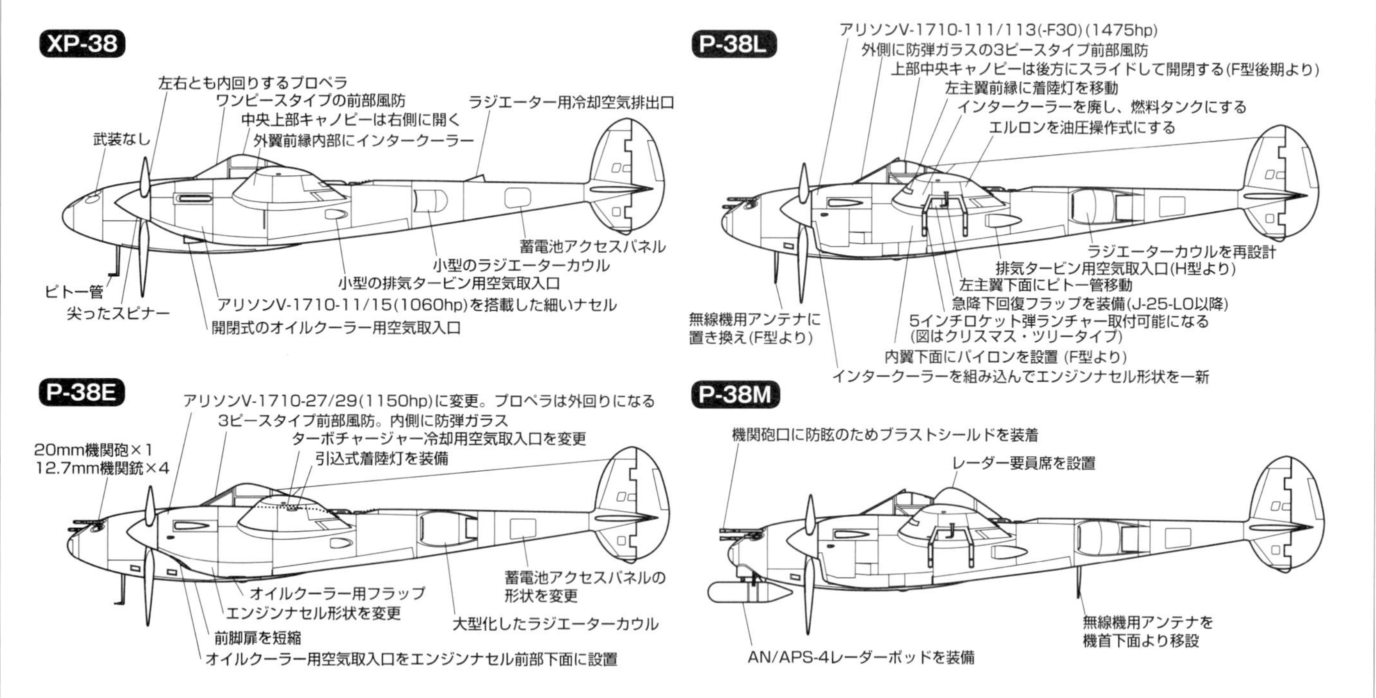

1944年、フロリダ州オーランドの陸軍航空軍戦術センターで撮影された、爆弾を内翼に2発搭載しているP-38H(42-66923)。P-38は高高度では機動制限が課されており、ドイツ戦闘機相手だと分が悪かったため、欧州戦線の末期は制空戦闘任務には就かず、優れた搭載量を活かして地上攻撃に活躍した

ずらりと撃墜マークが並んだP-38L-5"PUTT PUTT MARU"(s/n 44-25471)。第二次大戦米陸軍航空軍第4位のエース、マクドナルド大佐の最終搭乗機(第475戦闘航空群司令当時)。MARUは日本の船の名をもじったもので、「ぱたぱた丸」といったところか。日本の戦闘機パイロットは、P-38を格闘戦に引きずり込めば「ペロリと喰える」と揶揄して「ペロハチ」と呼んでいたが(「P=ペ」「3=ろ」「8」の語呂合わせとも)、多くのP-38エースが日本機を「喰って」生まれており、P-38が一撃離脱に徹すれば、四式戦以外の日本機は捕捉することも困難だった

たためか、低空での単発戦闘機との格闘戦に引きずりこまれて苦戦するケースが多かったが、機首に集中した武装や爆弾による高速対地攻撃に威力を発揮した。

ヨーロッパ戦線では8AF（第8航空軍）の重爆撃機部隊の掩護戦闘機が求められたため、1943年8月以降4個FGのP-38H/Jがイギリスに派遣され、10月にドイツ本土上空への出撃を開始した。この頃のP-38はターボ関係を始めとしてエンジントラブルが多かったことと、ドイツ単発戦闘機との戦いではさすがに分が悪かった（速力で同等、運動性で劣る）ため、損害も少なくはなかったが、P-51の数が十分揃うまでのつなぎとして十分に役目を果たした。そして1944年3月4日には連合軍戦闘機としては初のベルリン上空侵入を果たしている。

太平洋戦域にライトニングが進出したのも1942年8月のことで、オーストラリアに展開していた35FG 39FSにP-38Fが配備された。しかし高温多湿のこの地域ではトラブルが多発したため、実戦に参加できるようになったのは同年末のことだった。

1942年12月には347FG隷下の68FS、70FS、339FSがガダルカナルでP-38Gを受領して活動を開始した。そして43年4月18日には339FSのP-38G×16機が、暗号解読の情報をもとに山本五十六長官乗機の一式陸攻を待ち伏せし撃墜したのである。

また1944年10月から始まったフィリピン戦では米陸軍の主力戦闘機として活躍、特に日本陸軍の四式戦とは幾度も激闘を交えている。

太平洋戦線で対戦した日本機は、四式戦を除けばドイツ機より格段に低速かつ装甲も貧弱で、P-38の高速と大火力による一撃離脱戦法には弱かったため、格闘戦に巻き込まれなければ常に優位に戦いを進めることができた。

そのため全米トップエースのリチャード・ボング少佐（49FG所属、計40機撃墜）、475FGのトーマス B.マクガイア少佐（38機撃墜、撃墜数第2位）、同じく475FGのチャールズ H.マクドナルド大佐（27機撃墜）、49FGのジェラルド R.ジョンソン中佐（22機撃墜）などライトニングエースが続出した。だがボング少佐は1945年8月6日にP-80の墜落事故で殉職。マクガイア少佐も1945年1月7日、フィリピン・ネグロス島において、四式戦と一式戦に低空の格闘戦に引きずり込まれて撃墜されている。

双発戦闘機P-38の異例の成功は、複座機ではなく単座機として開発し、高速と大火力に的を絞り込んだドライな設計方針によりもたらされたものだった。排気タービン式過給器という、他の国では実用化できなかった高度な技術を採用し、優れた空力デザインの機体と組み合わせることにより、双発戦闘機中トップの高性能を獲得することに成功したのである。こうした点から見るとP-38は、常に最先端の航空技術を追い求めてきたロッキードならではの戦闘機であり、またアメリカだからこそ戦列化できた贅沢な戦闘機ということができる。

ノースロップP-61 ブラックウィドウ

鬼才ノースロップ

アメリカ空軍のステルス戦略爆撃機である全翼機・B-2を生んだノースロップ社（現ノースロップ・グラマン）の創業者ジョンK.“ジャック”ノースロップは、アメリカ有数の航空機デザイナーであった。彼はロッキード社で「ベガ」を設計した後、1928年にアビオン社（後にノースロップと改称）を起こし、ボーイングやダグラスの資本系列化に入ってアルファ、ベータ、ガンマといった優秀な軽輸送機を生み出した。

ノースロップは1939年に大会社の資本系列から離れ、カリフォルニア州ホーソーンにノースロップ・エアクラフト社を設立した。彼には全翼機（胴体も尾翼もない航空機）を作るという生涯の夢があり、夢の実現のためには自らの会社を持つ必要があったのだ。

この頃ヨーロッパではバトル・オブ・ブリテンが始まり、英国はドイツ爆撃機の夜間爆撃にさらされているところだった。当時RAFの夜間戦闘機としては不完全なAI（Airborne Interception：機上迎撃）Mk.Ⅳレーダーを装備したボーファイターMk.Iがあるのみで、RAFとしては8時間以上の滞空性能と強力なレーダーと武装を持ち、ドイツ爆撃機が爆弾を落とす前に撃墜できる本格的な夜間戦闘機を必要としていた。

一方イギリスに視察団を送るなど、ヨーロッパの戦いを注視していた米陸軍航空隊（USAAC、1941年以降USAAF）も夜間戦闘機の重要性を認め、1940年10月21日にノースロップに対し、イギリスへの供与も視野に入れた双発夜間戦闘機の要求仕様を提示した。1社特命で、しかも設立後1年の会社への発注は破格といってよいものだが、これは他のメーカーがすでにフル稼働状態にあったことと、ノースロップの設計者としての名声がすでに確立されていたことによるものだった。

漆黒の毒グモの誕生

大戦前、機上レーダー研究については英国が最も進んでいたが、アメリカもMIT（マサチューセッツ工科大学）のNDRC（国防調査委員会）を中心に極秘に研究を進め、1940年にAI.10（SCR-520）を完成させ、更にAI.10の発信部と英国製AI.Mk.Ⅷの受信部を組み合わせたSCR-720（探知距離8km）を41年に完成させた。

英米のレーダーは、空気抵抗の元となる八木式ダイポールアンテナに替わってレドームに収容できるディッシュアンテナを早くから実用化していた点でドイツをリードしていたが、最新のSCR-720といえども大型で重量も重く、複雑で取り扱いが難しいという難点を抱えていた。

ノースロップではこの大型のレーダーと胴体の前後に12.7mm機関銃4挺の旋回式銃塔を装備し、射界確保のためツインテールブーム形式を採用したR-2800（2,000hp）双発の3座機（パイロット、レーダー手、銃手）の設計案NS-8Aをまとめ、11月5日、AACマテリアルコマンドに提出した。

同案は全幅20m以上、総重量10トンもある大型機で、主翼後縁にはノースロップ考案のザップフラップ（フルスパン・ファウラーフラップの一種）を付けたデザインだったが、軍と協議を進めるうちにガンターレット（銃塔）の配置などにいくつかの変更を受け、最終的には背部に12.7mm機関銃4挺の遠隔操作式銃塔、腹部に固定式20mm機関砲4門を装備するデザインに改められた。

改定設計案は12月AACに承認されてXP-61と命名され、翌1941年1月30日、137万ドルで2機の試作が発注された。続いて3月10日には増加試作型YP-61、13機と静強度試験機1機が550万ドルで発注された。

XP-61の1号機（49-19509）は1942年5月26日初飛行に成功した。レーダーは未完成のため未装備、銃塔はダミーが装着されていたが、

オリーブドラブに塗装された419NFS（第419夜間戦闘飛行隊）のP-61A（s/n 42-5507）。1944年撮影。初期生産型のP-61A-1-NOのため、上面の機関銃塔は固定状態で装備されている

前面グロスブラック塗装で飛行するP-61A。背面銃塔を装備していないので38機目以降の生産機である

その後のテストの結果、最大速度610km/h（高度3,100m）、失速速度120km/h、海面上昇率610m/秒、航続距離1,900kmといった性能を有しており、大型機としては操縦性も良くスピンからの回復も楽にできることが確認された。ただザップフラップは製造に手間がかかる割に効果が少ないため、通常の大型スプリットフラップと小型のエルロン（補助としてスポイラーを装備）の組み合わせに改造された。

XP-61の2号機は1942年11月に初飛行し、テストフライトの後、SCR-720搭載のため1943年4月ライトフィールドに送られた。

YP-61は1943年夏以降、背面銃塔装備で完成しテストに投入されたが、このターレットが思わぬ問題を引き起こした。銃塔を回転させたり、銃に仰角を与えたりするとバフェッティング（乱流による振動）を起こしたのである。このため初期生産型は背面銃塔を固定し、前方発射専用で作られることになった。

1943年7月20日フロリダ州オーランドAABに481NFOTG（第481夜間戦闘作戦訓練航空群）が編成され、P-70（A-20ハボックの夜戦型）とYP-61を装備して夜戦パイロットの養成が開始された。同じ頃フロリダのエグリンAABでは夜間戦闘機の塗装についてのテストが行われ、オリーブドラブ、フラットブラック、グロスブラックの3種が探照燈の光の中を飛行した。

この結果最も視認されにくかったのはグロスブラックにレッドのマーキングで、以後これが夜戦の標準塗装となった。そしてこの塗装のP-61は南米産の獰猛な黒い毒グモ・ブラックウィドウ（クロゴケグモ／直訳は「喪服を着た未亡人」の意味）を思わせたことから同機のニックネームとして定着した。

戦場に向かった黒衣の寡婦

ブラックウィドウの量産型に対するAAFの発注は、XP-61進空前の1941年9月1日に150機、42年2月12日に410機と続いた。内50機は英国へのレンドリースが予定されていたが、RAFはモスキート夜戦を配備したことと、ドイツ側の夜間爆撃が激減したことにより同機の発注をキャンセルしてきた。一方AAFは夜戦としてはほとんど役に立たないP-70しか保有しておらず、ボーファイターやモスキート夜戦をイギリスからリースされている状況だったためP-61の就役を急ぐ必要があった。

最初の量産型P-61A-1は43年10月以降次々に完成したが、背面銃塔のバフェット問題が解決されなかったため、前記のようにまず前方固定式となった。ただし38号機以降は銃塔の供給が間に合わなくなったため未装備のまま完成した。この銃塔はゼネラルエレクトリック製のA-4と呼ばれるものだったが、B-29の前上方に装備されているものと同型であり、B-29に優先的に供給されたため不足しがちだったのである。

A型は合計200機つくられたが、P-61A-1はR-2800-10（離昇出力2,000hp）2基を搭載して45機生産され、続くP-61A-5はR-2800-65（緊急出力2,250hp）付きで35機、残る120機

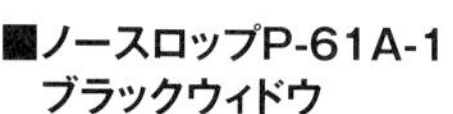

■ノースロップP-61A-1 ブラックウィドウ

全幅	20.12m	全長	14.92m
全高	4.47m	主翼面積	61.54㎡
自重	9,518kg	全備重量	12,480kg
エンジン	P&W R-2800-10ダブルワスプ 空冷複列星型18気筒（2,000hp）×2		
最大速度	577km/h（高度7,625m）		
上昇力	6,096mまで8分		
上昇限度	10,060m		
航続距離	2,349km		
固定武装	20mm機関砲×4、12.7mm機関銃×4		
搭載量	爆弾2,900kg（最大）		
乗員	3名		

1944年に撮影された、背面銃塔が装着されている第416夜間戦闘飛行隊のP-61B-15-NO（s/n 42-39682）

(P-61A-10/11)には水噴射装置が追加された。なおA-11の20機には主翼パイロン2個が装備され、310ガロン(1,173L)増槽または1,600ポンド(726kg)爆弾2発が搭載可能となった。

1944年7月に引き渡しが開始されたP-61Bは、レーダーを探知能力の向上したSCR-720Cに換装したモデルで、機首が20.3cm延長されたことが最大の相違点だ。またガンサイトに5.8倍の夜間用双眼鏡が組み合わされ、目標確認能力が向上した。外見上の特徴としては着陸灯が前脚柱に追加されたことと、主脚カバーが脚下げ時に閉じられるようになったことが挙げられる。

B型は計450機生産され、A型同様途中少しずつ改良が行われているが、主なところを記すと、B-10以降は後方警戒レーダーAPS-13が装備され、主翼下パイロンも4個に増加し、総重量はなんと17トン近くに達した。B-15以降の機にはA-4背面銃塔が復活、B-20以降は改良型のA-7銃塔に換装、B-25は銃塔にAPG-1レーダー照準器を組み合わせたモデルである。

間に合わなかったサブタイプ

大戦に間に合ったのはP-61A/Bだけだったが、他のモデルについても見ておこう。P-61Cは高々度性能の改善を狙って排気タービン式過給器を追加したモデルで、1942年2月、2機のP-61AがC型の原型XP-61Dに改造された。XP-61DはGE製CH-5排気式タービン過給機を装着したR-2800-77(緊急出力2,800hp)を搭載、プロペラも幅の広いカーチス製パドルタイプに換装された。XP-61Dは42年11月に初飛行し、最大速度は高度9,100mで690km/h、上昇限度も13,100mという高性能を発揮した。

AAFはただちに量産型P-61C×201機を発注し、まもなく400機を追加した。C型は1945年7月にホーソーン工場からラインオフし始めたが、1ヵ月後に大戦終了を迎えたため41機完成したところで残りはキャンセルされた。これらのC型はR-2800-73にCH-5を組み合わせたもの(出力変わらず)を搭載し、B型までのスポイラーに換えてファイターブレーキと呼ばれる一種のダイブブレーキを装備したことが特徴だった。

XP-61EはB-29をエスコートする長距離護衛戦闘機原型として計画され、P-61B×2機を改造して製作された。中央胴体は完全に再設計されてタンデム複座のバブルキャノピーを持つコクピットに変更され、背面銃塔も廃止された。機首のレーダーに換わって12.7mm機関銃4挺を搭載、胴体後部には燃料タンクが増設され、310ガロン増槽4個を使用した時の航続距離は6,000km以上となった。

本機はP-82ツインムスタングとの競作に敗れ2機の試作に終わったが、ノースロップでは胴体内のスペースと長距離性能を生かして写真偵察機に改造する計画を立て、XP-61E 1号機の機首から武装を取り除き、カメラ収納部とする改修を行い、原型XF-15(当時のFは写真偵察機を表す記号)を製作した。

この計画に対しAAFは終戦直前の1945年6月、量産型F-15Aに「レポーター」という新しい名前を与え、175機を発注した。F-15AはP-61Cと同じターボ付きR-2800-73を装備し、高度9,000mで最大速度700km/hという快速偵察機となったが、終戦により36機完成したところで残りはキャンセルされた。

太平洋と欧州の夜空でダメ押し

P-61Aは1944年5月以降太平洋戦域、ヨーロッパ戦域の実戦部隊へと配備されていった。最初に受領したのは当時ハワイに展開していた7AF(第7航空軍)隷下、6NFS(第6夜間戦闘飛行隊)で、続いて419NFSにも配備された。6NFSはP-61Aを受領する以前にガダルカナルやニューギニアに派遣され、性能不足のP-70やレーダー未装備P-38で夜間戦闘を行った部隊だったので、P-61Aは待ちに待った機材だった。

6NFSは1ヵ月半ほどの練成訓練の後、6月21日占領間もないサイパン島アイズリー飛行

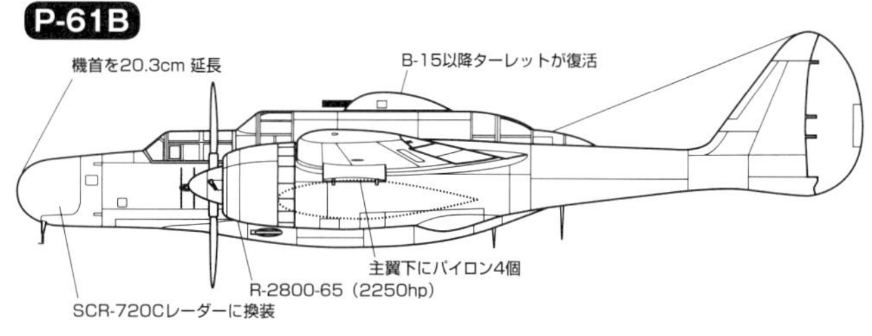

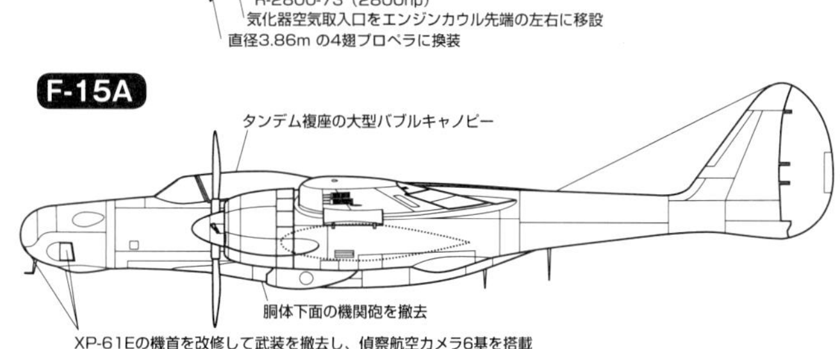

1945年～48年に、NACAのグレン・リサーチ・センターでラムジェットを装備して試験に供されていたP-61B-15-NO(s/n 42-39754)

場に進出、7月6日、夜間爆撃に飛来した一式陸攻を撃墜し、ブラックウィドウ初の空対空撃墜を記録した。日本側はすでに昼間爆撃の損害が大きくなっており、単機による夜襲をかける作戦を多用していたが、P-61の登場によりこれも非常に危険な作戦となった。

太平洋戦域では1944年中に8個夜戦飛行隊がP-61装備となり、これらの飛行隊は米軍進撃にともなってフィリピン、硫黄島、沖縄、伊江島などに進出し、占領した地域や飛行場の夜間防空任務に就いた。また一部の機体は5インチロケット弾の3連装発射チューブ（バズーカランチャー）を両翼下に装備して夜間阻止攻撃に活躍した。

CBI（中国、ビルマ、インド）戦線で活動したP-61A飛行隊は2個のみで、1944年夏以降受領を開始したが、この戦域では夜間作戦を行う日本機はほとんどなかったため、ブラックウィドウはもっぱら夜間対地攻撃任務に従事した。

ヨーロッパ戦域に最初に展開したウィドウ飛行隊は、イギリスのチャーミーダウンに1944年3月に展開した422NFSだった。しかし機材を受領したのは5月スコートン基地に移動してからのことで、6月には2番目の部隊425NFSも同基地でP-61Aを受領した。

これらのウィドウ部隊は9AF指揮下に英国内数ヵ所に分遣隊を派遣して夜間防空任務に就いたが、すでにドイツ空軍による夜間爆撃は散発的になった時期であり、両隊はもっぱら海峡上空を飛んでくるV-1巡航ミサイルを阻止するアンチ・ダイバー任務を実施した。

1944年6月6日のDデイ（ノルマンディー上陸）後、連合軍による大陸反攻作戦進展に伴い、422NFS、425NFSは7月から8月にかけてフランスに進出し、夜間パトロールと対地攻撃ミッションを開始した。

8月7日夜には422NFSのP-61Aがドイツ領内に侵入してJu88を撃墜し、欧州における初撃墜を記録した。この時期制空権はほぼ連合軍側に握られていたためドイツ軍地上部隊の移動、補給活動はほとんど夜間に行われるようになっていたが、P-61はこれらの阻止攻撃作戦にも活躍した。

1944年12月16日、アルデンヌ地方で開始されたドイツ最後の大反撃作戦（バルジの戦い）では、悪天候で他の連合軍機が出撃できないのを尻目に、P-61は夜間阻止攻撃に活躍した。この頃は補充機、修理用部品とも不足していたことと複雑なレーダー関係の故障が多発したため稼働機数が極端に少ないのが悩みの種であったが、それでも参戦後10ヵ月足らずの間に、422NFSは43機撃墜（V-1を除く）を記録し、全戦域を通じて最高の戦績を残した。

MTO（地中海戦域）では414、415、416、417の4個夜戦飛行隊がいずれも英国製のボーファイター、モスキート夜戦を装備して活動していた。これらのうち最初にウィドウを配備されたのは414NFSで、44年12月のことであった。残る3個のうち415と417NFSは対独戦終了間際、416NFSは終了後の45年8月になってようやくP-61に転換した。

F-15レポーターの試作機、XF-15A(s/n 43-8335)。P-61からは機体上面やキャノピー、機首などが大きく変更されている

アメリカの象徴たる化け物夜戦

ブラックウィドウは登場した時期も遅く、機数も少なかった割にはアメリカでは今日も人気の高い飛行機である。

ただ、いくら嵩張るレーダーを積んだからといって、ここまで大きく重くする必要があったかどうか疑問に思えるのも事実だ。なにしろP-61のサイズはB-25などの中型爆撃機並みであり、全備重量に至っては日本の重爆や陸攻よりはるかに重いのである。そのためか、P-61A/Bは2,000馬力級エンジン双発にもかかわらず最大速度は600km/hに届かず、上昇力も6,100mまでA型で8分以上、重くなったB型は12分もかかる始末だった。

実はP-61Aがヨーロッパに送られて間もなく、AAF関係者の間から、モスキートがあれば同機は必要ないのではないか、という意見が出て1944年7月に比較試験が行われたことがある。422NFSの残した記録なので鵜呑みにもできないが、モスキート（おそらく初期の夜戦型）との比較では高度6,000mまではP-61Aのほうがいくらか速く、上昇力、旋回性も優れている、という結果が出てようやく存在価値が認められた。後期型モスキートであればどの高度でもP-61より30～60km/hは速かったはずで、P-61は命拾いをしたといってよい。

ただP-61の弁護をすると、出現当時これだけ優秀なレーダーと強力な火力を搭載し、これほど大きな航続力を持つ夜間戦闘機は他に存在しなかったのも事実だ。

もう一つの長所を挙げると、重量級の双発機としては不思議なほど良好な操縦性、運動性を持っていたことだ。どのP-61パイロットの手記を見てもこのことが必ず書かれているところをみると、巨大な機体のわりには運動性が良かったというべきだろう。

そして操縦性が良いということは、戦闘の際に有利になるばかりでなく、当時の不完全な航法設備や飛行場施設の下で夜間作戦を行ったり離着陸したりしなければならない夜間戦闘機パイロットにとって、非常に心強かったに違いない。

ロッキードP-80 シューティングスター

ジェット機開発で英独に後れを取っていたアメリカ

ターボジェットエンジンの原理を考案したのはイギリス空軍の若き技術士官ホイットルだったが、ジェット機実用に一歩先んじたのはドイツだった。第二次世界大戦の前夜、1939年の8月にドイツは世界初のジェット機He178の飛行に成功し、対するイギリスは1年8ヵ月後の1941年5月に初のジェット機グロスターE.28/39を初飛行させることに成功した。

胴体下面のダイブブレーキを開いて飛行するP-80B(s/n 45-8480)。機首に描かれている記号がバズナンバー、あるいはバズレターと呼ばれ、アルファベットの2文字が機種を、3文字の数字がシリアルナンバー最後の3桁を表している

他方アメリカはジェットエンジン開発の具体的作業には未着手で、欧州でのジェット開発を知った"ハップ"アーノルド少将（後の陸軍航空軍司令官）の勧告により、1941年3月にジェット推進機関特別委員会が発足した。少将は41年4月、ホイットルのジェットエンジンを視察して感銘を受け、その技術移転を進めた結果、ホイットルのパワージェッツW.2がゼネラル・エレクトリックGE.I-A（推力567kg）として国産化されることになった。

このI-Aエンジン（後に小改良が加えられJ31）を2基装備したアメリカ初のジェット戦闘機の原型・ベルXP-59Aエアラコメットは42年10月1日に初飛行したが、当時のレシプロ戦闘機より低性能という失敗作となってしまった。この失敗は、ドイツのジェット戦闘機就役が近いことを察知していたUSAAF（米陸軍航空軍）のあせりを呼び、イギリスから提供の申し出のあった当時最強のジェットエンジン、デハヴィランド ハルフォードH-1B（推力1,360kg）を装備した新戦闘機XP-80を大至急ロッキードに開発させることにしたのである。

1943年6月17日、開発の指示を受けたロッキード主任設計技師のクラレンス"ケリー"ジョンソンは、180日以内の完成を軍側に公約し、後のスカンクワークスの前身となる特別開発チームを編成すると、直ちに設計・製作作業に突入した。XP-80のデザインは、エンジンを完全に胴体内に収納し、抵抗の少ない形状のサイドインテークを設けるなど、ジェット独自のスタイリングを確立した点に特徴があった。

XP-80の機体そのものは43年10月中にほぼ完成したものの、7月に予定されていたイギリスからのエンジン到着は大幅に遅れ、11月3日にようやく到着した。しかしこのエンジンも不調だったことから代替エンジンを待つことになり、12月28日になって2基目が到着した。

早速搭載作業が行なわれ、"ルル・ベル"と名付けられたXP-80は、1944年1月8日、ミュロック飛行場（現エドワーズAFB）において待望の初飛行に成功した。その後のテストで、XP-80はH-1Bがカタログ通りの推力を発揮していなかったにもかかわらず、最大速度814km/hを記録し、充分な高速性能を持つことを証明した。

1944年12月6日、ミューロック航空基地（後のエドワーズ空軍基地）上空を飛行中のXP-80Aの2号機(s/n 44-83021)。愛称は"グレイゴースト"

大戦には間に合わずも戦後の大ベストセラー戦闘機に

ケリー・ジョンソンはXP-80の初飛行前に、

GEが開発中の新エンジンI-40（推力1,814kg、後のJ33）の量産型への搭載を軍から要請されていたため、同機の大幅な設計変更を進めていた。

こうして完成したのが2機の増加試作型XP-80Aで、全幅が61cm、全長が51cmそれぞれ延長され、全体に洗練されたデザインとなり、1号機は44年6月10日に初飛行に成功した。そしてこれらXP-80Aがテストされている頃に「シューティングスター（流星）」と命名されたのである。

1944年3月には先行量産型YP-80A×13機が発注され、1号機はわずか半年後の9月13日に初飛行を行なった。YP-80AはJ33-GE-11またはアリソン製のJ33-A-9（いずれも推力1,750kg）を搭載したほかはXP-80Aと変わらない機体で、実戦参加に向けての実用化試験に投入された。

こうして見ると、日本やドイツが大戦末期の混乱に振り回されて高性能戦闘機実用化に四苦八苦している間に、アメリカでは短期間にやすやすと優れたジェット戦闘機を完成させており、その技術力・工業力の高さは枢軸国側の到底及びもつかないものだったことがはっきりと分かる。

XP-80

低い垂直尾翼
P-80Aより全幅が0.6m、全長が0.5m短い
12.7mm機銃×5
デハビランド・ハルフォードH-1B（推力1360kg）
翼端増槽なし
境界層隔板が無い空気取入口

P-80A

大型化した垂直尾翼
前期型はランディング・ライト、後期型はAN/ARN-6ループアンテナを装備
GE I-40（J33）搭載のため再設計され、全幅と全長が長くなる
12.7mm機銃×6
ダイブ・ブレーキ設置
翼端増槽
初期型はJ33-GE-9（推力1750kg）
後のP-80AはJ33-A-17装備
境界層隔板付の空気取入口

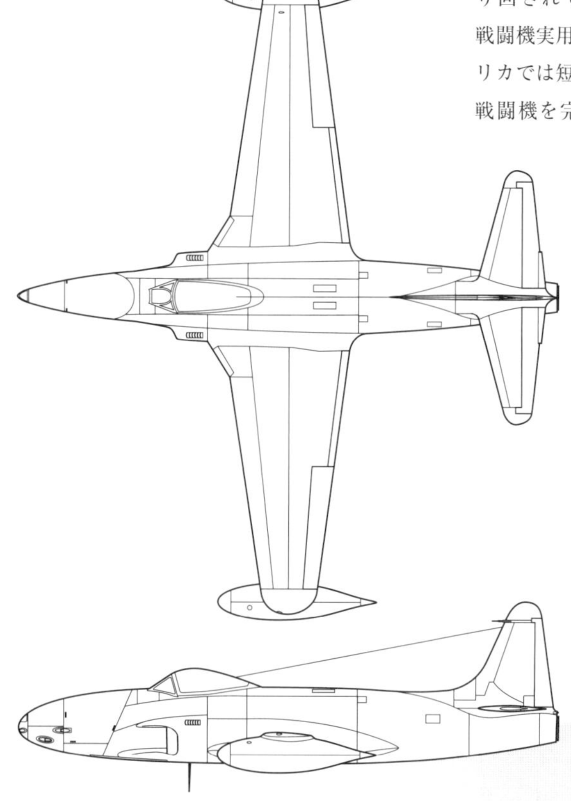

YP-80Aのうち4機は、1944年12月「プロジェクト・エクストラバージョン」の名のもとにヨーロッパに派遣された。これらは実戦テストの名目で英国に2機、イタリアに2機配置されたが、実際にはドイツ機と直接交戦することなく5月8日のV-Eデイ（対独戦勝日）を迎えた。この派遣作戦の本当の狙いは、アメリカだけがジェット戦闘機の配備で遅れをとっている（当時ドイツはMe262、英国はミーティアをすでに配備していた）という印象を、敵味方の将兵から払拭するという点にあった。

USAAFはYP-80A発注1ヵ月後の44年4月、ロッキードに対して量産型P-80Aを1,000機発注した。これらは対日戦の勝利により削減されたが、その後発展型のP-80B/Cが発注されたことにより、試作型を合わせたP-80の総生産数は1371機に上った。

第二次大戦はほんの顔見世だけに終ったP-80だったが、1950年6月に始まった朝鮮戦争では緒戦の主力ジェット戦闘機として、制空権の確保に、対地攻撃作戦に、そして写真偵察にと縦横の活躍を見せた。またP-80から発達した複座練習機T-33Aは、日本を始めとして西側各国空軍の主力練習機として採用され、総生産数5,600機以上という大ベストセラーとなった。

■ロッキードP-80Cシューティングスター

全幅	11.81m	全長	10.49m
全高	3.43m	主翼面積	22.07㎡
自重	3,820kg	全備重量	5,534kg
エンジン	アリソンJ33-A-23/35 遠心式ターボジェット(2,450kg)×1		
最大速度	956km/h(海面高度)		
上昇力	7,620mまで7分		
上昇限度	13,725m		
航続距離	1,328km		
固定武装	12.7mm機関銃×4		
搭載武装	454kg爆弾×2、12.7cmロケット弾×8		
乗員	1名		

1944年1月8日に初飛行を行ったP-80の試作1号機XP-80(s/n 48-3020)。愛称は"Lulu Belle/ルル・ベル"。ダークグリーンで塗装されていた

第3章 ドイツの戦闘機

ドイツ空軍
Luftwaffe

Messerschmitt Bf109

Focke-Wulf Fw190/Ta152

Messerschmitt Bf110

Messerschmitt Me210/410

Junkers Ju88C/R/G

Heinkel He219 Uhu

Messerschmitt Me262 Schwalbe

Heinkel He162

Messerschmitt Me163 Komet

Dornier Do335 Pfeil

列線に並んだFw190A-4/U8、後にFw190G-1と呼ばれるタイプ。主翼下に300L増槽2本を取り付けた、長距離戦闘爆撃機型。機首にはMG17 7.92mm機関銃が付いている。Fw190はBf109と並ぶドイツ空軍の主力戦闘機として、制空、爆撃機迎撃、地上攻撃、爆撃など様々な任務に敢闘した

メッサーシュミットBf109

ルフトヴァッフェの復活とともに

まずBf109が誕生した当時のドイツの状況について考えてみよう。これによりBf109という戦闘機の性格がどのように形作られていったかが理解できるのではないかと思う。

第一次大戦に敗れたドイツは、戦闘用航空機の開発・製造を全面的に禁止され、民間航空にカモフラージュしたり、ソ連と秘密協定を結ぶなどして細々と軍用機技術とその要員の養成を続けなければならなかった。しかし1933年にヒトラー率いるナチスが政権を取ると、35年に一方的に再軍備を宣言したのである。

こうしたさなかの1934年、RLM（ドイツ航空省：ReichsluftfahrtMinisterium）は新戦闘機の競争試作をアラド、ハインケル、フォッケウルフ、BFW（バイエリッシェ航空機会社、1938年にメッサーシュミットとなる）の4社に命じた。この年は日本でいえば昭和9年、つまりこれらの戦闘機は日本海軍の九試単戦（後の九六式艦上戦闘機）と同時代の戦闘機ということになる。

試作機審査は1935年10月からレヒリンで始められたが、4社の試作機のうち、アラドAr80は固定脚、フォッケウルフFw159はパラソル翼という前近代的デザインのため早々に除外され、片持ち式低翼単葉引込み脚という当時最新の戦闘機デザインを採用したハインケルHe112とBFWのBf109、2機の争いとなった。

Bf109は、RLM指定のエンジンJumo（ユモ）210が未完成だったため、ロールスロイスケストレル（695hp）を搭載して、審査開始直前の1935年9月に初飛行し、467km/hという競作機中随一の高速と抜群の上昇性能を示した。しかし高翼面荷重と狭い車輪間隔、3点姿勢時の視界不良などにより離着陸が難しいなどの欠点が指摘された。

一方のHe112は、同じエンジン搭載ながらいくらか翼面荷重が低く、開放風防（古いパイロットにはこの方が好評だったのだ）という設計で、速度ではいくらか劣るものの離着陸特性、旋回性などではBf109を凌いだため、両機の間の甲乙は簡単にはつけられず、更に10機ずつの増加試作機を作らせて比較審査が続けられた結果、1936年10月にBf109の勝利が決まった。

Bf109の設計の基本は、出来るだけ小型・軽量の機体に強力な液冷エンジンを積むというものであり、メッサーシュミット教授と主任技師ヴァルター・レーテルの前作、Bf108タイフーン連絡機で優秀性が実証された空力・構造設計をさらに発展させるという手法で開発された。このBf108（1934年春初飛行）は、ほとんどの軍用機が複葉固定脚という時代に、全金属製で沈頭鋲使用、低翼単葉、手動式引き込み脚、自動式前縁スラット（当時はハンドレーページ式といわれた）などを採用するという画期的機体だった。

Bf109の開発にあたってもメッサーシュミットとレーテルのコンビの先進的でドライな設計手法は遺憾なく発揮され、小型・軽量で簡易な構造、スピードと上昇力、急降下性能などに重点を置いた、当時としては特異な性格の戦闘機が出来上がったのだ。

また本機は作り易さという点でも優れており、いかにも生産性の悪そうな微妙なカーブを持った逆ガル・楕円翼のHe112に対し、単純なテーパー翼を左右分割式にするなど、生産性を第一に考えたデザインだった。ただ分割式とした事で、強度上の問題から主脚の支点を胴体側面に置かなければならなくなり、主脚間隔（トレッド）が短いという本機特有の欠点が生まれた。

再建が始まったばかりのルフトヴァッフェ（ドイツ空軍）は一刻も早く、強力でしかも大量の戦闘機部隊を構築しなければならなかったわけで、Bf109は多少の欠点はあったとしても、ルフトヴァッフェ上層部の要望にぴったりの戦闘機だったといえるのだ。そしてこの選択が正しかったことは、大戦開始と同時に電撃戦の成功という形で証明されたのである。

Jumo210Dエンジンを搭載したBf109B。プロペラは2翅で、武装は機首上のMG17 7.92mm機関銃2挺のみ

スペインの空を舞う黒い鷲

1936年7月にスペイン内乱が始まると、ヒトラーはただちにフランコ将軍率いる反乱軍の支援を決め、爆撃機型Ju52、

He51複葉戦闘機などを派遣し、コンドル軍団を編成した。

そして同年末には増加試作型Bf109V4～6が到着して実戦テストを行った後、翌年4月には最初の量産型Bf109B-1の派遣が開始された。

Bf109B-1は、ユモ210Da（680hp）エンジンに木製固定ピッチ2翅プロペラを装備、武装はエンジン上部にMG17 7.92mm機関銃2挺とレフィ（Revi）Ia光像式照準器を備え、最大速度は470km/hを発揮した。

B-1は本来、モーターカノン（注1）を搭載するはずだったが、過熱による不調発生のため取り外され、いささか非力な武装（といっても当時としては標準的といってよい）で戦わなければならなかった。しかし同機は、人民戦線側のソ連製I-15、I-16を問題としない強さを発揮し、ドイツ空軍の恐るべき新戦闘機出現というニュースは世界各国の注目を集めた。

スペインの戦いでは、Bf109の優秀性が実証されて新生ルフトヴァッフェが自信を深めただけでなく、スーパーエース・ガーラント、メルダース、リュッツオウといった逸材が実戦を通じて育った事、ロッテ戦法（注2）など新しい空戦技法が編み出された事など、ドイツにとっては貴重な体験となったのである。

同じ頃アジアでは日華事変が発生（1937年7月）し、日本海軍の九六式艦戦がやはりI-15やI-16を相手に有利な戦いを展開していた。Bf109B-1と九六艦戦を比較すると、エンジンは液冷と空冷の差はあるものの馬力はほぼ同じで武装も同等だったが、九六艦戦は固定脚、開放風防という一時代前のデザインであり、最大速度で約40km/hもBf109に劣っていたことから考えると、優秀な格闘戦能力一本槍で相手を圧倒していたことが分かる。

日独戦闘機のその後を考えると、九六艦戦は同じ格闘戦重視の零戦に交代したのに対し、Bf109はスピードと垂直面戦闘重視という新しいコンセプトの戦闘機だったことと、進歩的設計による潜在能力の高さが幸いして、改良を続けることにより以後8年余りにわたって第一線戦闘機としての座を確保し続けることができたのである。

ただし日本は広大な中国での爆撃機掩護作戦の必要性から、零戦に長大な航続力を与えて以後の作戦に役立てたのに対し、ドイツ側はスペインでの作戦で航続力の重要性に気付かず、後の戦いで苦杯を喫することになるのだが…。

真打、DB601エンジン登場

Bf109はスペインで十分にその実力を発揮したが、ルフトヴァッフェはそれに加えて、1937年7月にスイスのチューリッヒ～デューベンドルフ間で行われた第4回国際飛行大会に5機の増加試作型を参加させて上位を独占したり、11月11日には特別改造のDB601（短時間だけ1,650hpを発揮）を搭載したBf109V13がヘルマン・ヴュルスターの操縦で610.42km/hのFAI公認陸上機速度記録を樹立するなど、その優秀性を内外に誇示することも忘れてはいなかった。

通常、新しい軍用機の性能などはなるべく隠すものだが、この頃のドイツがそうしなかったのは、ひとつにはやがてナチス政権が始める近隣諸国への恫喝外交のための伏線だったと考えられ、またもうひとつの要因としては、軍備拡張で苦しくなった国家財政を助けるためBf109の輸出促進を意図していたためとも考えられよう。

Bf109の成功はメッサーシュミットの名声を一挙に高め、それまで資金繰りに四苦八苦していたBFWが、ここに至ってレーゲンスブルクに新工場を建てるなど大きく事業を拡大し、フィーゼラーやエルラ社などにBf109をライセンス生産させるまでになった。そして1938年7月11日付けで、社名をメッサーシュミットAG（株式会社）へと変更し、ヴィリー・メッサーシュミットが自ら社長に就任したのである。

1937年末には燃料噴射式ユモ210Ga（700hp）を搭載し、翼内にMG17 7.92mm機関銃2挺を追加装備したBf109C-1が登場し、早速スペインに送られた。続くBf109Dは、ダイムラー・ベンツの新エンジンDB600（960hp）が搭載さ

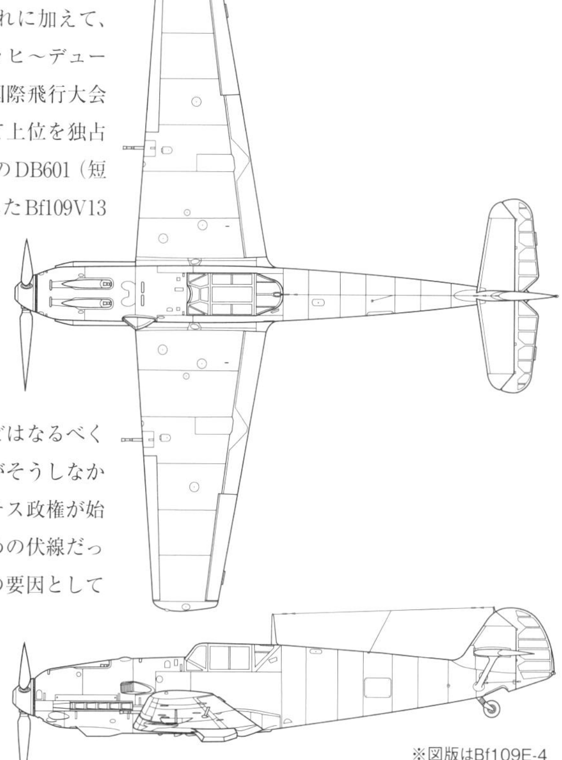

※図版はBf109E-4

■メッサーシュミットBf109E-3

全幅	9.87m	全長	8.64m
全高	2.60m	主翼面積	16.2㎡
自重	2,054kg	全備重量	2,609kg
エンジン	ダイムラー・ベンツDB601Aa 液冷倒立V型12気筒（1,100hp）×1		
最大速度	555km/h（高度6,000m）		
上昇力	6,000mまで6分18秒		
上昇限度	10,500m	航続距離	665km
固定武装	20mm機関銃×2、7.92mm機関銃×2		
爆弾搭載量	250kg	乗員	1名

1939年に撮影された、コンドル軍団J/88（第88戦闘飛行隊）のBf109E-1。スペイン内戦は第二次大戦を前にした「小手調べ」となった

（注1）V型、または倒立V型液冷エンジンのシリンダーの谷間に機関銃を配置し、プロペラの回転軸内を中空にしてそこに銃身を通し、プロペラ軸内から銃弾を発射する形式の機関銃/機関砲。
（注2）ロッテ戦法……戦闘機が高速化したため、それまでの3機編隊（ケッテ）による編隊戦闘が困難となり、200mほど間隔を置いた2機編隊による連携戦法が考え出された。メルダースの発案といわれる。またロッテ+ロッテの4機編隊戦法をシュヴァルムという。

大戦緒戦で大きな活躍を見せたBf109E-4。主翼から突出しているMGFF 20mm機関銃、角形の翼端、水平尾翼を支える支柱などの特徴が見て取れる

れる計画で、試作10号機によりテストされたが、同エンジンの生産数が不十分だった上、爆撃機He111に優先的に回されたため、生産型Dは古いユモ210Da装備で作られた。

1938年に入るとさらに強力なDB601A（1,050hp）が完成し、これを装備したBf109E-1の配備が39年春に開始された。DB601はキャブレター方式に代えて燃料噴射式を採用し、流体カップリングによる無段変速式過給器を備えるなど当時の最先端を行く液冷エンジンであった。

燃料噴射式エンジンは、フロートを使ったキャブレター式エンジンに較べ、機体の姿勢やGに影響されることなく、常に適正量の燃料混合気を送り込むことができるため、激しい機動を行なう戦闘機のエンジンには最適だったのだ。

大戦勃発。
敵機を蹴散らすBf109

Bf109Eシリーズは、エンジン換装の他に、プロペラを2翅から3翅に変更し、ラジエーターを機首下面から主翼下面の半埋め込み式（ラム圧効果により前面面積を小さくできる）に変え、機首下面にはオイルクーラーを配置するなどの空力的洗練が加えられた結果、最大速度は100km/h近く速くなって550km/h（高度4,000m）となり、海面上昇率も660m/分から1,080m/分に向上した。

Bf109E-1の量産・配備は急ピッチで進められ、1939年夏までにルフトヴァッフェは約1100機のBf109を保有し、うち850機以上がE-1で占められていた。

こうして十分な空軍兵力が備わったのを見計らうように、1939年9月1日ナチスドイツはポーランドに向けて進撃を開始し、3日に英仏が独に宣戦布告。ここに第二次世界大戦の幕が切って落とされたのである。この戦いでもポーランドのPZL P.7/P.11戦闘機（パラソル翼、固定脚）相手に圧倒的な強さを見せたBf109だったが、E-1の武装（機首、主翼にMG17 7.92mm機関銃各2挺）は少々非力であり、主翼の機関銃をより破壊力の大きいMGFF 20mm機関銃（弾数各60発）に換えたBf109E-3が登場した。

ドイツは1940年4月ノルウェーを席捲した後、オランダ、ベルギーを短時間のうちに占領、6月末までにフランスをも手中にした。そしてルフトヴァッフェはこれらの戦いの間、Bf109を先頭に立てることにより、制空権を一度も譲り渡すことなく作戦を続けた。

この間にBf109が遭遇した機体は、オランダ空軍のフォッカーD.21単戦、フォッカーG.Ⅰ双戦、ベルギー空軍のハリケーン、グラディエーター、仏空軍のMS.406、D.520、カーチス ホーク75、それに英空軍がフランスに派遣していたハリケーンなどだったが、いずれも性能、機数ともに劣り、Bf109の前に敗れ去った。

1940年8月13日、ヒトラーの呼号するアドラー・ターク（鷲の日）を期し、ルフトヴァッフェによる大規模な対英航空攻勢が開始された。「バトル・オブ・ブリテン」の始まりであり、Bf109の真価が問われた戦いでもあった。

英本土航空決戦（バトル・オブ・ブリテン）での蹉跌（さてつ）

この戦いに投入されたのはBf109E-3と、改良型MGFFを搭載し、コクピット装甲を強化したE-4、それに後期にはセンターラインにETC500爆弾架を追加装備したヤーボ（Jabo=戦闘爆撃機）タイプのE-3/B、E-4/B、エンジン強化型のE-4/Nも登場した。

英側はハリケーンMk.Ⅰ、スピットファイアMk.Ⅰ/Ⅱで対抗したが、ハリケーンは明らかに劣っており、スピットファイア対Bf109は一長一短があってほぼ互角か、総合的に見た戦闘力ではBf109がいくらか有利といったところが定説となっている。

実際に戦ったパイロットの手記や鹵獲機による英側のテスト記録などから推定すると、高度6,000m以下のスピードではスピット、上昇力では互角かメッサーがわずかに勝り、それ以上の高度では明らかに速度、上昇力ともにメッサーが優れていた。

旋回性能はスピットが勝っていたものの、急激に降下に移ったり、スプリットS（注3）といった機動ではメッサーの動きにスピットはついていけなかったとされる。これは直接燃料噴射式のDB601とキャブレター式のマーリンエンジンの差が出たものであり、おそらく加速性でもBf109は優れていたと思われる。

ただBf109は560km/hを越えると操縦桿が極端に重くなるという悪い癖があったし、前記のように離着陸も難しかったから経験の浅いパイロットにとっては決して乗り易い機体でなかったことは確かなようだ。いずれにせよ両機の優劣は、遭遇時の状況、パイロットの技柄などにより容易に引っ繰り返せる程度のものでしかなかったのだ。

結果としてドイツの対英航空作戦は失敗に帰したわけだが、もともとルフトヴァッフェが戦略空軍的性格を欠いていたのに戦略航空作戦をやろうとしたことに根本的な間違いがあったといえる。

資料によって多少の違いはあるが、バトル・オブ・ブリテンの開始時、独側は約800機のBf109（稼働機は約80%）、英側は約290機のスピットファイアと450機のハリケーンでこれを迎え撃ったとされている。機数の上からはドイツ側有利だったわけだが、ヒトラーがイギリス侵攻延期を指令した10月12日までに、Bf109は遂にRAF戦闘機隊から制空権を奪い取ることができなかったのである。

その原因としては、英側のレーダーによる早期警戒とGCI（Ground-controlled intercept：地上管制要撃）の成功、途中で爆撃目標を飛行場からロンドン市街に変更した独側上層部の作戦判断の失敗、そしてBf109Eの航続力不足を挙げることができよう。

Bf109Eの機内燃料は400L、航続時間は約80分、距離にすれば660km程度でしかなく、仏海岸近くの基地を飛び立ったとしても英国上空での戦闘時間は20分がいいところで、これでは爆撃機隊の掩護もままならなかったわけである。

もっとも当時の欧州戦闘機は大体こんなもので、例えばスピットファイアは機内燃料386L（他にフェリー用補助タンク132L）で、少し前に行われたダンケルク撤退作戦では同じように航続力不足に泣かされているのだ。

1940年夏にはすでに、300L入り増槽を装備可能となったBf109E-7が生産が開始されていたものの、肝心のタンクが当初燃料漏れを頻発したためほとんど役立てられることなく終ってしまったのも技術大国のドイツとしては情けない話である。

作戦としてはドイツ側の失敗に終わったバトル・オブ・ブリテンだったが、Bf109の戦績という面から見れば、対スピットファイア戦では219機対180機、対ハリケーン戦では272機対153機という撃墜・被撃墜比率を記録しており、数量的な優勢も手伝ってかなり有利な戦いを展開したことが分かる。

北アフリカ戦、対ソ戦の開始と性能向上型Bf109F/Gの登場

メッサーシュミットでは1940年春から、新型エンジンDB601E（1,350hp）を搭載し、大幅な空力改善を盛り込んだBf109Fの開発に取り組み、11月には10機の先行量産型F-0が完成した。

これらは機首を丸みのあるスムーズなラインでまとめ、翼端を丸く成形し、水平尾翼の支柱を廃止したほか、ラジエーターは境界層分離式とし、排気を2重フラップの隙間から排出するなどして更に前面面積を減少させた。またE型までは装備を前提に設計されていながら、過熱などの問題から実用できなかったモーターカノンがようやく使用可能となった。

ウィーナー・ノイシュタットで製造された49機のBf109F-1の1機、W.Nr6631。F型ではE型を元に翼端を丸く成形、主翼下ラジエーターを半埋め込みに変更、水平尾翼の支柱を撤去、尾輪を引き込み式とし、プロペラスピナーを大型化するなど多岐にわたる改正が行われた。PH+BEのラジオコードを付けた本機は、実戦部隊に配備されることなく、メッサーシュミット社のテスト機として使用された。過給機取り入れ口が、E型のそれの四角形に近いのに注意

Fシリーズは、DB601Eの量産が遅延したため、F-2まではDB601N（96オクタンガソリン使用で1,200hp発揮）搭載で作られたが、同じエンジン装備のE-4/Nに較べて最大速度、上昇力ともに大きく向上した。F型の本命は、1942年初めに生産に入ったF-4で、DB601Eを搭載し、MG151/20 20mm機関銃（弾数200発）をプロペラ軸内発射としたモデルだった。

このMG151/20はラインメタル社開発の高性能機関砲で、同じ20mmのMGFF（スイス・エリコン）に較べて、初速570m/秒に対し800m/秒、発射速度350発/秒に対し720発/秒と大幅に改善された。携行弾数を含めたスペックから見ればMGFFを2挺装備したのと同等以上の威力があるわけだが、F型の武装はこの他に機首上面のMG17機関銃2挺（各500発）だけで（つまり20mm機関銃1挺＋7.92mm機関銃2挺）、この当時の戦闘機としてはいささか貧弱であり、特に大型機に対しては不十分といえた。

これは武装を機首に集めて命中率の向上を図り、合わせて機軸に重量を集中させること

実戦部隊への引き渡しを待つBf109G-1。まだ機首武装は7.92mm機関銃のため、コクピット前はすっきりしているが、Bf109G-5/6からは機首武装がMG131 13mm機関銃に変更されたため、膨らんだカバー（ボイレ/こぶ）が付くようになる

(注3)スプリットS……ハーフロールをうって背面状態から急降下した後、急激に引き起こして水平に戻る機動。

1943年5月、チュニジアのソリマン飛行場でアメリカ軍に鹵獲されたII./JG77(第77戦闘航空団第II飛行隊)のBf109G-6/Trop。1944年、オハイオ州ライトフィールド飛行場。コクピット前にあるMG131 13mm機関銃の機関部を覆う「ボイレ」や、熱帯用のエアフィルター付きの過給機空気取り入れ口の形状などが良く分かる。一見して分かるようにBf109は左右主翼の間隔が短く、離着陸時の横転事故が多発した

により運動性改善を狙ったためで、このおかげでF型はBf109各型中、操縦性、速度、上昇力などほとんど全ての飛行特性が最良と評されるモデルとなったのだ。

F型は少ないチャンスに射弾を集中させられるエクスペルテン(熟練パイロット)には好評だったが、大量養成された平均的パイロットには武装の威力が不足しており、MG151/20 20mmガンパック(弾数120発)が作られて両翼下面にゴンドラ式に装備、Bf109F-4/R1と称された。

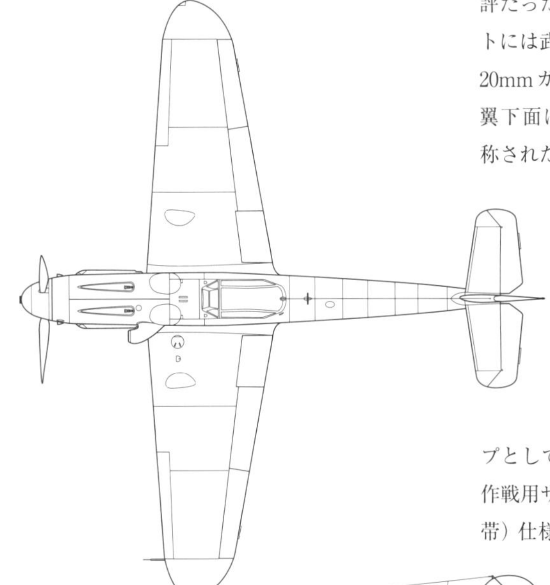

■メッサーシュミットBf109G-6

全幅	9.92m	全長	9.02m
全高	2.60m	主翼面積	16.4㎡
自重	2,260kg	全備重量	3,196kg
エンジン	ダイムラー・ベンツDB605A 液冷倒立V型12気筒(1,450hp)×1		
最大速度	630km/h(高度6,600m)		
上昇力	1,020m/分	上昇限度	12,000m
航続距離	990km		
固定武装	20mm機関銃×1、13mm機関銃×2		
爆弾搭載量	250kg	乗員	1名

なおドイツ機は派生型が非常に多いのが特徴だが、正式名の後にこのようにRが付いたものは現地改修用のキットを使用したもの、U記号の付いたものは工場改修キットにより改造を受けたモデルを示している。

その他各モデルに共通のサブタイプとしては、過給器空気取り入れ口に熱帯地作戦用サンドフィルターを装備したTrop.(熱帯)仕様、亜酸化窒素使用のパワーブースト装置GM-1装備型、水メタノール噴射式パワーブースト装置MW-50装備型などがあった。

さらにメッサーシュミットでは前線からの性能向上、武装・装甲強化の要求に応え、1941年10月にエンジン強化型Gシリーズの開発試験を開始した。

Bf109Gは、総排気量をDB601の33.9Lから35.7Lに拡大したDB605を搭載するモデルとして開発され、DB605A(1,475hp)と与圧キャビンを装備したG-1の生産は1942年3月に開始された。G型はG-16まで発展し、エンジン、武装など様々なバリエーションが作られ、その生産数はBf109総生産数の約70%の22,000機以上に及んだ。特にG-6だけでも12,000機以上が生産されている。

G型は小型の機体に強力なエンジンを搭載したため性能の向上は著しく、MW-50ブースター付きのDB605DC(2,000hp)を搭載したG-10に至っては、高度6,000mで700km/hを超える高速を記録した。

本土防空戦――機動性を捨てて重武装化

Bf109F/Gは、北アフリカ/地中海戦線や、1941年6月22日に開始された対ソ侵攻・バルバロッサ作戦、西部戦線などに投入されて活躍したほか、G型は本土防空戦でも昼間迎撃の主力として使用された。

しかしG型が対爆撃機戦闘に大きな戦果を挙げたのも、連合軍側の護衛戦闘機部隊が手薄だった1943年秋頃までで、同年末にP-47やP-51が本格的エスコート作戦を開始するとBf109Gは一挙に不利な立場に置かれる事となった。

G型の基本武装は初期型がF型と同じMG151/20×1挺、MG17×2挺だったが、G-5からはMG17が13mmのMG131機関銃に換装され、大型化した給弾シュートをカバーするためキャノピー前方両側にふくらみ(ボイレ=こぶ)が出来た。またG-6からはモーターカノンをMK108 30mm砲(MKはマーク=Mk.ではなく、マシーネンカノーネ/機関砲の略)に換えることもできるようになった。

しかしこれでも大型爆撃機には威力不足であり、両翼下面にMG151/20ガンパック(R6仕様)やMK108ガンパック、21cmロケット弾ランチャーなどを装備したが、この状態では速度、運動性とも大きくスポイルされるため、護衛の米単発戦闘機には歯が立たないという重大なジレンマが生じたのである。

その他の派生型としては、主翼を中央部で左右1mずつ延長した高々度戦闘機Bf109H-1が少数作られた他、戦争末期には2段2速過給器を備えたDB605L(離昇1,700hp)を搭載し、空力的洗練と製造の合理化を図ったK型が開発されたが、同エンジンの実用化が遅れたため、K-1からK-10まで従来のDB605D装備で生産された。

Kシリーズはわずか700機程度の生産にとどまったが、最大速度は700km/hを超え、軽装備であれば米英の最新戦闘機にも対抗できる戦闘力を持っていた。Bf109は10年以上も前に開発された戦闘機ということを考えれば、これは驚くべきことといえるだろう。なおDB605L装備のK-14は敗戦直前に2機だけ完成したとされているが、写真などは残されていない。

戦前から戦後まで戦い続けたBf109

正確なことは不明だが、10年余りの間にドイツで生産されたBf109は総計30,480機に上ったといわれ、文句なく戦闘機としては単一機種世界最多量産機のタイトルホルダー（戦闘機以外ではソ連のIℓ-2攻撃機が36,000機以上といわれる）である。

戦前から終戦まで欧州のあらゆる戦場で戦い抜いただけあり、Bf109パイロットには100機越えのエースがゴロゴロしている。特に著名なBf109エースを挙げてみると、まず大戦緒戦の西部戦線で活躍したアドルフ・ガーラント中将（104機撃墜）や、史上初めて100機を撃墜したヴェルナー・メルダース大佐（101機撃墜、1941年11月に事故死）がいる。

また北アフリカ戦線で米英機を相手に伝説的な活躍を見せたハンス＝ヨアヒム・マルセイユ大尉（158機撃墜、1942年9月に墜落死）、東部戦線で活躍し、世界航空戦史上トップの352機を撃墜したエーリッヒ・ハルトマン少佐、同じく東部戦線で多くの戦果を挙げた史上No.2エースのゲルハルト・バルクホルン少佐（301機撃墜）、275機を撃墜した史上No.3エースのギュンター・ラル少佐など、他国のエースとは桁違いの撃墜王を綺羅星の如く輩出しており、Bf109は戦史上もっとも多くの敵機を撃墜した戦闘機だといえるだろう。

そしてBf109の凄いところは、ドイツ敗戦でジ・エンドとならなかった事で、戦後もチェコのアヴィアでBf109G-4（S-99）が20機、ユモ211Fエンジンに換装したS-199（一部複座型）が550機も作られ、そのうち25機はイスラエルに輸出されて第一次中東戦争で実際に戦闘に参加している。

またスペインは大戦中にBf109 G-2の製造ライセンスを取得していたが量産は戦後となり、イスパノスイザ12エンジン付きのHA-1112Kを69機、RRマーリン500-45（1,610hp）付きのHA-1112M1Lを170機生産し、最後の機体は1956年に完成した。

Bf109D-1

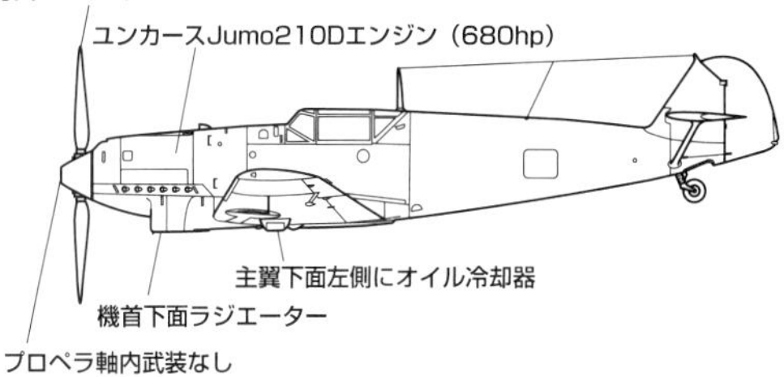

Bf109E-4

ダイムラーベンツDB601Aエンジン（1100hp）
機首左側に気化器空気取入口を付ける
E-4からはキャノピー断面を角型に変更
可変ピッチ
3翅プロペラ
ラジエーターを主翼下面両側に2分割して移設
E-4より、翼内20mm機関銃をMGFFから
初速の上がったMGFF/Mに変更
機首にオイル冷却器を移設

Bf109F-4/Trop.

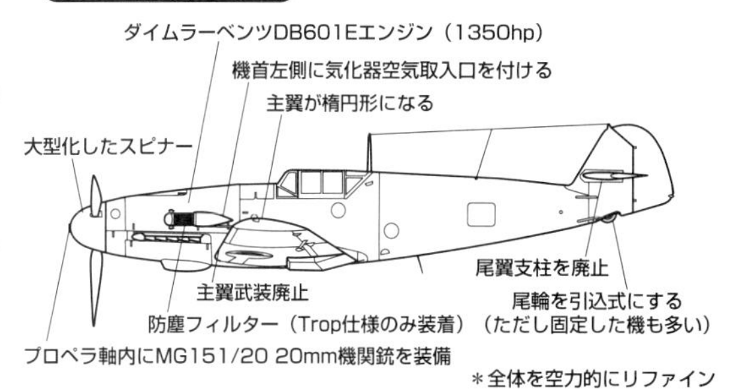

＊全体を空力的にリファイン

Bf109G-6

ダイムラーベンツDB601AまたはBエンジン（1475hp）
機首武装を13mm機関銃MG131に変更
それに伴い、ボイレ(独語で「こぶ」)が付く
アンテナ支柱が短くなる
尾輪が固定式に戻り、
穴を塞ぐカバーが付く

Bf109K-4

ダイムラーベンツDB605DBMまたはDCMエンジン（1800hp）
空力改善のためボイレのないパネルに変更
大型の垂直尾翼に変更
視界の良好なエルラ・ハウベを装着
尾輪が再び引込式になる
脚カバーにタイヤ部を追加
大きくなった過給機エアインテーク
ブレードが幅広のプロペラに変更

フィンランド空軍が運用していたBf109G-6。Bf109はフィンランドをはじめとしてブルガリア、ハンガリー、ルーマニアなど同盟国各国にも輸出され、枢軸国全体の主力戦闘機となった

■Bf109の武装の変遷

	プロペラ軸内	機首	主翼
Bf109A/B	なし	MG17 7.92mm機関銃×2	なし
Bf109C/D	なし	MG17 7.92mm機関銃×2	MG17 7.92mm機関銃×2
Bf109E	なし	MG17 7.92mm機関銃×2	MGFF 20mm機関銃×2
Bf109F-1/3	MGFF 20mm機関銃×1	MG17 7.92mm機関銃×2	なし
Bf109F-2	MG151 15mm機関銃×1	MG17 7.92mm機関銃×2	なし
Bf109F-4	MG151/20 20mm機関銃×1	MG17 7.92mm機関銃×2	なし
Bf109G-1〜4	MG151/20 20mm機関銃×1	MG17 7.92mm機関銃×2	なし
Bf109G-5/6/10/14	MG151/20 20mm機関銃×1	MG131 13mm機関銃×2	なし
Bf109K	MG108 30mm機関砲×1	MG131 13mm機関銃×2	なし

ドイツ空軍機 | 優れた戦闘力、実用性と頑丈さを兼ね備え、欧州の空を疾駆した軍馬

フォッケウルフFw190/Ta152

Bf109を「補助」する戦闘機

ドイツ航空省(RLM)がBf109を補完する単発戦闘機の開発を決めたのは1937年秋のことで、これを受けてフォッケウルフ社は、タンク博士の指揮のもと、ルディ・ブラザーを設計主任としたチームで開発作業を開始した。

翌年春、空冷エンジンBMW139(1,550hp)を搭載するフォッケウルフ案の採用が決まり、Fw190の名称が与えられた。

欧州の戦闘機設計の主流から外れる空冷エンジンにしたのは、その頃の主力液冷エンジンの需要が多くて、安定供給がおぼつかなかったことと、被弾に強いことからだった。他に匹敵するパワーのあるエンジンがなかったというのもあるが、本来、輸送機や爆撃機といった大型機に装着するエンジンであり、前面面積が大きいため、抵抗が大きくなって高速が出せないというのが定説となっていた。

この点についてはドイツの空力研究は当時世界で最も進んでおり、実物大でテストできる風洞が建設され、空冷エンジンのナセルと胴体の形状について、徹底的に研究されていたのだ。

Fw190のデザイン上の特長は、カウリングをエンジン直径ギリギリの太さとし、その後方を滑らかに絞り込んだ形、つまり典型的な「頭デッカチ型」となっていることだが、最終的にはこの形状が最も抵抗が少なくなることを、風洞実験により解析済みだったのである。

原型1号機Fw190V1は、39年5月にフォッケウルフ ブレーメン工場で完成し、6月1日初飛行に成功した。V1は抵抗減少のためダクテッドスピナー(大型のスピナーの中央部に空気吸入口を設けたもの)によるエンジンの冷却不足、コクピット内の温度上昇と、排気の侵入を除けば操縦性、性能とも優秀であった。

間もなくダクテッドスピナーは、ノーマルな小型スピナーと強制冷却ファンの組み合わせに変えられた。エンジンも原型5号機V5で、信頼性に欠けるBMW139から、新エンジンBMW801へ換装された。なおV5では、主翼面積の大きなV5g(18.3㎡)と小さなV5k(14.9㎡)の2つが作られ比較された結果、速度は落ちるが運動性の良好なV5gの主翼が選ばれ、量産型は大きな主翼を付けることになった。

BMW801は空冷二重星型14気筒、総排気量41.8L、直径は1,307mm、2速過給器と燃料直接噴射システムを持ち、離昇出力1,600hpを発揮するエンジンで、燃料流量/混合比濃度、プロペラピッチ、点火時期、過給器切換などをスロットルレバー1本で自動的に調整する「コマンドゲレート」と呼ばれる装置を付けていたことが画期的だった。

この装置はレシプロエンジンの面倒な調整からパイロットを解放し、ワークロードを大きく軽減させたが、高度な装置だけに初期にはよくトラブルを発生した。タンク自身も誤作動で危うく墜落しそうになったため、BMW社に直談判を行って改善させたというエピソードが残されている。

騎兵クルト・タンクのコンセプト

フォッケウルフ社の主任設計者クルト・タンクは、技師としては変わった経歴の持ち主であった。博士号を持つ航空機設計技師なのは当然として、多発機の機長資格を持つパイロットであり、テストパイロットも兼ねていた(Fw190原型1号機の2度目の飛行は博士自身が操縦桿を握っている)。第一次世界大戦時にプロシア陸軍の騎兵隊兵士として参加して2度の負傷を負い、小隊長で除隊している。

この従軍経験が、Fw190の設計に大きく影響を及ぼしている。いわく「戦場での馬は、競馬の馬ではなく、騎兵の馬でなければならないということを身をもって知った」と自らの著書で述べているように、前線の戦闘機もまた、頑丈で整備に手がかからず、多くの用途に使え、新人パイロットにも操縦し易い"軍馬"でなくてはならないと考えたのだ。空力に細心の注意を払っている一方で、そのような考えが機体の随所に見られる。

大直径の空冷エンジンをハンデとしないマジックは先に説明したが、ほか過給器空気取り入

第4戦闘航空団第Ⅱ飛行隊(Ⅱ./JG4)のFw190A-8。A-8は約8,300機、あるいは6,655機が生産されたFw190の最多生産型だが、重量が増加して運動性や速力が低下していた。スピナーの渦巻は、敵味方の識別用だったという説、対空砲を避けるための「おまじない」だったという説など諸説ある

れ口をカウリング側面内側のわずかな隙間に設け、空気取り入れ口は内部に開口しているため、外部にはダクトの膨らみがあるだけ。オイルクーラーはオイルタンクとともにカウリング前端に設けられており、冷却気はやはりカウリング内に入った空気流を逆流させ、前端の1cmほどのスリットから排出する。これらにより、カウリングは非常にスッキリした外形となっている。しかもその前面には装甲板が装備されており、サバイバビリティを高める設計となっていた。

排気管はカウリング後方側面と下面にまとめられ、推力を稼ぐとともに細く絞り込まれた胴体の整流に役立てていた。エンジン冷却気はカウルフラップで調節されて排出されるのが普通だが、本機の場合は胴体側面左右各3個ずつの開閉式スリットから排出され、カウルフラップによる抵抗増加を回避した。

キャノピー廻りは、前面防弾ガラスに22度という急な傾斜が与えられて、側面から見ると前方視界が悪そうである。事実、地上の3点姿勢での前方視界は良くないが、本機の場合、キャノピー側面を深く切り込ませるとともにエンジン後方の機首を軽いおむすび型の断面とする事で斜め前方の視界を確保し、しかも飛行中はエンジンの重さで、機首を下げ気味に飛行するので、飛行中の前方視界も非常に優秀だった。

降着装置も広いトレッドを持つ安定感のある設計であり、しかも当初必要と計算された設計強度の約倍の4.7m/秒の沈下率に耐えられる脚柱だった。正面から見ると"内股"に付いているが、これも将来エンジンを強化した時、そのパワーを吸収できる4mの大直径プロペラを付けられるようにするためのもので、付けた暁には脚柱を真っ直ぐに下ろして、プロペラと地上とのクリアランスを確保することを目論んでいた。

コンポーネント化された機体構造全体は、生産性と整備性を高め、普通の町工場でも下請け生産が可能であり、前線での修理・交換も容易だった。さらにこの構造が、後の装備変更、設計変更を楽にできるものにした。

操縦系統は、操作の伝達を従来のケーブルからプッシュプル・ロッドに換えることで、高速になっても舵が重くならず、効きも常にダイレクトなものになった。

油圧システムは漏れを起こし、被弾に弱いので、主脚ブレーキだけに止め、主脚引き込みやフラップなどの可動部分は電動式とした事など、細かい所までチェックしていたら数え切れないほどの特色を有していたのである。

これらの工夫により高い信頼性を誇ったFw190は、前線の将兵たちから「ヴュルガー(Würger：モズの意)」と呼ばれて愛されたのである。

Fw190の実戦デビュー

1939年後半、レヒリンの試験センターでテストされたFw190試作型はBf109をはるかに凌ぐ高性能を発揮した。このためドイツ空軍は「主力機」として生産を急ぐことになり、1941年初めまでに28機の先行量産型Fw190A-0(9機は小型翼、他は大型翼装備)が作られ、一部はレヒリンでのテストに、残りはフランスに送られて実用試験に使用された。

初の量産型Fw190A-1は1941年7月にベルギー駐留の第26戦闘航空団第Ⅰ飛行隊に対する配備が開始され、9月初め4機の同隊機が10機近いスピットファイアMk.Ⅴと遭遇し、そのうちの3機を撃墜するという鮮やかなデビュー戦を演じた。

だがA-1のエンジンBMW801C-1はトラブルが多く、武装もMG17 7.92mm機関銃4挺(各850発)はともかく、MGFF 20mm機関銃2挺(各60発)が威力不足という欠点をかかえていた。このため、エンジンをBMW801C-2に換装し、主翼付け根のMG17を名銃MG151 20mm機関銃(各200発)に換えたA-2、さらに1942年には信頼性向上とパワーアップを達成したBMW801D-2(1,700hp)装備のA-3を送り出した。

このFw190A-3の性能は、当時の連合軍の最優秀戦闘機スピットファイアMk.ⅤBをあらゆる面で凌駕し、これに互角に対抗できるスピットMk.Ⅸも、配備が1年先となることから、英空軍は深刻なショックを受けた。

そして1942年8月には、イギリス軍は待望の新型戦闘機、スピットファイアMk.Ⅸとタイフーンを投入してディエップ上陸作戦を敢行した。これに対しドイツ空軍も、水噴射

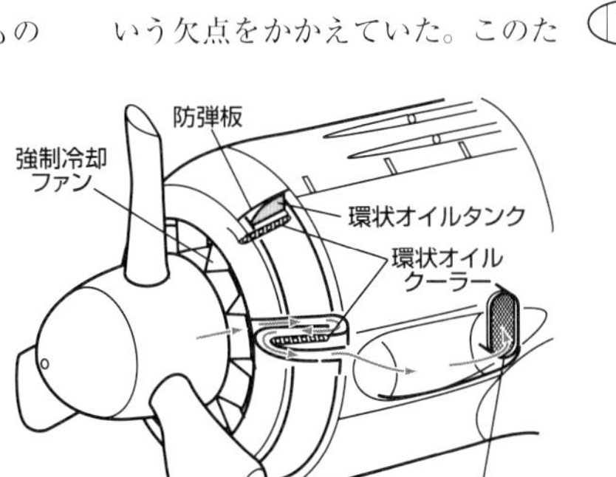

■Fw190Aカウル内の空気流

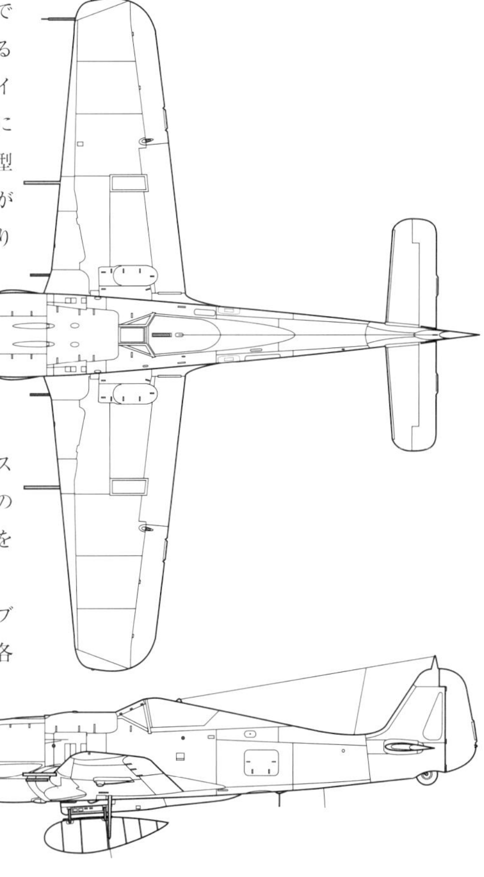

■フォッケウルフ Fw190A-8

全幅	10.51m	全長	8.95m
全高	3.96m	主翼面積	18.3㎡
自重	3,200kg	全備重量	4,390kg
エンジン	BMW801D-2 空冷星型複列14気筒(1,700hp)×1		
最大速度	654km/h(高度5,920m)		
海面上昇率	714m/分	上昇限度	10,600m
航続距離	805km		
固定武装	13mm機関銃×2、20mm機関銃×4		
爆弾搭載量	500kg	乗員	1名

Fw190はBf109に比べて搭載量が大きかったため、重装備が必要な対重爆撃機戦闘では主力となった。写真は主翼下にW.Gr21ロケット弾を搭載したFw190A-4/R6。外翼にはドラム式弾倉で短砲身のMGFF 20mm機関銃を、内翼にはベルト給弾式で長砲身のMG151/20 20mm機関銃を2挺ずつ装備しているが、A-6からは4挺すべてがMG151/20となった

によって出力を上げたBMW801D-2エンジン(2,100hp)を装備して、最大速度670km/hを発揮するA-4と、爆弾が搭載できるように改造したA-3/U1、合わせて約200機をぶつけた。結局イギリス軍はこの戦いで106機を失い、大敗した。その内の97機はFw190に撃墜されたものだった。

Fw190Aのバリエーション

補助戦闘機として予想外の成功を収めたFw190は、瞬く間にBf109と並ぶ主力機としてドイツ空軍の飛行隊に翼を並べることになった。後に紹介するように、地上攻撃を主眼に置いたF/G系列が大量に生産されるようになったが、一方で元祖の戦闘機型A系列も様々な改修を加えながら、A-9まで発達した。

先に説明したA-1(102機)、A-2(426機)、A-3(509機)、A-4(906機)が部隊で使われ、各種装備品が付くようになると、重心の移動が懸念されるようになり、A-5ではエンジン取り付け架を152.5mm前方に延長して、それに対応した。42年末から723機生産したが、ノーマルなA-5は少なく、何らかの改修を受けたサブタイプが大半だった。

A-4のサブタイプには、MGFF機関銃を外して500kg爆弾あるいは300L増槽を装備できるようにしたA-4/U1、のちにF型となるA-4/U3、写真偵察機タイプのA-4/U4、G型のベースとなったA-4/U8などがあった。

A-5のサブタイプには、夜間戦闘機タイプのA-5/U2、MGFF機関銃を外して500kg爆弾あるいは300L増槽を装備できるようにした戦闘爆撃機A-5/U3、写真偵察機A-5/U4などが存在した。

1943年春より生産に入ったA-6は、主翼外側の20mm機関銃もMGFFからMG151に換えたもので、スペック上の武装に変わりはないが、初速、命中率ともに大きく向上した機関銃への換装は、事実上の武装強化といえる。569機製造。

A-6のサブタイプには、20mm機関銃6挺と7.92mm機関銃2挺を装備した重戦闘機型のA-6/R1、W.Gr21ロケットランチャーを装備可能としたA-6/R6、20mm機関銃×4と7.92mm機関銃×2、さらにW.Gr21ロケット2本を装備した対重爆撃機戦闘機タイプのA-6/R2/R6、装甲強化型A-6/R7、夜間戦闘機型A-6/R11などがあった。

胴体中央下に爆弾懸吊用のパイロンを備えた戦闘爆撃機タイプのFw190F-8。第5地上攻撃航空団第I飛行隊(I./SG5)の機体

A-7は、次のA-8につながる原型ともいえるもので、機首上面の機関銃をMG17 7.92mm機関銃からMG131 13mm機関銃に強化した。それに伴って機関銃の納まるパネルの形状が変わり、零戦のように丸い膨らみを帯びたものになった。1943年末から製造されたが、A-8までのつなぎ的なもので、80機の生産にとどまっている。

最多量産型となったのはA-8で、1944年3月から約8,300機製造された。外形上はA-7を踏襲しながらも、コクピット後部に燃料またはブースト剤が入るタンクを増設し、重心位置調整のため、無線機の配置やセンターパイロンの取り付け位置を変えるなど、細かい変更を行なっている。しかし度重なる装備の追加により、この時点で全備重量がA-3より400kg増してしまい、飛行性能の低下は誰の目にも明らかだった。

この低下した性能を2,200hpのBMW801TSで一挙に解決しようとしたのがA-9で、1944年9月に登場した。最大速度が700km/hに達するほどの飛行性能の向上を見せたが、肝心のエンジンの供給がままならず、ごく少数の生産に終わっている。

A系列は多数生産されただけあって、数多くのバリエーションがある。その中でも興味深いのが突撃戦闘機型と夜間戦闘機型であろう。どちらも激化するドイツ本土爆撃に対応すべく作られた迎撃機だ。

突撃戦闘機(ラムイェーガー)型は、操縦席廻りに装甲板を追加し、コンバットボックスと呼ばれる、米空軍の戦略爆撃機隊の嵐のような対空砲火の中を文字通り"突破"して、爆撃機に肉薄攻撃をするもの。Fw190A-8/R8が代表的である。

夜間戦闘機型は、電子妨害で目潰しされたレーダーの代わりに、探照灯と地上火災の光を頼りに攻撃を仕掛ける戦法"ヴィルデ・ザウ(野イノシシ)"を採ったので、実際は戦闘機を黒く塗っただけに過ぎなかった。電子妨害対策が確立すると、ネプツーン・レーダーアンテナが林立するレーダー搭載型が登場し、地上との管制を組み合わせる"ツァーメ・ザウ(飼い豚)"戦法に移行した。

なおFw190もBf109に匹敵するほどエースを輩出しており、撃墜数ドイツ第4位のオットー・キッテル中尉(267機撃墜)、第5位のヴァルター・ノヴォトニー少佐(258機撃墜)、第7位のエーリッヒ・ルドルファー少佐(224機撃墜)、第8位のハインツ・ベーア中佐(221

機撃墜)、第9位のヘルマン・グラーフ大佐(212機撃墜)、ノルマンディー上陸作戦時にFw190A 2機で地上掃射を敢行したヨーゼフ・プリラー中佐(101機撃墜)らがFw190を愛機としていた。

Fw190V1

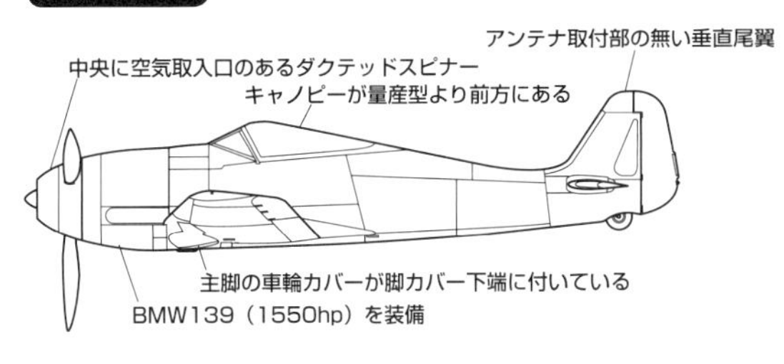

Fw190G-2N

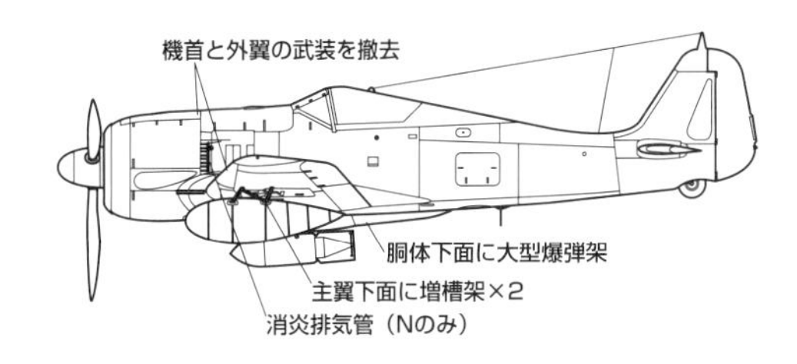

Fw190A-8

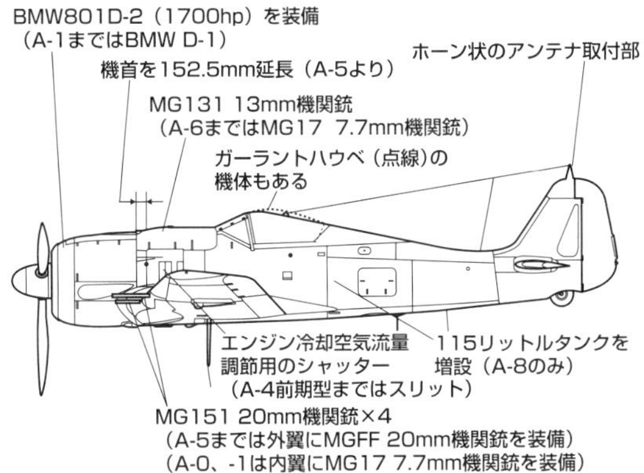

Fw190D-9

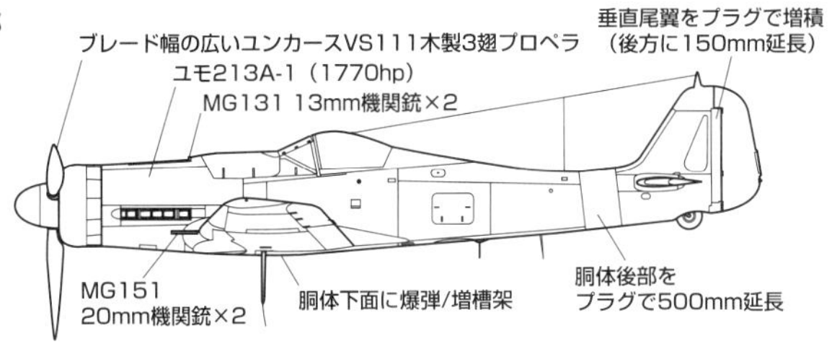

Ta152H-0

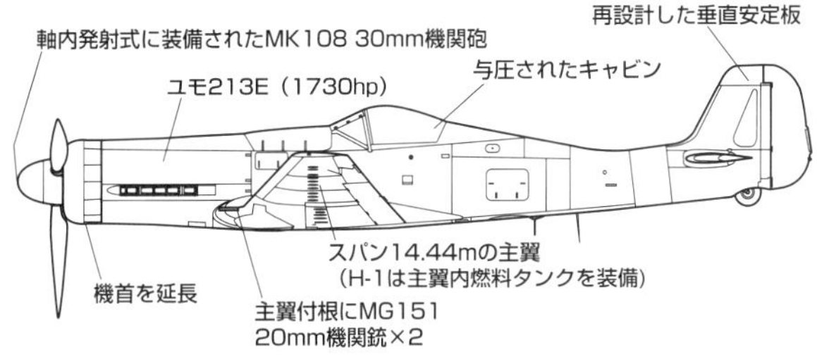

Fw190F-8

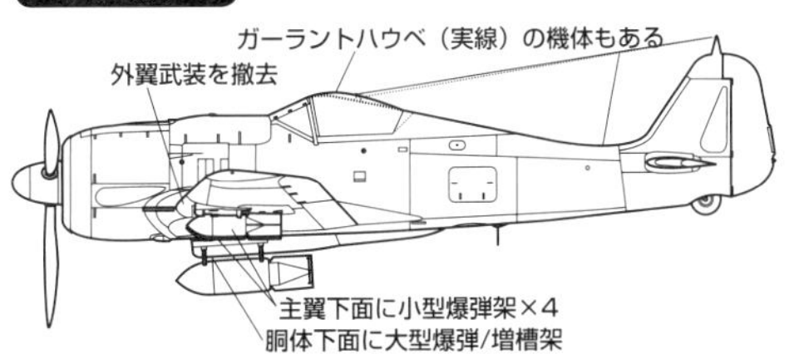

戦闘爆撃機
ヤーボとなったFw190

パワーと強度に余裕があり、低空での機動性に優れたFw190は戦闘爆撃機(Jabo/ヤーボ・Jagdbomber:ヤークトバンバーの略)にうってつけであり、A型でも工場で改造を受け、爆弾を積めるようにした機体があった。

一方、これまで爆撃任務を担っていた双発爆撃機は、敵戦闘機の発達により、迎撃をかいくぐって攻撃を行なうことは困難になってきた。そこでドイツ空軍は、後継機としてFw190に白羽の矢を立てた。こうして生まれたのが、戦闘爆撃機のF型と、長距離爆撃機のG型だった。

最初のF-1は、すでに改造されていたA-4/U3の名前を変更しただけだが、外翼のMGFF機関銃を撤去し、下面の主要部分の外板を5～8mmの装甲板に変えていて、戦闘爆撃機としての体裁は充分に整っていた。これがF型の基本形となる。

F-3はF系列の主要な生産型で、主翼下面に片側2個ずつ50kgまで懸吊できるパイロンを取り付けた。またカウリング脇の防塵フィルター付きの空気取り入れ口が設けられている。主要派生生産型のF-3/R1は主翼下面に50kg爆弾4発あるいは500kg爆弾を1発搭載することができ、旧式化したJu87スツーカの後任として地上襲撃航空団の主力となった。1943年5月～44年4月までに1,183機生産されている。

次なる主要生産型はF-8で、A-8より派生している。1944年3月から生産に入り、6,634機生産されたF/G系列の生産数の60%をこのF-8が占めている。F-8のサブタイプには、最大で1tの爆弾を積めたF-8/U1、400kg魚雷2発あるいは700kg魚雷を搭載可能なF8/U2、1,400kg大型魚雷を搭載可能なF-8/U3、主翼下面に50kg爆弾4個を搭載可能としたF-8/R1などがあった。

変わっているのは、1944年の秋以降生産された機体には、"ガーラント・ハウベ"と呼ばれる丸味を帯びて膨らんだ視界向上を狙ったキャノピーに変更されている点。このキャノピーは、44年秋以降生産されたFw190全てのタイプに適用されている。

長距離爆撃機(Jabo-rei/ヤーボ・ライ)のGシリーズの最初もA型改造派生型の改称から始まっている。G-1はA-4/U8を改称したもの

連合軍に鹵獲され、TAIU(Technical Air Intelligence Unit)によってテストされている長距離爆撃用のFw190G-3

アメリカ軍に捕獲された第2戦闘航空団第I飛行隊のFw190D-9後期生産型。長っ鼻(ラングナーゼン)ドーラと呼ばれた機首形状が良く分かる。胴体の国籍標識が一片45cmと小さく、1945年に入って完成した機体と思われる

で、機首と外翼の武装を撤去して、主翼付根のMG151 20mm機関銃2挺に固定武装を削減、主翼の左右に300L増槽を吊り下げられるようにし、センターラインに爆弾を懸吊するようになっている。この改造によって1,500km以上の航続力を獲得し、フランス本土からイギリス本土へとか、イタリアからシシリー島へといった準戦略的な縦深攻撃任務に使われた。

続くG-2は使用する増槽のタイプが違うだけで、G-3はA-5/6をベースにしたタイプ。これは自動操縦装置を備えてパイロットの負担を軽くした、本格的な長距離侵攻型。主な派生型には、主翼下面にWB151/20ガンポッドを2個取り付け、20mm機関銃6挺となった重戦闘攻撃機型G-3/R1などがある。

A-8ベースのG-8は主翼下面のパイロンも爆弾を積めるようにしたものだが、この頃(44年春)には長距離侵攻作戦どころではなくなっていたので、生産はごく少数にとどまっている。また1943年7月初めのクルスク戦車戦の時には、G-1が1.8tの大型爆弾を抱えて出撃した記録さえ残されている。Fw190の軍馬振りを表す記録だろう。

■フォッケウルフ Fw190D-9

全長	10.19m	自重	3,490kg
全備重量	4,270kg		
エンジン	ユンカース Jumo213A-1 液冷倒立V型12気筒(1,770hp)×1		
最大速度	686km/h(高度6,600m)		
海面上昇率	950m/分	上昇限度	11,100m
航続距離	810km		
固定武装	13mm機関銃×2、20mm機関銃×2		

(特記以外はA-8型と同じ)

高高度戦闘機・長っ鼻ドーラ

Fw190はデビュー以来1年近く連合軍戦闘機に対して優位を誇ったが、BMW801エンジンは7,000m以上の高度での出力低下が著しく、このためFw190の高々度性能も芳しいものではなかった。

空軍は当時の戦いが中/低高度中心だったため特に問題としなかったが、やがて排気タービンに物を言わせたアメリカ軍の爆撃機の迎撃も必須となるのは明らかで、タンク技師はFw190A-1の配備前からこの改善を空軍側に提案しており、高高度性能を改善するために、3つのアプローチをとった。

ひとつ目はBMW801に亜酸化窒素を使用するブースターGM-1を追加するもので、Fw190Bが作られテストされたが、性能不十分だったため放棄された。

二つ目はダイムラーベンツDB603A(離昇1,750hp)に排気タービンを組み合わせる案。Fw190Cが作られたが、これも排気タービンがうまく機能せず、43年秋には断念した。

最後の案は、ユンカース・ユモ213A(1,770hp)への換装だった。Dシリーズの原型が作られ、1942年夏頃からテストを開始した。なおC、D型はいずれも液冷エンジン装備ながらドイツ特有の環状冷却器を機首に装備しているため、ちょっと見には空冷エンジン機と見間違うようなスタイリングとなっていた。

テストで好結果を出していたにもかかわらず、空軍の制式採用決定はなかなか下りず、結局ユモ213A-1にユンカース製VS111木製プロペラを装備した生産型Fw190D-9(通称 ドーラ・ノイン)の量産が開始されたのは1944年初夏の事で、敗戦までにわずか700機程度の完成を見たにすぎなかったのである。

ユモ213A-1は離昇1,770hp、水メタノール噴射装置MW50使用で離昇2,240hp、高度4,700mで1,880hpを発揮する強力な液冷エンジンであり、このお蔭で「長っ鼻(ラングナーゼン)ドーラ」と呼ばれたD-9は高度10,000mで680km/hという高速を出す事ができた。

しかしD-9の出現した頃は、ドイツ本土上空の制空権はすでに連合軍側の手に握られていた時期であり、燃料が枯渇し、ベテラン搭乗員の数も激減していたため、グリフォン装備スピットファイアや、P-47、P-51に匹敵する高性能をもった本機にも、ほとんど活躍の場は残されていなかったのである。

成層圏戦闘機Ta152

1942年秋ドイツ情報網は、アメリカが10,000m以上の高々度を飛ぶ超重爆B-29を開発していることを掴んでいた。空軍省はこれに対抗できる高性能戦闘機の必要を認め、フォッケウルフとメッサーシュミットに開発を指示した。

タンク技師は当時すでにテスト中だった

Fw190Dをベースに、2段3速過給器付きのユモ213E-1を搭載する与圧コクピット装備モデル、Ta152設計案を提示した。ユモ213E1は離昇出力1,750hpだが、GM-1パワーブーストを使用することにより高度10,000mでも1,740hpを維持することができた。なおTaという型式名はFw190の成功により、タンク技師の頭文字の使用が空軍により認められた理由による。

戦闘爆撃機型Ta152B、中高度戦闘機型Ta152C、写真偵察機型Ta152E、高々度戦闘機型Ta152Hなどが計画されたが、最初に完成したのはH型で、幅14.4m、翼面積23.3㎡という新設計の細長い主翼を持つTa152V33/U1は44年7月12日に初飛行した。

先行量産型H-0は12月、生産型H-1は翌年1月からコットブス工場からラインオフし、上昇限度15,250m、高度12,500mという高空で実に760km/hという素晴らしい性能を発揮してみせた。

敗戦直前にもかかわらずTa152H-1は約160機完成したとされているが、すでにドイツ国内は連合軍機に蹂躙し尽くされている状況であり、地上で破壊された機体も少なくない。Ta152は、少数がMe262ジェット戦闘機のデリケートな離着陸の護衛任務に使われた他は、ほとんど活躍することもなく敗戦を迎えた。

Ta152H-1はカタログデータ上は第二次大戦最優秀の高々度戦闘機と評されることが多い。ただエンジンに不調が多く、MW50もトラブルが多発し、中低高度ではFw190D-9に旋回性能以外は劣っていたともいわれており、実用性には問題があったようだ。

中高度用戦闘機Ta152Cは、2段2速過給器を持つDB603LA（MW50使用により高度8,500mで1,900hp発揮）搭載で設計され、1944年12月に原型が完成した。C型はMK108 30mm機関砲1門とMG151 20mm機関銃4挺という重武装（H型はMK108×1、MG151×2）を持つ他、Fw190のものを幾らか拡大した主翼（面積19.5㎡）を装備し、高度10,000mで740km/hを記録した。

C型もH型に劣らぬ高性能を発揮したことから空軍省はすぐに大量生産の指示を出したが、敗戦までに量産型C-1が数機完成しただけであった。

DB603LAエンジン（2,100hp）を搭載する中高度戦闘用のTa152C-0。ジェット戦闘機が実用化された大戦末期になると、高高度戦闘型のTa152HよりこのTa152Cのほうが需要が高くなっていたが、戦力化されずに終わった

Ta152Bは、C型の主翼とH型のエンジンを組み合わせた強力な戦闘爆撃機として計画されたが、結局1945年3月に原型が完成したのにとどまり、Ta152Eは開発中止となった。

Ta152の優秀さに関するエピソードが、タンク自身によって語られている。1944年12月タンク自身がテスト飛行で、ランゲンハーゲン-コットブス間を飛行していた時、2機のP-51ムスタングに追尾されたが、彼はただスロットルを開けるだけで、やすやすと後方へ引き離してしまった。この時のP-51ムスタングのパイロットは「ドイツにミステリアスな戦闘機が現れた」と報告している。

Fw190は出現時まぎれもなく世界最高性能の戦闘機であり、その後も改良を加えられてドイツ敗戦まで様々な用途に用いられ、その生産数は2万機以上に及んだ。

Fw190の凄いところは、速力、運動性、火力、防御力、搭載量などの性能がバランスよく揃っていただけでなく、タンク技師以下優れた設計者達の明確なポリシーにより、戦場での過酷な使い方に耐える頑丈さと容易な整備性、それに量産時の利便性をも考慮したデザインになっていたことだった。戦闘機を戦いの道具として総合的に見た時、Fw190は第二次大戦で最も優れた機体の一つだったといっても過言ではない。

■フォッケウルフTa152H-1

項目	値	項目	値
全幅	14.44m	全長	10.81m
全高	3.36m	主翼面積	23.50㎡
自重	3,920kg	全備重量	5,220kg
エンジン	ユンカース Jumo213E 液冷倒立V型12気筒（1,750hp）×1		
最大速度	745km/h（高度12,500m）		
上昇力	8,000mまで12分36秒		
上昇限度	14,800m	航続距離	1,540km
固定武装	20mm機関銃×2、30mm機関砲×1		
乗員	1名		

長距離制空任務には挫折するも、対地攻撃や夜間迎撃で奮闘した双発重駆逐機(ツェアシュテーラー)

メッサーシュミットBf110

ゲーリング元帥のお気に入り

1930年代、航空機は全金属製セミモノコック構造、単葉片持ち翼形式が主流となり、エンジンも大出力化が進められたことにより爆撃機、戦闘機とも飛躍的な性能向上を達成した。このため第一次大戦のような散発的な爆撃ではなく、大規模で組織的な戦略爆撃作戦が可能となり、これが将来の戦いの勝敗を決めると考えられるようになった。

ここで各国の用兵者が一様に考えたのが、爆撃隊に随伴して敵地に侵入し、敵側の反撃を封じる強力な戦闘機の必要性であった。こうした任務をこなすには、当時の単発戦闘機では足が短く、武装も充分には積めなかったため、双発戦闘機が各国で開発されることになった。

これらは長距離護衛戦闘機とか戦略戦闘機などと国によって呼び名は異なっていたが、単発戦を上回る高速と長い航続距離、強大な火力をめざしたという点で共通していた。また乗員は単座のものと多座のもの両方があったが、多座機は旋回銃を装備して単座戦闘機に対抗することと、長距離航法を容易にするという狙いがあった。

着々と再軍備を整えつつあったドイツも、こうした双発重戦が重要と考えた国の一つで、RLM(航空省)は1934年、各航空機会社に設計案提出を求めた。要求されたのは爆撃隊に先行して敵戦闘機を撃破する侵攻戦闘機だが、副次的に爆撃隊の近接掩護、敵爆撃機迎撃、対地攻撃が可能というマルチロールファイターであり、「カンプ・ツェアシュテーラー」(Kampf Zerstörer:戦闘駆逐機)と命名された。

万事に派手好きだったナチス・ナンバー2で空軍総帥でもあったヘルマン・ゲーリングは、こうした構想とネーミングが大いに気に入り、双発重戦計画は彼の後押しのもとに進められていった。

競作はフォッケウルフ、ヘンシェル、BFW(バイエリッシェ航空機会社、1938年にメッサーシュミット社となる)の間で行われたが、Fw57とHe124が要求に忠実に従った重武装機だったのに対し、BFWのBf110はメッサーシュミットらしい高速指向のデザインで、前縁スラットを持つ直線的な主翼や細い胴体など、当時いくらか先行して開発されていたBf109と似通った簡易でコンパクトな設計であった。

原型1号機Bf110V1はダイムラーベンツDB600(離昇出力986hp)を搭載し、1936年5月12日にルドルフ・オピッツの操縦により初飛行に成功した。本機は操縦性にいくらか問題があったものの、最大速度508km/hを記録し、前年初飛行したBf109(最大速度480km/h)より優速であることを示した。ちなみに、1936年といえば日本では固定脚の九六式艦上戦闘機(同450km/h)が制式採用された年にあたる。

2号機Bf110V2、3号機V3も同年中に進空し、2号機は翌年1月レヒリンの空軍テストセンターに送られ、空軍パイロットによるテストフライトが開始された。同じ頃ライバル2機もテストされていたが、いずれも旋回銃塔を装備する重武装機だったため性能はBf110にはるかに及ばなかった。

初期生産型と順風満帆の緒戦

ダイムラー・ベンツにおけるDB600の生産がなかなか軌道に乗らなかったため、RLMは1937年にBFWに対し、ユンカースJumo210B(601hp)を搭載した実用試験機BF110A-0×4機を発注した。本機は機首にMG17 7.92mm機関銃4挺、同じくMG15 7.92mm旋回機関銃1挺を装備していたが、そのための重量増加とひどい馬力不足のため最大速度は430km/hに低下してしまった。その後間もなくDB600は戦闘機搭載には不適と判定されたため、生産型にはより進歩したDB601が採用されることになった。

しかしそのDB601の生産も遅延したことから、最初の生産型となるBシリーズもJumo210Ga(700hp)付きで作られ、先行量産型B-0の2機のうち1号機は1938年4月19日に初飛行を行った。

続くBf110B-1は機首にMGFF 20mm機関銃2挺が増設された武装強化型、B-2は武装に換えてカメラを搭載した偵察型、B-3は練習機型として作られ、Bシリーズ各型合わせて45機生産された。

B型は1939年初めにI./(Z)/LG1(第1訓練航空団第I飛行隊(駆逐))、I./ZG1(第1駆逐航空団第I飛行隊)などに少数ずつ配備され、練習機とし

敵機14機を撃墜した(Z)/JG77(第77戦闘航空団(駆逐))のフェリックス=マリア・ブランディス中尉のBf110E-1(LN+FR)。1941年、フィンランド。ブランディス中尉はブレニムやアルバコアといった爆撃機のみならず、I-16やハリケーンなどの単発戦闘機も落としている

て使用された。

BFWではDB601が供給されるまでにBf110のデザインにいっそうの洗練を加えることとし、エンジンナセル下部に大きく開口していたラジエーターに換えてBf109と同様の主翼下面半埋め込み式ラジエーターを採用した。また高速化を狙って翼幅が45cm短縮され、翼端は丸型から角型に変更された。

1938年末、DB601A-1（1,050hp）の供給が可能となり、満を持していたアウグスブルクのメッサーシュミット工場では同エンジンを搭載したBf110Cの生産が直ちに開始された。

先行量産型Bf110C-0の10機が1939年1月初めに引き渡され、同月末には生産型C-1のデリバリーがスタートした。C型はエンジンの強化と空力的洗練のおかげで最大速度540km/h（高度6,000m）、航続距離1,100km（外翼内タンク追加により1,400km）という高性能機となった。

Bf110C-1の量産は急ピッチで進められ、対ポーランド戦が開始された9月1日までに159機がルフトヴァッフェの手に渡った。ただしそれらのうち開戦時作戦可能だったC型は68機で、これに27機のB型が加わり、計95機が電撃戦に投入された。そしてC-1は開戦後も毎月約30機のペースで勢力を増やしていったのである。

対ポーランド戦初日、He111のエスコートとして出撃したBf110は、迎撃してきたPZL P.11（パラソル翼、固定脚）と初の空戦を行い、5機を撃墜して損失無しという見事なデビューを飾った。同日中に起きた2度目の空戦では2機撃墜に対して3機を失ったが、9月3日の3度目の空戦では1機を失ったものの5機を撃墜し、再び圧倒的な優位を示したのであった。やがてポーランド空軍の反撃は激減したため、Bf110の主任務は対地攻撃へと変更された。

Bf110Cシリーズは、C-1に続いて無線機改善（FuG Ⅲ aUからFuG10へ）と航法士兼銃手席を改良したC-2、改良型MGFF機関銃を搭載したC-3、乗員用の装甲を追加したC-4、胴体下面にETC250爆弾ラックを装備し、強化型エンジンDB601N（離昇1,200hp）を搭載したJabo（戦闘爆撃機）タイプC-4/B、固定武装をMG17機関銃4挺に減らし、機首にカメラを搭載した偵察型C-5、C-5のエンジンをDB601Nに換装したC-5/N、MGFF機関銃2挺に換えてラインメタルMK101 30mm機関砲1門を搭載したC-6、ETC500爆弾ラックを装備して500kg爆弾2発を搭載可能とし、エンジンをDB601Nに強化したC-7が生産された。

バトル・オブ・ブリテンでの惨敗

1940年4月9日、ドイツはノルウェー侵攻を開始し、Bf110は駐留していた英空軍とノルウェー空軍のグラディエーター複葉戦闘機をまたたく間に壊滅させた。ただしノルウェー作戦では航続距離不足が明らかとなり、胴体下面に密着させる1,200L増槽が大至急開発されることになった。

その外見からダッケルバオフ（ダックスフントの腹）と呼ばれたこの増槽はベニヤ・羽布・ゴムで作られ、会敵時や空になった時には投棄可能であった。しかし性能低下が激しかった上に、初期には気化ガスによる爆発事故も発生するなど散々だった。

Bf110C-3にダッケルバオフを装着したBf110 D-0でテストされた後、生産型Bf110D1/R1が作られたが、不評だったことから外翼下面に900L落下増槽を搭載可能としたBf 110D-1/R2の生産に切り替えられた。

5月10日ドイツはついにオランダ、ベルギー、フランス攻撃を開始したが、この時の航空兵力（第2、第3航空艦隊）には248機のBf110Cが含まれていた。仏空軍の単発戦闘機にいくらか苦戦した（5月中の損失機は82機に上った）ものの、まだこのあたりまでのBf110は高い戦闘能力を発揮し、期待通りの活躍ぶりを見せたといってよい。

しかし1940年8月に開始された対英国攻撃、アドラーアングリフ（鷲の攻撃の意味、英側にとってのバトル・オブ・ブリテン）で意外なもろさを露呈することになる。作戦開始時ルフトヴァッフェは289機のBf110C/Dを擁し、Bf109より足の長い同機を爆撃機隊護衛の主力と位置付けていた。

8月15日、デンマーク・アールボルグ基地駐留のⅡ.、Ⅲ./JG76（第76駆逐航空団第Ⅱ、第Ⅲ飛行隊）のBf110D×21機がノルウェー、スタヴァンゲルを発進したHe111編隊を護衛してイギリス東北部に侵入した。

迎撃したスピットファイアとの間に空中戦が展開されたが、Bf110Dはダッケルバオフ切り離し装置の不調などもあって編隊長機を含む7機が撃墜され、爆撃機の護衛どころか僚機の後方を守りつつ輪を作る防御法・ラフベリーサークルによって自らの身を守るのが精一杯であった。

それまで相手にした旧式機とは異なり、RAF（英空軍）のスピットファイアとハリケ

主翼下に900L増槽を懸吊して飛ぶBf110D-3。シチリア島に展開していたZG26（第26駆逐航空団）が北アフリカに向かう途中と思われる。尾部の先には洋上作戦用の救命ボートが付いている

バトル・オブ・ブリテン中の1940年8月、英仏海峡上空を飛行するZG76（第76駆逐航空団）のBf110C-6。機首にはシャークマウスが描かれている

ZG1(第1駆逐航空団)のBf110F(S9+DH)。スピナーは丸みを帯びた形状となっている。機首にはBf110のノーズアートの中でも有名なヴェスペ(スズメバチ)が描かれている

ーンは、まともに格闘戦に入ったらBf110にはほとんど勝ち目が無いほどの強敵だったのである。Bf110は強力な固定武装を持ってはいたが、スピードはほぼ同等、加速性と機動性では大きく劣っていたため空中戦で優位に立つことは困難であり、後方を守るはずだった旋回銃は格闘戦ではほとんど無力であった。

結局8月末までにBf110の損害は120機という多数に上り、遂にはゲーリングによりBf110にBf109の護衛を付けるという決定まで行われた。戦闘機が戦闘機に護衛されるようでは何のための爆撃機護衛機だか分からないわけで、ツェアシュテーラー構想はここに挫折した。

制空戦闘機は断念し、地上攻撃機、迎撃戦闘機に転職

バトル・オブ・ブリテンで惨敗したBf110だったが、対地攻撃と対爆撃機迎撃にはそれ以前から高い能力を発揮していた。同機にとっての最初の英軍機との遭遇戦が行われたのは1939年12月18日のことで、この日ヴィルヘルムスハーフェンを襲った24機のヴィッカース ウェリントンを迎撃したI/ZG76(第76駆逐航空団第1中隊)のBf110C-1は、このうちの9機を撃墜した。

翌40年5月15日夜には99機の英爆撃機(ウェリントン、ハンプデン、ホイットレー混成部隊)がルール地方工業地帯に対し初の夜間戦略爆撃を行った。これに対しルフトヴァッフェは6月22日、Bf110を主力装備とする最初の夜戦部隊NJG1(第1夜間戦闘航空団)を編成。7月17日にはその上部組織としてNJD(夜戦師団)を発足させ、師団長にヨーゼフ・カムフーバー少将を任命した。

そしてその3日後の戦闘では、後に夜戦エースとして有名になるI./NJG1(第1夜戦航空団第I飛行隊)のヴェルナー・シュトライプ中尉が初の夜間撃墜(ホイットレー1機)を記録した。この頃の夜戦隊に配備されていたのはエンジンの消焔ダンパー、アンチグレアシールドなどを装備していることをのぞけば通常のBf110C/Dと変わらない機体で、索敵ももっぱら目視に頼っている状況であった。

カムフーバーはNJG2を新編するなど夜戦隊の拡充と、サーチライト、警戒/管制レーダー網の建設にも懸命の努力をはらったが、この頃はドイツが地中海、ソ連へと戦線を拡大していた時期であり、夜戦型Bf110の配備は遅々として進まない状況にあった。

1941年には長距離Jabo(戦闘爆撃機)タイプBf110D-2とD3の生産が開始され、春以降部隊配備されてギリシャ、ユーゴ、北アフリカ戦線へと派遣されていった。D-2はD-1/R2をベースとして胴体下の500kg爆弾2発、主翼に300L増槽を搭載できるようにしたモデル、またD-3は尾部を延長して救命ボートを搭載した長距離洋上作戦機である。

更に同じ年の6月頃からは、外翼下面にETC50爆弾ラックを追加した戦闘爆撃機型Bf110Eの生産がスタートした。先行量産型E-0と量産型E-1の初期型はDB601Aを搭載していたが、間もなくDB601Nに切り替えられた。

サブタイプとしてはシュパンナー・アンラーゲと呼ばれた赤外線索敵装置を装備した夜戦型E-1/U1、3人目のクルー(管制官)席を設けたE-1/U2、胴体下のETC1000ラックを装備して1,000kg爆弾2発を搭載可能としたE1/R2があった。

1942年になるとE-1/R2の尾部に救命ボートを追加した戦闘爆撃機Bf110E-2、MGFFと胴体の爆弾ラックを取り除き、カメラと後方固定銃(MG17×2)を搭載した写真偵察機E-3の生産が始まり、少し遅れてDB601F(1,350hp)を装備したFシリーズの生産が並行して開始された。F-0はE-1のエンジン換装型、F-1はその装甲強化型、F-2はETCラックを取り除いた長距離戦闘機、F-3は写真偵察型である。

空軍の当初の計画ではBf110の量産は1941年10月に終了し、後継機Me210生産に移行するはずだったが、Me210がとんでもない失敗作となったため、Bf110にいっそうの改良を加えて量産を続けなければならなかったのである。なお本機に限らずドイツ機はバリエーションが非常に多いのが特徴だが、主要なモデルチェンジの他に、キットによる現地改修はR記号、工場改修はU記号で表記されている。

夜戦としての進化を経て敵戦略爆撃機に挑む

1942年に入るとRAFボマーコマンドの夜間空襲が激しさをエスカレートさせてきたため、夜戦隊の強化にようやく本腰が入れられることになり、武装を強化した本格的な夜戦タイプBf110F-4、及びGシリーズの量産が開始されるとともに、機上レーダーやロケット弾などの新兵器開発も急速に進められた。

Bf110F-4は、F-2の胴体下面にMK108 30mm機関砲2門を収容したトレイを追加装備し、方向舵の大型化などの改良を加えたモデルで、1942年9月には待望の機上迎撃レーダー、テレフンケンFuG202 リヒテンシュタインBCを搭載してBf110F-4aとなった。このF-4aは機首下面のMGFF×2挺を同じ20mm機関銃ながら弾道特性の良いMG151×2挺に換装する改良も受けたが、レーダーアンテナによる抵抗の増大、重量増加などのため最大速度は高度6,000mで510km/hに低下し、航続距離も840kmと不十分なものとなった。

なお1943年夏以降、F-4の多くの機体が

MK108のトレイと旋回銃を外し、代わりに胴体後部にMK108×2門を斜め上向きに搭載する、いわゆるシュレーゲ・ムジーク（斜めの音楽：ジャズという意味）を追加装備したF-4/U1に改造された。

この方式は日本の斜め銃と発想を同じくするもので、サーチライトに照らし出された防御の比較的弱い爆撃機の腹に潜り込んで射撃するという、夜戦にとってはかなり効果的な攻撃法であった。

Bf110の性能向上計画の一環として、1941年夏にはDB605B-1（離昇1,475hp）に換装したBf110G-0が作られ、MGFFをMG151に換えたG-1を経て、迎撃機、戦闘爆撃機の両用途に使用できるG-2が量産に入り、1942年5月以降部隊配備が進められた。

Bf110G-2は大型方向舵の採用、脚構造の強化、後部旋回機関銃の連装化（MG81Z 7.92mm連装機関銃）、エンジン吸/排気系統の改良などが行われた他、胴体下面にはETC500爆弾架×2、またはMG151 20mm機関銃2挺収容のトレイの装備が可能となった。なおGシリーズの外見上の特徴は、エンジン換装にともなってプロペラスピナーがMe210/410と同様の丸みを持ったものに換えられた事だ。

G-2型のサブタイプとしては、胴体下面に大火力のBK3.7 37mm砲を搭載したG-2/R1、R1に酸化窒素使用出力増加装置GM-1を搭載したG-2/R2、機首のMG17×4に換えてMK108×2を搭載したG-2/R3、BK3.7とMK108×2を搭載したG-2/R-4、R4にGM-1を加えたG-2/R5が作られた。

数多くの夜戦エースを生んだBf110G-4

G-2量産開始後間もなく、写真偵察型G-3、夜戦型G-4の生産も並行して始められたが、1942年夏から配備が始められたG-4各型がBf110のなかで最も大きな活躍を見せることになる。

G-4の武装はF-4と同じだが、レーダー搭載を当初から予定していたこと、英空軍のジャミングに対抗するため無線機とIFF（敵味方識別装置）を換装し、ブラインドアプローチ受信機を搭載、大型消焔ダンパーを装備するなど夜戦としての装備を充実させたことが特徴だった。

Bf110G-4のサブタイプとしては、シュレーゲ・ムジーク装備型のG-4/U1、アンテナが小型化されたFuG212リヒテンシュタインC-1レーダーを搭載したG-4/U5、同レーダーに加えて英国爆撃機の後方警戒レーダー・モニカの電波を探知するためのFuG221aローゼンダール・ハルベを搭載したG-4/U6、レーダーは同じながら大型の4ポール型アンテナを装備し、GM-1パワーブースターを追加したG-4/U7、長距離型のG-4/U8が作られた。

1943年秋になるとU7仕様が標準となったためG-4aと改称され、このG-4aに対し、G-2と同様のR1（37mm機関砲装備）、R2（GM-1装備）、R3（MK108 30mm機関砲2門装備）改修機が作られた。

更にG-4のサブタイプとしては、RAFのウインドウ作戦（チャフ撒布、1943年7月24日使用開始）に対抗するため、FuG212に加えて長波長レーダーFuG220リヒテンシュタインSN-2を搭載したG-4b、最短探知距離が改善されたFuG220bの導入にともなってFuG212を取り外したG-4c、低抵抗型アンテナ装備FuG220bを搭載したG-4dが生産され、その各型に対しR1、R2、R3仕様改修機が作られたほか、R2とR3を合わせたR6仕様、R3仕様の長距離型R7、R3のMK108をMG151に換装したR4仕様改修機が作られた。

そして1945年3月、最後のBf110G-4/R3がラインオフして本機の生産は終止符を打った。なおG型と並行してDB605Eエンジン装備のBf110Hシリーズの生産も計画されたが、戦況の悪化により実現することなく終わった。

Bf110の総生産数は6,150機とも5,873機とも

FuG202レーダーアンテナを機首に搭載したBf110G-4。探知性能にやや劣ったため、後にFuG212が装備され、その後は大型のFuG220シリーズを搭載した

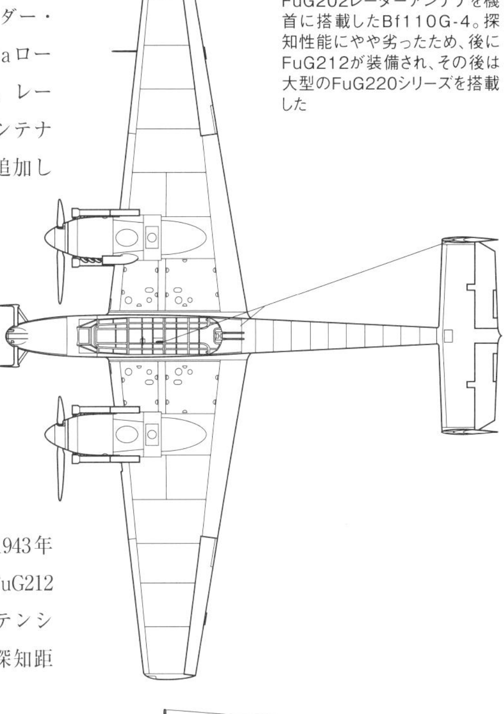

■メッサーシュミット Bf110G-4

全幅	16.20m		
全長	12.07m（アンテナ除く）		
全高	4.12m	主翼面積	38.4㎡
自重	5,093kg	全備重量	9,370kg
エンジン	ダイムラー・ベンツDB605B-1 液冷V型12気筒（1,475hp）×2		
最大速度	510km/h（高度5,800m）		
上昇率	11m/秒	上昇限度	8,000m
航続距離	1,270km（増槽付き）		
固定武装	20mm機関銃×4（2挺上向き）、30mm機関砲×2、7.92mm機関銃×2（後部旋回）（武装は組み合わせ多数）		
爆弾搭載量	500kg×2	乗員	3名

言われているが、1943年が1,509機（半数以上が夜戦型F-4とG-4）、1944年が1,518機（大部分がG-4）となっており、いかに夜戦としての本機が重用されたかが分かろうというものだ。

夜戦型Bf110を最も使いこなしたパイロットを一人挙げるならば、121機を撃墜しドイツ夜戦隊の至宝といわれた、第4夜間戦闘航空団司令・ハインツ＝ヴォルフガング・シュナウファー少佐になるだろう。彼はBf110G-4を縦横無尽に操って「サン・トロン（所属基地の名前）の幽霊」と呼ばれたが、特に1945年2月21日に22日にかけての夜に、合計9機のランカスター四発重爆を撃墜するという離れ業を演じている。

その他、ヘルムート・レント大佐（110機撃墜）、シュトライプ大佐（68機）、マンフレート・モイラー大尉（65機）、ルドルフ・シェーネル ト少佐（65機）、マルティン・ドレーヴェス少佐（52機）などのエース達がいずれもBf110を愛機として大部分の戦果を挙げたこと（しかもその多くはハリファックス、ランカスターなどの四発重爆）は、本機が優秀な夜戦だったことの何よりの証左だといえる。

カンプ・ツェアシュテーラーとして多大の期待をかけられたその誕生から、電撃戦における短い栄光の時、そしてバトル・オブ・ブリテンにおける挫折、戦闘爆撃機・迎撃機としての再起と、夜間戦闘機としての最後の輝きの日々まで、Bf110は用兵側の思惑と戦局に翻弄されながらも、最も長期間にわたって戦い続けた双発重戦となったのである。

レーダーアンテナと武装を満載したBf110G-4の機首部分。機首上にはMK108 30mm機関砲2門、機首下にはMG151/20 20mm機関銃2挺、胴体下にはMG151/20 20mm機関銃パック（2挺）を装備している。機首のアンテナは大きい方がFuG220 SN-2b、真ん中の小さい方がFuG212 C-1。G-4は双発機としては小柄な機体にこれだけの装備を搭載し、さらに乗員も1名増えたため、速力と運動性の低下が顕著だった

Bf110V1

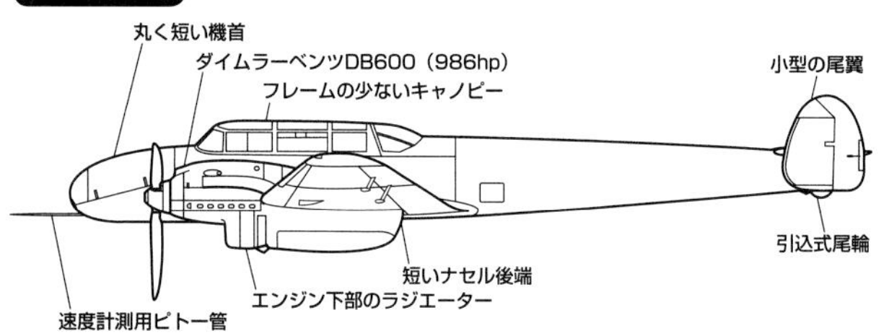

Bf110B

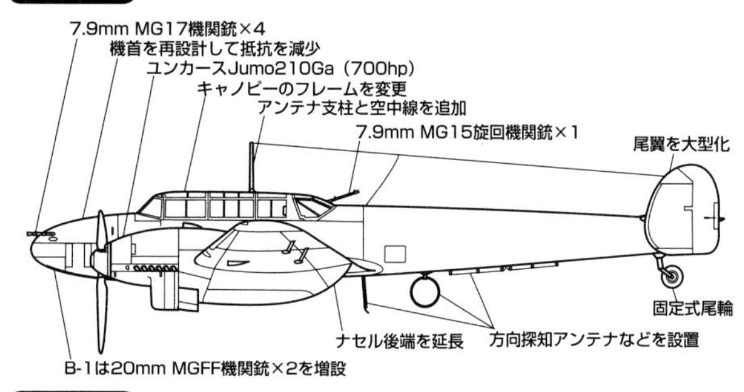

Bf110C

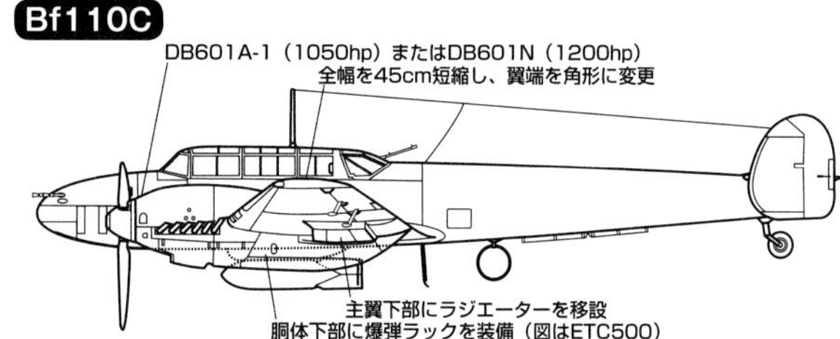

Bf110D

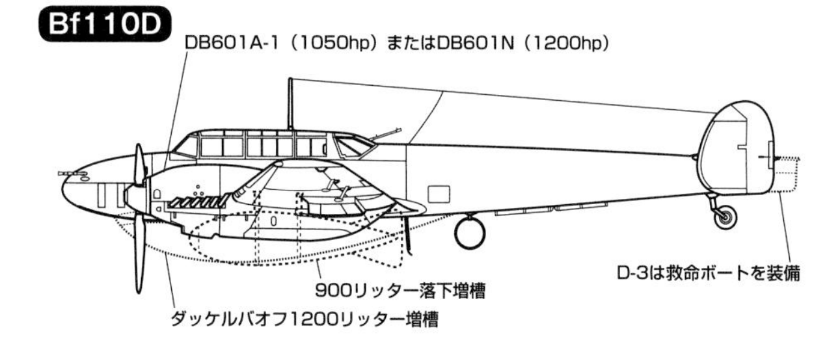

Bf110E

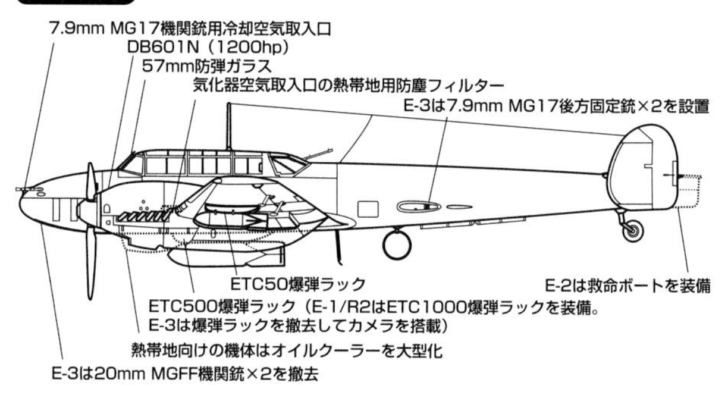

Bf110F

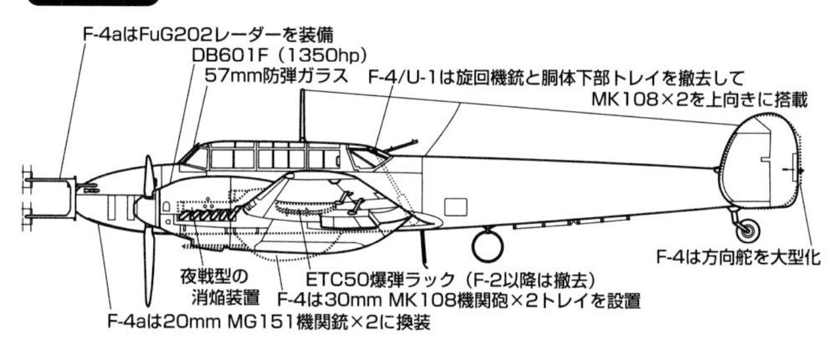

Bf110G

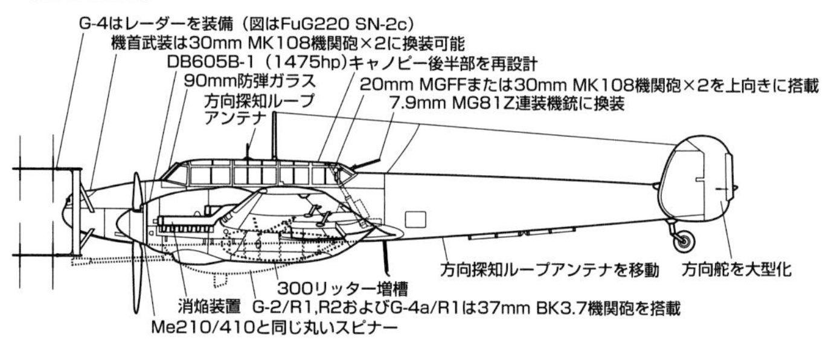

メッサーシュミットMe210/Me410ホルニッセ

拙速だったMe210開発

カンプ・ツェアシュテーラー（戦闘駆逐機）として開発されたメッサーシュミットBf110は、ルフトヴァッフェ（ドイツ空軍）主力機の一つとして大戦前から着々と配備が進められていたが、RLM（航空省）は1938年前半、早くもその後継機開発に着手し、同年夏にはメッサーシュミットMe210とアラドAr240の設計案を承認して原型機試作に取り掛からせていた。

後継機開発を急いだのは、Bf110開発により双発戦の発展可能性を信じたルフトヴァッフェが、来たるべき大戦ではもっと高性能で多用途に使える機体が必要と考えたためだと思われる。従って後継機には急降下爆撃能力や偵察機としても高い能力を発揮できることが求められていた。

元々ナチス関係者との親交が深く、Bf109/Bf110開発で成功を収めていたヴィリー・メッサーシュミット博士への空軍の信頼が厚かったためか、信じがたいことにMe210に対しては原型製作指示と同時に量産型1,000機の発注が行なわれた。

確かにMe210のデザインは、全体が非常にコンパクトにまとめられ、視界の良い斬新な形状のコクピット、その下面には1,000kg爆弾を搭載可能な爆弾倉を持ち、低抵抗の胴体側面銃塔を備えるなど、当時としては先進的と言ってよいもので、空軍関係者の目には魅力的に見えたのかもしれない。

原型1号機Me210V1は独軍のポーランド侵攻開始翌日の1939年9月2日に初飛行したが、操縦を担当したヘルマン・ヴュルスター（工学博士の肩書を持つ）は、すぐに安定性、操縦性の不良を見抜き、着陸後胴体の1m延長を提言した。この1号機と2号機V2はBf110と同様の双垂直尾翼型式だったが、安定性と強度の不足が明らかとなったことと、胴体側面動力銃塔の射界改善のため大型の単垂直尾翼に改められた。

Me210試作型は10機以上作られて飛行試験が行なわれたが、安定性の中でも縦安定性が悪い上に、縦操縦性も不良であり、ヴュルスターの指摘した通り胴体延長である程度は改善されるはずであった。

またBf110より重量が増加しているのにも拘わらず、翼面積は減少したため着陸速度が高くなり、翼平面形が不適切（外翼に弱い後退角があり、テーパーが強い）なことと前縁スラットが廃止されたため失速特性もひどく悪化しており、これらの欠点はテスト段階で次々に明るみに出てきたのである。

Me210の生産強行と事故多発

Me210の欠陥についてメッサーシュミット社では手直しに追われたが、小手先の改修では解決が出来ず、大幅な設計変更が必要な部分もあった。例えば主翼改修や胴体延長だが、後者については1942年2月にようやくテストが開始されている。ところが量産型の製造はとうに開始されており、同じ年の半ばには400機が完成していたというから、見切り発車でどんどん生産していたということになる。

なぜそれほど生産を急いだかというと、量産型発注を先に受けてしまっていたため生産準備やら部品搬入が進んでしまっていたこと、1940年夏の対英航空戦（バトル・オブ・ブリテン）で、Bf110のスピットファイアやハリケーンに対する弱点が明白となり、空軍がより強力な双発戦の入手を焦ったことの2点が挙げられよう。

最初に量産型Me210A-0が配備されたのはレヒリン空軍テストセンターの第210実験飛行隊（Erpr.Gr.210）で、1941年夏のことだった。その後実戦部隊にも配備されたが事故多発により改修が続けられたため、Bf110装備に戻る部隊もあった。結局Me210は450機（350機説もある）ほど作られ、うち150機が

Me210はまともに飛ぶことさえ難しい失敗作で、名門メッサーシュミット社の「汚点」となってしまった。写真はハンガリーがライセンス生産したMe210Ca-1。機首に40mm砲を、主翼下にロケット弾を装備している

FAG122（第122長距離偵察部隊）の偵察機型のMe410A-3。胴体側面の13mm機関銃が特徴的だ。1944年、イタリア戦線

Me410に改造されたという。

Me210のバリエーションとしては、生産初期型のMe210A-0と後期型A-1、写真偵察型のMe210Bがあった。エンジンはいずれもDB601F（1,395hp）2基で、A型の武装は機首にMG17 7.92mm機関銃2挺、MG151 20mm機関銃2挺、胴体側面にMG131 13mm旋回式機関銃2挺であった。

なおMe210は当時同盟国だったハンガリーでも生産され、Me210Ca-1（A-1に相当）と呼称された。機数については350機という説と500機以上という説がある。完成が1942年以降なので改修済みの機体であり、一部はドイツ空軍で使用されている。

本格改良モデル Me410ホルニッセ

Me210は東部戦線、地中海戦線などで少数が使われただけで、事故で失われた機体も多数に上り、完全な失敗作だったといってよい。この失態に対しメッサーシュミット個人が軍事裁判にかけられる騒ぎになったが、それまでの功績とナチ幹部の計らいにより罪に問われることはなかった。

Me210改修には限界が見えたことから、同機をベースにしながらも根本的な改造を加えたMe310とMe410が開発されることになったが、与圧キャビン化が計画されたMe310はキャンセルとなった。Me410は、エンジンをDB603A（1,750hp）2基へと強化、胴体を延長し、外翼の後退角を無くして前縁を一直線にしたモデルで、原型Me410V1は1942年9月に初飛行した。

最初の量産型Me410A-1は1943年1月から生産が開始され、半年後には実戦部隊への配備が始まった。Me210の欠点が解消され強力なエンジンを積んだMe410は「ホルニッセ」（スズメバチ）の呼称を与えられ、最大速度615km/hを誇る快速双発戦闘爆撃機となった。

だが、Bf110の経験から単発戦闘機と正面から空戦を行なうような任務には就かず、もっぱら高速を利したイギリス本土への夜間侵入爆撃や米重爆部隊の昼間迎撃、英重爆部隊の夜間迎撃などに活躍し、連合軍側の護衛戦闘機部隊が手薄だった時期にはかなりの戦果を挙げている。

Me410Aのバリエーションとしては、爆撃を主任務としたMe410A-1（武装はMe210Aと同じ）と、その任務転換型で偵察型のA-1/U-1、駆逐機型A-1/U-2（20mm機関銃2挺を追加搭載）、対爆撃機型のA-1/U-4（爆弾倉内にBK5 50mm砲1門を搭載）、最初から偵察型としたMe410A-3などがあった。

後期生産型はエンジンがDB603G（1,900hp）2基を装備、更に高速化されたMe410Bとなり、武装も機首の7.92mm機関銃2挺が13mm2挺へと換装されている。バリエーションとしては爆撃機型のB-1、対爆撃機型B-1/U-4（BK5搭載）、駆逐機型B-2（爆弾倉内に20mm機関銃2挺を追加）、対爆撃機型B-2/U-3（MK103 30mm機関砲×1搭載）、偵察型B-3、艦船捜索型B-6（MK103×1、機首にFuG200レーダーアンテナ装備）などがある。

Me410は1944年7月までにメッサーシュミットの2工場（レーゲンスブルク、アウクスブルク）、ドルニエ・オーバープファッフェンホーフェン工場で各型合わせて1,160機生産された。

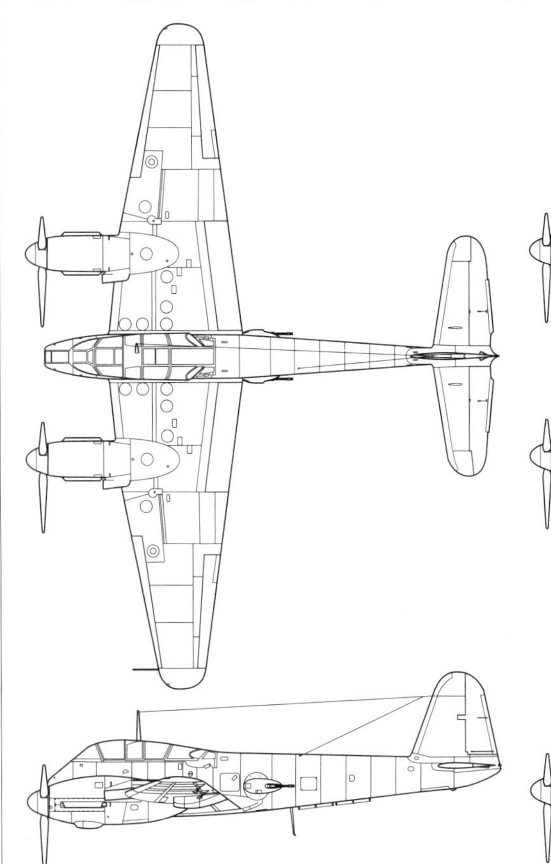

■メッサーシュミットMe210A-1

全幅	16.40m	全長	12.13m
全高	4.28m	主翼面積	36.20㎡
自重	5,850kg	全備重量	10,580kg
エンジン	ダイムラー・ベンツDB601F 液冷倒立V型12気筒(1,395hp)×2		
最大速度	580km/h(高度5,430m)		
上昇力	5,430mまで12分24秒		
上昇限度	8,500m	航続距離	1,800km
武装	20mm機関銃×2、7.92mm機関銃×2、13mm機関銃×2(胴体側面)		
搭載量	爆弾1,000kg(爆弾倉内)、200kg(主翼)		
乗員	2名		

■メッサーシュミットMe410A-1ホルニッセ

全長	12.48m	自重	6,160kg
全備重量	10,650kg		
エンジン	ダイムラー・ベンツDB603A 液冷倒立V型12気筒(1,750hp)×2		
最大速度	615km/h(高度6,700m)		
上昇力	6,700mまで10分42秒		
上昇限度	10,000m	航続距離	2,000km

(※特記以外はMe210と同じ)

ユンカースJu88C/R/G

高速爆撃機(シュネルボンバー)Ju88

1930年代、戦闘機を凌ぐ高速を武器として防御武装や護衛機を不要とする高速爆撃機計画が幾つかの国で進められた。ドイツでもヒトラーがシュネルボンバー（高速爆撃機）の支持者だったことから、1935年3月に再軍備を宣言すると間もなく、航空省は新高速爆撃機（爆弾800kg搭載で最大速度500km/h）の設計案を各メーカーに要請した。

審査の結果選ばれたのはDB600（1,000hp）×2に環状冷却器を装備したユンカースの設計案Ju88で、試作初号機Ju88V1は1936年12月21日に初飛行した。

開発試験用試作型は20機ほど製作され、3号機（V3）以降Jumo211エンジンに換装され、テスト飛行で510km/hを超える快速ぶりを示した。この速度は当時量産が始まっていたBf109Bより高速で、機体強度や運動性も双発爆撃機随一の機体となり、爆撃機だけでなく様々な用途に用いられることになった。

戦闘機型Ju88Cの誕生

Ju88戦闘機型原型となったのはJu88V7（試作7号機）で、エンジンはJumo211A（1,100hp）2基を搭載し、機首先端のガラス窓部分は金属製となり、その中にMGFF 20mm機関砲2挺、MG17 7.92mm機関銃2挺が搭載された。機首下面のゴンドラは廃止され、乗員は3名となった。V7は1938年9月27日に初飛行を行ない、続いてV15、V19も兵装を変えた戦闘機型原型となり、これらを元にしたJu88Cシリーズが作られることになる。

Ju88Cシリーズは爆撃機型Ju88Aをベースに作られた最初の戦闘機型で、C-1からC-7までのバリエーションがある。C-1はエンジンを空冷のBMW801Aに換装した試験機で、生産されなかったという説と、Jumo211B（1,200hp）搭載で少数生産されたという説がある。武装はMG151 20mm機関銃1挺、MG17 3挺となった。C-2はJu88A-1×62機をコンバートして作られた戦闘機型で、エンジンはJumo211B-1またはG（いずれも1,200hp）、前方固定武装はC-1と同じだが、MG131 13mm旋回機関銃がコクピット後部に装備され、500kgまでの爆弾が搭載可能となった。1940年夏以降、Ⅱ./NJG1（第1夜間戦闘航空団第Ⅱ飛行隊）に配備され、英双発爆撃機の夜間爆撃の迎撃に使われている。

機首にMGFF/M 20mm機関銃1挺と7.92m機関銃3挺、機体下のゴンドラにMGFF/Mを2挺装備した駆逐機型のJu88C-6

C-3はBMW801搭載テスト機で1機のみ製作、C-4はJumo211F（1,320hp）搭載型で、1940年11月に配備が開始された。エンジン強化により550km/h以上の快速機となった。

C-5はBMW801D（1,700hp）搭載型でCシリーズ最速の580km/hを記録した。武装はC-2と同様の固定武装に加え、MG17×2挺のガンパックを装備したが、少数生産に終った。夜間迎撃任務急増に対応して大量生産体制に入るのは次のC-6からである。

多くの夜戦エースを生んだ殊勲機Ju88C-6

Ju88C-6はA-4をベースに作られた戦闘機型で約900機生産され、1942年春ごろから実戦部隊配備が始められた。武装は機首にMG151またはMGFF/M 20mm機関銃1挺、MG17 3挺、ゴンドラ前方にMGFF/M 2挺、ゴンドラ後部にMG81 7.92mm旋回銃1挺、コクピット後部にMG81×2挺を搭載、後期型は背部に斜め銃（シュレーゲ・ムジーク）としてMG151 2挺を備える重武装機で、エンジンはJumo211J（1,400hp）2基であった。

C-6は昼間駆逐戦闘機型と夜間戦闘機型があり、後者はFuG202リヒテンシュタインBCまたはFuG212 リヒテンシュタインC-1レーダーを搭載し、後にFuG220リヒテンシュタインSN-2に換装した機体もあった。

C-6夜戦型は多くの夜戦エースを生んだことで知られ、中でも貴族出身の夜戦エース3位のハインリヒ・プリンツ・ツー・ザイン＝ヴィトゲンシュタイン少佐（最終スコア83機）や夜戦エース8位のハインツ・レッカー大尉（同64機）、同12位のゲルハルト・ラート大尉（同58機）などはスコアの多くをJu88C-6で挙げている。

C-7は重駆逐戦闘機型原型となった機体で、MG FFまたはMG151 20mm機関銃2挺を増設した。Jumo211J、BMW801A搭載の試作機数機のみ製造された。

C-7の量産型夜戦として開発されたのがJu88R-1で、FuG202リヒテンシュタインBCレーダーを搭載、FuG220に換装したモデルがR-2である。エンジンはBMW801D（801G-2の説もあり、いずれも1,700hp）を搭載し、少数生産された。

Ju88C/Rシリーズは1943年までに2,518機（一説には3,000機以上）生産されたと推定されており、これ以降戦闘機型はより高性能化されたGシリーズ生産に切り替えられた。

レーダーと武装を満載した夜戦型の決定版Ju88G

Ju88Gシリーズは武装/装甲強化と、垂直尾翼が角張った大型のデザイン（Ju188からの転用）に変わるなど空力的改良を加えた夜間戦闘機型で、1943年末からJu88G-1の量産が開始された。G-1は腹部にMG151×4挺を収容したガンパックを搭載、コクピット後方にはMG131旋回銃1挺を搭載、後期型は背

機首にFuG220リヒテンシュタインSN-2レーダーアンテナを搭載したⅣ./NJG3(第3夜間戦闘航空団第Ⅳ飛行隊のJu88G-6(D5+AV)。Ju88夜戦型の決定版・Ju88G-6は約2,000機が生産され、大戦末期のドイツ夜戦隊の主力となった

■ユンカース Ju88G-6

全幅	20.08m	全長	15.50m
全高	5.07m	主翼面積	54.81㎡
自重	9,081kg(G-1型)		
全備重量	12,400kg		
エンジン	ユンカース Jumo213A 液冷倒立V型12気筒(1,750hp)×2		
最大速度	580km/h(高度6,000m)		
海面上昇率	500m/分	上昇限度	9,900m
航続距離	2,200km		
固定武装	20mm機関銃×6(うち斜め銃×2)、 13㎜機関銃(後部旋回)×1		
乗員	3名		

部にMG151シュレーゲ・ムジークを2挺搭載した。レーダーはFuG220、エンジンはBMW801D-2(1,700hp)を搭載、1944年前半に夜間迎撃任務に就いた。

Ju88G-2からG-5まではエンジン換装テストなどに用いられた試作型。次に量産されたのはG-6で、1944年6月に生産が始まった。G-6は武装と機上レーダーはG-1と同じだが、エンジンがJumo213A(1,750hp)に換装されたことが相違点で、機首に大きなダイポールアンテナを装備しているにも拘わらず540km/hを発揮した。

G-6も生産中に多くの改造を受けており、キャノピー上部にFuG350ナクソス レーダー探知装置(英爆撃機の後方警戒レーダー、モニカを探知)が追加されたことや、レーダーアンテナの進化が挙げられる。アンテナは、支柱が1本となったネプツーン、モルゲンシュテルンなどがあり、後者は木製レドームで覆い、抵抗を減らしたものも作られている。敗戦直前にはディッシュアンテナを木製レドームに収容したFuG240ベルリン搭載型も登場した。G-6は夜戦型Ju88最強のモデルへと進化したのである。

GシリーズはG-7以降G-10まで作られたが、いずれも試作か少数生産で、G-1とG-6を中心に2,000機近くが生産されたと推測されている。

大戦末期、夜戦隊の主力となる

全タイプを通じて約15,000機が生産されたJu88だが、戦闘機型は爆撃機型よりデビューが遅く、1940年4月南部ノルウェーのスタヴァンゲルに展開したZ./KG30(第30爆撃航空団駆逐機中隊)のJu88C-2が英ウェリントン爆撃機と交戦したのが初の実戦とされる。

ノルウェー戦線でのJu88Cは対地、対艦攻撃にも使用され、敵機と遭遇すれば高速と強火力で対抗するといった戦法で戦果を挙げ、同じ用法は1941～42年の地中海、アフリカ戦線でも威力を発揮している。

しかしJu88戦闘機型の任務の中心はやがて夜間迎撃へと移行していくことになる。1940年5月15日、ルール地方が100機近い英爆撃機による夜間爆撃を受けたことがそのきっかけとなった。

この爆撃に激怒したゲーリングによって最初の夜間戦闘航空団NJG1が創設され、Bf110、Ju88、Do17などが配備された。この後NJGは多数編成されていくが、当初は機上レーダー未発達のため、夜戦師団長ヨーゼフ・カムフーバー大佐が設置を推進したカムフーバー・ライン(警戒レーダー、探照灯、聴音器、無線網などで構成された防空システム)による迎撃活動が行なわれた。

Ju88の夜間迎撃作戦が大きな効果を発揮し始めるのは1942年のことで、機上レーダーを搭載して多数生産されたC-6シリーズが戦線に登場して以後のことであった。同じ頃英側は1,000機以上の爆撃機による飽和爆撃を開始し、多くのドイツ都市をがれきの山へと変えていくが、ドイツ夜戦隊の反撃もすさまじく、英夜間爆撃隊に多大な損害を与えた。

しかし1943年を境に情勢はドイツ側不利へと傾いていく。それは英空軍の夜間空襲に加え、米陸軍航空軍の重爆部隊による昼間爆撃作戦が強化され、ドイツ国内軍事インフラが根底から崩れ始めたことによる。

特に航空燃料関係の工場、施設が片っ端から破壊されたことで、訓練飛行用燃料の不足から始まり、1944年後半に入ると、ついに実戦における燃料が不足して夜間作戦を制限しなければならない状態となった。

夜戦隊の主力の座は、NJG1誕生以来Bf110が占めてきたが、1944年になって登場したJu88Gシリーズは速力など性能面で同機を追い越した。また新しい電子機材搭載の余裕などの面でも大型で大馬力のJu88Gの方が有利だった。そのため機数の上でも逆転し、名実共にJu88Gが主力夜戦となり、少数の夜戦エースに操られて終戦の日まで戦ったのである。

ハインケルHe219ウーフー

ハインケルの先進性

夜間戦闘の名手・シュトライプ少佐の活躍により、He219はその緒戦からルフトヴァッフェ最強の夜戦としての名声を高めた。今日では一時期熱狂的に支持されたほどの高性能機ではないことが明らかにされてはいるが、その先進的な設計の数々と、操縦性や武装などを含めた総合的な夜戦としての戦闘力の高さはやはり傑出していたといって間違いない。数々の要因による生産遅延がなければ、英夜間爆撃機隊にもっと手痛い打撃を与えていたのは確実だったといえよう。

He219の開発は1940年にハインケル社が自主開発をスタートさせた双発高速多用途戦闘機計画P.1055案に端を発している。この計画はRLM（独空軍省）の採用するところとはならなかったが、当時高性能の夜間戦闘機を求めていたNJD（夜戦師団）師団長ヨーゼフ・カムフーバー少将が夜戦機として開発するようRLMに強力に働きかけた結果、1941年10月、He219として試作されることが決まった。

エンジンはダイムラーベンツの液冷エンジンDB603（1,750hp）に環状冷却器を組み合わせ、細長い低抵抗のナセルに収容。胴体も極力細くデザインされ、先端部に曲面ガラスを使った視界の良いコクピット（乗員は背中合わせの複座）が設けられていた。

主翼平面形は前縁を直線状とした特異な形状だが、このデザインは高機動時の翼端失速、いわゆる不意自転を起こしにくい平面形として日本の中島などでも多用されたものだ。降着装置はドイツ空軍機初の3車輪式で、主脚はダブル車輪、実用機としては世界初の射出座席（圧搾空気式）を備える他、武装は胴体下面のトレーに搭載して換装と取り扱いを容易にするなど、随所に先進的な考え方を取り入れたデザインだった。

1942年3月と4月にハインケル・ロストック工場が英空軍の爆撃を受けたため、大部分の設計図が2度にわたって焼失するという不運に遭遇しながらも、プロトタイプ製作は懸命に続けられ、試作開始から11ヵ月目の42年11月15日、1号機He219V1が初飛行に成功、引き続き試験飛行に入った。

プロトタイプは多目的戦闘機として開発された時の名残として、胴体後部の上下に遠隔操作機関銃塔用の段差を持つデザインだったが、4号機（V4）以降直線状に改められた。またコクピット後部は13mm旋回銃が取り付けられるようになっていたが、これも生産型では廃止されてなだらかなラインに変更された。

試験飛行の結果、操縦性、離着陸特性とも良好、最大速度614km/hで、当時の主力夜戦Bf110より50km/h以上優速、航続距離にいたっては倍以上の2,300kmを記録した。しかも武装は内翼部にMG151/20 20mm機関銃2挺、胴体下面ガントレイにはMK108またはMK103 30mm機関砲4門という強力なものが予定されていた。欠点としては方向・縦安定性が不足していることだったが、それは3号機以降後部胴体の延長、尾翼の増積により解決された。

空軍次官ミルヒの妨害

しかし、こうした好成績を快く思わない人物がナチス政権内にいた。それは空軍ナンバー2で、空軍機調達の中心部にいた空軍次官エアハルト・ミルヒであった。ミルヒはハインケル、カムフーバーをともに嫌っていたこともあり、すでに生産態勢が整っている既存機の発展型のほうが好ましい、という理由をつけてユンカースJu88系の夜戦を強力にバックアップし、He219を冷遇したのである。

1943年初めにはHe219の3号機がミルヒお気に入りのJu188と模擬空戦を行なったが、なぜかHe219の欠点だけを強調したレポートが上層部に提出され、好評は黙殺されるという事件さえ起こった。

だがレヒリンの空軍実験センターでテストが続けられるうちに、He219の優秀性は次第に空軍内に知れ渡っていくことになり、非公式ながら夜空の王者にふさわしいウーフー（Uhu/ワシミミズク）というニックネームも与えられた。3月25日にはHe219の熱烈な支持者となっていたI./NJG1（第1夜戦航空団第I飛行隊）隊長シュトライプ少佐が自ら操縦桿を握り、Ju88Sとドルニエ Do217Nとの間で再度模擬空戦テストを実施した。Do217Nはすぐに脱落、Ju88Sも健闘したものの結局はHe219の圧勝に終わった。

空軍上層部も今回ばかりはHe219の優秀性を無視できないことになり、ようやくハインケルに対し量産型300機の発注を行なった。

闇夜の猛禽、鮮烈のデビュー

1943年5月、ようやく4機の先行量産型He219A-0

連合軍に鹵獲され、FE612の鹵獲機番号が与えられたHe219A-5/R1（W.Nr290060）。A-5/R1の武装はMK108 30mm砲4門（2門はシュレーゲ・ムジーク）、MG151/20 20mm機関銃2挺。FuG220リヒテンシュタインSN-2レーダーのアンテナは取り外されているが、ウーフーの昆虫的なスタイルや前輪式降着装置が印象的だ

が完成すると、待ちかねたシュトライプ少佐は実戦評価テストのため全機をオランダ・フェンロー基地に展開させた。これらはベントラルトレーにMK108×4門搭載のAO/R1、MK103×4門搭載のA-0/R2の2つのサブタイプに分かれており、いずれもテレフンケン製FuG202リヒテンシュタインC-1機上レーダーを装備していた。

6月11日夜シュトライプ少佐はそのうちの1機（G9+FB）に搭乗してデュッセルドルフ爆撃に向かったRAF重爆編隊を迎撃、たちまち5機のランカスターを血祭りにあげた。着陸事故を起こして機体は破壊されたものの、幸運にも少佐とレーダー手は軽傷を負っただけで済んだ。

この完璧なデビュー戦に対しても上層部の反応は冷ややかだったが、その後もウーフーの活躍は続いた。10日間に20機の英爆撃機を撃墜し、しかもその中にはそれまで撃墜が至難の業とされてきたモスキート6機が含まれていたのだ。

夜戦隊からはHe219大量配備への期待は高まるばかりだったが、生産数は一向に上がらず、1943年中に引き渡されたのは先の4機に続いて7機だけという有様だった。これはミルヒ一派の資材供給妨害の他、エンジンの供給数が増えなかったことや、ハインケルの工場間の輸送が連合軍爆撃のため分断されたという事情もあった。

He219の生産ラインは当初ウイーン・シュヴェッハトに設けられ、その後2ヵ所に開設されたが、1944年に入っても月産10～25機という低率に終始し、ミルヒは生産数が増えないことと、夜戦以外に使えないという難癖ともいえる理由で生産中止を指示した。だがこの措置は実戦部隊幹部からの反対が強かったため、通達を無視した状態のままハインケルでの生産が続行されるという異常事態を招いた。

そして同年後半に入ると、軍需物資全般の生産管理を掌握した軍需相シュペーアの、ジェット機と単発戦闘機を重点的に生産する戦闘機緊急生産計画の発動により更に生産数が抑えられることになった。

結局夜戦部隊から大きな期待をかけられながら、He219の総生産数はドイツ敗戦までにわずか268機（プロトタイプを除く）に留まり、制式にウーフー装備飛行隊となったのはI./NJG1だけで、その他にはII./NJG1、NJGr10など数個の部隊に少数機が配備されただけであった。

シュレスヴィヒでイギリス軍に鹵獲された第3夜間戦闘航空団第III飛行隊のHe219A-5/R2（A-7の可能性もある）コードレターはD5+CL。A-5/R2の武装はMK108 30mm砲2門（シュレーゲ・ムジーク）、MG151/20 20mm機関銃4挺

第1夜間戦闘航空団第I飛行隊（I./NJG1）のHe219A-7と思われる機体。レーダーはFuG220 SN-2dを装備している。He219はこのI./NJG1に集中的に配備された。1945年1月、ミュンスター

ウーフーの難解なバリエーション

生産型He219は馬力強化型のエンジンを搭載する予定だったが、新型エンジンの生産がなかなか進まなかったため、DB603A搭載のHe219A-0の生産がしばらく続けられ各種の武装や装備の試験に使用された。

そしてそれらの一部は後にHe219A-2などに改修されているが、生産数が少ない割に武装の変化や事後改修機が異常に多い。これに敗戦間際の混乱が加わって正確なモデル名やどのモデルが何機作られたのかなど不明な点が多く、後世の研究者の頭を悩ませている。

ここでは諸説あるうちの一部を紹介するに留めるが、いずれにしても量産が軌道に乗らないのにこれだけのバリエーションを作ったということ自体が、生産数が伸びなかった原因の一つになったと考えてもおかしくない。

最初にウーフーの主兵装となった30mm機関砲について述べておくと、MK103とMK108はともにラインメタル・ボルジッヒ社製の機関砲だが、MK103が全長2.3m、重量145kgであるのに対し、MK108は戦闘機搭載用として軽量小型（全長1.05m、重量58kg）に作られているのが特長だった。

MK108は短砲身のため初速が520m/秒と、MK103（890m/秒）に較べて遅いのが欠点だったが、MK103の毎分420発に対し毎分600発と発射速度が大きいことが特長で、いずれの砲も数発の命中弾で4発重爆に致命傷を与えられる強力な兵器であった。

またマウザーMG151/20 20mm機関銃は、全長1.77m、重量42kg、発射速度720発/分、初速780m/秒のスペックを持つ、ドイツ機上搭載兵器中の最高傑作と呼ばれた機関銃だ。日本にも800挺輸入され三式戦闘機に装備されたことで知られる他、戦後アメリカが機関砲開発の際参考にしたほどの優秀なものだった。

He219各型は、これら3種の砲を胴体下トレイ、内翼、胴体後方（シュレーゲ・ムジーク/斜め銃、MK108のみ）の3ヵ所に搭載し、その組み合わせによりR1からR6までのサブ

タイプ名を付けて区別した。なおR記号は現地改修キットによるコンバージョンを表している。

He219A-0の場合は前記R1、R2の他にR3とR6が作られた。続くHe219A-1は、DB603E（1,800hp）を搭載した偵察爆撃機型として計画されたが開発中止となり、最初の生産型はA-2となった。A-2の武装交換サブタイプとしては、R1、R2、R3、R4がある。

He219A-3は、DB603G（1,900hp）搭載の3座戦闘爆撃機型として計画されたが開発中止。He219A-4はユンカース・ユモ222（2,500hp）搭載の長距離高々度偵察機として計画されたが、これも開発中止となった。

He219A-2に続く量産型となったA-5の原型He219V16は、当初DB603Aエンジン装備で1944年初めに完成し、後にDB603Eに換装された。生産型A-5も初期型はDB603A装備だが、途中で同E型搭載となり、大部分の機体が4本の大型ダイポールアンテナ（ヒルシュ・ゲヴァイ／鹿の角と呼ばれた）を持つFuG220リヒテンシュタインSN-2レーダー装備で完成した。なおDB603E/G装備機はプロペラ位置が85mm前進し、スピナーが長くなっている。

武装はMK108 2門のシュレーゲ・ムジークと内翼のMG151/20 2挺が標準装備となり、胴体下トレイの武装によりR1、R2、R3の各サブタイプに分けられる。

対モスキート用モデル

この頃になるとRAF爆撃隊には夜戦型モスキートが護衛として随伴してくるようになり、その高性能レーダーと高速の前にドイツ側夜戦の被害が増大していった。これに対抗して作られたのがA-5/R4とA-6である。A-5/R4はコクピット後部を拡大して3つ目のシートを設け、旋回式13mm機関銃1挺を搭載したモデルだが、コクピットに段差が付いたためスピードの低下が大きく、大急ぎで本格的な対モスキート型A-6が開発された。

A-6は2段2速過給機を持つDB603L（離昇2,100hp）を搭載し、武装は前方発射のMG151/20 20mm機関銃4挺のみ、装甲や電子装備なども極力減らして重量軽減を図った軽量モデルで、戦闘高度12,500m、最大速度は650km/hを記録したが、ほんの少数機しか完成しなかったとされる。

最後の生産型となったのはA-7で、エンジンはDB603G（1,900hp）、レーダーはFuG220、コクピットは装甲化され、基地への帰還を確実にするため盲目着陸装置を搭載していた。本モデルも武装によりR1、R2、R3、R4のサブタイプがあり（武装は30mm砲2～4、20mm機関銃2～4）、これらは全てシュレーゲ・ムジークを標準装備としていた。

A-7/R5は対モスキート夜戦で、MW-50水メタノール噴射装置付きユンカースJumo213E（1,900hp）、A7/R6も同用途でJumo222A/B（2,500hp）を搭載し、シリーズ中最高速の700km/hを記録した。A-7は原型3機が作られた後生産に入ったが、実戦部隊にはほんの少数が届いたのみであった。

ハインケルでは絶望的な事態の中、更に多くの発展型の計画を進めていた。He219BシリーズはロングスパンA主翼の高々度戦闘機。またHe219Cシリーズは3座コクピットと有人尾部銃座を持つ新設計胴体とロングスパン主翼を組み合わせたモデル。高性能化夜戦モデルのHe319、He419も計画されたが、これら計画機のほとんどは図面だけに終わった。

伝説に彩られたHe219の戦歴

各型解説で述べた生産型のうちA-5以降の機は配備機数が少なかったため、実戦にはほんの少し参加しただけである。従ってHe219による戦果はほとんどがA-0かA-2によるものだといってよい。これら両モデルはテスト時には600km/hをはるかに超える高速を発

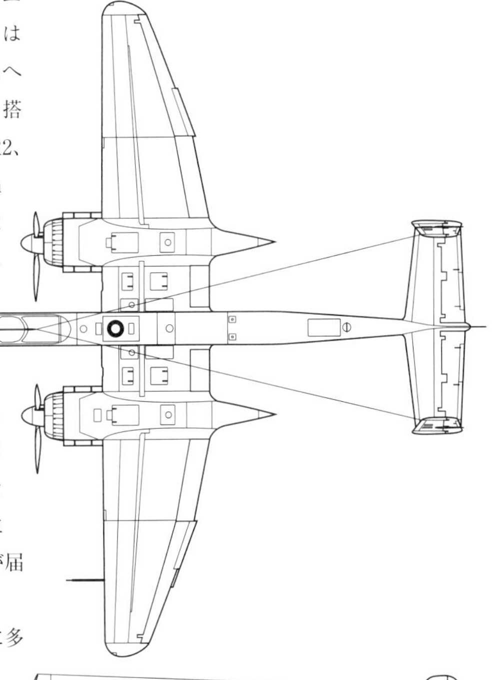

※図はHe219A-0

He219A-2を正面から捉えたショット。環状冷却器を採用したためエンジンナセル回りが非常にすっきりしている。He219は、射出座席や前輪式降着装置、洗練された空力設計など先進的技術を盛り込んだ優れた夜戦だったが、生産数が少なく戦局にほとんど影響を与えられなかった

■ハインケルHe219A-7/R1ウーフー

全幅	18.50m	全長	15.54m
全高	4.10m	主翼面積	44.5㎡
自重	11,200kg	全備重量	15,300kg
エンジン	ダイムラー・ベンツDB603E/A 液冷倒立V型12気筒（1,750hp）×2		
最大速度	585km/h（高度6,000m）		
上昇力	6,000mまで11分30分		
上昇限度	12,700m	航続距離	2,000km
固定武装	20mm機関銃×2、30mm機関砲×4		
乗員	2名		

揮したが、大型のレーダーアンテナや背圧のため馬力が下がるエンジンの消炎ダンパーを装備すると560km/hがやっとで、英国の戦後のテストでも本機の性能は過大に評価されていたと結論づけている。

にもかかわらず日本における本機の人気は高く、卓越した性能により四発重爆やモスキートをバタバタ墜としたと信じている大戦機マニアが少なくない。確かに本機は他のドイツレシプロ夜間戦闘機に較べればいくらか高速であるし、操縦性が良い上に航続距離も長かった。なによりも武装が強力で弾数も多く(20mm銃弾各300発、30mm砲弾各100発)、装甲も完備していたから、夜戦としての戦闘力はドイツ機中最高という評価は間違ってはいないし、実際に短い期間ながら目覚しい活躍を見せたのも事実である。

しかしなぜ本機が大きな戦果を挙げ得たのかというと、やはりナハトヤークト・エクスペルテン、つまりベテラン夜戦パイロットの腕によるところが大きい。配備機数の少なかった本機はI./NJG1だけがフル装備となったことは前記のとおりだが、その数少ないHe219の威力を最大限発揮させるため、同隊には選りすぐりのパイロットが配属されていたことも本機の名声を高める結果につながったといえる。

シュトライプ少佐によるウーフー最初の戦いが見事だったのは前記の通りだが、少佐がNJG1航空団司令に昇進した後にI./NJG1隊長となったハンス・ディーター・フランク大尉(1943年9月27日空中衝突により戦死)も夜間だけで55機撃墜というエース、またその後を継いだマンフレート・モイラー大尉も65機撃墜のエースであり、こうした熟練者が操るHe219に狙われた四発重爆ランカスターやハリファックスはまさにカモだった。モイラー大尉は65機のうち15機をHe219で撃墜したが、1944年1月21日夜、最後の機を仕留めた後、同機と衝突して未帰還となった。

武装が強大で弾数も多かったHe219の戦歴には一回の出撃で多数機撃墜、いわゆる固め撃ちの記録が多く見られ、例えば1944年11月2日夜にはヴィルヘルム・モーロック曹長が12分間に6機(他に不確実1)を撃墜し、少佐時のシュトライプ大佐が打ち立てた記録を破っている。しかし同曹長は翌日の出撃でモスキート夜戦に撃墜されて未帰還となった。

爆撃型モスキートを含めてRAF爆撃機に対して強みを発揮したHe219だが、モスキートの夜戦型が登場するに及んでその優位性は大きく後退した。平均的な技量のパイロットが乗るHe219A-0、A-2が、暗闇の中でモスキート夜戦とまともに対決すれば、性能差とレーダー能力差から見てHe219の勝算はわずかだっただろう。対モスキート専任モデルがいくつも開発されたのはそのためともいえる。

しかしながらHe219は、数々の先進的な設計思想や特徴のあるスタイリングなど、ドイツ機のなかでもひときわ魅力的な戦闘機であり、独空軍上層部に冷遇されたという悲劇性ともあいまって、これからも戦闘機マニアの心を掴んで離さないことであろう。

He219V1

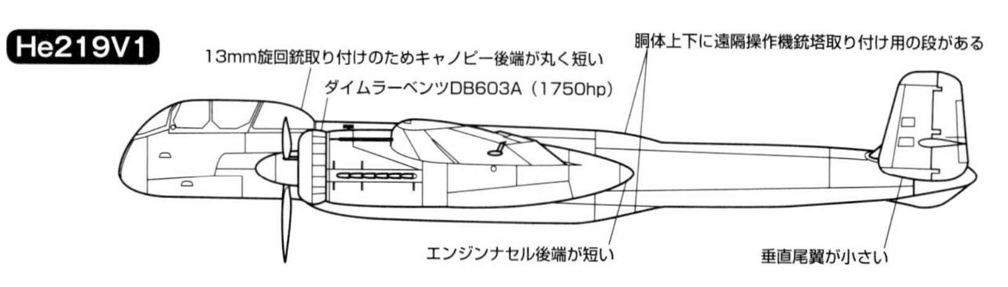

He219A-0

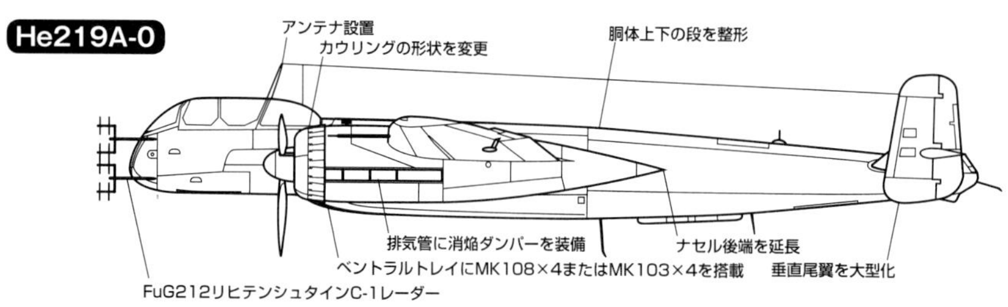

He219A-2

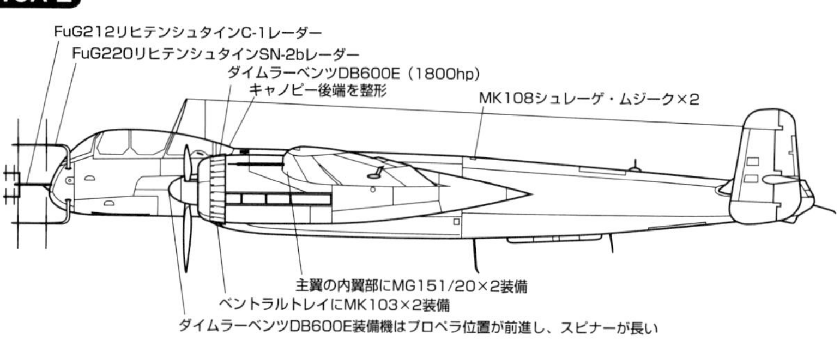

He219A-5

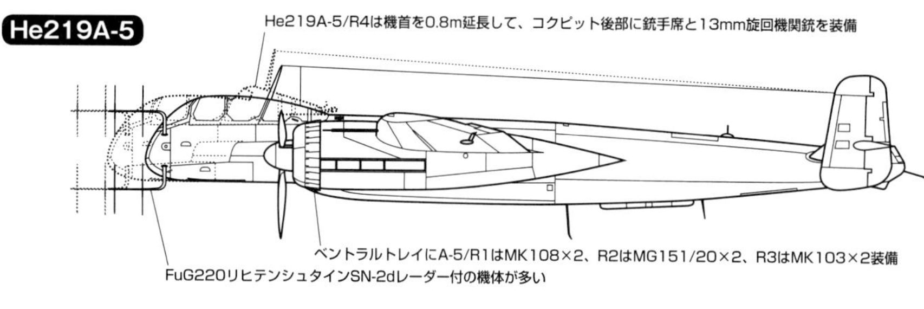

He219A-7

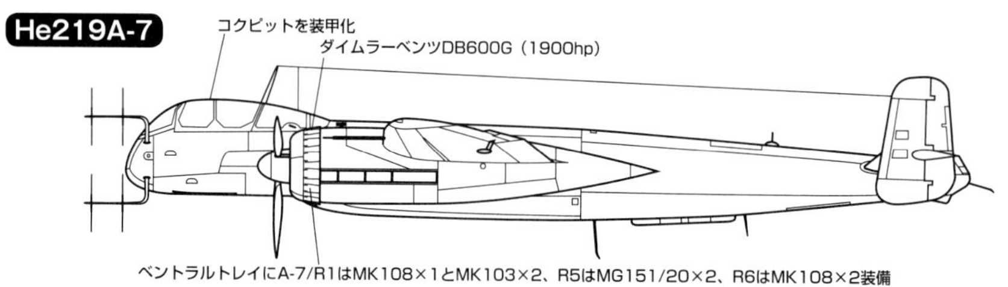

メッサーシュミットMe262シュヴァルベ

ドイツのジェットエンジン研究

第二次大戦前、ドイツとイギリスはほぼ時を同じくしてジェットエンジンの実用化をめざして研究を開始した。圧縮された空気と燃料の混合気に点火し、膨張した燃焼ガスを推進力とするジェットエンジンの研究は古くから行なわれていたが、これを実現可能なマシンとして最初に特許を申請したのは、英空軍パイロットで技術士官でもあったフランク・ホイットルで、1930年1月のことであった。その5年後、ドイツ・ゲッチンゲン大学物理学科学生だったハンス・パプスト・フォン・オハインがやはりジェットエンジンの特許を取得した。

ホイットルが当初公的機関からも企業からも資金援助を受けられず、エンジン試運転が1937年4月12日、初飛行（グロスター E.28/39）が1941年5月15日と、実機試作までに長期を要したのに対し、ドイツではオハインの発想の将来性をハインケルが直ちに認め、1936年に開発作業を開始した。この結果第二次大戦勃発直前の1939年8月27日、早くもHeS 3B（推力450kg）を積んだ世界初のジェット機He178の初飛行に成功したのである。

ドイツではハインケルに続いてBMW、ユンカースといったメーカーにもジェットエンジン開発の指示が出され、イギリスを数段リードするペースで開発が進められていった。だが最も開発が進んでいたハインケルは、社主のエルンスト・ハインケルがナチス幹部に受けが良くなかった関係で、He178の次に自社開発した双発戦闘機He280（1941年4月2日初飛行）も空軍の発注を獲得することなく終わってしまった。

難産を経て生まれ落ちたツバメ

メッサーシュミット社のヴァルデマール・フォイクト技師を中心とする設計陣が、RLM（ドイツ航空省）技術部の指示を受けてジェット戦闘機のデザインワークを開始したのは1938年10月のことであった。この計画は当時BMWで開発中だったTL軸流ターボジェット（推力600kg）1基を搭載し、最大速度850km/hを発揮する迎撃機として進められたが、予定推力の達成が困難と見られたことから双発に変更され、1939年6月、主翼中ほどにエンジンを装備した直線翼の設計案P.1065がRLMに提示された。

その後数度の設計変更を経て、わずかな後退角を持つ主翼の下面にエンジンを装着し、下部が広がった胴体断面を持つデザインが固まり、1940年3月RLMからMe262の名称で3機の試作機製作が発注された。

なお外国誌などで本機の後退翼の先進性を記したものが見られるが、これは設計途中でエンジンの重量増加に対処するためにいくらか後退角を与えたもので、空気圧縮性の問題（衝撃波発生）を考えてデザインされたものではない。実際にこの程度の後退角では衝撃波発生を遅らせる効果はなく、設計陣がその効果を期待して後退角を付けたという記録も残されていないのだ。

試作機3機は1941年初頭にほぼ完成したが、109-003（BMW003）と命名されたエンジンのほうは完成には程遠い状態で、1940年8月に行なわれた初のベンチテストでは予定推力680kgに対しわずか150kgの推力しか出せなかった。

このためメッサーシュミットでは低速時の空力特性だけでもテストしておこうということになり、1号機Me262V1（PC+UA）の機首にユンカース・ユモ210G液冷ガソリンエンジン（750hp）を装着し、1941年4月18日ライプハイムでフリッツ・ヴェンデル（1939年4月26日にMe209V1で世界速度記録を樹立したパイロット）の操縦によりとりあえず初飛行を行なった。

BMW003は1941年夏にBf110に懸架されてようやく飛行試験を開始、推力450kgを記録したことから、機首の液冷エンジンを残したままMe262V1に搭載されることになり、11月25日ふたたびヴェンデルの操縦で試験飛行が行なわれた。しかし離陸直後に2基のBMWエンジンは停止し、機首エンジンだけでかろうじて着陸することに成功した。

天使に後押しされる戦闘機

BMWエンジンがアテにならないことがはっきりしたため、代替エンジンとしてユンカース製109-004（ユモ004）が採用されることになった。ユンカースのジェットエンジンはBMWほど小型軽量を狙わず堅実な設

飛行する「コマンド・ノヴォトニー」のMe262A-1a「黄色の13」だが…、地上駐機している機体の降着装置を消して背景を合成したプロパガンダ写真のようだ

計だったため、信頼性ではBMWをいくらかしのいでいたのである。004は1940年11月に初のベンチテストを行い、1942年3月にBf110による飛行試験をクリア、6月には初期量産型004A（推力840kg）が完成した。

このエンジンを搭載した3号機（ピストンエンジンは積んでいない）Me262V3（PC+UC）は1942年7月18日、やはりヴェンデルの手で純ジェット機としての初飛行に成功した。10月2日には2号機（PC+UB）も同エンジンを積んで初飛行し、テスト飛行を開始したほか、1943年1月には量産型エンジン、ユモ004Bの引渡しも始まり、V1は同エンジンを搭載して3月2日に再度進空した。

空軍はこうしたテスト状況を見て1942年10月、15機の先行量産型発注を行ない、まもなく30機を追加した。しかしRLM長官エアハルト・ミルヒを初めとしてナチス首脳はジェット戦闘機大量導入には消極的であり、機体・エンジンとも開発の優先度は低いままであった。

とはいえ当時西部・東部戦線とも連合軍側の本格的反攻の直前であり、ドイツとしてはBf109、Fw190の大量生産により反撃は可能と考えていた時期だったから無理もないところだった。この時本腰を入れて耐久性の低さなどのジェットエンジンの欠点除去に取り組み、大量生産体制を早期に整えていればMe262の活躍の場はもっと広がったに違いない。

だがMe262のテスト期間中に早くもその優秀性と将来性を見抜き、すぐに大量生産に入るよう主張した人物も現れた。それは当時100機近い撃墜を記録していたエースであり、当時の戦闘機隊総監であったガーラント少将である。ガーラントは1943年5月22日レッヒフェルトでMe262V4に試乗し、その画期的な高性能に感銘を受け、「まるで天使に後押しされているようだ」という有名な感想を述べたのである。

彼はすぐさま上層部にMe262の量産開始を進言するが、ヒトラーの拒否のため事態は進展しないままであった。この頃すでに米英重爆撃機部隊によるドイツ本土空襲が始まっており、高性能のMe262による戦闘機隊の強化が急務というガーラントの主張が正しかったことは、いくらも経たないうちに証明されることになるのである。

1945年3月30日、米軍が占領していたフランクフルトのライン・マイン基地に飛来、投降したMe262A-1a。迷彩塗装が施されていない新造機で、全面が銀色である。座席後ろには防弾板が見える。この機は後にアメリカ本土に持ち帰られ、各種テストに用いられた

1945年4月、アメリカ軍が飛行場を占領した際に鹵獲した3./JG7（第7戦闘航空団第3中隊）のMe262A-1a「黄色の8」（W.Nr 112365）。JG7は終戦までに敵機318機（一説には400機以上）を撃墜したとされており、これはMe262の戦果の約2/3を占めている

その間にもMe262のテストと改良は進められ、1943年6月には降着装置を尾輪式から三車輪式（テストのため前輪固定式）に改め、RATO（ロケット離陸補助装置）を付けた5号機が進空し、10月に入ると推力が900kgに強化されたユモ004B-1を装備したテストも開始された。その他与圧キャビン（量産型には採用されず）、武装（MK108 30mm機関砲4門）のテストなどもこの時期に開始された。

電撃爆撃機（ブリッツボンバー）

1943年11月26日、インステルブルクでナチス首脳を招いてのルフトヴァッフェ最新兵器展示会が行なわれた。ここでMe262の飛行を初めて目の当たりにしたヒトラーは、これこそ求めていたBlitzBomber＝電撃爆撃機である、と主張し爆撃機としてただちに量産に入るよう命令したのである。

今日まで論争の絶えないヒトラーのこの時の指示だが、戦後のジェット戦闘機の進化の過程をみれば決して100％誤った判断とはいえないものだった。だが国土の奥深くまで連合軍重爆の侵入を許していた当時の戦況からいえば、迎撃戦闘機として使うのがベストであったのはいうまでもないだろう。

ルフトヴァッフェ首脳の多くも当然そう考えていたから、ヒトラーの指示は半ば無視される形で製作が進められ、1944年4月には12機の試作型に続く戦闘機タイプの先行量産型Me262A-0が完成し始めた。そして同じ月、Me262の実戦部隊配備のための準備部隊、EKdo 262（第262実験隊、要員訓練と運用法の策定を任務とする）がヴェルナー・ティールフェルダー大尉を隊長としてレッヒフェルトで編成された。

ところが5月23日、ベルヒテスガーデンで行なわれた空軍首脳会議で、爆撃機型の生産が進んでいないのを知らされたヒトラーは烈火のごとく怒り、以後爆撃機型だけの生産に限るという命令を出したのである。この結果同月中に10号機Me262V10にヴィーキンゲルシッフ（バイキングの船）と呼ばれた爆弾架2個を装着して高速爆撃のテストが開始された。

同じ5月中に最初の量産型Me262A-1の引

き渡しが開始され、間もなくMK108 30mm機関砲を2門に減らし爆弾架を装備した爆撃型Me262A2も完成したが、A-1で爆弾架を付けた機体（A-1a/Jabo）もあるので必ずしも区別は明確ではない。続いて6月3日、KG51（第51爆撃航空団）第3中隊への配備が始められ、Me262初の実戦部隊が誕生した。

この部隊は、戦闘爆撃機のベテラン、ヴォルフガング・シェンク少佐を指揮官としたためコマンド・シェンクと呼ばれ、レッヒフェルトで訓練を実施した後、7月20日フランスのジュヴァンクールに進出し、ノルマンディー上陸作戦（6月6日）を成功させて大陸反攻に転じていた連合軍地上部隊を迎え撃つため出撃を開始した。

しかし高速のジェット機による爆撃作戦は、照準器や爆撃方法など、ハード・ソフト両面がともに未完成だったことと、敵地へ墜落してジェットの機密が明らかになるのを恐れて高度4,000m以下に降りることを禁止されたため、爆撃の命中率は低く損害ばかりが増大するという困難な状況となり、同年9月同隊は本土へと引き上げてしまった。

なおMe262は通常シュヴァルベ（スワロー＝つばめ）と呼ばれたが、戦闘爆撃機型のMe262は非公式にシュツルムフォーゲル（直訳すれば嵐の鳥だが、ミズナギドリを意味する）と呼ばれた。

戦闘機型Me262、ついに活動開始

1944年半ばになると、連合軍による爆撃の被害はドイツにとって致命傷となる事が誰の目にも明らかとなった。ここに至って、ついに頑迷なヒトラーもMe262を防空戦闘機として使うことを認めざるを得なくなり、Me262による実戦戦闘機部隊の新編を許可した。

1944年7月、レッヒフェルトのEKdo 262の隊長に、250機撃墜という驚異的スコアを持つヴァルター・ノヴォトニー少佐が任命され、9月25日同隊はコマンド・ノヴォトニーと呼ばれる実戦飛行隊へと改編されたのである。

同隊は2個中隊で編成され、ドイツ北西部のアハメル、ヘゼペ両基地に展開し、10月3日から迎撃作戦を開始した。だがジェットに転換して間もないパイロットが多い割に訓練期間が短かったため事故も多く、しかも連合軍戦闘機の勢力圏内にあったため離着陸時を狙われて撃墜される機も少なくなかった。11月8日にはルフトヴァッフェの至宝ノヴォトニー少佐が戦死し、同日たまたまアハメルを視察に訪れたガランドは隊員の訓練不足を見抜き、同隊をレッヒフェルトに後退させたのである。

コマンド・ノヴォトニーは約1ヵ月の間に22機の撃墜スコアを挙げたが、空戦と地上における喪失、および事故を合わせた損失機は26機に上った。同隊は訓練不足の上に部隊規模が小さ過ぎ（多い時でも二十数機、稼働機はもっと少なかった）、圧倒的な数で押し寄せる連合軍機を迎え撃つのは最初から無理だったといえよう。

同じ11月には遅まきながらMe262装備の航空団JG7（第7戦闘航空団）の編成が始められ、司令には撃墜170機以上というスコアを持つヨハネス・シュタインホフ大佐が任命された。

この頃には連合軍側の容赦ない爆撃のため、主要な軍需工場はほとんど破壊し尽くされていたが、それでも各地に作られた地下の秘密工場製などを加えると週に30機を超すMe262が送り出されていた。問題は輸送機関がやはり壊滅的ダメージをこうむったことで、完成機が部隊に届くまでに破壊されてしまうケースが多発した。また燃料の不足も深刻であり、JG7の要員訓練は予想以上に時間がかかることになった。

それでも第7戦闘航空団第Ⅲ飛行隊（Ⅲ./JG7）が1945年3月に作戦可能となり、同月3日、米第8航空軍の重爆隊に対し29機で迎撃、爆撃機6機、戦闘機2機を撃墜し、1機を失った。不思議なことにこの時の米側記録は爆撃機9機、戦闘機8機喪失となっており、損傷機で帰途墜落したものがあったのかもしれない。

一般にドイツ側の戦果発表は控えめ、米側のそれはオーバーだったといわれるが、このケースはその良い例かもしれない。その後も比較的練度の高かった同隊は撃墜スコアを重ね、ドイツ敗戦までに400機以上の連合軍機を撃墜し、Me262の真価を遺憾なく発揮したのである。

Ⅲ./JG7の高い撃墜率は、高練度に加えて高速機に適した戦術の徹底（後上方から降下追尾し、敵編隊より高度を下げた後、上昇しつつ攻撃。ローラー・コースター戦術）、および1945年3月から導入されたR4M 55mm空対空ロケット弾（片翼12発ずつ搭載）に支えられたものであった。

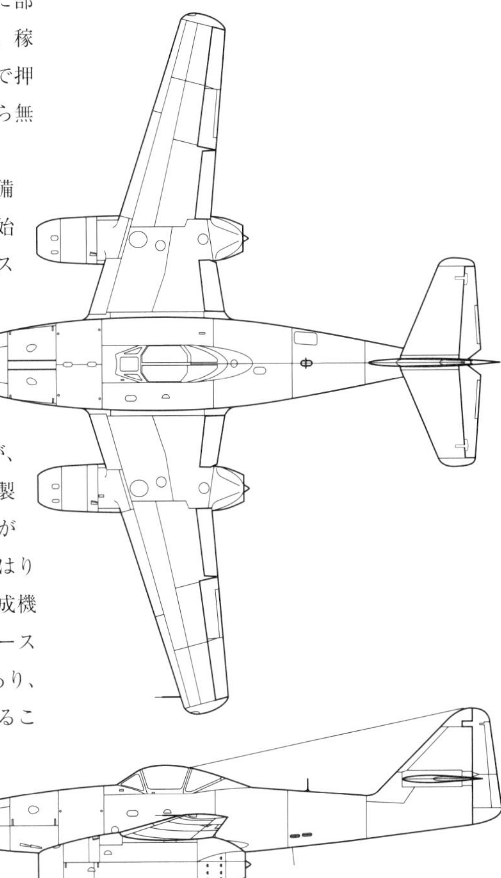

■メッサーシュミットMe262A-1a

全幅	12.65m	全長	10.60m
全高	3.83m	主翼面積	21.73㎡
自重	4,000kg	全備重量	6,775kg
エンジン	ユンカースJumo004B-1 軸流ターボジェット（推力910kg）×2		
最大速度	870km/h（高度6,000m）		
上昇率	1,200m/分	上昇限度	12,190m以上
航続距離	1,050km	固定武装	30mm機関砲×4
爆弾搭載量	500kg	乗員	1名

エース部隊JV44に集うエクスペルテンたち

迎撃作戦と並行して戦闘爆撃機としてのMe262の活動も続けられており、1944年末にはKG51の2個飛行隊（I.およびII./KG51）が約50機のMe262A-2aを装備して地上攻撃作戦を開始した。

またレシプロ爆撃機の壊滅で作戦不能となった爆撃部隊をMe262A-1a装備の戦闘機部隊に転換する計画も進められ、1945年1月に第54爆撃航空団がKG(J)54(J=Jagd/戦闘)というカッコ付きの部隊名に改称された。だがこれらの部隊は爆撃機パイロットをごく短時間の訓練で実戦に参加させたため損害も多く、成功とはいえないものだった。

III./JG7と並んでMe262装備で大戦末期に対爆撃機迎撃戦に活躍したのは、ガーラント中将が率いた特別編成部隊JV44（第44戦闘機隊）である。ガーラントは無能なゲーリングに直言を繰り返して疎まれ、1945年1月ついに戦闘機隊総監を解任されてしまうが、これ幸いとばかりに現役で戦うことを選び、自分がほれ込んだMe262で中隊レベル（16機程度）の独立飛行隊を作ったのである。

ガーラントの呼びかけに応じてJV44に結集したパイロットは、JG7から転属したシュタインホフ大佐（178機撃墜）を始めとして、ギュンター・リュッツォウ大佐（110機）、ハインツ・ベーア中佐（221機）、ゲルハルト・バルクホルン少佐（301機）、ヴァルター・クルピンスキー（197機）大尉など、いずれも100機以上の撃墜数を誇る超エース級の逸材ばかりであった。

JV44は4月初めから出撃を開始し、多数の撃墜を記録した。ガランド中将も自らMe262を駆って出撃、最終撃墜スコアを104機とした。だがこの頃になると連合軍は1,000機単位の爆撃機を飛来させるようになり、また地上戦でドイツ側作戦基地が次々に占領されるという状況となっていたため、Me262の高性能とエースの活躍も焼け石に水といってよいものだった。JV44は実働1ヵ月の戦闘で敵機31機、あるいは約50機を撃墜したとされる。

その他敗戦間際に実戦に参加したものとしては、NAGr6（第6近距離偵察飛行隊）のMe262A-1a/U3、NJG11（第11夜間戦闘機航空団）のMe262B-1a/U1などがある。

夜間戦闘機型については、1944年10月にMe262A-1aの1機にリヒテンシュタインSN-2レーダーを搭載してテストされ好調だったことから、複座練習機型のMe262B-1aにFuG218ネプツーンレーダーを搭載した夜戦型Me262B-1a/U1が作られた。これら夜戦型はアンテナの空気抵抗により60km/hほどスピードが低下したが、それでも従来撃墜することが困難であったモスキートをやすやすと捕捉し、撃墜することが可能だった。

米軍に鹵獲されて米本土に移送された複座夜間戦闘機型のMe-262B-1a/U1（W.Nr 110360）。10./NJG11（第11夜間戦闘航空団第10中隊）の中隊長クルト・ヴェルター中尉は、Me262夜戦を駆ってモスキート夜戦20機以上とランカスター2機を撃墜したと主張している

1945年9月、連合軍の手によって飛行試験を受けるMe262A-1a（W.Nr 111711）。Me262は東西陣営の戦後のジェット戦闘機開発に極めて大きな影響を与えた

Me262のバリエーション

Me262はドイツ敗戦直前の混乱期に生産されたため、形式名などに諸説があり、生産数などが不明の型も少なくない。ここでは誌面の都合もあり、実際に作られたものに限って記してみた。なおMe262は試作機を含めて1,400機以上作られたが、実戦に参加したのは200機ほどでしかなかった。

◎**Me262A-1a**…最初の量産型で最多生産モデル。エンジンはユンカース ユモ004B-1/-2/-3（推力900kg）。固定武装はMK108 30mm機関砲4門。本来戦闘機モデルだが爆弾架を装着した機体も多く、MK108を2門としたものもある。A-1a/U1は固定武装を30mm砲2門、20mm機関銃2挺とした試作型。A-1a/U2は無線機改良型。A-1a/U3は固定武装を撤去し、カメラ2台を搭載した写真偵察型で、機首に涙滴型のフェアリングがある。A-1a/U4は50mm砲搭載試験機。A-1a/U5はMK108を6門とした試験機。

◎**Me262A-2a**…MK108を2門に減らし、爆弾架2基を標準装備とした戦闘爆撃機型。A-2a/U1は爆撃照準器試験機。A-2a/U2は機首に伏臥式爆撃照準手席を設けたテスト機。

◎**Me262B-1a**……ジェット機慣熟訓練用のタンデム複座練習機。単座型の胴体後部燃料タンクを撤去して教官用の後席を設けたもの。B-1a/U1はB-1aにFuG218ネプツーン迎撃レーダーと補助燃料タンクを搭載し、後席をレーダー手席とした夜間戦闘機。

◎**Me262C-1a**……Me262A-1a×1機の後部胴体にヴァルターHWK509液体ロケットエンジン（推力1,700kg）を搭載した迎撃機。ハイマートシュッツァー（郷土防衛機）計画の一環として計画され、1945年2月27日にジェット/ロケット混合動力での初飛行に成功した。本機の上昇力は9,000mまで3分以下という優秀なもので、スーパーエースの1人、ハインツ・ベア中佐はテスト中にたまたま飛来したP-47×1機を撃墜している。

その他、昭和20年（1945年）8月7日に初飛行した、日本初のジェット機である日本海軍

（設計は中島・エンジンは石川島のネ20）の「橘花」がMe262に影響を受けていたことは有名である。戦局が差し迫った1944年7月、Me262の資料が潜水艦で日本に届いた。なお潜水艦は2隻でドイツを出発したが、1隻撃沈されてしまったため、届いた資料はごくわずかだった。

日本ではすでにネ10、ネ12の国産ジェットエンジンが完成しており、日本海軍ではMe262に刺激され、中島にジェット機の開発要求を出している。中島はMe262の資料を参考にしてジェット攻撃機を設計したが、丸みを帯びた機体や生産簡略化のための設計など、完成した橘花とMe262はかなり異なっており、単なるコピーと断ずることはできない。

Me262V1

ユモ210G液冷12気筒レシプロエンジン（750hp）を装備
尾輪式の降着装置
BMW P.3302ターボジェットエンジン

Me262A-1a/U4

マウザーMK214 50mm機関砲を装備
50mm機関砲収納のため機首を改修
90度回転して引き込むように改修された前輪

Me262A-1a

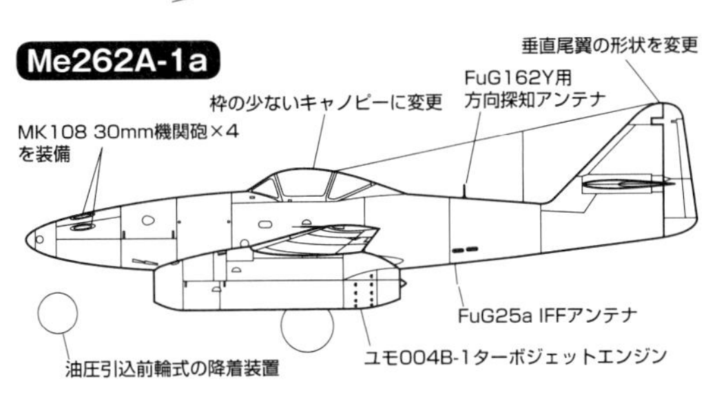

Me262B-1a/U1

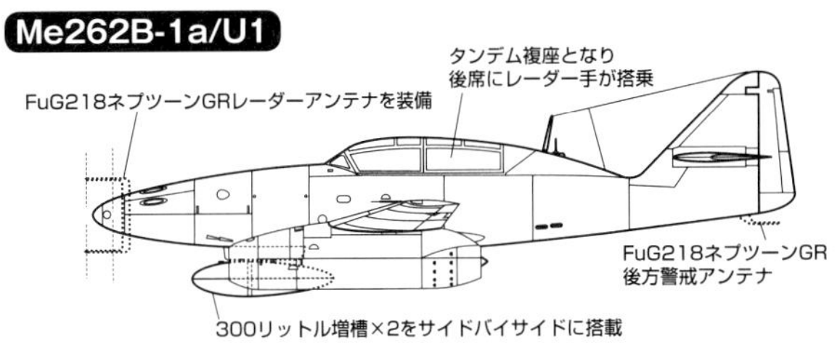

Me262A-1a/Jabo

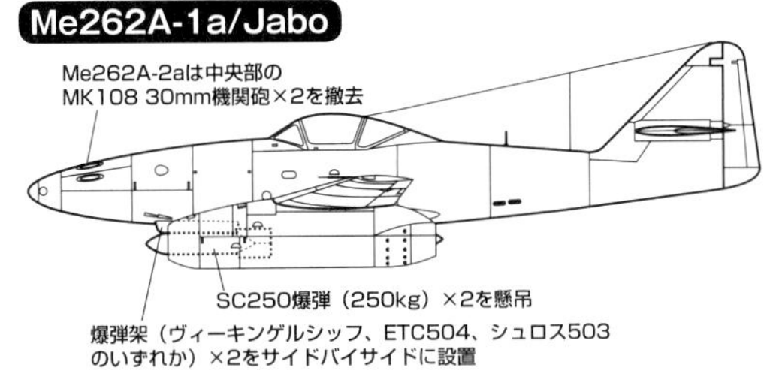

Me262C-1a

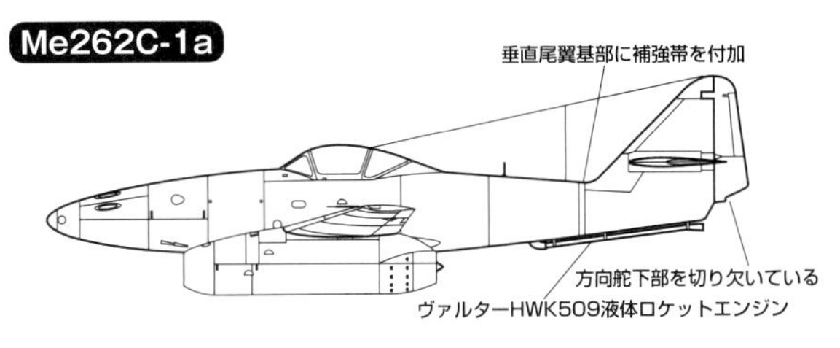

Me262A-1a/U3

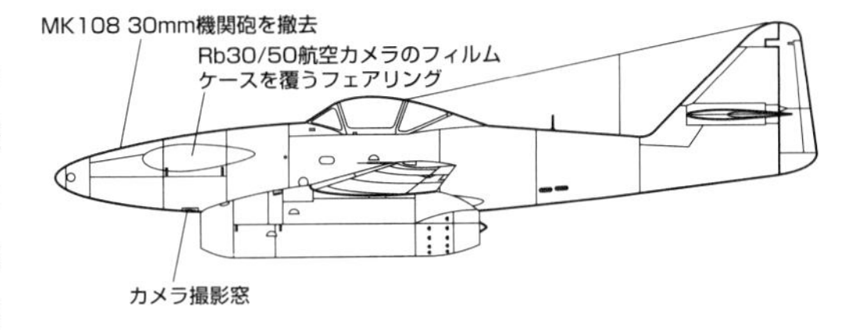

橘花

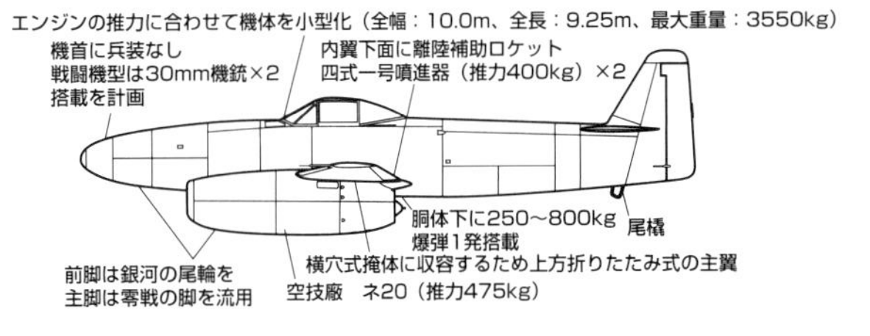

一方、日本陸軍も中島の設計でジェット戦闘機キ201「火龍（かりゅう）」を計画していた。こちらはMe262に酷似した設計で、コピーと言っても差し支えないものだったが、モックアップの製作のみに終わり実機は完成していない。

WW IIで最も革新的な戦闘機

Me262は疑いもなく第二次大戦中に現れた最も革新的な航空機である。テストフライトの段階で最大速度は870km/hを超えており、高速用に改修されたMe262V12は、1944年7月6日に戦時のため非公認ながら1,004km/hを記録したとされている。史上初めて1,000km/hを超えたのは、公式には戦後の1947年6月19日アメリカのXP-80Rが記録した1,003.8km/hとされているが、3年も前にMe262が記録していたのである。

大戦中に実用化されたジェット戦闘機は本機のほかにも、アメリカのベルXP-59（1942年10月5日初飛行）、イギリスのグロスター・ミーティア（1943年3月5日初飛行）があるが、P-59は低性能のため訓練用にしか使えず、ミーティアもまたMe262より性能は低く、ドイツのV-1ミサイル迎撃に使用された程度の実績しか残していない。

ライバルに比べて優秀さの際立つMe262だが、もちろん泣き所や欠点は山ほどもあった。最後までその活躍の足を引っ張ったのは、肝心のエンジンの低信頼性、それに耐久性の低さであった。これは戦時のため耐熱材料の入手が困難だったことが最大の原因だが、それらが入手できたはずの米英の初期のジェットエンジンも信頼性、耐久性についてはどっこいどっこいだったところをみれば、ドイツのエンジンメーカーは良くやったと言ってさしつかえない。

それより何より、もっと活躍できたはずのMe262の最大の敵は、ナチス首脳部であったのだ。指導者に先見の明があれば、もっと早く実戦配備についていたのは間違いのないところだ。ただエンジンの諸問題はそんなに早期には解決できなかったであろうから、早まったとしても数ヵ月がやっとだったと思われる。

もちろん本機が1,000機や2,000機実戦投入されたところで、ドイツが結局は戦争に勝てなかったのは言うまでもない。ナチス指導部が犯した様々な誤りは、本機の活躍で挽回できるほど小さなものではなかったのである。

ドイツ空軍機 | 大量生産を目指すも間に合わなかった、安定性に欠ける簡易ジェット戦闘機

ハインケルHe162

敗戦間際の大混乱計画

戦後、アメリカに接収されてテストを受けたHe162A-2。機首下には機関銃発射用の孔が空いている

ハインケルHe162は、ドイツ敗戦が間近に迫った1944年夏に開発計画がスタートし、連合軍が首都ベルリンに迫る頃に部隊配備が始まるという、まさに大混乱の中で1年に満たない生涯を閉じた戦闘機である。

混乱の象徴はその名前にも現れている。一般に良く使われるフォルクスイェーガー（国民戦闘機）という名は計画名であって、機体そのものが命名されたわけではない。他にザラマンダー（サンショウウオ、火の精霊、火トカゲ）とかシュパッツ（雀、ハインケルの命名という説）という名も伝えられているが、空軍の公式名として認められているわけではないのだ。

イギリスを基地とする米英重爆撃機部隊のドイツ本土爆撃は1942年に本格化するが、当初は長距離護衛戦闘機不在のため、ドイツ側の激しい迎撃戦闘の前に大きな犠牲を払わなければならなかった。だが1943年にP-47とP-38、そして同年末にはP-51がエスコート任務に就いたことにより、1944年に入るとドイツ側の迎撃作戦は次第に困難なものとなった。そしてドイツ国内の航空機工場を初めとする軍需品生産施設の破壊とサプライチェーンの寸断により、ルフトヴァッフェの弱体化が一挙に進むこととなった。

ドイツ航空省（RLM）は1944年夏、こうした窮状を挽回するため、製造が容易で、グライダー訓練を受けた程度の初心者でも操縦可能な小型ジェット戦闘機を大量生産する計画を立て、各メーカーに対し設計案の提出を求めた。9月8日にはBMW 003（推力800kg）の採用、可能な限りの木製化、熟練を必要としない容易な組み立て、総重量2,000kg以内、海面上最大速度750km/h、航続時間30分以上、固定武装は20mm機関銃または30mm機関砲×2などの具体的な仕様が示され、「フォルクスイェーガー」（国民戦闘機）という計画名で進められることが決まった。

これに対し、戦闘機隊総監だったアドルフ・ガーラントは、すでに生産中だったMe262を重点的に作って、戦闘機隊の戦力を強化し制空権を取り戻すべきで、国民戦闘機計画は若年パイロットの犠牲を増やすだけだという反対意見を主張した。だがヒトラーの厳命により計画を推進していた空軍総司令官ヘルマン・ゲーリングや軍需相アルベルト・シュペーアによりガランドの意見は退けられてしまった。

試作1号機のHe162V1。2度目の飛行で墜落し、パイロットのゴットホルド・ペーターが死亡した

He162の特急開発

RLMは1945年1月の量産開始を目標に掲げ、メーカーに対しては仕様提示から10日以内に設計案提出を命じた。ハインケルは、世界初のターボジェット機であるHe178実験機を1939年8月27日に初飛行させ、実用可能な双発ジェット戦闘機の原型であるHe280も1941年3月30日に進空させるなど、ジェットに関しては先進的なメーカーだったが、これらは空軍の興味を引かず、発注を得ることなく終っていた。

失望したハインケルだったが、社内では引き続きP.1073という次期ジェット戦闘機の研究を続けていたところであり、RLMの要求に合致するよう変更を加えた案を提出、事前研究が効を奏したためか、アラドやブローム・ウント・フォスの設計案を退けて採用が決まった。

ハインケルでは大急ぎでモックアップ製作にとりかかり、9月25日にはモックアップ審査を受けて承認されHe500（後にHe162に変更）の名称を与えられた。ハインケルの設計案は、小型で細い胴体の背中にエンジンを取り付けており、まだ問題の多かったジェットエンジンへのアクセスを考えたデザインだっ

た。降着装置は離着陸を容易とするため3車輪式を採用し、He219ですでに実用化した射出座席を備えていた。主翼は前縁が直線状で、木製のため翼付け根部の強度保持のため強いテーパーを持つ平面形を持ち、緩い上反角が与えられていた。

ハインケルにおける実機製作は不眠不休で行なわれ、開発承認から2ヵ月半も経たない12月6日に早くも原型1号機He162V1が初飛行に成功した。しかしRLM幹部を招いて10日に行われた2度目の飛行では、高速飛行中に右エルロンが飛散したことにより墜落しパイロットは死亡した。木製部分の接着剤と主翼強度に問題があることが分かり、2号機は厳重な調査を受けた上で10月22日に速度を500km/hに制限して初飛行した。

大戦末期の混乱の中での量産と部隊配備

He162に対するナチス上層部の期待は絶大であり、初飛行前の1944年10月の時点で、数ヵ所で最終組み立てを行ない、最終的に月産1,000機、エンジンは月産2,000基とする計画が練られていた。しかし開発を急いだため機体には空力と構造上のトラブルが続出し、ハインケルはその修正に必死の努力を重ねなければならなかった。

原型5号機まで（He162V1 ～ V5）と最初の生産型5機（He162A-1）はMK108 30mm機関砲2門搭載で作られたが、小型機にとって反動が大きすぎたことから、11号機からはMG151/20 20mm機関銃2挺に換装され、1945年1月の終り頃からA-2の部隊配備が開始された。

最初に受領したのはレヒリン基地（空軍テスト基地）で編成されたEKdo 162（第162実験隊）で、部隊導入のための試験・評価を行なう部隊だった。なおレヒリンは米第8航空軍重爆隊の爆撃を度々受けたため、実際の飛行試験は南にあったレルツ飛行場で行なわれることも多かった。

2月初めには初の実戦部隊となるI./JG1（第1戦闘航空団第I飛行隊）へのHe162A-2配備が開始された。Fw190部隊であった同隊は、ハインケル工場のあるマリーエンエーエに近いパルヒムで転換訓練を開始したが、機体の供給が滞りがちで燃料も不足、整備員も揃わないという無いない尽くしの中での活動だった。

飛行するHe162。飛行中の安定性や操縦性が低く、「誰でも操縦できる国民戦闘機」との理想とは裏腹に、経験の浅い若年パイロットでは操縦が難しかった

なおRLMが当初考えていた、超初心者でも操縦可能という計画は当然無理な話で、He162はレシプロからジェットへと動力が根本的に変わっただけでなく、特急開発の弊害ともいえる空力的難点も幾つかあったため、操縦容易な機体とはいえなかった。

それでもJG1のパイロットはベテランが多かったこともあり、1ヵ月程の間に数名がHe162A-2による実戦可能な技量に到達し、3月にはII./JG1も転換訓練を開始した。

この間機体のフェリー時や訓練中、また実戦可能となってから哨戒や迎撃に出撃した際に、敵機と遭遇して撃墜を報告したパイロットも何名か存在するが、いずれも敗戦直前の混乱の中であり、確実なものではないとされている。

1945年4月30日ヒトラーがベルリンで自決し、ドイツ敗戦は確実となるが、JG1は正式に降伏する5月8日まで活動を続けた。5月2日にJG1司令官ヘルベルト・イーレフェルト大佐は司令部組織と共にデンマーク国境に近いレック基地へと移動、30機あまり残っていたHe162A-2も全機レックに集められ、実戦活動は4日まで続けられた。その4日に英空軍のタイフーンが撃墜されており、これはHe162によるものという説と、地上砲火によるという説がある。

5月5日、連合軍地上部隊がレックに迫ったことを受け、空軍司令部からは残存機の爆破命令が届くが、イーレフェルト大佐はいったん取り付けた爆薬の取り外しを部下に命じた。

大佐がどのような考えでこのような行動をとったのかは不明だが、この措置のおかげで連合軍は世界でも類を見ない小型ジェット戦闘機を目の当たりにすることになったのだ。

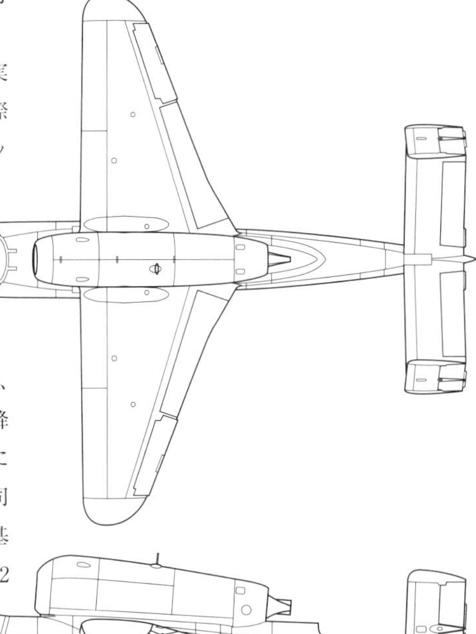

■ハインケルHe162A-2

全幅	7.20m	全長	9.05m
全高	2.60m	主翼面積	12.5㎡
自重	1,760kg	全備重量	2,695kg
エンジン	BMW003A-1 軸流ターボジェット（推力800kg）×1		
最大速度	790km/h（海面上）、835km/h（6,000m）		
上昇時間	6,000mまで6分36秒		
上昇限度	12,020m	航続距離	620km
武装	20mm機関砲×2		
乗員	1名		

ドイツ空軍機 ロケット動力による破天荒な高性能も徒花(あだばな)に終わった「極限の彗星」

メッサーシュミットMe163コメート

天才的設計者リピッシュ博士

航空機の理想的な形態は飛行するための「つばさ」と推進用動力だけを備えるデザインである、という考え方は古くから存在する。安定性や操縦性を確保するために尾翼が必要であり、主翼と尾翼をつなぐためと人や物を積むために胴体が必要とされるのだが、もしそれらが翼だけで確保できれば尾翼も胴体も不要だというわけである。

そしてドイツにも大戦前から無尾翼型式の航空機にこだわり続けた設計者達がいた。その典型としては、アレキサンダー M.リピッシュとホルテン兄弟という優れた才能の持ち主の名前が挙げられよう。

特にリピッシュ教授（1943年博士号取得）は無尾翼機研究に止まらず、高速飛行追求の過程でデルタ翼の優れた特性に着目し、その研究成果はアメリカをはじめとして戦後の超音速機設計に多大な影響を与えた。

リピッシュはもともと優れたグライダー設計者であったが、1920年代に無尾翼型式グライダーの研究を開始し、1928年に初の同型式グライダー・シュトルヒを完成させた。同じ頃ロケットエンジン研究者のフリッツ・フォン・オペルからロケットエンジンの搭載を提案されたが、当時のロケットは推力が低くグライダー離陸用に使用されただけであった。

しかしリピッシュはこの時、無尾翼機とロケットエンジンの組み合わせは、高性能な航空機開発には最も有望な方式であることを確信したのであった。

リピッシュは1933年にダルムシュタットで発足したDFS（Deutsche Forschungsanstalt für Segelflug：ドイツ・グライダー研究所）に所属して無尾翼機の研究を続け、1936年に75馬力エンジン付き無尾翼複座モーターグライダー、DFS39デルタⅣCを完成させ、良好な飛行特性を持つことを実証した。

コメート（彗星）誕生のもう一方の革新技術、ロケットエンジンについては、1930年代にRLM（ドイツ航空省）の研究局長だったアドルフ・バウムカー博士が航空機用動力として開発する方針を確立して以後、陸軍砲熕兵器研究員だった化学者ヘルムート・ヴァルター教授を中心に精力的な開発作業が続けられた。

ヴァルターは1936年に推力わずか40kgながら安定性の高い液体燃料ロケットエンジンを完成し、次いで航空機用動力として使用可能な推力400kgのRI-203を完成させた。

ヴァルター・ロケットの飛行テストは当初ハインケルが担当し、1939年6月20日にはRI-203を搭載した世界初の純ロケット動力機He176を初飛行させた。しかしこのHe176は小型で高翼面荷重の設計であり、滑空による帰還が前提となる燃焼時間の短いロケット動力機としては不適と考えられた。

X(プロイェクトX)計画、開始

RLMは、ロケットという特殊な推進機関を装備する航空機に対しては、従来のものとは異なる新しい発想の設計が必要と考えていた。そこで、He176完成に先立つ1937年に、無尾翼機研究の第一人者であったリピッシュ教授にロケット動力機開発を指示した。

リピッシュ教授側もすでにヴァルター・ロケットの研究に着手していたため、DFS39の2号機にロケットエンジンを搭載する計画を提案し、この計画はプロイェクト（プロジェクト）Xの名で極秘のうちに進められることになった。

ところがDFSでは金属製の機体製作ができなかったため、リピッシュ教授は1939年1月2日、12名の技術者を率いてアウグスブルクのメッサーシュミット工場に移動し、その一角にアプタイルンクL（L部局）を設置した。そしてこの時RLMから、プロイェクトXに対しMe163という制式名称が与えられたが、この頃はまだ本機を戦闘機とする方針は決まっておらず、高速飛行の研究が第1の目的であった。

教授はプロイェクトXと並行して幾つかのレシプロエンジン付き無尾翼機の製作を行なっていて、そのうちの1機DFS194をアウグスブルクへと移送していたが、メッサーシュミットでのMe163製作が大戦勃発などの影響で一向に進まなかったため、このDFS194にとりあえずRI-203を搭載して飛行試験を実施することとした。

ロケット付きDFS194は、1940年8月ペーネミュンデにおいて、グライダーパイロットのハイニ・ディットマーの操縦で初飛行を行なった。同機はわずか400kgの推力にもかかわらず550km/hを記録し、操縦性にもほとんど問題がないことを実証した。

1/JG400（第400戦闘航空団第1中隊）のMe163B（W.Nr 191916）。1945年4月、ブランディス。ずんぐりむっくりのユーモラスな形状を持つMe163Bだが、速力と上昇力はレシプロ戦闘機とは比べ物にならないくらい優れていた。しかしその代わり航続距離は極端に短く、燃料も非常に危険という、あまりにも実用性の低い兵器であった。機首のプロペラは発電用のもの

DFS194のテストの好結果がRMLに伝えられたことにより、遅れていたMe163の製作に拍車がかけられることになったが、この頃にはヴァルター教授は推力750kgのRⅡ-203bの開発に成功しており、更にその倍の推力を持ち、しかも推力調節が可能な新型ロケットモーターの試作にとりかかっていた。

このためRLMでは、この新型ロケットRⅡ-211を装備した機体を迎撃戦闘機Me163Bとして実用化することを決定し、そのプロトタイプとしてRⅡ-203b搭載のMe163Aを6機製作するよう指示したのであった。

プロトタイプ1号機Me163AV1（KE+SW）は1941年初めに完成し、3月からディットマーの操縦で滑空試験を開始した。本機の飛行特性は着陸時のバルーニング（地面効果のためなかなか接地できない現象）を除いて非常に優秀で、空軍総監エルンスト・ウーデットはアウグスブルクでその飛行ぶりを見て本機の強力な推進者となった。

1941年7～10月には1号機と4号機Me163AV4（CD+IM）がペーネミュンデに送られてRⅡI-203bを搭載し、動力飛行テストを実施した。地上発進で最大速度885km/hという驚異的高速を達成したが、ディットマーはロケットの燃焼がもっと続けば（同ロケットの持続時間は4.5分だった）さらにスピードアップが可能と確信していた。

そのため同年10月2日、V4をBf110Cに曳航させて高度4,000mまで上昇した後ロケットに点火、1,004km/h（マッハ0.84）の最大速度を記録した。もちろん極秘計画の一環であったから未公認記録だが、太平洋戦争開戦前に1,000km/hを超すスピードを記録していたドイツの航空技術の先進性は驚くべきものであった。

なおRⅡ-203bの推進剤は、Tシュトッフ（T液・80％過酸化水素と安定剤）とZシュトッフ（過マンガン酸カルシウム水溶液）だったが、Z液はパイプを詰まらせやすい性質のため不規則燃焼や異常爆発の原因となっていた。このためヴァルターはZ液に代わるものとしてC液（メタノールに水化ヒドラジン30％を加えた溶液）を考案し、RⅡ-211にはこのC液が使用されることになった。

世界初、ロケット戦闘機の完成

Me163Aの高速性能はウーデットをはじめとして空軍内にその計画の推進派を徐々に増やしていったが、その結果6機のプロトタイプに続いて10機のMe163A-0がゲッチンゲンのヒルトグライダー社に発注され、これらにより乗員訓練が開始された。そして1941年10月、実用迎撃戦闘機となるMe163Bのプロトタイプ6機と先行量産型70機が発注された。

ただしこの時点で搭載予定のロケットエンジンRⅡ-211（RLM制式名HWK109-509）は未完成であり、リピッシュ教授に伝えられた計画仕様は、最大推力1,700kg、フルスロットル時のT液消費率2.72kg/秒というものだった。これをもとに教授は滞空時間12分が可能な燃料搭載量で設計を進めたが、実際に完成したエンジンのT液消費率は予定の倍近い数字となり、コメートの作戦能力を著しく制限することになった。

原型1号機、Me163BV1（VD+EK）の製作は1941年12月1日にメッサーシュミット、レーゲンスブルク工場で開始され、翌年4月に早くも完成。2号機以降も順調にロールアウトを始めたが、ヴァルター・ロケットの開発は多くの困難に直面して大きく遅延した。

しかし1943年初めにはMe163実験飛行隊Ekdo16（第16試験派遣隊）がカールスハーゲンで発足し、隊長には戦前から多くのグライダー大会での優勝経験を持ち、72機撃墜のエースでもあるヴォルフガング・シュペーテ大尉が任命された。このEkdo16の任務は実戦部隊要員の養成とMe163による戦術の開発であった。

ロケットモーター供給が遅れたMe163BVは滑空試験を続けていたが、1942年12月にはディットマーが着陸事故のため重傷を負い、43年5月にはリピッシュ博士がウィーン航空研究所長に任命されてアウグスブルクを去ることになった。これ以後Me163Bの開発と改良はメッサーシュミット社によって行なわれることになったが、ヴィリー・メッサーシュミット博士はまったく同機に関心を示さなかったという。

1941年に撮影された、試作1号機のMe163AV1（KE+SW）。全体的にMe163Bよりもさらに丸っこい印象を受ける機体で、A型とB型の形状がかなり異なるのが分かる

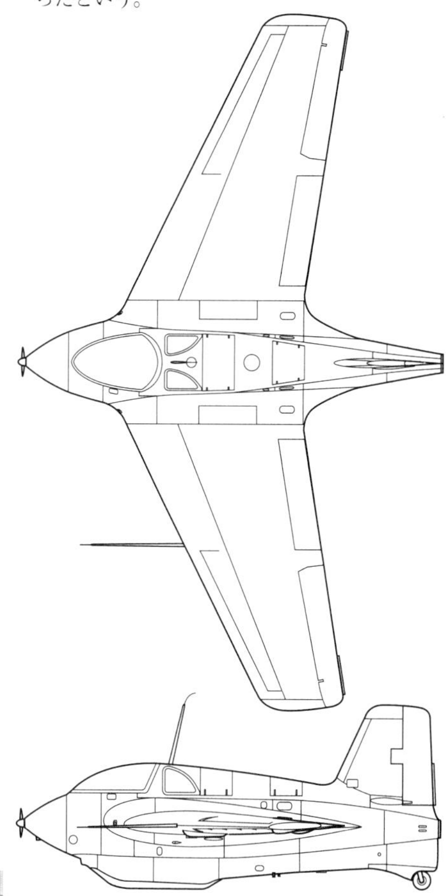

■メッサーシュミットMe163B-1コメート

全幅	9.30m	全長	5.92m
全高	3.06m	主翼面積	19.6㎡
自重	1,505kg	全備重量	3,885kg
エンジン	HWK-109/509A-2ロケットエンジン（推力1,700kg）×1		
最大速度	950km/h（高度3,000m）		
上昇力	12,100mまで3分21秒		
上昇限度	12,000m		
稼働時間	8分（距離80km）		
固定武装	30mm機関砲×2		
乗員	1名		

Me163BV初のロケット動力飛行は1943年6月23日、ディットマーの跡をついだオピッツ大尉の操縦で実施された。なおこの初飛行については諸説があって、日付けは2月説、8月説があり、場所もペーネミュンデとレヒフェルトの両説がある。43年には武装搭載テストも開始され、初期型にはMG151/20 20mm機関銃2挺が装備されたが、のちにMK108 30mm機関砲2門が標準となった。

テストフライトが本格化するのと前後して、この特異な戦闘機は連合軍の注目を集めることになり、1943年8月17日にはレーゲンスブルクのメッサーシュミット工場が米陸軍航空軍のB-17×127機の爆撃を受けたほか、同じ日の夜にはペーネミュンデが600機近い英空軍爆撃機による空襲(V-2開発施設を狙ったもの)を受け、Me163B先行量産型と生産施設も大きな損害をこうむった。この結果量産型配備はさらに遅れることになり、EKdo.16もより安全なバートツヴィッシェナーンへの移動を余儀なくされた。

実戦に突入したロケット戦闘機

EKdo16は1944年5月になると実戦可能体制となり、14日シュペーテ少佐が試験的に初迎撃作戦を実施した。少佐は真紅に塗られたMe163B-0 V41を駆って地上レーダーの誘導で2機のP-47Dに接近したが、エンジンが停止したため敵に見つかる前に反転して帰還した。

また同じ月、EKdo16の人員を中核として初のMe163B実戦部隊 20/JG1(第1戦闘航空団第20中隊。隊長ロベルト・オレニック大尉)がツヴィッシェナーンで発足し、まもなくヴイットミュンデハーフェンに移動して1/JG400へと改称された。ただし作戦用の機体を配備されたのは7月のことで、装備が整った時点でライプチヒ近郊のブランディスに移動し、7日に初出撃を記録した。

アメリカ側が本機の迎撃に最初に気がついたのは7月28日のことで、メルゼブルク・ロイナの石油精製施設を600機近い重爆編隊が空襲した際、6機のMe163Bに迎撃された。撃墜された機はなかったが、報告を受けた米第8航空軍戦闘機軍団司令ケプナー少将は、白いコントレール(飛行機雲)を曳くので発見は容易だが、爆撃機編隊後方から800〜960km/hの超高速で襲ってくる同機は非常に危険である、と警告を発している。

8月初め、1/JG400のハルトムート・リュル少尉操縦のMe163BがB-17×1機を撃墜し、コメートによる初戦果を記録、その2週間後にはジークフリート・シューベルト曹長が同じくB-17を血祭りに上げた。この8月から9月にかけて同隊は8機撃墜を記録しているが、これがコメートにとって栄光の時期であり、その後は部隊が増えたもののごく少数の戦果が記録されただけであった。

米軍に鹵獲され、FE500の鹵獲機番号を付けられたMe163B-1a(Wk.Nr 191301)。「T」「C」と書かれているのはT液とC液のタンクの蓋。この機体はエドワーズ空軍基地で飛行試験に供されたりして、最終的にはNASMのポール・ガーバー施設に送られた

米国のライト・フィールドで正面から撮影されたMe163B-1a(Wk.Nr 191301)。主翼付け根にある孔はMK108 30mm機関砲の発射口

1944年8月、オランダ・フェンローで2/JG400が発足したが、制空権のない状態でMe163B部隊を分散させるのは危険なためすぐにブランディスに移動し、9月にはEKdo 16もブランディスに移動した。その他にもJG400隷下に数個中隊が44年中に編成されたが、実戦にはほとんど参加することなく終わっている。

燃え尽きた無尾翼の彗星

Me163は1945年2月の空襲で生産工場が破壊されるまでに300機近く作られたとされているが、ドイツ敗戦までの同機による戦果は9機(ほかに不確実少数)に過ぎず、逆に戦闘中に失われた機体は14機にのぼった。最大速度900km/h以上、高度1万mまで3分足らずで上昇できるという高性能機としては不本意な実績だが、その原因は多岐にわたっている。

第一の原因としてはエンジンの低信頼性と危険性、それに極端に短い燃焼時間が挙げられよう。HWK109-509Aは燃料供給の不調その他のためエンジン停止を招くことと、振動などが原因で燃料爆発を起こすことが多々あった。これらが離陸直後に起こった場合はほぼ100%パイロットの死を招いており、前記シューベルト曹長(コメートによる最多撃墜3機を記録)も離陸時の爆発事故で戦死している。

ロケット燃焼時間は6分以下であり、よほどタイミングをうまく合わせて上昇しなければ敵爆撃機を捕捉することは不可能であったし、その弱点をすぐに見抜いた連合軍側爆撃機編隊はブランディスを迂回する作戦をとったからますます迎撃は困難となった。そして燃料が切れて滑空しているところを敵戦闘機に狙われれば、いとも簡単に撃墜された。

またロケットは従来のエンジンとは全く異なる取り扱いを要求されたため、パイロット、整備員とも慣熟するためには長時間の訓練を必要とした。その燃料は爆発性だけでなく強力な有機物分解作用を持つ危険極まりないもので、コクピット内に搭載されるT液を浴びたパイロットが、文字通り溶けてしまった事故もあった。

さらに、たとえ接敵に成功したとしても有効な打撃を与えるためには、高度の技量と幸運とを必要とした。というのも900km/hで追撃した場合、爆撃機との速度差は優に500km/

hにも達し、MK108による最適射撃距離を維持できるのはほんの2、3秒という短さだった。皮肉にもその高速が仇となったわけだ。

これを解消するため考え出されたのがSG500イェーガーファウスト（狩人の拳）と呼ばれる兵器で、主翼付け根両側に垂直発射用50mmロケット弾ランチャー5基ずつを装備し、光センサーにより爆撃機の下面通過と同時に自動的に発射されるというものだった。このイェーガーファウストによる戦果は敗戦直前の1945年4月10日、フリッツ・ケルプ中尉によるランカスター1機撃墜だけに終わっている。

一説によるとMe163全喪失機のうち80%は離着陸時の事故によるものであり、15%は飛行中臨界マッハ数を超えたため操縦不能あるいは空中分解したか、または何らか別の原因で墜落したもの、そして14機の戦闘損失はわずか5%に相当するのみとされている。

離着陸事故が多かったのはグライダーから発展したためドリー（離陸後切り離される車輪）による離陸とスキッド（橇）による着陸方式を採用したことも一因だった。ドリーはサスペンションがないため振動が激しく、燃料爆発の原因となることがしばしばあったし、機体の舵が効くスピードに達するまで方向転換ができない欠点もあった。またスキッドによる着陸は常に転覆の危険が付きまとったのである。

Me163の発展型と「秋水」

Me163のバリエーションとしては、A型、B型に続いてコクピット後部に教官席を設けた複座トレーナー型Me163S（エンジン未装備）が少数作られたほか、メッサーシュミット技術陣が開発した発達型モデルがあった。

まず巡航用副燃焼室付きヴァルターHWK109-509C-1（推力2,000kg）が開発されたことから、1944年末にこのエンジンを搭載し胴体を延長したMe163C×3機が作られ、次にやはり副燃焼室付きHWK109-509C-4を搭載し、胴体を完全に再設計して三車輪式降着装置と与圧コクピットを持つMe163Dが1機製作された。本機は途中でユンカース社が製作を受け持つことになりJu248と改称されたが、後にMe263へと再度名称を変更した。

また、「日本版Me163」が三菱J8M/キ200「秋水」である。潜水艦で渡独した日本の技術将校一行がMe163Bの飛行を見学し、開発の困難さ、危険さ、そして自国の技術水準をも省みず、その高性能にほれ込んだのが秋水開発の発端となった。技術資料を2隻の潜水艦に積んで日本へ運ぶ途中、肝心の機体、ロケットエンジンの設計図を載せた1隻が撃沈され、残る1隻が持ち帰った簡単な資料を元に作らなければならなくなった。

1944年（昭和19年）7月の官民合同検討会で、陸海軍共同開発（機体は海軍、エンジンは陸軍）、機体の試作は三菱という基本方針が決まり、早速空技廠における風洞実験が開始された。機体の方は12月に第1次構造審査クリア、1945年（昭和20年）1月に木製グライダーによる低速飛行試験開始と、超スピード作業で進められたが、エンジン開発は難航を極め、海軍の協力により1945年6月にようやく1号発動機（特呂2号またはKR10）が完成した。

海軍向けJ8M1の1号機は追浜（おっぱま）の空技廠でエンジンを搭載して完成し、敗戦直前の7月7日、犬塚豊彦大尉の操縦により初飛行を行なった。ロケット点火後、機は急角度で上昇したが、高度約400mでエンジンが停止、滑空で着陸に移ったものの建物に片翼を引っ掛けて墜落・大破し、犬塚大尉は殉職した。エンジン停止の原因は機体の姿勢が上向きとなったため甲液（Tシュトッフ）の液面が供給パイプから外れたためという単純なものであった。

2号機は陸軍向けのキ200となるはずだったが、敗戦4日前の8月10日、滑空テストに失敗したため遂に動力飛行することなく終わった。

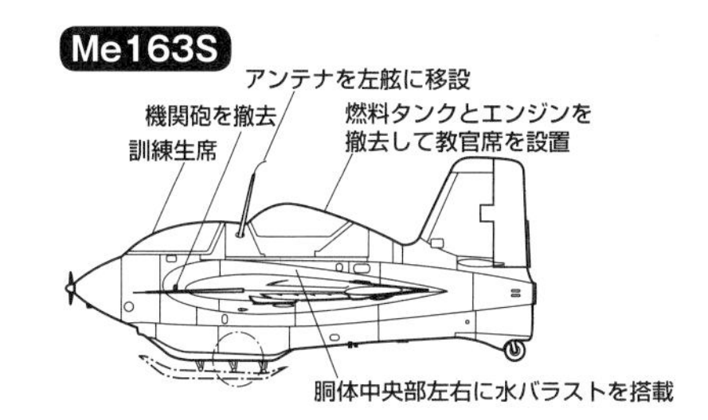

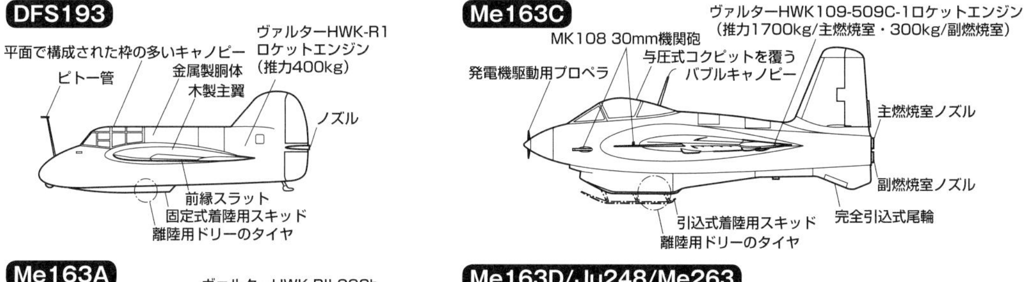

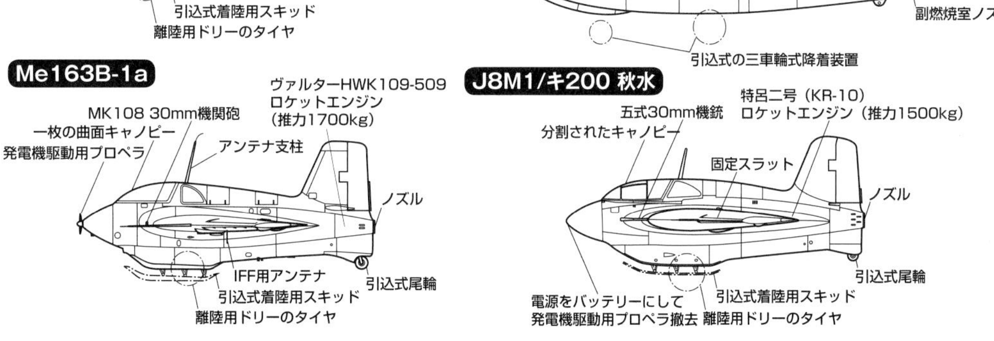

ドイツ空軍機 | 牽引／推進式レイアウトでレシプロの限界に挑んだ驚異の双発戦闘爆撃機

ドルニエDo335プファイル

究極のレシプロ機を目指して

オーバープファッヘンホーフェンで米軍に鹵獲されたDo335A-0。プロペラを前後に備え、背の高いフォルムからは威容が感じられる。この機体のキャノピーはバックミラーを収めるブリスター(ふくらみ)がついていないため、後方視界はゼロに近い。一番の特徴である上下に配置された垂直尾翼だが、緊急脱出の際には上部の垂直尾翼を、胴体着陸の際には下部の垂直尾翼を爆薬で飛散させることができた

個性的な才能を持ちつつ、確固たる実績を残したドイツのクラウディウス・ドルニエ博士が、トラクター/プッシャー式(牽引/推進式、あるいは串型)エンジン装備の飛行艇を作った経験から、同方式の長所を生かして開発したのがDo335である。博士はまず1937年に推進式動力テストのため、80hpエンジンを胴体中央に搭載し延長軸で尾部のプロペラを駆動する実験機Go9を作り、その特性をテストした。

1942年にRLM（ドイツ航空省）は、500kgの爆弾を搭載して最大速度790km/h以上という高速侵攻爆撃機の設計案要求を行なったが、ドルニエではGo9のデータをもとに、前後エンジン装備型双発戦闘爆撃機（DB603A、離昇1,750hp × 2）の設計案を作り、RLMに提案した。

エンジンを前後に配置することのメリットは、普通の双発機に較べて前面投影面積をナセルの分だけ減らせること、ナセルに起因する空力的トラブルを回避できること、片発停止時の操縦が容易、後部エンジンは重心点の近くに置かれるため高い運動性が得られる、推進式プロペラによる推進効率の向上などが挙げられ、特に高速達成には有利な形式といえたのである。

RLMの要求に対してはドルニエ案が採用され、Do335の制式名が与えられた。やがて計画は侵攻爆撃機から多用途戦闘機開発へと変更され、そこから単座戦闘爆撃機、高速偵察機、重武装ツェアシュテーラー（駆逐機）、複座夜間戦闘機を派生させるという構想に発展した。RLMからは14機の原型機Do335V、10機の先行量産型Do335A-0、11機の戦闘爆撃機量産型Do335A-1が立て続けに発注され、原型1号機Do335V1は1943年10月26日にオーバープファッフェンホーフェンで早くも初飛行に成功した。

Do335V1は戦闘爆撃機型原型としてレヒリンのテストセンターに送られ、空軍によるテストが開始されたが、最大速度700km/h以上、操縦性、運動性とも優秀であり、高い評価を獲得した。本機には十字型の尾翼の形状から「プファイル（矢）」というニックネームが与えられたが、現場からは細長い機首がアリクイに似ているということで、「アマイゼンベア（オオアリクイ）」と呼ばれていた。

1943年11月に入ると、原型2号機以降の機体がレヒリンに到着し始めたが、これらは前部エンジンの環状冷却器が拡大されて、1号機では機首下部にあったオイルクーラーが内蔵式となり、主脚カバーも設計変更された。また後方視界改善のためキャノピー両側にブリスターが設けられ、リアビューミラーが装備された。

5号機Do335V5は初の固定武装試験機となり、プロペラシャフト内にMK103 30mm機関砲1門、機首上部にMG151/20 20mm機関銃2挺が搭載された。なお胴体下面には爆弾倉を備え、500kg爆弾1発、または250kg爆弾2発の搭載が可能だった。

9号機V9は先行量産型と同じ仕様の機体と

後方から見たDo335A。尾部の四枚の尾翼が矢の羽に似ているというところから、正式な愛称はプファイル(矢)となった。完成したのは37〜40機と見られている

して1944年5月に引き渡され、続く10～12号機（V10～12）は複座型として完成し、V10は夜間戦闘機Do335A6の原型となり、V11、V12は転換訓練用練習機Do335A12の原型となった。複座型は最大速度が688km/hに低下したが、量産型では強力なDB603E（離昇1,900hp）の搭載が予定されていたから、700km/hを超えることは確実であった。夜間戦闘機型A-6の量産はウィーンのハインケル工場で重点生産されることが決まったが、量産体制に入る前に敗戦を迎えた。

V13、14は単座型・重武装の駆逐機タイプDo335B原型として製作され、30mm機関砲3門（主翼内×2、プロペラ軸内×1）、20mm機関銃2挺（機首上面）を装備、エンジンは量産型と同じDB603Eを搭載して完成した。

放たれずに折れた矢（プファイル）

先行量産型Do335A-0の引き渡しは1944年中頃から始められて実用化試験に投入され、同年9月にはメンゲン基地でEKdo 335（第335特別実験隊）が発足し、プファイルの運用評価試験と戦術確立のための活動を開始した。A-Oはエンジンが DB603A-2（離昇1,900hp）、武装はV9と同様の機体で、原型には装備されていなかった射出座席と、垂直尾翼及び後部プロペラの飛散装置を備えていた。

A-Oのうち1機は偵察型Do335A-4原型機として完成し、Rb50/30カメラ2基を搭載した他、燃料タンクを増設し、航続距離3,500km以上という長距離性能を獲得した。

1944年11月、最初の量産型となるDo335A-1の1号機が進空した。A-1は数機完成しただけだったが、敗戦間近の混乱のためかエンジンは統一されておらず、DB603A-2、E-1、L（いずれも離昇1,900hp）のうちのいずれかを搭載して完成した。A-1はテスト中763km/hの高速を記録しており、操縦性も良好だったことから、連合軍戦闘機に対抗することが充分可能と考えられたが、時すでに遅く実戦に登場することなく終わった。

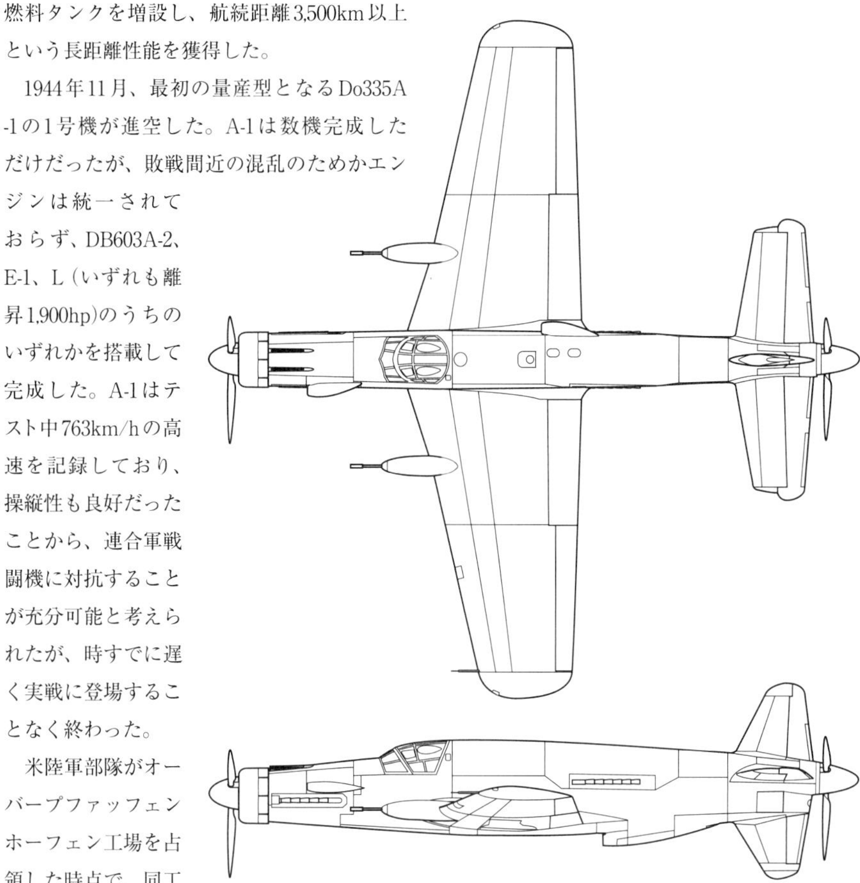

米陸軍部隊がオーバープファッフェンホーフェン工場を占領した時点で、同工場内には36機の完成機と様々な段階にある製作途中の機があり、その中には駆逐機型原型のDo335V15、V16、V17、複座夜間戦闘機型のV18、V19、高々度戦闘機型V20、複座練習機型Do335B-5などが含まれていた。

■ドルニエDo335A-1プファイル

全幅	13.80m	全長	13.85m
全高	5.0m	主翼面積	38.5m²
自重	7,400kg	全備重量	9,600kg
エンジン	ダイムラー・ベンツDB603E 液冷倒立V型12気筒（1,750hp）×2		
最大速度	775km/h（高度6,400m）		
上昇力	8,000m/14分18秒		
上昇限度	11,410m		
航続距離	1,800km（増槽付き）		
固定武装	30mm機関砲×1、20mm機関銃×2		
爆弾搭載量	1,000kg	乗員	1名

Do335V1~5原型機

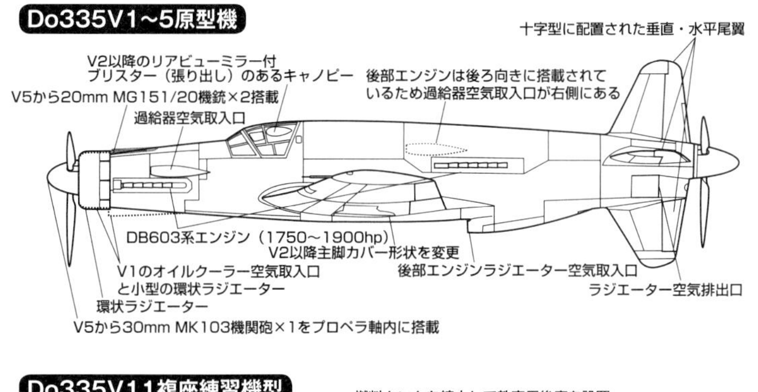

Do335V11複座練習機型

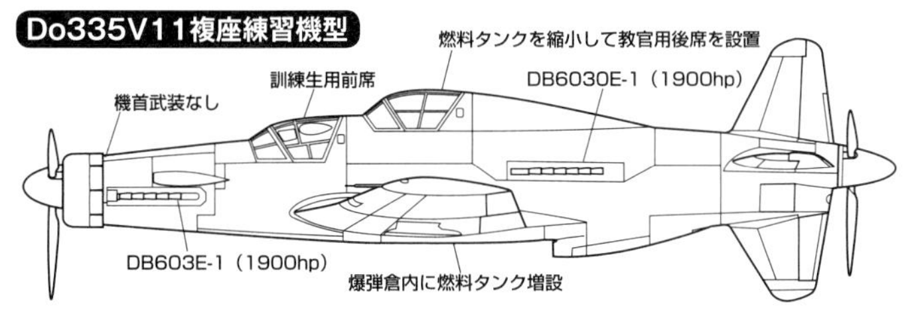

レシプロ機としては限界に近い高性能を発揮したプファイルだったが、遂に実戦に参加することなく敗戦を迎えてしまった。しかし本機は、未完の傑作機として並べて語られることの多い日本海軍の「震電」よりははるかに完成度が高く、製作機数も多かったため戦後、数機が英、仏、米で実際にフライトテストを受けており、優秀な高速性能と双発機らしからぬ軽快な操縦性を持つことが証明されている。

なおアメリカでテストされたDo335A-0（VG+PH）が、テスト後の1947年にスミソニアン航空博物館（現NASM）に寄贈され、野外保管状態とされていたが、1974年10月にドルニエ社に空輸され、完全な復元作業を施された。この機体は76年3月12日にドルニエでお披露目された後、NASMに戻され、現存する唯一のDo335として展示されている。

COLUMN

戦闘機の各部名称

空冷エンジン搭載機の例

四式戦闘機「疾風」

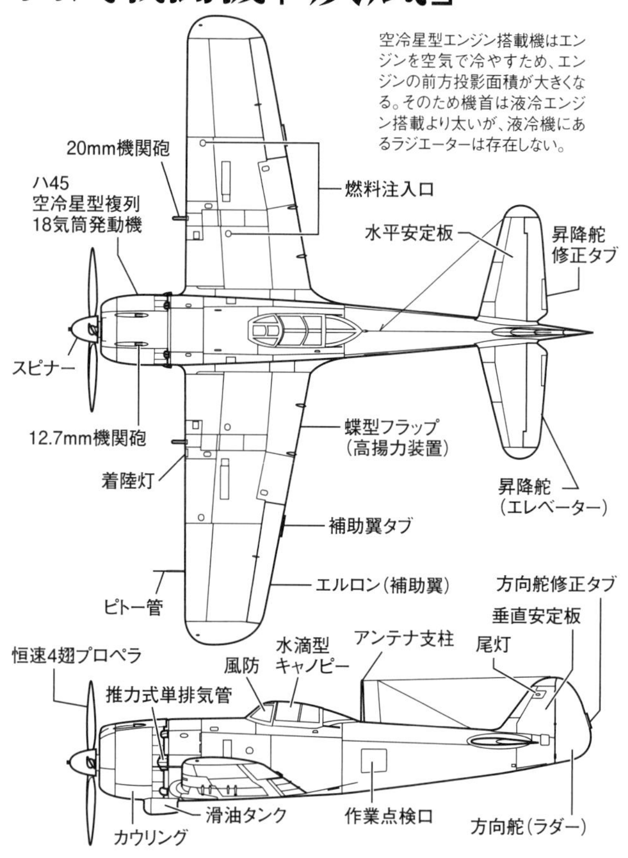

液冷エンジン搭載機の例

Bf109G-6

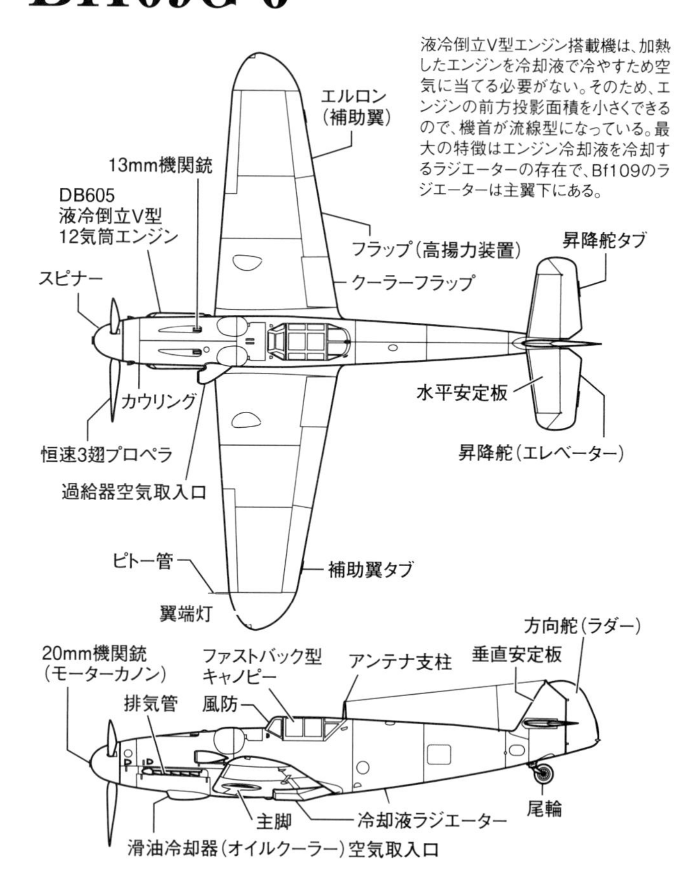

◆可変ピッチプロペラ…飛行中、最良の飛行効率を保てるようにピッチ角を変えることができるプロペラ。

◆眼鏡式照準器…照準用の望遠鏡が風防の前面から突き出している照準器。

◆機関銃/機関砲…弾丸を高速で連射できる銃砲。日本陸軍航空部隊では一般的に口径12.7mm以上を機関砲と呼び、それ未満を機関銃と呼んだが例外もある。日本海軍では主に40mm以上を機関砲と呼び、口径40mm未満を機銃と呼んだ。ドイツ空軍では30mm以上を機関砲(MK: Maschinen Kanone)と呼び、それ未満を機関銃(MG: Maschinen Gewehr)と呼んだ。アメリカ・イギリス空軍では20mm以上を機関砲(cannon)と呼び、それ未満の口径を機関銃(machine gun)と呼んだ。

◆キャノピー(天蓋)…操縦席の上を覆う大きな透明の天蓋。

◆光像式照準器…光線を当てることによって反射ガラスに照準を投影する照準器。焦点を無限遠で投影するため頭を動かしても照準が移動しない利点がある。

◆恒速プロペラ(定速プロペラ)…可変ピッチプロペラの一種。プロペラの回転数を一定に保つため、調速機(ガバナー)によってプロペラピッチを自動的に調節するプロペラ。定速プロペラともいう。第二次大戦の戦闘機の多くはこの恒速プロペラを採用した。

◆固定ピッチプロペラ…飛行中、ピッチ角を変えることができないプロペラ。

◆斜銃(斜め銃、上向き砲)…上方に仰角を付けて装備された機関銃。重爆撃機の迎撃に効果をあげた。ドイツでは「シュレーゲ・ムジーク」と呼ばれた。

◆昇降舵(エレベーター)…機首の上下方向への傾きを制御する動翼で、水平尾翼の後縁にあるか、水平尾翼自体が動いて昇降舵の役割を果たす。

◆水平尾翼…胴体後部の左右に付けられている翼で、上下方向の安定性を確保する。

◆垂直尾翼…後部胴体の上面から垂直または垂直に近い角度で立っている翼で、横方向の安定性を確保する。

◆水滴型キャノピー…上から見ると水滴のような形をしているキャノピーで、全周を通して視界が良い。バブルキャノピー。涙滴型キャノピー。

◆スピナー…プロペラのブレード取り付け部に設けられる流線型の覆い。

◆スポイラー…揚力を意図的に減少させるための装置。

◆スラット…主翼の前縁に付けられる高揚力装置。迎え角が大きくなると主翼との間に隙間を作って揚力を増大させる。

◆増槽…機体の外部、胴体や主翼下などに装備する着脱可能な燃料タンク。

◆ナセル…エンジンを収める流線型のカバー。エンジンだけでなく、前後につながって流線型をなす部分のこと。

◆二重反転プロペラ(コントラペラ)…二つのプロペラを近接して前後に取り付け、互いに反対方向に回転するようにしたもの。トルクを打ち消すなどの効果がある。

◆層流翼…一般的な翼型に比べて、翼断面の最大厚部分が弦長の中央付近にあり、後方の絞り込みをきつくしてある翼型。空気抵抗が減じて速度が増す効果がある。

◆着艦フック…艦上機の尾部下面に付いている鉤状のフック。空母への着艦時に使用。

◆ファストバック型キャノピー…キャノピーの後部が胴体につながっている形状のこと。空気抵抗が軽減できるが、後方視界が悪い。

◆風防…搭乗員を風から守る、キャノピー前部の透明の個所。ウィンドシールド。

◆フラップ…主翼の揚力を高めるための装置で、通常は主翼の後縁内側にある。

◆方向舵(ラダー)…機首の左右への向きを制御する動翼で、通常は垂直尾翼の後縁にある。飛行中のほか地上滑走時の方向転換もこの方向舵を動かして行う。

◆補助翼(エルロン)…機体の左右の傾き(ロール)を制御する動翼で、通常は主翼後縁の外側にある。

◆マスバランス…翼や舵につけられる釣り合い錘。フラッターを防ぐ効果がある。

◆モーターカノン…V型、または倒立V型液冷エンジンのシリンダーの谷間に機関銃/砲を配置し、プロペラの回転軸内を中空にしてそこに銃身/砲身を通し、プロペラ軸内から弾を発射する形式の機関銃/砲。機体中心線から発射できるため、命中精度が高くなる。

◆与圧室…高高度での空気密度低下による酸欠や思考力低下などを防ぐため、気密性を高めて加圧し、気圧を地上に近付けた操縦室のこと。与圧キャビンとも。

第4章 イギリスの戦闘機

イギリス王立空軍
Royal Air Force

Gloster Gladiator
Boulton Paul Defiant
Supermarine Spitfire
Hawker Hurricane
Hawker Typhoon/Tempest
Gloster Meteor
Bristol Beaufighter
de Havilland Mosquito

イギリス王立海軍航空部隊
Air Branch of the Royal Navy

Fairey Fulmar
Fairey Firefly

バトル・オブ・ブリテン中の1940年7月24日、3つのVic(ヴィック)フォーメーションを組んで飛行する第610飛行隊のスピットファイアMk.IA。スピットファイアやハリケーンなどイギリス空軍戦闘機部隊は、バトル・オブ・ブリテンにおいてイギリス本土を攻撃するドイツ空軍機を撃退、未曽有の国難を救った

グロスター グラディエーター

RAF最後の複葉戦闘機

グロスター グラディエーター（古代ローマの剣闘士の意）はイギリス空軍（RAF）最後の複葉戦闘機であり、第二次大戦への本格的参戦を記録した3機種の複葉戦闘機のうちの1機（他はフィアットCR-42とポリカルポフI-153）である。

1920年代のRAFは第一次大戦時代から幾らか進化したとはいえ、基本的には単座、複葉で機関銃2挺装備の戦闘機を主力としていた。だが機関銃は威力の面からも、トラブルを起こしやすい点から見ても、もっと多銃装備が望ましかったし、列強の動向からもっと高性能な戦闘機が必要であるとも考えられていた。

こうした状況下でRAFは、1930年に仕様F.7/30を示して各メーカーに対し新戦闘機の設計案を募ることとした。仕様は当時開発中だった蒸気冷却方式の画期的エンジン、ロールスロイス ゴスホークの搭載を推奨し、最大速度400km/h以上、4挺以上の機関銃搭載を要求していた。

この頃、グロスターでは1927年の空軍仕様F.20/27に合わせた空冷複葉戦闘機ゴーントレットを完成させてテスト中であり、その性能向上型をSS.37として自主的に開発していたが、この設計案はF.7/30の要求値を充分クリアすると考えられた。結局ゴスホーク・エンジンの開発が失敗に終ったため、同エンジン搭載を予定した他メーカーの設計案は不採用となり、SS.37が急浮上することとなった。

1937年初頭に生産されたグラディエーターMk.I（K6131）。Mk.Iの生産2号機

SS.37は1934年9月12日、ブリストル マーキュリーⅣエンジン（530hp）を搭載して初飛行を行ない、間もなくマーキュリーⅣS（645hp）に換装され、要求された7.7mm機関銃4挺を搭載し、テスト中に389km/hを記録した。同機は1935年4月空軍に引き渡され、K5200のナンバーを与えられ徹底したテストを受けることになった。なお機関銃は機首側面にヴィッカース製2挺、下翼下面にルイス製2挺を搭載していた。

この間にグロスターはマーキュリーⅨ（840hp）を搭載し、密閉風防とした改良モデルを生産型として提案、空軍はこれを認めて1935年7月1日、新たに生産仕様F.14/35を策定し、グラディエーターMk.Ⅰと命名して23機を発注した。

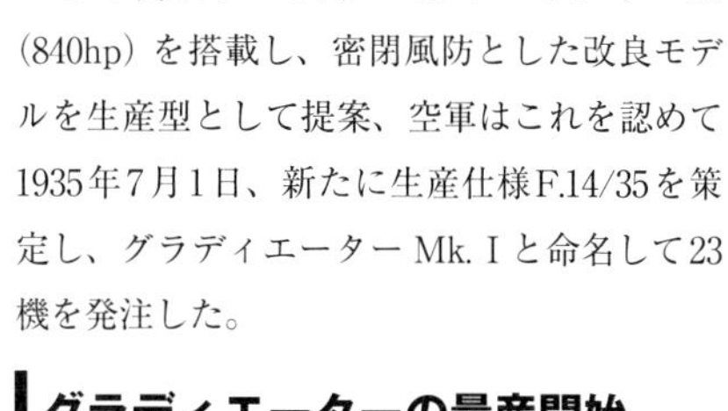

グラディエーターの量産開始

1935年3月にはドイツがベルサイユ条約を一方的に破棄して再軍備開始を宣言しており、イギリスも第一次大戦後の不況で縮小していた軍備の増強を進めなければならない状況となっていた。

英空軍省は最初の発注に続いて、1935年9月には第2バッチとして186機（後に16機追加）のグラディエーターⅠを発注した。生産型グラディエーターⅠの1号機（K6129）は1936年7月にRAFに引き渡され、翌年2月No.72スコードロン（第72飛行隊）への配備が開始された。S.S.37とグラディエーターⅠの違いはエンジンと密閉風防の他に、機関銃が71号機以降はブローニング製7.7mm機関銃4挺に換えられたことが挙げられる。

226号機以降はエンジンが自動型キャブレターを持つマーキュリーⅧAに換装され、プロペラも木製2枚ブレードから金属製3枚ブレード（固定ピッチ）に換えられたグラディエーターⅡの生産に切り替えられた。Ⅱ型は1940年までに290機生産され、その他にⅡ型をベースとしてアレスティングフックとカタパルトポイント、折り畳み式ディンギー（救命ボート）を持つシーグラディエーターが60機生産され、FAA（英海軍航空隊）に引渡された。なおRAF向けのグラディエーターⅠ/

グラディエーターのプロトタイプ、グロスターSS.37（K5200）。コクピットは開放式になっている

Ⅱのうち38機が同様の改修を受けてシーグラディエーターへとコンバートされた。

グラディエーター/シーグラディエーターの生産数は計747機とされており、うち英空軍向けが521機で、そのうちの38機はシーグラディエーターに改修されて英海軍に移籍、50機が外国空軍に売却または供与された。

これらの他、英海軍向けに60機のシーグラディエーター、輸出用のグラディエーター166機が生産された。なお輸出(一部供与)先は以下の14ヵ国に及ぶ。中国(国民党軍)、ベルギー、エジプト、フランス、フィンランド、ギリシャ、イラク、ラトビア、リトアニア、ノルウェー、スウェーデン、ポルトガル、南アフリカ、アイルランド。

剣闘士たちの戦歴

グラディエーターを最初に実戦に使用したのは中国国民党軍で、1937年10月、36機のグラディエーターⅠが中国に到着し、翌38年2月24日に対日戦でデビューを飾った。この日、南京上空で九六式艦戦との空戦が展開され、双方が2機ずつを失ったとされているので、グラディエーター最初の撃墜と被撃墜の両方が記録されたことになる。以後の戦いではグラディエーターの方が分が悪くなり、イギリスからのスペアパーツが途切れたこともあって、1940年にはほとんど実戦に出ることはなくなった。

第二次大戦が始まった1939年9月3日の時点で、RAF戦闘機軍団所属35個飛行隊のうち13個がまだグラディエーターを装備しており、開戦直後にそれらのうち2個はBEF(British Expeditionary Force:英国遠征軍)に編入されてフランスに派遣され、1個はノルウェーに派遣された。これらは1940年4~5月のドイツ軍の電撃戦によりほぼ壊滅し、少数がイギリスへと撤収した。

1940年8月に開始されたバトル・オブ・ブリテンではグラディエーター1個飛行隊がプリマス軍港の防空に充てられていたが戦果なく終った。

1940~41年の地中海、アフリカ、中東作戦ではイギリス、オーストラリア、南アフリカ、ギリシャの4ヵ国の空軍が主としてイタリア空軍と対戦したが、イタリア空軍も複葉のCR.32やCR.42が主力だったため、グラディエーターは互角の戦いを展開し、鈍足の爆撃機(ドイツのJu87も含めて)の撃墜も記録した。

グラディエーターMk.I(L8032)。378機作られたMk.Iの最終号機で、1938年に完成した。1948年にグロスター社に買い戻され教材として使用され、現在はリチャード・シャトルワース保管会が所有し、フライアブルな状態である

グラディエーターはカタログデータ面から見れば、CR.32より優れていたものの、CR.42には速度、上昇力などの面で劣っていた。だが連合軍側は無線機を活用して、戦術的に優れた戦いぶりを見せ、中でも1940年のマルタ島防衛戦では、一時は3機となったシーグラディエーターが、連日襲い来る伊空軍の戦爆連合編隊を果敢に迎え撃って最後まで守り抜いたことが今に伝えられている。この3機はFaith、Hope、Charity(信仰、希望、慈善)と名付けられた。

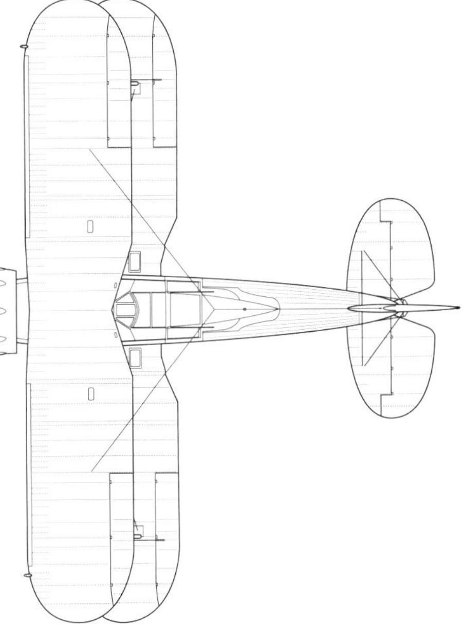

1941年の対イラク戦争ではイラク側もグラディエーターを保有し、主として英陣地攻撃などに使用された。RAFとイラクのグラディエーターどうしの空戦も少数回あったようで、英側が1機の撃墜を記録している。

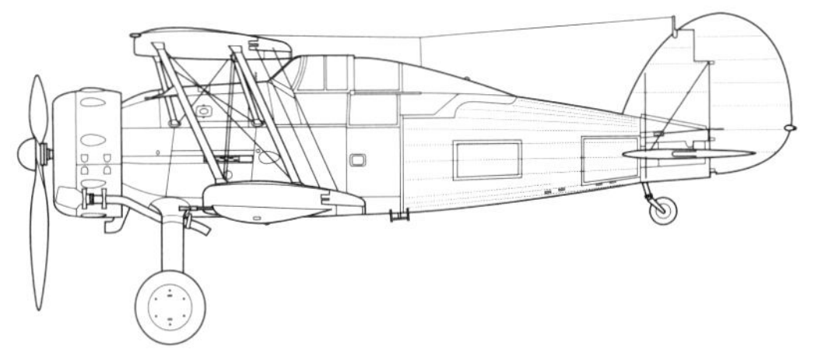

フィンランドは1940年2月に30機のグラディエーターⅡを入手し(20機輸入、10機供与)、対ソ連戦争(冬戦争)に投入し、12機の損失で45機を撃墜した。第2次対ソ戦となった継続戦争では1943年2月15日ムルマンスク鉄道偵察に出たグラディエーターがポリカルポフR-5複葉偵察機を撃墜し、これがグラディエーターにとって最後の戦果となった。

■グロスター グラディエーター Mk.Ⅱ

全幅	9.83m	全長	8.36m
全高	3.58m	主翼面積	30.00㎡
自重	1,576kg	全備重量	2,155kg
エンジン	ブリストル マーキュリーⅧ 空冷星型9気筒(840hp)×1		
最大速度	410km/h(高度4,400m)		
上昇時間	4,570mまで8分48秒		
上昇限度	10,050m	航続距離	710km
武装	7.7mm機関銃×4		
乗員	1名		

ボールトンポール デファイアント

ターレット・ファイター

ガンターレット（銃塔）は、爆撃機や双発戦闘機など中型機以上の機の防御用として使われる事が多い。特に動力を用いたターレットは大型で重かったから単発戦闘機への搭載は困難であった。

だが銃座搭載戦闘機は、敵の後下方に占位しての同航戦により爆撃機迎撃に有利になるという考え方が英空軍には根強くあって、これを現実に作ってしまったのがデファイアントである。英海軍もブラックバーン ロック（生産はボールトンポールが担当）という銃座装備型複座艦上戦闘機を配備している。

イギリスがこの種の戦闘機にこだわったのは、第一次大戦中にブリストルF.2ファイター、1930年代にはホーカー デーモンという複座で後席銃座（手動）を持つ複葉戦闘機を配備し、いずれの機も性能、使い勝手ともに良かったという伝統があったことと、仏SAMM社製の銃塔、7.5mm機関銃4連装ボイソン・ターレットのテスト結果が良好で、1935年11月にボールトンポールが製造権を取得した事の2点が背景にある。

1935年6月26日に英空軍省は、動力銃塔を持つ複座戦闘機の開発仕様F.9/35をメーカーに提示し、6社がこれに応じて設計案を提出した。12月4日、ボールトンポール、ホーカー、フェアリー、アームストロング・ホイットワースの4社に試作指示が出され、1936年2月にモックアップ審査が行われた。この後2社案はキャンセルされ、ボールトンポールP.82とホーカー ホットスパーの競作となり、原型製作が開始された。

デファイアントの誕生

空軍の指示した原型完成期限は1937年3月だったが、P.82は胴体の完成に漕ぎつけるのがやっとであった。だがホットスパーはもっと遅れており、空軍省技術開発局はP.82のモックアップ審査と製造中の原型視察により期待した以上の技術的進歩を認めたことから、4月28日に87機を早くも発注し、「デファイアント（挑戦的な）」という名称を与えた。

第264飛行隊のデファイアントMk.Iの動力旋回銃塔と機関銃手。1940年8月、リンカンシャー郡カートン・イン・リンジー空軍基地。銃塔は被弾して電気系統が損傷すると旋回不能となり、かつ後席の搭乗員が脱出できなくなる欠点も抱えていた

原型初号機（K8310）はマーリンⅠ（1,030hp）を搭載し、1937年8月11日にターレット無しで初飛行を行なった。ボイソン・ターレットは、A Mk.ⅡD（Dはデファイアントを表わす）の名でボールトンポールが生産することになったが、この時点では細部改良中で、ボールトンポール オーバーストランド複葉双発爆撃機の機首に搭載して空中試験を実施していた。

なおボイソンは仏製ダルヌ7.5mm機関銃を装備していたが、信頼性に欠けたため米ブローニング製の7.7mmMk.Ⅱ機関銃（弾数各600）を採用した。

デファイアントは1937年時点では進歩した単葉全金属製引込み脚の戦闘機であり、ハリケーンを部分的に流用したホットスパー（1938年1月キャンセル）に比べればよほど洗練されたデザインと言えた。空軍側のテストでも飛行特性良好で、最高速度515km/h、高度3200mまで7.5分、上昇限度10,200mを記録した。ただしこれは銃塔と幾つかの軍用装備未搭載の状態でのテストであり、問題のA Mk.ⅡD動力ターレットは4挺の機関銃と弾丸及びガナー（銃手）1名を加えると、270kg近い重量があったのだ。

しかしドイツにおけるナチスの台頭など、不穏な欧州情勢を見た空軍省は1938年2月、2回目のデファイアント発注（202機）を行ない、5月には161機の追加発注を行なった。原型へのターレット実装飛行テストは約半年後の10月に実施され、最大速度は488km/hに低下、運動性も大きくスポイルされることが明らかとな

列線に駐機している第264飛行隊のデファイアントMk.I。手前の機の製造番号はN1536。第一次世界大戦の経験から旋回銃塔戦闘機を開発した英空軍だったが、第二次大戦ではもはや鈍重なターレット・ファイターは通用しなかった。それでもデファイアントは夜戦としてはそこそこ活躍し、全部で1,060機が引き渡されている（最多生産型のMk.Iは710機）

った。

実戦ではBf109に手も足も出ず

最初の生産型デファイアントMk.Ⅰはマーリン Ⅲ(1,030hp)搭載で作られ、初号機(L6950)は第二次大戦開始2ヵ月前、1939年7月10日に初飛行した。

最初にデファイアントⅠを配備された部隊はサットンブリッジ基地（ロンドンの北、約200km）の264Sqn（第264飛行隊）で、1939年10月30日のことであった。同隊は練成訓練の後、1940年5月10日に開始されたドイツ軍の西方電撃戦に対応するためダックスフォード基地へと移動、12日オランダ沿岸へと6機で初出撃し、Ju88双発爆撃機1機を撃墜した。この後も264Sqnはダンケルク撤退作戦に参加し、Ju87急降下爆撃機、He111双発爆撃機などを撃墜してボマー・デストロイヤーとしてならある程度役立つことを証明した。

だがBf109E戦闘機が相手となると話は別だった。当初はデファイアントをハリケーンと誤認したBf109Eが、デファイアント編隊の後方から接近し、ブローニングの餌食になったこともあったが、やがて鈍足で動きが鈍く、前方と後下方が弱点であることをドイツ側に見破られ、容易く撃墜される機体が続出することになった。

バトル・オブ・ブリテン開始前の1940年4月、第2のデファイアント部隊141Sqn（第141飛行隊）が編成されたが、7月19日、9機で英海岸地帯をパトロール飛行中、Bf109E編隊に急襲されて7機が撃墜され、ハリケーンの救援によりようやく全滅を免れるという損害を受けた。

それでもバトル・オブ・ブリテンにおける8月以降のRAF戦闘機隊の窮地には、264Sqnのデファイアント Ⅰが駆り出されて迎撃戦に参加した。だがやはり、Ju88、Do17などの撃墜を少数記録しただけで損害の方が多かったため、やがて昼間作戦から外されることになった。

夜間戦闘機への転身

デファイアントは複座だったことから、配備部隊では当初から夜間迎撃訓練を行なっていた。1940年8月末ルフトヴァッフェの夜間爆撃が増大したのに対応して、全体をブラックに塗装し、ラウンデルもブルー／レッドだけにロービジ化されたデファイアントⅠがナイトファイターとして起用された。9月16日の夜、141SqnがJu88×1機の撃墜を記録し、その後もHe111などの夜間撃墜に成功。9月から12月にかけて4個デファイアント飛行隊が編成され、全て夜間迎撃任務に就いた。

当初はサーチライトを頼りとした夜間作戦がメインだったが、1941年9月にAI Mk.Ⅳレーダーを搭載し、前胴側面と外翼前縁にバーアンテナを装備する改造を受けたデファイアントMk.ⅠAの配備が開始された。同時にエンジンをマーリンXX（1,260hp）に強化し、最初からレーダー装備で生産されたMk.Ⅱの配備も始まった。

これら夜戦型デファイアントは本格的な夜間戦闘機登場まで、RAF唯一の夜戦としてルフトヴァッフェ爆撃機の夜間空襲に立ち向かったが、Mk.Ⅱは速度が向上したと言っても500km/hを超える程度で、次第にJu88やDo217などに逃げられる事が多くなった。

このため1942年4月からボーファイターやモスキート夜戦型への改変が進められ、9月までに戦闘機型デファイアントは姿を消した。

1942年8月にはMk.Ⅱ×8～10機編隊によるドイツ側地上レーダー妨害（ムーンシャイン作戦）が開始され、それなりに効果を発揮したが、独戦闘機や事故による損害も多く発生している。またデファイアントは海上救難機（ASR Mk.Ⅰ）、練習機として使用された他、多数が標的曳航機（TT.Mk.Ⅰ／Ⅲ）へと改造されている。

飛行中のデファイアントMk.Ⅰ。敵が鈍重な爆撃機なら旋回機関銃を命中させることもできたが、俊敏な戦闘機相手だとほとんど太刀打ちできなかった

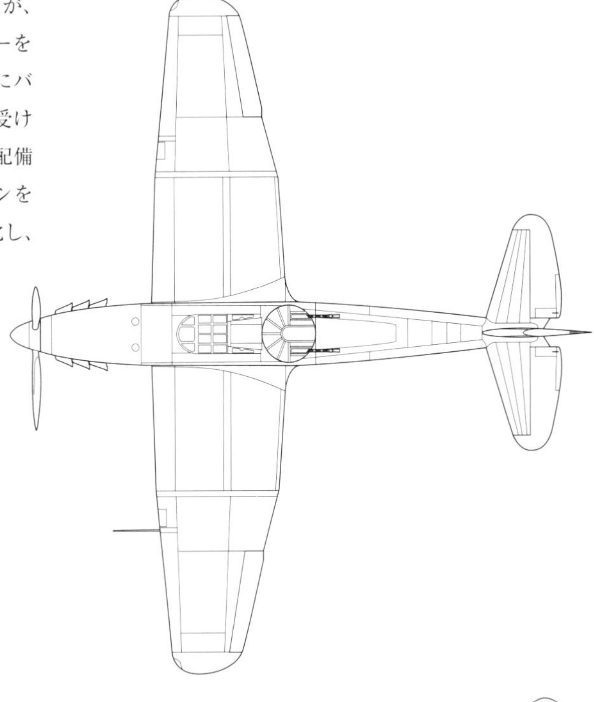

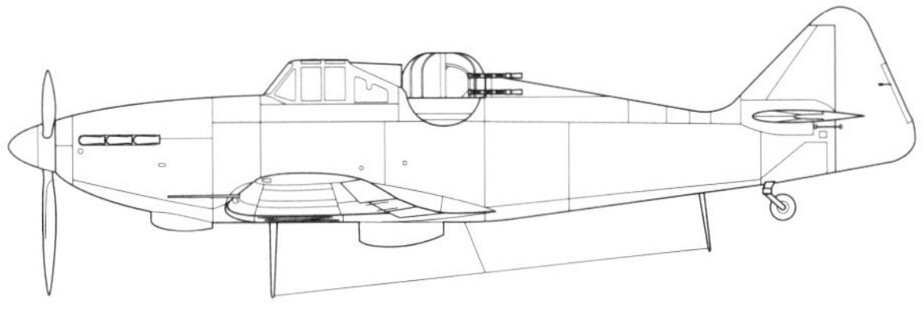

■ボールトンポール デファイアントMk.Ⅰ

全幅	11.99m	全長	10.77m
全高	3.44m	主翼面積	23.23㎡
自重	2,757kg	全備重量	3,773kg
エンジン	ロールスロイス・マーリンⅢ 液冷V型12気筒（1,030hp）×1		
最大速度	488km/h（高度5,030m）		
上昇時間	7,620mまで18.2分		
上昇限度	8,565m	航続距離	750km
武装	7.7mm機関銃×4（旋回式銃塔、前方固定銃無し）		
乗員	2名		

スーパーマリン スピットファイア

エアレーサーをルーツに持つ戦闘機

スピットファイアを生んだスーパーマリン社は1913年創業という老舗で、もっぱら水上機製作を中心としてきたが、1919年に当時世界的に注目を集めていた水上機のスピード競技会シュナイダー・トロフィー・レース（注1）にシーライオンⅠ飛行艇を出場させたのを皮切りに、競速水上機製造に頭角を現し始めたメーカーだった。

スーパーマリンはシュナイダー・トロフィー・レースが1年おき開催となった1927年にS.5、29年にS.6、31年にS.6Bをそれぞれ出場させて見事3回連続優勝を果たし、トロフィーを永久に保持する権利を英国にもたらした。加えてS.6Bは、レース後の1931年9月29日に史上初の400mph（640km/h）を超える速度記録407.5mph（655.8km/h）を樹立する快速ぶりを発揮した。

このSシリーズ水上競速機の設計を担当したのが、後にスピットファイアの産みの親となるレジナルドL.ミッチェルで、スーパーマリンとミッチェルは、シュナイダー・レース参加を通じて、高速機の空力・構造設計に関する貴重なノウハウを蓄積したのだ。

またS.6/6BにR型エンジンを供給したロールスロイス社（以下RR）は、液冷エンジンから大馬力を絞り出す技術の"勘どころ"をつかみ、後に傑作エンジン、マーリン、グリフォンを完成させることになるのである。

1938年10月31日、飛行隊長のH.I.カズンズ少佐を先頭にエシュロン編隊を組む第19飛行隊のスピットファイアMk.I。木製固定ピッチ2翅プロペラの初期型である。英空軍の主力戦闘機だったスピットは多くのエースを生み出した機体であり、英連邦空軍公式撃墜数トップ（敵機38機撃墜）のジェームズ・"ジョニー"ジョンソン大佐、3位のブレンダン・フィヌケーン中佐（32機撃墜）、アドルフ・"セイラー"マラン大佐（27機撃墜）ら著名エースを多数輩出している

スーパーマリンは1931年、空軍省が提示した次期戦闘機計画の要求仕様F.7/30に基づいてタイプ224を試作した。ミッチェル設計による最初の戦闘機となった本機は、RRゴスホークエンジン（680hp）搭載の逆ガル低翼固定脚機で、1934年2月に初飛行したが、性能は目標値に達せず、複葉のグラディエーターに敗れ不採用となってしまった。このタイプ224は、当時最新の技術である全金属製片持ち式低翼単葉型式を採用したデザインであり、失敗作とはいえスピットファイア誕生の土台になった。

ミッチェルは更にデザインの洗練を進め、RRの1,000馬力級新エンジン、PV-12（マーリンの原型）搭載の発展型の計画を空軍省に提案した。こうした中、空軍省は1934年、新たに新戦闘機の要求仕様F.37/34を提示し、スーパーマリンが示した設計案「タイプ300」の開発を指示したのである。

タイプ300は、美しい楕円型の平面形とNACA 2200系の薄い翼断面を採用した新設計の主翼を持ち、胴体もタイプ224の開放風防に対し、密閉風防を備えたセミモノコック構造のものに設計変更されていた他、最大の変更点は主脚が引き込み式に改められたことだった。

優雅な烈女（スピットファイア）の誕生

マーリンCエンジン（950hp）を装備したタイプ300のプロトタイプは、1936年3月5日に初飛行に成功し、その後のテストフライトで562km/hという高速を発揮した。これは同じエンジンを搭載して4ヵ月前に完成したホーカー ハリケーンより50km/h近くも優速であり、初飛行から3ヵ月後の6月、RAF（Royal Air Force：英空軍）は早くもスピットファイアMk.Ⅰとして量産型310機の発注を行った。

スピットファイアという機名は、「鉄火女（きっぷが良く、気性の激しい女性）」を意味する言葉で、当時スーパーマリンの親会社だったヴィッカース社によって命名され、空軍省も制式名称として認めたものだが、ミッチェル自身はアホな命名だと評していたという。

しかしミッチェルも予想しなかったことだが、スピットファイアという名前は、今日ほとんどの辞書に本来の意味の他に「第二次大

（注1）シュナイダー・トロフィー・レース…フランス人ジャック・シュナイダーが提唱し、トロフィーを提供して始められた水上機のスピードレースで、1913年から1931年の間に13回開催された。3回連続優勝した国がトロフィーを永久に保持できるという規定になっていた。

戦中の英国戦闘機」という説明が付け加えられるほど有名なものとなったのである。

だがミッチェルは、原型初飛行から1年3ヵ月後の1937年6月11日、病いのため42歳という若さで不帰の人となり、スピットのこれ以後の改良・発展は彼の片腕として活動してきたジョセフ・スミスが中心となって進めることになった。

スピットファイアの外見上の最大の特徴である流麗な楕円翼は、タイプ244の低性能に懲りたミッチェルが最高の空力特性を狙って敢えて採用したものだった。楕円翼は普通のテーパー翼に比べて翼端失速を起こしにくく、誘導抵抗が低いという特長を有している反面、製造に手間がかかるという短所を持っている。

事実スピットの量産開始時には、スーパーマリンの生産体制の不備とこの楕円翼が災いして、生産計画に遅れが生じているのだが、それでも多くの工場の協力を得て最終的には20,351機（シーファイアを含む）の生産数を記録したのは、イギリス航空工業の底力を示すものと言ってよいだろう。

この点では第一次世界大戦の敗者だったドイツが楕円翼のHe112を捨てて、直線で固めた作り易いBf109を選び、遮二無二大量生産に邁進した事と好対照をなすものであり、第二次大戦前の両国の軍備に対する考え方、あるいは余裕の有無といったものが両機のデザインに反映されているのである。

宿命のライバル スピットvs.Bf109

スピットファイアMk.Ⅰ（マーリンⅡエンジン 1,030hp搭載）の初号機は1938年5月14日に初飛行し、部隊配備は同年8月からダックスフォード基地の第19飛行隊を皮切りに進められていった。同じ頃ドイツではDB601エンジンを搭載した好敵手Bf109Eの配備が開始され、大量生産が着々と進められていた。

ここで両機の心臓部であるRRマーリンとDB601を比較してみると、まず最大の相違点は、マーリンが正立型式のV型12気筒であるのに対し、DBは倒立V型12気筒である事だ。両型式の得失はいろいろあるが、直接機体デザインに関係してくる事に限って言えば、倒立V型はプロペラ軸線が低いため、前方視界が多少良くなる代わりに主脚を長くする必要があり、正立はその逆となる。このためBf109とスピットは似通った主脚装着法ながら前者は降着装置の弱さが欠点となり、後者はそうならずに済んだのだ。

バトル・オブ・ブリテン中の1940年9月、イングランドのダックスフォード近くのファウルミア空軍基地で、再出撃に向けて弾薬の装填や整備を受けている第19飛行隊のスピットファイアMk.IA。第19飛行隊は初めてスピットを装備した部隊である。チャーチル首相は、バトル・オブ・ブリテンの勝利に際し、「人類の歴史において、かくも多くの人間が、かくも少ない人間によって救われたことはなかった」と演説し、スピットなどの戦闘機パイロットたちを称賛した

DB601が各部に野心的な新技術を取り入れた、いくらか凝りすぎのエンジンだったのに対して、マーリンは比較的オーソドックスな設計のエンジンであり、排気量27Lと小型ながら（DB601は33.9L）、過給器の地道な改良により確実に馬力を向上させていった。

スピットファイアMk.Ⅰは生産途中に、プロペラの改良（木製固定ピッチ2翅から金属製2段ピッチ3翅、さらに定速式へ）、キャノピーの上方への拡大などの変更を受けた他、武装も当初のコルト・ブローニング7.7mm機関銃8挺のMk.ⅠAに加え、イスパノ20mm機関砲2門と7.7mm機関銃4挺を搭載したⅠBが生産され、総生産数は1,570機に及んだ。

1939年9月1日、独軍のポーランド侵攻開始により第二次世界大戦の幕が切って落とされるが（英仏の宣戦布告は9月3日）、この時点で英空軍は306機のスピットファイアMk.Ⅰを受領しており、うち187機を実戦部隊に配備済みであった。

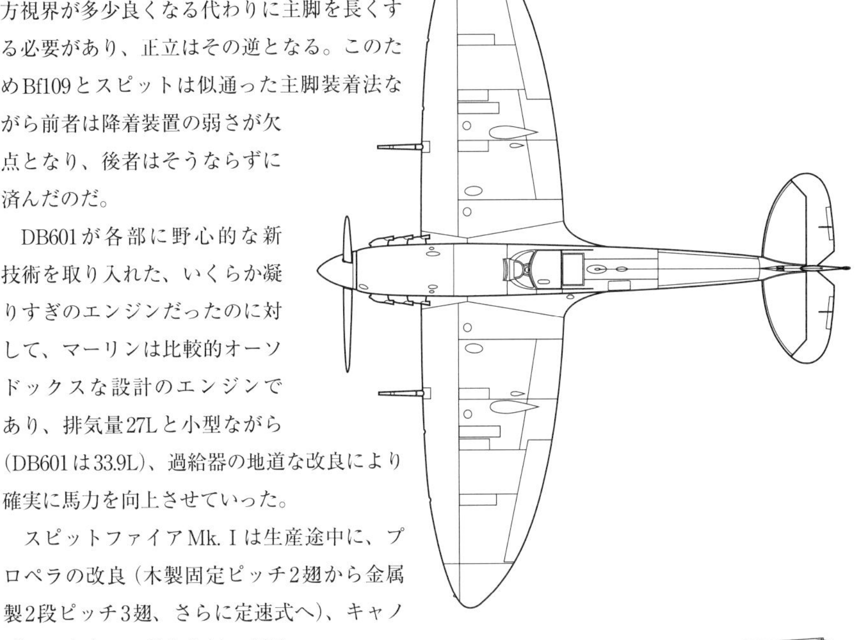

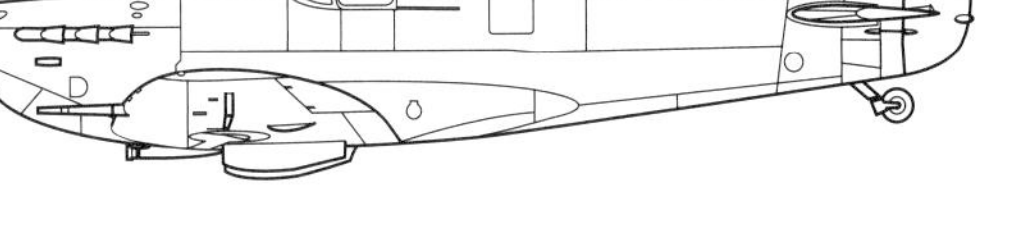

■スーパーマリン スピットファイアMk.VB

全幅	11.23m	全長	9.12m
全高	3.47m	主翼面積	22.48㎡
自重	2,299kg	全備重量	3,010kg
エンジン	ロールスロイス マーリン45 液冷V型12気筒（1,185hp）×1		
最大速度	598km/h（高度6,350m）		
上昇力	6,100mまで7分6秒		
上昇限度	11,100m	航続距離	636km
固定武装	7.7mm機関銃×4、20mm機関砲×2		
搭載量	113kg爆弾×2	乗員	1名

特徴的な楕円翼を見せて左旋回する、第92飛行隊のスピットファイアMk.Vb（R6923）。1941年5月19日。Mk.Vは6,479機が量産され、シリーズ最大の生産機数となった。この機体は同年6月22日、Bf109に撃墜された

スピットファイアの初の実戦活動は1939年10月16日に行われ、英本土艦隊の爆撃に襲来したJu88×2機を撃墜して初戦果を記録した。1940年5月から6月にかけて行われたダンケルク撤退戦（ダイナモ作戦）では、初の大規模な英独空軍機の遭遇戦が展開され、スピットとBf109が初めて対戦した。この航空戦では双方とも甚大な損失を出したが、この中でスピットファイアは72機の未帰還機を数えた。

英本土の空を守った救国戦闘機

1940年7月に始まった英本土航空戦（バトル・オブ・ブリテン）において英空軍戦闘機隊は、約290機のスピットファイアと450機のハリケーン、それに少数のデファイアント複座戦闘機、ブレニム双発夜間戦闘機をもって、800機以上のBf109、約270機のBf110双発戦闘機、それに1,000機を超える独爆撃機を迎え撃ち、イギリス侵攻というヒトラーの野望を打ち砕く事に成功した。

中でもスピットはBf109と互角に勝負できる唯一の英空軍戦闘機として防空戦の中核となり、祖国を救った戦闘機という伝説を生んだのである。

バトル・オブ・ブリテンの独側の敗因についてはBf109の項で記したのでここでは省略するが、この戦いは英側にとっても危機一髪のところで勝利を掴んだ苦しい戦いであった。

スピットとBf109は性能的には甲乙付けがたいほど伯仲しており、パイロットの技量もほとんど差はなかった。ただスペイン内乱で実戦を経験していたルフトヴァッフェはロッテ戦法（Bf109の項を参照）という高速機に適した新しい空戦戦術を採用していたのに対し、英空軍戦闘機隊は第一次大戦以来の3機編隊による戦法をとっていたし、爆撃機に対しても単縦陣による攻撃を行なうなど戦術的に遅れた面があった。

独側の猛攻により、1940年8～9月にはパイロットの損耗、飛行場と航空機工場、防空連絡網などの被害が甚大となり、英空軍は危機的状況に陥った。しかし英爆撃機のベルリン空襲に怒ったヒトラーが、爆撃主目標をロンドン市街に変更する誤りを犯したため、戦闘機隊はようやくひと息つく事が可能となり、これ以後ホームグラウンドにおける戦いの有利さを生かして次第に態勢を挽回していったのである。

バトル・オブ・ブリテンに使用されたスピットはMk.ⅠＡが大部分で、当初20mm機関砲の不調が多発したため、Mk.ⅠＢは少数機に終わった。また1940年6月にはエンジンをマーリン12（1,050hp）に換装したMk.ⅡＡ、ⅡＢの引渡しが始められ、少数がバトル・オブ・ブリテン終盤の戦いに投入された。

Mk.Ⅱは計920機生産され、一部の機はゴムボート、発煙弾などを搭載する救難機Mk.ⅡＣに改造された。

マーリン・スピットの発展

スピットファイアMk.Ⅱに続いて開発されたのは、1段2速過給器付きマーリンＸＸ（20）（離昇出力1,360hp）を搭載し、翼端をカットした主翼（全幅9.3m）を装備したMk.Ⅲだった。そのMk.Ⅲは当初1,000機の大量発注を受けたもののすぐにキャンセルされ、より手っ取り早く量産に移れるMk.Ⅴが次の生産型となった。なおⅣというモデルナンバーは当初グリフォンエンジン搭載の試作型に付けられたが、後にMk.Ⅴ改造の写真偵察型P.R.Ⅳに適用された。

Mk.ⅤはⅠ型のエアフレームに1段1速過給器付きの馬力強化型エンジン・マーリン45（1,515hp）を搭載したモデルで、1941年2月以降6,479機という大量生産が行われた。初期生産機の多くは20mm機関砲2門、7.7mm機関銃4挺の武装を持つＶＢで、7.7mm機関銃8挺のＶＡが少数作られた他、41年10月にはそのどちらをも装備できるうえ、20mm機関砲4門と爆弾が搭載可能なユニバーサルウイングを持つＶＣが登場した。

また中高度以下の作戦用に、低空での馬力向上を図ったエンジン（マーリン45M、50M、55M）を搭載し、スピードと横転性能向上を狙って翼端を切り詰めたL.F.ＶB/C（注2）も多数生産された。

Mk.Ⅴは、スピットファイア各型中初めて本格的に海外に派遣されたモデルで、地中海・北アフリカ戦線ではBf109Fのライバルとして活躍し、中でも同戦線の勝敗の鍵となったマルタ島攻防戦では、押し寄せる独伊空軍機を相手に熾烈な航空戦を展開し、ついに同島を枢軸側の手から守り抜いたのである。

なおMk.●●のあとに付く「仕様記号」はスピットファイアの場合、主翼に付く武装でタイプ分けされていた。

◎**Aウイング**…7.7mm機関銃8挺を装備。仕様記号はA。

◎**Bウイング**…7.7mm機関銃4挺と20mm機関砲2門を装備。仕様記号はB。

（注2）L.Fとは低高度戦闘機（Low-altitude Fighter）のことをさす。同様に、H.Fは高高度戦闘機（High-altitude Fighter）、P.Rは写真偵察機（Photographic Reconnaissance）、F.Rは戦闘偵察機（Fighter Reconnaissance）、L.は低高度作戦用（Low-altitude、偵察も戦闘も兼ねる）のことをさした。

◎**Cウイング**…20mm機関砲4門または7.7mm機関銃4挺と20mm機関砲2門のどちらかを選べた。爆弾を懸吊できる。通称「ユニバーサルウイング」。仕様記号はC。
◎**Dウイング**…武装なしの偵察機用主翼。仕様記号はない。
◎**Eウイング**…12.7mm機関銃2挺と20mm機関砲2門を装備。仕様記号はE。

強敵・ゼロとの戦い

Mk.Ⅴでスピットファイアは初めて太平洋戦線に登場し、日本機と対戦したが、ここで思わぬ苦戦を経験する事になる。

1942年オランダ領インドネシアに進出した日本軍は、2月以降オーストラリア北部の要衝ダーウィンにたびたび空襲をかけてきた。当地防衛にあたって米陸軍航空隊、豪空軍ともカーチスP-40を装備していたが零戦に歯が立たず、スピットファイアMk.ⅤC×3個飛行隊が急派されることになった。

指揮官は北アフリカ戦線でエースとして活躍していたクライブ R.コールドウェル大佐(P-40の項参照)で、1943年1月に迎撃の準備が完了、2月6日にはロバート・フォスター大尉のスピットファイアが快速の一〇〇式司偵を撃墜して幸先の良いスタートを切ったかに見えた。

ところが3月から9月までに9回ほど行われた迎撃戦では、いずれも日本側を上回る機数で迎え撃ったにもかかわらず、零戦3機と陸攻2機を撃墜しただけで、逆にスピット38機が失われた。

これは1941年9月に突如として出現したFw190に、スピットMk.Ⅴが一敗地にまみれて以来の敗北といってよいものだったが、その敗因としては、なまじ高速性能重視のドイツ機相手に旋回性能の優越を武器に戦ってきた経験があったために、さらにその上を行く運動性の零戦にまともに格闘戦を挑んだこと、オーストラリア人パイロットの練度不足、整備支援体制の不備(機関砲、動力系の不調が多発した)などが挙げられている。

Mk.Ⅴに続いて開発されたのは、マーリン47(与圧用ブロアー装備)と4翅プロペラ、延長翼、与圧キャビンなどを備えた高々度戦闘機H.F.Ⅵ(100機生産)、2段2速過給器(注3)付きのマーリン61/64/71を搭載した本格的高々度戦闘機H.F.Ⅶ(140機)。次いでマーリン61装備で通常翼のMk.Ⅷ、切断翼の低高度戦闘機L.F.Ⅷ、延長翼の高々度戦闘機H.F.Ⅷが合わせて1,658機生産された。このMk.Ⅷはビルマ戦線にも投入され、日本陸軍の一式戦などと戦っている。

エンジンをマーリン61(1,565馬力)に換装、4翅プロペラを装備して最大速度656km/hを発揮したスピットファイアMk.Ⅸ(9)。Fw190Aへのとりあえずの対抗策として開発された暫定的なタイプだったが、結果的に5,656機とMk.Ⅴに次ぐ数が生産された。この機体(EN133)は第611飛行隊の所属で、1942年～43年に撮影された

■**スピットファイアの主翼**

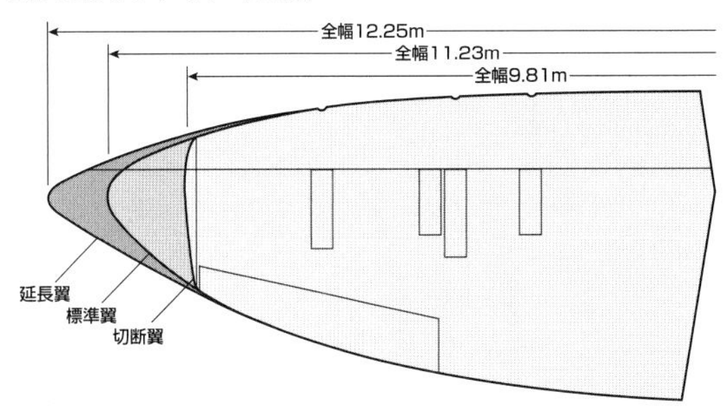

スピットファイアの主翼は想定する作戦高度で平面形が変わった。ただし、L.F、H.Fタイプを決めるのはエンジンであり、たとえ標準翼を付けていても、エンジンが低空用ならL.F記号になる。
■標準翼は文字通り、設計時に想定する中高度(3,000～6,000m)の場合。
■切断翼は低高度(2,000m以下)作戦が多い場合。空気密度の濃い低空でも横転率が上がり、速度も向上する。
■延長翼は高高度(8,000m以上)作戦が多い場合。空気密度の薄い高空でも、十分な揚力を稼ぐことができる。

またこれらのモデルと並行してFw190に対抗するためのMk.Ⅸが急遽開発され、Mk.Ⅵ、Ⅶに先駆けて1942年7月に就役を開始した。Mk.ⅨはMk.Ⅴにマーリン61(1,565hp)を搭載したモデルで、最大速度は656km/h(高度7,600m)とMk.Ⅴより70km/h以上も優速、上昇力も大きく改善されたため、Fw190にひけをとらない高性能機に変身し、H.F.、L.F.型を合わせて5,656機という大量生産が行われた。Mk.Ⅸの武装は、B、Cタイプに加えて、20mm機関砲2門、12.7mm機関銃2挺を搭載したEタイプが新たに登場した。

この他のマーリン・スピットとしては、Mk.Ⅸを複座化したT.Ⅸ、高々度写真偵察機P.R.Ⅹ/P.R.ⅩⅠ(11)、低高度強行偵察機P.R.ⅩⅢ(13)、Mk.Ⅸに米国製パッカード・マーリンを搭載したL.F.ⅩⅥ(16)(1,053機生産)があり、生産途中からは水滴風防モデルとして生産された。

グリフォンの心臓を得て スピットはさらに高みへ

グリフォン(上半身が鷲で下半身がライオンの神獣)というエンジンは、シュナイダー・レースの優勝機S.6/6Bに搭載されていたR型エンジンの発達型で、排気量36.7Lという大型のV型12気筒エンジンだった。ロールスロイス(RR)は、より小型のマーリンが戦闘機に適していたためその生産と馬力向上に全力を注いでいたが、やがて2,000馬力級エンジンが必要とされる見通しとなり、1939年以降グリフォンの本格的開発作業が開始された。

グリフォンエンジン装備のスピットファイアは試作型Mk.Ⅳとして1941年11月27日初飛行したが、このモデルは量産されず、1段

(注3)2段2速過給器…レシプロエンジンは空気の薄い高空では急激に出力が低下する。このためギアで回転を上げた翼車(インペラ)で吸入気の圧力を高める過給器が使用されるが、インペラのギア比を2段階に変えられるようにし、しかも過給器を2段構えにしたものを2段2速過給器と呼び、高々度での馬力低下を最小限にする事ができる。

グリフォン65エンジンを搭載して機首が延長され、5翅プロペラを搭載、垂直尾翼も大型化したスピットファイアMk.XIVe(RB140)。1943年10月。最大速度722km/hと快速、運動性にも優れる第二次大戦最強戦闘機の一角だが、如何せん航続距離が短く、真価を発揮する機会が少なかった。この機体は第616、第610飛行隊で運用されたが、1944年10月30日、ラインプネ基地で着陸時の事故で失われた

■スーパーマリン スピットファイアMk.XIVe

全幅	11.23m	全長	9.96m
全高	3.86m	主翼面積	22.48㎡
自重	3,034kg	全備重量	3,889kg
エンジン	ロールスロイス グリフォン65 液冷V型12気筒(2,050hp)×1		
最大速度	722km/h(高度7,470m)		
上昇力	6,100mまで5分6秒		
上昇限度	13,300m	航続距離	740km
固定武装	12.7mm機関銃×2、20mm機関砲×2		
搭載量	113kg爆弾または227kg爆弾×2		
乗員	1名		

2速過給器付きグリフォンIII（1,735hp）と4翅プロペラ、切断翼を装備した低高度戦闘機Mk. XII (12) (100機生産) が初の実用型グリフォン・スピットとなった。本機は低空で侵入してくるFw190の迎撃用として作られたもので、タイフーンとともに同任務に活躍した。

続いてMk. VIIIをベースに、2段2速過給器付きグリフォン65（離昇出力2,050hp）を搭載したMk. XIV (14) が957機生産され、1944年1月に部隊配備が開始された。このMk. XIVは高度7,500mで700km/h以上の最大速度を出す高速機で、英本土に飛来するV-1飛行爆弾の撃墜に活躍したほか、1944年10月5日には連合軍戦闘機として初めてMe262ジェット戦闘機の撃墜を記録した。

スピットもこのあたりのモデルになると、高度を選ばず高性能を発揮できたことから、一部の機体は武装を残したまま偵察用カメラを搭載したF.R. XIVに改造され、低空偵察と対地攻撃の両面作戦に活躍した。なおMk. XIVの後期量産型は水滴風防タイプとして生産された。

グリフォン・スピットとしてはこの他に、Mk. XVII (17) /P.R. XIX (19) /Mk.21/Mk.22/Mk.24が作られたが、辛うじて実戦に参加できたのはP.R. XIXだけであった。

こうしてスピットファイアは大戦前から終了後を通じて量産された連合国側唯一の戦闘機となったが、その10年余りの間にエンジン出力は2倍、重量は1.5倍に増大し、最大速度は40%以上、上昇力に至っては80%近い向上ぶりを示した。

その間構造強化、胴体延長などの改造は実施されたものの、基本的な主翼形状、空力設計は大きな変更がなく、設計開始の時期が日本の九試単戦（九六式艦戦のプロトタイプ）と同じである事を考えれば、ミッチェルの最初の機体設計がいかに進歩的で、優れたものであったかがはっきり理解できよう。

ただ、最後まで払拭できなかったのは航続距離の短さで、大戦後半の欧州での航空戦の主役は航続距離の長い米陸軍の戦闘機に譲り、スピットは戦闘偵察機や戦闘爆撃機としての任務が多くなっていた。

そして戦後の1948年の第一次中東戦争では、イスラエル、エジプト双方がスピットファイアを運用し、スピット同士の空戦も発生したのである。

デッキ上の鉄火女

英海軍は空母を世界で初めて実用化した事で知られるが、第二次世界大戦開始直前の主力艦上戦闘機は複葉のシーグラディエーターであり、これでは枢軸側の戦闘機に対抗できないのは明白だった。

このため英海軍はブラックバーン ロック、フェアリー フルマー（いずれも複座艦上戦闘機）を開発するとともに、開戦後の1940年にはグラマンF4Fをマートレットの名（後にワイルドキャット）で導入するなどの強化策をとったが、これらも性能的に満足できるものではなかったため、手っ取り早くハリケーンとスピットを艦上機化する計画を立てた。

1941年にハリケーンの艦載型シーハリケーンの艦隊配備が始まったのに続いて、同年中にスピットファイアMk. VBに着艦フックを装備して空母トライアルを実施、好結果を得たため、188機のMk. VBがシーファイア

Mk.ⅠBに改造された。

続くシーファイアMk.Ⅱは改造ではなく新規生産モデルで、ユニバーサルウイングを持つMk.ⅡC(262機)と低高度戦闘機型L.ⅡC(110機)が作られた。

シーファイアMk.Ⅲは初めて主翼の折り畳み機構(手動)を備えた本格的艦上戦闘機として開発され、Mk.Ⅲとカメラ搭載型F.R.Ⅲ、低高度型L.F.Ⅲ合わせて1,220機量産され、1943年11月から艦隊配備が開始された。

シーファイアの初陣は、1942年11月に行われた連合軍の北アフリカ上陸戦(トーチ作戦)で、空母「フューリアス」から出撃したMk.ⅠBが仏ヴィシー政府軍のドボアチンD.520を撃墜し、初戦果を記録した。

その後もシーファイアはイタリア・サレルノ上陸作戦やノルマンディー上陸作戦に活躍した他、1945年に入ると太平洋戦域に派遣され、日本軍との最後の戦いに参加。終戦の1945年8月15日午前には関東上空で零戦と交戦し、1機が撃墜されている。

スピットファイアと同様に、シーファイアもグリフォンエンジン装備モデルが作られたが就役は戦後となり、1950年からの朝鮮戦争が最後の活躍の場となった。

写真は1945年3月に撮影されたスピットファイアMk.22(PK312)。Mk.21はグリフォン61を搭載し、スピットファイアの発展型であったスパイトフルの尾翼を装備、プロペラ直径はMk.XIVより18cm大きい約3.4mとなったモデルで、生産数は120機。そのMk.21の後方視界を確保するため、水滴型キャノピーとしたのがこのMk.22である。287機が製造され、第73飛行隊のみが運用した。なおMk.21以降のタイプ表記は、煩雑なローマ数字ではなく簡潔なアラビア数字で記されるようになった

スピットファイアMk.I

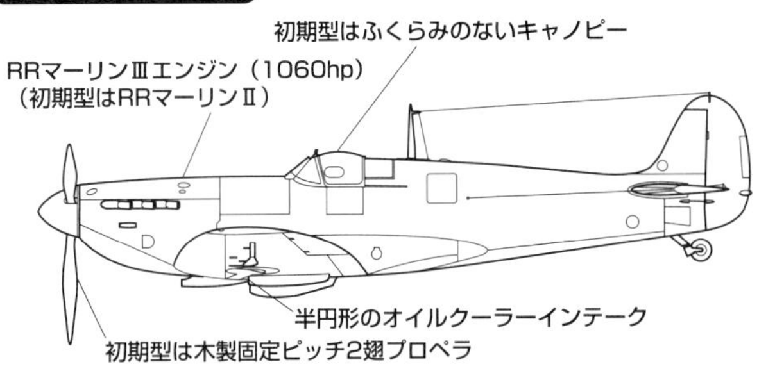

スピットファイアMk.XIVC

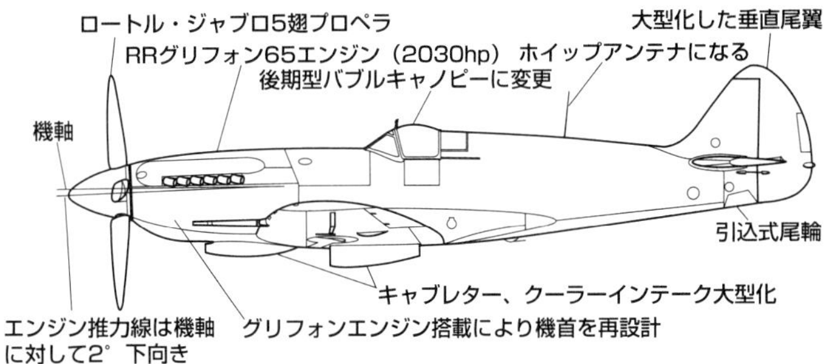

スピットファイアMk.VB Trop.

スピットファイアMk.22/24

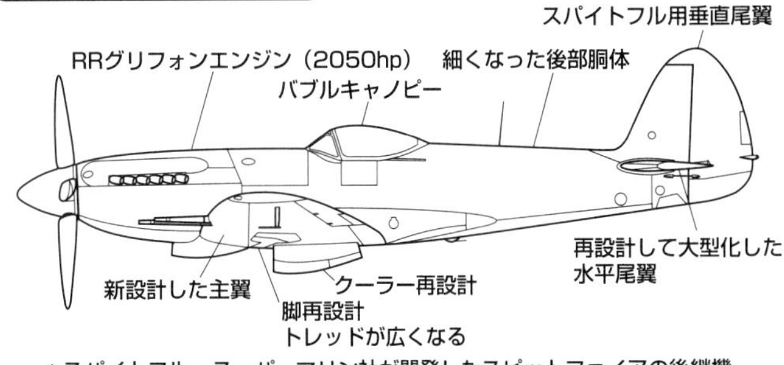

*スパイトフル…スーパーマリン社が開発したスピットファイアの後継機

スピットファイアMk.IX後期型

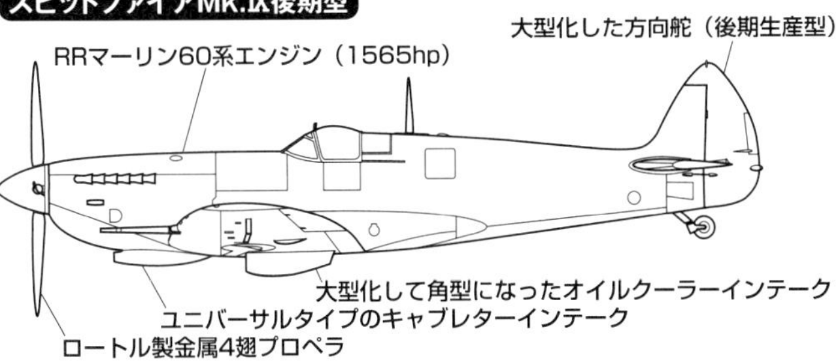

シーファイアER.Mk.47

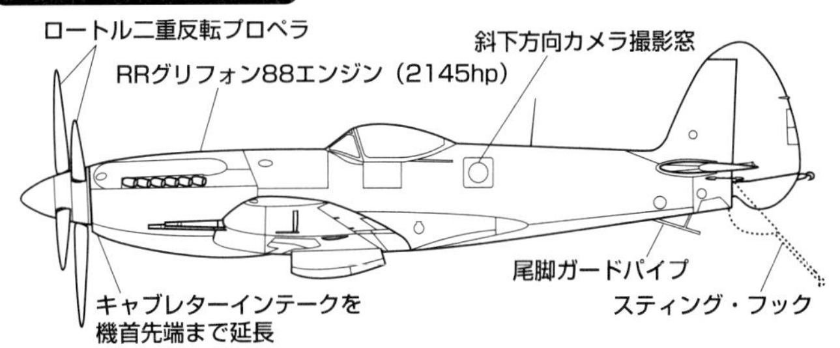

イギリス空軍機 | 時代遅れと言われながら地道に戦い続けた、イギリス空軍初の単葉戦闘機

ホーカー ハリケーン

ベテラン設計者シドニー・カム

ホーカー社は1920年代から30年代にかけて、シドニー・カム主任技師のリーダーシップの下に一連の洗練された複葉戦闘機（フューリー、デーモン）や軽爆撃機をイギリス空軍（以下RAF）向けに生産してきた。

フューリーはRAF戦闘機としては初の200mph（322km/h）を超す快速戦闘機（なお300mph（483km/h）を初めて超えたRAF戦闘機はハリケーンだった）となったが、カム技師は1933年にフューリーを単葉機化し、ロールスロイス（以下RR）ゴスホークエンジン（660hp）を装備するスパッツ付き固定脚戦闘機の設計を開始した。

この頃は各国で低翼単葉戦闘機の開発が進められていた時期であり、構造、性能、装備など全ての面で著しい向上が続いていた。RAFはこうした情勢をにらみつつ、RRの1,000hp級新型液冷エンジンPV-12（後のマーリン）が完成した事を受けて、1934年にこのエンジンを搭載した引き込み脚戦闘機の仕様F.5/34を各メーカーに示して設計案を募った。

この仕様は同年9月にF.36/34に改訂されホーカーに提示されたため、カム技師はフューリー単葉型の開発をやめてこの新仕様に沿った戦闘機設計に切り換えた。

このホーカー社設計案は1935年2月に空軍省の承認を受けてプロトタイプが発注され、1号機は35年11月6日に早くも初飛行に成功した。これは僚友スピットファイア（仕様F.37/34）より4ヵ月ほど早く、これ以後も生産開始、部隊配備などすべてスピットファイアより先行し、この事が英国にとって重要な意味を持つことになる。

旋回するハリケーンMk.IIC（PZ865）。コクピット右側面には"The last of the many"と書かれており、1944年8月までに及ぶハリケーンシリーズの最終量産機であることを示している。この機は軍には引き渡されず、ホーカー社の社有機として保管されており、21世紀に入ってもフライアブルである

先進のスピット、守旧のハリケーン

スピットファイアはほとんど戦闘機設計経験のないミッチェル技師が、シュナイダー・レースで磨いた技術をもとに、空力的洗練、全金属製セミモノコック構造などを思い切って採り入れた機体だった。それは高性能な反面、当初生産数が思いどおりに増加しないという短所も生んだ。

ハリケーンはというと、ホーカーの長い戦闘機作りの経験が生かされ量産向きの機体ではあったが、胴体は何と鋼管ボルト留め骨組みに前半部のみ金属外皮、後半部は羽布張りであり、主翼も骨組みこそアルミ合金だが中央部を除いて羽布張りという前近代的な構造だった。空力的にも分厚い主翼断面などを見れば洗練とは程遠く、頑丈さと扱い易さを優先させた設計であることが分かる。

ハリケーンの原型はテストで504km/hの最大速度を記録して空軍関係者を喜ばせたが、少し後に飛んだスピットファイアは562km/hと、更に高速を示した。それでもヨーロッパの情勢が緊迫した時期だったため、1936年6月最初の生産型ハリケーンMk. Iが600機という非戦時としては異例ともいえる大量の発注を受けた。

ハリケーンは時代遅れのような書き方をしたが、これはスピットやBf109などと比べればの話で、例えば本機が発注を受けた1936年は、日本でいえば海軍で九六式艦戦が制式化され、陸軍の九七式戦闘機が初飛行（10月15日）した年だ。いずれも傑作機とされる機体だが、固定脚で最大速度も500km/h以下だったことや、武装が貧弱だったことなどを考え合わせると、ハリケーンは登場時には十分に進歩的な戦闘機だったといえるのである。

英本土を守った颶風（ぐふう）

ハリケーンMk. IはマーリンII（1,030hp）エンジンの生産遅延のため、1号機初飛行は1937年10月12日となったが、その後の生産は順調で、38年に空軍省から1,000機の追加発注を受けた。このためグロスター社でも生産が行われることになり、39年にはカナダのカナディアン・アンド・ファウンドリー社にも生産ラインが設けられた。

ハリケーンMk. Iは原型に比べると、エンジンの変更の他、後方排出型排気管、キャノピーの強化、脚カバーの形状変更、水平尾翼支柱の廃止、7.7mm機関銃を4挺から8挺に強化、などの改善を受けて生産に入ったが、間もなくスピンからの回復を容易にするため胴体後部下面にフィンが追加された。

また1939年になるとエンジンがマーリンIII

(出力同じ) に換装され、主翼が金属外皮のセミモノコック構造に変更された他、プロペラも木製固定ピッチ2翅から2段切替え式3翅に、そして最終的には定速式3翅に換装された。

ハリケーンの実戦部隊配備は1937年12月25日に開始され、1939年9月3日の対独宣戦布告時には19個飛行隊にハリケーンを配備済みであった。この時点でスピット飛行隊は9個であり、ハリケーンは倍以上就役していた事になる。

開戦後間もなく、4個のハリケーン飛行隊がフランスに派遣され、フランス空軍とともにルフトヴァッフェと対決したが、仏降伏までに約200機のハリケーンが失われた。しかし1940年初頭のハリケーン月産数は237機に上っており、バトル・オブ・ブリテン (英本土防空戦) が始まった40年8月初めの段階で、ハリケーン飛行隊は32個飛行隊 (スピットは19個) にまで膨れ上がっていた。

バトル・オブ・ブリテンでは常にスピットファイアの活躍がクローズアップされ、Bf109Eとの派手な空中戦が今に語り継がれている。確かにハリケーンはBf109Eに対しては、旋回性能を除いてほとんど全ての点で分が悪かったため、同機との戦いはスピットに任せ、もっぱらBf110双戦や爆撃機を相手に防空戦を戦うことが多かった。

しかし戦争になるとモノをいうのは数である。ハリケーンはこの戦いで終始スピットのほぼ倍の稼働機数を維持し続けたお陰で、ドイツ機撃墜数ではスピットを上回るという実績を残したのだ。

戦闘爆撃機(ハリボマー)への再就職

ハリケーンはバトル・オブ・ブリテンで、対戦闘機戦闘にはすでに時代遅れである事を露呈した事から、後期にはもっぱら夜間迎撃に従事した。しかし1940年11月11日のイタリア機 (フィアットBR.20爆撃機20機、CR.42複葉戦闘機40機) による唯一の英本土空襲に際してはハリケーンも善戦し、BR.20を7機、CR.42を4機撃墜して自らは損害無しという戦績を残している。

また1940年8月には空母「アーガス」により地中海マルタ島に運ばれたハリケーンMk.Iが複葉のグラディエーターに変わって防空任務に就いた。ここでの相手も、当初は旧式のイタリア空軍機だったため、ハリケーンはかなりの活躍を見せた。

1940年10月、エジプトの砂漠上空を飛行するハリケーンMk.I Trop.。Trop.は熱帯用の意で、機首下部にキャブレター防塵用のボークス・フィルターを装備している

ホーカーでは性能向上を狙って2段過給器付きマーリン20 (1,185hp、後に1,280hpにアップ)を搭載したハリケーンMk.IIを開発し、1号機を1940年6月11日に初飛行させた。I型と同じく7.7mm機関銃8挺を翼内に装備するIIAは1940年9月に部隊配備がスタート、最大速度は550km/hに向上したが、やはり当時の戦闘機としては十分とはいえず、これ以後ハリケーンは地上攻撃が主任務となっていく。

従って1940年から41年にかけて、7.7mm機関銃12挺としたIIB、イスパノ20mm機関砲4門としたIICといった武装強化モデルが開発されるのと並行して、主翼下に250ポンド/113kg (後に500ポンド/227kg) 爆弾2発を搭載できるパイロンが追加装備され、これらはハリボマーと呼ばれた。その他、自動防漏タンクの導入や、砂漠地帯用にボークス・サンドフィルターを装備したタイプの生産も行われた。

ハリボマーは1941年9月マルタ島で初の実戦に投入され、以後英本土からの艦船攻撃や、北アフリカ戦線での砂漠の戦いなどに投入された。ハリケーンは主脚間隔が広いため不整地での運用に優れていた上、機体も頑丈だったことから戦闘爆撃機としては好都合だったのである。

また同じころ東部戦線にもハリケーンMk.IA/IIBの1個航空団が派遣され、その使用機は後にソ連軍に供与されている。

なおソ連に対してはこの他に、援助用として中東経由、および北海からの海上輸送により、計2,952機のハリケーン (カナダ製を含む) が送られたが、輸送中に撃沈されたものも多数あったため、実際にソ連空軍の手に渡った機数はだいぶ減少していたはずだ。

大筒(おおづつ)抱えて戦車狩り

一方ハリケーンのアジア戦域への進出は1942年1月の事で、対日開戦前からマレー、

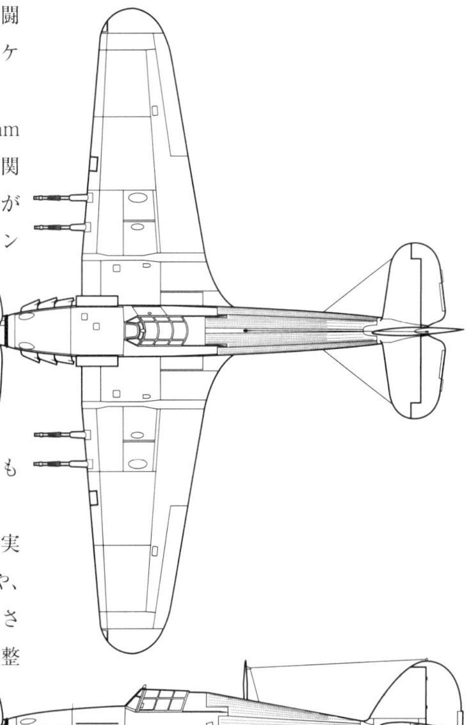

■ホーカー ハリケーンMk.IIC

全幅	12.20m	全長	9.81m
全高	3.98m	主翼面積	23.92㎡
自重	2,568kg	全備重量	3,425kg
エンジン	ロールス・ロイスXX 液冷V型12気筒(1,260hp)		
最大速度	531km/h(高度6,340m)		
上昇力	6,100mまで8分30秒		
上昇限度	11,000m	航続距離	740km
固定武装	20mm機関砲×4		
搭載量	113kg爆弾または227kg爆弾×2		
乗員	1名		

主翼下面に250ポンド(113kg)爆弾2発を懸吊した第402カナダ飛行隊のハリケーンMk.ⅡB(BE485/AE◎W)。主翼構造を強化して爆弾を懸吊できるようになった戦闘爆撃機型ハリケーンは、hurricane bomberを縮めて「ハリボマー」と呼ばれた

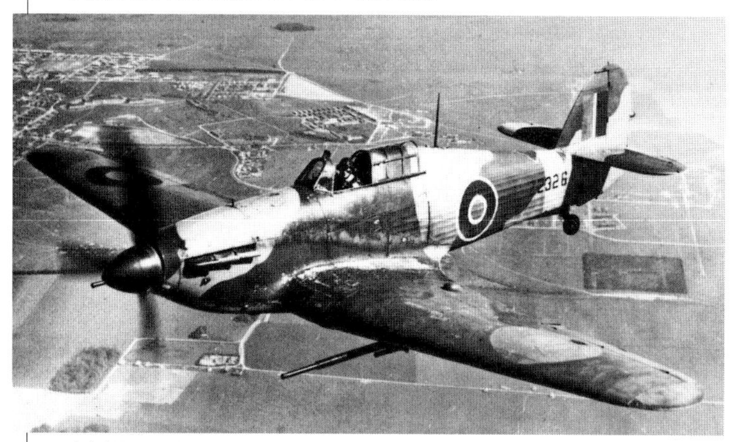
左右主翼下にヴィッカーズ クラス"S"40mm機関砲を搭載した対戦車攻撃型のハリケーンMk.ⅡD(Z2326)。37mm機関砲2門を積んだドイツの急降下爆撃機Ju87Gとよく似たコンセプトの機体である。鋼管フレームに羽布張りの胴体後半部が特徴的だ

ビルマに展開していたRAFの主力戦闘機ブルースター バッファローが、隼をはじめとする日本機に歯が立たなかったため応援に駆けつけたものである。

ハリケーン隊（Mk.Ⅰ/ⅡA混成）は装甲の薄い日本爆撃機や旧式の九七式戦闘機に対しては善戦し、数名のエースも生まれたが、ベテランの乗る一式戦には苦戦、シンガポール陥落にともなって、インド、ジャワ、オーストラリアへと後退した。

以後RAFはインド東部で戦力回復をはかり、1942年12月の第一次アラカン作戦を皮切りに反撃に転じることになる。ビルマ戦線では1943年10月以降スピットファイアMk.Ⅴが配備されるまでRAF戦闘機隊の主力はハリケーンMk.Ⅰであり、連合軍の反撃が本格化した1944年以降は、ハリケーンMk.Ⅱ/Ⅳが日本軍地上部隊相手に猛威をふるった。

1942年に入るとハリケーンは新たな武器を与えられ、更に有能な対地攻撃機へと進化した。

まずヴィッカース S型40mm機関砲2門を超載したハリケーンMk.ⅡDが強力なタンクバスターとして1942年6月に北アフリカ戦線に登場した。

ⅡDは大重量の砲を積んだため最大速度は460km/hに低下してしまったが、当時トブルクを陥落させるなど破竹の進撃を続けていたロンメル軍団の戦車隊に手痛い一撃を加えた。

そしてこの戦線で連合軍が攻勢に転ずるエル・アラメインの戦い（1942年10月）までに、ハリケーンMk.ⅡD飛行隊は22個にまで増強され、形勢逆転に多大な貢献を果たしたのである。

1943年にはマーリン24または27（1,620hp）を搭載し、ユニバーサルウイングを持つ最終生産型ハリケーンMk.Ⅳ（Ⅲ型はパッカード・マーリン装備型だが計画のみ）の生産が開始された。このユニバーサルウイングは、固定武装としては7.7mm機関銃2挺を持つだけだが、40mm砲2門、または増槽、250/500ポンド爆弾のいずれかを2個ずつ搭載可能な他、3インチロケット弾ランチャー×8を装備した対地攻撃用の万能主翼であった。1943年6月には北アフリカに進出したハリケーンⅣが、連合軍単発戦闘機としては初めてロケット弾攻撃作戦を敢行した。

艦載型は、不時着水への片道切符!?

（ハリキャット）

ハリケーンは頑丈で使い易かったことや、スピットより数に余裕があったことなどから、様々な用途に向けて改造型が作られた。

大戦初期のノルウェー作戦ではフロート付き水上機型やスキー装着型が計画されたが、これらはテスト中にノルウェーが占領されてしまったため実用化されることなく終わった。

1941年には大西洋におけるUボートやフォッケウルフFw200コンドル長距離哨戒機などによる英輸送船団の被害増大を食い止めるため、チャーチル首相直々の指示により、艦上型シーハリケーンが作られることになった。

最初に改造された50機のシーハリケーンMk.ⅠAは、カタパルト・スプール（滑車）を装備するだけで、着艦フックを持たず、これらはCAMシップ（カタパルト航空機搭載商船）からの作戦を前提としたモデルだった。

つまり敵が出現した際輸送船に設置されたカタパルトから射出されて迎撃作戦を行い、帰還は近くに陸上基地があればそこに向かい、近くにない場合は不時着水または落下傘降下により味方の艦船に救助してもらうという苦肉の策だった。

このⅠAはハリケーンとカタパルトを合わせてハリキャット（hurricat）と呼ばれたが、パイロットにとっては一つ間違えば生還できない危険な作戦であり、海軍航空隊パイロットやバトル・オブ・ブリテン生え抜きのRAFパイロットが志願して乗り組んだ。ハリキャットによる戦果は、1941年8月3日、Fw200を撃墜したのが最初で、その後ドイツ機5機の撃墜を記録した。

ハリキャットはあくまでも応急策であり、間もなく着艦フックを備えたシーハリケーンMk.ⅠBが開発され、ハリケーンMk.Ⅰから300機、ⅠAから25機が改造された。これらは1941年10月からMACシップ（Merchant Aircraft Carriers：商船改造特設空母）への配備が開始され、北海における対ソ援助輸送船団（PQコンボイ）護衛に絶大な効果を発揮し、輸送船の被害を激減させた。

1941年末以降はアメリカからの護衛空母供与がスタートし、イギリス自身の空母建造数が増加したため、シーハリケーンはこれら空母に搭載されて大西洋、地中海、極東などに展開した。なお1942年3月からは20mm砲4

門を装備したシーハリケーンMk.ⅠC、陸上型からの改造ではなく新規生産型のシーハリケーンMk.ⅡCも洋上作戦に投入された。

変わり種ハリケーンと外国でのハリケーン

ハリケーン改造型でもっともユニークなのは、スリップウイングと呼ばれる着脱式の二枚目の主翼を追加した複葉型である。一応航続距離延伸と離陸距離短縮のために考えられたものだが、当然フェリーの時くらいしか使い道はないのに、1942年にはヒルソン社に1機作らせて大まじめに飛行試験までやっているところが面白い。また磁気機雷掃海用に直径12mの磁気探知装置のリングを装着した機体も1機テストされており、単発機でこうしたテストに使われたのはおそらくハリケーンが唯一の例であろう。

最後にハリケーンの外国使用機について触れておこう。ハリケーンは大戦直前から直後にかけて、結構いろいろな国に輸出、ないし供与されている。

もっとも機数の多いのは前記したソ連で、次いでインド、自国でも生産したカナダ、オーストラリア、ユーゴスラビア、ベルギー、ポーランド（1機を受領したところでドイツに降伏）、ポルトガル、フィンランド、エジプト、イラン（珍しい複座型も装備した）、南アフリカといった国々が使用した。

結局ハリケーンは、大戦途中で旧式化したのが明らかだったにもかかわらず、対地攻撃機として有効だったことから1944年8月まで生産が続けられ、その生産数はイギリス（ホーカー、グロスター、オースチン）で13,034機、カナダで1,451機、それにユーゴスラビアで20機が作られたとされており、総計14,533機に上ったのである。

またスピット・エースの陰に隠れて目立たないものの、ハリケーンも英トップエースの一人であるマーマデューク・パトル少佐（非公認ながら総撃墜数50機以上、ハリケーンで30機以上。1941年4月20日戦死）、"両足義足のエース"ダグラス・バーダー大佐（23.3機撃墜）などの大エースを輩出している。ハリケーンは縁の下の力持ちとして連合軍の勝利に大きな貢献を果たした殊勲機といえるだろう。

CAMシップの「エンパイア・ダーウィン」のカタパルト上に設置され、「ハリキャット」となったシーハリケーンMk.Ⅰ（V6733）。1943年7月28日、同艦から発進したシーハリケーンがフォッケウルフFw200コンドルを撃墜している

ハリケーンMk.Ⅰ

ロールス・ロイス　マーリンⅡ（1030hp）
標準生産型は、プロペラの変更に合わせてマーリンⅢ（1029hp）
Mk.Ⅰ初期量産型の腎臓（Kidney）型排気管
装甲なしの風防（後に防弾ガラスを追加）
矩形のアンテナ支柱
羽布張りの主翼（標準生産型は金属外皮になる）
ブローニング7.7mm機関銃×8
木製2翅固定ピッチプロペラ（標準生産型は金属製3翅可変ピッチプロペラに変更）

ハリケーンMk.ⅡB

Mk.ⅡAよりロールス・ロイス　マーリンXX（1260hp）に換装
それに伴い機首を270mm延長
フィッシュテイル型推力式排気管
防弾ガラスとリアビューミラーを標準装備した風防
アンテナ支柱の形状変更（Mk.Ⅰ標準生産型より）
方向安定性改善のためにフィンを追加（Mk.Ⅰ標準生産型より）
主翼下面に増槽・爆弾懸吊用のパイロンを装備
ブローニング7.7mm機関銃×12に増加
気化器空気取り入れ口に防氷装置を付けた機体もある
金属製3翅可変ピッチプロペラ

ハリケーンMk.ⅡC

ハリケーンMk.ⅡD Trop.

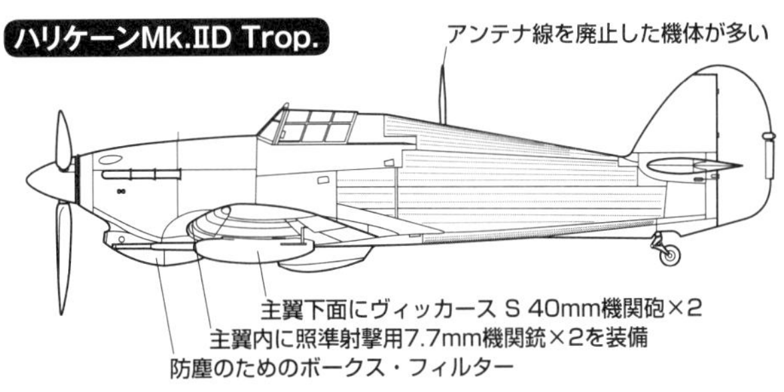

シーハリケーンMk.Ⅱ

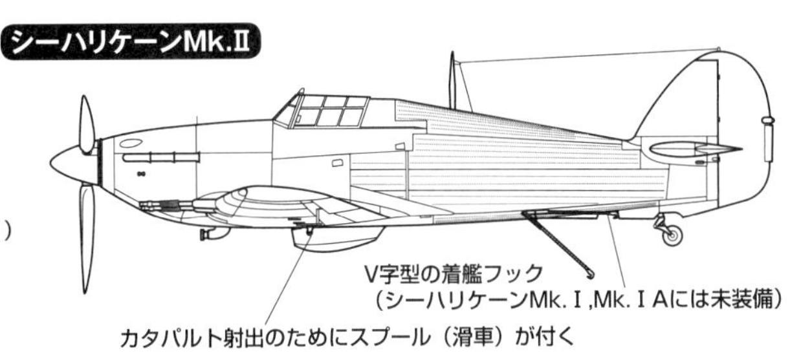

不調に悩まされた2,000馬力の「台風」と、起死回生を図った「暴風雨」

ホーカー タイフーン／テンペスト

立ち消えた2,000馬力の竜巻（トーネード）

ホーカー ハリケーンの性能は一応水準に達したものだったが、少し後に完成したスピットファイアに比較すると明らかに見劣りがした。戦闘機の名門ホーカーとしては、これは屈辱といってもよいものであり、シドニー・カム技師に率いられた設計陣は早くからハリケーン後継機の設計に取りかかっていた。

一方、英空軍は当時開発中だった2,000馬力級エンジンを装備し、最大速度400mph（644km/h）以上、7.7mm機関銃12挺搭載という次世代迎撃戦闘機計画を立て、1937年に要求仕様F18/37として各メーカーに提示していた。

実用間近だった2,000hp級エンジンは、ロールスロイス バルチャー X型24気筒、ネイピア セイバー H型24気筒のいずれも液冷エンジン2種だったが、すでに次期戦闘機設計を進めていたホーカーに対しては、双方のエンジンを搭載した機体2機ずつの試作が発注された。

こうしてバルチャー装備型はRタイプ（後にトーネード）、セイバー装備型はNタイプ（同タイフーン）として製作が開始され、エンジンが早く引き渡されたトーネード（竜巻の意）が先に完成し、1号機は1939年10月6日に初飛行した。ところがバルチャーはV型エンジンを上下2基組み合わせて1本のクランクシャフトを駆動するX型という複雑な型式だったため潤滑・冷却ともにトラブルを頻発し、生産が停止されてしまうことになる。そしてトーネードも1941年6月、エンジンと運命をともにした。

ハリケーンの2,000馬力版・タイフーン

タイフーン（台風の意）が装備したネイピアセイバーは、同じ24気筒ながら水平対向12気筒エンジンを上下に重ね、ギアボックスにより1本のプロペラシャフトを駆動する型式であり、やはり複雑で気難しいエンジンであることに違いはなかった。

そのセイバーI（2,100hp）を搭載したタイフーン原型1号機（R5212）は1940年2月24日、ホーカー社テストパイロット、フィリップ・ルーカスの操縦により初飛行に成功した。だが最大速度は当初予想された747km/hを大きく下回る660km/hにしか達せず、5月9日には胴体後部を折損して不時着するという、前途を暗示するようなスタートだった。

しかし新戦闘機の取得を焦った英空軍は、まだエンジン、機体とも海のものとも山のものとも分からないトーネード/タイフーンに対し、1939年末に計1,000機という大量生産の発注を行った。

この計画に対しホーカー社はハリケーンの生産で手一杯だったため、トーネードはアブロ社、タイフーンはグロスター社で生産されることも決定された。

タイフーンのデザインは、保守的なカム技師の設計思想を反映したもので、胴体は後半部のみセミモノコック構造、前半部は依然として鋼管骨組み構造であり、ハリケーンを単に拡大したに過ぎないものだった。

主翼は7.7mm機関銃を12挺または20mm砲6門（後に4門）を搭載するため、付け根部の翼厚比18%という分厚いものとなったが、これがタイフーンの低性能の元凶となった。

特徴であるチン（アゴ）ラジエーターは、当初ハリケーンと同様の胴体下面装備で設計されたものの、トーネードのテストにより冷却不足が明らかとなり、機首下面に移されて完成したものであり、おおよそ「洗練」という言葉から程遠いデザインだった。

強行される欠陥機の生産

タイフーンのテストフライトは1940年を通じて続行されたが、セイバーエンジンはバルブの損傷やオイル漏れ、冷却不足などを多発し、テスト計画は遅々として進まなかった。その間、方向安定性不足改善のため、垂直尾翼が大型化された他、5月には高速ダイブ中にコクピット後部胴体に大きな亀裂を生じ、

液冷X型24気筒という複雑なバルチャーエンジンを搭載したが、エンジンの失敗と共に開発中止となったトーネード。左右主翼の合計12挺の機関銃がかなりの迫力だ

25時間しか稼働しないエンジン、尾部の構造的欠陥、分厚い主翼など、数々の欠陥を内包したタイフーン。このタイフーンMk.IBは、ドイツ軍のFw190と識別するため、試験的に機首を白く塗っている

その強化改修も実施された。

また1940年8月にはドイツ空軍の英本土攻撃が開始されたことからハリケーンの生産を優先するため、タイフーンの生産準備は一時棚上げされてしまった。

こうした事情からグロスター製のタイフーン生産型1号機が初飛行したのは1941年5月27日となった。最初の生産型は7.7mmを12挺装備したタイフーンMk.ＩＡだったが、このモデルは100機程度作られただけで、残りは20mm砲4門装備のＩＢに切り換えられた。

生産型タイフーンの英空軍への引き渡しは7月に開始され、9月には航空戦闘開発隊と第56飛行隊に配備されたが、テスト期間中に問題となったセイバーの不調は依然として続いていたうえ（耐用時間20～25時間）、迎撃機としては上昇力が低過ぎ（4,570mまで5分50秒）、劣悪な後方視界、排気のコクピット侵入による一酸化炭素中毒など、欠陥は山積みだった。

排気の問題は、機関銃凍結防止用にまわしていたホットエアが漏れるのと、カードア式乗降口から侵入する2つの経路が判明し、後に視界改善も兼ねて通常の後方スライド式キャノピーが導入されるきっかけとなった。

さらに配備機数が増加していく過程でタイフーンはまたしても重大な欠点を露呈してしまうのである。それは高速ダイブからの引き起こしなどでテール部分が飛散するというもので、当初は尾翼直前のテールジョイント部の強度不足と考えられて、プレートによる補強が行われたが、終戦近くになって、昇降舵マスバランス止め金具の折損によるフラッターが真の原因であることが判明した。

このエンジンとテールの欠陥により、作戦に従事した最初の9ヵ月は、戦闘よりもこれらのトラブルで失われた機体が多い有様だった。さらにタイフーンは直線的な主翼やズングリした機首などFw190と似ていたため誤認攻撃を受ける事故が多発するなど、タイフーンパイロットには受難の日々が続いた。

タイフーン、迎撃機失格。対地攻撃に

タイフーンの改善は粘り強く進められていたが、上昇力不足と高度6,000m以上で急激に性能が低下するという短所は、分厚い主翼など根本的な要因によるものであり、小手先の改善で直るようなものではなかった。

この結果、タイフーンを装備した部隊の一つ第609飛行隊の隊長だったR.P.ビーモント少佐はタイフーンが低空でしか使えないことを逆用して、対地攻撃機として使う事を提言し、1942年11月以降自らフランス、ベルギーなどのドイツ軍に対する低空侵入攻撃を実施することになった。

そしてこれ以後タイフーンは英本土防空から対地攻撃に任務を変更し、500/1,000ポンド（227/454kg）爆弾や増槽搭載を可能とする改造が加えられた。1943年にはホーカーと航空機／兵装試験部が共同で3インチ（76mm）ロケット弾の搭載テストが始められ、同年末には8基のロケット弾ランチャーを装備したタイフーンの部隊配備が開始された。そしてこのロケット弾はタイフーンの主兵装の一つとなった。

1944年6月、ノルマンディー上陸作戦が行われ、いよいよ連合軍の大陸反攻が開始された。ドイツ軍の航空戦力の低下に伴ってタイフーンの活動範囲が広がり、作戦中は対地攻撃の主役となった。

無用論まで噴き出した失敗作・タイフーンの総生産数は最終的には3,330機に達した。このうち約100機がMk.ＩＡで、残りは全て20mm砲4門装備のＩＢだったが、生産途中で改良が進められたため、同じＩＢでも前期型と後期型ではかなりの相違があった。

最も大きな違いはエンジンで、初期型はセイバーＩ（2,100hp）にデハヴィランド製3翅プロペラの組み合わせだったが、途中でセイバ

第609飛行隊のタイフーンMk.IB（DN406）“Mavis”。1943年、ケント州マンストン空軍基地。機関車18台の撃破マークが描かれている

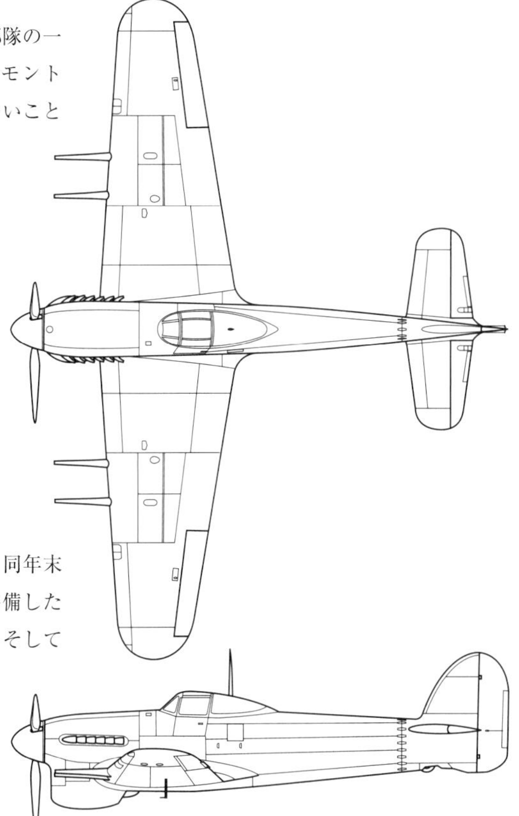

■ホーカー タイフーンMk.IB

全幅	12.67m	全長	9.73m
全高	4.65m	主翼面積	25.92㎡
自重	3,990kg	全備重量	5,171kg
エンジン	ネイピア セイバーⅡB 液冷H型24気筒（2,200hp）×1		
最大速度	652km/h（高度5,500m）		
上昇力	4,570mまで5分50秒		
上昇限度	11,000m	航続距離	821km
固定武装	20mm機関砲×4		
搭載量	454kg爆弾×2、ロケット弾×8		
乗員	1名		

タイフーンの主翼を薄くして性能向上を図ったテンペストMk.Ⅴのプロトタイプ(HM595)。まだ垂直尾翼前のドーサルフィンは付いていない。テンペストは前部胴体に燃料タンクを増設し、航続距離は約2,000kmと欧州の単発機にしてはかなり長くなった

2,500馬力のセイバーⅣ液冷エンジンを搭載し、主翼内にラジエーターを装備したテンペストMk.Ⅰのプロトタイプ(HM599)。格段に機首回りがすっきりしているが、この1機のみしか試作されなかった。同じテンペストでもMk.Ⅰ、Ⅱ、Ⅴで機首が全く異なる

ーⅠA(2,180hp)、ⅠB(2,200hp)、ⅠC(2,260hp)と少しずつパワーと信頼性が向上したエンジンに換装されるとともに、プロペラもロートル製3翅が導入され、後期型はデハヴィランドまたはロートルの4翅タイプを装備した。

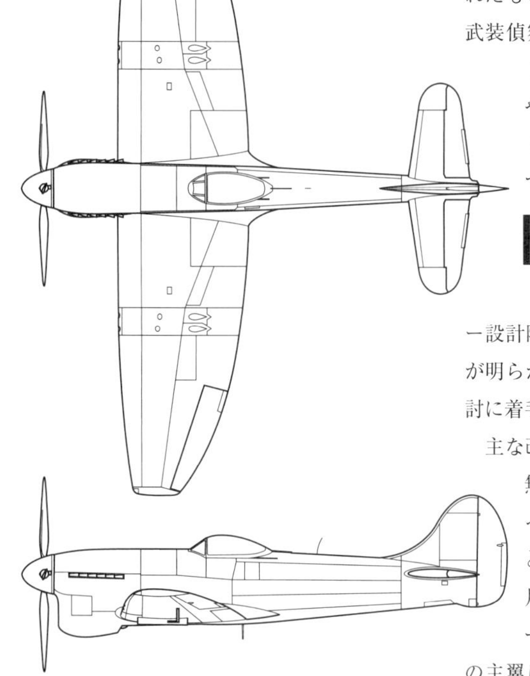

■ホーカー テンペストMk.Ⅴ シリーズⅡ

全幅	12.49m	全長	10.26m
全高	4.90m	主翼面積	28.06㎡
自重	4,082kg	全備重量	5,274kg
エンジン	ネイピア セイバーⅡB 液冷H型24気筒(2,200hp)×1		
最大速度	702km/h(高度5,200m)		
上昇力	6,100mまで6分		
上昇限度	11,125m	航続距離	2,090km
固定武装	20mm機関砲×4		
搭載量	454kg爆弾×2、ロケット弾×12		
乗員	1名		

外見上の変化で目立つのはコクピットで、初期型は後半部が不透明なタイプであり、右側にカードア式乗降扉が設けられていたが、やがて後方視界確保のため後部が透明となり、次いで通常のスライド式キャノピーに改められた。

機体とエンジンの改良に追われたためか、タイフーンには派生型が少なく、実戦に使われたものとしては、ⅠBから少数改造された武装偵察型F.R.ⅠBがあるだけだ。他にはAⅠ.Ⅳレーダーを装備した夜間戦闘機型や翼端延長/短縮型が各1機ずつテストされたが、いずれも実用化には至っていない。

薄い主翼で大変身

シドニー・カムを始めとしたホーカー設計陣は、トーネード、タイフーンの失敗が明らかになると、ただちにその改良型の検討に着手した。

主な改良点は、厚い主翼と機首ラインを台無しにしているチン・ラジエーターだった。このプランはタイフーンMk.Ⅱとして1941年に英空軍に提示され、11月18日に仕様F.10/40として開発にゴーサインが出された。タイフーンⅡの主翼は、翼厚比が付け根で14.5%、翼端で10%となり、最大翼厚は前縁から37.5%という層流翼型となった。また平面形も空力特性の良い楕円翼となり、翼面積はタイフーンの25.9㎡から28.1㎡に拡大された。

主翼が薄くなって翼内燃料タンクの容量が減少したため、エンジン後方に胴体内タンクが増設され、胴体が60cmほど延長された。タイフーンMk.Ⅱは改造の度合いが大きくなったため1942年初めにテンペスト(暴風雨の意)と改名され、エンジンを変えて5種のプロトタイプが作られることになった。

カム技師の当初の提案である主翼内ラジエーター装備タイプはテンペストMk.Ⅰと呼ばれ、強力なセイバーⅣ(2,500hp)を搭載。Mk.Ⅱは空冷のブリストル セントーラスⅤ(2,520hp)、Mk.Ⅲ/Ⅳはロールスロイス グリフォン、Mk.Ⅴはセイバーⅱにチン・ラジエーターを装備するという計画だった。

このようにタイプが増加したのは、トーネードが開発中止となったため、同機用に予定されていた各種エンジン装備計画がテンペストに移されたからだが、これらのうちグリフォン搭載計画は間もなく中止となった。

カムが本命と考えていたⅠ型は1942年8月に400機のオーダーを受けたが、セイバーⅣの開発遅延のため完成が遅れ、従来通りのエンジンラジエーターを装備したⅤ型1号機が先に完成し、42年9月2日初飛行に成功した。

本機は前期型タイフーンと同じコクピット、カードア型乗降口、及び垂直/水平尾翼で作られていたが、テストの結果垂直尾翼にはドーサルフィン(ひれ)が追加され、水平尾翼が前後に拡大された他、量産型はスライド式キャノピーに改められた。

一方、Ⅰ型1号機は1942年2月24日にようやく初飛行にこぎ着け、その後のテストで最大速度750km/h(高度7,470m)という期待にたがわぬ高性能を発揮したが、結局セイバーⅣの開発中止により生産計画はそのままⅤ型に変更された。

テンペストMk.Ⅴの生産ラインはホーカー社ラングレイ工場に設けられ、同工場製量産1号機は1943年6月21日に初飛行を行なった。

V型はセイバーⅠAまたはⅠBを装備し、初期型は砲身が主翼前縁から突き出たイスパノMk.Ⅱ 20mm機関砲を搭載してシリーズⅠと呼ばれ、後期型は砲身が短くなって翼内に収まるイスパノMk.Ⅴ 20mm機関砲を装備してシリーズⅡとなった。

遅れてきた最強の暴風雨(テンペスト)

テンペストMk.Ⅴの実用化試験は1943年中に集中的に行われ、最大速度700km/h（高度6,950m）、6,100mまで6分36秒で上昇するという優れた性能を示した。1944年4月にはイングランド南部、ニューチャーチで前記のビーモント中佐を司令とする最初のテンペスト航空団が発足し、翌月からフランスやオランダ、ベルギーの独軍攻撃作戦を開始した。

1944年6月にV-1飛行爆弾による攻撃が開始されると、当時の英戦闘機中、最速を誇ったテンペストはV-1迎撃任務専任とされた。そして9月までに飛来したV-1の1,771機中638機を撃墜し、最多撃墜記録を達成した。

9月大陸反攻作戦に復帰したテンペストMk.Ⅴは、対地攻撃と空対空戦闘の双方に強力な戦闘能力を発揮した。テンペストは、高速に加えて比較的大きな翼面積による良好な運動性、イギリス戦闘機としては例外的に大きな航続距離（2,400km）、それに850km/h以上の急降下でもビクともしないタフネスさと20mm機関砲4門という強力な武装を兼ね備えており、英空軍にとって心強い存在となった。

しかし大戦終結までに生産されたテンペストMk.Ⅴはわずか800機であり、7個飛行隊が戦闘に参加したに過ぎず、登場が遅きに失したというべきであろう。

テンペストのバリエーションとしては、ブリストル セントーラス空冷星型18気筒エンジンを搭載したテンペストMk.ⅡとセイバーⅤ搭載のテンペストMk.Ⅵがあるが、いずれも大戦には参加せずに終わっている。

テンペストMk.Ⅱ原型は、セントーラスⅣ空冷エンジン(2,400hp)を搭載して1943年6月23日に初飛行し、セントーラスⅤ（2,520hp）装備の量産型1号機は翌年10月4日に初飛行に成功した。テンペストMk.Ⅱは高度5,800mで720km/hを出す快速ぶりを発揮し、ホーカーとブリストルで量産に入った。

対独戦勝利後、テンペストMk.Ⅱの極東派遣が計画されたが、これも日本降伏により実現せずに終わった。結局テンペストMk.Ⅱは原型を含めて474機生産（うち50機はブリストル製）され、1951年まで主として戦闘爆撃機として英空軍で使用された。テンペストMk.Ⅱは1947年に余剰機89機がインドに、翌年24機がパキスタンにそれぞれ売却され、熱帯地仕様に改造された後引き渡されている。

一方セイバーⅤ（2,340hp）装備のテンペストMk.Ⅵはホーカーで142機生産され、ドイツ、中東などの英空軍部隊に配備され、1949年にヴァンパイアに交替するまで使用されていた。

セントーラス空冷18気筒エンジン(2,520hp)を搭載したテンペストMk.Ⅱを艦載型に改修し、機体各部をリファインした結果、タイフーン/テンペスト系列の完成形となったシーフューリー。高度5,500mで740km/hを叩き出す高速戦闘機で、固定武装は20mm機関砲4門。大戦には間に合わなかったが、朝鮮戦争ではMiG-15ジェット戦闘機を撃墜するなど活躍している。写真は1951年、朝鮮戦争時に米海兵隊員に整備を受ける英海軍のシーフューリーFB.Mk.11(WE790)

トーネード タイプR

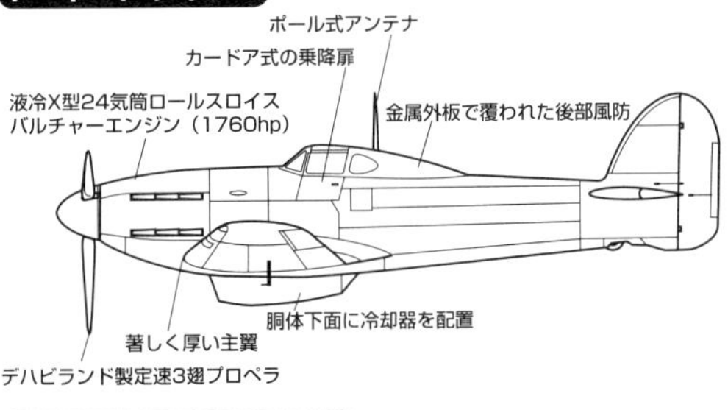

テンペストMk.V シリーズⅡ

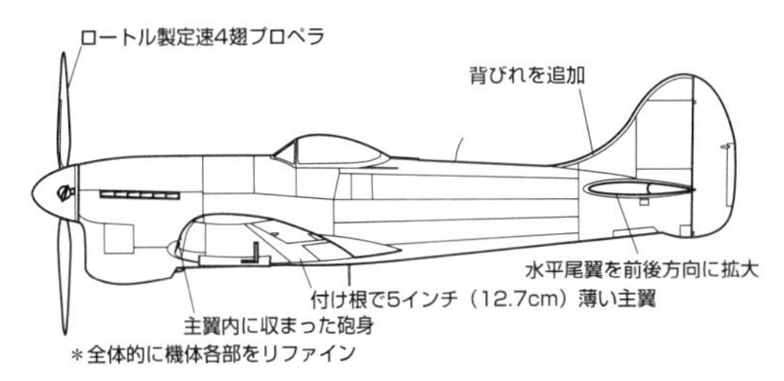

タイフーンMk.IB 前期型

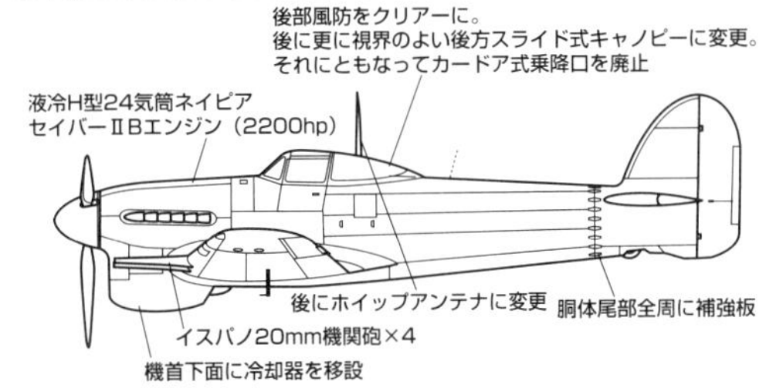

後部風防をクリアーに。
後に更に視界のよい後方スライド式キャノピーに変更。
それにともなってカードア式乗降口を廃止
液冷H型24気筒ネイピア
セイバーⅡBエンジン（2200hp）
後にホイップアンテナに変更
胴体尾部全周に補強板
イスパノ20mm機関砲×4
機首下面に冷却器を移設

テンペストMk.Ⅱ

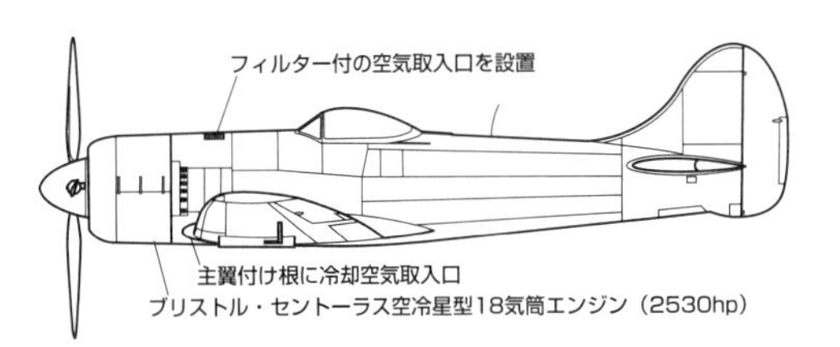

タイフーンMk.IB 後期型

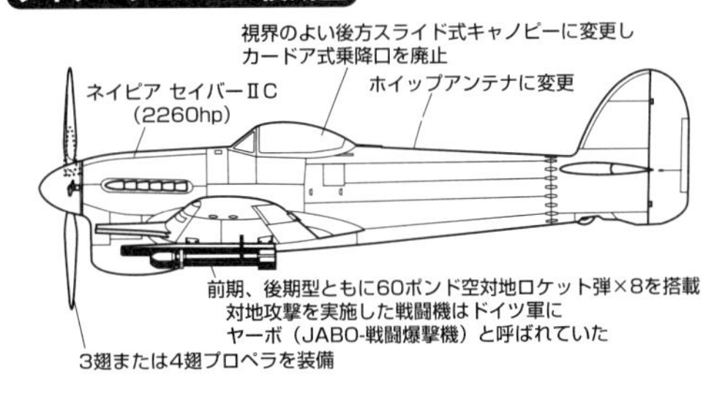

シーフューリーFB.Mk.11

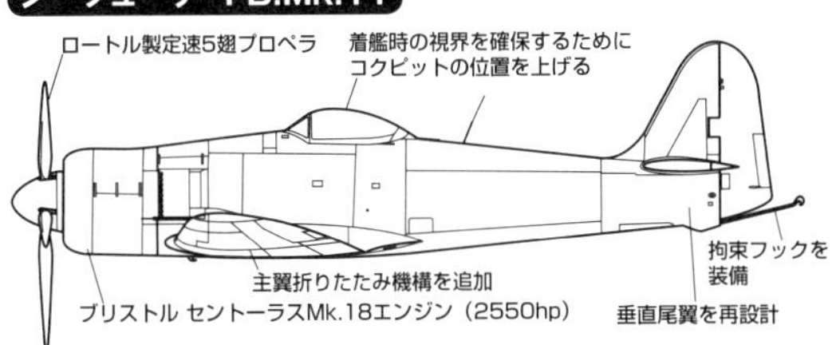

イギリス海軍機 | 軽爆撃機から改造された、異色の単発複座艦上戦闘機

フェアリー フルマー

軽爆から転用された戦闘機

イギリスは航空母艦運用に関しては世界のトップを走っていた国で、第一次大戦中の1914年に早くも不完全ながら（着艦できないため不時着水により乗員と機体回収）世界初の空母「フューリアス」の艦上から発進したソッピース キャメルによるドイツ軍飛行船基地攻撃を敢行したり、世界初の全通飛行甲板を持つ空母「アーガス」を1918年に就役させるなどの実績を持つ。

だが同じ1918年（第一次大戦終戦の年）にイギリス海軍航空隊がRAF（イギリス空軍）の指揮下に組み入れられてしまったことや、大戦間の英国経済の停滞もあって、空母搭載機の進化に遅れをとることになり、1930年代半ばを過ぎても英海軍空母上は旧式複葉機ばかりという状況となった。

このため英海軍本部（アドミラルティ）は1935年に仕様O.30/35を提示して艦隊防空用の単葉銃座装備戦闘機（後にブラックバーン ロックとして配備）の取得を図ると共に、1938年には仕様O.8/38を提示して更に近代的な艦上戦闘機取得に乗り出すこととなった。なおこの要求仕様には、当時の洋上航法に不安があったため無線航法士を乗せる複座であることと、その頃のイギリス戦闘機の主流だった小口径多銃装備（7.7mm機関銃8挺）が条件となっていた。

この要求に対し艦上機の老舗だったフェアリーでは、空軍の軽爆撃機バトルの近代化型仕様P.4/34として2機作られたプロトタイプ（1号機1937年1月13日初飛行）を艦上戦闘機にコンバートする計画を空軍省に提案し、2号機（K7555）をO.8/38プロトタイプへと改造する指示を受けた。

P.4/34は16.46mもあったバトルの翼幅を14.44mに短縮して速度を向上させ、主脚のトレッドを拡げて後方引き込みから内側引き込み式へと変更、全体に洗練度を高めて性能向上を図った設計で、低速時の失速特性に幾らか問題があったものの飛行特性は良好だった。

ただ元が軽爆であるから寸法、重量とも大きく、速度や上昇力、運動性の面から見ても戦闘機とは程遠い機体だった。にもかかわらず同じ複座というだけで戦闘機にコンバートしようと計画した訳で、フルマーの開発には最初から問題があったと言わざるを得ない。

雲海をバックに飛ぶフルマーMk.I。右主翼前縁にはブローニング7.7mm機関銃4挺の発射口が見える。7.7mm機関銃8挺の弾数は各500発で、シャワーのような弾幕を張ったという

フルマーの開発と生産

P.4/34の2号機は1937年4月19日に初飛行し、翌年3月に艦上戦闘機O.8/38の仕様に合わせた改造を受けたが、主翼折り畳み機構追加などの本格的な改造は行なわれず、翼幅を30cm短縮したことと、垂直尾翼の高さを増すなどの空力的改造が行なわれただけであった。改造後のテストでは失速特性が幾らか改善されたことが確認された。

1938年6月には量産化が決まり、最初の178機が発注され、8月にはフルマー（Fulmar：フルマーカモメ）という制式名が与えられた。K7555によるテストが済んでいたため、試作機無しで最初から量産型として作られ、初号機（N1854）は1940年1月4日に初飛行を行なった。本機と2号機、5号機はテスト機としてボスコムダウンのA & AEE（航空機と兵器試験施設）に送られ、空母「イラストリアス」における空母運用試験にも

地上で駐機しているフルマーMk.I（N2005）。この機体は空母「フォーミダブル」の第803飛行隊にも配属されていた。日米の艦載機に慣れた目で見ると艦上攻撃機のように見えるシルエットだ

用いられた。

K7555とフルマーの相違点は、翼内にブローニング7.7mm機関銃8挺を搭載したこと、エンジンをマーリンII（1,030hp）からマーリンVIII（1,080hp）に換装、主翼折り畳み機構とアレスティングフックの追加、着艦時の視界改善のため操縦席キャノピーが拡大され、その後方部分を不透明としたこと、及び不時着水に備えたディンギー（救命ゴムボート）の搭載であった。

フルマーはテストでほとんど問題が無かったことから、1940年6月にはFAA（Fleet Air Arm：艦隊航空隊）への配備が開始されたが、すでに大戦が始まっていたこともあったため就役は公表されず、その後しばらく経って国会で名前が出たことからその存在が明らかとなった。

生産251号機（X8525）からはマーリン30（1,300hp）を搭載したフルマーMk.IIとなり、地中海戦域での空母作戦が多かったことからトロピカル（熱帯）対応装備が追加された。外見上は機首下面のラジエーター両側面に小型のインテークが追加されたことである。Mk.II原型はMk.I（N4021）を改造して製作され、1941年1月20日に初飛行を行なった。フルマーIIは350機生産され、1943年2月に最後の機体がFAAに引き渡された。

フルマーの部隊配備と戦歴

1940年6月フルマーIを最初に配備されたのは空母「アーク・ロイヤル」のNo.808 Sqn（第808飛行隊）で、7月には空母「イラストリアス」の第806飛行隊もブラックバーン・ロックからフルマーに改変した。

これら2部隊は水上機母艦「ペガサス」の第807飛行隊と共に1940年9月～10月にかけて実施されたマルタ島救援船団のエスコート任務に就いたが、中でも806飛行隊は9月2日に早くもイタリア軍爆撃機を撃墜してフルマー初の戦果を記録した。806飛行隊はコンボイ・エスコート作戦中に10機のイタリア機撃墜を記録し、11月にはタラント軍港奇襲作戦の護衛任務に就き、ここでもイタリア機6機を撃墜している。

フルマー飛行隊は15個編成され、クレタ島、シシリー島侵攻作戦やセイロン（現スリランカ）遠征、戦艦「ビスマルク」追撃作戦にも参加するなどの活躍を見せている。またカタパルト装備のCAMシップに搭載され、大西洋上での防空任務に就いた機も少数あった。

フルマーが戦ったのは地中海、アフリカ戦線が大部分で、相手が旧式機ばかりのイタリア空軍だったため、鈍重、鈍足にも拘わらず大きな被害を被ることなく艦隊戦闘機としての役割をある程度果たすことが出来た幸運な戦闘機である。

ちなみに兄弟機であるバトルはまともに独戦闘機と対戦する作戦に駆り出されたため、極端なケースでは1回の出撃で71機中40機が未帰還になるという悲劇に見舞われているのだ。

しかしフルマーも1942年ともなると被害が増大し、戦闘機としては通用しない場面が増えることになる。このためシーハリケーンやシーファイア、グラマン マートレット（F4F）といった戦闘機への交代が進められ、フェアリー社自身も大幅な性能向上を図ったファイアフライを開発し、大戦末期に艦隊へと配備したのである。

■フェアリー フルマーMk.II

全幅	14.14m	全長	12.24m
全高	4.24m	翼面積	31.77㎡
自重	3,235kg	全備重量	4,445kg
エンジン	ロールスロイス マーリン30 液冷V型12気筒（1,300hp）×1		
最大速度	450km/h	海面上昇率	402m/分
上昇時間	1,520mまで4分24秒		
上昇限度	8,290m	航続距離	1,250km
武装	7.7mm機関銃×8、一部の機は7.7mm旋回銃×1		
乗員	2名		

飛行甲板上で発艦に備えるフルマー。1942年4月にはセイロン沖海戦で日本海軍の零戦と戦ったが、生粋の戦闘機である零戦には手も足も出なかった

イギリス海軍機 | 大戦後半に投入された、単発複座の艦上戦闘機兼偵察機

フェアリー ファイアフライ

英海軍の艦上戦闘機コンセプト

ブラックバーン ロックに続く、全金属製単葉引き込み脚の近代的艦上戦闘機として開発され、1940年に就役したフェアリー フルマーは、基本的に空軍の軽爆撃機フェアリー バトルから派生したデザインであり、他の空母運用国であるアメリカと日本の艦上戦闘機に比較して空戦や制空能力が劣っていることが明白だった。ちなみに1940年は日本海軍の零式戦闘機、及び米海軍のF4F-3ワイルドキャット就役の年でもあった。

この原因はアドミラルティ（英海軍本部）の艦戦に対する考え方が、日米海軍のそれとは基本的に異なっていたからだ。英海軍本部は、艦上機は広い洋上で作戦するため高度な航法と通信能力を持つことが必要であり、そのためには通信航法士を乗せた複座である必要があり、また艦上機は搭載機数が限られるため多用途でなければならず、艦上戦闘機といえども偵察や索敵、対潜作戦にも使えなければならない（そのためにも複座が求められる）と伝統的に考えていた。

日米では単座艦戦が当たり前で、単座でも洋上航法を行なえるよう訓練したこと、偵察、索敵などは艦上攻撃機/爆撃機の担当と決められていたこととは大きな違いがある。

英海軍本部も強力な艦上戦闘機の必要性には気付いていたと見えて、フルマーを開発中だった1939年には次期艦上戦闘機の仕様N.8/39と防空用のターレット・ファイターを求めるための仕様N.9/39をメーカー側に提示した。これらは翌年1機種に統一され、N.5/40として設計案を募ることとしたのだが、単座に比べて重量面で不利な複座とする方針は変えられていなかった。

海のホタル（ファイアフライ）の開発

海軍によるフルマー採用を勝ち取ったフェアリー社は、N.5/40に対しては他の機体の転用ではなく新規設計により画期的な戦闘機実現を目指すこととした。複座である以上強力な動力は必須であるため、ロールスロイスが開発試験中だった2,000馬力級液冷エンジン・グリフォンの搭載を前提に開発を進めた。

全体のデザインはフルマーを幾らか小型化して空力的にも洗練を加えたもので、主翼は楕円翼となった。だが問題は重量で、艦上機としての強度確保と複座のため自重が4,000kgをはるかに超えることになった。

重量過大で悪影響が考えられるのは着艦速度が速くなることだが、本機の場合は、フェアリーが特許を取ったヤングマン式フラップ（90°近く下がって揚力増大が顕著）採用のおかげで良好な低速特性を得た。武装は20mm機関砲4門で、フルマーの小口径多銃型から破壊力重視へと転換した。

設計作業は1939年9月に開始され、翌1940年6月6日に海軍のモックアップ審査をクリア。大戦真っ只中ということもあって、12日にはファイアフライF.Mk.Ⅰとして200機の発注を受け、直ちに原型製作が開始された。1941年12月22日には原型初号機（Z1826）が初飛行し、翌年9月までにテスト用に使われる4号機までが完成した。空母トライアルは1942年12月に「イラストリアス」上で実施されている。

飛行試験、艦上テストとも大きな問題は出なかったため、5号機以降量産型として製造が始まったが、大馬力（グリフォンⅡB、出力1,730hp）にも拘わらず最大速度は509km/h（高度4,270m）に留まり、この時期に実用化された戦闘機としては最も鈍足であった。

英海軍がこれで良しとしたのは、戦闘機というより多用途艦上機として使うことを考えていたためと思われるが、日米海軍であればまず絶対に容認されない数値だった。

ファイアフライの量産と派生型

量産型ファイアフライF.Mk.Ⅰ初号機（Z1830）は1943年1月に進空し、3月にFAA（艦隊航空隊）に引き渡された。ファイアフライは非常に多くの改造型と発達型が作られたが、登場したのが大戦後半だったことから、戦闘に参加したのはF.Mk.Ⅰ（以下Mk.を省く）とその派生型だけなので、それらを中心に記すこととする。

海軍は量産を急ぐためゼネラル・エアクラフト社にも生産ラインを設けるよう指示し、F.Ⅰ×132機を発注した。フェアリー・ヘイズ工場では戦勝後の1946年末までF.Ⅰの生産を継続し計740機製造したので、F.Ⅰの生産数は872機に達した。生産中の改良点としてはキャノピーが大

飛行中のファイアフライF.Mk.Ⅰ（Z2035）。右主翼からは20mm機関砲2門が突出している。2,000馬力級のグリフォンエンジンを搭載したフルマーだが、機体が重いため最大速度は500km/h強に留まり、運動性や上昇力も大戦後半の戦闘機としては非常に低かった

型化されて上部が膨らんだ形状となり、風防の傾斜も大きくなったこと、エンジンがグリフォンXⅡ（1,990hp）に強化されたことなどが挙げられる。

フェアリー製F.Ⅰのうち、376機は戦闘偵察型FR.Ⅰと夜間戦闘機型NF.Ⅰとして完成し、37機はNF.Ⅱとして作られた。なおNF.Ⅱは最初の夜間戦闘機型とした作られたモデルで、主翼前縁にAI（空中迎撃）レーダーを装備、後席をレーダー操作員席としたが、重心が後部に移ったため機首を45cm延長した。

こうした改造を嫌ったため、レーダーを機首下面に搭載して機首延長を無くした改造型NF.Ⅰが開発され、FR.Ⅰから140機程度がコンバートされた。FR.ⅠはASH（対艦捜索）レーダーを主翼前縁に装備したモデルで、当初F.Ⅰとして生産された機体も同様の改修を受けてF.ⅠAとなった。

ファイアフライMk.1各型は戦後練習機型（T.1/2/3）、標的曳航型（TT.1）に改造された他、戦後生産機としてはMk.4～7まで作られ、ファイアフライの総生産数は1,702機に及んだ。なおMk.4/5は朝鮮戦争にも参加している。

配備と大戦末期の実戦参加

1943年3月にFAAへの引き渡しが開始されたファイアフライ量産型は、練成訓練後10月1日編成されたNo.1770 Sqn（第1770飛行隊）へ配備され、空母「インディファティガブル」に配属された。同隊は1944年7月ノルウェー沖に初出撃して、戦艦「ティルピッツ」攻撃に参加した。

オーストラリアが1948年から運用していた空母「シドニー」のクラッシュバリアに突っ込むファイアフライMk.4。「シドニー」のファイアフライは朝鮮戦争にも参加した。戦中は英海軍のみが運用したファイアフライだったが、戦後はオーストラリア、カナダ、オランダ、インド、タイ、デンマーク、エチオピア、スウェーデンなどが運用した

ファイアフライ飛行隊は対日戦終了までに8個編成されたが、実戦に参加したのは第1770飛行隊と第1771（空母「インプラカブル」「インドミタブル」）、第1772（空母「インディファティガブル」）の3個飛行隊のみで、1944年11月に英太平洋艦隊へと編入され、インドネシア・サバン島、スマトラ・パレンバン精油所攻撃などに参加している。

このうちパレンバンでは精油所破壊に成功したものの、日本陸軍の二式戦「鍾馗」の精鋭部隊、飛行第八十七戦隊の激しい迎撃と対空砲火により英空母機40機以上が撃墜され、うち16機がファイアフライだったとされる。日本側にはファイアフライ来襲の記録はないが、同じ液冷エンジンで、楕円翼のシーファイアと誤認された可能性がある。

また対日戦最終段階では英空母も米艦隊に編入され本土空襲を実施している。1945年7月10日の東京多摩地区空襲が英空母機初参加とされており、この時ファイアフライが最初に東京上空に侵入した。

1948年9月17日に撮影された、オランダ海軍のファイアフライMk.4。エンジンがグリフォン74に換装されたため、Mk.Iでは機首下にあったラジエーターが主翼付け根前縁に移動している。なおファイアフライは「蛍」という意味だが、欧州のホタルは日本のホタルのように儚いイメージはなく、肉食の獰猛な昆虫と捉えられている

■フェアリー　ファイアフライF.Mk.I

全幅	13.56m（主翼折り畳み時 4.10m）		
全長	11.46m	全高	4.14m
主翼面積	30.47㎡	自重	4,420kg
全備重量	6,360kg		
エンジン	ロールスロイス グリフォンⅡB 液冷V型12気筒（1,730hp）×1		
最大速度	509km/h（高度4,270m）		
上昇時間	3,050mまで5分42秒		
上昇限度	8,530m	航続距離	2,100km
武装	20mm機関砲×4	搭載量	454kg爆弾×2
乗員	2名		

グロスター ミーティア

英国のジェットエンジン開発

グロスター ミーティアはイギリスが開発・配備した初のジェット戦闘機であり、第二次大戦中に連合国側が実戦に投入できた唯一のジェット機でもあった。

そもそも、イギリスはジェットエンジンのパイオニアであった。圧縮した空気と燃料の混合気を燃焼させ、膨張した燃焼ガスを推進力とするジェットエンジンの原理は古くから知られていたが、現代のジェットエンジンに通じるターボジェットの機構を最初に考案したのは、英空軍パイロットにして技術士官だったフランク・ホイットルであり、1930年に特許を取得した。1936年空軍在籍のままパワージェッツ社を立ち上げ、翌年4月初の試作エンジンWU.1の試運転に成功した。

政府資金援助が遅れたことや技術的困難のためその後の開発は難航したが、1940年1月、空軍省はグロスター社に対し、ホイットルW.1（推力390kg）を搭載した実証機E.28/39の製作を発注し、同機は1941年5月15日英国初のジェット機として初飛行に成功した。世界初のジェット機ハインケルHe178の初飛行（1939年8月27日）に遅れること1年9ヵ月であった。

1940年、生産施設の無いパワージェッツ社に代わってローバー（後に撤退）とロールスロイスがホイットルのジェットエンジン製造に乗り出したが、トラブルが続いたため、空軍省はフランク・ハーフォード（後にデハヴィランド）とメトロポリタン・ヴィッカース（メトロヴィック）にもホイットルのエンジン資料を渡した上でジェットエンジン開発を命じている。

一方グロスターは空軍省に対し、やがて完成するであろう実用ジェットエンジンを搭載した戦闘機開発を提案した。これに応じた空軍省は1941年2月6日グロスターに対し、仕様F.9/40によるジェット戦闘機12機（後に8機に削減）の試作を命じた。そして実用型エンジンW.2B（推力726kg）は1942年9月地上における全開テストに成功した。

ジェットの流星(ミーティア)の誕生

グロスターの設計主任技師だったジョージ・カーターはF.9/40設計を進めるにあたって、推力、信頼性ともに低く、しかも実用型量産も始まっていないジェットエンジン搭載を前提とすることから、斬新なデザインを避け、レシプロ双発に近い無難なアレンジ、つまり主翼の中間にエンジンナセルを装備する方式を採用した。唯一進歩的と言えるのは尾輪式をやめて三車輪式（前輪式）降着装置を採用したことだった。

空軍省はF.9/40のシリアルナンバーとしてDG202/G～209/Gを与え、当初「サンダーボルト」の名称を与えたが、アメリカ陸軍航空軍がリパブリックP-47のニックネームとして採用したため、グロスター側の提案でミーティア（Meteor：流星）に変更された。なおシリアル末尾の/Gは極秘であることを示しており、開発中はランページのコードネームを使用した。

1942年、機体は完成に近づいたが、最初に届いたローバー製のW.2B（W.2/500）はタービンブレードの破損が続くなど、飛行可能とは言えないエンジンだった。ロールスロイス製W.2B/23も飛行可能なエンジン量産化に手間取っていたため、空軍省は1942年秋計画中止の検討を始めた。救世主となったのはデハヴィランド ハーフォードH.1で、11月にグロスターに引き渡された。

H.1エンジンは2機に搭載され、1943年1月に地上滑走試験を開始し、3月5日グロスターのテストパイロット、マイケル・ドーントが操縦する5号機（DG206/G）がRAFクランウェル基地で初飛行に成功した。なおH.1はホイットルW.2をベースにハーフォード技師が改良を加えたエンジンで、後にデハヴィランド ゴブリンへと発展する。

残る6機のF.9/40にはパワージェッツ、ロールスロイス、ローバー、メトロヴィックで作られたエンジンが搭載され、それぞれ飛行試験を実施している。これらエンジンのうちメトロヴィックF.2のみが独自の軸流式圧縮機を採用していたが、他はホイットルW.2改良型の遠心式ジェットエンジンであった。

F.9/40は試験飛行で、方向安定性不良や高速時エンジンナセル付近のフラッター、昇降舵が重い、ブレーキの効き不

1945年1月4日、ケント州マンストン空軍基地で撮影されたイギリス空軍第616飛行隊のミーティアF.1（EE227）。ラジオコードはYQ-Y、奥の機体はYQ-X。機首には20mm機関砲の発射口が見える。ミーティアパイロット達はMe262との決闘を望んだが、エンジンが強化されたF.3でも最大速度は793km/hとMe262より100km/hほど遅く、もし交戦しても苦戦は免れなかっただろう

足などの欠陥が明らかとなったが、いずれも致命的なものではなく、順次改良されていくことになった。

量産と実戦配備——Me262との対戦はならず

初飛行後間もなく空軍省は最初の量産型ミーティアF.1×100機（後に20機に削減）生産をグロスターに命じた。F.1のエンジンはロールスロイスがようやく量産に漕ぎつけたW.2B/23（ウェランドと命名）が選ばれた。当初はハーフォードH.1搭載型もF.2として生産する計画で、デハヴィランドに試作6号機（DG207/G）がF.2原型として貸与されたが、H.1エンジン生産型はゴブリンとしてヴァンパイアに優先して搭載されることになったためF.2はキャンセルとなった。

ミーティアF.1の1号機（EE210/G）は1944年1月12日、マイケル・ドーントの操縦でRAFモートン・バレンス基地において初飛行を行なった。F.1は機首に20mmイスパノMk.Ⅲ機関砲4門を搭載したことを除けば試作型とほとんど変わっておらず、生産は順調に進められた。

Me262への対抗上ジェット機の部隊配備を急いだ空軍は、1944年7月12日にRAFカルムヘッドの第616飛行隊（616Sqn）にミーティアF.1配備を開始した。14機のF.1と32名のパイロットが揃った616Sqnは、ケント州RAFマンストンに移動してミーティアの高速を生かし飛行爆弾V-1迎撃任務に就き、7月27日からパトロール飛行を開始した。V-1との初遭遇は8月4日で、最初の20mm砲射撃で弾詰まりを起こしたため、パイロットは、自機の翼端でV-1の翼端を跳ね上げてスピンに入らせるという方法で撃墜、この日僚機も1機をガンで撃墜した。ミーティアはV-E（欧州戦勝利）デイまでに14機のV-1撃墜を記録している。

616Sqnは1944年12月にミーティアF.3を受領した。F.3はロールスロイス ダーウェント（推力910kg、ただし最初の15機はウェランド）を搭載し、ナセル延長、キャノピー改修、燃料タンク増設などが行なわれ、速度と上昇力が向上した。F.3は1945年1月20日ベルギー・ブリュッセル近郊のメルスブローク基地に進出、3月にオランダのギルゼ・レイエン基地へと移動した。

飛行中のミーティアF.4（EE521）。ダーウェントMk.Ⅴエンジンを搭載し、胴体が強化された初の戦後型で、535機が量産された

こちらも1945年1月4日、マンストンで地上要員から給油を受けている616飛行隊のミーティアF.3（EE236）"YQ-H"。F.3はダーウェントMk.ⅠまたはMk.Ⅳエンジンを搭載した初の本格量産型で、210機が生産された

■グロスター ミーティア　F.1

全幅	13.11m	全長	12.62m
全高	4.10m	主翼面積	34.74㎡
自重	4,120kg	全備重量	5,341kg
エンジン	ロールスロイス ウェランド 遠心式ターボジェット（765kg）×2		
最大速度	675km/h（高度9,000m）		
上昇限度	11,280m	航続距離	890km
固定武装	20mm機関砲×4		
乗員	1名		

616Sqnのパイロット達はMe262との対戦を望んだが、英空軍がミーティアのドイツ領内深くへの侵入を禁じていた（墜落、不時着による機密漏洩を恐れたため）ことと、ルフトヴァッフェの活動も末期症状を呈していたため遂に対決は実現せず、ミーティアF.3はもっぱら索敵攻撃任務に従事し、50機近くの地上航空機と車輌などを破壊する戦果を挙げたのみであった。

第二次大戦ではほとんど活躍の場がなかったミーティアだが、戦後はベルギー、アルゼンチン、オーストラリア、イスラエル、オランダ、ブラジル、デンマーク、シリア、フランス、エジプトなど十数ヵ国が運用し、総計3,947機が生産されている。

イギリス空軍機 | 夜間戦闘のみならず対地対艦攻撃、雷撃など、多任務で活躍した偉大なる凡作

ブリストル ボーファイター

旅客機、爆撃機、雷撃機…様々な機種を経て生まれる

エアライナー(旅客機)が長足の発展を遂げていた1930年代、イギリスの名門航空機メーカー・ブリストルでは1934年から全金属製双発高速エアライナーの自主開発に着手していた。そこにデイリーメイル新聞社のオーナー・ロザーメア卿が個人用として高速輸送機製作を発注したことから、6人乗りのタイプ142(エンジンはブリストル・マーキュリーⅣS、650hp双発)を開発し、1935年4月12日に初飛行させた。

このタイプ142は最大速度490km/hを記録し、当時RAF(英空軍)が採用を決めたばかりのグラディエーター複葉戦闘機より80km/hも速い快速ぶりを示した。ブリストルでは抜け目なく同機の軍用機転用型142Mの提案も行なっていたが、フィンランドなど早速その高性能に興味を示す国も現れた。一方ロザーメア卿は同機に「ブリテン・ファースト」のニックネームを付け、軍用型開発の資料とするよう政府航空評議会に寄贈した。

RAFは早速爆撃機型の仕様B.28/35をブリストルに示し、1935年9月、試作段階を飛ばして150機の生産型(他にフィンランド向け10機、リトアニア向け8機)を発注した。こうして生まれたのが高速爆撃機ブレニムで、同機は大戦勃発時にはすでに高速とはいえなくなっていたにもかかわらず高い実用性を発揮、1943年までRAF中爆隊の主力として活躍したほか、約200機のブレニムMk.ⅠがAI(空中迎撃)Mk.Ⅲレーダーを搭載した夜間戦闘機ブレニムMk.ⅠFに改造され、ボーファイター就役まで使用された。

またブリストルは1938年10月にはブレニムのエンジンをマーキュリー30(830hp)からやはり自社製トーラス(1,130hp)に強化し、胴体を再設計して乗員を3名から4名に増やした雷撃機ボーフォートを初飛行させた。本機は1940年以降コースタル・コマンド(沿岸軍団)に配備され、ドイツ艦船攻撃にかなりの戦果を収めた他、太平洋戦域に進出してニューギニアなどで日本軍相手に活躍した。

ボーファイターは、このボーフォートの前部胴体を短縮して2人乗りとし、エンジンをさらに強力なブリストル・ハーキュリーズⅠ-SM(1,300hp)に換装して性能向上を図ったもので、当時流行していた双発長距離戦闘機としてブリストルが自主開発し(社内名、タイプ156)、1939年6月17日に1号機(R2052)を初飛行させた。

本機は設計開始からわずか半年で完成し、しかも最大速度539km/h(高度5,120m)というそこそこの性能を発揮したため、RAFは仕様F.17/39を与えて原型4機と量産型300機を発注した。

最重武装夜戦ボーファイター

快調なスタートを切ったボーファイターだったが、RAFによる実用化テストの過程で、防弾装備や武装を搭載するにつれて性能が低下、量産型と同じエンジン(ハーキュリーズⅢ、1,400hp)2基搭載で、武装、防弾などフル装備の試作3号機(R2054)が1940年6月にテストされた際には最大速度497km/h(高度4,570m)に低下してしまった。

このため量産型ではエンジンナセルのデザインを変更して抵抗減少が図られた他、より強力なハーキュリーズⅣやグリフォンエンジン搭載による性能向上モデルが検討されたが、折からの欧州本土における対独戦の戦局緊迫のため、エンジン換装は後回しにしてとにかく量産が急がれることになった。

性能面では不満のあったボーファイターだったが、当時手薄だった夜間戦闘機には好適な機体と考えられたことから、まず機首にAI.Mk.Ⅳレーダーを搭載したボーファイターMk.ⅠFの量産がブリストル社フィルトン工場で開始された。つまり重くてかさばるレーダーを搭載できる適当な機体がボーファイター以外にはなかったわけで、1940年7月27日最初のⅠF×5機がRAFに引き渡された。

実戦部隊への配備は8月3日にスタートし、徐々に夜戦型ブレニムと交代していったが、11月20日には早くも604Sqn(第604飛行隊)所属機がレーダーを活用してJu88を撃墜し、ボーファイターによる初戦果を記録した。

対独戦の激化によりボーファイターの量産は急ピッチで進められ、ウエストン・スーパー・メアのMAP(航空生産省)新工場や、フェアリー社でもボーファイターの生産ラインが稼働を開始した。RAFの発注数もうなぎ登りに増加し、フィルトンに対して918機、他の2工場には各500機ずつ割り当てられた。これらのうちフィルトン製の最初の50機はイスパノ20mm機関砲4門(各120発)装備で完成したが、それ以降の機体は右翼内に4挺、左翼内に2挺(左翼に着陸灯があったため)、計6挺のブローニング7.7mm機関銃(銃弾各1,000発)を追加装備し、当時最も重武装とな

機首にA.I.Mk.Ⅳレーダーを内蔵した夜戦型のボーファイターMk.IF。ずんぐりむっくりしたシルエットが印象的だ。なお英米の一部の文献では日本兵がボーファイターを恐れて「Whispering Death:ささやく死神」と呼んだと書かれているが、当然ながら日本側にはそのような記録や証言はない

った。

ただしボーファイターの機関砲はドラム給弾方式（1ドラム60発）でドラム交換は手動式という旧式なものだった。その後MAPがフランスからもたらされたリコイル交換方式（Mk.1フィード）を制式採用したが、結局Mk.1フィードが搭載（弾数は各240発に増加）されたのは1941年9月以降のことで、400機のボーファイター初期生産型は手動交換で就役しなければならなかった。

また試作4号機は40mm機関砲テストベッドとして使用され、胴体下面右側にヴィッカース製、左側にロールスロイス製の40mm砲を搭載した。テストの結果はヴィッカース製の方が優秀と判定されたが、結局ボーファイターには採用されずハリケーンに搭載された。

ボーファイターの多彩なバリエーション

◎**ボーファイター Mk. I F**…レーダーを搭載した夜間戦闘機で、初の量産型。エンジンはハーキュリーズⅡまたはXI（1,500hp）×2で、最大速度は高度4,570mで520km/h、上昇力は5,080mまで5分48秒、航続距離は1,800km。

同型はRAF初の夜間戦闘機となったが、AI.Mk.Ⅳレーダーは整備や取り扱いが難しいうえ、低空目標の探知が困難などの欠陥を抱えていたため、よほど熟練したクルーでないとなかなか戦果を挙げることができなかった。だが1941年1月、GCI（地上管制迎撃）システムが導入されたことにより状況は大きく改善された。このシステムによりGCIコントローラーはPPI（plan position indicator）上で味方戦闘機と敵機を同時に追跡可能となり、会敵地点への誘導が迅速かつ正確に行えるようになったからである。

I Fはレーダー未装備のプロトタイプを含めて計615機生産された。

◎**ボーファイター Mk. I C**…1941年に入るとドイツ空軍の英本土爆撃の頻度は大幅に減少し、替わって地中海戦線で使用するコースタル・コマンド向け洋上長距離戦闘機の必要性が生じた。

これに対しブリストルではボーファイターMk. I の翼内機関銃を取り除いて燃料タンク

第255飛行隊の夜戦型ボーファイターMk.ⅡF（R2402）“YD-G”。リンカンシャー州ハイバルドストウ空軍基地。レーダーはMk.Iと同じA.I.Mk.Ⅳだが、液冷のマーリンエンジンを搭載しており、空冷機とは相応に印象が異なる。この機体の尾翼は水平だが、安定性向上のためMk.Ⅱの途中から上反角が付くことになる

（336L）を増設し、DF（方向探知）ループアンテナ、航法士用テーブルなどを追加したモデルを提案し、I F改造機によりテストを開始した。この結果まず生産ライン上のボーファイターI F×80機が長距離型に転換されることになり、配備を急ぐため翼内の改造を取りやめ、胴体機関砲ベイの間に227L燃料タンクを搭載して生産された。

このモデルはファイターコマンド向けのI Fに対してMk. I C（Coastal）と命名され41年3月に252Sqn（第252飛行隊）への配属が開始された。同隊のボーファイターI Cは5月初めにマルタ島に派遣され、同月中にエジプトにも展開した。これ以後地中海、北アフリカ戦線のボーファイターMk. I Cは次第に増強され、主力戦闘攻撃機の座についた。

I Cは計300機が生産され、一部の機は防塵フィルターなどを装備した砂漠仕様として生産された。

◎**ボーファイター Mk. Ⅱ**…当初から懸案となっていたボーファイターのエンジン強化は、ハーキュリーズⅥの生産遅延、グリフォンの他機への優先供給などによりなかなか進まず、加えてハーキュリーズXが四発爆撃機スターリングに搭載されたため不足気味となった。このためブリストルはボーファイター用エンジンとして、高々度性能に優れた液冷のRRマーリンXX（20）（1,480hp）を選択した。そしてここでも配備を急ぐためアブロ・ランカスターの外側エンジンナセルを流用し、防火壁、取り付け部など最小限の改造によるエ

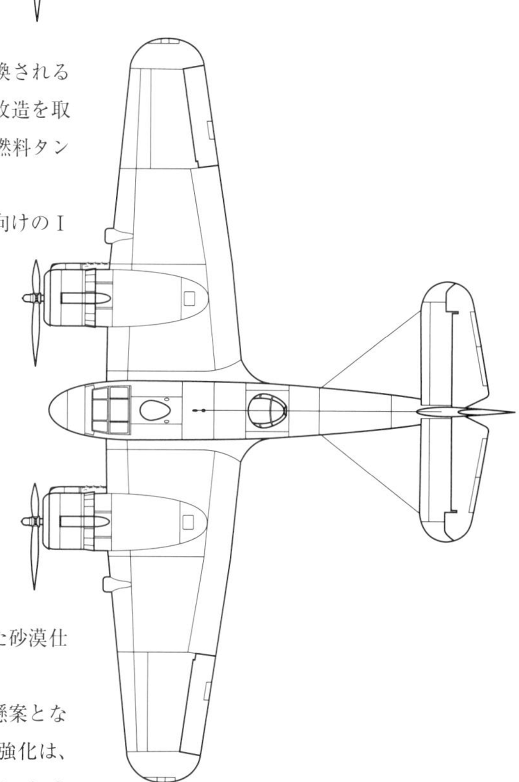

■ブリストル ボーファイターTF.Mk.X

全幅	17.64m	全長	12.71m
全高	4.83m	主翼面積	46.7㎡
自重	7,072kg	最大離陸重量	11,521kg
エンジン	ブリストル ハーキュリーズXⅦ 空冷複列星型14気筒（1,735hp）×2		
最大速度	510km/h（高度3,000m）		
上昇力	2,900mまで7分12秒		
上昇限度	5,800m	航続距離	2,478km
固定武装	20mm機関砲×4、7.7mm機関銃×1（旋回式銃座）		
搭載兵装	454kg爆弾×2、728kgまたは954kg魚雷×1、ロケット弾×8		
乗員	2名		

ンジン換装が行われた。

マーリン搭載型はボーファイターMk.IIと命名され、当初はマーリンXXが間に合わなかったため、マーリンXを装備した改造1号機（R2058）が1940年7月にテストフライトを開始した。量産型ボーファイターMk.IIの1号機は1941年3月22日に初飛行し、以後フィルトン工場で450機生産されたが、これらはすべてレーダーを搭載した夜戦型Mk.IIFとして完成した。

IIFは高度6,160mで最大速度516km/hを出したが、低空での性能はI型より劣るうえ離陸性能が悪化し、またエンジンが前方に突き出したため離陸時の方向安定性も低下した。

安定性不良への対策としては、垂直尾翼の大型化や双垂直尾翼型式がテストされたが、最終的に水平尾翼に12度の上反角を付けることで解決され、これ以後のボーファイター各型に適用されることになった。

なおII型プロトタイプ1機（R2061）はマーリン61、生産型1機（T3177）はグリフォンIIBのテストベッドとして使用された。

◎ボーファイターMk.III/IV/V…未完成、あるいはテストのみのモデル。

◎ボーファイターMk.VIF/VIC…ランカスターの生産増大によりマーリンXXの供給も不十分となってきたことから、ブリストルではボーファイターへのハーキュリーズVI（1,670hp/高度2,290m）の搭載を望み、2機のボーファイターに同エンジンを積んでテストを続けていた。

ボーファイターMk.VIと名づけられたハーキュリーズVI搭載型の生産は、1941年後半になってようやく開始され、AI.Mk.IVレーダーを装備したVIFの部隊配備が1942年初めに開始された。VIFは高度4,750mで536km/hを出し、I/IIよりわずかに性能が向上したが、この時期になると英本土防空より、大陸への夜間侵攻がボーファイターの主任務となっていたため速度より航続力のほうが重視され、VIFの航続距離は過荷状態（重量9,800kg）で2,380kmに延長された。

また1943年春にはNo.255Sqn、600SqnのVIFが夜戦型ボーファイターとしては初めて北アフリカに派遣され、イタリア上陸作戦の夜間CAP、独輸送機の夜間迎撃などに活躍したほか、当時夜間戦闘機が不足していた米陸軍航空軍にも相当数が供与された。

コースタル・コマンド向けボーファイターMk.VICの配備も42年にスタートし、北海からビスケー湾にいたるまで広い海域でドイツ艦船攻撃、Uボート狩りに目覚しい活躍を始めたほか、それまで連合軍の輸送船に恐れられたFw200長距離哨戒爆撃機の活動を封じることにも成功した。ちなみにVICの航続距離は翼内に増加タンクを装備したため2,900km以上となっていた。

ボーファイターVIは生産途中で多くの改造を受けたが、まず1942年にC、F双方に爆弾架が追加されたほか、同年中にVIFにはセンチメートル波を使用するAI.Mk.VIIレーダーが導入された。Mk.VIIレーダーは、従来のAI.Mk.IVのアローヘッド型アンテナに替わってディッシュ型アンテナを最初に採用したレーダーで、ボーファイターの短いノーズにレドームが追加装備された。また更に能力の向上したAI.Mk.VIIIレーダーが完成し、ボーファイターMk.VIF後期生産型に搭載されていった。

一方、VICに対しては1942年初頭にブリストルが魚雷搭載能力付加を提案し、4月にVIC×1機が英国製（直径46cm）、米国製（同57cm）いずれの魚雷も搭載できるように改造され、ゴスポートの魚雷開発隊に送られた。同機はテスト中に墜落してしまったが、雷撃機としての優秀性は認められ、ボーフォートの後継機として生産されることになった。

まず60機のボーファイターMk.VICに魚雷懸架装置が装備されMk.VI（ITF）と呼称されることになったが、このITFとは臨時雷撃戦闘機を意味していた。これはハーキュリーズVIが高空対応型エンジンのため低空作戦の多いコースタル・コマンドには不向きであり、間に合わせの機体とされたためで、間もなく本格的雷撃戦闘機TF.Xが開発されることになった。Mk.VIの生産数は計1,831機。

◎ボーファイターTF.Mk.X…過給器を低高度用に改良したハーキュリーズXVII（17）（1,735hp/高度150m）を搭載したコースタル・コマンド向け雷撃戦闘機。ボーファイターMk.Xはそれまで観測員席だった後部シートに7.7mm旋回機関銃を装備して生産され、生

アメリカ陸軍第416夜間戦闘飛行隊のボーファイターMk.VIF。1943年11月、イタリア・タラント近郊のグロッターリエ基地。米陸軍航空軍の夜戦隊もP-61が配備されるまではボーファイターやモスキートを運用していた。Mk.VIは胴体下に20mm機関砲4門、左右主翼には機関銃6挺（左に2挺、右に4挺）という重武装だった

南アフリカ空軍第16飛行隊と英空軍第227飛行隊のクルーが、ボーファイターTF.Mk.Xの前で座って打ち合わせをしている。1944年8月14日、イタリア・ビフェルノ。TF.Mk.Xの翼内機関銃は撤去されているが、主翼下にはロケット弾8発を搭載している

産途中で外翼下面に8基のロケット弾ランチャーを追加装備したほか、一部の機は水上艦艇捜索用にAI.Mk.Ⅶレーダーを搭載した。

ボーファイターによるロケット弾攻撃は艦船に対して非常に効果的で、1944年8月28日にはトリエステ港内で23,600トンのイタリア客船「ジュリオ・チェーザレ」を大破炎上させ、その10日後には51,000トンの同「レックス」をトリエステ沖で捉え、55発のロケット弾を吃水線下に射ち込んで撃沈した。

ボーファイター Mk.Ⅹは上記の装備追加に加えて無線・航法装置も追加されたため重量が増加し、水平尾翼の上反角ではカバーしきれないほど安定性が悪化した。このため昇降舵の面積を拡大するとともに、垂直尾翼前方に背びれのような大型のドーサルフィンが設けられた。Mk.Ⅹの生産数は計2,205機となり、各型のうち最多量産モデルとなった。

◎**ボーファイター Mk.ⅩⅠ（11）C**…ボーファイター Mk.Ⅹから魚雷搭載装備を取り除いたモデルで、コースタル・コマンド向けに163機生産。

◎**ボーファイター Mk.ⅩⅩⅠ（21）**…オーストラリア製ボーファイターで、細部を除きMk.Ⅹと同じ機体。豪空軍は54機のボーファイター Mk.ⅠCを使用していたが、対日戦のためより多くの機体が必要となり、ライセンス生産されることになった。1号機（A8-1）は1944年5月26日に初飛行し、対日戦終了までに364機生産された。

豪州製ボーファイターは、当初ハーキュリーズエンジンの供給不足が懸念されたため、ⅠCに米国製ライト・ダブルサイクロンを搭載してテストされたが、結局ハーキュリーズⅩⅧ（ⅩⅦの改良型）装備で生産されることになった。Mk.Ⅹとの最大の相違点は翼内機関銃が7.7mm6挺から12.7mm4挺に変わったことと、機首にスペリー製オートパイロットを搭載したためキャノピー前方にふくらみが付いたこと。

◎**ボーファイター TT.Mk.Ⅹ**…戦後余剰となったMk.Ⅹを標的曳航機に改造したもの。

適材適所によって名機となったボーファイター

ボーファイターは他の双発戦闘機に比べて取り立てて高性能という機体ではなかった。これは原設計が古いことと、太くてズングリした胴体にも見られるように空気抵抗が大きかったことなどに起因する。しかしその生産数はイギリスでは5,564機、オーストラリアでは364機、計5,928機で、ドイツのBf110に匹敵する数に達している。

ボーファイターの生涯に最もピッタリ当てはまるのは「適材適所」という言葉である。長距離戦闘機として開発されたにもかかわらず、その性能が不足していることに気づいたRAFは、キャパシティの大きさを生かしてレーダー装備の夜間戦闘機として起用し、より高性能の夜戦型モスキートが就役するまで英国の夜間防空にあたらせた。

次いで洋上長距離作戦の必要性が高まると、RAFはボーファイターの兵装搭載量と航続力の大きさを生かしたコースタル・コマンド用の戦闘攻撃機として英国沿岸及び地中海戦域、太平洋戦域で大いに活躍させた。垢抜けないスタイル同様、空中戦で大活躍するといった派手で恰好の良い実績こそ残していないものの、あらゆる戦域で敵側艦船、軍事拠点に大打撃を与えることに成功しているのだ。

ボーファイターは特に優れたところもない、凡庸といっても良い戦闘攻撃機だが、Ⅱ型を除けばメンテナンスの楽な空冷エンジンを使用するなど実用性、信頼性が高く、機体が頑丈であったことも北アフリカなどの過酷な条件の戦場では有利な点であった。こうした特質を生かしたRAFの用兵の巧みさが本機の名声を高めたといえるであろう。

ボーファイターMk.ⅠF/C

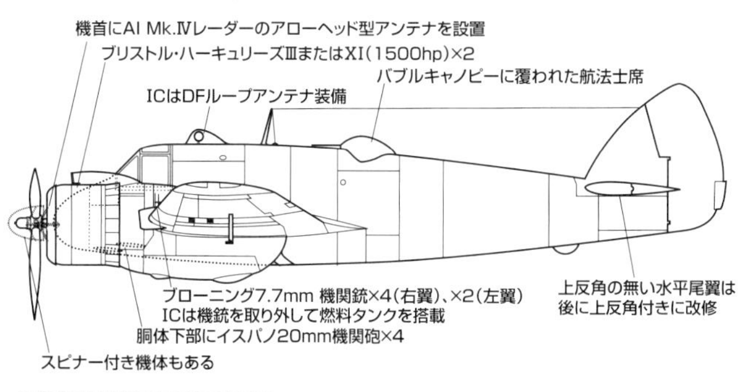

ボーファイターMk.ⅥF/C

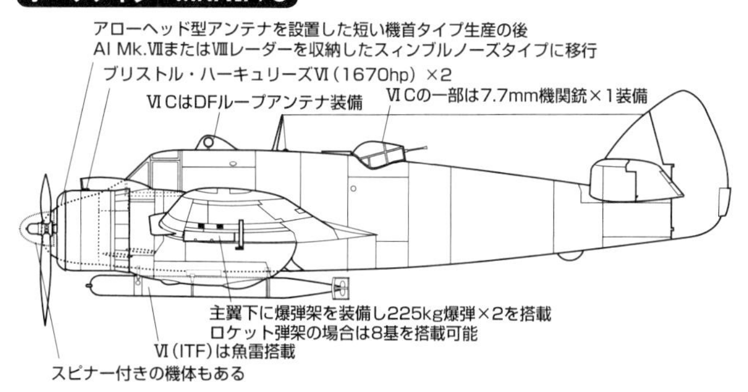

ボーファイターMk.Ⅱ/Ⅴ

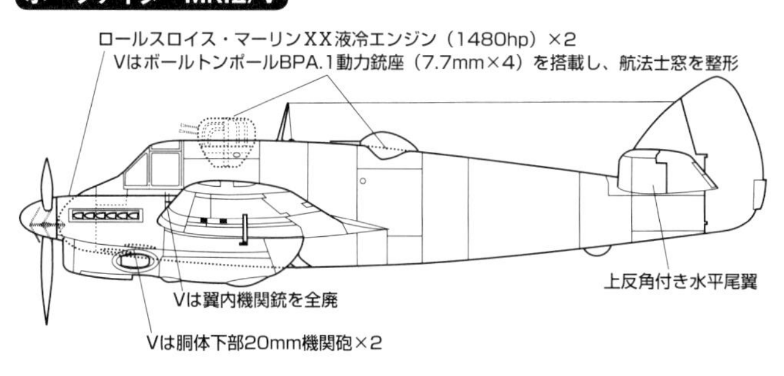

ボーファイターTF.Mk.Ⅹ

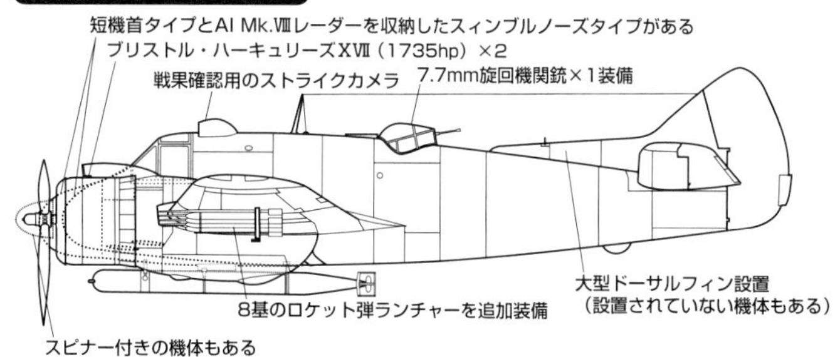

デハヴィランド モスキート

デハヴィランドと高速木製機

デハヴィランド社は第一次大戦中に有能な航空機設計者として頭角を現した、ジェフリー・デハヴィランドによって1920年に創設されたイギリスの名門航空機メーカーである。

以来多くの木金混製複葉輸送機、軽飛行機を生産してきたが、スピードへの挑戦にも意欲的で、1927年にはD.H.71低翼単葉レーサーを製作したほか、1933年には長距離レース、マクファーソン・ロバートソン・カップ競技に参加するためD.H.88コメットを開発、見事に優勝を獲得した。このD.H.88はスプルース材（トウヒ、エゾ松の一種）を使用した全木製モノコック構造の低翼単葉双発機で、優れた空力設計により354km/hで4,700kmを飛行することができた。

続いて同社は1937年にジプシー12（525hp）四発の、やはり全木製長距離旅客/郵便機D.H.91アルバトロスを完成させているが、これら2機種の開発により軽量で強固な木製モノコック構造や低抵抗の空力デザインなど、モスキート誕生のための技術的基盤を確立したといえよう。

1938年、デハヴィランドはこうした木製高速機製作の経験をもとに、アルバトロスを小型化しロールスロイス マーリンエンジンを双発にしたような高速爆撃機開発を英航空省に提案した。乗員をパイロットと爆撃/航法士の2名だけとして、戦闘機を上回る高速により防御兵装を全廃するという画期的計画だったが、時代の趨勢に逆行する木製機は必要なしとして却下されてしまった。同社では自主開発を続けていたが、1939年9月第二次大戦が始まったことによりその提案が見直されることになった。戦略物資であるアルミ合金の不足が予測されたことから、全木製機という点に注目が集まったのである。

1939年12月29日、航空省はデハヴィランドの設計案に対する公式の試作許可を与え、翌年3月1日には仕様B.1/40、D.H.98モスキートの名称でプロトタイプを含む50機の製作をオーダーした。これを受けてデハヴィランドでは独空軍の空襲を避けるためと隠密裡に開発するため、ロンドン郊外、ソールズベリーホールに設けられたワークショップで、ロナルドE.ビショップ技師をチーフデザイナーとしてプロトタイプ製作を開始した。

試作機試験中から高性能を発揮、早速実戦へ

爆撃機型原型1号機（E0234、後にW4050）は、完成後デハヴィランド本社工場のあるハットフィールドに移され、1940年11月25日、チーフテストパイロット、ジェフリー・デハヴィランド・ジュニア（創業者の長男）の操縦で初飛行に成功した。同社は事前にモスキートはスピットファイアより高速と報告していたが、航空省、空軍とも懐疑的であった。

ところが1941年2月ボスコムダウンで空軍によるテストが開始されるやいなや、モスキートの最大速度は630km/hを超えることが判明し、スピットどころか当時実用化されていたどの戦闘機よりも高速であることが実証されたのである。

1号機に続いて完成したのは戦闘機型（仕様F.21/40）のプロトタイプとなる3号機モスキートⅡ（W4052）で、分解・輸送の手間を省くためソールズベリーホールで1941年5月15日、やはりジェフリーJr.の操縦で初飛行に成功した。本機は主翼主桁が強化され、ウインドシールド（風防：キャノピー前面ガラス）が防弾型フラットタイプとなったのに加え、機首下面に20mm機関砲4門、機首先端に7.7mm機関銃4挺を搭載した。

3番目に完成したのは写真偵察機型原型のモスキートMk.Ⅰ（W4051）で、1941年7月10日に初飛行を行った。偵察型は翌月ベンソン基地のPRU（写真偵察隊）への配備が始められ、9月20日にはW4055機がブレスト、ボルドーへの偵察作戦を実施し、モスキート初の実戦参加を記録した。

結局当初発注された50機のうち原型を含めて29機が戦闘機型モスキートF.Mk.Ⅱとして作られ、そのうち2機は砲塔装備型（後にキャンセル）テスト機、4機は複式操縦装置付き（練習機型T.Mk.Ⅰ原型）、残る22機がMk.Ⅱ生産型として作られた。

この時期各国で双発高速爆撃機・戦闘機の開発が行われていたが、様々なトラブルに見舞われている例が多く見られた。しかしモスキートの場合は試作開始からプロトタイプ1号機初飛行までわずか11

イングランドのハートフォードシャー州ハンズドン空軍基地に展開していたニュージーランド空軍第487飛行隊所属のモスキートFB.Mk.Ⅵシリーズ2（MM417）"EG-T"。1944年2月28日撮影。500ポンド（227kg）爆弾を左右主翼に1発ずつ搭載している。モスキートFB.Mk.Ⅵからは主翼下に爆弾を懸吊できるようになった

ヵ月しかかからず、試験飛行中も安定性、操縦性、それにエンジンなど、どの部分をとっても大きな問題は発生せず、わずかに改修を要したのはエンジンナセル後方の気流が尾翼にバフェットを発生させたため、ナセル後端を延長したことだけであった。その結果偵察型の初出撃は初飛行からわずか10ヵ月後、爆撃機タイプも1年半後の1942年5月31日にケルン爆撃を敢行し、初の実戦参加を記録した。

モスキートの胴体は、バルサ材をサンドイッチしたシーダー材（ヒマラヤ杉）合板を圧力整形することにより左右分割して製作され、内部のパイプ、ケーブル類、装備品などを組み付けた後、左右を接着するという方法で作られていた。例えてみればモナカの皮みたいなものだが、構造としては完全なモノコックであり、十分な強度を備えていた。

また主翼は2本の主桁、リブ、外皮ともスプルースを主材とした木製モノコック構造であり、これもデハヴィランドの長い経験に裏打ちされた強靭なものであった。結局金属材料は脚関係、エンジンマウントおよびナセルカバー、動翼の一部などに使用されているだけで、自重6,060kg（戦闘機型）のうちわずか127kgを占めるにすぎなかった。

一般に木製機は十分な強度を持たせようとすると金属製機に較べて重くなるのが普通だが、モスキートの自重は6,400kg程度で双発戦闘機としては平均的な数字に収まっている点が成功の一因といえる。なお木製機の利点としては、材料調達の容易さや、各種の木工職人を動員できることが挙げられるが、忘れてはならないのは表面を平滑に仕上げることができることで、この点がモスキートの高速達成に大きく貢献したといえる。

戦闘機型モスキートのバリエーション

モスキートの総生産数は7,781機（カナダ、オーストラリア生産分を含む、うち大戦中に完成したのは6,710機）、そのバリエーションは試作型や改造型を含めると43種という多数に上り、そのうち戦闘機タイプの派生型は18種（うち4種は計画のみ）を占めている。以下に戦闘機型の主なバリエーションを示そう。

初期の夜戦型であるモスキートNF.Mk.Ⅱ（DD750）。第25飛行隊所属の機体。この機体にはAIレーダーは装備されていない。この機体は1943年3月22日、山岳に衝突して失われた

◎F.Mk.Ⅱ …最初に量産された戦闘機モデルで、589機生産された。大部分の機体はAI.Mk.ⅣまたはMk.Ⅴレーダー（AIはエア・インターセプト／機上迎撃を示す）を装備した夜間戦闘機として完成し、NF.Mk.Ⅱとも呼ばれた。エンジンはマーリン21、23で、離昇出力はそれぞれ1,280/1,390hp、両モデルとも高度3,730mでは1,480hpを発揮した。

Mk.Ⅱは武装、レーダーの搭載による重量増加と、機首のV形レーダーアンテナの抵抗などにより最大速度は595km/h（高度6,700m）に低下したが、対爆撃機夜間迎撃には十分な高速であり、レーダーや強力な武装と相まって当時最強の夜間戦闘機といえた。

Mk.Ⅱのデリバリーは1942年4月に開始され、第157、第151飛行隊に配備されて本土防空の任務に就き、後者は5月28日夜、初の敵機迎撃（撃墜未確認）を記録した。

◎FB.Mk.Ⅵ…Mk.Ⅱからレーダーを取り外し、250ポンド（113kg）爆弾を胴体内に2発、主翼下に2発（シリーズ1）搭載できるようにした戦闘爆撃機型で、後に500ポンド（227kg）爆弾搭載可能なシリーズ2の生産に切り替えられた。合計2,305機生産された、モスキートの最多量産モデル。

エンジンはマーリン21、23、または低空でのブーストを上げたマーリン25（離昇1,620hp、高度2,900mで1,500hp）を装備した。主翼の兵装は機雷、対潜爆雷2発、またはロケット弾8発とすることもできた。なお固定武装はMk.Ⅱに同じである。量産1号機は1943年2月に初飛行し、翌月から部隊配備が始められた。

◎NF.Mk.ⅩⅡ（12）…Mk.Ⅱのレーダーを、ディッシュアンテナ装備型のセンチメートル波レーダーAI.Mk.Ⅷに換装した夜間戦闘機。エンジンはマーリン21または23で変わらなかったが、機首のV形アンテナと7.7mm機関銃4挺を廃止してスィンブル（円筒型）レドームを装備したことにより、最大速度は634km/h（高度4,200m）に向上した。

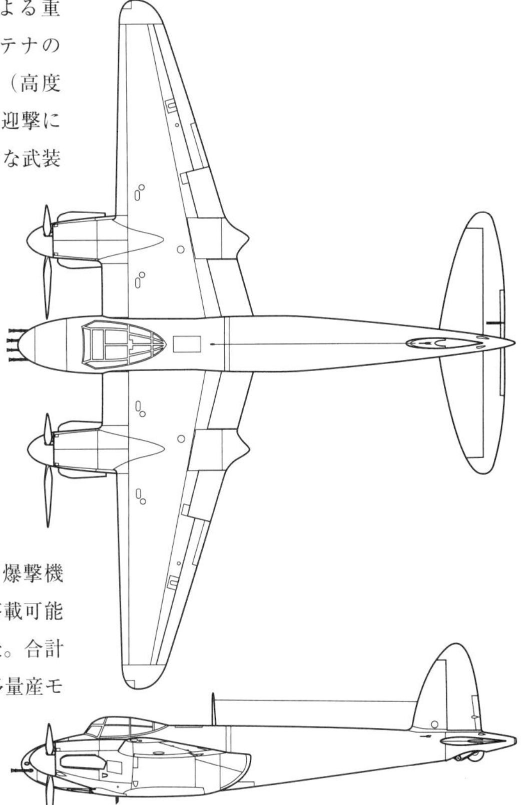

■デハヴィランド モスキートFB Mk.Ⅵ

全幅	16.51m	全長	12.55m
全高	5.31m	主翼面積	42.2㎡
自重	6,506kg	全備重量	10,124kg
エンジン	ロールス・ロイス マーリン25 液冷V型12気筒（1,640hp）×2		
最大速度	611km/h（高度6,600m）		
上昇力	6,100mまで12分51秒		
上昇限度	9,100m		
航続距離	1,940km（増槽使用で2,745km）		
固定武装	20mm機関砲×4、7.7mm機関銃×4		
搭載兵装	227kg爆弾×4、ロケット弾×8		
乗員	2名		

1942年8月に改造原型が初飛行してテストされた後、リーヴスデン工場で完成したMk.Ⅱ、97機がマーシャル社でMk.Ⅻに改造され、43年2月にデリバリーが開始された。本機を最初に配備されたのは第85飛行隊で、4月14日夜、英本土防空戦で初の戦果（Do217×2機）を記録した。

◎NF.Mk.ⅩⅢ（13）…戦闘爆撃機型であるFB.Mk.Ⅵの主翼を採用した夜間戦闘機。レーダーはAI.Mk.Ⅷで、スィンブルタイプまたは大型のブルタイプレドーム（ユニバーサルノーズ）を装備した。落下増槽、爆弾などを搭載可能となったため、防空戦闘以外に夜間侵攻作戦などにも使用できる多用途機となり、270機生産されて1944年2月以降部隊配備が開始された。エンジンはマーリン21、23、25のいずれかで、最大速度は高度4,200mで634km/hを発揮した。

◎NF.Mk.ⅩⅤ（15）…ドイツ空軍の高々度爆撃機や高々度偵察機ユンカースJu86P迎撃のために開発された迎撃戦闘機。原型は機首に7.7mm機関銃4挺を装備する単座型として1942年9月14日に初飛行を行ったが、後にAI.Mk.Ⅷレーダー装備の複座型（機関銃は腹部のトレイに搭載）に改造された。エンジンは2段2速過給器付きのマーリン72/73（高度8,000mで1,650hp発揮）を搭載し、4枚プロペラと与圧キャビン、延長型の主翼（スパンを1.19m拡大）を持っていた。原型のほかに4機製作され、これらはやはり2段2速過給のマーリン61、77を搭載していた。

Mk.ⅩⅤは高度10,000mで579km/h、上昇限度13,700m以上という優秀な高々度性能を有し、1942年9月以降ロンドン郊外のノースホルトで迎撃態勢に就いたが、結局ドイツ側の高々度作戦が行われなくなってしまったため実績を残すことなく、与圧キャビンテスト機などへ転用されてしまった。

◎FB.Mk.ⅩⅧ（18）…Mk.Ⅵから20mm機関砲4門を取り外し（7.7mm機関銃4挺装備は変わらず）、モリンズ57mm対戦車砲（6ポンド砲）を搭載した、コースタル・コマンド（沿岸軍団）向けのUボート/艦艇攻撃機で、コクピットとエンジン周りには重装甲が施されていた。

対戦車砲を改造した57mm砲（6ポンド砲）を機首に搭載する重武装型、モスキートFB.Mk.Ⅷ"ツェツェ"（NT225）。この機体はコーンウォール州ポーツレス基地の英空軍第248飛行隊の機体で、機首補強のため機首の7.7mm機関銃が2挺に減らされている。1944年8月5日。上空警戒のモスキートFB.MK.Ⅵとチームを組んで、ビスケー湾の艦船攻撃などを行った

高高度を飛ぶ第544飛行隊のモスキートPR.Mk.ⅩⅥ（16）（NS502）、1944年12月撮影。同隊はオックスフォードシャー州ベンソン空軍基地に展開していた。PRとは写真偵察の略。同機の最大の特徴である天測用ブリスター（キャノピー上の透明ドーム）が良く分かる。高高度飛行に備え与圧キャビンを装備したタイプで、1943年7月に初飛行、同年末に実戦投入された。総生産数は432機

57mm砲（弾数25発）は重量800kg以上という重い野戦用兵器だが威力は抜群で、本機にはツェツェ（人を刺すアフリカのハエ）のニックネームが与えられた。エンジンは低空に強いマーリン25で、27機（18機の説もある）がMk.Ⅵから改造され、1943年11月に部隊配備が開始された。

◎NF.Mk.30…Mk.16から発達した高々度夜戦型。2段2速過給器装備のマーリン72（1,680hp/高度8,000m、最初の70機）、またはマーリン76（1,710hp/8,000m、460機）を装備し、ユニバーサルタイプのレドームにAI.Mk.Ⅹまたは SCR720レーダーを搭載した。

本機は与圧キャビンを持たなかったものの、高度8,000mで最大速度682km/h、航続距離1,900kmという優秀な性能を発揮し、1944年6月の配備開始以後、英本土防空とドイツ夜間爆撃に向かう重爆隊エスコートの両任務に目覚しい活躍を見せた。

◎TR.Mk.33…Mk.Ⅵから発達した英海軍向け三座艦上型で、雷/爆撃・戦闘・偵察任務が可能な多用途機。エンジンはマーリン25（4枚プロペラ）、機首にASH捜索レーダーを内蔵した小型レドームを装備、艦上機だけに着艦フックも装着していた。固定武装は20mm4門、胴体下面に2,000ポンド（908kg）魚雷、機雷、爆弾を搭載する他、後部爆弾倉に500ポンド爆弾2発、主翼下にも爆弾、ロケット弾、増槽を搭載可能だった。

Mk.Ⅵ改造の原型2機が1944年にテストされたが、生産型1号機の初飛行は戦後の1945年11月となり、50機生産された。なお主翼折り畳み機構は14号機以降の機に採用された。

戦闘機型モスキートの戦歴

夜戦型モスキートNF.Mk.Ⅰが英本土防空任務に就いた1942年春は、バトル・オブ・ブリテン終結から1年以上経過していたが、Ju88/188、Do217といった高速爆撃機の少数編隊による爆撃が続けられており、1943年に入るとFw190やMe410などの戦闘機によるヒット・エンド・ラン攻撃も開始された。モスキートは主として夜間に来襲するこれらの侵入機に対し、高速とレーダー、それに重武装を利して迎撃作戦に活躍した。

またモスキートは敵地上空への侵入作戦、いわゆるイントルーダー任務にも高い能力を発揮し、この任務を最初に実施した第23飛行隊は、1942年7月6日にF.Mk. IIを受領すると、翌日と翌々日、フランス上空で立て続けにDo217を撃墜した。1942年後半には次々にモスキート部隊が編成され、第23飛行隊がマルタに去った後、イントルーダー作戦を継承した。

一方、敵地に侵入して地上目標を索敵・攻撃する作戦にも当初はMk. IIが投入されたが、1943年3月には第418飛行隊が最初の戦闘爆撃機型モスキートFB.Mk. VI装備部隊となって、同任務に参加し、鉄道、軍需物資集積場などの攻撃に猛威をふるった。

1943年10月になると、モスキートNF. II、FB. VIがドイツ本土の夜間爆撃作戦を行う重爆編隊のエスコート任務に就くようになった。モスキートの役割は爆撃機隊より先に進出して、独防空戦闘機基地を叩くことや爆撃目標への先導（パスファインダー）、爆撃機に随伴して独夜間戦闘機を撃破する直接援護戦闘など、広範囲にわたった。やがて優秀なレーダーを搭載し、スピードも向上したNF.Mk. XIII、Mk.30といった新型夜戦が登場し、ドイツ夜間戦闘機隊の活動を大きく阻害した。

夜戦型モスキート本来の任務である本土防空作戦は、1944年後半に入ると同時に再び活発化した。Dデイ（ノルマンディー上陸作戦開始）から6日後の6月12日夜以降、V-1飛行爆弾のロンドン襲来が開始されたからで、モスキートは高速とレーダー索敵能力を生かして、V-1夜間迎撃に活躍した。

ドイツのV兵器は大きな脅威であり、連合軍側はクロスボウ作戦と名づけた一連のV-1発射サイト撃滅作戦を展開したが、ここでもモスキートの戦闘爆撃機型（主としてFB.Mk. VI）が大活躍を見せた。フランス沿岸部のV-1発射サイトをしらみつぶしに爆撃するノーボール作戦は1943年12月に開始され、やがてベルギー、オランダ沿岸のサイトへと攻撃目標を拡大していった。

これらの作戦の戦後のレポートによれば、大型4発爆撃機は1個のサイトを破壊するのに平均6.5トンの爆弾を必要とし、サイト1個破壊と引き換えに1.1機の損失機を出したが、モスキートは低空から正確な爆撃を行うため、平均2.1トンの爆弾でサイト1個を破壊し、損失機も0.87機に留まったとされている。

マーリン72を2基搭載して682km/hを発揮、高性能のSCR.720/729（AI Mk. X）レーダーを機首に内蔵するモスキートNF.Mk.30（MM687）。火力は機首下の20mm機関砲4門と平均的だが、He219やP-61を総合力で圧倒しており、Me262を除けば第二次大戦最強の夜戦といえる。なおイギリス空軍の著名な夜戦エースには、モスキートで21機を撃墜した第85飛行隊のブランサム・バーブリッジ中佐（21機撃墜/英空軍夜戦エーストップ）や、第85飛行隊の隊長ジョン・カニンガム大佐（ボーファイターで16機、モスキートで4機撃墜）らがいる

「蚊」の本領発揮、低空精密爆撃

低空精密爆撃はまさにモスキートの独壇場とも言うべき攻撃法で、目標が独軍占領地の市街地にあってピンポイントの正確さで狙わないと、市民に被害を及ぼすおそれが大きいといった爆撃作戦を度々成功させた。この種の作戦の最初のものは1942年9月のノルウェー・オスロのゲシュタポ司令部急襲だが、これにはB.Mk. IVが使用された。

また、1943年1月30日にはモスキートによる初のベルリン昼間爆撃が行われた。この日のベルリンではヒトラーの政権樹立10周年を記念したゲーリングとゲッベルスの記念祝辞放送が行われており、その放送をぶちこわしにしたモスキートはまさに「蚊」の名にふさわしい嫌がらせを行ったのだ。

FB. VIによる有名な低空精密爆撃は、1944年2月18日に行われたフランス、アミアン刑務所の塀を破壊し、囚われていたレジスタンスの逃亡を助けようとしたジェリコー作戦だった。この爆撃により約100人の囚人が死亡したものの、250人以上が脱出に成功した（ただし182人が再逮捕されている）。

その後も、1944年4月11日オランダ・ハーグの5階建てゲシュタポ司令部爆撃、同10月31日デンマーク・アールフス大学内に作られたゲシュタポ施設の爆撃、1945年3月2日のコペンハーゲン・シェルハウスのゲシュタポ司令部急襲、4月17日デンマーク、オーデンセのゲシュタポ司令部爆撃など、戦闘爆撃機としてのモスキートは政治的にも象徴的な戦果を多数を挙げた。

対独戦における戦闘機型モスキートの活動でもう一つ触れなければならないのは洋上作戦で、1943年10月コースタル・コマンドにモスキートFB. VII、それに少し遅れて“ツェツェ”ことFB.Mk. XVIII (18) が配備され、大西洋、ビスケー湾からノルウェー沿岸にいたるまでの広大な海域で対艦船攻撃作戦を開始した。ツェツェの6ポンド砲は、Uボートや小型艦艇に対して致命的な威力を発揮し、また60ポンド（27kg）ロケット弾8発の一斉発射は大型艦船をも撃沈することが可能だった。

1945年5月7日のV-Eデイ（ヨーロッパ戦線勝利日）近くになると、コースタル・コマンドのモスキートは熾烈な対空砲火をかいくぐって、ドイツ国内のキール、ドルトムント、カイザーヴィルヘルムなどの運河地帯への超低空機雷撒布も実施しており、これなどもモスキートならではの作戦といえよう。

最後に対日戦におけるモスキートだが、1943年11月、インド、ビルマ方面に初めてFB. VIと写真偵察型のPR. IXが進出した。当初は偵察作戦がメインで、連合軍反撃のため東南アジア全土の日本軍拠点偵察と地図作成用写真撮影を実施した。

戦闘爆撃機としての活動を開始したのは1944年2月で、高速を利して飛行場、軍事施設の攻撃に活躍した。同戦域の日本軍主力戦闘機は鈍足の一式戦だったからスピードの差は歴然、ほとんど勝負にはならなかったが、

それでも飛行第六十四戦隊の黒江保彦大尉（当時）は待ち伏せ攻撃により1機を撃墜した。なおこの機の残骸は後に木製機開発のための資料として日本に送られたが、結局日本軍は敗戦までに優秀な木製機を完成させることはできなかった。

ただしモスキートといえども、有数のモンスーン地帯であるCBI戦線における運用では木材の腐食とカビの発生、それに接着剤の劣化に相当悩まされたのも事実で、空中分解事故の発生により飛行停止という事態を招いたこともあった。

モスキートプロトタイプ/PR.Mk.Ⅰ

ニードルブレードタイプの3翅プロペラ
RR マーリン21（1480hp）
胴体補強帯
排気管
短いナセル後端
カメラ窓（PR.Ⅰのみ）
PR.Ⅰは全幅を508mm延長
胴体下部垂直カメラ窓×2（PR.Ⅰのみ）
偵察型透明機首窓

モスキートF/NF.Mk.Ⅱ

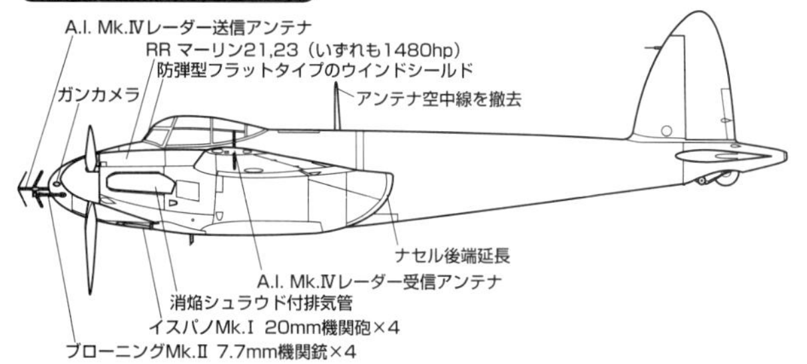

モスキートFB.Mk.Ⅵ

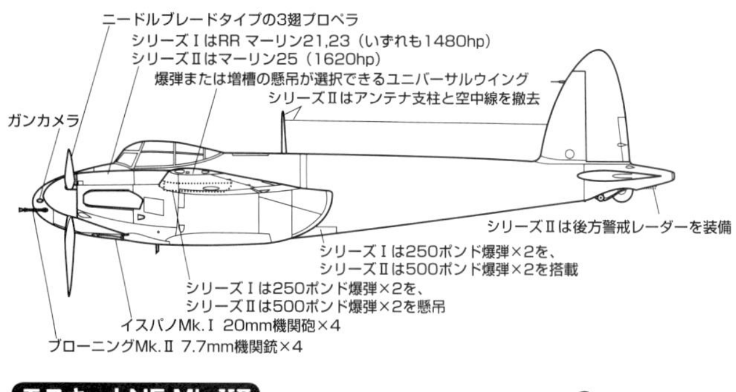

モスキートNF.Mk.ⅩⅡ

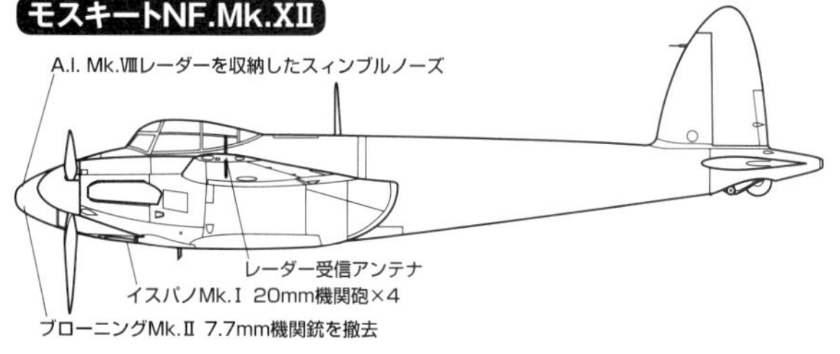

モスキートNF.Mk.ⅩⅢ

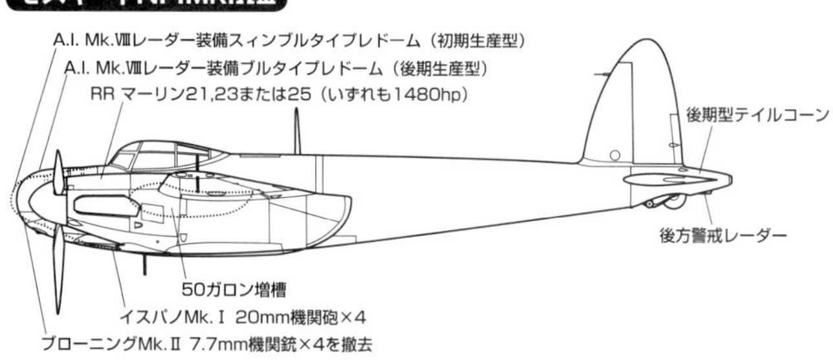

モスキートNF.Mk.ⅩⅤ

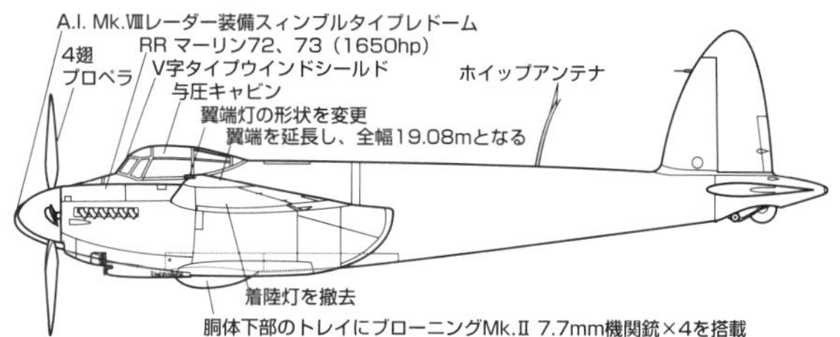

モスキートFB.Mk.ⅩⅧ

パドルブレードタイプの3翅プロペラ
RR マーリン25（1620hp）
後方警戒レーダーを装備
57mm機関砲を収納するフェアリング
対地・対艦攻撃用モリンズ 57mm機関砲（装弾数25発）×1
ブローニングMk.Ⅱ 7.7mm機関銃×4、後に外側の2挺を撤去して機首を補強

モスキートNF.Mk.30

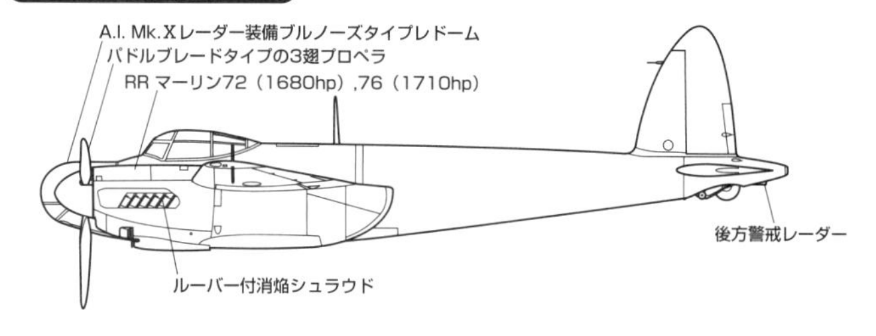

モスキートTR.Mk.33

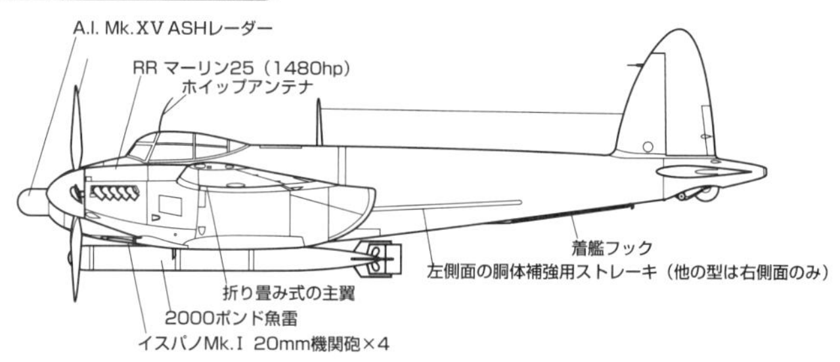

モスキートB.Mk.Ⅳ

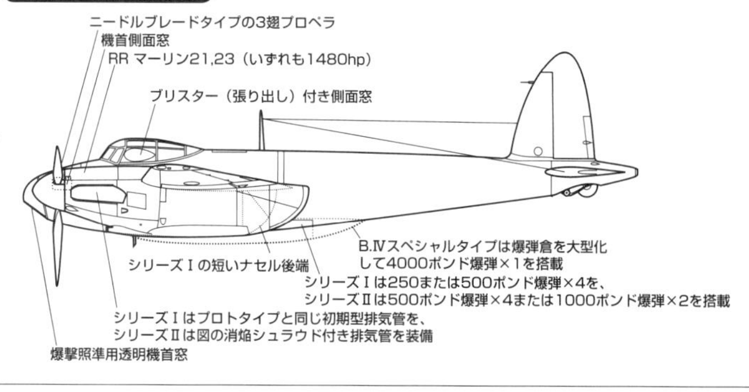

第5章 ソ連、イタリア、フランスの戦闘機

ソビエト連邦赤色空軍
Voyenno-Vozdushnye Sily

Polikarpov I-15/153Chaika
Polikarpov I-16
Mikoyan-Gurevich MiG-1/3
Yakovlev Yak-1/7/9/3
Lavochkin LaGG-1/3/La-5/7/9/11

イタリア王国空軍
Regia Aeronautica Italiana

Fiat CR.32/42
Macchi MC.200 Saetta/
MC.202 Folgore/MC.205V Veltro
Fiat G.50 Freccia/G.55 Centauro

フランス空軍
Armee de l'air française

Morane-Saulnier MS.406
Dewoitine D.520

1944年5月、黒海艦隊航空隊 親衛第6戦闘機連隊 第3中隊長 M.グリーブ少佐の「白の22」を先頭にクリミア上空を飛ぶYak-9の編隊。機首側面には精鋭部隊を表す親衛隊章（前方のマーク）が描かれている。機体の大部分が木製で、高高度性能が低く武装が弱いなどの欠点もあったソ連戦闘機だが、低空での高速力や機動性を活かし、最終的にはドイツ空軍に勝利した

ポリカルポフI-15／I-153“チャイカ”

ソ連最後の複葉戦闘機I-15

ニコライ N.ポリカルポフは1920年代からソ連のほとんどの主力戦闘機の設計に関わった技術者だったが、1928年にスターリンの粛清に会い、収容所内設計室での強制労働に処せられた。この時に設計したI-5（注1）が成功作となったため1931年に釈放され、TsAGI（国立航空流体研究所）技師として1932年にI-5の後継機2機種、TsKB-3とTsKB-12（後のI-16）の開発を進めることになった。なおポリカルポフはその後の功績により、1937年に自己のOKB（設計局）を持つことを許されている。

TsKB-3はアメリカ製ライト・サイクロン9を国産化したシュベツォフM-25（700hp）を搭載した木金混成構造羽布張りの複葉機で、上翼がガル翼タイプとなっていて胴体上面にV型に直接取り付けられているのが特徴だった。1号機はエンジン国産化が遅れたため、輸入されたR-1820サイクロンを搭載して1933年10月に初飛行し、性能、操縦性とも優秀と認められ、I-15の名で直ちに量産に入り、1937年までに約750機生産された。

I-15はスペイン内戦、日華事変、ノモンハン事件に参加したほか、1941年6月のドイツ軍侵攻開始時にも多数が前線に配備されていたが、いずれの戦線においても独機（Bf109）、日本機（陸軍の九五戦、九七戦、海軍の九六艦戦）に性能で劣り、苦戦を続けなければならなかった。

I-15のM-25エンジンを強化してM-25Bとし、上翼をパラソル翼としたI-15bis。bisは「第二の」という意味

I-15の量産に並行して改良型I-15bis（I-152）の開発が進められ、1937年末に初飛行し、テスト後すぐに生産が切り換えられた。I-15bisは上翼が支柱に支えられた通常のパラソル翼タイプとなり、カウリングがロングタイプとなったことが外見上の相違で、エンジンがM-25B（750hp）へと強化され、対地攻撃兵装ポイント（計150kg）が追加された。

速度が向上し軽攻撃機としての任務が可能となったI-15bisは、1939年までに2,408機生産され、スペイン戦線へと送られて独伊戦闘機と戦った他、中国戦線、ノモンハン事件にも多数が投入され、日本機と死闘を演じた。だがやはり単葉の九七戦には速度、上昇力、運動性すべてで劣り、複葉の九五戦に対しても劣勢を強いられることが多かった。

独ソ戦開始時のソ連空軍には1,000機以上が配備されていて、多くの機が地上で破壊された。残った機体がドイツ軍を迎え撃ったが、空中戦では到底勝ち目はなく、すぐに対地攻撃任務がメインとな

木金混成構造、羽布張りという戦間期を象徴するような複葉戦闘機であったI-15。ガル翼によってパイロットからの視界は良好だった。上翼の幅は9.75m、下翼幅は7.5mと、上翼の方が約2mほど長い

（注1）IはキリルX文字のИで、истребитель（イストリビーチェリ／戦闘機）の頭文字。「アイ」ではなく「イ」と発音する。

った。

引き込み脚を備えた究極の複葉戦闘機I-153

スペイン内戦では共和国軍にI-15/I-15bis合わせて550機以上が供与され、ソ連人パイロットも多数派遣された。だがほぼ同時に派遣された単葉のI-16が、イタリアのCR.32複葉戦闘機に意外な苦戦を強いられたことがソ連本国（スターリンの御前会議だった）で問題となり、1937年10月にはI-15bisを更に発展させることとなった。

これは単葉戦闘機であるI-16のスピードを生かした戦い方がまだソ連パイロットの間に浸透していなかっただけの話で、旋回中心の水平面ドッグファイトから縦方向の戦法、つまり一撃離脱に切り替えれば、複葉戦闘機など脅威とはならなかったはずだった。

しかし日本やイタリアと同様、旋回戦闘至上主義の意見が強く反映された結果、アンドレイ・シチェルバコフ技師の担当で計画が進められることになった。エンジンをシュベツォフM-62（1,000hp）に強化し、引き込み脚（手動）とした他、支柱の抵抗を減らすため上翼をガルタイプへ戻すなどの改造が加えられ、I-15ter（後にI-153）として完成し、1938年夏に初飛行を行なった。爆弾、ロケット弾などの対地攻撃兵装も最大で200kg搭載可能となった。

最大速度は380km/hから440km/hへと向上し、複葉戦闘機としては限界ともいえる性能を発揮することになったI-153だったが、1939年夏に戦線に現れた頃には完全に時代遅れの戦闘機となっており、ノモンハンでは九七戦にほとんど歯が立たないことがはっきりした。また同じ頃フィンランド戦線（冬戦争）へと送られたI-153は、高い戦意と優れた操縦技量を誇るフィンランド人パイロットの操る、高性能機とはいえない単葉戦闘機ブルースター バッファローに次々に撃墜される始末だった。

だが当時のソ連空軍は時代遅れであろうと何であろうと、とにかく数を揃えることが優先されたため、I-153も1941年までに3,437機という大量生産が行なわれ、各戦線に配備されていった。対独戦開始時にも前線には多数が配備されていたため、ドイツ軍の奇襲の前に多くの機体が地上で破壊された。I-15bisと同様に空中戦では使い物にならないことがすぐにはっきりしたため、もっぱら対地攻撃任務に回された。

なお地上でドイツ軍に捕獲された機体もかなりの数にのぼり、一部は一時同盟関係にあったフィンランドに供与され、第二次ソ連-フィンランド戦争（1941～44年の継続戦争）ではソ連空軍とフィンランド空軍の双方がI-153を使用した。

I-153は複葉機の中では抜群の高性能を発揮して見せたが、登場するのが余りにも遅すぎたと言うべきで、引き込み脚でありながら開放風防、武装は7.62mm機関銃4挺と貧弱なアンバランスな戦闘機であった。速度や加速性、上昇力などで単葉戦闘機に太刀打ちできるはずもなく、ようやく対地支援任務に活路を見出すより他に道はなかった。

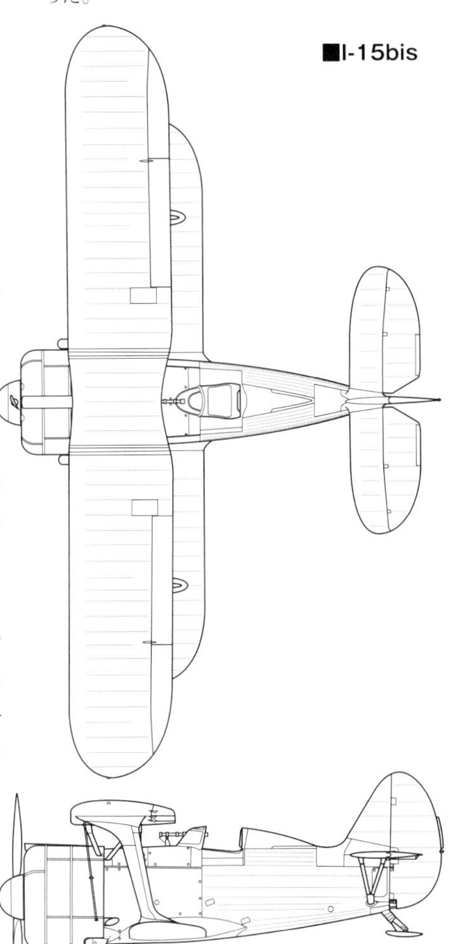

■ポリカルポフI-15bis

全幅	10.20m	全長	6.27m
全高	3.00m	主翼面積	22.50㎡
自重	1,305kg	全備重量	1,735kg
エンジン	シュベツォフM-25B 空冷星型9気筒（離昇750hp）×1		
最大速度	368km/h（高度3,500m）		
上昇力	5,000mまで6分42秒		
上昇限度	8,300m	航続距離	520km
武装	7.62mm機関銃×4		
搭載量	爆弾150kg	乗員	1名

■ポリカルポフI-153

全幅	10.00m	全長	6.17m
全高	2.80m	主翼面積	22.10㎡
自重	1,440kg	全備重量	1,960kg
エンジン	シュベツォフM-62 空冷星型9気筒（離昇1,000hp）×1		
最大速度	440km/h（高度5,000m）		
上昇力	5,000mまで5分42秒		
上昇限度	10,700m	航続距離	560km
武装	7.62mm機関銃×4		
搭載量	爆弾200kg	乗員	1名

I-15bisを元に、エンジンを1,000hpのシュベツォフM-62に換装、主脚を引き込み式とし、上翼がガル翼に戻すなどしたI-153。翼の形状から「チャイカ」（カモメ）とあだ名された

ソ連空軍機 | 先進的ながらもWWⅡでは時代遅れになっていた、世界初の単葉引込脚戦闘機

ポリカルポフI-16

先進の設計…だが粗削り

I-16は実用化された戦闘機としては世界で最初に片持ち式低翼単葉引き込み脚という近代的デザインを採用した戦闘機である。その点では航空史に名を残す存在だが、登場したのが大戦間であり、第二次大戦開戦後の本格的航空戦が始まった頃にはすでに時代遅れとなっていたという悲劇の戦闘機でもある。

原型TsKB-12の開発作業はTsKB-3（I-15）より少し遅れて1933年3月に開始され、搭載が予定されたシュベツォフM-25が間に合わなかったため、M-22（480hp、ブリストル／ノームローン ジュピターを国産化）を搭載し、1933年12月31日、著名な名パイロットだったヴァレリー・チカロフの操縦で初飛行を行なった。1933年と言えば日本の昭和8年であり、軍用機であれば九三式（皇紀2593年）の時代であるから、本機の設計がいかに斬新であったかが分かる。斬新と言えば、本機のエルロンはほぼフルスパン（翼幅全て）にわたる大きなもので、着陸時には15°下がってフラップとして働くように設計されており、フラッペロンの先駆けとなるものだった。

構造面では、胴体がソ連機特有の強化積層木材（シュポン）によるモノコック構造、主翼はKhMAと呼ばれるスチール製の2本桁にジュラルミンのリブを組み合わせ、トラスで補強した構造を採用、主翼外皮は前縁から主桁までがジュラルミンで後半は羽布張りだった。構造としては近代的とはいえないTsKB-12だったが、極力小型化されたこともあって、原型は全備重量1,311kgという軽量に仕上がっていた。

斜め前から見たI-16戦闘機。極寒時にエンジンが過冷却となるのを防ぐため、カウリング前面にシャッターが付いているのが分かる。単葉、引き込み式主脚と先進的なコンセプトの戦闘機だったが、極端な寸詰まりのため安定性は劣悪だった

レニングラード防衛博物館に展示されていた、ソ連邦英雄受章のアナトリー・ゲオルギエビッチ・ロマキン上級中尉のI-16「白の16」。ジービー・レーサーを彷彿とさせる太く短い胴体が良く分かる。なおロマキン上級中尉は1944年1月25日に戦死するまでに24機の敵機を撃墜した

武装は機首上面に7.62mmShKAS機関銃2挺、低馬力ながら最大速度360km/hを記録し、当時としては高速とされた。安定性、操縦性は名手チカロフには問題とならなかったものの、通常のパイロットには難しい特性を持っていた。

安定性は3軸とも最低限であり、操縦性については大きなエルロンを備えたおかげで横転特性は良かったものの、その他の機動性は不良で、高機動中に失速（不意自転）を起こし易い欠点もあった。失速からの回復は比較的容易とされたが、空戦中に不意自転が起きれば命取りになりかねないことに違いはなかった。引き込み脚は手動式であり、コクピットに備えられたクランクを相当な力で44回も回す必要があった上に、途中でひっかかるトラブルに悩まされた。

2号機は輸入されたライト・サイクロン（710hp）を搭載して1934年2月18日に初飛行し、最大速度は437km/hに達した。欠点の多い機体ではあったが、空軍は1934年5月、I-16と命名して量産化を決定、エンジン供給の関係で、まずM-22装備の先行量産型（tip-1）の生産を開始した。I-16には英語のtypeにあたるtip（ティープ）ナンバーを付けて改良が続けられ最終的にはtip-30まで作られることになる。

I-16の雑多なバリエーション

◎**I-16 tip-1**…先行量産型はI-16M-22とも呼ばれ、大部分が開発テストに使われたが、1935年5月1日のメイデーの軍事パレードでは赤の広場上空を10機編隊で飛行した。

◎**I-16Sh、TsKB-18**…tip-1×1機を対地攻撃型に改修したテスト機で、7.62mm機関銃4挺、爆弾100kgを搭載、パイロットシートの前後と下部に防弾鋼板を追加した。

◎**UTI-2**…tip-1を複座化した練習機型。元の座席を45cm後方に下げて訓練生用座席とし、その前方に新しく教官席を設けたもので、通常とは教官と生徒の席が逆であった。両席ともオープンコクピットで、個々に風防が設けられていた。なおUTIはロシア語で練習戦闘機を意味する。

◎**UTI-3**…新規に作られた練習機型で、固定脚とされた。

◎**I-16 tip-4**…tip-2、3は複座型に充てられたためか欠番となり、tip-4が最初の本格的量産型となった。エンジンは輸入されたR-1820サイクロンという説とM-22という説がある。1934年から35年にかけて量産された。後期型は8mm防弾鋼板をシート背部に装備した。

◎**I-16 tip-5**…サイクロンのライセンス生産型シュベツォフM-25を搭載した最初の量産型で、防弾鋼板装備。主翼に兵装架を装備し、200kgまでの爆弾が搭載可能となった。1935年7月からtip-4に代わって量産された。

◎**I-16 UTI（UTI-4）**…tip-5の複座練習機型で、当初は引き込み脚だったが生産途中で固定脚となった。tip-5の生産ラインでは4機に1機の割合で複座型が作られたとされている。

◎**I-16P**…tip-5×1機を重武装型に改修したモデルで、7.62mmShKAS機関銃2挺に加え、20mmShVAK機関砲2門（弾数各150発）を胴体内に搭載、主翼下に爆弾コンテナ6個を搭載可能としたテスト機。

◎**SPB、TsKB-29**…tip-5×1機を改造したテスト機で、SPBは高速急降下爆撃機を意味する。降着装置と新設のダイブブレーキは油圧で作動。主翼兵装架は250kg爆弾搭載可能となり、主翼内に20mmShVAK機関砲2門を搭載した。生産には至らなかったが、現地改修された機体が少数あったとされる。

◎**I-16 tip-6**…構造強化とエンジンをM-25A（730hp）に換装したモデルで、1936年に生産。

◎**I-16 tip-10**…tip-7～9は欠番。改造型を量産に移した時に備えたためとみられる。tip-10はエンジンがM-25B（750hp）となり、7.62mm機関銃2挺が翼内に搭載され、機首の2挺と合わせて計4挺（弾数各650発）となった最初の量産モデル。またこれ以前のI-16はスキーを装着した場合は固定式だったが、本型からは脚柱が引き込み式となり、スキー板は胴体下面に密着する方式となった。1937年以降大量生産され、最多量産型となった。

◎**I-16P、TsKB-12P**…tip-10をベースとした重武装テスト機。20mmShVAK機関砲2門を翼内に搭載、機首の7.62mmも20mmShVAKに替えてテストされたという説もあるが詳細不明。

◎**I-16 tip-16**…tip-10の機首の7.62mm機関銃を12.7mmUBS機関銃に替えたモデルで、1939年に3機試作され、前線に送られて実戦テストが行なわれた。

◎**I-16 tip-17**…TsKB-12Pでテストされた20mm砲翼内搭載を量産型に採り入れたモデル。弾数は各150発。エンジンはM-25Bのままだが、主翼と降着装置の構造を強化、防弾鋼板も8mmから9mm厚となり面積も拡大された。爆弾を最大200kg搭載可能な他、RS-82ロケット弾6発を携行できた。量産は1938年に行なわれた。

◎**I-16 TK**…tip-10にTK-1ターボスーパーチ

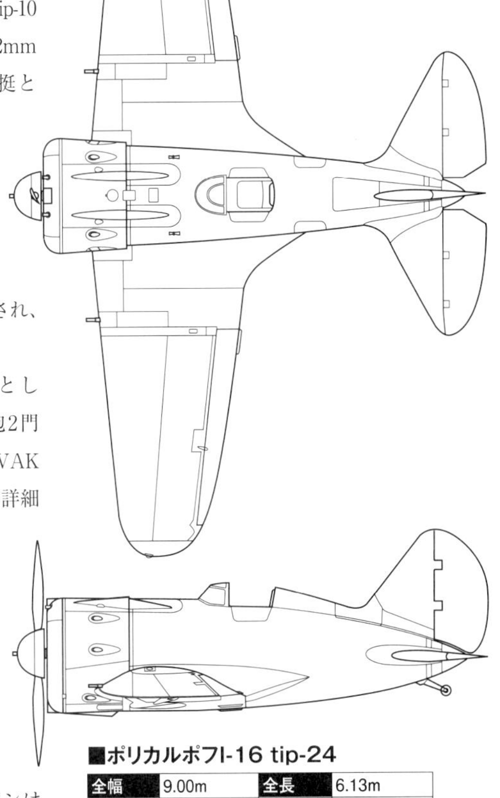

■ポリカルポフI-16 tip-24

全幅	9.00m	全長	6.13m
全高	2.56m	主翼面積	14.8㎡
自重	1,490kg	全備重量	1,920kg
エンジン	シュベツォフM-63 空冷星型14気筒（1,100hp）×1		
最大速度	490km/h		
上昇時間	5,000mまで5分48秒		
上昇限度	9,000m	航続距離	400km
武装	7.62mm機関銃×4または 7.62mm機関銃×2+20mm機関砲×2		
乗員	1名		

フィンランド軍が運用しているI-16（IR-101）。その隣はフランス製の戦闘機モラーヌ・ソルニエMS.406、奥はドイツ製の双発水上機ハインケルHe115A

ャージャー（排気タービン過給器）2基を搭載し、AV-1可変ピッチプロペラを装備したモデル。エンジン全開高度が2,900mから7,250mに向上した。

◎**I-16 tip-18**…エンジンをM-25BからM-62に換装し、AV-1またはVISh-6A可変ピッチプロペラを装備したモデルで、武装その他はtip-10に準じており、1939年に量産された。シュベツォフM-62はM-25に2速過給機を追加した強化型エンジンで、900hpを発揮した。性能向上のため胴体タンクが小型化され、代わりに56ガロン落下増槽2個を携行する方式が採用された。

◎**I-16 tip-24**…tip-18のエンジンをシュベツォフM-63（1,100hp）に強化し、主翼を補強したモデル。固定武装は7.62mmShKAS機関銃4挺が基本で、機首上面中央に12.7mmUBS機関銃1挺を追加したものや、翼内武装を20mmShVAK機関砲2門に換装した機体もあった。

◎**I-16 tip-27**…tip-17のエンジンをM-62に換装したモデル。

◎**I-16 tip-28**…tip-24の固定武装を最初から機首7.62mm機関銃2挺、主翼20mm機関砲2門として量産したモデル。

◎**I-16 tip-29**…対地攻撃強化型で、固定武装は機首7.62mm機関銃2挺と12.7mmUBS機関銃を機首下面に追加装備したのみで、主翼機関砲を廃止。代わって主翼パイロンに爆弾200kg、RS-82ロケット弾×6、落下増槽などを搭載した。

◎**I-16 tip-30**…1941年まで作られた最終量産型。tip-28に準じた細部改良型。

以上のように非常に多くのバリエーションが作られ、テストのみに終わったモデルも多い。I-16の生産数については諸説あって未だに確定されていない。総計で9,450機、うち約1,800機が複座型（UTI）という説や単座型7,005機、複座型1,639機、計8,644機という説などがある。

スペイン、ノモンハン、フィンランド、バルバロッサ…苦闘の戦歴

I-16の最初の実戦参加は、1936年7月に始まったスペイン内乱で、同年10月（11月の説あり）人民戦線側の新鋭戦闘機として実戦に投入された。当初ソ連からスペインに送られたのはI-16 tip-5/-6で、パイロット、整備要員込みで派遣されたが、これらは全て有償援助で、スペイン銀行から500トン以上とされる金貨、金塊を受け取ったスターリンが直接派遣を命じたとされる。

I-16は反乱軍（フランコ軍）側の複葉戦闘機、ドイツのハインケルHe51、アラドAr68に対しては善戦したものの、同じ複葉機でも格闘戦を得意とするイタリア人パイロットの操縦するフィアットCR.32には苦戦を強いられている。これは当初ソ連人パイロットの練度が低く、経験も浅かったことからI-16の速度と急降下特性を生かした一撃離脱戦法に徹しきれなかったことが影響していた。

1937年春になるとメッサーシュミットBf109Bがフランコ軍に配備され、I-16はほとんどの性能で劣ることになった。特に7.62mmShKAS機関銃2挺という武装の弱さが問題となったため、tip-10以降の武装強化型が順次スペインに送り込まれ、結局内乱終盤の1938年までに475機という大量のI-16が人民戦線に引き渡されている。

1937年8月、中ソ不可侵条約が締結されたことにより、同年末250機のI-16 Tip-10とソ連義勇軍パイロット多数が中国国民党軍に提供され、日本海軍の九六艦戦、陸軍の九七戦と対決した。1939年5月にはノモンハン事件が起き、ソ連空軍のI-16と日本陸軍の九七戦が死闘を展開した。

ノモンハン航空戦は前半、格闘戦に強い日本側の九七戦が圧倒した。だが後半戦になると、ソ連側にスペイン内乱の空戦を経験したベテランパイロットが増えたことや、一撃離脱を徹底する戦術を採り始めたこともあり、九七戦が苦戦する場面も多くなった。

1939年11月に始まった対フィンランド戦争では主力戦闘機として投入され、圧倒的な数の優勢と、フィンランド側が寄せ集めの旧式機だったこともあって活躍したが、第二次戦（1941年6月からの継続戦争）ではフィンランド空軍のブルースター バッファローに大苦戦することになった。

I-16は1941年6月22日の独ソ開戦時にはVVS（Voyenno-Vozdushnye Sily：ソビエト連邦空軍）の主力戦闘機であり、1,635機が前線基地に配備されていたが、ドイツ軍のバルバロッサ作戦開始後の48時間で地上、空中を合わせて700機以上を失った。

この頃になると本機の売りであった高速もすっかり色あせており、Bf109Fとは100km/h以上のスピード差があるため勝負にならない状況となった。このため空対空戦闘任務は次第にMiG-3やYak-1、LaGG-3などに交代し、もっぱら対地支援に回されるようになり、1943年まで使われた。

1939年5月から9月にかけて勃発したノモンハン事件でのI-16。I-16は当初日本陸軍の九七式戦闘機に苦戦したが、7月からは20mm機関砲を搭載し防弾装備も強化したI-16 tip-17も参加し、高速と火力を活かした一撃離脱戦法に転換、劣勢をひっくり返した

ミコヤン・グレヴィッチ MiG-1/MiG-3

新興勢力MiGが生み出したピーキーな戦闘機MiG-1

朝鮮戦争以降、ソ連製戦闘機の代名詞といってよいほど有名になったMiG OKB(設計局)は、1905年生まれのアルチョム I.ミコヤンと1893年生まれのミハイル I.グレヴィッチによって1939年12月モスクワで開設された。2人とも技術系大学を修了して2、3の組織で働いた後、TsAGI（中央航空流体研究所）に勤務して頭角を現した航空機設計者であり、ヤコブレフやラボーチキンなどと同じく大戦前にOKB開設を許可された若手設計者グループの一員であった。

スペイン内乱や日華事変でI-15/I-16といった自軍の主力戦闘機が列強の最新戦闘機に較べて劣っていることに気付いたソ連空軍は、1938年に各OKBや政府研究機関に対し新戦闘機開発と大量生産の大号令をかけた。ミグOKBは設立が遅かったため、開設直後から戦闘機開発に全力を挙げ、わずか4ヵ月足らずで原型機I-200を完成させ、1940年4月5日に初飛行を行なった。

他のOKBが低空における高性能と対地攻撃能力に重きを置いたのに対し、I-200は高々度性能の良いミクーリン AM-37（1,400hp）液冷エンジンを採用した高々度迎撃機として設計されていたが、同エンジンの開発が難航したため原型はミクーリン AM-35A（1,350hp）を搭載していた。

構造はソ連戦闘機の定番である木金混成だったが、比較的金属部の多い設計であった。コクピットまでの前部胴体はスチールチューブの骨組みにジュラルミン外皮、後部胴体と尾翼は積層木材（シュポン）によるモノコック、上反角ゼロの内翼（幅2.8m）はスチールの主桁にジュラルミンのリブと外皮、6°の上反角を持つ外翼はデルタ材と呼ばれる樹脂を含侵させた積層木材で作られていた。

胴体のデザインは液冷エンジンを生かした低抵抗の細いもので、ラジエーターは最も抵抗の少ないとされる胴体下面中央に設けられていた。主翼は付け根部の負荷軽減のためテーパーの強い平面形が採用された。

テストフライトでは高度7,000mで650km/hという高速を発揮したが、安定性、操縦性が悪く、特に短かすぎる胴体のためか縦安定性は最悪で失速に入り易く、着陸速度が速いこととあいまって平均的パイロットには着陸操作が困難なほどであった。このためか原型1号機はエンジントラブルのため不時着しようとして事故を起こし、テストパイロットは死亡している。

欠点だらけながら高々度戦闘機が必要とされたため、エンジンを入手し易いAM-35（1,200hp）に換えたモデルがMiG-1と命名さ

1940年4月の試験時に撮影された、MiG-1のプロトタイプであるI-200。スマートなフォルムで高性能を感じさせるが、操縦性や安定性は劣悪だった

1941年の冬に撮影された、白い機体に赤い矢印という冬季塗装を施したMiG-3。59機の敵機を撃墜したソ連第2のエースであるアレクサンドル・イヴァノヴィッチ・ポクルィシュキン中佐は、独ソ戦開戦時にMiG-3装備の第55戦闘機連隊に所属しており、開戦当日の6月22日にMiG-3でBf109Eを撃墜、初撃墜を記録している

れて制式に採用され、12.7mm UBS機関銃1挺、7.62mm ShKAS機関銃2挺を搭載し、防弾タンク装備など、小改修を加えただけで100機生産された。MiG-1は1941年4月に早くも前線に配備されたが、ほどなく改良型のMiG-3が登場したため、ほとんど活用されないまま退役していった。

改良が施されるも生産打ち切りとなったMiG-3

ミグOKBでは、MiG-1の欠点を修正するため、機首を10cm延長し、外翼の上反角を6.5°に増やすなどの改修を加え、エンジンをAM-35Aに強化、プロペラも新型に換えたMiG-3を開発した。

1940年12月にGAZ-1(第1国営航空機工場)における生産ラインがMiG-1からMiG-3へと切り換えられ、翌1941年6月から前線部隊への配備が開始された。MiG-3は高速だが操縦性が相変わらず不良で、武装も貧弱だったことから、怒涛のように押し寄せるドイツ戦闘機隊に対抗することは困難だった。

だが他にはI-153、I-16といった旧式機しかなかったVVS（ソ連空軍）にとっては唯一の新型戦闘機であり、LaGG-3やYak-1が配備されるまで、半年以上も不利な戦いを続けることになった。また小数の機はカメラを搭載し、高速と高々度性能を生かして偵察機として使われた。

1941年12月スターリンの「鶴の一声」でMiG-3の生産は3,120機で終了することになった。スターリンはGAZ-18におけるIℓ-2シュトルモヴィークの生産を最優先させるため、同機のエンジンAM-38の大増産を命じたのである。この結果MiG-3のAM-35Aの生産が停止されることになり、ミグOKBでは他のエンジンに載せ替える計画を進めざるを得なくなった。

これらの決定は、スターリンが対独戦争の勝敗の鍵は戦車戦であることを見抜き、Iℓ-2を重要視したことに加え、当時の航空戦がほとんど2,000m前後の低空で展開されていて高々度戦闘機の必要性が薄れたことに気付いたため下されたものとされている。

ミグOKBではこの命令が届く前からAM-38（1,600hp）搭載の低空戦闘重視型MiG-3/AM-38を開発し、1941年夏にはテストを開始していた。テスト機以外にも少数のMiG-3が修理や整備の際にAM-38に換装されたと伝えられているが、どの程度実戦で使われたかは不明だ。結局AM-38はIℓ-2向け以外に供給される可能性はなくなったため、MiG-3/AM-38が量産されることはなかった。

もう一つのエンジン換装型はMiG-3/M-82で、1942年末に5機が空冷星型14気筒シュベツォフM-82A（1,600hp）を搭載して作られた。キャノピーと垂直尾翼が大型化され、主翼前縁に自動スラットが追加され、胴体がエンジン直径に合わせて太くなったことが特徴だった。古い文献ではMiG-5とされているが、実際には一時期MiG-9またはI-210, IKhと呼称されたというのが正しいようだ。

MiG-3/M-82初号機は1942年1月2日に初飛行を行なったが、テストの結果、最大速度は高度6,150mで565km/hに留まり、量産化は見送られた。

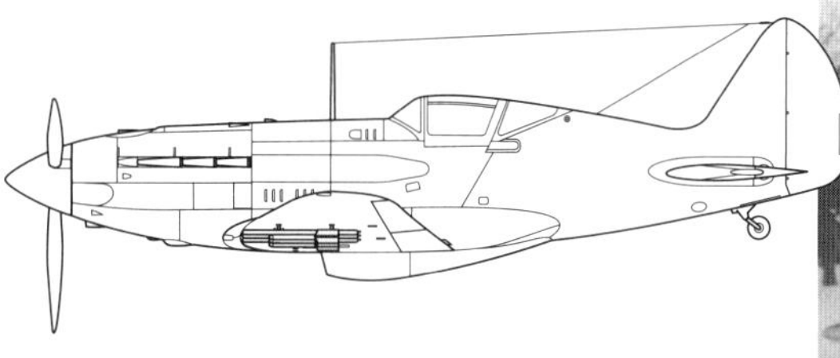

■ミコヤン・グレヴィッチMiG-3

全幅	10.20m	全長	8.25m
全高	2.62m	主翼面積	17.44㎡
自重	2,700kg	全備重量	3,350kg
エンジン	ミクーリンAM-35A 液冷V型12気筒(1,350hp)×1		
最大速度	640km/h(高度7,800m)		
上昇時間	8,000mまで10分17秒		
上昇限度	12,000m	航続距離	820km
武装	7.62mm機関銃×2、12.7mm機関銃×1(一部の機は12.7mm×2または主翼下面ガンパック12.7mm×2を追加)		
搭載量	爆弾100kg×2	乗員	1名

モスクワ防空部隊であった第12防空戦闘機連隊のパイロットとMiG-3。同連隊は1941年10月から1942年9月までMiG-3を装備していた。1942年3月28日、モスクワ、中央飛行場

ヤコブレフ Yak-1/7/9/3

若手設計士の旗手・ヤコブレフ

アレキサンドル・セルゲイビッチ・ヤコブレフは1906年3月19日にモスクワの裕福な家庭に生まれ、飛行機の模型作りなどに没頭する少年時代を過ごした後、当時すでに著名な航空機デザイナーだったイリューシンの推薦により、18歳で空軍大学研究室の職工として就職、航空機製作法を学んだ。

1927年にVS.ピシュコフ教授の援助を受けて完成させたVVA-3軽飛行機が成功を収めた事から大学入学を認められ、1931年に卒業した後、名門ポリカルポフ設計局に監督官として入局した。

ヤコブレフは大学時代から同設計局在籍中にかけて、練習機やスポーツ機などを多数設計し、1934年モスクワのベッド工場跡地に自らの設計局(OKB)を持つ事を認められた。

この頃のソ連ではスターリンによる粛清の嵐が吹き荒れており、航空機設計者の中にもツポレフを始めとして投獄される者が相次ぐという状況下にあり、ヤコブレフ、ミコヤン、ラボーチキンといった、荒削りだが新しい感覚の設計者達が台頭することができる空白が生じたのである。

国情を考えた前近代的デザイン

1936年スペイン内乱が始まると、ソ連は人民戦線軍を支援するため1,400機にのぼる航空機を送り込んだが、主力戦闘機のI-15とI-16はスピード、武装ともドイツのBf109に劣っている事が明白になり、ソ連空軍は1938年1月、各設計局に対し新戦闘機の開発を命じた。

これに応えてヤコブレフは低高度前線用戦闘機I-26の設計案を提出し、1939年7月正式にプロトタイプ試作の発注を受けた。ヤコブレフではすでに事前に戦闘機の研究を進めていた事もあって製作は順調に進み、1号機は1940年1月13日初飛行に成功した。

I-26の主翼は木製2本桁構造で左右一体で作られ、外皮には合板と羽布を張り、胴体は鋼管溶接の骨組みにエンジン周りがジュラルミン、その他は合板と羽布張りという前近代的なものだったが、これは軽合金がやがて不足する事を見越したためと、作り易さ及び前線での整備と修理の簡便さを考えたためで、この頃のソ連機のほとんどが多かれ少なかれ同様の構造を採用していた。

このあたりは最初から兵器の数量が戦争の勝敗を決めると考えていた軍部の方針によるものだが、ヤク系戦闘機の生産数が約37,000機という膨大な数に上った事を考えると、木金混製構造は正しい選択であったといえる。

I-26は当初クリモフM-106エンジン(1,360hp)搭載が予定されていたが、同エンジンの生産が遅れたためM-105P(1,100hp)装備で作られた。原型は武装未搭載だったが、量産機はプロペラ軸内にShVAK 20mm機関砲1門、機首上面と下面にShKAS 7.62mm機関銃4挺(下面の2挺は後に廃止)を装備する計画だった。

エンジンのM-105(1940年にVK-105となる)は、フランス製イスパノスイザ12Yをベースに、ストロークを縮めたり、過給器を改良するなど根気よく発展させた12気筒V型液冷エンジンで、同系のM-100からVK-107までの生産数を合わせると約13万基に上るという大量生産エンジンである。ロールスロイス マーリンやダイムラーベンツDB601に較べれば旧式のイスパノをここまで高馬力化させ、しかも信頼性の高いエンジンに育て上げたクリモフのソ連航空機界における功績は大きい。

全体のデザインとしてはそれまでにスポーツ機を多数設計したヤコブレフらしくコンパクトなもので、速度は高度5,000mで580km/h、上昇時間は5,000mまで4分30秒と当時の水準を超えるものとなった。同時期に開発されたラボーチキンLaGG-1、ミコヤン・グレヴィッチMiG-1が操縦性などに難点があったのに較べ、I-26はもっとも欠点の少ない機体であった。

Yak-1、大量産の始まり

I-26はYak-1としてGAZ-115(またはザボード115＝第115国営航空機工場、モスクワ)とGAZ-292(サラトフ)でただちに量産に移されたが、エンジン振動の問題や油圧システムの低信頼性など初期トラブルを解消しながらの量産開始であった。また生産途中でVK-105PA(1,100ph)/105PF(1,260hp)エンジンへの換装、横開きキャノピーからスライド式への変更、重量軽減などの改良が進められた他、ロケットランチャーやスキー降着装置を装備したタイプも作られた。

1942年には涙滴型キャノピーにして、7.62mm機関銃2挺をUBS 12.7mm機関銃1挺に換装したYak-1Bの生産に移行し、1943年2

モスクワ近郊の第115工場で生産されたYak-1前期生産型。前期の中でも極初期に作られたもので、無線機の装備が一切ない。後期生産型では、プラスチック樹脂原料の不足から、後部キャノピーを2枚の半円状に変えている

ノボシビルスクの第153工場で生産された戦闘機型のYak-7B。当初は単に後席を潰しただけだったYak-7も、後に後部胴体をリファインして、バブルキャノピーの本格的戦闘機として生産された

月にはYak-3の原型となるYak-1Mが初飛行を行なった。1Mは翼幅を10mから9.5mに、翼面積も17.15㎡から14.85㎡に縮小、主桁を金属製に換えた新設計の主翼を持ち、中低高度での性能向上を狙ったモデルで、9月には防弾板やラジエーターなどに改良を加えた2号機が完成。Yak-3として量産に移される事になった。

Yak-1各型は1944年7月まで量産が続けられ、総生産数は8,734機に上った。I-26の派生型としては、Yak-7の原型となった複座練習機型のUTI-26、防空軍向け高々度戦闘機型I-28（Yak-5）、金属性構造を取り入れたI.30（Yak-3、前述の同名機とは別機）などが試作された。

練習機から戦闘機へ転身したYak-7

UTI-26から発達した複座練習機型Yak-7UTIは、エンジンがVK-105PA、武装が7.62mm機関銃1挺、尾輪も固定式となり、1941年5月18日に初飛行した。量産はGAZ-301で始められたが、独ソ戦の開始（1941年6月22日）により、186機完成したところでノボシビルスクのGAZ-153に移された。

Yak-7UTIの多くは武装偵察や弾着観測機として使われたが、意外にもYak-1より操縦性が良かった事と戦闘機不足解消のため、戦闘機への再転換が図られることになった。

座席を単座に戻し、20mm機関砲1門、7.62mm機関銃2挺を搭載、装甲や自動防漏タンクを装備した他、後席部分に燃料タンクを増設したYak-7Mがまず生産に移され、後席を開閉式のハッチに変えたYak-7A、武装を20mm機関砲1門と12.7mm機関銃2挺に強化、電気/油圧系統、無線などに改良を加えたYak-7Bが続いて量産された。

その他製作されたモデルとしては固定脚の練習機型Yak-7V（510機＋Yak-7Bからの改造87機）を筆頭に、試作複座長距離偵察機のYak-7Dなど武装、エンジン、燃料系等を変更したモデルが少数生産、または試作された。

カメンスク上空を飛行するYak-3、1944年夏。Yak-1から発展したヤコブレフ戦闘機は、同機で頂点を極めた。全幅は9.2m、全長は8.5m、全備重量2,650kgとかなり小柄な戦闘機である

Yak-7系は計6,399機生産されている。

膨大に生まれるYak-9…ヤコブレフ黄金期

Yak-9はYak-7Dの単座戦闘機型Yak-7DIの量産型で、GAZ-153及び166（オムスク）の両工場で1942年夏から大量生産に突入した。エンジンはVK-105PF（1,260hp）、武装はプロペラ軸内に20mm機関砲、機首上面左側に12.7mm機関銃各1、最大速度597km/h（高度4,000m）、上昇時間5,000mまで5.5分、航続距離735kmといったスペックであり、当時の戦闘機としては平均的な性能といえるだろう。

Yak-9も次々に改良型が作られたためバリエーションがやたらに多い。最初の量産型は37mm機関砲を軸内発射式に搭載し、機首を40cm延長した対戦車型のYak-9Tで、2,748機生産、次いで翼内タンクを増設し、航続距離が1,360kmに伸びた長距離型Yak-9Dが3,058機作られた。

Yak-9PDはM-106PVエンジンを搭載した高々度戦闘機で、高度13,500mまで上昇できたが、エンジンの信頼性が低く、与圧キャビンもなかったため35機生産に終わった。

Yak-9Rは写真偵察型、Yak-9TKとYak-9Kはともに45mm機関砲搭載の対戦車型だが少量生産に終わり、Yak-9Bはコクピット後方に100kg爆弾を縦置きに4発搭載する戦闘爆撃機型として109機作られた。Yak-9DDはD型から発達した長距離型で、航続距離は2,000kmを超え、1944年8月から299機生産された。

Yak-9MはT/K型から発達した対戦車型で、主翼強化などの改良が加えられ、対独戦終了までに4,239機生産、うち少数は燃料を減らし、ライトを増設した迎撃型Yak-9M/PVOとして完成した。Yak-9クリエールスキイはパッセンジャー用後席を設けた連絡機型、Yak-9Vは複座練習機型、Yak-9Sは重武装型だがいずれも少数の生産に終わった。

Yak-9UはVK-107A（1,400hp）エンジンを搭載した性能向上型で、武装はVYa-23 23mm機関砲（後に20mm機関砲）1門と12.7mm機関銃2挺となった。当初エンジンの不調に悩

まされたが、次第に改良され、高度5,600mで700km/hを記録するなど優秀な性能を発揮し、1945年8月までに3,921機生産された。U型の派生型としては複座練習機型のUV、37mm砲搭載の対戦車型UTがあった。

Yak-9Pは戦後になって生産された全金属製モデルで、共産圏諸国に多数供与され、朝鮮戦争緒戦で北朝鮮のYak-9Pが活躍したことが知られている。

Yak-9シリーズは各型合計16,769機作られ、ヤク戦闘機中最多量産モデルとなった。

ソ連に派遣された自由フランス軍のパイロットによって構成された戦闘飛行隊ノルマンディー・ニーメンのYak-3。尾翼にロレーヌ十字が描かれている

ヤクの一族は、Yak-3で頂点を迎える。

Yak-1Mのテストで好結果を得たソ連空軍は、主翼中央部や主脚の強化を行なった上でYak-3として量産する事を決め、量産型1号機は1944年3月8日初飛行に成功した。本機は型式名は若いものの、量産が始まったのはYak-9よりも遅く、まさにヤク戦闘機の決定版といってよい優秀機となった。

エンジンは当初VK-105PFを搭載したが、間もなく改良型のPF2に換装され、4,848機生産されたうちの4,797機はPF2装備で完成した。武装も最初の200機近くは20mm機関砲1門、12.7mm機関銃1挺だったが、それ以後の機体は12.7mm機関銃が2挺となった。なおYak-3は、サラトフのGAZ-292で3,840機、トビリシのGAZ-31で1,008機生産された。

Yak-3は主翼が小型化されたのに合わせて、重量軽減、機体各部のリファインによる抵抗減少が図られたため、最大速度は高度4,100mで650km/hを発揮し、5,000mまで4分30秒で上昇した他、低高度域での運動性が抜群に改善され、Bf109やFw190に対しても有利な戦いを展開できた。フランスからの亡命パイロットによる「ノルマンディー・ニーメン」部隊もYak-3を運用していた。

Yak-3のバリエーションとしては、水メタノール噴射装置付きVK-105PDエンジンを搭載した高々度戦闘機Yak-3PD、37mm機関砲を搭載し、コクピット装甲を強化した対戦車型Yak-3T、尾部にロケットエンジンを追加したYak-3RD（以上試作のみ）、プロペラ軸と機首上面にB-20S 20mm機関砲3門を装備したYak-3P（1945年4月から596機生産）などがある。

またクリモフ製新エンジンVK-107A（1,650hp）装備型（48機）、更に強力なVK108（1,800hp）を搭載したモデルが試作され、いずれも700km/hを大きく超える高速を発揮したが、大戦終了とジェット時代到来により量産には至っていない。

その他空冷エンジンのASh-82を装備し、主翼幅を延長したYak-3U/ASh-82FNが対独戦終了直前の1945年4月に試作され、後のYak-11練習機の原型となった。

最後のモデルとしては、1993年になってアメリカ・サンタモニカのミュージアム・オブ・フライングがヤコブレフに発注して20機再生産させたYak-3UAがある。エンジンがアリソンV1710（1,240hp）となった以外はほぼ大戦中の生産機に忠実に作られており、1機50万ドルで売り出された。

陸軍の、陸軍による陸軍のための戦闘機

1941年6月22日、ドイツ軍の「バルバロッサ」作戦が始まった時点で、ソ連空軍はドイツ側を上回る5,500機以上（うち戦闘機3,300機）以上の航空機を保有していたが、大半は旧式機で、戦争経験豊かなドイツ空軍の航空撃滅戦の前に大損害を被った。

開戦時Yak-1はモスクワ周辺を中心に数百機が配備されていたが、多くの戦闘機連隊は機種転換して間もない時期であり、パイロットの練度も低い状況下にあった。それでもYak-1はMiG-3とともにドイツ機と対等に戦える貴重な存在として防空戦と地上軍支援に

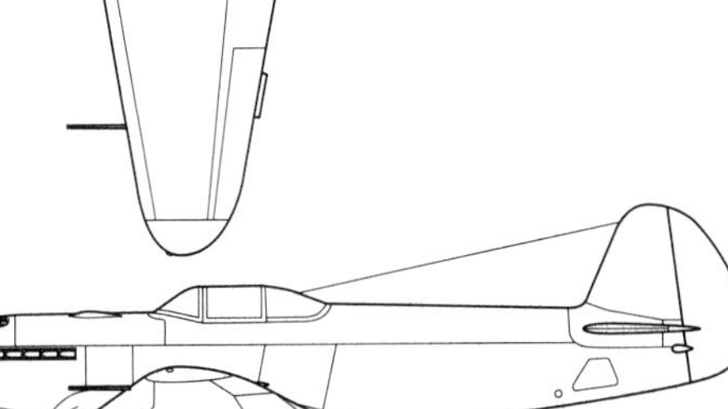

■ヤコブレフYak-3

全幅	9.20m	全長	8.50m
全高	2.38m	主翼面積	14.83㎡
自重	2,105kg	全備重量	2,650kg
エンジン	クリモフM-105PF2 液冷V型12気筒（1,240hp）×1		
最大速度	645km/h（高度5,000m）		
上昇力	5,000mまで4分30秒		
上昇限度	10,700m		
航続距離	650km		
固定武装	20mm機関砲×1、12.7mm機関銃×2		
乗員	1名		

活躍し、とくに7月22日に開始されたドイツ爆撃隊によるモスクワ空襲に対しては痛烈な反撃を加える事に成功した。

開戦後間もなくYak-7の配備が開始され、スターリングラード攻防戦最中の1942年12月にはYak-9も初陣を飾った。この頃になるとドイツ側は補給線が伸びきってしまい、さらにベテラン搭乗員が減少してしまったことによりルフトヴァッフェの戦力は下降線をたどり、逆にウラル東方に疎開した航空機工場からは物凄い数の戦闘機、攻撃機（Yak-9は日産20機といわれた）が送り出されるようになった。量だけでなくYak-9や1944年6月に前線部隊に配備が始められたYak-3は、低高度ではドイツ戦闘機と互角以上の空戦能力をもっており、質の面でもドイツ側を圧倒し始めたのであった。

ヤク系戦闘機は作り易い設計である事は先にも述べたが、全シリーズ合計生産数は37,000機を超えるとされており、仮にこれらを1機種と認めれば、Bf109シリーズを抜いて世界最多量産戦闘機という事になる。

それだけ生産されれば、ヤク戦闘機によるエースも枚挙にいとまがない。その中で特筆すべきは女性のエースが2人（12機撃墜のリディア・リトヴァク中尉、11機撃墜のエカテリーナ・ヴダノワ中尉）も居るという事実である。同機はソ連戦闘機の中で最も操縦が容易という理由で、女性だけで編成された第586戦闘機連隊の使用機とされたが、これから述べるようにヤク戦闘機がそれほど扱い易い戦闘機だったとはいえないようで、ここはそれだけの戦果を挙げた彼女らの戦意を讃えるべきであろう。

戦後、Yak-3の主翼、尾翼、胴体後部を使って作られたソ連最初のジェット戦闘機Yak-15。エンジンは、ドイツで入手したユンカースJumo004Bのコピーを使用している。以後、ヤコブレフ戦闘機の系譜はYak-17、-23へ発展して終焉を迎えた

ヤク戦闘機は飛び抜けた高性能機というわけではなく、それどころか欠点だらけの戦闘機といってよい位である。例えば木金混製構造は作り易い反面、強度的にはぎりぎりの設計であり、小型にまとめられている割には重量はそれほど軽く作られてはいない。

翼面荷重はYak-1が160kg/㎡台、Yak-9にいたっては200kg/㎡近いという高翼面荷重であり、テーパーの強い主翼平面型（木製主桁の付け根の強度を考えると先細にならざるを得ない）とあいまって失速特性は決して良くなかったはずで、資料にもよるが着陸速度は140km/h以上だったといわれるから、扱い易い機体ではなかったと考えるべきだろう。その他、高々度性能は劣悪（最初から切り捨てられていた）、航続距離も長距離型以外は700kmがやっと、武装も貧弱（Yak-9は20mm機関砲1門＋12.7mm機関銃1挺のみ）といい所があまり見当たらない。

だが欧米戦闘機のような複雑なシステムを持たない分、ソ連の厳しい環境でも高い稼働率を維持できたし、前線での修理・補給も容易であった。「数の論理」を重視するソ連軍にとっては、このことは大変重要視される。

結局ヤク戦闘機は、地上軍との共同作戦に的を絞り、地上軍上空の防空と近接支援だけを考えた「陸軍のための戦闘機」といえるだろう。そして目的どおりに使ったことが成功の最大要因であった。

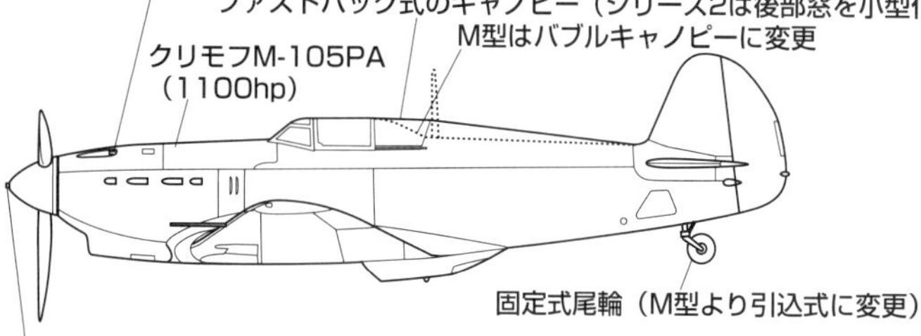

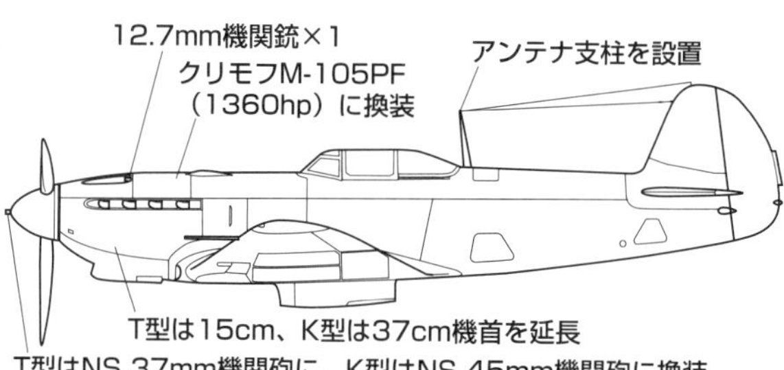

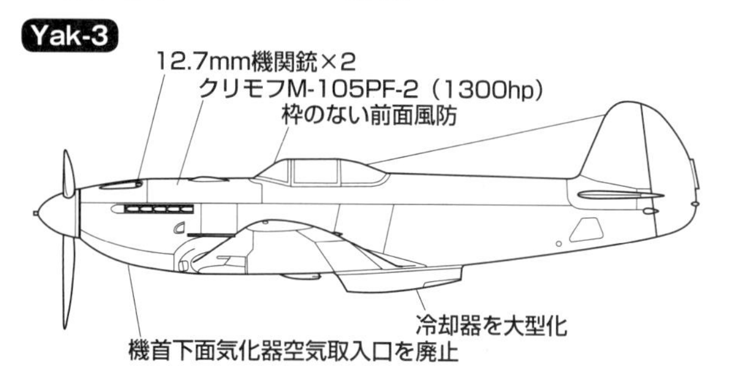

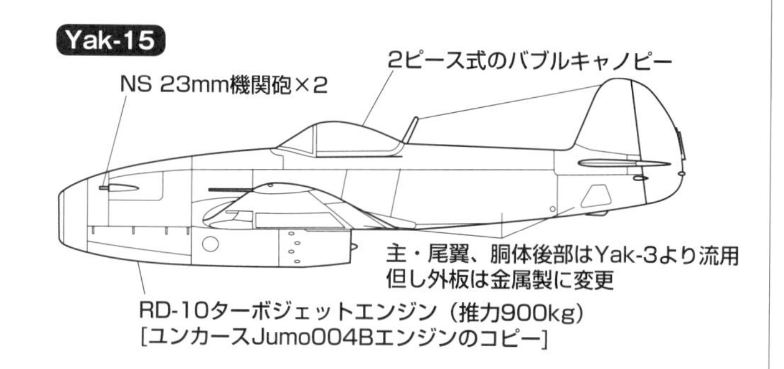

ラボーチキン LaGG-1/3/La-5/7/9/11

3人の名前を冠した寄り合い所帯設計局

セミョーン・アレクセイビッチ・ラボーチキンは前項で解説したヤコブレフより6歳年上の航空機デザイナーだったが、友人2人とともに自身の設計局（OKB）を持ったのはヤコブレフより4年あまり遅く、1938年5月のことであった。

1900年9月生まれのラボーチキンは20歳でモスクワ工科学校に入学、勉学の傍らツポレフの下で強度計算のアシスタントを勤めた事もあったという。卒業後は2、3の航空機工場で働いた後、プロペラとスキーを製造していたN.I.リジコフの工場に入り、この時リジコフの考案したプラスチックをしみ込ませた合板「デルタ材」に注目し、これを使用した戦闘機の開発を計画した。

デルタ材は従来の合板に比べて強度、耐火性に優れており、いざ戦争となった場合の戦略物資不足に対応できる航空機素材と考えられたため、ラボーチキンの計画はやがて航空産業局の認める所となり、彼とその仲間の技術者、V.P.ゴルブノフ、M.I.グドコフの3人によるLaGG（ラボーチキン（La）、ゴルブノフ（G）、グドコフ（G））設計局開設と、前線用低高度戦闘機I-22の開発が許可されたのである。

モスクワ郊外の国営航空機工場（ザボード）301に設けられた新設計局ではクリモフVK105P（1,100hp）装備の全木製戦闘機開発が進められ、1939年夏にはプロトタイプ7機の製作が開始された。I-22はエンジン部を除く胴体、それに主桁を含めた主翼ともにデルタ材のセミモノコック構造で作られており、これは当時の戦闘機としてきわめて珍しいものだった。ソ連戦闘機は材料入手の容易さと作り易さを考えて木製構造を採用したものが多いが、ヤク戦闘機は胴体に鋼管骨組みを使っていたから、I-22の木製化はより徹底したものだったといえる。

木製化で最も問題となるのは、金属製に比べて重量が大きくなることだが、ラボーチキン達は機体を極力小型にまとめる事でこれを回避しようとした。この点はヤコブレフも同様で、翼面積は17.5㎡という似通った値となり、翼付け根の荷重を軽減するためテーパーの強い平面形を採用した点も同じだった。

Lakirovanniy Garantirovanni Grob 塗装された保証付きの棺桶

I-22には製作中にLaGG-1の正式名が与えられ、1号機は1940年3月30日初飛行に成功した。テストフライトの結果、本機には多数の改修を要する欠点があることが明らかとなったが、新戦闘機の早期取得を望んだソ連空軍（VVS）はすでに100機の生産指示を出した後であり、生産を進めながら改修を加えるという方策が取られる事になった。」

LaGG-1は操縦性と離着陸特性が著しく不良で、最大速度は高度4,000mで570km/hとまあまあだったものの加速が悪いうえに、上昇力は旧式のI-16に置いていかれるほど劣悪であり、また航続距離も不足だった。

これら全てを改善するには大幅な重量軽減とエンジンの馬力アップ、それに空力的改良を必要としたが、時間に追われていたため武装の軽減（軸内発射機関砲の口径を23mmから20mmに減じ、機首の12.7mm機関銃2挺を7.62mm機関銃2挺へ変更）、外翼前縁への固定スラット（後に自動式に変更）の追加、垂直/水平尾翼へのマスバランス装備、構造重量の見直しなどを盛り込んだI-301計画がとりあえず実施されることになり、改修型1号機は1940年6月14日に初飛行に成功した。

I-301が一応実用になると見たソ連空軍は改修機を新たにLaGG-3と命名し、1940年7月29日、タガンログのザボード31、ゴーリキーのザボード21、ノボシビルスクのザボード153（もと農機具工場）の3工場で大量生産に移すことを決定した。ソ連は1936年のスペイン内乱、39年のノモンハン事件、フィンランド侵攻などの経験からソ連空軍の主力戦闘機I-16、I-153がすでに旧式化していることを十分に認識しており、近代的戦闘機の早期配備を急がなければならないという事情があったためである。

LaGG-3は1941年初頭から部隊配備が開始された。しかし改修されたとはいえ操縦性は依然として不良であり、離着陸も難しい機体で、訓練中に多数の事故機を出しパイロット達からはロシア語でLaGGの頭文字をもじった「上製保証付棺桶（“ラッカー仕上げ”転じて“粉飾”と訳される）」と酷評される始末であった。加えてこの頃の国営航空機工場は、もともと製造技術が低いところへもってきて、突然の大量生産指令を受けたため、工作不良による事故、性能低下が多発し、これも

離陸に向けて準備をするLaGG-3。プロペラ軸内からモーターカノンとして20mm機関砲を発射可能だ。あまりの事故率に殺人機とまであだ名された同機だが、一概に機体のせいだけではなく、転換訓練に当てる時間が少ないなどの、練成上のシステムにも問題があった

LaGG-3の評判を下落させる原因となった。

1941年6月22日の独ソ戦開始当時、LaGG-3は300機近くが配備済みで、同年末までに更に2,000機がロールアウトした。この数はYak-1の約2倍であり、ソ連空軍パイロットの多くはこの「殺人機」LaGG-3に乗って戦わなければならなかった。

本機は速度、運動性、武装など、どの点から見てもBf109、Fw190に劣り、わずかに頑丈さだけがとりえという戦闘機であり、まして百戦練磨のドイツ空軍のパイロット相手ではほとんど勝ち目はなかった。

1941年末からは低高度におけるブースト出力を上げたM-105PFエンジン（1,260hp）への換装が始まり、上昇力などにわずかな改善がみられたが、依然としてドイツ戦闘機を凌駕することはできなかった。そのためLaGG-3は対地攻撃任務にまわされることが多くなり、前線からは武装の強化を望む声が強く上がることになった。

LaGG-3の武装は生産中にたびたび変更された他、前線での換装も行われたため、多くのバリエーションが存在する。プロペラ軸内発射式機関砲をShVAK 20mm機関砲からVYa-23V 23mm機関砲に、ShKAS 7.62mm機関銃をUB 12.7mm機関銃に換装したものや、対戦車用に37mm機関砲を搭載したモデル、RS-82ロケット弾ランチャー6基を翼下面に装備したものなどが作られた。

欠陥が多く戦闘能力も低かったLaGG-3だったが、1942年8月まで生産は続けられ、計6,528機が完成した。これだけ作られると、中には本機を操って多数のドイツ機を撃墜する猛者も結構出てくるもので、テストパイロット出身のコンスタンチン・グルズデフ中佐が20機を撃墜したのを筆頭に数人のエースが誕生している。

またドイツ軍に鹵獲されたLaGG-3の3機がフィンランドに引き渡されて1943年9月から実戦に参加し、1944年2月にはソ連側のLaGG-3を撃墜した。ただしフィンランド空軍パイロットのLaGG-3に対する評価は手厳しいもので、安定性が悪く加速も悪いこと、少しでもきつい旋回をするとすぐにスピンに入るクセがあることなど、完成度の低さを指摘し、はるかに劣速のカーチス ホーク75Aでも十分対抗が可能だと結論付けている。

敵機32機を撃墜し、ソ連邦英雄を受章したエース、クラーギン・アンドレイ・ミハイロビッチ大佐が、愛機LaGG-3の前で誇らしげに写る写真。クリモフM-105PF（VK-105PF）液冷エンジンを搭載しており、後のLaシリーズとはかなり印象が異なる

ファストバック式キャノピーであったLaGG-3の胴体に、M-82エンジンを搭載しただけの初期La-5。空冷星型エンジンになったため、モーターカノンは無くなった。ラボーチキンは、戦闘機の設計が進まないことでスターリンのとばっちりを受けたくないGAZ-31（トビリシ）の工場管理者によって、飛行場端の小屋に追い出され、La-5の設計はそこで完成した

空冷エンジンへの転換…La-5の登場

LaGG設計局の3人の設計者、ラボーチキン、グドコフ、ゴルブノフはそれぞれがLaGG-3の生産現場に出向いて指導と改良に従事していたが、いずれも同機の性能向上には強力なエンジンの採用が不可欠とみて各自研究を続けていた。当時より強力な液冷エンジンとしてはクリモフM-107A（1,650hp）、ミクーリンAM-38（1,665hp）があったが、前者は開発直後でトラブルを多発しており、後者は最優先量産機種であるIℓ-2攻撃機に優先的に回されていたため、いずれも採用は困難であった。

このため唯一使用が可能だったのは空冷14気筒のシュベツォフM-82（1,700hp）だけで、1941年9月からトビリシのザボード31（タガンログから移動）で換装作業がスタートした。最大の問題はM-82の重量が850kgと大きく（M-105は本体600kg＋冷却器70kg）、直径も48cm以上大きかった事（M-105の777mmに対し1,260mm）だったが、機首を短縮して重心位置を調整し、エンジン直径ぎりぎりのカウリングと排気管を7本ずつ左右に振り分けるデザインにより解決していった。

エンジン部分以外の胴体、主翼はLaGG-3とほとんど変わらなかったが、武装は機首のShVAK 20mm機関砲2門となり、機内燃料容量は352Lから464Lに増大した。ただし外翼タンクは被弾防止と重量軽減のため現地部

隊で取り外されるケースが多く、航続力が不足したため、後に内翼と中央部だけで464L搭載できるように改良された。

M-82装備改造1号機は1941年12月に完成したが、飛行試験は天候の回復を待って翌年3月にようやく開始された。テストの結果は満足すべきもので、最大速度は620km/hを超え、上昇力、操縦性など全ての面で改善が認められたため、ザボード21と31で全力生産されることが決定された。

当初は生産ライン上にあったLaGG-3のエアフレームにM-82を搭載する形で生産が始められたが、この頃にはグドコフが設計局を去っていたためLaG-5と呼ばれ、間もなくゴルブソフも設計局を離れた事から、La-5が制式名称となった。

こうして3週間ほどで完成した10機を前線に送って実戦テストが行われたが、当時のソ連航空機工業の粗製濫造傾向は深刻で、生産型の最大速度はテスト機より50km/hも低く、おまけに主翼が折れるという事故で2機が墜落した。速度が出ない原因はカウリングの仕上げが悪いためで、主翼破壊はサイズの異なる主翼取り付けボルトを無理やりねじ込んだという、信じられない欠陥工作がなされていたことが原因であった。

ラボーチキンはクレムリンに呼びつけられマレンコフ（スターリンに次ぐ当時のソ連No.2の政治家）から、「君の将来は厳重に監視されている」と不気味な叱責を受け、早期に問題解決を迫られる事になった（解決できなかった時は、銃殺かシベリア収容所送りであったろう）。

結局La-5の最初の飛行連隊編成は1942年8月となり、前後して始まったスターリングラード攻防戦が本格的実戦デビューとなった。本機は初期にはエンジンのオーバーヒートや着陸時のバウンドで事故を起こし易いこと、航続距離が短いといった欠点はあったが、高度6,000m以下ではBf109Gより速く、運動性やスピン特性も良好、無線、ジャイロ、ガンサイトといった装備も一通り搭載されたため、ようやくドイツ戦闘機と互角以上に戦うことができるようになった。また当初キャノピーはLaGG-3と同様、後方視界の悪いファストバック型だったが、量産初期の段階で半水滴型に改良された。

軽快に飛行するLa-5F。La-5のエンジンをシュベツォフASh-82F（1,700hp）に換装したタイプで、最大速度は高度6,300mで600km/h。ソ連のパイロットは日本やイタリアと同じく、視界を確保するためしばしばキャノピーを開けて飛んだ

1942年12月以降、改良型エンジンASh-82F（エンジン記号Mは、設計者を讃えてAShに変更）を搭載したLa-5Fの量産に切り替えられ、更に1943年3月にはキャブレター方式から燃料直接噴射方式（マイナスGがかかっても、燃料が供給され続けて、エンジンが息つきを起こさない）に換えたASh-82FN（1,850hp、FNは直接吸気圧力増大の略）を搭載したLa-5FNの量産が開始された。ラボーチキンの戦闘機もこのFN型に到って最大速度はついに650km/hを超え、当時の一流戦闘機の仲間入りを果たしたのである。

シリーズ最後のモデルは、主翼主桁をジュラルミン製に変えたLa-5FNタイプ41で、桁が小型化されたことにより燃料搭載量は560Lに増加し、自重は172kg減少した。

試作型としては、ターボチャージャーを装備したLa-5TKがあるが、これはテストのみに終わった。La-5シリーズの量産は1944年末まで続けられ、総生産数は少数の複座練習機型La-5UTIを含めて計9,920機に上った。

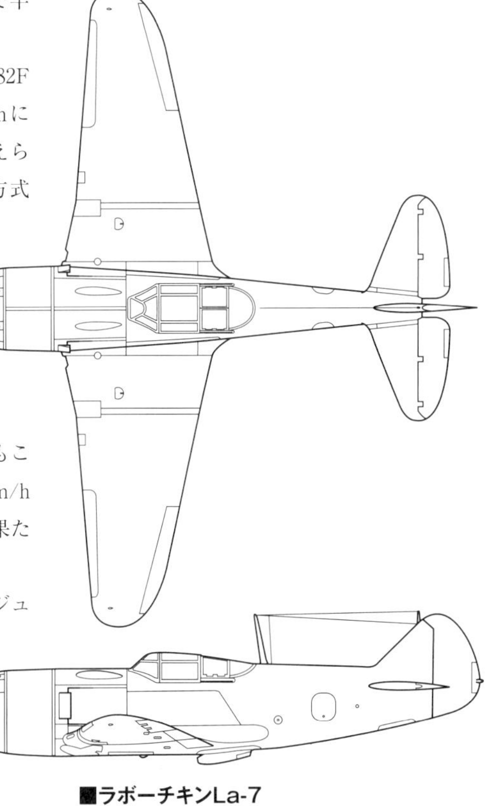

■ラボーチキンLa-7

全幅	9.80m	全長	8.60m
全高	2.80m	主翼面積	17.59㎡
自重	2,638kg	全備重量	3,315kg
エンジン	シュベツォフASh-82FN 空冷二重星型14気筒（1,850hp）×1		
最大速度	661km/h（6,000m）		
上昇力	5,000mまで5分18秒		
上昇限度	10,450m		
航続距離	635km（最大990km）		
固定武装	20mm機関砲×2		
搭載量	200kg爆弾×2		
乗員	1名		

決定版、La-7の登場

1943年、戦争も後半に入ると、ラボーチ

キンやTsAGIではLa-5の空力を改善してさらに高性能の戦闘機を研究することとした。そしてLa-5FNを元に主翼結合部にまで金属部を増やし、同時に風洞実験で得られたデータをもとに機体各部にリファインを加えた試作機を製作し、1943年12月から44年2月の間に試験が行われた。

エンジンはFNと同じだが、プロペラは効率を向上させたVISH-105V-4に換装され、過給器インテイクはカウリング上部から左翼付け根に移動、最大速度は低空でも600km/h、高度6,800mでは680km/hを超える高性能機となった。武装は機首上のShVAK20mm機関砲2門で、コクピットへの暖房も導入された。

この試作機はLa-7としてただちに量産に移され、1944年5月から実戦部隊配備が開始された。La-7のバリエーションとしては、複座型で機関砲を1門だけとしたLa-7UTI練習機、ツインターボとしたASh-82FN/TK-3（高度8,000mまで1,700hpを維持）を搭載したLa-7TK、2,000hpエンジンを搭載したLa-7ASh-71、1,900hpの軽量エンジンを搭載したLa-7ASh-83（高度6,400mで725km/hを記録）、尾部にRD-1ロケットエンジンを装備したLa-7R、全金属製構造と層流翼の新設計主翼、NS-23 23mm機関砲4門を搭載し、La-9開発のベースとなったLa-126、両翼下面にVRD-430ラムジェットエンジン各1基を搭載したLa-7S、同じくLa-126にラムジェットを搭載したLa-126 PuVRDなど多数に上るが、いずれもテストのみに終わっている。なおLa-7の量産は戦後の1946年末まで続けられ、総生産数は5,753機に上った。

ラボーチキン戦闘機のうち大戦に間に合ったのはLa-7までだったが、設計局では更に高性能を目指して開発作業を進めていった。1944年中頃からはLa-126の主翼に、新設計の全金属製セミモノコック構造の胴体を組み合わせたLa-9の設計が始められ、エンジンは変わらないもののカウリングのデザインが一新され、冷却効果の向上と空気抵抗の減少が図られ、武装もNR-23 23mm機関砲4門という強力なものとなった。

しかしLa-9のプロトタイプとなったLa-130の初飛行は対独戦終了後1年以上経った1946年6月16日のことで、その後複座練習機型のLa-9UTIを含めて約1,000機量産され、1950年代初めまでソ連空軍で使用された。

ラボーチキン最後のレシプロ戦闘機となったのはLa-9をベースに作られた長距離護衛戦闘機La-11で、NR-23 23mm機関砲は3門となった他、翼端増槽が装備可能となり、航続距離は最大で2,500kmを超す長大なものとなった。プロトタイプLa-140は1947年5月に初飛行し、量産型は1948年にソ連空軍への配備が開始され、間もなく共産圏諸国への供与も始められた。本機はYak-9、Iℓ-10などとともに北朝鮮にも引き渡され、朝鮮戦争に参加した。

主翼を変更し、胴体の構造材を金属製としたLa-7。しかし外皮は木製のままなので、外形は大きく変えられず、空力的リファインは徹底されていない。武装は、主翼には桁の問題で機関砲を装着できず、機首上のShVAK 20mm機関砲2門のみだった（一部の機体はB-20 20mm機関砲3門装備）

殺人機転じて、大祖国戦争勝利の立役者

LaGG-3の実戦成績は前記したとおり芳しいものではなかったが、La-5以降は独戦闘機に劣らない性能（特に低空では優秀だった）を獲得したことと、出現のタイミングが丁度ドイツ側航空戦力の低下が始まった時期と重なったことと相まって、対地、対空戦とも非常に大きな活躍を見せた。

初期生産型10機がフィンランド戦線で実戦テストされたのを別として、La-5が初めて戦場に登場したのは、ソ連公刊戦史によれば1942年8月21日のことで、スターリングラード戦域に進出した第287戦闘航空師団所属機が、この日初めてドイツ機と交戦した。この初陣でLa-5は27日間に97機の敵機撃墜を記録した。

スターリングラード攻防戦後半、ドイツ側は補給線が延びきったことと、厳しい寒波に襲われたことで戦力が下降線をたどったのに対し、逆にソ連側の兵器生産と補給が飛躍的に改善され、形勢は次第にソ連側に有利となっていった。こうした状況下、La-5はYak戦闘機シリーズとともにソ連戦闘機部隊の主力機となり、RS-82ロケット弾を使用した地上攻撃作戦、爆撃機/攻撃機の護衛、迎撃作戦などあらゆる任務に投入され、多数のエースを誕生させていった。

1943年7月ドイツはスターリングラードでの敗北を挽回すべくクルスク方面に大戦力を結集して反撃作戦「ツィタデレ」を展開した。世にいうクルスク大戦車戦だが、地上では数千輛の戦車が激突し、その上空ではやはり数千機の敵味方航空機が飛び交う激しい戦いとなった。当初ドイツ側優勢のうちに推移したが、やがて数量に勝るソ連軍が反撃に転じ圧倒的勝利を収めることになった。

この戦いではLa-5とYak-7/-9がソ連戦闘機部隊の主力として使用され、後にソ連トップエースとなるイワン・ニコラエヴィッチ・コジェドゥブ中尉がLa-5でデビュー戦を飾った。中尉はこの後8ヵ月間で20機撃墜の戦果を挙げて初のソ連邦英雄の称号を授与され、いったんYak-7に転換、1944年5月再びLa-5FNに、そして数ヵ月後にはLa-7に乗り

換え、撃墜を重ねていった。

La-7は1944年夏に部隊配備が開始されたが、当時すでに45機を撃墜してソ連空軍第2位のエースとなっていたコジェドゥブが副連隊長を務めていたエリート部隊、第176親衛戦闘機連隊（IAP）に最初に引き渡されたのである。コジェドゥブはLa-7を駆って対独侵攻作戦に参加し、1945年2月16日にはソ連パイロットとして初のMe262撃墜を記録した。コジェドゥブの総撃墜数はこれを含めて62機に上り、ソ連ばかりか連合軍全体におけるトップエースの座についたのである。

La-5/-7は、多くのソ連機がそうだったように、生産性を考慮した結果、大部分が木製という前近代的構造ながら、機体、エンジンともに頑丈で整備に手間がかからず、主脚間隔が広いなど、戦場での酷使に耐える実用性の高い戦闘機であった。Yak系ほどではないが、やはり大量に供給されてドイツ機を駆逐し、祖国を守った戦闘機として歴史に名をとどめている。

性能から見ても最大速度はLa-5が650km/h、La-5FN/La-7は680km/h（高度5,000～6,000m）、運動性も悪くなかったと言われているから、当時としてはかなり戦闘力の高い機体だったといってよい。

武装が20mm機関砲2門（La-7の一部は3門）というのが特殊で、対爆撃機戦闘には良かっただろうが、未熟なパイロットが対戦闘機戦闘を行うには不適だった。またこれもソ連機に共通したことだが、航続距離と高高度性能は大きく不足していた。

こう見てくると、ラボーチキン戦闘機もYak戦闘機と同様、低空戦闘と対地支援作戦に徹し、とにかくなるべく早く大量の機を戦場に送り込んで敵軍を圧倒するというソ連の基本戦略に忠実に従った戦闘機といえるだろう。

戦後に本格的な全金属製戦闘機として生まれ変わったLa-9。基本的なデザインはLa-7のそれを踏襲しながらも、主翼、胴体は完全に再設計されている

LaGG-1/I-301

軸内発射式のMP-6 23mm機関砲
VISh-61P金属製可変ピッチ3翅プロペラ
機首上面にUBS 12.7mm機関銃×2
クリモフM-105P（1050hp）
構造材、外板をベークライト合板（デルタ材）で構成した主翼、胴体
片側1本ずつにまとめた集合排気管
小型で固定式の尾輪

LaGG-3/シリーズ66

軸内発射武装をShVAK 20mm機関砲またはVYa-23 23mm機関砲に換装（シリーズ4以降）
プロペラブレードをVISh-105SVに変更（シリーズ35以降）
機首武装をUBS 12.7mm機関銃×2+ShKAS 7.62mm機関銃×2に強化（シリーズ1）
右舷12.7mm機関銃を廃止（シリーズ4）
両舷の7.62mm機関銃を廃止（シリーズ8以降）
最終的にUBS 12.7mm機関銃×1に定着
クリモフM-105PF（1810hp）に換装（シリーズ29以降）
7.62mm機関銃増設時のバルジ
シリーズ66のみキャノピーのフレームを変更
シリーズ66のみ短いアンテナ支柱
釣り合いタブなしでバランスホーンの付いたラダー（シリーズ11まで）
シリーズ1のみラダー下部にバランスホーンが付く
尾輪を大型化し、引き込み式にする（シリーズ35以降）
シリーズ35のみ冷却器インテークを拡大
主翼下面に爆弾もしくはロケット弾が搭載可能となる（シリーズ11以降）
前縁スラットを装着（シリーズ35以降）
左主翼前縁の着陸灯を廃止
片側3本の排気管（シリーズ29以降）、シリーズ66のみ片側4本の排気口

La-5

La-5FN

過給器インテークをエンジンカウリング前縁まで延長
燃料直接噴射式となったシュベツォフASh-82FN（M-82FNより改称、出力変わらず）
後方視界を得るために後部キャノピーを変更
前傾したアンテナ支柱
キャノピー変更に伴い、後部胴体を削り込む
Tip41のみ主翼の桁やリブにジュラルミンを使用

La-7

エンジン始動用フックを廃止
プロペラをVISh-105V-4に変更
ヤロスラブリ工場製のみ機首武装をB-20 20mm機関砲×3に変更
空力的にリファインされたエンジンカウリング
※構造材を金属製に変更
胴体下面に潤滑油冷却器を移設
平面形を2段テーパーにして、主桁とジョイント部を金属製にした主翼に変更
左主翼付け根に過給器インテークを移設

La-9

エンジンカウリング上端に過給器インテークを移設
機首上面にNS-23 23mm機関砲×4
枠のないキャノピーに変更
増積された垂直尾翼
主翼平面形を直線テーパー翼に一新
※主翼、胴体の外板も金属製にして再設計

La-11

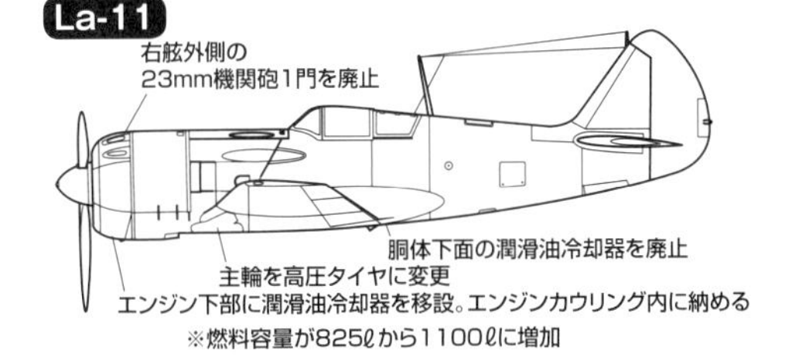

イタリア空軍機 | 大戦初期のイタリア空軍を支えた、時代遅れの複葉戦闘機

フィアットCR.32/CR.42ファルコ

格闘戦重視のイタリア空軍

フィアットCR.32は、複葉戦闘機時代の代表的イタリア人設計者チェレスティーノ・ロザテリが生んだ複葉戦闘機で、登場時には列強の同クラス機を凌ぐ優秀機だった。原型が初飛行したのは1933年4月28日で、テスト結果が良かったことからすぐに量産に入り、同じ年の12月には部隊配備が開始されている。

構造的には当時の標準的なもので、胴体前半がアルミとスチールパイプによる骨組みにジュラルミン薄板張り、後半部は同じ骨組みに羽布張り、主翼も金属骨組みに羽布張りで、一葉半に近いデザインであり、エルロンは上翼のみに設けられていた。

エンジンはフィアットA.30R 液冷V型12気筒(600hp)で、直径2.82mの2翅固定ピッチ(地上でのみ変更可)プロペラを駆動した。固定武装は初期には7.7mm機関銃2挺だったがやがてブレダSAFAT 12.7mm機関銃2挺が標準となり、ほとんどの戦闘機が7.7mm銃2挺の時代にあって比較的強武装といえた。

CR.32は運動性に優れ、構造も頑丈だったことから格闘戦を好む伊空軍パイロットからは歓迎され、平時には多くのデモ飛行に用いられた。1936年までに1,000機強がイタリアで生産された他、1938年にはスペインのイスパノ社が100機をライセンス生産、フランコ政権下のスペイン空軍にHA-132Lの名称で配備された。

スペイン内乱で大活躍

諸外国で最初にCR.32を発注したのは中国国民政府(蒋介石軍)で、1933年に早くも16機(24機説もある)を発注、当時の主力だったカーチス ホークより優れていたとされる。1937年7月の日華事変勃発時にはほんの数機が残っていたのみで、戦歴は不明だ。

中国、スペインの他、オーストリア、ハンガリー、パラグアイ、ベネズエラが輸入したが、オーストリア(45機輸入)はドイツによる併合で接収され、うち36機がすでに40機を輸入していたハンガリーに供与された。ハンガリーは対ソ戦初期にCR.32を使用したとされる。

CR.32が目覚ましい活躍を見せたのはスペイン内乱(1936年3月から39年3月)で、イタリア空軍は紛争期間中に400機近いCR.32をパイロットと共に派遣し、一部の機にはスペイン人パイロットを搭乗させて、共和国軍側のソ連機と対戦した。同じ複葉のI-15に対しては圧倒的に優勢で、単葉機I-16に対しても善戦した。

戦時の誇張、誤認があるため一概に信頼できないが、イタリア側の発表では、I-15、I-16をそれぞれ200機以上撃墜して、CR.32の喪失機は73機だったという。またツポレフSB-2高速爆撃機の48機撃墜も主張している。

1940年6月第二次大戦へのイタリア参戦が開始された時点で、CR.32はリビアや東部アフリカ戦線、地中海戦線にまだ少数が配備されており、英空軍のブレニム爆撃機やハリケーンと戦った。少数の撃墜記録も残されているが、すでに時代遅れであり、補給が続かなかったことも手伝って1941年4月頃には稼働機がほとんど姿を消した。

カーチスD-12に範を採ったとされるフィアットA.30R 液冷V型12気筒エンジンを搭載したCR.32。複葉機としては洗練されたデザインが見て取れる。下翼は上翼よりかなり面積が小さい一葉半ともいえる形式で、W字型の支柱で支えられている

■フィアットCR.32

項目	値	項目	値
全幅	9.50m	全長	7.47m
全高	2.59m	主翼面積	22.10㎡
自重	1,455kg	全備重量	1,975kg
エンジン	フィアットA30 RA.bis 液冷V型12気筒(599hp)×1		
最大速度	335km/h(高度6,100m)		
上昇力	3,050mまで5分25秒		
上昇限度	8,800m	航続距離	780km
武装	12.7mm機関銃×2		
搭載量	爆弾100kg		
乗員	1名		

最後の複葉戦闘機CR.42

CR.42ファルコ(鷹)はCR.32の成功に気を良くしたイタリア空軍が、すでに単葉戦闘機時代に入っていたにも拘わらずロザテリ技師に作らせた世界最後の複葉戦闘機である。ロザテリはCR.32の発展型を幾つか設計していたが、CR.42の元となったのは1936年に完成した空冷エンジン装備のCR.41(エンジンはノームローン14Kfs 900hp)で、426km/hの快速を発揮した。CR.41は抵抗の減少とパイロットの視界改善を狙って、上翼をガル型として胴体に直接固定するデザインだった。

CR.42はCR.41の上翼を通常の支柱支持としたモデルで、エンジンも国産のフィアットA74 R1C 38(840hp)に換え、近代的なNACAカウリングを採用、プロペラは3翅直径2.9mの定速式となった。構造面では胴体はCR.32と似た鋼管/ジュラルミン混合骨組み、前部がジュラルミン薄板張り、後部は羽布張りだが、鋼管は新しい合金を使うなど軽量化と強度向上が図られていた。

主翼も基本的には鋼管、軽合金骨組みに羽布張りだが、前縁のみジュラルミン薄板となっていた。固定兵装は当初機首上面の7.7mm、12.7mm機関銃各1挺だったが、後に12.7mm機関銃2挺に強化された。

原型1号機は1939年初頭に初飛行したが、新開発の複葉戦闘機としては史上最も遅い進空であり、列国では単葉機開発が普通だった頃である。伊空軍でももちろん同様で、同じフィアット内ではジュセッペ・ガブリエル技師が主務となって開発したG.50単葉戦闘機が1937年2月に初飛行済みだった。それでも格闘戦を好んだ伊空軍では複葉機を捨てきれず、39年中にCR.42の生産を開始したのである。

1939年9月の大戦開始時（イタリアは未参戦）には3個連隊に110機のCR.42が配備されていた。ちなみに5個連隊は旧式のCR.32装備、他はG.50とMC.200が各1個連隊で、他列強の戦闘機部隊に比べて相当劣勢であった。CR.42は1942年まで生産が続けられ、1,784機が完成した。

CR.32の発展型で、空冷エンジンとなったCR.42。降着装置はCR.32と変わらず固定脚だった。武装は12.7mm機関銃2挺と当時としては平均的で、一部の機体は下翼下面のフェアリングに12.7mm機関銃2挺を追加装備した

複葉の鷹の戦歴

イタリア参戦時には約300機のCR.42が配備済みで、初の実戦は英仏への宣戦布告から3日目の1940年6月13日、南フランスへの爆撃機編隊護衛任務であった。伊空軍による南フランス攻撃は、ドイツに対する仏降伏まで2週間断続的に続き、CR.42は仏空軍のD.520、ブロックMB.152単葉戦闘機などと対戦したが、いずれの側も少数の撃墜を記録したに過ぎない。

ドイツ空軍による英本土爆撃作戦を応援するため、伊空軍は1940年10月、CR.42×50機、G.50×48機、その他爆撃機から成るイタリア航空隊をベルギーに派遣した。CR.42の英本土への出撃はバトル・オブ・ブリテンも下火になった11月に少数回行なわれ、ハリケーンやスピットと対戦した。イタリアは多数撃墜を発表したが、英側は否定している。

イタリア戦闘機はこの頃になっても無線通信装備を搭載していなかったため、独空軍機との連携もままならず、応援に駆け付けたという格好を示しただけで、対英戦にはほとんど寄与できなかったというのが実情だった。

また北アフリカ、東アフリカ、ギリシャ、中東などの戦線にも多数が投入された。連合国側もグラディエーターが主力だった頃にはそれなりに活動、爆撃機迎撃などにも活躍したが、ハリケーンやP-40などには苦戦、対地攻撃や夜間防空作戦に回され、最終的には練習機として使われた。

CR.42は1943年9月のイタリア降伏時にも100機以上が残っており、大部分はイタリア北部ドイツ支配下のイタリア社会共和国空軍機として使われ、少数機が南イタリアへと飛んで共同交戦国空軍所属となった。大戦終了後は新生イタリア空軍機となって数機が複座練習機に改造された。

外国でのファルコ

登場時のCR.42は、扱い易くそこそこの性能であったことから、中小国空軍の注目を集める存在だった。最初に発注したのはハンガリーで、1938年に50機を発注し翌年から引き渡しを受けた。

ハンガリーは枢軸国の一員だったことから、ドイツの対ソ連宣戦布告（1941年6月）に呼応して小規模ながらソ連南部の爆撃を行なっており、CR.42も護衛任務を実施した。ソ連空軍機との空戦も発生し、戦争期間中I-16を含む24機の撃墜を記録した。1944年になるとアメリカ陸軍航空軍の爆撃が始まり、残ったCR.42は1機を残して全て破壊されたという。

1939年にはベルギー空軍がCR.42を34機（40機説あり）発注し、ドイツ軍侵攻が始まる2ヵ月前に引き渡しを受けた。ドイツとの8日間の戦いで、最初にJu87スツーカの急降下爆撃により13機が破壊され、残りもBf109に圧倒されてほとんど活躍できなかったという説と、ドルニエDo17とBf109数機を撃墜したという説がある。

最大の顧客となったのは武装中立を保っていたスウェーデンである。他の欧州列国が自国用の戦闘機の数を揃えるのに忙しかった時期、イタリアだけが取引に応じてくれたことから、1940年2月から翌年9月までに72機のCR.42を購入した。スウェーデン空軍はJ11と命名して装甲板追加やスキー装着などの改造を加えて領空侵犯機迎撃に使用した。ドイツ機の領空侵犯はたびたび発生したが、空戦に至った記録はない。

CR.42の良好な運動性はパイロットから歓迎されたものの、開放式コクピットは酷寒の地の作戦には不向きで、低温のため機械的トラブルも多発した。このためスウェーデンは大急ぎで国産戦闘機を開発、単葉戦闘機FFVS J22を1943年に就役させた。

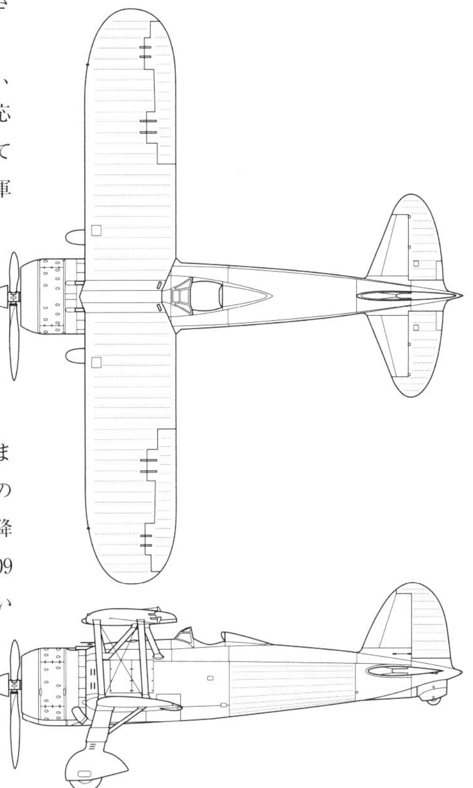

■フィアットCR.42

全幅	9.70m	全長	8.25m
全高	3.06m	主翼面積	22.40㎡
自重	1,782kg	全備重量	2,295kg
エンジン	フィアットA74 R1C 38 空冷二重星型14気筒(840hp)×1		
最大速度	440km/h		
上昇力	3,050mまで4分15秒		
上昇限度	10,200m	航続距離	780km
武装	12.7mm機関銃×1、7.7mm機関銃×1 (後に12.7mm機関銃×2)		
乗員	1名		

MC.200サエッタ／MC.202フォルゴーレ MC.205Vヴェルトロ

列強最弱、イタリア空軍

イタリアは1922年にファシスタ党のベニト・ムッソリーニが政権を掌握し、軍備拡張に励んできた。しかしその国防戦略は周辺諸国との地上戦を中心とした防衛戦であるという、誤った見通しのもとに行なわれ、さらに時代遅れの製作計画と長期的展望の欠如が拍車をかけた。ナチスドイツの電撃作戦成功を見たムッソリーニは、バスに乗り遅れるなとばかりに1940年6月10日、イギリス、フランスに対して宣戦布告し、第二次世界大戦に参入した。

この時点におけるレジア・アエロノーティカ（Regia Aeronautica：イタリア空軍）保有の第一線機は約2,500機（実動機1,800機程度）といわれ、数量面で他の列強諸国にいくらか劣っていたのに加え、質的にもその内実はかなりお寒いものだった。

つまり爆撃機に関しては1920年代に先覚者ジュリオ・ドゥーエ将軍がその重要性を説いたこともあって、実用性が高く性能的にも当時の水準に近い3発爆撃機SM.79を主力にした航空団23個（1,000機程度）を保有していたのに対し、戦闘機は時代遅れの複葉固定脚機フィアットCR.42（もっと古いCR.32も相当数あった）を中心に13個航空団（約800機）を保有していただけで、その他には近代戦にはほとんどものの役に立たない植民地制圧用の軽偵察・攻撃機を装備しているだけだった。

天才デザイナー、マリオ・カストルディ

この弱体極まる戦闘機部隊の中で、唯一連合国側戦闘機に対抗できたのがマッキMC.200サエッタ（イタリア語で稲妻、矢の意）で、戦前シュナイダー・トロフィー・レース（スピットファイアの項参照）において、スーパーマリンのミッチェル技師と名勝負を展開したマリオ・カストルディ技師の手による最初の戦闘機であった。

このMC.200の前に同技師が設計したマッキMC.72は、シュナイダー・トロフィー・レースには間に合わなかったものの、1934年10月23日に709.2km/hという世界速度記録（レシプロ水上機の記録としては現在も破られていない）を樹立してミッチェル技師のスーパーマリンS6Bに一矢を報いたのだ。

イタリア空軍省は1936年に次期戦闘機の設計案を募ったが、それに対しカストルディはMC.200でこたえ、原型1号機を1937年12月24日に初飛行させた。同機は翌年ギドニアの空軍テストセンターに送られてフィアットG.50、レッジアーネRe.2000などとの比較テストに供され、最優秀との判定を受けて同年夏、空軍から99機の第1次発注を受けた。

MC.200は、フィアットA74 RC38空冷星型14気筒エンジン（870hp）を搭載した全金属製セミモノコック構造、低翼単葉引き込み脚という当時最新のデザインの戦闘機で、カウリングの直径を極力絞るためロッカーアーム部分をフェアリングで整形した事と、パイロットの視界を良くするため胴体中央を盛り上げてコクピットを設けた点が外見上の特徴だった。

MC.200は同時代の第一線戦闘機に較べるとエンジンが非力ではあったが、空力的洗練によって同時代のイギリス軍戦闘機ハリケーン（出力1,030hp）とほぼ同じ512km/hの最大速度を発揮した。操縦性も良好で、800km/hにも達する急降下をしてもびくともしない頑丈さを備えているのが特長であった。武装はブレダSAFAT 12.7mm機関銃2挺のみで、開発当時は平均的な武装だったが、その後も強化されずに最大のウィークポイントとなっていく。

機体デザインは世界水準だったが…

生産型は1939年夏以降に部隊配備が始められたが、扱い易い複葉機CR.32やCR.42に慣れたパイロットからは不評を買った。このあたりは日本陸軍の一式戦「隼」のデビュー時に似ているが、イタリアの戦闘機パイロットも、個人技の格闘戦に頼る傾向が強く、その保守性は日本のパイロット以上だった。そのためMC.200は近代的な密閉風防で設計されたのに、パイロットたちが密閉風防だと視界が限られると抗議し、生産途中で時代に逆行する

MC.200 Serie7（M.M.7705）。前期生産型の特徴である上部の開いたキャノピー、ドーサルフェアリングに変更した操縦席背部、成形カバー付きの固定式尾輪が良く分かる。1941年夏ごろ。上面はヴェルデ・オリヴァ・スクロ（暗いオリーブグリーン）、下面はグリジオ・アッズーロ・キアロ（茶色がかった灰色）に塗られた砂漠用迷彩。なおSerie（セリエ）は英語の「シリーズ」にあたり、発注順、製造番号によってセリエナンバーがふられる

半開放式に改造されるというおかしなことをやっている。

イタリアはもともと1920年代頃までは航空先進国の一つであったが、重工業の育成に遅れ、第二次大戦前にはいろいろな面で英、独米などに技術的に追い越されてしまった。

イタリアは航空機のデザイン（設計）という点に関しては世界水準を保ち続けていたが、最も遅れていたのがエンジン、兵装、無線装備などの分野だった。エンジンは1,000hpを超える戦闘機用エンジンの開発がうまくいかず、ドイツからの技術援助を受けるまで、どの戦闘機も低馬力エンジンで我慢しなければならなかった。また航空機搭載用機関銃としては、ブレダSAFAT 12.7mm機関銃がほとんど唯一のもので、傑作といわれたアメリカのブローニングM2 12.7mm機関銃に較べると発射速度、初速ともに劣っており、大威力の弾薬開発という面でも遅れていた。

更にイタリア航空工業の最大の欠点は、中小メーカーが林立していて大量生産体制をとれるメーカーが存在せず、戦時になっても他国のように生産ペースを劇的に増大させることできなかったことだ。これはイタリアが抱える伝統的な問題で、開戦時最も重要なはずのMC.200でさえ、マッキに加えてSAIアンブロシニ、ブレダをも動員して生産にとりかかったにもかかわらず、1942年8月の生産終了までにわずか1,153機しか生産できなかったのである。

部隊配備されたMC.200は、テスト段階ではそれほど問題にならなかった高機動時に突然スピンに入るという悪癖が実戦部隊パイロニットによって指摘され、ますます人気を落とすことになった。これは不意自転とも呼ばれるもので、高速機でハイG機動を行えば多少なりとも現れる現象であり、零戦の場合には翼端捻じり下げによってうまく解決をはかったものだった。

MC.200の場合は解決に手間取り、開戦時に156機が引き渡し済み（うち77機が稼働）だったにもかかわらず、この問題への対処ができていなかったため、ほとんどがグラウンド（飛行停止）されている状態であった。

1943年7月、シチリア島で撮影されたMC.200。イボのようなエンジンカウリングのバルジが印象的である。操縦席はスライドキャノピーを廃して開放式となっている。キャノピーは水滴型にはなっておらず、パイロットはドーサルフェアリングのえぐれた部分から直接後方を見ていた。なおイタリア降伏の際、23機のMC.200が南イタリアの連合軍に投降した

地中海に落ちる稲妻（サエッタ）

サエッタが実戦に出動したのは1940年9月のことで、シシリー島を基地としていた第6大隊のMC.200がマルタ島爆撃に向かうSM.79爆撃機の護衛を実施したのが最初であった。

この時の一連の作戦では、迎撃した英空軍ハリケーンとの間に激しい戦いが展開され、MC.200はスピードと武装で劣りながらも運動性の良さで善戦した。このマルタ島は地中海のほぼ真ん中に位置していて、連合軍の戦略上非常に重要な存在であった。枢軸側はこの島を奪取するために再三大規模な航空攻撃を仕掛けたが、結局英軍の粘り強さの前に退けられ、遂にはアフリカでの作戦失敗の最大の原因（同島の英軍機により補給作戦が大きく阻害された）となってしまったのである。

同年10月にはイタリア陸軍のギリシャ侵攻作戦に呼応してアルバニアとイタリア東部にMC.200、1個飛行隊を含む380機からなる支援航空部隊を編成したが、ギリシャ軍とイギリス空軍の猛反撃にあって制空権を確保できず、MC.200を増派しなければならなくなった。ここでもサエッタはハリケーンを相手にほぼ互角の戦いを展開したが、結局ギリシャ制圧にはドイツ軍の助けを借りなければならなかったのである。

その他MC.200は、北アフリカ戦線、東部戦線（ドイツの対ソ連侵攻に協力）、地中海戦

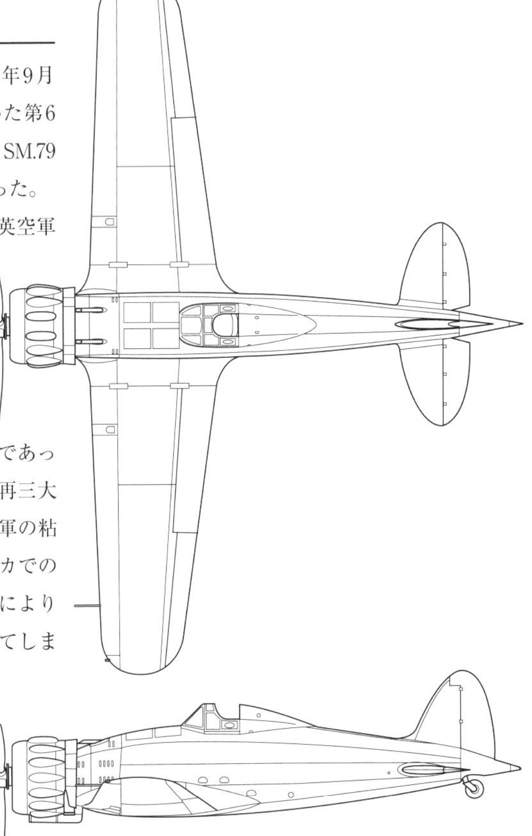

■マッキMC.200後期型

全幅	10.58m	全長	8.196m
全高	3.51m	主翼面積	16.8㎡
自重	2,014kg	全備重量	2,533kg
エンジン	フィアットA74 RC38 空冷二重星型14気筒（870hp）×1		
最大速度	503㎞/h（高度4,500m）		
上昇力	6,000mまで7分33秒		
上昇限度	8,900m	航続距離	870km
固定武装	12.7mm機関銃×2		
搭載量	爆弾200kg～300kg		
乗員	1名		

工場からロールアウトしたばかりのMC.202AS Serie3(M.M.7896)。ASはアフリカ仕様の意で、キャブレターのインテークにサンドフィルターが付く。上側面はノッチョーラ・キアロ(明るいタン)をベースに、ヴェルデ・オリヴァ・スクロの斑点、下面はグリジオ・アッズーロ・キアロに塗装した、標準的な砂漠用迷彩。英軍はこれを「砂とほうれん草」と呼んだ。なおMC.200/202/205は、エンジンのトルクを補正するため、右主翼長が4.321m、左主翼長が4.521mと、左翼の方が20cm長い珍しい設計となっている

米軍に鹵獲され、FE-300という識別番号を付けられたMC.202 中期型(Serie6～9)。現在、第4航空団第10航空群第90飛行隊の塗装を施され、スミソニアン博物館に展示されている機体。MC.202はMC.200をベースに、ドイツ製のダイムラーベンツDB601A-1 液冷倒立V型エンジンを搭載、胴体も改設計し、洗練されたフォルムに生まれ変わった機体。速力と格闘性能のバランスの取れた優秀機だったが、武装は12.7mm機関銃2挺に留まり、中期型で気休め程度の7.7mm機関銃2挺が加わった

域で活躍したが、いずれの戦線においても相手が旧式機（グラディエーター、ハリケーン、I-153、I-16など）の場合にはどうにか戦えたものの、スピットファイアやLaGG-3などが登場すると対抗するのが困難となり、空戦はもっぱら新鋭のMC.202などに任せ、サエッタは地上攻撃任務が中心となっていった。

MC.200の派生型としては前線基地でパイロンを増設し、最大160kg爆弾2発を搭載可能としたMC.200CB（CBは戦闘爆撃機の意）、北アフリカでの砂漠地帯作戦用にサンドフィルターを装備したMC.200AS（ASは北アフリカの意）の2種が知られている。

ドイツの心臓を得た電光（フォルゴーレ）

サエッタのエンジンは明らかに非力だったため、新開発のエンジン、フィアットA76 RC40（離昇1,000hp、空冷星型14気筒は同じ）に換装し、抵抗削減のため胴体上部のふくらみを無くしたMC.201が試作され、1940年8月に初飛行（同エンジン未完成のためA74 RC38を搭載）した。しかしこの改良による性能向上はわずかであり、同月10日にはドイツのBf109と同じエンジン、ダイムラーベンツDB601A-1（離昇出力1,075hp）を搭載したMC.202原型が初飛行して好成績を示したため、こちらがフォルゴーレ（電光の意）の名で1941年5月から量産に移されることになった。

MC.202は胴体を再設計しただけで主/尾翼はMC.200と共通であり、同じ3工場（マッキ、ブレダ、SAIアンブロシニ）ですぐに量産体制に入ることができ、1941年春には量産機がロールアウトを始めた。プロトタイプと量産型との相違はわずかで、風防のデザイン変更、尾輪引込み機構の廃止、サンドフィルターの追加などであった。

DB601は、当初400基ほどがダイムラー・ベンツから供与され、その後は製造ライセンスを取得したアルファ・ロメオ社で生産されることになり、RA1000 RC41モンソーネ（季節風）と命名された。アルファ・ロメオはレーシングカーの老舗だったが、当初はドイツの高い冶金（やきん）技術や工作精度を再現できず、量産に手間取った。1942年に入ってから安定してDB601を国産化できるようにはなったが、やはり大量生産はできず、月産50基がやっとだった。そのためMC.202の生産数もそれに縛られることになった。

MC.202は、もともと運動性が良く機体強度も十分だったMC.200に、前面抵抗が小さく強力な液冷エンジンを搭載したため、速度（最大速度595km/h）と格闘性能のバランスのとれた一流の戦闘機に変身した。戦闘機にとって良いエンジンに恵まれるということが、成功の第一条件であることを、MC.202は身を持って証明したといえるのである。

ただ武装はMC.200から変わらない12.7mm機関銃2挺のみで、辛うじて中期生産型から翼内装備の7.7mm機関銃2挺が加わったものの、依然として当時の水準には及ばない貧弱なものだった。なお左右主翼下面にドイツ製のマウザーMG151/20 20mm砲をパック式に装備

MC.202 Serie3の1機(M.M.7768)を元に、ラジエーターの空気取り入れ口を機首下に移動するなどの改修を加えたMC.202D型。主翼に7.7mm機関銃が装備されている。胴体下の爆弾装備とエンジン冷却性能向上を目指した実験機だが、量産はされなかった

したモデル・MC.202ECも試作されたが、量産に移されることなく終わり、武装強化は次のMC.205Vまで待たなければならなかった。

やっと手に入れた一流戦闘機MC.202

フォルゴーレは1941年11月、連合軍との激戦が続く北アフリカ戦線へと投入された。MC.202はハリケーン、トマホーク（P-40）に対しては明らかに優位に立つことができ、スピットファイアに対しても互角に戦った。また枢軸軍が、しばしば外形と迷彩塗装のよく似たMC.202とBf109Fの共同作戦を行ったため、連合軍側は運動性の優れたMC.202をBf109と誤認して不利な状況に追い込まれることも多かったという。

イタリア空軍のMC.202は6～7個飛行隊が北アフリカに展開して、「砂漠の狐」エルヴィン・ロンメル将軍の快進撃に協力したが、1942年10月エル・アラメインの戦いでイギリス軍が反撃に転じ、地中海の制空/制海権を持たない枢軸軍側は補給が続かず、不利な戦いへと追い込まれていった。こうした中にあってMC.202は、1943年5月枢軸軍のアフリカにおける完全敗退まで絶望的な戦いを繰り広げたのであった。

その他MC.202は、東部戦線、マルタ島攻防戦、シシリー島防衛戦などに投入されて活躍したが、戦況は次第にイタリアにとって不利になっていった時期であり、連合軍側の繰り出す大量の新鋭機の前に苦戦の連続となっていった。

結局1943年9月のイタリア休戦までに1,150機のMC.202が生産されたが、他の列強諸国（米英独ソ日）の主力戦闘機の生産数に較べて一桁少ない数字であり、イタリアの航空機産業の基盤の弱さを露呈したものといってよい。

休戦時イタリア空軍は122機のMC.202（うち53機が稼働機）を保有していたが、このうち少数は連合軍指揮下に編成された共同交戦国空軍に編入されてドイツ軍と戦い、残る大部分の機体は、北部イタリアで抗戦を続けるRSI（イタリア社会主義共和国）指揮下のANR（共和国空軍）に所属して連合軍との戦いを継続した。

MC.205VはMC.202のエンジンをDB605A（ライセンス生産品のRA1050 RC58）に換装したタイプで、写真はMC.205V Serie1（M.M.9338）。外見上はほとんどMC.202と変わらず、違いは機首下のオイルクーラーが左右に分かれて円筒形になったことと、プロペラスピナーが丸みを帯びたことくらいである。武装は相変わらず機首の12.7mm機関銃2挺と主翼の7.7mm機関銃2挺と貧弱だったが、Serie3から主翼武装がドイツ製のMG151/20 20mm機関砲に換装された

なお、大戦を通じてイタリア空軍の主力戦闘機であったMC.200ファミリーは多数のアッソ（エース）を生んでおり、22機を撃墜したWWⅡイタリア空軍トップエースのテレシオ・マルティノーリ曹長を筆頭に、21機を撃墜したフランコ・ルッキーニ大尉、20機を撃墜したレオナルド・フェルッリ中尉、10機撃墜（一説には26機とも）アドリアーノ・ヴィスコンティ少佐らがMC.200/202/205Vを愛機として戦果を挙げた。

イタリア最後で最良の戦闘機ヴェルトロ

DB601Aという新しい心臓をサエッタに移植して、素晴らしい戦闘機フォルゴーレが生まれたが、カストルディ技師はこれに満足しなかった。さらに強力なエンジンと武装を持つMC.205Vヴェルトロ（グレイハウンドの意）を開発し、1942年4月に初飛行させた。

MC.205Vは、ダイムラー・ベンツDB605A（離昇1,475hp）をフィアットでライセンス生産したRA1050 CA58ティフォーネ（タイフーン）エンジンを搭載したモデルで、最大速度は高度7,200mで640km/h、上昇力は3,000mまで2分40秒という高性能機となった。

武装は当初MC.202と同じだったが、セリエ3から翼内武装をMG151/20 20mm機関砲に換装している。外見はMC.202とほとんど変わらないが、機首下面両側に円筒形のオイルクーラーが増設されたことなどの相違があ

■マッキMC.202中期型

全幅	10.58m	全長	8.85m
全高	3.51m	翼面積	16.8㎡
自重	2,395kg	全備重量	3,035kg
エンジン	アルファ・ロメオRA1000 RC41“モンソーネ”液冷倒立V型12気筒（1,175hp）×1		
最大速度	600㎞/h（5,600m）		
上昇力	6,000mまで5分55秒		
上昇限度	11,350m	航続距離	765km
固定武装	12.7mm機関銃×2、7.7mm機関銃×2		
搭載量	160kg爆弾×2（最大）		
乗員	1名		

機首上の12.7mm機関銃2挺に加え、プロペラ軸内発射式の20mm機関砲1門と、胴体左右側面に12.7mm機関銃1挺ずつを搭載、機体中心線に武装を集中させたMC.205N-1型（M.M.499）。姉妹機のN-2は軸内と両主翼に20mm機関砲3門、機首上に12.7mm機関銃2挺を装備した。MC.205NはMC.205Vより最大速度が劣り、同じDB605エンジンを搭載したG.55やRe.2005が1943年に制式化されたため、量産されなかった

った。

ヴェルトロは、当時最優秀といわれたP-51Dムスタングと比較してもスピードと武装で劣ったものの、良好な運動性を利用して十分に対抗可能な能力を秘めた戦闘機となったのである。

しかし本機の登場は余りにも遅すぎ、イタリア降伏までに66機が完成したにとどまった。MC.205Vは敗戦直前の1943年7月にシシリーに進出し、パンテレリア、シシリー両島の防衛戦に初出撃してスピットファイアを相手に有利な戦いを展開した。

なおイタリア休戦後も本機の高性能に注目したドイツ側の指示により、北部占領地域で生産は続行され、ドイツ敗退までに196機（計262機）が完成。ドイツ空軍やANRに運用され、本土防空戦に投入された。

カストルディ技師はこの後も、主翼幅を70cm、胴体を80cm延長し、MG151/20 20mm機関砲を軸内発射式に装備、その他に12.7mm機関銃4挺（あるいは20mm3門＋12.7mm2挺）を搭載した高々度戦闘機MC.205Nオリオーネ（オリオン）を2機試作したほか、DB603A（1,750hp）を搭載し、20mm機関砲5門＋12.7mm機関銃2挺を装備する重武装型のMC.207を計画していた。しかし、いずれも敗戦により実現することなく終わった。

また大戦終了後は残存機が新生イタリア空軍でMC.202とともに使用されたが、1949年にエジプト空軍が、合計48機のMC.202/205Vをイタリアから購入して対イスラエル戦への備えとした。こうした事実は、カストルディ技師の機体デザインとドイツ液冷エンジンが絶妙に組み合わされた両戦闘機の優秀性を如実に物語るものといえるだろう。

MC.200極初期型

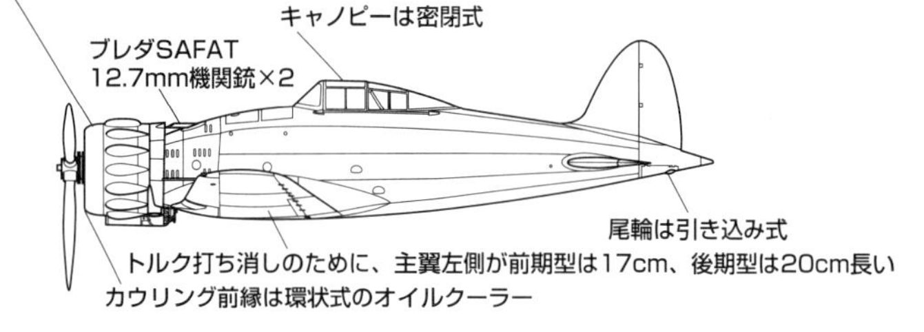

MC.200

フィアットA.74 R.C.38、14気筒空冷星型エンジン（870hp）
天井の開いた開放式キャノピー
（初期型は密閉式キャノピー）
金属外板に覆われたドーサルフェアリング
（初期型は透明な後部キャノピー）
ブレダSAFAT
12.7mm機関銃×2
固定式尾輪
トルク打ち消しのために、
主翼左側が前期型は17cm、後期型は20cm長い

MC.202

MC.202EC

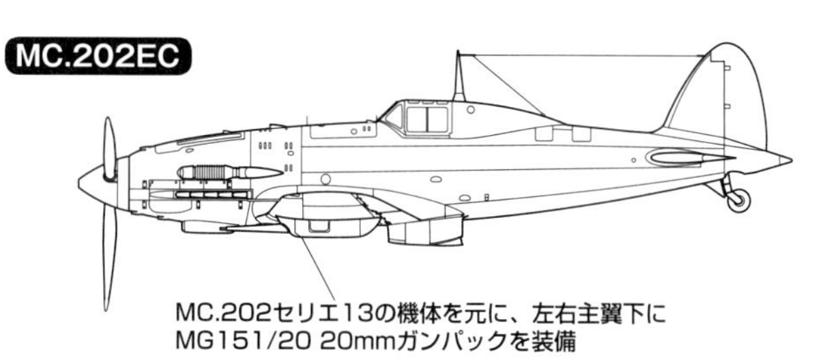

MC.205V

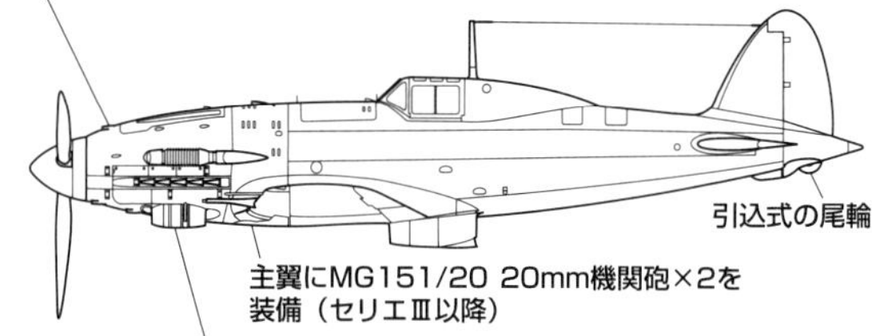

MC.205N-2

プロペラ軸内に20mm機関砲を追加
軸内機関砲搭載のために胴体を70cm延長
N-1は機首上面に張り出しがある
フィルターなしの
円筒形フェアリング
高々度飛行のため翼幅を1m拡大
N-1は胴体側面に張り出しを設けて
12.7mm機関銃×2を追加
ただし主翼武装なし

フィアットG.50フレッチア/G.55チェンタウロ

Fabbrica Italiana Automobili Torino トリノのイタリア自動車工場

フィアット（FIAT）の航空機部門は今日ではアレニア社に統合されているが、元はといえば、1908年に自動車メーカー・フィアットの子会社として航空機用エンジンの生産を開始した古い歴史を持つ会社である。FIATとはファブリカ・イタリアーナ・アウトモビル・トリノ（トリノのイタリア自動車工場の意）を意味し、1899年（明治32年）に自動車製作を開始した老舗である。

1914年に機体製造を始めたフィアットは、セレスティーノ・ロザテリ技師の設計による一連の軍用機を送り出した。代表的なものとしては日本陸軍がイ式重爆として100機採用したBR.20双発爆撃機、第二次大戦にも相当数が参加した複葉戦闘機CR.32/42などがある。

G.50は、ロザテリから主任技師の座を引き継いだジュセッペ・ガブリエリ技師が初めて手掛けた戦闘機で、1936年に伊空軍の装備近代化を目指した「R」計画の一環として各メーカーに提示された仕様に基づいて設計されたものだ。

この時試作された機体としては、本機の他にマッキMC.200、レッジアーネRe.2000、メリディオナリRo.51、カプロニ・ビッツォーラF.5、アエロナウティカ・ウンブラT.18があり、後のテストの結果、最優秀と認められたのはMC.200であった。

G.50プロトタイプ1号機はMC.200に先立つ事10ヵ月の1937年2月26日、初飛行に成功した。これは同時にイタリア初の全金属製セミモノコック構造低翼単葉の近代的戦闘機の初飛行となった。

G.50はフィアットA74 RC38空冷14気筒エンジン（離昇出力870hp）を搭載し、武装は機首上面に装備されたブレダSAFAT 12.7mm機関銃2挺、最大速度は高度5,000mで470km/hを発揮した。

ギドニアのテストセンターにおける比較テストでは、スピード、運動性ともMC.200に少し劣っている事が明らかとなったが、戦闘機部隊の近代化を急いだイタリア空軍はG.50に対しても45機の初期生産型発注を行なった。

G.50とMC.200はエンジンが同じであり、コクピット部が盛り上がった胴体のデザインや、比較的アスペクト比が高く翼端を丸く整形した主翼など、遠目には良く似た外形を持っていたが、MC.200のほうが幾らか小型で重量も軽かった分だけ性能が優れていたのである。

戦雲に放たれる一矢（フレッチア）

フレッチア（イタリア語で矢の意味）と名付けられて生産が始められたG.50は、内戦の続くスペインに送られて実戦テストされる事になり、1939年2月に12機が派遣された。G.50はCR.32の上空護衛任務などに使用されたが、当時すでに敵対する人民戦線側の空軍は壊滅状態だったためほとんど戦闘を行なう事はなかった。

初期生産型のG.50は主脚引き込み機構のトラブルに悩まされた他、スペインに派遣されていたベテランパイロットに最も不評だったのは密閉式のコクピットであった。これはプレキシグラスの歪みによる視界不良が一因だったが、一方で当時のイタリア空軍戦闘機パイロットの保守的な面を示すものでもあり、多くのパイロットはスライド式キャノピーを開けたまま飛んでいた。

同機の特長としては機体が頑丈だった事と、安定性と低速特性が良好であり、離着陸も容易だった事で、高空で酸素不足のため意識を喪失したパイロットを乗せた1機が麦畑に無事胴体着陸するという信じられないようなエピソードも残されている。内戦終了後、残った11機のG.50はフランコ政権に委譲され、1943年までモロッコなどで使用された。

1939年9月には量産型の引渡しが開始され、計201機生産されたが、うち35機はソ連の侵略に備えて戦闘機を早急に必要としていたフィンランドに売却された。

フィンランド向けG.50の最初の2機はドイツ経由の鉄道便で輸送されたが、独ソ不可侵条約との関連でドイツがそれ以後の通過を拒否したため、海上輸送に切り換えられ、スウェーデン経由でフェリーされた。

フィンランド空軍は転換訓練もそこそこに、1940年2月からイギリス製複葉戦闘機グラディエーターに代えてフレッチアの配備を開始し、2月26日には来襲したソ連空軍のI-16を撃墜し、G.50による初の空戦勝利を記録した。結局1940年3月13日まで続いたフィン-ソ間の「冬戦争」にG.50は26機参加し、11機のソ連機を撃墜、損失機は1機に止まるという立派な戦績を残している。

1941年7月、リビア東部マルツバ基地に展開していた、第20航空団第352飛行隊のG.50（M.M.5936）。MC.200と同じエンジンを搭載、猫背の胴体などもよく似ているが、ややMC.200より重かったため、最大速度470km/hと性能ではMC.200に劣った

G.50試作2号機（M.M.334）。この機はイタリア最新鋭戦闘機の一つとして、1937年10月に開催されたミラノ航空ショーに展示された。ロールアウト当初はなかった機首上面の機関銃やカウルフラップが追加されている

低出力のエンジンに悩まされるG.50

1940年9月9日、改良型のG.50bis初号機が初飛行した。このモデルはキャノピー中央部を開放式に改めた他、垂直尾翼のコードが拡大され、プロペラスピナーを追加（実戦部隊では外した機も多い）、弱点であった主脚引き込み機構も強化された。

またG.50bisは燃料搭載量が拡大されて航続距離が670kmから980kmに伸びたが、総重量が増加したため、それまで5,000mまで5分足らずで上昇していたのが8分もかかる事になった。フィアットでは1942年夏までG.50bisの生産を続け、約440機を送り出した。

MC.200の項にも記したが、第二次大戦前から戦中にかけてイタリアは戦闘機用の大馬力エンジンの開発に遅れをとったため、低出力エンジンに引きずられる形で、低性能、弱武装の戦闘機で戦わざるを得なかった。

ガブリエリ技師もG.50の性能向上には努力を続けたが、肝心のエンジンが入手できなかったため、ドイツからダイムラー・ベンツ液冷エンジンが供給され、ライセンス生産が始められるまで、フィアット戦闘機の進歩はわずかだったのである。

1939年2月には出力の向上したフィアットA76 RC40空冷14気筒（1,000hp）エンジンを搭載し、胴体を再設計したG.52が計画されたがキャンセルされ、より手軽にG.50bisに同エンジンを搭載したG.50ter開発に変更された。

しかしA76エンジンの開発が遅れたため、この計画もキャンセルされ、1941年7月にはドイツから導入されたDB601A（1,050hp）を搭載したG.50Vが試作され、8月25日にテスト飛行を開始した。

G.50Vは正面面積が小さい液冷エンジンを装備したのに合わせて前/中部胴体が再設計されたほかはほとんどG.50bisと変わらない機体で、最大速度580km/h、上昇力は6,000mまで5分30秒という飛躍的な性能向上ぶりを見せた。

だがこの時点でアルファ・ロメオRA1000 RC41（DB601Aのライセンス生産型）装備のマッキMC.202がすでに生産を開始しており、好評を博していた事から、ガブリエリ技師は同じくフィアットでのライセンス生産計画が進んでいたDB605A-1（1,475hp）を搭載し、より高性能を狙ったG.55の開発に切り換えることとした。

その他G.50のバリエーションとしてはタンデム複座として武装を廃止した転換訓練用練習機G-50bis/B（100機生産）がある他、同じく複座でスパンを延長し、着艦フックを装備した艦上戦闘攻撃機G.50bis/Aが1機試作された。

G.50bis/Aは客船改造空母「アクィラ」および「スパルヴィエロ」の搭載機として計画されたモデルで、1942年10月31日に初飛行したが、両空母の艤装工事が頓挫したため開発は中止された。

イタリア本国ではパッとしなかったG.50だが…

1940年6月10日、ムッソリーニが英仏に宣戦布告した時点で、伊空軍は約800機の戦闘機を保有していたが、大部分は複葉のCR.42であり、118機引き渡し済み（うち稼働89機）のG.50が唯一の近代的戦闘機であった。ちなみにマッキMC.200は156機が引き渡し済みだったが、高機動時の翼端失速癖が明らかとなったため、参戦時には全機飛行できない状態であった。

伊空軍G.50の実戦デビューは開戦5日後の6月15日、コルシカ島爆撃に向かったサボイア・マルケッティ SM.79爆撃機の護衛任務を行った事によって記録された。

1940年10月、イタリアは対英航空攻撃作戦（バトル・オブ・ブリテン）を続ける独空軍に協力するため、G.50（48機）の他、フィアットCR.42戦闘機、フィアットBR.20、カントZ.1007爆撃機などで編成されたイタリア航空兵団（CAI）をベルギーのウールゼル基地に派遣した。

CAIは数回の英本土爆撃作戦を実施したが、ハリケーンの強力な反撃に会い、BR.20とその護衛のCR.42がバタバタ落とされるという体たらくであった。この間G.50は敵機と遭遇する機会が無く、翌年4月まで沿岸パトロールなどのミッションを続けた後イタリアへ帰還した。

また1940年10月28日に開始されたギリシャ侵攻作戦には2個グループのG.50が参加し、12月には北アフリカ・リビア戦線にも派遣され、リビアには改良型であるG.50bisが初めて展開した。

伊空軍のフレッチアが最も大きな活躍をみせたのはこの北アフリカ戦線で、急降下速度800km/hでもビクともしない頑強な構造と、素直な操縦性を生かして、対地攻撃に多用されたほか、イギリス空軍のハリケーン、トマ

1942年8月31日、フィンランドのラウツ基地を滑走するフィンランド空軍のG.50。G.50はフィンランド空軍ではソ連機を相手に華々しい活躍を見せた

ホーク相手の空戦にも善戦を見せた。

ただ北アフリカ派遣のG.50/G.50bis勢力は最大でも80機を超えた事はなく、イギリス軍に押しまくられるイタリア地上軍を支えるほどの戦力とはなり得なかったのである。

1942年に入るとロンメル将軍率いる独アフリカ軍団の大攻勢が開始され、G.50bisも対地支援作戦に活躍したが、やがて連合軍側の大反撃が開始され、独伊枢軸軍はアフリカから追い出される事になった。

1942年に撮影されたG.55試作2号機(M.M.492)。同じくMC.200をベースとしてエンジンを換装したMC.202は、主翼はそのままだったが、G.55はG.50から改造するにあたって、主翼、胴体とも完全に新設計となっている。G.55は比較的早い段階からDB605エンジンに対応した設計を開始したため、試作機から量産機への変更点は非常に少なかった

伊空軍G.50bisが最後に大規模な作戦を行ったのは1943年7月シシリー島に上陸した連合軍に対する攻撃で、2個グループ67機のフレッチアが進出したが、圧倒的な連合軍航空兵力の前に大した戦果も上げられず壊滅してしまった。

伊空軍のフレッチアは、結局どの戦線においても目ざましい戦績を残すことはできなかったが、これは最大速度500km/hにも達しない低性能や12.7mm機関銃2挺という貧弱な武装、短い航続力、それに何よりも機数が少なかった事などから見て当然の結果といえた。

しかしフィンランドへ渡ったG.50が意外なほどの大活躍を見せたことには注目する必要がある。戦意の高いフィンランド人パイロット達に操縦されたG.50は、大編隊で来襲するソ連空軍機を相手に果敢な戦いを繰り広げ、1941年6月25日から44年6月27日までの第二次対ソ戦で88機のソ連機を撃墜し、自らは4機を空戦で失っただけという驚くべき戦績を残しているのである。

半独半伊の“人馬獣(チェンタウロ)”

ガブリエリ技師はDB605A-1のライセンス生産型フィアットRA1050 RC58ティフォーネ(タイフーン)エンジン装備のG.55デザインにあたって、G.50をベースとしながらも、主翼、胴体とも完全な新設計で挑んだ。

この結果チェンタウロ(ケンタウルス、半人半馬の種族)と名付けられたG.55は最大速度・高度8,000mで630km/h、上昇力は6,000mまで7分12秒、しかも良好な操縦性、運動性を兼ね備え、武装もプロペラ軸内発射式のマウザー MG151/20 20mm機関砲1門、12.7mm機関銃4挺(機首に2挺、左右主翼内に各1挺、後に翼内銃もMG151に換装して20mm×3、12.7mm×2となる)を搭載する高性能で戦闘力抜群の戦闘機となった。

G.55試作1号機は1942年4月30日に初飛行し、同じくティフォーネ搭載の他の2機の試作戦闘機(マッキMC.205Nオリオーネ、レッジアーネRe.2005サジタリオ)と、伊空軍次期主力戦闘機の座を争う事になった。

比較テストは1942年末からギドニアで始められたが、これら3機種はわずかな長短は認められたものの、いずも甲乙付けがたいほどの優秀性を発揮したため、結局空軍は1機

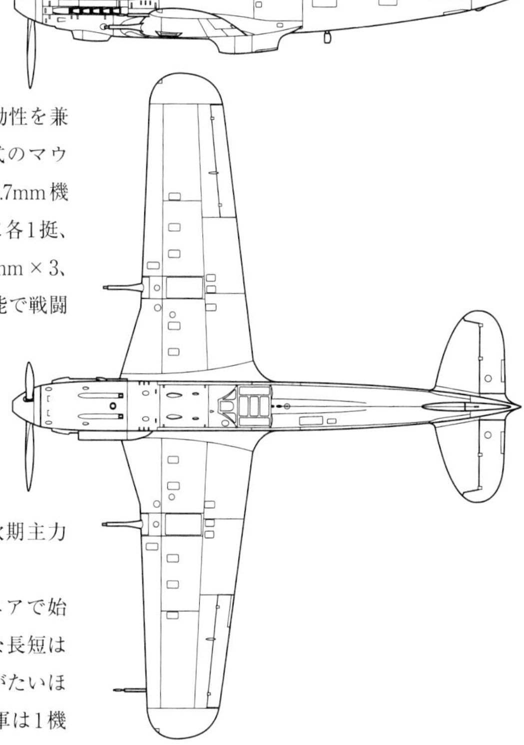

同じくG.55試作2号機。G.50では機首上の12.7mm機関銃2挺のみという弱武装に悩まされたため、軸内発射式のMG151/20 20mmモーターカノンを追加し、さらに主翼にも12.7mm機関銃2挺を搭載した(試作機ではまだ装備していない)

■フィアットG.55
チェンタウロ Serie1

全幅	11.85m	全長	9.37m
全高	3.13m	主翼面積	21.11㎡
自重	2,630kg	全備重量	3,520kg
エンジン	フィアットRA1050 RC58“ティフォーネ”液冷倒立V型12気筒(1,475hp)×1		
最大速度	620km/h(高度7,000m)		
上昇力	6,000mまで5分50秒		
上昇限度	12,700m	航続距離	1,200km
固定武装	20mm機関砲×3、12.7mm機関銃×2		
搭載量	爆弾320kg	乗員	1名

戦後にフィアットが開発したG.59。G.55を元にエンジンをマーリンに換装、キャノピーも水滴型としたモデルで、G.55とは見た目の印象がかなり異なる

種生産に絞る事を断念、3機種とも量産する事を決定した。

発注機数はG.55＝1,800機、MC.205N＝1,200機、Re.2005＝750機というもので、G.55が最も多いのはガブリエリ技師が設計にあたって量産性を考えた構造としたためであった。

ようやく列強と肩を並べる優秀な戦闘機を手に入れる事になった伊空軍だったが、時すでに遅く、1943年9月8日にはムッソリーニの後任バドリオ元帥が連合軍に降伏を申し出て休戦が成立した。

この時点までに完成していたG.55は約30機に過ぎず、降伏前にローマ・チャンピーノ南飛行場から数回の連合軍爆撃隊迎撃ミッションを行っただけであった。

休戦後北部イタリアを占領していたドイツ軍指揮下に共和国空軍（ANR）が編成され、ANR向けのG.55生産が続行されたが、これも1944年4月25日にフィアット・トリノ工場が連合軍の爆撃により大損害を被ったため、164機完成（うち15機破壊）したところで生産停止状態となってしまった。

この間にもガブリエリ技師はG.55の発展に努め、MG151を5門装備した重武装型G.55/Ⅱ、魚雷搭載型のG.55Sを開発したほか、DB603A（離昇1,750hp）を搭載したG.56を1機試作した。特にG.56の最高速は684km/hに達し、加えてイタリア戦闘機伝統の高い格闘戦性能も受け継いでいたという極めて優秀な機体だった。

戦後も疾走するチェンタウロ

戦後も航空機メーカーとして存続したフィアット社はG.55の生産ラインを維持し、戦時中に製造した部品を利用する事により、新生イタリア空軍（アエロノーティカ・ミリターレ/AMI）向けと輸出向けの生産を再開した。

戦後型は単座の戦闘練習機型がG.55A、タンデム複座練習機型がG.55Bと呼ばれ、AMIに採用されたほか47年にはアルゼンチンにAが30機、Bが15機輸出され、エジプト空軍も1948年に伊空軍の中古機17機を再整備した後採用した。

フィアットではティフォーネエンジンの在庫がなくなってきたため、イギリス製ロールスロイス マーリンT24（1,610hp）の導入を決め、単座型G.55AM、複座型G.55BMとして生産を続ける事とし、マーリン搭載型1号機を1948年春に初飛行させた。

このマーリン付きG.55は後にG.59-1（単座）、G.59-2（複座）と改められ、最後の発展型となったG.59-4は、マーリン500/20（1,400hp）と水滴型キャノピーを持つ高等練習機として175機生産され、AMI、アルゼンチン、シリア空軍が採用した。生産ラインが閉じられたのは実に大戦終結後9年（イタリア降伏から11年）経った、1954年であった。

G.50V

ダイムラーベンツDB601A（1050hp）に換装し機首周りを一新
密閉式キャノピーにしてキャノピー周りを再設計
ただし後方視界は外板の両側面を凹ませることで対処
引き込み式の尾輪
胴体下面に冷却器を設置

G.50

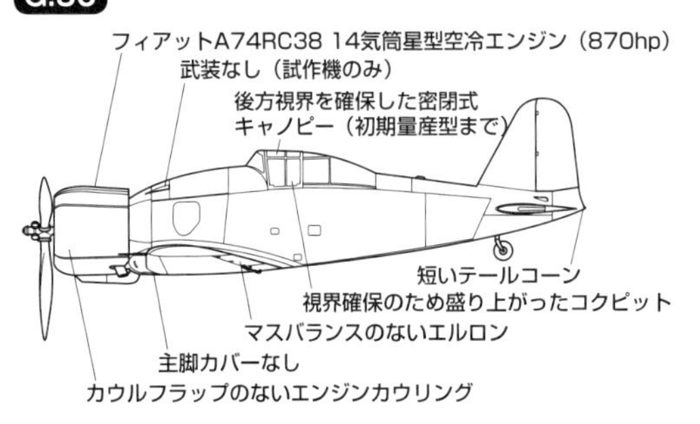

G.55 Serie1

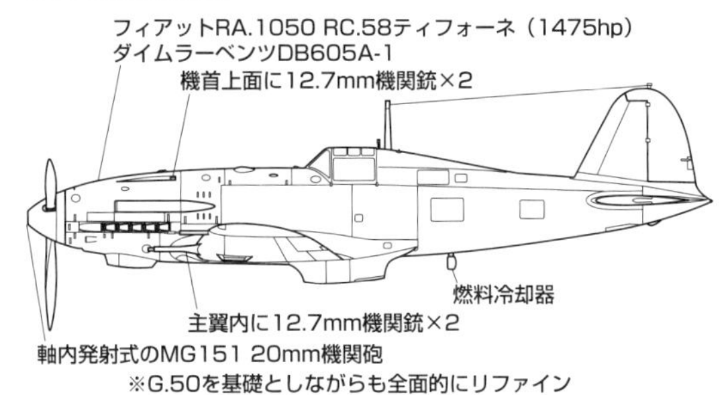

G.50bis Serie7

ブレダSAFAT12.7mm機関銃×2
開放式にしてキャノピーと胴体後部上面を一新
昇降用のドア
垂直尾翼を拡大
長くなったテールコーン
初期型は尾輪カバーが付く
コクピット下方に燃料タンクを増設
316Lから411Lに拡大（bisより）
マスバランスが付く
燃料冷却器を胴体右側から胴体下面へ移設（bis後期より）
カウルフラップ付きのエンジンカウリング
スピナーをはずした機も多い

G.59-4A

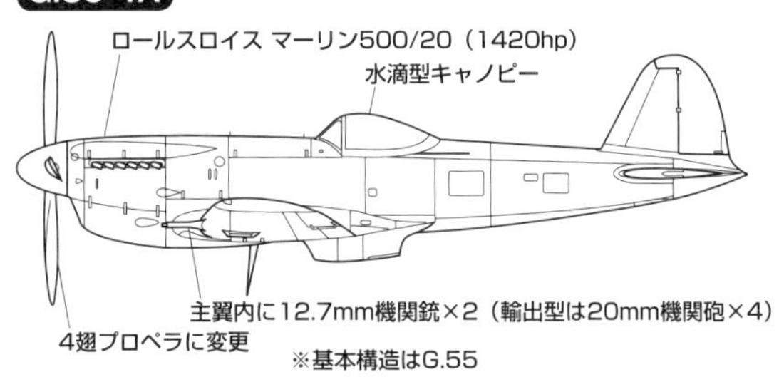

モラーヌ・ソルニエ MS.406／ドボアチンD.520

かつての名門フランス空軍

フランスは第一次大戦までは、スパッド、ニューポールなどの名戦闘機を生んだ航空先進国だった。だが第一次大戦で荒廃したフランスの国力の低下は著しく、航空機の開発も低迷の一途をたどることになった。

しかし1930年代に入ると、ドイツにおけるナチスの台頭が明らかとなり、フランスとしても軍事力の強化を図らねばならない事態となった。このためフランスは1933年5月にプランⅠと呼ばれる空軍刷新計画に乗り出し、第一線機の総入れ替えを計画した。

1934年9月、フランス航空技術省は国内メーカーに次期戦闘機の要求仕様書を提示した。要求された性能は、最大速度450km/h以上（高度4,000m）、20mm機関砲1～2門というものだった。この年は日本で九試単戦（後の九六式艦戦）の設計案要求が出され、イギリスではスピットファイアとハリケーンの、そしてドイツではBf109のそれぞれ開発が始まった年でもあった。つまり列強各国が近代的な戦闘機取得に向けていっせいにスタートした年にあたる。

この時フランスで設計案が提出されたのは、ロアール250、ドボアチン513、ブロック151、ニューポール161、そしてモラーヌ・ソルニエMS.405の5機種であった。この中で最も優秀とされたのがMS.405で、原型1号機はイスパノ・スイザ（以下HS）12Ygrs（出力860hp）を搭載して1935年8月8日に初飛行した。

MS.405は液冷エンジンを採用したにしてはいささかズングリした胴体を持っていたが、これはエンジン下部にオイルクーラー、その後部に引き込み式ラジエーターを装備し、後部胴体も不必要なほど深くしたためで、設計陣には前面面積を切り詰めて抵抗を少なくしようというシビアな設計姿勢がなかった。おまけに胴体後半部はアルミパイプ骨組みに羽布張りという前近代的構造だった。

主翼は2本桁のセミモノコック構造でプライマックスと呼ばれるアルミと合板を張り合わせたものを外板としていて、十分な強度を有していた。また武装はその当時としては比較的強力で、プロペラ軸から発射される20mm機関砲1門と主翼内に7.5mm機関銃2挺を装備していた。

もたつくMS.406

MS.405に対しては翌年2月から航空資材試験センター（CEMA）によるテストが開始されたが、操縦性良好で急降下テストでは730km/hでもビクともしない頑丈な機体であることが証明され、最大速度も海面上で402km/h、高度4,000mで480km/hというそこそこの性能を示した。

2号機は主翼平面形を変更、エンジンを12Ycrs（860hp）に換装、プロペラ直径を大きくするなどの改良を加えられ、1937年1月20日に初飛行した。

その11ヵ月前の1936年8月には先行量産型16機が発注され、1号機は1938年1月に引き渡されたが、原型完成から2年半近く経過しており、ナチスの脅威に備えるにしてはあまりにも遅い開発スピードといわざるを得ないものだった。

これらの飛行試験により改修点を盛り込んだ量産型MS.406が1,000機発注されたのは1938年3月のことで、MS.406と名付けられた先行量産型最終16号機は1938年6月21日に初飛行したが、就役はその年の12月になってからで、プロトタイプ初飛行から実に2年4ヵ月経っている。

こうしたモタツキの原因の一つとして、1936年8月に仏政府が航空機産業の国有化に踏み切ったことが挙げられよう。この決定は、小規模メーカーの乱立で効率の悪かった航空機の生産性を高める事を目的としたもので、地域別にメーカーをまとめて国営航空機製造工場にしてしまうという形をとったが、このシステムがうまく機能するまでに時間がかかり、そしてエンジン、武装、装備品メーカーの生産性が低くなるなどの問題があった。

国有化構想により、西部、南西部、南部、中央部、南東部、北部の国営航空機航空機製造工場6社が組織されたが、モラーヌ・ソルニエは国有化から外された。そしてモラーヌ・ソルニエに加えて西部、中央部、南部の3航

山脈を背景に列線に並ぶMS.406C-1（一番手前のシリアル番号はNo.829）。ナンバーからしても量産が進んで配備された頃らしい

斜め前から見たMS.406。胴体下面の引き込み式ラジエーター、水平尾翼の支柱、羽布張りの後部胴体、上下に長い胴体など、洗練という言葉からは程遠いデザインだった

■モラーヌ・ソルニエMS.406

全幅	10.65m	全長	8.15m
全高	2.82m	主翼面積	17.01㎡
自重	1,893kg	全備重量	2,540kg
エンジン	イスパノスイザ12Y-31 液冷V型12気筒（860hp）×1		
最大速度	486km/h（高度5,000m）		
上昇力	5,000mまで6分		
上昇限度	9,400m	航続距離	800km
固定武装	20mm機関砲×1、7.5mm機関銃×2		
乗員	1名		

空機製造工場にMS.406の生産ラインが設けられることになった。

こうして1938年にはMS.406の本格的大量生産態勢が整ったが、今度はイスパノスイザ（ここも国有化されなかった）の生産能力が不足してエンジン供給の遅れが足を引っ張ることになり、38年末までに部隊配備されたのは、少数のMS.405を含めて、わずか27機に過ぎなかったのである。

エンジンの不足に対しては、チェコスロバキアのシュコダ社製HS12Y-31を輸入する計画が立てられたが、チェコがドイツに侵攻されてしまったためわずか60基が到着して御破算となった。

一方ライバルとなるドイツのBf109は原型完成がほぼ同じ時期にもかかわらず、1938年までにB、C、D型合わせて600機以上を生産しており、1939年初めには大幅な性能向上を達成したE型の量産を開始していた。またイギリスでも1937年末にハリケーン、その半年後にはスピットファイアの配備を開始していたのだ。

遅れて来た優秀機 D.520

MS.406の開発が手間取っていた1936年6月、仏空軍は各国の戦闘機の開発状況を見て、さらに性能向上が必要と考え、高度4,000mで500km/h（その後520km/hに改正）を出せる戦闘機の要求仕様を出した。

これに応じたのはフランスでも屈指の名設計家といわれたエミール・ドボアチン（ドヴォワティーヌ）で、HS12Y21エンジン（900hp）装備のD.520を提案した。ドボアチンは先の競作でD.513を開発したが失敗作となり、名誉挽回を狙ってD.520を設計したのだった。

しかし空軍の採用決定が出ないため、ドボアチンは1938年初めに自主開発を開始した。空軍は4月になってようやく試作機2機の発注を行ったが、自主的に先行開発していたお蔭で、原型1号機は1938年10月2日にテストパイロット、マルセル・ドレの操縦で初飛行に成功した。

1号機は11月に胴体着陸で破損してしまうが、それまでのテストで主翼下面半埋め込み式ラジエーターの抵抗が過大でしかもオーバーヒートを起こすため、最大速度が480km/hしか出ない事と、方向安定性が不足している事が判明した。

このため2号機は胴体下面装備のラジエーターに改められ、垂直尾翼も大型化されて完成し、1939年1月28日に初飛行した。本機のエンジンはHS12Y-29（900hp）で、武装は搭載されていなかったが、プロペラ軸内発射式の20mm機関砲1門、主翼下面に7.5mm機関銃2挺をガンパック式に装備する計画だった。

2号機は2月にCEMAに引き渡されてテストフライトが開始されたが、最大速度は高度5,000mで527km/h、上昇力は高度8,000mまで13分45秒、過給器が改良されたHS12Y-31に換装した後、最大速度550km/h（5,200m）、高度8,000mまで12分52秒という好成績を示したため、4月17日にHS12Y-31エンジン（後にHS12Y-45 910hpに変更）装備の量産型200機が発注された。なおドボアチンの航空機製造工場は国有化されて国営南部航空機製造工場となり、エミール・ドボアチン自身は同工場の副所長に任命されていた。

D.520はフランス空軍にとって初めてドイツのBf109に対抗できる高性能機として大きな期待がかけられ、1939年9月～12月に200機の引き渡しが要求されたが、当時のフランスではとても無理な数字であり、量産型1号機が引き渡されたのは12月26日となってしまった。

量産型と試作型の相違は、胴体を51cm延長、エンジンをHS12Y-45（930hp）に換装、主翼前縁部に燃料タンクを追加、パイロットシート後部に防弾板を装備したことなどだった。

遅々として進まぬ空軍近代化

1939年9月1日、ドイツ軍がポーランドに侵攻、3日に英仏がドイツに宣戦布告して第二次世界大戦が始まった。

この時点でなおフランス空軍は機材の近代化に狂奔している状況下にあった。ちなみに大戦9ヵ月前の1938年12月における仏空軍保有の単座戦闘機は378機、そのうち近代的と呼べるのはわずか16機のMS.405/406だけだというお寒い状態だった。

1938年末までに空軍は計1,613機の単座戦闘機を発注していたが、前記の通り生産数が伸びなかったため、1939年春頃になってようやくMS.406、ブロックMB.151/152、それにアメリカからの輸入機カーチス75Aホークの部隊配備が始められた。

空軍が最も期待したD.520は、最初の200機に続いて1939年6月5日には600機（後に510機に削減）、そして開戦後には計1,280機へと発注数が膨れあがり、1940年5月までに月産200機体制とする計画が立てられ、最終的にはD.520の発注数は空軍2,200機、海軍120機、計2,320機に達した。しかし景気の良い話とは裏腹に、D.520はエンジンの不調や、推力排気管の生産遅延、過給器空気取り入れ口の設計不良などで実用化が遅れ、最初のデリバリーは開戦後の1940年1月となった。

この頃はいわゆるフォニー・ウォー（まやかしの戦争）といわれた時期で、ドイツ側は散発的な作戦を行なうだけであったので、フランスとしても自国生産と輸入（カーチス75Aの総輸入数は200機となった）により、とにかく戦闘機の数を揃えるのに全力を注いでいたのである。

バトル・オブ・フランス MS.406は独軍の前に屈する

フォニー・ウォーの期間中MS.406は散発的に戦闘に参加したが、すぐに様々な不具合を露呈した。すなわちプロペラピッチ変更機構と翼内機関銃が高空ですぐに氷結してしまう事、油圧、冷却系、コクピットなどが被弾に弱い事、低馬力による速度/上昇力の不足、引き込み式ラジエーターの不調によるオーバーヒートなどである。

これらに対しては、翼内機銃とプロペラボスへのホットエア吹き出し、パイロットシート後方への装甲板追加などの改修の他、エンジン強化型（HS12Y-45 910hp搭載のMS.411、HS12Y-51 1,000hp搭載のMS.408）の開発も行われたが、大幅な戦闘力向上が期待できるはずもなかった。

開戦時、MS.406は573機がフランス空軍第一線部隊に配備されていて、すでに主力戦闘機の座についていたが、Bf109Eに対してはよほどのことがない限り歯がたたず、He111、Do17などの爆撃機を追跡するにもスピードが足りないという状況だった。実用化が遅れた上、試作型からほとんど進歩しないまま量産されたため、この頃にはすっかり旧式化していたのだ。

MS.406の数少ない強みは、運動性、特に旋回性能がBf109Eを大きく上まわっていたことと、軸内発射のイスパノ・スイザHS404 20mm機関砲の威力が大きかったことだが、ドラム給弾方式のため弾丸を60発しか搭載できないのが辛いところであった。

同機は1940年3月まで量産され、計1,074機が空軍に引き渡されたが、緒戦の苦い経験から早急にD.520、MB.151/152、ホーク75Aへの転換が進められた。しかし5月10日ドイツによる本格的なフランス、オランダ、ベルギー侵攻作戦が開始された時点で、空軍が保有していた単発戦闘機部隊23個戦闘機グループのうち半数の11個はまだMS.406を装備し

パイロットが乗った状態で駐機しているD.520。胴体下面のアンテナ支柱が折り畳まれているのが分かる

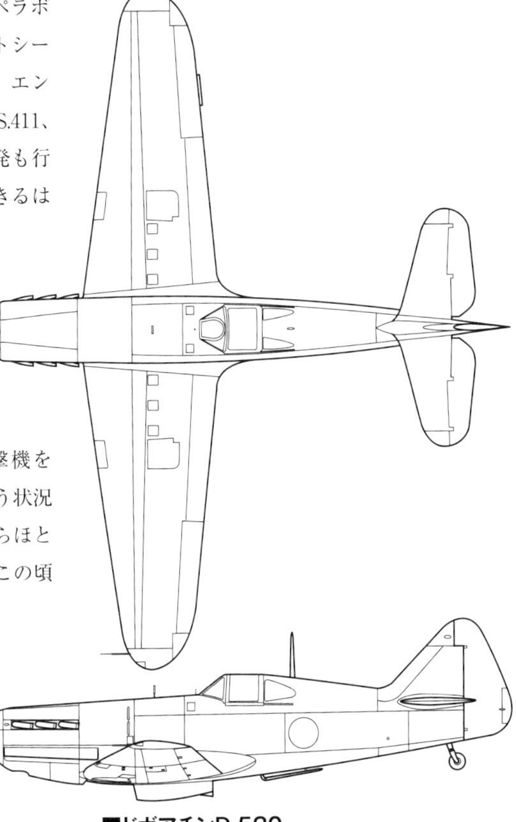

■ドボアチンD.520

全幅	10.20m	全長	8.60m
全高	2.57m	主翼面積	15.87㎡
自重	2,090kg	全備重量	2,670kg
エンジン	イスパノスイザ12Y-45 液冷V型12気筒(930hp)×1		
最大速度	534km/h(高度5,500m)		
上昇力	4,000mまで4分		
上昇限度	10,300m		
航続距離	1,250km(最大)		
固定武装	20mm機関砲×1、7.5mm機関銃×4		
乗員	1名		

ていた。

これらに加えて、フランス派遣英空軍のハリケーンMk.I 4個飛行隊約100機、それにベルギー約80機、オランダ約60機の戦闘機隊が、総数3,500機以上といわれたドイツ空軍第Ⅱ/第Ⅲ航空艦隊の大勢力を迎え撃ったのである。

連合軍側で最も数の多かったMS.406は、防空戦闘に加えて進撃して来るドイツ軍地上部隊攻撃に多用されたが、低性能な上に被弾に弱い液冷エンジンだったことが響いて、フランス空軍単座戦闘機中最大の損失率を記録した。

崩壊する仏空軍の中 孤軍奮闘するD.520

1940年1月実戦部隊として初めてD.520の配備を受けたのはカンヌ・マンドリュー基地のGCI/3飛行隊だったが、戦闘可能となったのは、ドイツ軍侵攻の直前の4月のことだった。この頃ようやく同機の生産は月産100機のペースに達しようとしていた。

5月13日、同隊は初めてベルギー方面で独機と遭遇し、Hs126偵察機3機とHe111爆撃機1機を撃墜した。続いて4個飛行隊が装備を完了し、6月から出撃を始めた。空軍部隊で降伏までにD.520を受領したのはこれら5個グループだけで、他に2個グループが転換訓練中に停戦（6月25日）を迎えた。また海軍の4個飛行隊が各13機ずつの配備を受けたが、戦闘に参加する機会もないまま、一部の機体はアフリカへと渡った。

D.520はフランス降伏の日までに437機が生産され、そのうち351機が空軍に、44機が海軍に引き渡されていた。

1ヵ月半にわたったバトル・オブ・フランスの間、D.520は軽快な運動性を武器にドイツ軍機に食い下がった。損失は事故を含めて106機、一方同機によるドイツ機撃墜数は114機に上り、パイロット、整備員とも慣熟とは程遠い状態だった事を考えれば、かなりの健闘ぶりといえよう。

もちろん撃墜機の多くは鈍足の攻撃機、脆弱な爆撃機などだったが、ライバルのBf109E相手にも善戦しており、ルフトヴァッフェの至宝といわれたヴェルナー・メルダース大佐もフランス上空でD.520に撃墜され捕虜となっているくらいだ。

外国に渡ったMS.406

MS.406は開発されている頃から諸外国の興味を集め、かなりのオーダーを獲得した。

最初に採用を決めたのはスイスで、1938年に機体とHS12Y-31エンジン双方のライセンス生産契約を結んで80機を生産し、D-3800の名で1939年11月から部隊配備を開始した。

続いてエンジンをHS12Y-51（1,010hp）に強化し、ラジエーターを固定式にしたD-3801を100機生産、1943年にはモラーヌ・ソルニエとスイス国営航空機航空機製造工場共同でD-3802（MS.540。エンジンはザウラーYS2 1,250hp）が開発され、10機生産された。

1938年には中国もMS.406を12機発注し、1939年8月に船積みされたが、仏領インドシナ（現ベトナム）に着く前に戦争が始まったため、植民地政府軍の保有機とされた。続いてリトアニアが13機発注したが、これらも同国がドイツ支配下に入ったためフランス空軍が代わって受領した。

この他ポーランド（160機）、ギリシャ（25機）、ユーゴスラビア（25機）、トルコ（30機）などが発注したが、トルコを除いてドイツの侵攻により引き渡されずに終わっている。

MS.406が最も活躍したのはフィンランドで、1940年2月に30機が引き渡され、さらに停戦後にドイツが押収したMS.406×25機がフィンランドに売却された。これらのMS.406は、ソ連との戦いにかなりの活躍を見せた。

どうもフィンランド空軍は、モラーヌ・ソルニエMS.406やブルースター バッファローなど、他の国では使い物にならなかった戦闘機を立派に使いこなす名人芸的パイロットを沢山揃えていたようだ。同空軍ではMS.406の低馬力を改善するため、ドイツがソ連侵攻で分捕ったクリモフM-105P（1,100hp、HS12Yの発展型）を買い取って15機に対しエンジン換装を行なった。

この改造型はメルケ・モラーニ（お化けモラーヌ）と呼ばれ、速度はそれほど改善されなかったものの、上昇力と高々度性能が向上した。これらのMS.406とメルケ・モラーニは、1944年9月にソ連との間に停戦協定が結ばれるまでに121機のソ連機を撃墜した。

停戦後のD.520

ドボアチンD.520は停戦時、独占領下のフランス内に153機が残っており、175機が仏領北アフリカに渡り、そして3機がイギリスに亡命していた。

雪原の上で発進に備えるフィンランド空軍のMS.406。フィンランド空軍はバッファロー、G.50、そしてMS.406といった、他国では二線級だった戦闘機をうまく使いこなして多数の戦果を挙げた

停戦後、本土の仏空軍部隊は解隊され、仏領アフリカの4個グループと海軍1個飛行隊がD.520を維持していたが、1940年7月にドイツの傀儡（かいらい）ヴィシー政権により小規模な空軍が再編成されることになった。1941年4月には軍用機1,074機（うち550機がD.520）の新規生産が決まり、1941年8月から翌年12月までに国営南東航空機製造工場で349機のD.520が生産された。

ヴィシー空軍のD.520は1941年6～7月にシリアで英空軍と対峙した。この戦闘で30機を撃墜し、11機を空戦で失った（他に事故、地上で破壊されたもの21機）。

D.520エースとして有名なピエール・ル・グローン軍曹は、停戦前にMS.406でドイツ機4機撃墜後、D.520に乗り換えて南仏に移動し、イタリア機7機を撃墜、停戦後はヴィシー空軍所属でシリアに派遣され、ハリケーンなど7機を撃墜した後に、連合国側のド・ゴール軍に移り事故死（最終撃墜数22機）という数奇な運命をたどっている。

1942年11月には連合軍の北アフリカ上陸作戦“オペレーション・トーチ”が開始された。11月27日には1,876機（うち246機がD.520）のヴィシー空軍機はドイツ空軍所属となり、製造中だった150機も完成後ドイツ空軍に引き渡された。この結果D.520の総生産数は936機となった。

ドイツはD.520装備の戦闘航空団3個をフランスで編成して訓練用に使用した他、イタリア空軍に60機、ブルガリアに120機、ルーマニアに少数が引き渡された。

連合軍によるフランス解放後、フランス内に残されたD.520は再びフランス軍によって対ドイツ戦に投入され、その部隊の一つは、テストパイロット、マルセル・ドレが率いたためグループ・ドレと呼ばれた。ドイツから奪い返したD.520は55機に上ったとされ、これらは大戦後も練習機として10機以上が複座型のD.520DCに改造された。

最後にD.520のバリエーションについて簡単に触れておくと、D.521はロールスロイス・マーリンⅢを搭載した試験機、D.523はHS12Y-51（1,000hp）搭載の試験機、D.524はHS12Z-89（1,200hp）搭載型で、1940年6月18日に616km/hを記録したが、フランス降伏により量産に移されることなく終わった。

D.520Zは、ドイツ占領下でテストされたマイナーチェンジモデルで、主脚、排気管、オイルクーラーなどが改良された。SE.520Zはドイツの指示で量産が計画された性能向上型で、HS122改良型エンジン（1,600hp）を搭載する計画だったが、実現する事なく終わった。

MS.406とD.520に並ぶフランスの国産戦闘機がブロックMB.151/152である。MS.406やD.520のエンジンより強力な1,080hpのノームローン14N25を搭載して最大速度515km/hを発揮、20mm機関砲2門と7.5mm機関銃2挺を搭載する重戦闘機だったが、運動性には劣った。写真はMB.152

トーチ作戦の成功によりドイツ軍の支配から離れたヴィシー・フランス空軍は、再び枢軸軍に矛先を向けることになった。写真はヴィシー縞を剥がして北アフリカ上空を飛行するGCI/4（第4連隊第1大隊）のD.520航空団司令乗機。奥はGCII/6、第4飛行隊の機体

MS.406

D.520

第二次大戦 戦闘機関連用語解説

戦闘機の種類

◆軽戦闘機…一般的には小型・軽装備の戦闘機のこと。ただし日本陸軍では、翼面荷重を小さくし、速度性能よりも運動性を重視した戦闘機のこと。軽戦。

◆重戦闘機…一般的には大型・重装備の戦闘機のこと。ただし日本陸軍では、翼面荷重を大きくし、運動性よりも速度性能や武装を重視した戦闘機のこと。重戦。

◆制空戦闘機…主に敵戦闘機を駆逐して制空権を握ることを目的にした戦闘機。速力、運動性、火力、航続力などバランスの取れた性能を持つ。日本海軍では甲戦と呼んだ。

◆迎撃戦闘機…味方の制空権内に侵攻して来た敵機を迎撃するための戦闘機。できるだけ早く敵機まで到達し、駆逐しなければならないため、上昇力、速力、火力に優れる。要撃機。インターセプター。

◆護衛戦闘機…爆撃機などに随伴して敵地上空まで進攻し、敵機から味方爆撃機などを護衛する戦闘機。特に航続力に優れる。

◆艦上戦闘機…主に空母で運用する戦闘機。飛行甲板から発艦するため翼を大きくしたり、着艦に備えて機体を頑丈にする必要があるため、陸上戦闘機と比べると制約が多い。艦戦。

◆局地戦闘機…日本海軍独自の用語で、局地、すなわち戦略的要地を防空するための戦闘機。上昇力、火力、速度に優れる。他国でいう迎撃戦闘機に近い。局戦。海軍では乙戦とも呼んだ。

◆夜間戦闘機…夜間に飛来する敵爆撃機の迎撃や、自軍の夜間爆撃隊の護衛などを主任務とする戦闘機。運動性よりもレーダー性能、武装の強力さが求められたため、双発戦闘機などが改造されて夜間戦闘機になった例が多い。夜戦。日本海軍では丙戦とも呼んだ。

◆水上戦闘機…水上を離着水する戦闘機。フロート(浮舟)を装備しているため通常の戦闘機に比べて戦闘力は低いが、滑走路が無い島嶼にも迅速に展開できる。第二次大戦では日本海軍だけが制式化。水戦。

◆単発戦闘機…エンジンを1基搭載した戦闘機。双発戦に比べると小回りが利くが、搭載量や航続距離は少なめ。

◆双発戦闘機…エンジンを2基搭載した戦闘機。単発機に比べて長大な航続距離と重武装を実現できると考えられたが、単発戦闘機には運動性で大きく劣った。

◆戦闘爆撃機…爆弾、ロケット弾、大口径機関砲などを搭載し、対地攻撃も行なえる戦闘機。ドイツ語ではヤークトボンバー(ヤーボ)。

航空機の形状

◆ガル翼…カモメ(ガル)の翼のように、途中から下に折れ曲がっている主翼。前から見ると逆W型に見える。

◆逆ガル翼…途中から上に折れ曲がっている主翼。ガル翼の逆。前から見るとW型に見える。

◆牽引式(トラクター式)…プロペラが機体前部にあり、プロペラが生む空気の流れで機体を前に牽引する方式のレシプロ機。

◆後退翼…後退角がついている主翼。空気抵抗が少ないため高速化を狙うのに適している。

◆高翼機…主翼が胴体上部に取り付けてある航空機。

◆片持式(かたもち)…張線や支柱を使わず、主翼桁のみで翼を支える方式。

◆固定脚…固定されたままで格納できない主脚。空気抵抗が大きいためあまり速度が出せない。

◆推進式(プッシャー式)…プロペラが後部にあり、プロペラが生む空気の流れで機体を前に押す形式のレシプロ機。第二次大戦では震電などごく一部しか採用していない。

◆セミモノコック…主桁や肋材と外板を組み合わせることで曲げや引っ張る力に対する剛性をもたせた構造。厳密には、第二次大戦の戦闘機の多くはモノコックではなくセミモノコック。

◆全翼機…主翼と胴体が一体化され、一枚の主翼によって構成された航空機。機体重量を軽くできる利点があるが、尾翼がないため安定性・操縦性には難がある。

◆双発機…エンジンを二つ搭載している航空機。

◆双胴機…胴体が二つある航空機。あるいはP-38のように、主翼から伸びた2本のテールブームで尾翼を支える航空機。

◆単座機…1名の搭乗員が乗る航空機。

◆単発機…エンジンを一つ搭載している航空機。

◆単葉機…主翼を(左右)1枚だけ持つ航空機。

◆中翼機…主翼が胴体の中心線付近に取り付けてある航空機。

◆直線翼…後退角や前進角がついていない主翼。

◆テーパー翼…翼端に近づくにつれて細くなっていく翼型。

◆低翼機…主翼が胴体下部に取り付けてある航空機。

◆引込脚…主翼または胴体に格納できるようにした降着装置。

◆複座機…2名の搭乗員が乗る航空機。左右に並んだサイド・バイ・サイド式と前後に並んだタンデム式がある。

◆複葉機…主翼を(左右)2枚持ち、胴体の上下に取り付けた航空機。運動性は単葉機より優れるが、空気抵抗も増すため速度を出しにくい。

◆モノコック…機体に加わる荷重を外板だけで支える構造。応力外皮構造ともいう。

エンジン関連

◆オクタン値…ガソリンのアンチノック性を示す値。この値が高いほどエンジンの性能を高く引き出すことができる。

◆カウル…エンジンの覆い。空気抵抗を減らすとともに、エンジンの冷却効率を高める役割がある。カウリング。

◆カウル・フラップ…空冷エンジンに見られるカウルの開閉機構。展開することによりエンジンの冷却効率を高められる。

◆過給器(スーパーチャージャー)…空気が薄くなる高高度でのエンジン出力低下を防ぐ装置。シリンダーに送る空気を圧縮して燃焼効率を高める仕組みで、機械式過給器と排気タービン式過給器に大別される。

◆機械式過給器…エンジン吸気口とシリンダーの間に空気を圧縮するための歯車を設ける方式の過給器。メカニカルスーパーチャージャー。

◆気化器(キャブレター)…エンジンの吸気管に取り付け、燃料と空気を混ぜて燃焼に適した混合気をつくる装置。

◆気化器空気取入口…混合気をつくる気化器に外気を取り入れるための開口部。

◆気筒(シリンダー)…ピストンエンジンの心臓部で、この中で燃料と空気が混合されて圧縮、爆発し、ピストンが往復運動する。

◆空冷エンジン…放熱板に外気を当てることで冷却するエンジン。液冷エンジンに比べて被弾に強いうえ故障も少ないが、高々度性能が低く、前面投影面積が大きくなる欠点がある。

◆ジェットエンジン…燃料の燃焼によって発生した高温・高圧のガスを後方に噴出することで推進力を生み出すエンジン。第二次大戦中にはターボジェットエンジンが実用化された。

◆集合式排気管…各シリンダーから出た排気ガスを1本の排気管にまとめる排気管。

◆水冷エンジン（液冷エンジン）…内部で冷却液を循環させることで冷却するエンジン。厳密には、冷却液に水を使用するものを水冷、水に添加剤を加えた液体で冷却するタイプを液冷と呼ぶ。空冷に比べて前面投影面積も小さくでき速度を上げやすいなどの利点があるが、被弾に弱いうえに故障も起きやすいなどの欠点がある。

◆単排気管…シリンダー1本につき1本の排気管を設ける排気管。

◆中間冷却器（インタークーラー）…多段式過給器を補助する機器で、過給器と過給器との間に置かれて圧縮空気を冷却する。

◆倒立V型…エンジンのシリンダー配列が、前から見てアルファベットの「V」字の上下逆さま（Λ）になっている形状。

◆排気管…排気ガスを大気中に放出するためのパイプ。

◆排気タービン式過給器…シリンダーから排出される高温のガスを利用してタービンを回転させ、それによって圧縮された空気を循環させて再びシリンダーに送り込む方式の過給器。一般的に、機械式過給器よりも性能が高く、高高度飛行に適している。ターボスーパーチャージャー。

◆V型…エンジンのシリンダー配列が、アルファベットのV字状になっている形状。

◆星型…エンジンのシリンダー配列が「*」のように放射状になっている形状。

◆ラジエーター（冷却器）…液冷エンジンを冷却する装置。冷却液をエンジンとの間で循環させて熱を奪う。

◆レシプロエンジン…シリンダー内に燃料と空気の混合気を入れて燃焼させ、その爆発力によるピストンの往復運動（レシプロケート）によって推進力を生み出すエンジン。ピストンエンジンとも呼ばれる。

◆ロケットエンジン…液体または固体の推進剤を燃焼（化学反応）させ、噴射の反作用によって推進力を生み出すエンジン。

一般的航空用語

◆アスペクト比…翼の縦横比。航続力や滑空性能を重視する場合は大きなアスペクト比（細長い）、速度性能を重視する場合は小さなアスペクト比（太く短い）の主翼が適している。

◆一撃離脱…高速で敵に接近し、一撃を仕掛けた後すぐに離脱する戦法。

◆エース…5機以上の敵機を撃墜したパイロットへの尊称。

◆格闘戦…戦闘機同士が旋回機動を中心として行う空中戦のこと。お互いが敵機の尾部を追いかけ合う形状から、ドッグファイト、巴戦などとも呼ばれる。

◆艦上機／艦載機…航空母艦などの艦船に搭載され、そこから発着する飛行機。日本海軍では、空母で運用する航空機を「艦上機」、それ以外の艦船に搭載される航空機を「艦載機」と称していた。

◆急降下制限速度…急降下中の加速によって機体に過大な負荷がかかり、破損あるいは空中分解する危険を避けるために定められた急降下時の制限速度。

◆キルレシオ…空戦においては撃墜と被撃墜の比率。3:1の場合は、自軍機1機の被撃墜と引き換えに敵機3機を撃墜したことになる。

◆撃破…撃墜には至らぬまでも、通常の飛行や戦闘が困難な重大な損傷を与えること。

◆航続距離…最も燃費のよい方法で飛行できる最長距離。この値が大きい航空機は航続力に優れる。

◆最大速度…飛行中に出せる最も速い速度。通常は水平飛行時における最大値を示す。

◆最大離陸重量…航空機が離陸できる上限の重量。

◆自重（空虚重量）…機体の構造、エンジン、固定装備、内部装備などの合計重量。乗員や貨物、燃料などは含まない。

◆失速（ストール）…飛行中の機体が、速度の著しい低下、迎え角の取りすぎなどで飛ぶための揚力を失いはじめる現象のこと。

◆襲撃…敵地上部隊などを低高度からの爆撃や機銃掃射で攻撃すること。

◆シュヴァルム…ドイツ空軍によって確立された4機編隊による戦術。2個のロッテから成り、互いのロッテの死角を守る。

◆ジュラルミン…アルミニウムを主体とした軽量合金。軟鋼と同等の強度をもつ一方で重量は約1／3と軽く、航空機用の構造素材として多用される。

◆制空権…航空兵力によって一定範囲の空域を支配すること。航空優勢とも。

◆全備重量…自重に加えて弾薬や燃料など、戦闘に必要な全ての装備を搭載した状態での機体重量。

◆超々ジュラルミン…第二次大戦以前に日本で工業化された強力なジュラルミン。ESD（エンハンスド・スーパー・ジュラルミン）と称し、零戦にも使われた。

◆沈頭鋲（ちんとうびょう）…ネジの頭部が機体表面に突出しない鋲のこと。

◆同調装置…プロペラの後ろに装備した機関銃がプロペラを撃ち抜かないように、回転するプロペラの間に弾を撃てるよう同調させる装置。第一次大戦中に実用化された。

◆ナセルストール…主翼にエンジンを取り付ける多発機において、ナセルの部分に空気の乱れが生じ、揚力を損なってしまう現象。

◆ノット（kt）…航空機や艦船の速度を表すときに使われる単位で、1kt=1.852km/h。

◆発動機…エンジンのこと。日本陸軍では発動機の頭文字“ハ”をとって、航空機用エンジンをハ○○と呼称して分類した。

◆羽布（はふ）…飛行機の翼や胴体などの外皮に使われる布のこと。

◆バフェット…飛行中に生じる振動の一つ。低速・大迎え角時の失速より生じる。

◆馬力…エンジン出力の単位。メートル法での1馬力は、重量75kgの物体を1秒間に1m持ち上げるのに必要な力。単位表記はhpまたはPS。

◆ピトー管…飛行中の速度（対気速度）を求める基となる気流の全圧を計測する装置。

◆ピッチ…機首を上下させる動き。

◆ピッチ角…プロペラブレードの取り付け角（ねじれ角）のこと。

◆風洞…トンネルの中に飛行機の模型や実機を置いて風を通し、機体のまわりの気流や機体に作用する力を計測するための実験装置。

◆フラッター…飛行中にある速度に達すると、主翼や尾翼などに振動が発生し、さらにその振動が増幅されていく現象。

◆偏差射撃…飛行している敵機の未来位置を予測して射撃すること。見越し射撃。

◆水メタノール噴射…気化器の前で水とメタノールを混合した液を噴射、混合気の温度を下げエンジンのピストン内でのノッキング（異常燃焼）を抑えて、出力を瞬間的に上げるシステム。

◆迎え角（むかえかく）…翼に当たる気流に対する主翼の角度。ある程度の大きさまでは揚力が増大するが、大きくなりすぎると揚力を失い、失速する。迎角とも。

◆モックアップ…設計時に製作する実物大模型。

◆与圧…空調によって飛行中の機内の気圧を外気圧よりも高めておくこと。与圧システムが備わっていない機体では高度約10,000m以上での巡航や戦闘が困難となる。

◆ヨー…機首を左右に動かす動き。

◆翼面荷重…機体の重量を主翼の面積で割った値。一般的には翼面荷重が小さいと旋回半径を小さくできるので格闘戦に向いた機体に、翼面荷重が大きいと高速性に優れるので一撃離脱に向いた機体となる。

◆ロール…機体を左右に傾ける（横転する）動き。

◆ロッテ…ドイツ空軍によって確立された2機編隊による戦術。1機が攻撃しているときは、別の1機が後方などに位置して掩護にまわり、攻撃を行う機の死角を守る。

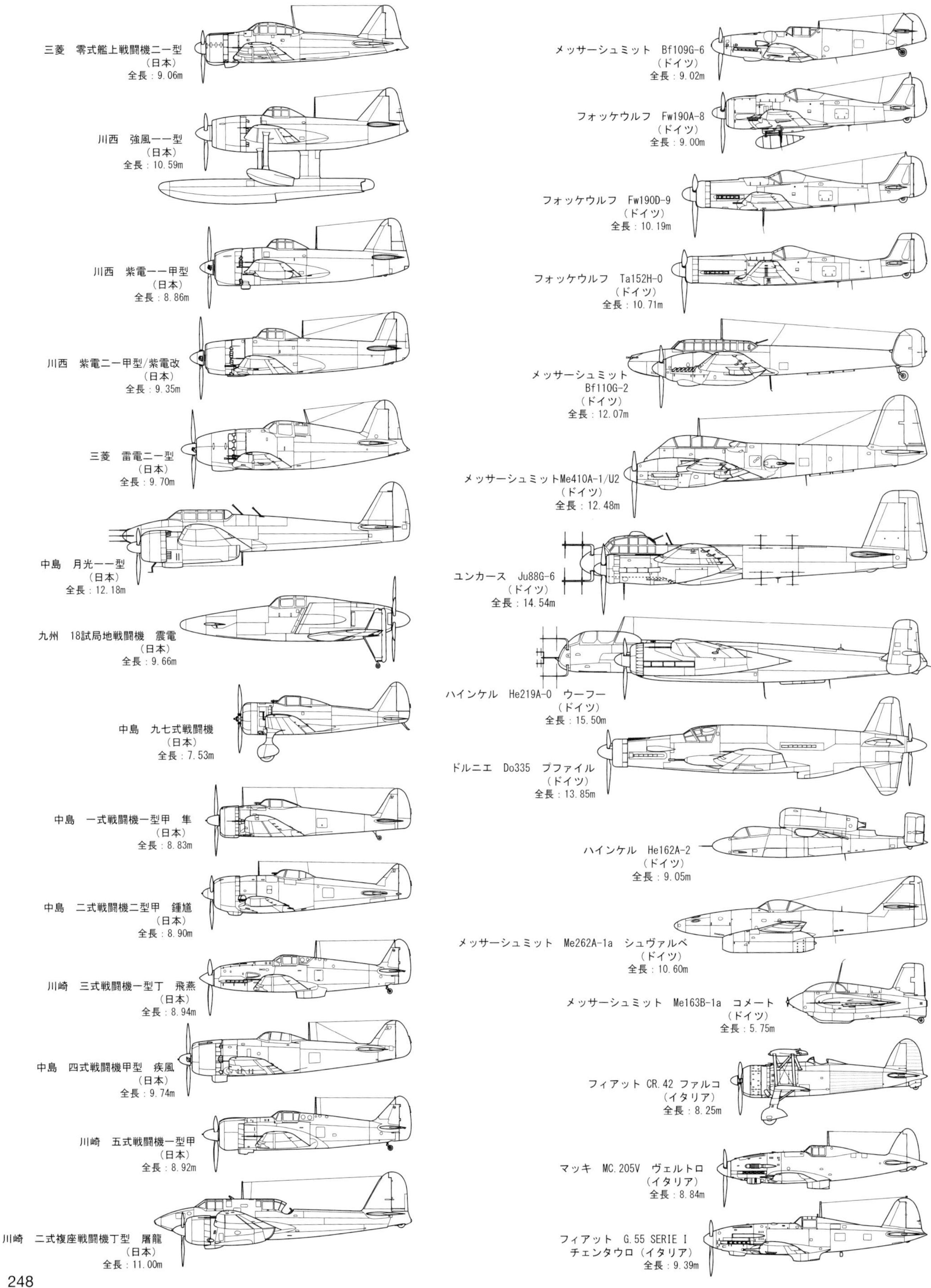
三菱　零式艦上戦闘機二一型
（日本）
全長：9.06m
川西　強風一一型
（日本）
全長：10.59m
川西　紫電一一甲型
（日本）
全長：8.86m
川西　紫電二一甲型/紫電改
（日本）
全長：9.35m
三菱　雷電二一型
（日本）
全長：9.70m
中島　月光一一型
（日本）
全長：12.18m
九州　18試局地戦闘機　震電
（日本）
全長：9.66m
中島　九七式戦闘機
（日本）
全長：7.53m
中島　一式戦闘機一型甲　隼
（日本）
全長：8.83m
中島　二式戦闘機二型甲　鍾馗
（日本）
全長：8.90m
川崎　三式戦闘機一型丁　飛燕
（日本）
全長：8.94m
中島　四式戦闘機甲型　疾風
（日本）
全長：9.74m
川崎　五式戦闘機一型甲
（日本）
全長：8.92m
川崎　二式複座戦闘機丁型　屠龍
（日本）
全長：11.00m
メッサーシュミット　Bf109G-6
（ドイツ）
全長：9.02m
フォッケウルフ　Fw190A-8
（ドイツ）
全長：9.00m
フォッケウルフ　Fw190D-9
（ドイツ）
全長：10.19m
フォッケウルフ　Ta152H-0
（ドイツ）
全長：10.71m
メッサーシュミット
Bf110G-2
（ドイツ）
全長：12.07m
メッサーシュミットMe410A-1/U2
（ドイツ）
全長：12.48m
ユンカース　Ju88G-6
（ドイツ）
全長：14.54m
ハインケル　He219A-0　ウーフー
（ドイツ）
全長：15.50m
ドルニエ　Do335　プファイル
（ドイツ）
全長：13.85m
ハインケル　He162A-2
（ドイツ）
全長：9.05m
メッサーシュミット　Me262A-1a　シュヴァルベ
（ドイツ）
全長：10.60m
メッサーシュミット　Me163B-1a　コメート
（ドイツ）
全長：5.75m
フィアット CR.42 ファルコ
（イタリア）
全長：8.25m
マッキ　MC.205V　ヴェルトロ
（イタリア）
全長：8.84m
フィアット　G.55 SERIE I
チェンタウロ（イタリア）
全長：9.39m

列強戦闘機 同一縮尺側面図

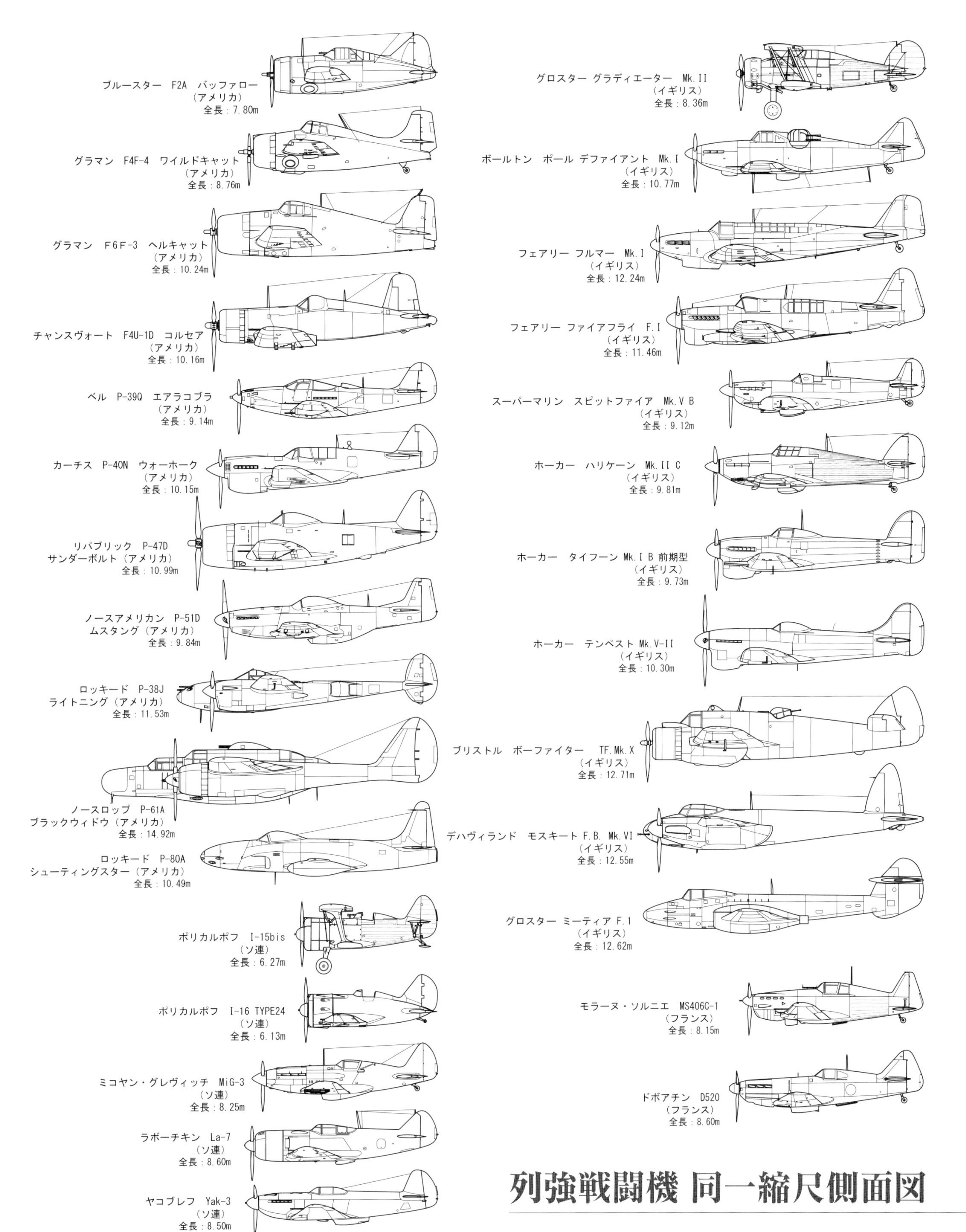

COLUMN 日本軍の軍用機命名規則

日本陸軍

日本陸軍の航空機は制式採用された年度の皇紀（西暦1940年が皇紀2600年）年の下一ケタ（2599年以前は二ケタ）と任務別機種名を組み合わせたものを制式名称とした（三式戦闘機など）。皇紀2600年の場合は「一〇〇式」。

キ番号は、開発会社や機種を問わず試作機や計画機用の番号として順番に振られていた計画（試作）番号。キ番号の「キ」は「機体」のキである。「キ84」などと表記される場合が多いが、厳密には「キ八十四」と漢数字で表記する。同一機種の中のサブタイプについては、エンジンの換装など大改修が施された場合は一型、二型などの生産型番号で分類し、小改修が行われた場合は甲、乙、丙、丁などの小改造記号をつけた。「飛燕」や「疾風」などの愛称は、国民に愛着を持ってもらうため付けられたもので、現場ではほとんど使われていなかった。

たとえば『キ44 二式戦闘機二型丙「鍾馗」』は、「キ44」が陸軍機全体の計画順記号、「二式戦闘機」が制式名称。「二型丙」は、二式戦の2番目の生産型の、3番目の小改造型ということ。「鍾馗」は愛称である。

日本海軍

昭和18年8月（1943年/皇紀2603年）まで、日本海軍の航空機は基本的に制式採用された年度の皇紀年の下二桁（2599年以前は二桁）と任務別機種名を組み合わせたものを制式名称とした（九六式艦上戦闘機など）。皇紀2600年の場合は「零式」。昭和18年8月からは固有名称をそのまま制式名称とするようになった（「雷電」など）。戦闘機に限って言えば、制空/艦上戦闘機は「風」、局地戦闘機は「雷、電」、夜間戦闘機は「光」にちなんだ名称になった。

また●●型という表記の、十の位は機体の型式、一の位はエンジンの型式である。たとえば「零戦五二型」は、5番目の機体と2番目のエンジンを組み合わせた零戦ということで、52番目の型というわけではない。

略符号（「A6M5c」など）は左から「機種」「機種の中での計画順序」「設計会社」「生産型」を示す。小さな改修があった場合は末尾に小文字の「a、b、c」などが用いられ、他用途の機種に転用された場合には、末尾に転用後の機種記号を表記する。たとえばA6M5c（零戦五二丙型）なら、三菱（M）が開発した、海軍で6番目の艦上戦闘機（A）の、5番目の生産型の、3番目の小改修型（c）であることを示している。またN1K2-J（紫電二一型）は、川西（K）が開発した海軍で最初の水上戦闘機（N）を、局地戦闘機（J）に改造した機体の、2番目の生産型であることを示す。

日本海軍機機種（用途別）記号

記号	機種
A	艦上戦闘機
B	艦上攻撃機
C	艦上偵察機、陸上偵察機（陸偵は後にRとなる）
D	艦上爆撃機
E	水上偵察機
F	水上観測機
G	陸上攻撃機
H	飛行艇
J	陸上戦闘機（局地戦闘機）
K	練習機
L	輸送機
M	特殊攻撃機
N	水上戦闘機
P	陸上爆撃機
Q	陸上哨戒機
R	陸上偵察機
S	夜間戦闘機
MX	特殊機

日本海軍機設計会社記号

記号	会社
A	愛知航空機
H	広海軍工廠（第11航空工廠）
I	石川島航空工業
J	日本小型飛行機
K	川西航空機
M	三菱重工業
N	中島飛行機
P	日本飛行機（当初はNi）
S	佐世保海軍航空工廠（第21航空廠）
Si	昭和飛行機
W	渡辺鉄工所航空機部（九州飛行機）
Y	横須賀海軍工廠（海軍航空技術廠）

米軍に鹵獲された後にアメリカ本土で飛行する、キ61 三式戦闘機一型甲「飛燕」。1945年、メリーランド州パタクセントリバー海軍基地。

［完全改訂版］
第二次大戦 世界の戦闘機
LEGENDARY FIGHTERS of WORLD WAR II 1939~1945
2021年6月10日発行

著 松崎豊一
図 田村紀雄
装丁/本文DTP 御園ありさ（イカロス出版制作室）
編集 浅井太輔、ミリタリー・クラシックス編集部
発行人 塩谷茂代
発行所 イカロス出版株式会社
〒162-8616 東京都新宿区市谷本村町2-3
[電話]販売部 03-3267-2766 編集部 03-3267-2868
[URL]https://www.ikaros.jp/
印刷 図書印刷株式会社
Printed in Japan